工业和信息化部“十四五”规划教材

普通高等教育智慧海洋技术系列教材

先进卡尔曼滤波及组合导航应用

张勇刚　黄玉龙　李　宁　编著

科学出版社

北　京

内 容 简 介

本书共 9 章，主要内容包括状态估计与导航基础、惯性导航系统、卡尔曼滤波器、非线性卡尔曼滤波器、自适应卡尔曼滤波器、野值鲁棒卡尔曼滤波器、多状态约束卡尔曼滤波器、分布式卡尔曼滤波器、非线性最小二乘优化及其应用。本书对于先进卡尔曼滤波的内容撰写自成体系，在第 1～3 章导航及卡尔曼滤波基础之上，第 4～9 章围绕先进卡尔曼滤波理论进行系统性讲述，并在每章末尾附有实际导航案例仿真，便于读者在理论学习之后能够通过实际导航案例应用加深对理论的理解。

本书可作为高等学校导航相关专业研究生的教材，也可作为高年级本科生的专业课教材，还可作为从事导航领域相关工作的研究人员及工程技术人员的参考书。

图书在版编目（CIP）数据

先进卡尔曼滤波及组合导航应用 / 张勇刚，黄玉龙，李宁编著. —北京：科学出版社，2024.7

工业和信息化部“十四五”规划教材　普通高等教育智慧海洋技术系列教材

ISBN 978-7-03-078616-6

Ⅰ. ①先…　Ⅱ. ①张…　②黄…　③李…　Ⅲ. ①卡尔曼滤波-应用-组合导航-高等学校-教材　Ⅳ. ①TN967.2

中国国家版本馆 CIP 数据核字（2024）第 109312 号

责任编辑：余　江 / 责任校对：王　瑞
责任印制：赵　博 / 封面设计：马晓敏

科 学 出 版 社 出版
北京东黄城根北街 16 号
邮政编码：100717
http://www.sciencep.com
中煤（北京）印务有限公司印刷
科学出版社发行　各地新华书店经销
*
2024 年 7 月第　一　版　开本：787×1092　1/16
2024 年12月第二次印刷　印张：19 1/4
字数：468 000

定价：98.00 元
（如有印装质量问题，我社负责调换）

前 言

党的二十大报告指出，我们要“加快建设教育强国、科技强国、人才强国”。近年来我国在载人航天、探月探火、深海深地探测等一些关键核心技术领域实现突破，海陆空天各类有人/无人运载体在这些关键技术领域起到重要的作用。导航为运载体提供位置、速度、姿态等信息，是运载体安全航行、执行任务的前提，以卡尔曼滤波为代表的信息融合技术可以进一步提高导航的性能。本书首先介绍了传统的卡尔曼滤波方法及经典的惯性/卫星组合导航内容，从不同的角度阐述经典卡尔曼滤波，便于读者更好地理解和掌握常用的组合导航方法。然后，针对导航应用中面临的量测非线性、噪声统计特性不确定、野值干扰、多状态约束、分布式融合、同步定位与构图等问题，介绍了先进卡尔曼滤波方法和典型导航应用案例，包括卡尔曼滤波前沿理论和新的应用，如视觉惯性导航、集群导航、同步定位与构图等。本书着重强调对前沿学术创新能力和工程实践能力的培养，除第 1 章外，每一章理论部分后都加入实际工程案例仿真，注重理论联系实际。作者依托智慧树平台构建“先进卡尔曼滤波及组合导航应用”AI 课程（免登录网址：http://t.zhihuishu.com/3BREqGVM），提供课程图谱、问题图谱与能力图谱等，供读者从多维度、多层面理解知识点。

课程图谱
学习演示

全书共 9 章。第 1 章介绍状态估计与组合导航相关的基础知识，包括矩阵与向量基本知识、导航基本概念、坐标系旋转表示、概率与统计基本知识、最优估计基本知识及随机线性系统基本知识，以便于读者对后续章节的理解；第 2 章介绍惯性导航系统原理，包括惯性器件、惯性导航系统类型、捷联式惯性导航系统更新算法、捷联式惯性导航系统误差分析、初始对准技术；第 3 章详细介绍卡尔曼滤波原理，包括离散卡尔曼滤波方程推导、关于卡尔曼滤波的讨论、工程应用的卡尔曼滤波，并以惯性/卫星松组合导航系统为例进行卡尔曼滤波的仿真分析；第 4 章系统介绍非线性卡尔曼滤波方法，包括扩展卡尔曼滤波、无迹卡尔曼滤波、容积卡尔曼滤波、粒子滤波等，并以惯性/卫星紧组合导航系统为例进行非线性卡尔曼滤波的仿真分析；第 5 章介绍三种应用较为广泛的自适应卡尔曼滤波器，分别为 Sage-Husa 自适应卡尔曼滤波器、基于新息的自适应卡尔曼滤波器和基于变分贝叶斯的自适应卡尔曼滤波器，并通过惯性/多普勒组合导航仿真对上述滤波器的实际性能进行对比分析；针对量测野值对噪声高斯性质的破坏，第 6 章介绍基于卡方检测的卡尔曼滤波器、Huber 卡尔曼滤波器和学生 t 滤波器，并通过野值干扰下惯性/超短基线组合导航仿真对上述滤波器的实际性能进行对比分析；第 7 章对用单目相机与低成本的微机电惯性测量单元（MEMS IMU）组合的视觉惯性导航系统（VVINS）进行介绍，从 VINS 初始化、IMU 输出及推位模型、延迟特征点估计、系统建模及误差传播、系统状态扩维、系统量测模型及状态更新几个方面对基于 MSCKF 的视觉惯性导航进行介绍，最后通过仿真和实验对该系统的实际性能进行验证；第 8 章针对分布式卡尔曼滤波，从单平台和多平台两个角度，分别介绍分布式卡尔曼滤波器的思想、实现方法和特点，包括联邦滤波器、基于协方差交互算法的多平台分布式卡尔曼滤波器等，并分别给出仿真分析；第 9 章介绍非线性最小二乘问题中三种传统的求解算法——牛顿法、高斯-牛顿法、列文伯格-马夸尔特法，介绍非线性最小二乘优化的图表示，并给出非线性最小二乘优化方法在同时定位与地图构建实例中的具体求解步骤以及仿真分析。

本书作为工业和信息化部“十四五”规划教材，力求做到概念清晰，数学推导严谨，跟随学术前沿，仿真案例合理。

由于作者水平有限，书中难免存在不妥之处，敬请读者批评指正。

作　者

2023 年 12 月于哈尔滨

符 号 说 明

符号	说明
$\boldsymbol{A}^{\mathrm{T}}$	矩阵 $\boldsymbol{A}$ 的转置
$\boldsymbol{A}^{-1}$	矩阵 $\boldsymbol{A}$ 的逆
$\boldsymbol{A}^{-\mathrm{T}}$	矩阵 $\boldsymbol{A}$ 的转置矩阵的逆
$\boldsymbol{x} \cdot \boldsymbol{y}$	向量内积
$\Vert\cdot\Vert$	2 范数
$\Vert\cdot\Vert_{\boldsymbol{D}}$	加权 2 范数
$\boldsymbol{x} \times \boldsymbol{y}$	向量外积
$\boldsymbol{i}$	直角坐标系 $Oxyz$ 的 x 轴方向单位向量
$\boldsymbol{j}$	直角坐标系 $Oxyz$ 的 y 轴方向单位向量
$\boldsymbol{k}$	直角坐标系 $Oxyz$ 的 z 轴方向单位向量
A_{ij}	$\boldsymbol{A}$ 矩阵的第 i 行第 j 列元素
$\mathrm{tr}(\boldsymbol{A})$	矩阵 $\boldsymbol{A}$ 的迹
$\boldsymbol{I}$	单位阵
$(\boldsymbol{r}\times)$	向量 $\boldsymbol{r}$ 的反对称矩阵
$\mathrm{e}^{(\boldsymbol{A})}$	矩阵 $\boldsymbol{A}$ 的指数函数
$\dfrac{\partial f(\boldsymbol{x})}{\partial \boldsymbol{x}}$	标量函数对向量的偏导
$\nabla_{\boldsymbol{x}}$	梯度算子
$\dfrac{\partial \boldsymbol{f}(\boldsymbol{x})}{\partial \boldsymbol{x}}$	向量函数对向量的偏导
$\dfrac{\partial f(\boldsymbol{A})}{\partial \boldsymbol{A}}$	标量函数对矩阵的偏导
$f(\cdot)$	关于某变量函数
λ	经度
L	地理纬度
h	大地高度
R_0	赤道半径
R_P	极轴半径

续表

符号	说明
R_M	子午圈曲率半径
R_N	卯酉圈曲率半径
$\boldsymbol{g}$	重力矢量
g_L	地理纬度为 L 处的椭球体表面的重力
g_0	赤道重力
GM	地心引力常数
R	地球旋转椭球的平均半径
i	地心惯性坐标系
e	地球坐标系
ω_{ie}	地球自转角速率
g	地理坐标系
n	导航坐标系
b	载体坐标系
p	平台坐标系
$\boldsymbol{v}_{eb}^n$	载体速度
$\boldsymbol{a}_{eb}^n$	载体加速度
ψ	航向角
θ	俯仰角
γ	横滚角
$\boldsymbol{C}_\alpha^\beta$	坐标系 α 到 β 的坐标变换矩阵
$E[\cdot]$	求期望
$\mathrm{Cov}[\cdot]$	求协方差
$[\cdot]_i$	矩阵的第 i 列
$\boldsymbol{C}_{\tilde{z}_{k\|k-1}}$	新息协方差矩阵
$\chi^2(m)$	m 维自由度的卡方分布
$\mathbb{R}^n$	n 维的实向量空间
$\mathbb{R}^{m\times n}$	$m\times n$ 维的实矩阵空间
SE(2)	二维空间的欧氏变换

目　　录

第 1 章　状态估计与导航基础

1.1 引　　言

为便于后续章节的学习，本章介绍状态估计与组合导航相关的基础知识。状态估计与组合导航的研究对象均为多变量系统，而在这种系统之中，矩阵和向量是描述和解决问题的基本工具。本章在 1.2 节介绍后续章节常用的线性代数和矩阵论知识；由于组合导航所关注的许多物理量都与地球及其相关坐标系紧密联系，在 1.3 节简要介绍地球模型，并基于该模型给出导航相关坐标系和导航参数的定义；载体姿态是较为复杂的导航参数，同时也是影响组合导航精度的关键，在 1.4 节介绍坐标系旋转表示方法，作为描述载体姿态的基础；估计是利用带有随机噪声的观测数据来获得未知随机变量估计值的过程，需要使用概率统计理论量化不确定性，1.5 节介绍相关知识；1.6 节介绍常见的最优估计准则和最优估计方法，它们在本质上属于参数估计，熟知这些方法将有助于读者理解本书后续重点介绍的状态估计方法；最后，在 1.7 节介绍随机线性系统，为卡尔曼滤波和组合导航提供理论框架。

1.2 矩阵与向量基本知识

本节回顾本书主要使用的与矩阵和向量相关的基本知识。首先回顾线性代数中与向量和矩阵相关的基本概念；其次介绍一种特殊的矩阵，即反对称矩阵，将三维向量的外积简化表示为矩阵乘积；再次介绍矩阵论中向量与矩阵求导相关知识，这是后续章节对矩阵或向量进行优化的基础；最后介绍多元函数的泰勒展开，对任意多元函数进行简化(如线性化)。

1.2.1 向量基本知识

本小节介绍向量的内积和外积，它们是状态估计与组合导航中常用的基本概念。

1. 内积

对于 n 维实数空间 $\mathbb{R}^n$ 中任意两个向量 $\boldsymbol{x}=[x_1,x_2,\cdots,x_n]^{\mathrm{T}}$ 、 $\boldsymbol{y}=[y_1,y_2,\cdots,y_n]^{\mathrm{T}}$，称实数

$$\boldsymbol{x}\cdot\boldsymbol{y}\triangleq\boldsymbol{x}^{\mathrm{T}}\boldsymbol{y}=x_1\cdot y_1+x_2\cdot y_2+x_3\cdot y_3+\cdots+x_n\cdot y_n \tag{1-1}$$

为向量 $\boldsymbol{x}$ 与 $\boldsymbol{y}$ 的内积。若 $\boldsymbol{x}\cdot\boldsymbol{y}=0$，则称向量 $\boldsymbol{x}$ 与 $\boldsymbol{y}$ 正交。

在内积定义的基础上，可以定义 n 维向量的范数。对于 n 维向量 $\boldsymbol{x}=[x_1,x_2,\cdots,x_n]^{\mathrm{T}}$，称实数

$$\|\boldsymbol{x}\|\triangleq\sqrt{\boldsymbol{x}\cdot\boldsymbol{x}}=\sqrt{x_1^2+x_2^2+\cdots+x_n^2} \tag{1-2}$$

为向量 $\boldsymbol{x}$ 的 2 范数、模或长度。2 范数为 1 的向量称为单位向量。本书后续章节提及的范数如无特殊说明，均默认为 2 范数。

2. 外积

外积是三维向量特有的运算。对于空间直角坐标系 $Oxyz$ 中任意两个向量 $\boldsymbol{x}=[x_1,x_2,x_3]^{\mathrm{T}}$、$\boldsymbol{y}=[y_1,y_2,y_3]^{\mathrm{T}}$，称向量

$$\boldsymbol{x}\times\boldsymbol{y}\triangleq\left[x_2y_3-x_3y_2,x_3y_1-x_1y_3,x_1y_2-x_2y_1\right]^{\mathrm{T}} \tag{1-3}$$

为向量 $\boldsymbol{x}$ 与 $\boldsymbol{y}$ 的外积。外积可根据行列式定义重新表示为

$$\boldsymbol{x}\times\boldsymbol{y}=\begin{vmatrix}\boldsymbol{i} & \boldsymbol{j} & \boldsymbol{k}\\ x_1 & x_2 & x_3\\ y_1 & y_2 & y_3\end{vmatrix} \tag{1-4}$$

其中，$\boldsymbol{i}$、$\boldsymbol{j}$ 和 $\boldsymbol{k}$ 分别表示空间直角坐标系 $Oxyz$ 三个坐标轴方向的单位向量。

向量 $\boldsymbol{x}$ 与 $\boldsymbol{y}$ 及外积 $\boldsymbol{x}\times\boldsymbol{y}$ 在三维空间中满足如下的几何关系，如图 1-1 所示。

(1) $\boldsymbol{x}\times\boldsymbol{y}$ 同时垂直于 $\boldsymbol{x}$ 和 $\boldsymbol{y}$；

(2) $\boldsymbol{x}$、$\boldsymbol{y}$ 与 $\boldsymbol{x}\times\boldsymbol{y}$ 形成右手坐标系；

(3) $\|\boldsymbol{x}\times\boldsymbol{y}\|=\|\boldsymbol{x}\|\cdot\|\boldsymbol{y}\|\cdot\sin\theta$（在数值上等于 $\triangle OAB$ 面积的 2 倍）。

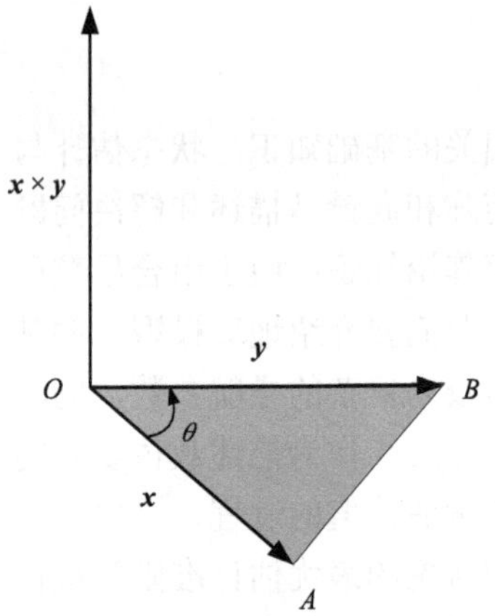

图 1-1　三维向量外积示意图

1.2.2　矩阵基本知识

本小节介绍本书常用的矩阵相关概念与性质，包括矩阵的特征值与特征向量、矩阵的迹、正交矩阵、正定矩阵和矩阵逆引理。

1. 矩阵的特征值与特征向量

设 $\boldsymbol{A}$ 是 n 阶方阵，如果数 λ 和 n 维非零列向量 $\boldsymbol{x}$ 使关系式

$$\boldsymbol{A}\boldsymbol{x}=\lambda\boldsymbol{x} \tag{1-5}$$

成立，那么这样的数 λ 称为矩阵 $\boldsymbol{A}$ 的特征值，非零向量 $\boldsymbol{x}$ 称为 $\boldsymbol{A}$ 对应于特征值 λ 的特征向量。

2. 矩阵的迹

对于一个 n 阶方阵 $\boldsymbol{A}$，称其主对角线上各个元素的和为 $\boldsymbol{A}$ 的迹，即

$$\mathrm{tr}\left(\boldsymbol{A}\right)\triangleq A_{11}+A_{22}+\cdots+A_{nn} \tag{1-6}$$

其中，$A_{ij}(i=1,2,\cdots,n,\ j=1,2,\cdots,n)$ 表示矩阵 $\boldsymbol{A}$ 的第 i 行、第 j 列元素。

矩阵的迹具有以下两个常用的性质：

(1) 设 $\boldsymbol{A}$ 为 n 阶方阵，则有 $\mathrm{tr}(\boldsymbol{A})=\lambda_1+\lambda_2+\cdots+\lambda_n$（$\lambda_i$ 为 $\boldsymbol{A}$ 的第 i 个特征值）；

(2) 设 $\boldsymbol{A}$ 为 $n\times m$ 矩阵，$\boldsymbol{B}$ 为 $m\times n$ 矩阵，则有 $\mathrm{tr}(\boldsymbol{AB})=\mathrm{tr}(\boldsymbol{BA})$。

3. 正交矩阵

如果 n 阶方阵 $\boldsymbol{A}$ 满足

$$\boldsymbol{A}^{\mathrm{T}}\boldsymbol{A}=\boldsymbol{I} \tag{1-7}$$

即 $\boldsymbol{A}^{-1}=\boldsymbol{A}^{\mathrm{T}}$，那么称方阵 $\boldsymbol{A}$ 为正交矩阵。方阵 $\boldsymbol{A}$ 为正交矩阵的充分必要条件是：$\boldsymbol{A}$ 的列向量(或者行向量)都是单位向量，且两两正交。

4. 正定矩阵

对于对称矩阵 $\boldsymbol{A}$ 及其二次型 $f(\boldsymbol{x})=\boldsymbol{x}^{\mathrm{T}}\boldsymbol{A}\boldsymbol{x}$，如果对任何 $\boldsymbol{x}\neq\boldsymbol{0}$，都有 $f(\boldsymbol{x})>0$（$f(\boldsymbol{x})\geqslant 0$），则称 f 为(半)正定二次型，并称对称矩阵 $\boldsymbol{A}$ 是(半)正定的；如果对任何 $\boldsymbol{x}\neq\boldsymbol{0}$，都有 $f(\boldsymbol{x})<0$（$f(\boldsymbol{x})\leqslant 0$），则称 f 为(半)负定二次型，并称对称矩阵 $\boldsymbol{A}$ 是(半)负定的。

对称矩阵 $\boldsymbol{A}$ 为(半)正定的充分必要条件是：$\boldsymbol{A}$ 的特征值全为正(非负)；对称矩阵 $\boldsymbol{A}$ 为(半)负定的充分必要条件是：$\boldsymbol{A}$ 的特征值全为负(非正)。

下面介绍一些常用的符号表示。$\boldsymbol{A}$ 为正定(半正定)矩阵可以记作 $\boldsymbol{A}>\boldsymbol{0}$（$\boldsymbol{A}\geqslant\boldsymbol{0}$），$\boldsymbol{A}-\boldsymbol{B}$ 为正定(半正定)矩阵可以记作 $\boldsymbol{A}>\boldsymbol{B}$（$\boldsymbol{A}\geqslant\boldsymbol{B}$）；类似地，$\boldsymbol{A}$ 为负定(半负定)矩阵可以记作 $\boldsymbol{A}<\boldsymbol{0}$（$\boldsymbol{A}\leqslant\boldsymbol{0}$），$\boldsymbol{A}-\boldsymbol{B}$ 为负定(半负定)矩阵可以记作 $\boldsymbol{A}<\boldsymbol{B}$（$\boldsymbol{A}\leqslant\boldsymbol{B}$）。

在某些场合，会用到由正定矩阵定义的向量加权 2 范数。对于 n 维向量 $\boldsymbol{x}$，若 $\boldsymbol{D}$ 为正定矩阵，则称实数

$$\|\boldsymbol{x}\|_{\boldsymbol{D}}\triangleq\sqrt{\boldsymbol{x}^{\mathrm{T}}\boldsymbol{D}\boldsymbol{x}} \tag{1-8}$$

为 $\boldsymbol{x}$ 的加权 2 范数，也称为 $\boldsymbol{x}$ 的 $\boldsymbol{D}$ 加权 2 范数。

5. 矩阵逆引理

矩阵逆引理主要用于卡尔曼滤波几种形式的等价性证明。设 $\boldsymbol{A}$ 和 $\boldsymbol{D}$ 是可逆矩阵，$\boldsymbol{B}$ 和 $\boldsymbol{C}$ 可以是方阵也可以不是方阵。

定义矩阵：

$$\boldsymbol{E}=\boldsymbol{D}-\boldsymbol{C}\boldsymbol{A}^{-1}\boldsymbol{B} \tag{1-9}$$

$$\boldsymbol{F}=\boldsymbol{A}-\boldsymbol{B}\boldsymbol{D}^{-1}\boldsymbol{C} \tag{1-10}$$

设 $\boldsymbol{E}$ 和 $\boldsymbol{F}$ 都是可逆的，则有以下公式成立：

$$(\boldsymbol{A}-\boldsymbol{B}\boldsymbol{D}^{-1}\boldsymbol{C})^{-1}=\boldsymbol{A}^{-1}+\boldsymbol{A}^{-1}\boldsymbol{B}(\boldsymbol{D}-\boldsymbol{C}\boldsymbol{A}^{-1}\boldsymbol{B})^{-1}\boldsymbol{C}\boldsymbol{A}^{-1} \tag{1-11}$$

式(1-11)称为矩阵逆引理。矩阵逆引理也可以用另一种等价的方式进行描述：

$$(\boldsymbol{A}+\boldsymbol{B}\boldsymbol{D}^{-1}\boldsymbol{C})^{-1}=\boldsymbol{A}^{-1}-\boldsymbol{A}^{-1}\boldsymbol{B}(\boldsymbol{D}+\boldsymbol{C}\boldsymbol{A}^{-1}\boldsymbol{B})^{-1}\boldsymbol{C}\boldsymbol{A}^{-1} \tag{1-12}$$

1.2.3 反对称矩阵与基本性质

本小节介绍反对称矩阵的概念，能够将矢量外积简化为矩阵乘积形式。进而介绍反对称矩阵的矩阵指数函数的性质，这在描述旋转时经常用到。

1. 反对称矩阵的定义

对于空间直角坐标系 $Oxyz$ 中的任意一个向量 $\boldsymbol{r}=[r_x,\ r_y,\ r_z]^{\mathrm{T}}$，称方阵

$$(\boldsymbol{r}\times)\triangleq\begin{bmatrix}0 & -r_z & r_y\\ r_z & 0 & -r_x\\ -r_y & r_x & 0\end{bmatrix} \tag{1-13}$$

为由三维向量 $\boldsymbol{r}=[r_x,\ r_y,\ r_z]^{\mathrm{T}}$ 构成的反对称矩阵，又称为斜对称矩阵。容易验证，$(\boldsymbol{r}\times)$ 满足 $(\boldsymbol{r}\times)=-(\boldsymbol{r}\times)^{\mathrm{T}}$，$(\boldsymbol{r}\times)^2=\boldsymbol{r}\boldsymbol{r}^{\mathrm{T}}-r^2\boldsymbol{I}$（其中 $r=\|\boldsymbol{r}\|$）。

可以使用反对称矩阵将两个三维矢量的外积表示为矩阵乘法形式。设 $\boldsymbol{r}_1=[r_{1x},\ r_{1y},\ r_{1z}]^{\mathrm{T}}$ 和 $\boldsymbol{r}_2=[r_{2x},\ r_{2y},\ r_{2z}]^{\mathrm{T}}$ 为三维空间中的两个矢量，回顾三维向量外积的定义(1-3)，可以得出

$$\boldsymbol{r}_1\times\boldsymbol{r}_2=\begin{bmatrix} r_{1y}r_{2z}-r_{1z}r_{2y} \\ -(r_{1x}r_{2z}-r_{1z}r_{2x}) \\ r_{1x}r_{2y}-r_{1y}r_{2x} \end{bmatrix}=\begin{bmatrix} 0 & -r_{1z} & r_{1y} \\ r_{1z} & 0 & -r_{1x} \\ -r_{1y} & r_{1x} & 0 \end{bmatrix}\begin{bmatrix} r_{2x} \\ r_{2y} \\ r_{2z} \end{bmatrix}=(\boldsymbol{r}_1\times)\boldsymbol{r}_2 \tag{1-14}$$

2. 反对称矩阵的幂与矩阵指数函数

反对称矩阵的幂具有特殊性质，根据公式$(\boldsymbol{r}\times)^2=\boldsymbol{r}\boldsymbol{r}^{\mathrm{T}}-r^2\boldsymbol{I}$，若正整数$i\geqslant 3$，则反对称矩阵$(\boldsymbol{r}\times)$的$i$次幂满足

$$\begin{aligned}(\boldsymbol{r}\times)^i&=(\boldsymbol{r}\times)^{i-3}(\boldsymbol{r}\times)(\boldsymbol{r}\times)^2=(\boldsymbol{r}\times)^{i-3}(\boldsymbol{r}\times)\left(\boldsymbol{r}\boldsymbol{r}^{\mathrm{T}}-r^2\boldsymbol{I}\right)\\&=(\boldsymbol{r}\times)^{i-3}\left[(\boldsymbol{r}\times)\boldsymbol{r}\boldsymbol{r}^{\mathrm{T}}-r^2(\boldsymbol{r}\times)\right]\\&=(\boldsymbol{r}\times)^{i-3}\left[\boldsymbol{0}_{3\times1}\boldsymbol{r}^{\mathrm{T}}-r^2(\boldsymbol{r}\times)\right]=-r^2(\boldsymbol{r}\times)^{i-2}\end{aligned} \tag{1-15}$$

在反对称矩阵的幂基础上，下面讨论反对称矩阵的矩阵指数函数。矩阵指数函数可以仿照标量指数函数$e^a\triangleq\sum_{i=0}^{\infty}\frac{1}{i!}a^i$给出定义，即

$$e^{\boldsymbol{A}}=\sum_{i=0}^{\infty}\frac{\boldsymbol{A}^i}{i!} \tag{1-16}$$

定义表明，若矩阵$e^{\boldsymbol{A}}$存在，则$\boldsymbol{A}$必须为方阵。根据性质(1-15)，反对称矩阵的矩阵指数函数$e^{(\boldsymbol{r}\times)}$满足

$$\begin{aligned}e^{(\boldsymbol{r}\times)}&=\sum_{i=0}^{\infty}\frac{(\boldsymbol{r}\times)^i}{i!}=(\boldsymbol{r}\times)^0+\frac{1}{1!}(\boldsymbol{r}\times)^1+\frac{1}{2!}(\boldsymbol{r}\times)^2+\frac{1}{3!}(\boldsymbol{r}\times)^3+\frac{1}{4!}(\boldsymbol{r}\times)^4+\cdots\\&=(\boldsymbol{r}\times)^0+\left[\frac{1}{1!}(\boldsymbol{r}\times)^1+\frac{1}{3!}(\boldsymbol{r}\times)^3+\frac{1}{5!}(\boldsymbol{r}\times)^5+\cdots\right]+\left[\frac{1}{2!}(\boldsymbol{r}\times)^2+\frac{1}{4!}(\boldsymbol{r}\times)^4+\frac{1}{6!}(\boldsymbol{r}\times)^6+\cdots\right]\\&=(\boldsymbol{r}\times)^0+\left[\frac{1}{1!}(\boldsymbol{r}\times)-\frac{r^2}{3!}(\boldsymbol{r}\times)+\frac{r^4}{5!}(\boldsymbol{r}\times)+\cdots\right]+\left[\frac{1}{2!}(\boldsymbol{r}\times)^2-\frac{r^2}{4!}(\boldsymbol{r}\times)^2+\frac{r^4}{6!}(\boldsymbol{r}\times)^2+\cdots\right]\\&=\boldsymbol{I}+\frac{\sin r}{r}(\boldsymbol{r}\times)+\frac{1-\cos r}{r^2}(\boldsymbol{r}\times)^2\end{aligned} \tag{1-17}$$

因此，反对称矩阵的矩阵指数函数$e^{(\boldsymbol{r}\times)}$可以写成反对称矩阵$(\boldsymbol{r}\times)$的有限次幂项求和形式。

1.2.4 向量与矩阵求导

在状态估计和组合导航中，经常需要对某个向量或矩阵进行优化，使得某个量最大或最小。为了求解这样的优化问题，常常需要描述和推导某些量对向量或矩阵中各元素的偏导数。为了使描述和推导更为简便，需要使用矩阵论中向量偏导与矩阵偏导的定义以及求解公式，本小节将分不同情况回顾这些知识。

1. 标量对向量的偏导

首先，给出标量对列向量的偏导定义。以 $n\times 1$ 实向量 $\boldsymbol{x}$ 为变元的实标量函数 $f(\boldsymbol{x})$ 相对于 $\boldsymbol{x}$ 的偏导为一个 $n\times 1$ 列向量，定义为

$$\frac{\partial f(\boldsymbol{x})}{\partial \boldsymbol{x}} \triangleq \left[\frac{\partial f(\boldsymbol{x})}{\partial x_1},\frac{\partial f(\boldsymbol{x})}{\partial x_2},\cdots,\frac{\partial f(\boldsymbol{x})}{\partial x_n}\right]^{\mathrm{T}} \tag{1-18}$$

接下来给出梯度算子的定义。相对于 $n\times 1$ 实向量 $\boldsymbol{x}$ 的梯度算子定义为

$$\nabla_{\boldsymbol{x}} \triangleq \left[\frac{\partial}{\partial x_1},\frac{\partial}{\partial x_2},\cdots,\frac{\partial}{\partial x_n}\right]^{\mathrm{T}} \tag{1-19}$$

因此，$f(\boldsymbol{x})$ 相对于 $\boldsymbol{x}$ 的偏导也可写成 $f(\boldsymbol{x})$ 相对于 $\boldsymbol{x}$ 的梯度，即

$$\frac{\partial f(\boldsymbol{x})}{\partial \boldsymbol{x}} = \left[\frac{\partial f(\boldsymbol{x})}{\partial x_1},\frac{\partial f(\boldsymbol{x})}{\partial x_2},\cdots,\frac{\partial f(\boldsymbol{x})}{\partial x_n}\right]^{\mathrm{T}} = \nabla_{\boldsymbol{x}} f(\boldsymbol{x}) \tag{1-20}$$

类似地，可以定义标量对行向量的偏导。实标量函数 $f(\boldsymbol{x})$ 相对于 $1\times n$ 行向量 $\boldsymbol{x}^{\mathrm{T}}$ 的偏导为 $1\times n$ 行向量，定义为

$$\frac{\partial f(\boldsymbol{x})}{\partial \boldsymbol{x}^{\mathrm{T}}} \triangleq \left[\frac{\partial f(\boldsymbol{x})}{\partial x_1},\frac{\partial f(\boldsymbol{x})}{\partial x_2},\cdots,\frac{\partial f(\boldsymbol{x})}{\partial x_n}\right] = \nabla_{\boldsymbol{x}^{\mathrm{T}}} f(\boldsymbol{x}) \tag{1-21}$$

由式(1-18)和式(1-21)注意到标量函数 $f(\boldsymbol{x})$ 对列向量 $\boldsymbol{x}$ 的偏导和对行向量 $\boldsymbol{x}^{\mathrm{T}}$ 的偏导互为转置。下面介绍本书将会使用的求标量对向量的偏导公式。

若 $\boldsymbol{x}$ 为 $n\times 1$ 向量，$\boldsymbol{a}$ 为 $m\times 1$ 常数向量，$\boldsymbol{A}$ 和 $\boldsymbol{B}$ 分别为 $m\times n$ 和 $m\times m$ 常数矩阵，且 $\boldsymbol{B}$ 为对称矩阵，则有

$$\frac{\partial(\boldsymbol{a}-\boldsymbol{A}\boldsymbol{x})^{\mathrm{T}}\boldsymbol{B}(\boldsymbol{a}-\boldsymbol{A}\boldsymbol{x})}{\partial \boldsymbol{x}} = -2\boldsymbol{A}^{\mathrm{T}}\boldsymbol{B}(\boldsymbol{a}-\boldsymbol{A}\boldsymbol{x}) \tag{1-22}$$

2. 向量对向量的偏导

首先，给出行向量对列向量的偏导定义。m 维行向量函数 $\boldsymbol{f}(\boldsymbol{x}) = [f_1(\boldsymbol{x}), f_2(\boldsymbol{x}),\cdots,f_m(\boldsymbol{x})]$ 相对于 $n\times 1$ 实向量 $\boldsymbol{x}$ 的偏导为一个 $n\times m$ 矩阵，定义为

$$\frac{\partial \boldsymbol{f}(\boldsymbol{x})}{\partial \boldsymbol{x}} \triangleq \begin{bmatrix} \frac{\partial f_1(\boldsymbol{x})}{\partial x_1} & \frac{\partial f_2(\boldsymbol{x})}{\partial x_1} & \cdots & \frac{\partial f_m(\boldsymbol{x})}{\partial x_1} \\ \frac{\partial f_1(\boldsymbol{x})}{\partial x_2} & \frac{\partial f_2(\boldsymbol{x})}{\partial x_2} & \cdots & \frac{\partial f_m(\boldsymbol{x})}{\partial x_2} \\ \vdots & \vdots & & \vdots \\ \frac{\partial f_1(\boldsymbol{x})}{\partial x_n} & \frac{\partial f_2(\boldsymbol{x})}{\partial x_n} & \cdots & \frac{\partial f_m(\boldsymbol{x})}{\partial x_n} \end{bmatrix} = \nabla_{\boldsymbol{x}} \boldsymbol{f}(\boldsymbol{x}) \tag{1-23}$$

接下来，定义列向量对行向量的偏导。m 维列向量函数 $\boldsymbol{g}(\boldsymbol{x}) = [g_1(\boldsymbol{x}), g_2(\boldsymbol{x}),\cdots,g_m(\boldsymbol{x})]^{\mathrm{T}}$

相对于$1\times n$实向量$\boldsymbol{x}^{\mathrm{T}}$的偏导为一个$m\times n$矩阵，定义为

$$\frac{\partial \boldsymbol{g}(\boldsymbol{x})}{\partial \boldsymbol{x}^{\mathrm{T}}} \triangleq \begin{bmatrix} \dfrac{\partial g_1(\boldsymbol{x})}{\partial x_1} & \dfrac{\partial g_1(\boldsymbol{x})}{\partial x_2} & \cdots & \dfrac{\partial g_1(\boldsymbol{x})}{\partial x_n} \\ \dfrac{\partial g_2(\boldsymbol{x})}{\partial x_1} & \dfrac{\partial g_2(\boldsymbol{x})}{\partial x_2} & \cdots & \dfrac{\partial g_2(\boldsymbol{x})}{\partial x_n} \\ \vdots & \vdots & & \vdots \\ \dfrac{\partial g_m(\boldsymbol{x})}{\partial x_1} & \dfrac{\partial g_m(\boldsymbol{x})}{\partial x_2} & \cdots & \dfrac{\partial g_m(\boldsymbol{x})}{\partial x_n} \end{bmatrix} \tag{1-24}$$

该矩阵称为向量函数$\boldsymbol{g}(\boldsymbol{x}) = [g_1(\boldsymbol{x}), g_2(\boldsymbol{x}), \cdots, g_m(\boldsymbol{x})]^{\mathrm{T}}$的雅可比矩阵(Jacobian Matrix)。

下面给出本书将会使用的求向量对向量的偏导公式：

(1) 链式法则，若$\boldsymbol{y}(\boldsymbol{x})$是$\boldsymbol{x}$的向量值函数，$\boldsymbol{f}(\boldsymbol{y})$是$\boldsymbol{y}$的向量值函数，$\boldsymbol{x}$、$\boldsymbol{y}$和$\boldsymbol{f}$均为列向量，则有

$$\frac{\partial \boldsymbol{f}^{\mathrm{T}}(\boldsymbol{y}(\boldsymbol{x}))}{\partial \boldsymbol{x}} = \frac{\partial \boldsymbol{y}^{\mathrm{T}}(\boldsymbol{x})}{\partial \boldsymbol{x}} \frac{\partial \boldsymbol{f}^{\mathrm{T}}(\boldsymbol{y})}{\partial \boldsymbol{y}} \tag{1-25}$$

(2) 若$\boldsymbol{x}$为$n\times 1$向量，$\boldsymbol{A}$为$m\times n$常数矩阵，则有

$$\frac{\partial \boldsymbol{A}\boldsymbol{x}}{\partial \boldsymbol{x}^{\mathrm{T}}} = \boldsymbol{A}, \quad \frac{\partial \boldsymbol{x}^{\mathrm{T}}\boldsymbol{A}^{\mathrm{T}}}{\partial \boldsymbol{x}} = \boldsymbol{A}^{\mathrm{T}} \tag{1-26}$$

3. 标量对向量的二阶偏导

在某些场合，还将用到标量对向量的二阶偏导。实标量函数$f(\boldsymbol{x})$相对于$n\times 1$实向量$\boldsymbol{x}$的二阶偏导是一个由n^2个二阶偏导组成的矩阵，称为海塞矩阵(Hessian Matrix)，定义为列向量$\dfrac{\partial f(\boldsymbol{x})}{\partial \boldsymbol{x}}$对行向量$\boldsymbol{x}^{\mathrm{T}}$的偏导，即

$$\frac{\partial^2 f(\boldsymbol{x})}{\partial \boldsymbol{x} \partial \boldsymbol{x}^{\mathrm{T}}} \triangleq \frac{\partial}{\partial \boldsymbol{x}^{\mathrm{T}}}\left[\frac{\partial f(\boldsymbol{x})}{\partial \boldsymbol{x}}\right] \tag{1-27}$$

或者简写为梯度的梯度，即

$$\nabla_x^2 f(\boldsymbol{x}) = \nabla_x\left(\nabla_x f(\boldsymbol{x})\right) \tag{1-28}$$

或写为

$$\frac{\partial^2 f(\boldsymbol{x})}{\partial \boldsymbol{x} \partial \boldsymbol{x}^{\mathrm{T}}} = \begin{bmatrix} \dfrac{\partial^2 f}{\partial x_1 \partial x_1} & \dfrac{\partial^2 f}{\partial x_1 \partial x_2} & \cdots & \dfrac{\partial^2 f}{\partial x_1 \partial x_n} \\ \dfrac{\partial^2 f}{\partial x_2 \partial x_1} & \dfrac{\partial^2 f}{\partial x_2 \partial x_2} & \cdots & \dfrac{\partial^2 f}{\partial x_2 \partial x_n} \\ \vdots & \vdots & & \vdots \\ \dfrac{\partial^2 f}{\partial x_n \partial x_1} & \dfrac{\partial^2 f}{\partial x_n \partial x_2} & \cdots & \dfrac{\partial^2 f}{\partial x_n \partial x_n} \end{bmatrix} \tag{1-29}$$

下面给出本书将会使用的求标量对向量的二阶偏导公式：

若$\boldsymbol{x}$为$n\times 1$向量，$\boldsymbol{a}$为$m\times 1$常数向量，$\boldsymbol{A}$和$\boldsymbol{B}$分别为$m\times n$和$m\times m$常数矩阵，且$\boldsymbol{B}$为对称矩阵，则有

$$\frac{\partial^2 (\boldsymbol{a}-\boldsymbol{A}\boldsymbol{x})^{\mathrm{T}} \boldsymbol{B} (\boldsymbol{a}-\boldsymbol{A}\boldsymbol{x})}{\partial \boldsymbol{x} \partial \boldsymbol{x}^{\mathrm{T}}} = 2\boldsymbol{A}^{\mathrm{T}} \boldsymbol{B} \boldsymbol{A} \tag{1-30}$$

4. 标量对矩阵的偏导

最后，给出标量对矩阵偏导的定义。实值函数 $f(\boldsymbol{A})$ 相对于 $m \times n$ 实矩阵 $\boldsymbol{A}$ 的偏导为一个 $m \times n$ 矩阵，定义为

$$\frac{\partial f(\boldsymbol{A})}{\partial \boldsymbol{A}} \triangleq \begin{bmatrix} \dfrac{\partial f(\boldsymbol{A})}{\partial A_{11}} & \dfrac{\partial f(\boldsymbol{A})}{\partial A_{12}} & \cdots & \dfrac{\partial f(\boldsymbol{A})}{\partial A_{1n}} \\ \dfrac{\partial f(\boldsymbol{A})}{\partial A_{21}} & \dfrac{\partial f(\boldsymbol{A})}{\partial A_{22}} & \cdots & \dfrac{\partial f(\boldsymbol{A})}{\partial A_{2n}} \\ \vdots & \vdots & & \vdots \\ \dfrac{\partial f(\boldsymbol{A})}{\partial A_{m1}} & \dfrac{\partial f(\boldsymbol{A})}{\partial A_{m2}} & \cdots & \dfrac{\partial f(\boldsymbol{A})}{\partial A_{mn}} \end{bmatrix} = \nabla_A f(\boldsymbol{A}) \tag{1-31}$$

下面给出本书将会使用的求标量对矩阵的偏导公式：

（1）若 $\boldsymbol{W} \in \mathbb{R}^{m\times n}, \boldsymbol{A} \in \mathbb{R}^{n\times m}$，则有

$$\frac{\partial \mathrm{tr}(\boldsymbol{W}\boldsymbol{A})}{\partial \boldsymbol{W}} = \frac{\partial \mathrm{tr}(\boldsymbol{A}\boldsymbol{W})}{\partial \boldsymbol{W}} = \boldsymbol{A}^{\mathrm{T}} \tag{1-32}$$

（2）若 $\boldsymbol{W} \in \mathbb{R}^{m\times n}, \boldsymbol{A} \in \mathbb{R}^{m\times n}$，则有

$$\frac{\partial \mathrm{tr}(\boldsymbol{W}^{\mathrm{T}}\boldsymbol{A})}{\partial \boldsymbol{W}} = \frac{\partial \mathrm{tr}(\boldsymbol{A}\boldsymbol{W}^{\mathrm{T}})}{\partial \boldsymbol{W}} = \boldsymbol{A} \tag{1-33}$$

(3) 若 $\boldsymbol{W} \in \mathbb{R}^{m\times n}, \boldsymbol{A} \in \mathbb{R}^{m\times m}$，则有

$$\frac{\partial \mathrm{tr}(\boldsymbol{W}^{\mathrm{T}}\boldsymbol{A}\boldsymbol{W})}{\partial \boldsymbol{W}} = (\boldsymbol{A} + \boldsymbol{A}^{\mathrm{T}})\boldsymbol{W} \tag{1-34}$$

特别地，当 $\boldsymbol{A}$ 为对称矩阵时，有

$$\frac{\partial \mathrm{tr}(\boldsymbol{W}^{\mathrm{T}}\boldsymbol{A}\boldsymbol{W})}{\partial \boldsymbol{W}} = 2\boldsymbol{A}\boldsymbol{W} \tag{1-35}$$

1.2.5　多元函数泰勒展开

本书中多处需要将多元标量函数进行泰勒展开，本小节回顾这一知识，并将多元函数二阶泰勒展开式表示为向量偏导和矩阵偏导的形式。

设 $f(\boldsymbol{x})$ 是以 $n\times 1$ 实向量 $\boldsymbol{x}$ 为变元的实标量非线性函数，围绕某个标称点 $\boldsymbol{x}=\bar{\boldsymbol{x}}$ 可对非线性函数 $f(\boldsymbol{x})$ 进行如下的泰勒展开：

$$f(\boldsymbol{x}) = f(\bar{\boldsymbol{x}}) + \left(\tilde{x}_1 \frac{\partial}{\partial x_1} + \cdots + \tilde{x}_n \frac{\partial}{\partial x_n}\right) f \bigg|_{x=\bar{x}} + \frac{1}{2!}\left(\tilde{x}_1 \frac{\partial}{\partial x_1} + \cdots + \tilde{x}_n \frac{\partial}{\partial x_n}\right)^2 f \bigg|_{x=\bar{x}} + \cdots \tag{1-36}$$

其中，$\tilde{\boldsymbol{x}} = \boldsymbol{x} - \bar{\boldsymbol{x}}$。

取式(1-36)等号右侧前三项，可将非线性函数 $f(\boldsymbol{x})$ 二阶泰勒展开式表示为

$$f(\boldsymbol{x}) \approx f(\bar{\boldsymbol{x}}) + \begin{bmatrix} \dfrac{\partial f}{\partial x_1} & \dfrac{\partial f}{\partial x_2} & \cdots & \dfrac{\partial f}{\partial x_n} \end{bmatrix}_{x=\bar{x}} \begin{bmatrix} \tilde{x}_1 \\ \tilde{x}_2 \\ \vdots \\ \tilde{x}_n \end{bmatrix}$$

$$+\frac{1}{2}\begin{bmatrix} \tilde{x}_1 & \tilde{x}_2 & \cdots & \tilde{x}_n \end{bmatrix} \begin{bmatrix} \dfrac{\partial^2 f}{\partial x_1 \partial x_1} & \dfrac{\partial^2 f}{\partial x_1 \partial x_2} & \cdots & \dfrac{\partial^2 f}{\partial x_1 \partial x_n} \\ \dfrac{\partial^2 f}{\partial x_2 \partial x_1} & \dfrac{\partial^2 f}{\partial x_2 \partial x_2} & \cdots & \dfrac{\partial^2 f}{\partial x_2 \partial x_n} \\ \vdots & \vdots & & \vdots \\ \dfrac{\partial^2 f}{\partial x_n \partial x_1} & \dfrac{\partial^2 f}{\partial x_n \partial x_2} & \cdots & \dfrac{\partial^2 f}{\partial x_n \partial x_n} \end{bmatrix}_{x=\bar{x}} \begin{bmatrix} \tilde{x}_1 \\ \tilde{x}_2 \\ \vdots \\ \tilde{x}_n \end{bmatrix} \tag{1-37}$$

利用标量对向量的一阶偏导和二阶偏导定义式(1-18)、式(1-27)，$f(\boldsymbol{x})$二阶泰勒展开式可简写为

$$f(\boldsymbol{x}) \approx f(\bar{\boldsymbol{x}}) + \left.\frac{\partial f}{\partial \boldsymbol{x}^{\mathrm{T}}}\right|_{x=\bar{x}} \tilde{\boldsymbol{x}} + \frac{1}{2}\tilde{\boldsymbol{x}}^{\mathrm{T}} \left.\frac{\partial^2 f}{\partial \boldsymbol{x} \partial \boldsymbol{x}^{\mathrm{T}}}\right|_{x=\bar{x}} \tilde{\boldsymbol{x}} \tag{1-38}$$

1.3　导航基本概念

本节介绍组合导航中常用的基本概念。首先介绍地球模型与参量，这是进行导航解算以及建立导航相关坐标系的基础。随后将介绍导航常用的坐标系，基于这些坐标系，可以给出我们感兴趣的导航参数的数学定义。最后，给出不同坐标系之间相对关系的数学表示。

1.3.1　地球基本模型与参量

1. 地球的形状模型

实际的地球是一个不规则球体，其赤道略鼓、两极稍扁，且表面凹凸不平。在组合导航应用中，通常使用旋转椭球体来拟合地球形状，即令椭圆短半轴与地球自转轴(极轴)重合，由椭圆绕其短半轴旋转构成的椭球体，如图 1-2 所示。其中，N 表示北极点，S 表示南极点。包含地球自转轴的平面称为子午面，子午面与旋转椭球体表面的交线称为子午圈或经线，经过英国格林尼治的经线为本初子午线(也称为零度经线)，旋转椭球体表面上一系列与赤道平行的圆圈称为纬圈。

设P为旋转椭球体表面附近的点，图 1-3 给出了旋转椭球体沿过P点子午面的截面。其中，直线PQ为包含P点的椭球体法线，Q为法线与极轴的交点，S为法线与参考椭球体表面的交点，R_0为赤道半径(椭圆长半轴)，即从地心到赤道上任一点的距离，也是地心到地球表面的最远距离；R_P为极轴半径(椭圆短半轴)，即从地心到任一极点的距离，也是地心到地球表面的最近距离。

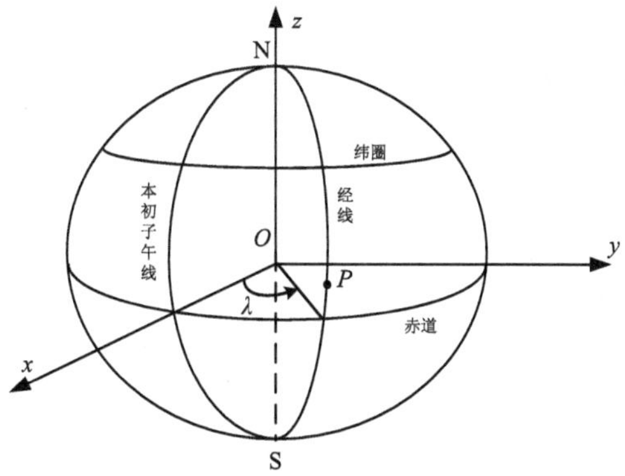

图 1-2　旋转椭球体

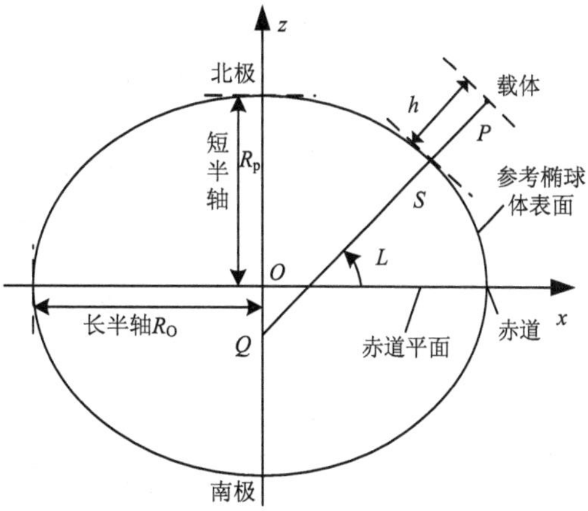

图 1-3　旋转椭球体横截面

下面给出经度、纬度和高度的定义。P 点的经度指的是包含 P 点的子午面与本初子午面所成的二面角，记为 λ，如图 1-2 所示。以东经为正，西经为负，取值范围为 $-180^{\circ}\sim+180^{\circ}$。$P$ 点的纬度指的是过 P 点的椭球体法线 PQ 与赤道平面的夹角，记为 L，如图 1-3 所示。以北纬为正，南纬为负，取值范围为 $-90^{\circ}\sim+90^{\circ}$。$P$ 点的高度指的是 P 点沿椭球体法线到参考椭球体表面的距离，即有向线段 SP 的长度，记为 h，如图 1-3 所示。规定 P 点在椭球外时高度为正，在椭球内时高度为负。

旋转椭球体可以由赤道半径 R_0 和极轴半径 R_P 两个参数决定，其数学模型为

$$\frac{x^2+y^2}{R_0^2}+\frac{z^2}{R_P^2}=1 \tag{1-39}$$

旋转椭球体的偏心率定义为

$$e=\frac{\sqrt{R_0^2-R_P^2}}{R_0} \tag{1-40}$$

几百年来，科学家利用大地测量和重力测量的资料，算出多组地球参考椭球参数，目前常用的地球参考椭球模型为 1984 年世界大地测量系统(World Geodetic System 1984, WGS-84)模型，其参数如表 1-1 所示。

表 1-1　WGS-84 椭球模型的参数

长半轴 R_0 /m	短半轴 R_P /m	偏心率 e
6378137.0	6356752.31425	0.0818191908

2. 旋转椭球体表面的曲率半径

在导航解算过程中，为了建立载体经纬度变化率与载体运动速度的关系，需要使用旋转椭球体表面的曲率半径。下面将给出旋转椭球体表面曲率半径的计算方法。

过椭球面上任意一点 P 可作一条垂直于椭球面的法线 PQ，包含这条法线的平面称为法截面，法截面与旋转椭球体表面的交线称为法截线。在所有的法截线中有两条特殊的法截线：一条是通过南北两极点的法截线，即子午圈；另一条是与子午圈垂直的法截线，称

为卯酉圈，其示意图如图 1-4 所示。子午圈曲率半径 R_m 和卯酉圈曲率半径 R_n 均与地球纬度有关，在赤道处均达到最小，在两极处均达到最大，计算公式分别为

$$R_m = \frac{R_0\left(1-e^2\right)}{\left(1-e^2\sin^2 L\right)^{\frac{3}{2}}} \tag{1-41}$$

$$R_n = \frac{R_0}{\sqrt{1-e^2\sin^2 L}} \tag{1-42}$$

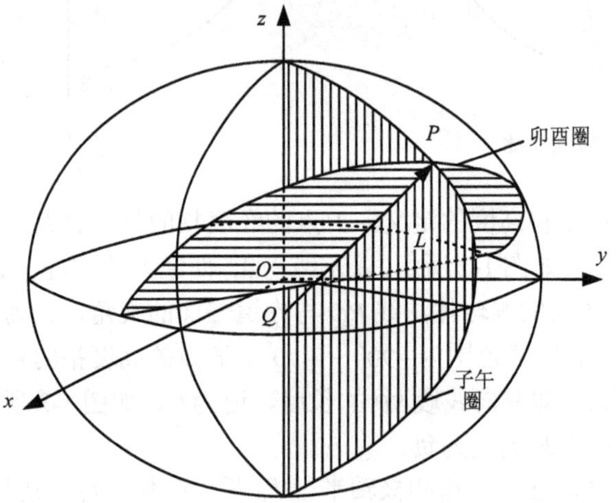

图 1-4　子午圈与卯酉圈示意图

3. 地球的正常重力场

由于地球内部质量分布的不规则性，地球重力场不是一个按简单规律变化的场，但是希望用一个简单的数学函数对其进行拟合。将实际地球规则化为旋转椭球体，称为正常地球，与它对应的地球重力场称为正常重力场。

地球表面某点的正常重力矢量沿旋转椭球体表面法线方向指向地轴。根据 WGS-84 大地坐标系参数，纬度 L 处的重力矢量大小 g_L 可近似计算为

$$g_L = 9.780325\times(1+0.00530240\sin^2 L - 0.00000582\sin^2(2L))\text{m/s}^2 \tag{1-43}$$

1.3.2　导航相关坐标系

在组合导航应用中，很多我们感兴趣的量都需要基于空间直角坐标系来定义。下面给出导航中常用的地心惯性坐标系、地球坐标系、地理坐标系、导航坐标系、载体坐标系和平台坐标系这几种空间直角坐标系的定义。

1. 地心惯性坐标系(Inertial Frame，i 系)

从物理学角度来看，惯性坐标系指的是在空间保持静止或匀速直线运动(无加速度和角速度)的坐标系，惯性器件的输出即是载体相对于惯性坐标系的角速度和加速度。地心惯性坐标系采用 $O_ix_iy_iz_i$ 表示，简称为 i 系。如图 1-5 所示，i 系原点为地球质心，O_iz_i 轴沿地球的自转轴，从地心指向北极，O_ix_i 轴和 O_iy_i 轴在赤道平面内，定义 O_ix_i 轴为地心指向春

分点的方向，或者说是从地心指向地球赤道平面与地球-太阳轨道面(黄道)交点的方向，O_ix_i 轴与 O_iy_i 轴和 O_iz_i 轴构成右手坐标系，它们不随地球旋转。严格来讲，地心惯性坐标系并不是一个真正的惯性坐标系，这是由于地球公转存在向心加速度。然而，在实际应用中，其影响比导航传感器测量噪声的影响还小，因此地心惯性坐标系可近似认为是真惯性坐标系。

2. 地球坐标系(Earth Frame，e 系)

地球坐标系也称为地心地固(Earth-Centered Earth-Fixed, ECEF)坐标系，它与地球固连，导航中的载体位置和载体速度均是相对于地球坐标系定义的。地球坐标系采用 $O_ex_ey_ez_e$ 表示，简称为 e 系。如图 1-5 所示，地球坐标系原点为地球质心，O_ex_e 轴和 O_ey_e 轴都在赤道平面内，且 O_ex_e 轴指向本初子午线，O_ez_e 轴与地球的自转轴重合，指向北极。O_ex_e 轴与 O_ey_e 轴和 O_ez_e 轴构成右手直角坐标系。e 系相对于 i 系的角运动大小就是地球自转角速率 ω_{ie} 。

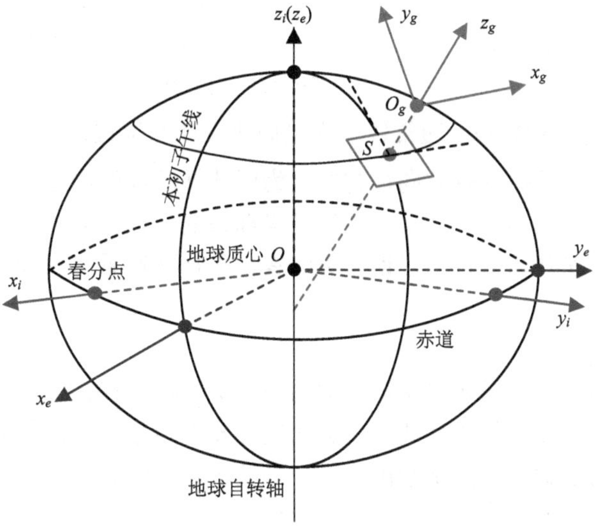

图 1-5　地心惯性坐标系、地球坐标系、地理坐标系示意图

3. 地理坐标系(Geographic Frame，g 系)

地理坐标系常用于描述载体速度、载体加速度、载体姿态等导航参数。地理坐标系采用 $O_gx_gy_gz_g$ 表示，简称为 g 系。如图 1-5 所示，地理坐标系的原点 O_g 位于运载体的中心或者重心，并设经过 O_g 点的旋转椭球体表面法线与旋转椭球体表面交点为 S 。地理坐标系的 O_gx_g 轴指向原点 O_g 处的东向，即沿 O_g 点纬度对应纬线圈在 S 点的切线，指向经度增加的方向；O_gy_g 轴指向原点 O_g 处北向，即沿 O_g 点经度对应经线圈在 S 点的切线，指向地球北极的方向；O_gz_g 轴垂直于 O_gx_g 、O_gy_g 轴构成的平面(即当地水平面)指向原点 O_g 处的天向，即沿法线 O_gS 指向远离地球的方向。这种坐标系也称为“东北天”地理坐标系。除了“东北天”地理坐标系，也存在其他形式的坐标系，如“北东地”地理坐标系和“南西地”地理坐标系，上述轴系均满足右手定则。地理坐标系随地球自转和载体运动而变化。

4. 导航坐标系(Navigation Frame，n 系)

导航坐标系是惯性导航系统在求解导航参数时采用的参考坐标系，任何一个坐标系均可作为导航坐标系。为了在地球附近导航时导航参数和地理坐标系对应的方便，一般选取地理坐标系为导航坐标系，如“东北天”地理坐标系(常用于地面导航)或者“北东地”地理坐标系(常用于航天导航)。导航坐标系用$O_n x_n y_n z_n$表示，简称为n系。

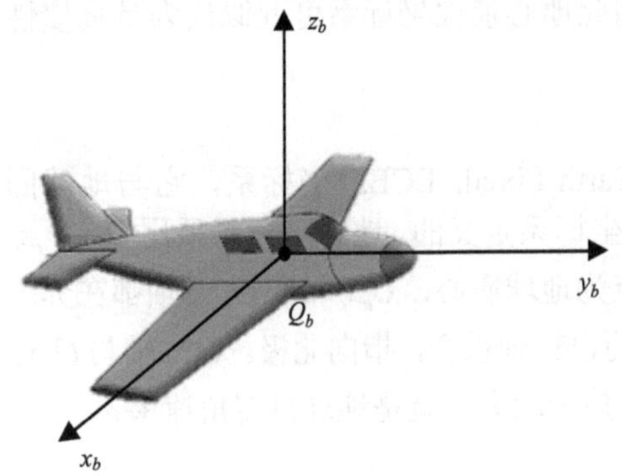

图 1-6　载体坐标系示意图

5. 载体坐标系(Body Frame，b 系)

载体坐标系与载体固连，用于描述载体的位置和运动，用$O_b x_b y_b z_b$表示，简称为b系。载体坐标系原点位于运载体的重心或者质心，对于飞机、舰船等载体，载体坐标系$O_b x_b$轴沿载体横轴线指向右，$O_b y_b$轴沿载体纵轴指向前，$O_b z_b$轴沿载体立轴指向载体顶部，$O_b x_b$轴、$O_b y_b$轴和$O_b z_b$轴构成右手直角坐标系，如图 1-6 所示。

6. 平台坐标系(Platform Frame，p 系)

平台坐标系用于描述平台式惯性导航系统中平台台体的位置和姿态，用$O_p x_p y_p z_p$表示，简称为p系。平台坐标系原点O_p通常位于安装加速度计的位置，与载体坐标系原点相距一个常数矢量。平台坐标系的三轴方向被初始化为所选择的导航坐标系的三轴方向。在初始化之后，平台坐标系的三轴方向名义上与导航坐标系的三轴方向一致。实际上，由于初始对准误差、惯性器件误差、平台加工误差等因素，平台坐标系将逐渐偏离导航坐标系。

1.3.3　导航参数

根据任务需求的不同，导航算法需要输出不同类型导航参数的估计值，辅助载体执行任务。一般情况下，载体的位置、速度、加速度与姿态是最常用的导航参数，本小节在先前导航相关坐标系的基础上，分别给出这几个导航参数的定义。

1. 载体位置

导航中的载体位置通常是指载体在地球坐标系下的坐标，用数学定义表示为：由地球坐标系原点指向载体坐标系原点的三维位置矢量$\boldsymbol{r}_{eb}$在地球坐标系下的投影$\boldsymbol{r}_{eb}^e=[r_{ebx}^e, r_{eby}^e, r_{ebz}^e]^{\mathrm{T}}$，该位置矢量通常用大地坐标(纬度、经度和高度)来表示，即(L,λ,h)。

2. 载体速度

导航中的载体速度通常是指载体相对地球坐标系下的速度在导航坐标系下的坐标，用数学定义表示为：三维位置矢量$\boldsymbol{r}_{eb}$相对于地球坐标系的变化率$\boldsymbol{v}_{eb} \triangleq \left.\dfrac{\mathrm{d}\boldsymbol{r}_{eb}}{\mathrm{d}t}\right|_e$在导航坐标系下的坐标$\boldsymbol{v}_{eb}^n=[v_{ebx}^n, v_{eby}^n, v_{ebz}^n]^{\mathrm{T}}$。其中，$\left.\dfrac{\mathrm{d}\boldsymbol{r}}{\mathrm{d}t}\right|_\alpha$表示矢量$\boldsymbol{r}$相对于坐标系$\alpha$的变化率，即$\left.\dfrac{\mathrm{d}\boldsymbol{r}}{\mathrm{d}t}\right|_\alpha \triangleq \dot{r}_x^\alpha \boldsymbol{i}^\alpha + \dot{r}_y^\alpha \boldsymbol{j}^\alpha + \dot{r}_z^\alpha \boldsymbol{k}^\alpha$，而$[r_x^\alpha, r_y^\alpha, r_z^\alpha]^{\mathrm{T}}$为$\boldsymbol{r}$在坐标系$\alpha$下的坐标，$\boldsymbol{i}^\alpha$、$\boldsymbol{j}^\alpha$和$\boldsymbol{k}^\alpha$为坐标系$\alpha$三个坐标轴向的单位向量。

3. 载体加速度

导航中的载体加速度通常是指载体速度的变化率，用数学定义表示为：三维速度矢量

$\boldsymbol{v}_{eb}$ 相对于导航坐标系的变化率 $\boldsymbol{a}_{eb}=\left.\dfrac{\mathrm{d}\boldsymbol{v}_{eb}}{\mathrm{d}t}\right|_n$ 在导航坐标系下的坐标 $\boldsymbol{a}_{eb}^n=[a_{ebx}^n,a_{eby}^n,a_{ebz}^n]^{\mathrm{T}}$，在数值上载体加速度即为载体速度的变化率，即 $\boldsymbol{a}_{eb}^n=[\dot{v}_{ebx}^n,\dot{v}_{eby}^n,\dot{v}_{ebz}^n]^{\mathrm{T}}$。

4. 载体姿态

导航中的载体姿态通常为载体坐标系与导航坐标系的相对角位移关系。在导航应用中，通常使用一组旋转角来描述载体姿态，包括航向角(或称方位角，Yaw)、俯仰角(或称纵摇角，Pitch)和横滚角(或称横摇角，Roll)，如图 1-7 所示，具体定义如下。

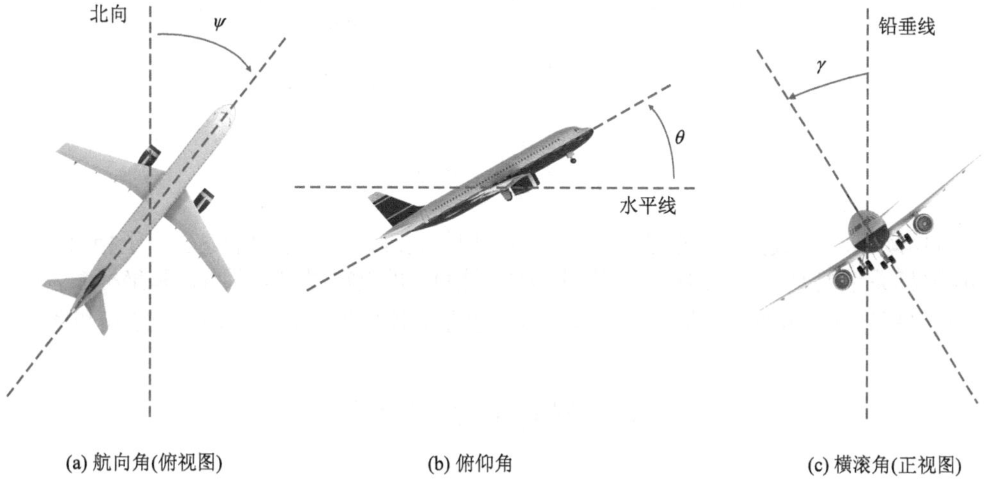

图 1-7　载体姿态角定义

(1)航向角 ψ：运载体纵轴在当地水平面上的投影线与当地地理北向的夹角，常取北偏东为正，即若从空中俯视运载体，地理北向顺时针旋转至纵轴水平投影线的角度，角度范围为 0°～360°。

(2)俯仰角 θ：运载体纵轴与其水平投影线之间的夹角，当运载体抬头时角度定义为正，角度范围为 −90°～90°。

(3)横滚角 γ：运载体立轴与纵轴所在铅垂面之间的夹角，当运载体向右倾斜时角度定义为正，角度范围为 −180°～180°。

1.3.4　坐标系相对关系

在导航应用中，经常需要表示两个坐标系间的相对位置关系和相对旋转关系。如图 1-8 所示，设 α 和 β 是三维空间中的两个直角坐标系，坐标系 α 与 β 的原点不重合，且坐标系 α 与 β 之间存在相对旋转。

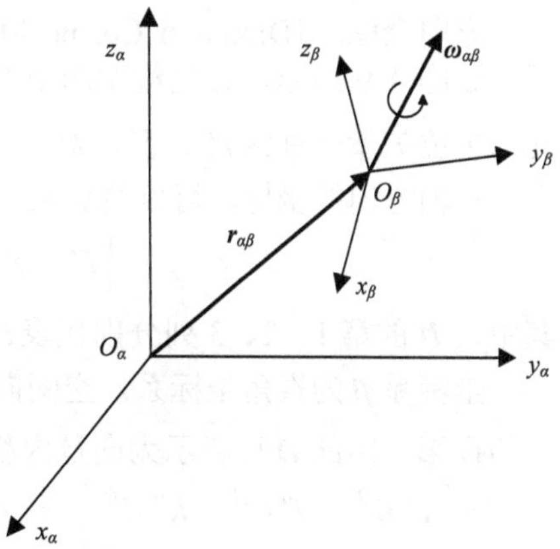

图 1-8　两坐标系的相对位置关系和相对旋转关系

坐标系 α 和 β 间的相对位置关系可以用由坐标系 α 原点指向坐标系 β 原点的矢量 $\boldsymbol{r}_{\alpha\beta}$ 表示，坐标系

α 和 β 间的相对旋转关系可以用由坐标系 β 相对于 α 的角速度矢量 $\boldsymbol{\omega}_{\alpha\beta}$（可假想站在坐标系 α 上观察坐标系 β 的旋转）表示。通常会将矢量投影到坐标系 γ（坐标系 γ 可以是 α 或者 β，也可以不是）得到 $\boldsymbol{r}_{\alpha\beta}$ 和 $\boldsymbol{\omega}_{\alpha\beta}$ 在坐标系 γ 中的坐标，分别为 $\boldsymbol{r}_{\alpha\beta}^{\gamma}=[r_{\alpha\beta x}^{\gamma} \quad r_{\alpha\beta y}^{\gamma} \quad r_{\alpha\beta z}^{\gamma}]^{\mathrm{T}}$ 和 $\boldsymbol{\omega}_{\alpha\beta}^{\gamma}=[\omega_{\alpha\beta x}^{\gamma} \quad \omega_{\alpha\beta y}^{\gamma} \quad \omega_{\alpha\beta z}^{\gamma}]^{\mathrm{T}}$。

利用坐标系间的相对角速度可以推导出同一矢量相对于不同坐标系变化率的关系。设 $\boldsymbol{r}$ 是空间中任意一个三维矢量，它在坐标系 α 和 β 中的坐标分别为 $\boldsymbol{r}^{\alpha}=[r_x^{\alpha} \quad r_y^{\alpha} \quad r_z^{\alpha}]^{\mathrm{T}}$ 和 $\boldsymbol{r}^{\beta}=[r_x^{\beta} \quad r_y^{\beta} \quad r_z^{\beta}]^{\mathrm{T}}$，则矢量 $\boldsymbol{r}$ 相对于坐标系 α 的变化率 $\left.\dfrac{\mathrm{d}\boldsymbol{r}}{\mathrm{d}t}\right|_{\alpha}=\dot{r}_x^{\alpha}\boldsymbol{i}^{\alpha}+\dot{r}_y^{\alpha}\boldsymbol{j}^{\alpha}+\dot{r}_z^{\alpha}\boldsymbol{k}^{\alpha}$ 和矢量 $\boldsymbol{r}$ 相对于坐标系 β 的变化率 $\left.\dfrac{\mathrm{d}\boldsymbol{r}}{\mathrm{d}t}\right|_{\beta}=\dot{r}_x^{\beta}\boldsymbol{i}^{\beta}+\dot{r}_y^{\beta}\boldsymbol{j}^{\beta}+\dot{r}_z^{\beta}\boldsymbol{k}^{\beta}$ 满足如下关系：

$$\left.\frac{\mathrm{d}\boldsymbol{r}}{\mathrm{d}t}\right|_{\alpha}=\left.\frac{\mathrm{d}\boldsymbol{r}}{\mathrm{d}t}\right|_{\beta}+\boldsymbol{\omega}_{\alpha\beta}\times\boldsymbol{r} \tag{1-44}$$

式(1-44)称为哥氏定理，它是本书推导中常用的定理，哥氏定理描述了由于相对旋转，两个不同坐标系下观察同一个向量变化率的差异。注意，哥氏定理中坐标系 α 和坐标系 β 均可任意选取(坐标系 α 和 β 可以是惯性坐标系，也可以是非惯性坐标系，它们的原点可以不重合)。

1.4 坐标系旋转表示

两坐标系间的相对姿态指的是两坐标系之间的相对旋转关系，即其中一个坐标系该如何旋转才能使其三轴方向与另一坐标系对应的三轴方向完全重合。坐标系旋转的数学表示是导航中描述和解算姿态的基础。本节介绍 4 种坐标系旋转表示法，包括方向余弦阵、欧拉角、旋转矢量和四元数，并推导它们的微分方程，最后讨论不同表示法的优缺点，并给出不同表示法常用的转换关系。

1.4.1 方向余弦阵

方向余弦阵(Direction Cosine Matrix, DCM)采用 3×3 正交矩阵描述两坐标系的旋转关系。如图 1-9 所示，设三维空间中存在两个直角坐标系 α 和 β，它们的原点重合，三轴方向的单位矢量分别为 $\boldsymbol{i}^{\alpha}$、$\boldsymbol{j}^{\alpha}$、$\boldsymbol{k}^{\alpha}$ 以及 $\boldsymbol{i}^{\beta}$、$\boldsymbol{j}^{\beta}$、$\boldsymbol{k}^{\beta}$。求取坐标系 α 的三轴单位矢量在坐标系 β 三轴方向的坐标，可以得到唯一的 3×3 过渡矩阵 $\boldsymbol{D}$，使得

$$\begin{bmatrix}\boldsymbol{i}^{\alpha} & \boldsymbol{j}^{\alpha} & \boldsymbol{k}^{\alpha}\end{bmatrix}=\begin{bmatrix}\boldsymbol{i}^{\beta} & \boldsymbol{j}^{\beta} & \boldsymbol{k}^{\beta}\end{bmatrix}\boldsymbol{D} \tag{1-45}$$

其中，$\boldsymbol{D}$ 的第 1、2、3 列分别代表 $\boldsymbol{i}^{\alpha}$、$\boldsymbol{j}^{\alpha}$、$\boldsymbol{k}^{\alpha}$ 在坐标系 β 下的坐标。

坐标系 β 为直角坐标系，空间向量在该坐标系下的坐标等于向量在该坐标系坐标轴方向的投影，因此 $\boldsymbol{D}$ 可表示为向量内积形式，即

$$\boldsymbol{D}=\begin{bmatrix}\boldsymbol{i}^{\alpha}\cdot\boldsymbol{i}^{\beta} & \boldsymbol{j}^{\alpha}\cdot\boldsymbol{i}^{\beta} & \boldsymbol{k}^{\alpha}\cdot\boldsymbol{i}^{\beta}\\ \boldsymbol{i}^{\alpha}\cdot\boldsymbol{j}^{\beta} & \boldsymbol{j}^{\alpha}\cdot\boldsymbol{j}^{\beta} & \boldsymbol{k}^{\alpha}\cdot\boldsymbol{j}^{\beta}\\ \boldsymbol{i}^{\alpha}\cdot\boldsymbol{k}^{\beta} & \boldsymbol{j}^{\alpha}\cdot\boldsymbol{k}^{\beta} & \boldsymbol{k}^{\alpha}\cdot\boldsymbol{k}^{\beta}\end{bmatrix}=\begin{bmatrix}\cos<\boldsymbol{i}^{\alpha},\boldsymbol{i}^{\beta}> & \cos<\boldsymbol{j}^{\alpha},\boldsymbol{i}^{\beta}> & \cos<\boldsymbol{k}^{\alpha},\boldsymbol{i}^{\beta}>\\ \cos<\boldsymbol{i}^{\alpha},\boldsymbol{j}^{\beta}> & \cos<\boldsymbol{j}^{\alpha},\boldsymbol{j}^{\beta}> & \cos<\boldsymbol{k}^{\alpha},\boldsymbol{j}^{\beta}>\\ \cos<\boldsymbol{i}^{\alpha},\boldsymbol{k}^{\beta}> & \cos<\boldsymbol{j}^{\alpha},\boldsymbol{k}^{\beta}> & \cos<\boldsymbol{k}^{\alpha},\boldsymbol{k}^{\beta}>\end{bmatrix} \tag{1-46}$$

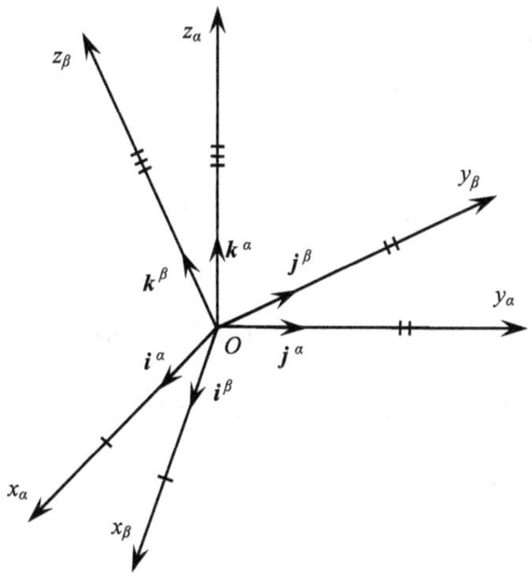

图 1-9　两坐标系及三轴方向单位矢量示意图

其中，<·, ·>表示两个矢量的夹角，矩阵 $\boldsymbol{D}$ 的每个元素都等于两个方向矢量夹角的余弦值，例如，元素 $\boldsymbol{i}^\alpha \cdot \boldsymbol{i}^\beta$ 等于矢量 $\boldsymbol{i}^\alpha$ 和 $\boldsymbol{i}^\beta$ 夹角的余弦值 $\cos < \boldsymbol{i}^\alpha, \boldsymbol{i}^\beta >$。因此，矩阵 $\boldsymbol{D}$ 称为方向余弦阵。容易验证，方向余弦阵 $\boldsymbol{D}$ 为正交矩阵，即满足 $\boldsymbol{D}\boldsymbol{D}^{\mathrm{T}} = \boldsymbol{I}$。

方向余弦阵不仅能够描述两坐标系的旋转关系，还能够实现同一三维矢量在不同坐标系下坐标的变换。设 $\boldsymbol{r}$ 是三维空间中的任意矢量，它在坐标系 α 和 β 下的坐标分别为 $\boldsymbol{r}^\alpha = [r_x^\alpha \quad r_y^\alpha \quad r_z^\alpha]^{\mathrm{T}}$ 和 $\boldsymbol{r}^\beta = [r_x^\beta \quad r_y^\beta \quad r_z^\beta]^{\mathrm{T}}$，则有

$$\boldsymbol{r} = \begin{bmatrix} \boldsymbol{i}^\alpha & \boldsymbol{j}^\alpha & \boldsymbol{k}^\alpha \end{bmatrix} \boldsymbol{r}^\alpha = \begin{bmatrix} \boldsymbol{i}^\beta & \boldsymbol{j}^\beta & \boldsymbol{k}^\beta \end{bmatrix} \boldsymbol{r}^\beta \tag{1-47}$$

将式(1-45)代入式(1-47)，则有

$$\boldsymbol{r} = \begin{bmatrix} \boldsymbol{i}^\beta & \boldsymbol{j}^\beta & \boldsymbol{k}^\beta \end{bmatrix} \boldsymbol{D}\boldsymbol{r}^\alpha = \begin{bmatrix} \boldsymbol{i}^\beta & \boldsymbol{j}^\beta & \boldsymbol{k}^\beta \end{bmatrix} \boldsymbol{r}^\beta \tag{1-48}$$

令 $\boldsymbol{C}_\alpha^\beta = \boldsymbol{D}$，则有

$$\boldsymbol{r}^\beta = \boldsymbol{C}_\alpha^\beta \boldsymbol{r}^\alpha \tag{1-49}$$

其中，$\boldsymbol{C}_\alpha^\beta = \boldsymbol{D}$ 称为从 α 系列 β 系的坐标变换矩阵，也就是 β 系到 α 系的坐标系变换矩阵。

坐标变换矩阵与反对称矩阵之间满足

$$\left(\boldsymbol{r}^\beta \times\right) = \left(\boldsymbol{C}_\alpha^\beta \boldsymbol{r}^\alpha \times\right) = \boldsymbol{C}_\alpha^\beta \left(\boldsymbol{r}^\alpha \times\right) \boldsymbol{C}_\beta^\alpha \tag{1-50}$$

其中，$\left(\boldsymbol{C}_\alpha^\beta \boldsymbol{r}^\alpha \times\right)$ 表示 $\boldsymbol{C}_\alpha^\beta \boldsymbol{r}^\alpha$ 整体对应的反对称阵。

下面介绍方向余弦矩阵的微分方程，它在惯性导航解算中经常用到。例如，惯性导航姿态解算可以利用方向余弦阵的微分方程，基于陀螺仪输出的角速度信息将前一时刻的姿态方向余弦阵更新至当前时刻。

假设动坐标系（α 系）和参考坐标系（β 系）具有共同的原点，α 系相对于 β 系转动的角速度为 $\boldsymbol{\omega}_{\beta\alpha}$，从 β 系到 α 系的坐标系变换矩阵记为 $\boldsymbol{C}_\alpha^\beta$，它是时变矩阵，再假设在 β 系中有一固定矢量 $\boldsymbol{m}$，则固定矢量 $\boldsymbol{m}$ 在两坐标系下投影的转换关系为

$$\boldsymbol{m}^\beta = \boldsymbol{C}_\alpha^\beta \boldsymbol{m}^\alpha \tag{1-51}$$

坐标转换矩阵的微分方程可通过对式(1-51)两端同时对时间微分得到

$$\dot{\boldsymbol{m}}^{\beta}=\boldsymbol{C}_{\alpha}^{\beta}\dot{\boldsymbol{m}}^{\alpha}+\dot{\boldsymbol{C}}_{\alpha}^{\beta}\boldsymbol{m}^{\alpha} \tag{1-52}$$

$\boldsymbol{m}$ 是 β 系中的固定矢量，则有 $\dot{\boldsymbol{m}}^{\beta}=0$。由于 α 系相对于 β 系转动的角速度为 $\boldsymbol{\omega}_{\beta\alpha}$，则在 α 系上观察 $\boldsymbol{m}$ 的角速度应为 $-\boldsymbol{\omega}_{\beta\alpha}$，并且根据圆周运动线速度与角速度的关系，可得 $\dot{\boldsymbol{m}}^{\alpha}=-\boldsymbol{\omega}_{\beta\alpha}^{\alpha}\times\boldsymbol{m}^{\alpha}$，因此式(1-52)可以化为

$$0=\boldsymbol{C}_{\alpha}^{\beta}\left(-\boldsymbol{\omega}_{\beta\alpha}^{\alpha}\times\boldsymbol{m}^{\alpha}\right)+\dot{\boldsymbol{C}}_{\alpha}^{\beta}\boldsymbol{m}^{\alpha} \tag{1-53}$$

即

$$\dot{\boldsymbol{C}}_{\alpha}^{\beta}\boldsymbol{m}^{\alpha}=\boldsymbol{C}_{\alpha}^{\beta}\left(\boldsymbol{\omega}_{\beta\alpha}^{\alpha}\times\boldsymbol{m}^{\alpha}\right) \tag{1-54}$$

由于式(1-54)对于 β 系中的任意固定矢量 $\boldsymbol{m}$ 都成立，任选三个不共面的非零矢量 $\boldsymbol{m}_1$，$\boldsymbol{m}_2$ 和 $\boldsymbol{m}_3$，则有

$$\dot{\boldsymbol{C}}_{\alpha}^{\beta}\begin{bmatrix}\boldsymbol{m}_1^{\alpha} & \boldsymbol{m}_2^{\alpha} & \boldsymbol{m}_3^{\alpha}\end{bmatrix}=\boldsymbol{C}_{\alpha}^{\beta}\left(\boldsymbol{\omega}_{\beta\alpha}^{\alpha}\times\right)\begin{bmatrix}\boldsymbol{m}_1^{\alpha} & \boldsymbol{m}_2^{\alpha} & \boldsymbol{m}_3^{\alpha}\end{bmatrix} \tag{1-55}$$

显然矩阵 $\begin{bmatrix}\boldsymbol{m}_1^{\alpha} & \boldsymbol{m}_2^{\alpha} & \boldsymbol{m}_3^{\alpha}\end{bmatrix}$ 可逆，所以必定有

$$\dot{\boldsymbol{C}}_{\alpha}^{\beta}=\boldsymbol{C}_{\alpha}^{\beta}\left(\boldsymbol{\omega}_{\beta\alpha}^{\alpha}\times\right) \tag{1-56}$$

利用式(1-50)，得到式(1-55)的另一个等价形式：

$$\dot{\boldsymbol{C}}_{\alpha}^{\beta}=\boldsymbol{C}_{\alpha}^{\beta}\left(\boldsymbol{\omega}_{\beta\alpha}^{\alpha}\times\right)=\boldsymbol{C}_{\alpha}^{\beta}\left(\boldsymbol{C}_{\beta}^{\alpha}\boldsymbol{\omega}_{\beta\alpha}^{\beta}\times\right)=\boldsymbol{C}_{\alpha}^{\beta}\boldsymbol{C}_{\beta}^{\alpha}\left(\boldsymbol{\omega}_{\beta\alpha}^{\beta}\times\right)\boldsymbol{C}_{\alpha}^{\beta}=\left(\boldsymbol{\omega}_{\beta\alpha}^{\beta}\times\right)\boldsymbol{C}_{\alpha}^{\beta} \tag{1-57}$$

方向余弦阵采用 3×3 正交矩阵表示坐标系旋转，且表示旋转无奇异性。此外，方向余弦阵的微分方程较简洁。因此，方向余弦阵常用于坐标变换和姿态解算。

1.4.2　欧拉角

欧拉角(Euler Angle)是一种直观的坐标系旋转表示法。在欧拉角表示法中，坐标系旋转被分解为三次绕坐标轴的转动：首先绕三个坐标轴的任意一轴转动，其次绕除第一次转轴外的任意一轴转动，最后绕除第二次转轴外的任意一轴转动。三次转动的角度称为欧拉角。根据转轴和顺序的不同，欧拉角共有 $3\times2\times2=12$ 种不同的定义方式。使用欧拉角表示坐标系旋转应指出欧拉角的定义方式。

如图 1-10 所示，设在起始时直角坐标系 $Oxyz$ 与参考坐标系 $Ox_{\alpha}y_{\alpha}z_{\alpha}$ 重合，下面对 $Oxyz$ 执行如下三次转动：第一次转动绕 z_{α} 轴的负向转动(在导航中通常将北偏东定义为航向角的正向，因此此处为负向转动) ψ 角到达 $Ox_1y_1z_1$ 位置；第二次转动是绕 x_1 轴的正向转动 θ 角到达 $Ox_2y_2z_2$ 位置；第三次转动是绕 y_2 轴的正向转动 γ 角到达 $Ox_{\beta}y_{\beta}z_{\beta}$ 位置。三次转轴分别沿 z 轴负向、x 轴正向和 y 轴正向，可简记欧拉角定义为“–312”。若无特殊说明，本书默认欧拉角按“–312”定义。若令坐标系 α 为导航坐标系(取“东北天”地理坐标系)，并令坐标系 β 为载体坐标系，则上述“–312”定义下的欧拉角 ψ、θ 和 γ 即为 1.3.3 节介绍的航向角、俯仰角和横滚角。值得注意的是，当俯仰角 $\theta=\pm90^{\circ}$ 时，使用欧拉角表示姿态存在奇异性，即姿态对应航向角和横滚角的无数种组合。因此，欧拉角很少被用于惯性导航姿态解算中，主要用于导航载体姿态的直观展现。

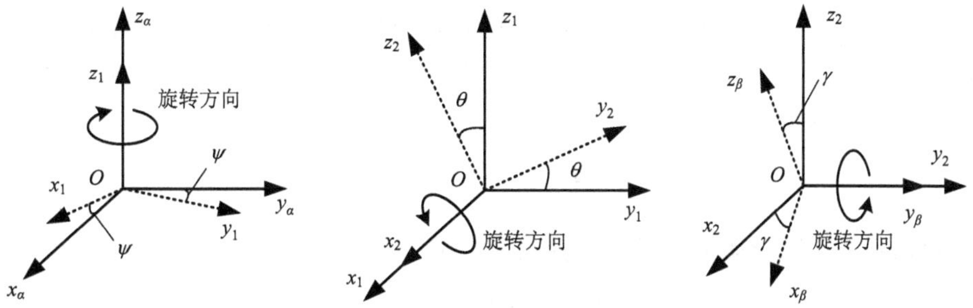

图 1-10　按“–312”定义欧拉角示意图

下面推导“–312”定义下的欧拉角与方向余弦阵的关系。任取三维空间中的一矢量 $\boldsymbol{r}$，其在 $Ox_iy_iz_i$ 中的坐标为 $[x_i \quad y_i \quad z_i]^{\mathrm{T}}$。根据 $Ox_\alpha y_\alpha z_\alpha$ 和 $Ox_1y_1z_1$ 的相对旋转关系，可以得出

$$\begin{cases} x_1 = x_\alpha \cos\psi - y_\alpha \sin\psi \\ y_1 = x_\alpha \sin\psi + y_\alpha \cos\psi \\ z_1 = z_\alpha \end{cases} \tag{1-58}$$

将式(1-58)写成矩阵形式，有

$$\begin{bmatrix} x_1 \\ y_1 \\ z_1 \end{bmatrix} = \begin{bmatrix} \cos\psi & -\sin\psi & 0 \\ \sin\psi & \cos\psi & 0 \\ 0 & 0 & 1 \end{bmatrix} \begin{bmatrix} x_\alpha \\ y_\alpha \\ z_\alpha \end{bmatrix} = \boldsymbol{C}_\alpha^1 \begin{bmatrix} x_\alpha \\ y_\alpha \\ z_\alpha \end{bmatrix} \tag{1-59}$$

同理，根据 $Ox_1y_1z_1$ 和 $Ox_2y_2z_2$ 的相对旋转关系，可以得出

$$\begin{bmatrix} x_2 \\ y_2 \\ z_2 \end{bmatrix} = \begin{bmatrix} 1 & 0 & 0 \\ 0 & \cos\theta & \sin\theta \\ 0 & -\sin\theta & \cos\theta \end{bmatrix} \begin{bmatrix} x_1 \\ y_1 \\ z_1 \end{bmatrix} = \boldsymbol{C}_1^2 \begin{bmatrix} x_1 \\ y_1 \\ z_1 \end{bmatrix} \tag{1-60}$$

根据 $Ox_2y_2z_2$ 和 $Ox_\beta y_\beta z_\beta$ 的相对旋转关系，可以得出

$$\begin{bmatrix} x_\beta \\ y_\beta \\ z_\beta \end{bmatrix} = \begin{bmatrix} \cos\gamma & 0 & -\sin\gamma \\ 0 & 1 & 0 \\ \sin\gamma & 0 & \cos\gamma \end{bmatrix} \begin{bmatrix} x_2 \\ y_2 \\ z_2 \end{bmatrix} = \boldsymbol{C}_2^\beta \begin{bmatrix} x_2 \\ y_2 \\ z_2 \end{bmatrix} \tag{1-61}$$

综上可得 $\boldsymbol{r}$ 在坐标系 $Ox_\alpha y_\alpha z_\alpha$ 和 $Ox_\beta y_\beta z_\beta$ 中坐标的关系式为

$$\begin{bmatrix} x_\beta \\ y_\beta \\ z_\beta \end{bmatrix} = \boldsymbol{C}_2^\beta \boldsymbol{C}_1^2 \boldsymbol{C}_\alpha^1 \begin{bmatrix} x_\alpha \\ y_\alpha \\ z_\alpha \end{bmatrix} = \boldsymbol{C}_\alpha^\beta \begin{bmatrix} x_\alpha \\ y_\alpha \\ z_\alpha \end{bmatrix} \tag{1-62}$$

其中

$$\begin{aligned} \boldsymbol{C}_\alpha^\beta &= \begin{bmatrix} \cos\gamma & 0 & -\sin\gamma \\ 0 & 1 & 0 \\ \sin\gamma & 0 & \cos\gamma \end{bmatrix} \begin{bmatrix} 1 & 0 & 0 \\ 0 & \cos\theta & \sin\theta \\ 0 & -\sin\theta & \cos\theta \end{bmatrix} \begin{bmatrix} \cos\psi & -\sin\psi & 0 \\ \sin\psi & \cos\psi & 0 \\ 0 & 0 & 1 \end{bmatrix} \\ &= \begin{bmatrix} \cos\gamma\cos\psi + \sin\gamma\sin\theta\sin\psi & -\cos\gamma\sin\psi + \sin\gamma\sin\theta\cos\psi & -\sin\gamma\cos\theta \\ \cos\theta\sin\psi & \cos\theta\cos\psi & \sin\theta \\ \sin\gamma\cos\psi - \cos\gamma\sin\theta\sin\psi & -\sin\gamma\sin\psi - \cos\gamma\sin\theta\cos\psi & \cos\gamma\cos\theta \end{bmatrix} \end{aligned} \tag{1-63}$$

式(1-63)即为“–312”定义下的欧拉角与方向余弦阵之间的关系。下面给出“–312”定义下欧拉角的微分方程，它主要用于组合导航仿真中根据欧拉角真值反解角速度真值。

由式(1-63)可以得到

$$\boldsymbol{C}_\alpha^\beta = \boldsymbol{C}_2^\beta \boldsymbol{C}_1^2 \boldsymbol{C}_\alpha^1 \tag{1-64}$$

对式(1-64)两边同时微分，并代入式(1-57)可得

$$\begin{aligned}\dot{\boldsymbol{C}}_\alpha^\beta &= \dot{\boldsymbol{C}}_2^\beta \boldsymbol{C}_1^2 \boldsymbol{C}_\alpha^1 + \boldsymbol{C}_2^\beta \dot{\boldsymbol{C}}_1^2 \boldsymbol{C}_\alpha^1 + \boldsymbol{C}_2^\beta \boldsymbol{C}_1^2 \dot{\boldsymbol{C}}_\alpha^1 \\ &= \left[\left(\boldsymbol{\omega}_{\beta 2}^\beta \times\right)\boldsymbol{C}_2^\beta\right]\boldsymbol{C}_1^2 \boldsymbol{C}_\alpha^1 + \boldsymbol{C}_2^\beta\left[\left(\boldsymbol{\omega}_{21}^2 \times\right)\boldsymbol{C}_1^2\right]\boldsymbol{C}_\alpha^1 + \boldsymbol{C}_2^\beta \boldsymbol{C}_1^2\left[\left(\boldsymbol{\omega}_{1\alpha}^1 \times\right)\boldsymbol{C}_\alpha^1\right] \\ &= \left(\begin{bmatrix}0\\-\dot{\gamma}\\0\end{bmatrix}\times\right)\boldsymbol{C}_2^\beta \boldsymbol{C}_1^2 \boldsymbol{C}_\alpha^1 + \boldsymbol{C}_2^\beta\left(\begin{bmatrix}-\dot{\theta}\\0\\0\end{bmatrix}\times\right)\boldsymbol{C}_1^2 \boldsymbol{C}_\alpha^1 + \boldsymbol{C}_2^\beta \boldsymbol{C}_1^2\left(\begin{bmatrix}0\\0\\\dot{\psi}\end{bmatrix}\times\right)\boldsymbol{C}_\alpha^1\end{aligned} \tag{1-65}$$

而

$$\dot{\boldsymbol{C}}_\alpha^\beta = \left(\boldsymbol{\omega}_{\beta\alpha}^\beta \times\right)\boldsymbol{C}_\alpha^\beta = -\left(\boldsymbol{\omega}_{\alpha\beta}^\beta \times\right)\boldsymbol{C}_\alpha^\beta \tag{1-66}$$

代入式(1-65)可得

$$-\left(\boldsymbol{\omega}_{\alpha\beta}^\beta \times\right)\boldsymbol{C}_\alpha^\beta = \left(\begin{bmatrix}0\\-\dot{\gamma}\\0\end{bmatrix}\times\right)\boldsymbol{C}_2^\beta \boldsymbol{C}_1^2 \boldsymbol{C}_\alpha^1 + \boldsymbol{C}_2^\beta\left(\begin{bmatrix}-\dot{\theta}\\0\\0\end{bmatrix}\times\right)\boldsymbol{C}_1^2 \boldsymbol{C}_\alpha^1 + \boldsymbol{C}_2^\beta \boldsymbol{C}_1^2\left(\begin{bmatrix}0\\0\\\dot{\psi}\end{bmatrix}\times\right)\boldsymbol{C}_\alpha^1 \tag{1-67}$$

在式(1-67)等号两侧同时右乘$\boldsymbol{C}_\beta^\alpha$，可得

$$\begin{aligned}\left(\boldsymbol{\omega}_{\alpha\beta}^\beta \times\right) &= \left\{\left(\begin{bmatrix}0\\\dot{\gamma}\\0\end{bmatrix}\times\right)\boldsymbol{C}_2^\beta \boldsymbol{C}_1^2 \boldsymbol{C}_\alpha^1 + \boldsymbol{C}_2^\beta\left(\begin{bmatrix}\dot{\theta}\\0\\0\end{bmatrix}\times\right)\boldsymbol{C}_1^2 \boldsymbol{C}_\alpha^1 + \boldsymbol{C}_2^\beta \boldsymbol{C}_1^2\left(\begin{bmatrix}0\\0\\-\dot{\psi}\end{bmatrix}\times\right)\boldsymbol{C}_\alpha^1\right\}\boldsymbol{C}_\beta^\alpha \\ &= \left(\begin{bmatrix}0\\\dot{\gamma}\\0\end{bmatrix}\times\right) + \boldsymbol{C}_2^\beta\left(\begin{bmatrix}\dot{\theta}\\0\\0\end{bmatrix}\times\right)\boldsymbol{C}_\beta^2 + \boldsymbol{C}_2^\beta \boldsymbol{C}_1^2\left(\begin{bmatrix}0\\0\\-\dot{\psi}\end{bmatrix}\times\right)\boldsymbol{C}_2^1 \boldsymbol{C}_\beta^2\end{aligned} \tag{1-68}$$

代入式(1-50)可得

$$\left(\boldsymbol{\omega}_{\alpha\beta}^\beta \times\right) = \left(\begin{bmatrix}0\\\dot{\gamma}\\0\end{bmatrix}\times\right) + \left(\boldsymbol{C}_2^\beta\begin{bmatrix}\dot{\theta}\\0\\0\end{bmatrix}\times\right) + \left(\boldsymbol{C}_2^\beta \boldsymbol{C}_1^2\begin{bmatrix}0\\0\\-\dot{\psi}\end{bmatrix}\times\right) \tag{1-69}$$

则有

$$\boldsymbol{\omega}_{\alpha\beta}^\beta = \begin{bmatrix}0\\\dot{\gamma}\\0\end{bmatrix} + \boldsymbol{C}_2^\beta\begin{bmatrix}\dot{\theta}\\0\\0\end{bmatrix} + \boldsymbol{C}_2^\beta \boldsymbol{C}_1^2\begin{bmatrix}0\\0\\-\dot{\psi}\end{bmatrix}$$

$$=\begin{bmatrix}0&0&0\\0&1&0\\0&0&0\end{bmatrix}\begin{bmatrix}\dot{\theta}\\\dot{\gamma}\\\dot{\psi}\end{bmatrix}+\begin{bmatrix}\cos\gamma&0&0\\0&0&0\\\sin\gamma&0&0\end{bmatrix}\begin{bmatrix}\dot{\theta}\\\dot{\gamma}\\\dot{\psi}\end{bmatrix}-\begin{bmatrix}0&0&-\sin\gamma\cos\theta\\0&0&\sin\theta\\0&0&\cos\gamma\cos\theta\end{bmatrix}\begin{bmatrix}\dot{\theta}\\\dot{\gamma}\\\dot{\psi}\end{bmatrix}$$

$$=\begin{bmatrix}\cos\gamma&0&\sin\gamma\cos\theta\\0&1&-\sin\theta\\\sin\gamma&0&-\cos\gamma\cos\theta\end{bmatrix}\begin{bmatrix}\dot{\theta}\\\dot{\gamma}\\\dot{\psi}\end{bmatrix} \tag{1-70}$$

最后，由式(1-70)可以得到欧拉角的微分方程：

$$\begin{bmatrix}\dot{\theta}\\\dot{\gamma}\\\dot{\psi}\end{bmatrix}=\begin{bmatrix}\cos\gamma&0&\sin\gamma\cos\theta\\0&1&-\sin\theta\\\sin\gamma&0&-\cos\gamma\cos\theta\end{bmatrix}^{-1}\boldsymbol{\omega}_{\alpha\beta}^{\beta}$$

$$=\frac{1}{\cos\theta}\begin{bmatrix}\cos\gamma\cos\theta&0&\sin\gamma\cos\theta\\\sin\theta\sin\gamma&\cos\theta&-\sin\theta\cos\gamma\\\sin\gamma&0&-\cos\gamma\end{bmatrix}\begin{bmatrix}\omega_{\alpha\beta x}^{\beta}\\\omega_{\alpha\beta y}^{\beta}\\\omega_{\alpha\beta z}^{\beta}\end{bmatrix} \tag{1-71}$$

1.4.3　旋转矢量

从坐标系 α 到坐标系 β 的旋转可以通过多次转动来完成，也可以通过单次转动来实现。设该单次转动转轴方向的单位矢量为 $\boldsymbol{u}_{\alpha\beta}$，转动角度为 $\phi_{\alpha\beta}$，则可定义坐标系 α 到坐标系 β 的等效旋转矢量 $\boldsymbol{\phi}_{\alpha\beta}$ 为

$$\boldsymbol{\phi}_{\alpha\beta}=\phi_{\alpha\beta}\boldsymbol{u}_{\alpha\beta} \tag{1-72}$$

旋转矢量的模等于旋转角度，旋转矢量的方向表示旋转轴方向。如图 1-11 所示，坐标系 α 的三轴经过旋转后与坐标系 β 的三轴重合。

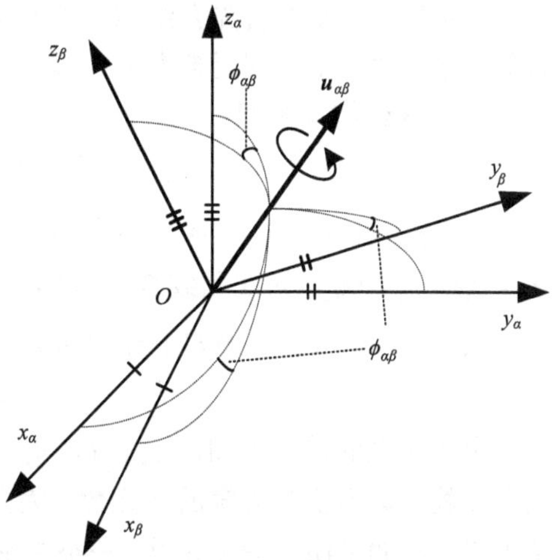

图 1-11　旋转矢量示意图

旋转矢量 $\boldsymbol{\phi}_{\alpha\beta}$ 与方向余弦阵 $\boldsymbol{C}_{\beta}^{\alpha}$ 的关系为

$$\boldsymbol{C}_{\beta}^{\alpha}=\boldsymbol{I}+\frac{\sin\phi_{\alpha\beta}}{\phi_{\alpha\beta}}\left(\boldsymbol{\phi}_{\alpha\beta}^{\alpha}\times\right)+\frac{1-\cos\phi_{\alpha\beta}}{\phi_{\alpha\beta}^{2}}\left(\boldsymbol{\phi}_{\alpha\beta}^{\alpha}\times\right)^{2} \tag{1-73}$$

其中，$\boldsymbol{\phi}_{\alpha\beta}^{\alpha}$ 可替换为 $\boldsymbol{\phi}_{\alpha\beta}^{\beta}$，这是因为旋转矢量 $\boldsymbol{\phi}_{\alpha\beta}$ 在坐标系 α 和 β 中的坐标相同，即 $\boldsymbol{\phi}_{\alpha\beta}^{\alpha}=\boldsymbol{\phi}_{\alpha\beta}^{\beta}$。

下面给出旋转矢量的微分方程，它在高精度惯性导航姿态解算时将会用到。对式(1-73)两边取微分，并代入方向余弦阵的微分方程中，并设坐标系 β 相对于坐标系 α 转动的角速度为 $\boldsymbol{\omega}_{\alpha\beta}$，则有

$$\dot{\boldsymbol{\phi}}_{\alpha\beta}=\boldsymbol{\omega}_{\alpha\beta}+\frac{1}{2}\left(\boldsymbol{\phi}_{\alpha\beta}\times\boldsymbol{\omega}_{\alpha\beta}\right)+\frac{1}{\phi_{\alpha\beta}^{2}}\left[1-\frac{\phi_{\alpha\beta}}{2}\cot\frac{\phi_{\alpha\beta}}{2}\right]\left(\boldsymbol{\phi}_{\alpha\beta}\times\right)^{2}\boldsymbol{\omega}_{\alpha\beta} \tag{1-74}$$

由式(1-74)可以看出，如果坐标系 β 相对于坐标系 α 的转动为定轴转动，即 $\boldsymbol{\omega}_{\alpha\beta}$ 的方向不随时间改变，那么旋转矢量 $\boldsymbol{\phi}_{\alpha\beta}$ 将与 $\boldsymbol{\omega}_{\alpha\beta}$ 共线，此时微分方程(1-74)将简化为 $\dot{\boldsymbol{\phi}}_{\alpha\beta}=\boldsymbol{\omega}_{\alpha\beta}$，即旋转矢量 $\boldsymbol{\phi}_{\alpha\beta}$ 是角速度 $\boldsymbol{\omega}_{\alpha\beta}$ 的积分。这暗示了定轴转动的可交换性，即连续两次转轴相同的定轴转动交换转动顺序后不改变最后的旋转结果。然而，如果相对旋转不是定轴转动，即 $\boldsymbol{\omega}_{\alpha\beta}$ 的方向改变，将无法保证 $\boldsymbol{\phi}_{\alpha\beta}$ 与 $\boldsymbol{\omega}_{\alpha\beta}$ 共线，$\boldsymbol{\phi}_{\alpha\beta}$ 将无法写成角速度 $\boldsymbol{\omega}_{\alpha\beta}$ 的积分。这暗示了非定轴转动的不可交换性，即连续两次转轴不相同的定轴转动(从整体上来看是非定轴转动)交换转动顺序后，最后的转动结果将会发生改变。旋转矢量采用单次转动表示坐标系旋转。然而，旋转矢量微分方程较为复杂，且无法使用旋转矢量直接进行坐标变换，因此很少使用旋转矢量进行姿态解算和坐标变换。在组合导航应用中，旋转矢量主要用于描述姿态估计失准角。

1.4.4 四元数

四元数是由数学家 Hamilton 于 1843 年提出的一种数学概念，常被用来表示旋转。相比于其他旋转表示法，四元数虽然比较抽象，却有许多有用的数学性质，在处理旋转问题时简洁可靠。本小节首先介绍四元数的定义和基本运算规则，进而给出四元数与坐标系旋转的关系，最后给出四元数微分方程。

四元数 $\boldsymbol{Q}$ 的定义为

$$\boldsymbol{Q}=q_w+q_x\boldsymbol{i}+q_y\boldsymbol{j}+q_z\boldsymbol{k} \tag{1-75}$$

其中，$\{q_w, q_x, q_y, q_z\}\in\mathbb{R}$；$\{\boldsymbol{i}, \boldsymbol{j}, \boldsymbol{k}\}$ 为三个虚数单位，称 q_w 为四元数 $\boldsymbol{Q}$ 的实部，称 $\boldsymbol{q}_v=q_x\boldsymbol{i}+q_y\boldsymbol{j}+q_z\boldsymbol{k}$ 为四元数 $\boldsymbol{Q}$ 的虚部。

式(1-75)也可表示为如下标量向量和的形式：

$$\boldsymbol{Q}=q_w+\boldsymbol{q}_v \tag{1-76}$$

由四元数的定义可知，q_w、$\boldsymbol{i}$、$q_w+q_x\boldsymbol{i}$、$\boldsymbol{q}_v$ 等均为四元数。特别地，q_w 是虚部为零的四元数，$\boldsymbol{q}_v$ 是实部为零的四元数。为方便表示，在不引起歧义的情况下，符号 $\boldsymbol{q}_v$ 也可用于表示三维向量 $[q_x \quad q_y \quad q_z]^{\mathrm{T}}$，一个三维向量 $\boldsymbol{r}=[r_x \quad r_y \quad r_z]^{\mathrm{T}}$ 可以看作实部为零的四元数 $r_x\boldsymbol{i}+r_y\boldsymbol{j}+r_z\boldsymbol{k}$。为方便运算，可将四元数 $\boldsymbol{Q}$ 表示为如下的 4 维向量 $\boldsymbol{q}$，后续均采用 4 维向量来表示四元数，即

$$\boldsymbol{q}\triangleq\begin{bmatrix} q_w \\ \boldsymbol{q}_v \end{bmatrix}=\begin{bmatrix} q_w \\ q_x \\ q_y \\ q_z \end{bmatrix} \tag{1-77}$$

下面给出四元数加减法、乘法、共轭和逆的概念。设有如下三个四元数 $\boldsymbol{p}$、$\boldsymbol{q}$ 和 $\boldsymbol{r}$，四元数的加减法定义为

$$\boldsymbol{p}\pm\boldsymbol{q}=\begin{bmatrix} p_w \\ \boldsymbol{p}_v \end{bmatrix}\pm\begin{bmatrix} q_w \\ \boldsymbol{q}_v \end{bmatrix}=\begin{bmatrix} p_w\pm q_w \\ \boldsymbol{p}_v\pm\boldsymbol{q}_v \end{bmatrix} \tag{1-78}$$

容易验证，四元数加法满足交换律和结合律，即

$$\boldsymbol{p}+\boldsymbol{q}=\boldsymbol{q}+\boldsymbol{p} \tag{1-79}$$

$$(\boldsymbol{p}+\boldsymbol{q})+\boldsymbol{r}=\boldsymbol{p}+(\boldsymbol{q}+\boldsymbol{r}) \tag{1-80}$$

下面给出四元数乘法的运算规则。三个虚数单位 $\boldsymbol{i}$、$\boldsymbol{j}$、$\boldsymbol{k}$ 的乘法规则如下：

$$\begin{cases}\boldsymbol{i}\circ\boldsymbol{i}=\boldsymbol{j}\circ\boldsymbol{j}=\boldsymbol{k}\circ\boldsymbol{k}=\boldsymbol{i}\circ\boldsymbol{j}\circ\boldsymbol{k}=-1\\ \boldsymbol{i}\circ\boldsymbol{j}=\boldsymbol{k},\ \boldsymbol{j}\circ\boldsymbol{k}=\boldsymbol{i},\ \boldsymbol{k}\circ\boldsymbol{i}=\boldsymbol{j},\ \boldsymbol{j}\circ\boldsymbol{i}=-\boldsymbol{k},\ \boldsymbol{k}\circ\boldsymbol{j}=-\boldsymbol{i},\ \boldsymbol{i}\circ\boldsymbol{k}=-\boldsymbol{j}\end{cases} \tag{1-81}$$

其中，$\circ$ 表示两个四元数的乘法运算，根据四元数的定义式(1-75)可推出四元数的乘法结果可以写成如下向量形式：

$$\boldsymbol{p}\circ\boldsymbol{q}=\begin{bmatrix}p_w q_w-p_x q_x-p_y q_y-p_z q_z\\ p_w q_x+p_x q_w+p_y q_z-p_z q_y\\ p_w q_y-p_x q_z+p_y q_w+p_z q_x\\ p_w q_z+p_x q_y-p_y q_x+p_z q_w\end{bmatrix}=\begin{bmatrix}p_w q_w-\boldsymbol{p}_v^{\mathrm{T}}\boldsymbol{q}_v\\ p_w\boldsymbol{q}_v+q_w\boldsymbol{p}_v+\boldsymbol{p}_v\times\boldsymbol{q}_v\end{bmatrix} \tag{1-82}$$

容易验证，四元数乘法满足结合律和对加法的分配律，即

$$(\boldsymbol{p}\circ\boldsymbol{q})\circ\boldsymbol{r}=\boldsymbol{p}\circ(\boldsymbol{q}\circ\boldsymbol{r}) \tag{1-83}$$

$$\boldsymbol{p}\circ(\boldsymbol{q}+\boldsymbol{r})=\boldsymbol{p}\circ\boldsymbol{q}+\boldsymbol{p}\circ\boldsymbol{r} \tag{1-84}$$

$$(\boldsymbol{p}+\boldsymbol{q})\circ\boldsymbol{r}=\boldsymbol{p}\circ\boldsymbol{r}+\boldsymbol{q}\circ\boldsymbol{r} \tag{1-85}$$

注意：式(1-82)中的矢量外积不满足交换律，因此四元数乘法不满足交换律，即一般情况下 $\boldsymbol{p}\circ\boldsymbol{q}\neq\boldsymbol{q}\circ\boldsymbol{p}$。四元数乘法(1-82)可以等价地表示为两个矩阵相乘，即

$$\boldsymbol{p}\circ\boldsymbol{q}=[\boldsymbol{p}]_L\boldsymbol{q}=[\boldsymbol{q}]_R\boldsymbol{p} \tag{1-86}$$

其中，$[\boldsymbol{p}]_L$ 和 $[\boldsymbol{q}]_R$ 分别为左四元数乘积矩阵和右四元数乘积矩阵，定义为

$$\begin{aligned}[\boldsymbol{p}]_L&\triangleq p_w\boldsymbol{I}+\begin{bmatrix}0&-\boldsymbol{p}_v^{\mathrm{T}}\\ \boldsymbol{p}_v&(\boldsymbol{p}_v\times)\end{bmatrix}\\ [\boldsymbol{q}]_R&\triangleq q_w\boldsymbol{I}+\begin{bmatrix}0&-\boldsymbol{q}_v^{\mathrm{T}}\\ \boldsymbol{q}_v&-(\boldsymbol{q}_v\times)\end{bmatrix}\end{aligned} \tag{1-87}$$

下面给出共轭四元数的定义。定义四元数 $\boldsymbol{q}$ 的共轭四元数 $\boldsymbol{q}^*$ 为

$$\boldsymbol{q}^*\triangleq\begin{bmatrix}q_w\\ -\boldsymbol{q}_v\end{bmatrix} \tag{1-88}$$

四元数的共轭满足如下运算规则：

$$\boldsymbol{q}\circ\boldsymbol{q}^*=\boldsymbol{q}^*\circ\boldsymbol{q}=q_w^2+q_x^2+q_y^2+q_z^2=\begin{bmatrix}q_w^2+q_x^2+q_y^2+q_z^2\\ \boldsymbol{0}_v\end{bmatrix} \tag{1-89}$$

$$(\boldsymbol{q}+\boldsymbol{p})^*=\boldsymbol{q}^*+\boldsymbol{p}^* \tag{1-90}$$

$$(\boldsymbol{q}\circ\boldsymbol{p})^*=\boldsymbol{p}^*\circ\boldsymbol{q}^* \tag{1-91}$$

四元数的模值(2 范数)定义为

$$\|\boldsymbol{q}\|=\sqrt{\boldsymbol{q}\circ\boldsymbol{q}^*}=\sqrt{\boldsymbol{q}^*\circ\boldsymbol{q}}=\sqrt{q_w^2+q_x^2+q_y^2+q_z^2} \tag{1-92}$$

四元数的模值具有如下性质：

$$\|\boldsymbol{q}\circ\boldsymbol{p}\| = \|\boldsymbol{p}\circ\boldsymbol{q}\| = \|\boldsymbol{p}\|\|\boldsymbol{q}\| \tag{1-93}$$

对于非零四元数 $\boldsymbol{q}$ ，即 $\|\boldsymbol{q}\| \neq 0$ 时，四元数 $\boldsymbol{q}$ 的逆 $\boldsymbol{q}^{-1}$ 定义为

$$\boldsymbol{q}^{-1} \triangleq \frac{\boldsymbol{q}^*}{\|\boldsymbol{q}\|^2} \tag{1-94}$$

容易验证，四元数的逆满足如下性质：

$$\boldsymbol{q}\circ\boldsymbol{q}^{-1} = \boldsymbol{q}^{-1}\circ\boldsymbol{q} = 1 \tag{1-95}$$

两个非零四元数乘积的逆满足如下运算规则：

$$(\boldsymbol{p}\circ\boldsymbol{q})^{-1} = \boldsymbol{q}^{-1}\circ\boldsymbol{p}^{-1} \tag{1-96}$$

下面给出单位四元数的定义，对于任意非零四元数 $\hat{\boldsymbol{q}}$ ，做如下单位化运算 $\boldsymbol{q} = \dfrac{\hat{\boldsymbol{q}}}{\|\hat{\boldsymbol{q}}\|}$ 。此时，$\|\boldsymbol{q}\| = 1$，定义模值为 1 的四元数 $\boldsymbol{q}$ 为单位四元数或规范化四元数。对于单位四元数，其共轭与逆相等，即 $\boldsymbol{q}^* = \boldsymbol{q}^{-1}$ 。

单位四元数可以用于表示坐标系旋转。设三维空间中存在两个直角坐标系 α 和 β ，坐标系 α 到 β 的旋转矢量为 $\boldsymbol{\phi}_{\alpha\beta} = \phi_{\alpha\beta}\boldsymbol{u}_{\alpha\beta}$ ，下面定义单位四元数 $\boldsymbol{q}_\beta^\alpha$ 为

$$\boldsymbol{q}_\beta^\alpha = \begin{bmatrix} q_{\beta w}^\alpha \\ \boldsymbol{q}_{\beta v}^\alpha \end{bmatrix} = \begin{bmatrix} \cos\dfrac{\phi_{\alpha\beta}}{2} \\ \boldsymbol{u}_{\alpha\beta}^\alpha \sin\dfrac{\phi_{\alpha\beta}}{2} \end{bmatrix} \tag{1-97}$$

该式即为四元数与旋转矢量的关系。后面可以看到，可以使用单位四元数 $\boldsymbol{q}_\beta^\alpha$ 进行坐标变换，并推导 $\boldsymbol{q}_\beta^\alpha$ 的微分方程。由式(1-97)，可将共轭四元数记为 $(\boldsymbol{q}_\beta^\alpha)^* = \boldsymbol{q}_\alpha^\beta$ 。

利用方向余弦阵 $\boldsymbol{C}_\beta^\alpha$ 与旋转矢量 $\boldsymbol{\phi}_{\alpha\beta}$ 的关系，可以进一步推导出方向余弦阵 $\boldsymbol{C}_\beta^\alpha$ 与四元数 $\boldsymbol{q}_\beta^\alpha$ 的关系。结合式(1-73)和式(1-97)，经过一定变换可得(式中为表示方便，$\boldsymbol{q}_\beta^\alpha$ 被简写为 $\boldsymbol{q}$)

$$\begin{aligned}
\boldsymbol{C}_\beta^\alpha &= \boldsymbol{I} + 2q_w(\boldsymbol{q}_v\times) + 2(\boldsymbol{q}_v\times)^2 \\
&= \boldsymbol{I} + 2q_w\begin{bmatrix} 0 & -q_z & q_y \\ q_z & 0 & -q_x \\ -q_y & q_x & 0 \end{bmatrix} + 2\begin{bmatrix} 0 & -q_z & q_y \\ q_z & 0 & -q_x \\ -q_y & q_x & 0 \end{bmatrix}^2 \\
&= \begin{bmatrix} q_w^2+q_x^2-q_y^2-q_z^2 & 2(q_xq_y-q_wq_z) & 2(q_xq_z+q_wq_y) \\ 2(q_xq_y+q_wq_z) & q_w^2-q_x^2+q_y^2-q_z^2 & 2(q_yq_z-q_wq_x) \\ 2(q_xq_z-q_wq_y) & 2(q_yq_z+q_wq_x) & q_w^2-q_x^2-q_y^2+q_z^2 \end{bmatrix}
\end{aligned} \tag{1-98}$$

下面利用四元数进行坐标变换。设 $\boldsymbol{r}$ 是三维空间中的任意矢量，它在坐标系 α 与 β 中的投影坐标分别为 $\boldsymbol{r}^\alpha = [r_x^\alpha \quad r_y^\alpha \quad r_z^\alpha]^{\mathrm{T}}$ 和 $\boldsymbol{r}^\beta = [r_x^\beta \quad r_y^\beta \quad r_z^\beta]^{\mathrm{T}}$ 。对矢量 $\boldsymbol{r}^\beta$ (视作零标量四元数)进行四元数乘法运算，按照乘法规则(1-86)展开后，与式(1-98)比较可以得到

$$\boldsymbol{q}_{\beta}^{\alpha} \circ \boldsymbol{r}^{\beta} \circ \boldsymbol{q}_{\alpha}^{\beta} = \begin{bmatrix} 1 & \boldsymbol{0}_{1\times3} \\ \boldsymbol{0}_{3\times1} & \boldsymbol{C}_{\beta}^{\alpha} \end{bmatrix} \begin{bmatrix} 0 \\ \boldsymbol{r}^{\beta} \end{bmatrix} = \begin{bmatrix} 0 \\ \boldsymbol{r}^{\alpha} \end{bmatrix} \tag{1-99}$$

为了书写简洁，可定义式(1-99)中的四元数与三维矢量的乘法运算，将四元数坐标变换公式简化为

$$\boldsymbol{r}^{\alpha} = \boldsymbol{q}_{\beta}^{\alpha} \otimes \boldsymbol{r}^{\beta} \tag{1-100}$$

其中，$\boldsymbol{q}_{\beta}^{\alpha} \otimes \boldsymbol{r}^{\beta}$表示先进行四元数乘法运算$\boldsymbol{q}_{\beta}^{\alpha} \circ \boldsymbol{r}^{\beta} \circ \boldsymbol{q}_{\alpha}^{\beta}$，再提取四元数的虚部。

下面推导四元数微分方程，它可以用于惯性导航的姿态解算。设坐标系β相对于坐标系α转动的角速度为$\boldsymbol{\omega}_{\alpha\beta}$，则四元数的时间导数可定义为

$$\dot{\boldsymbol{q}}_{\beta}^{\alpha}(t) = \lim_{\delta t \to 0} \left(\frac{\boldsymbol{q}_{\beta}^{\alpha}(t+\delta t) - \boldsymbol{q}_{\beta}^{\alpha}(t)}{\delta t} \right) \tag{1-101}$$

如果将坐标系α的旋转看作相对于固定坐标系β的旋转，则$t+\delta t$时刻的$\boldsymbol{q}_{\beta}^{\alpha}$可以写为

$$\boldsymbol{q}_{\beta}^{\alpha}(t+\delta t) = \boldsymbol{q}_{\alpha(t)}^{\alpha(t+\delta t)} \circ \boldsymbol{q}_{\beta}^{\alpha}(t) \tag{1-102}$$

由于$t \sim t+\delta t$间隔内载体坐标系的旋转是无限小的，因此可用小角度$\boldsymbol{\phi}_{\alpha(t)\alpha(t+\delta t)}$替换，根据式(1-97)，式(1-102)可变化为

$$\boldsymbol{q}_{\beta}^{\alpha}(t+\delta t) = \begin{bmatrix} 1 \\ -\dfrac{\boldsymbol{\phi}_{\alpha(t)\alpha(t+\delta t)}}{2} \end{bmatrix} \circ \boldsymbol{q}_{\beta}^{\alpha}(t) = \begin{bmatrix} 1 \\ -\dfrac{1}{2}\boldsymbol{\omega}_{\beta\alpha}^{\alpha}\delta t \end{bmatrix} \circ \boldsymbol{q}_{\beta}^{\alpha}(t) \tag{1-103}$$

代入式(1-101)可得

$$\dot{\boldsymbol{q}}_{\beta}^{\alpha} = -\frac{1}{2}\boldsymbol{\omega}_{\beta\alpha}^{\alpha} \circ \boldsymbol{q}_{\beta}^{\alpha} \tag{1-104}$$

即

$$\dot{\boldsymbol{q}}_{\beta}^{\alpha} = \frac{1}{2}\boldsymbol{\omega}_{\alpha\beta}^{\alpha} \circ \boldsymbol{q}_{\beta}^{\alpha} \tag{1-105}$$

根据式(1-99)将$\boldsymbol{\omega}_{\alpha\beta}^{\alpha}$换至坐标系$\beta$，可以得到四元数的微分方程为

$$\dot{\boldsymbol{q}}_{\beta}^{\alpha} = \frac{1}{2}\boldsymbol{\omega}_{\alpha\beta}^{\alpha} \circ \boldsymbol{q}_{\beta}^{\alpha} = \frac{1}{2}\left(\boldsymbol{q}_{\beta}^{\alpha} \circ \boldsymbol{\omega}_{\alpha\beta}^{\beta} \circ \boldsymbol{q}_{\alpha}^{\beta}\right) \circ \boldsymbol{q}_{\beta}^{\alpha} = \frac{1}{2}\boldsymbol{q}_{\beta}^{\alpha} \circ \boldsymbol{\omega}_{\alpha\beta}^{\beta} \tag{1-106}$$

即

$$\dot{\boldsymbol{q}}_{\beta}^{\alpha} = \frac{1}{2}\boldsymbol{q}_{\beta}^{\alpha} \circ \boldsymbol{\omega}_{\alpha\beta}^{\beta} \tag{1-107}$$

四元数的微分方程较为简洁，在姿态解算时只需对四元数进行单位化以应对数值问题。因此，四元数常用于姿态解算和坐标变换，利用四元数进行姿态解算的计算复杂度小于方向余弦阵。

1.4.5　不同旋转表示之间的关系

前面 1.4.1～1.4.4 节介绍了坐标系旋转的四种数学表示，分别为方向余弦阵、欧拉角、旋转矢量与四元数。它们各自有其优缺点，因此在组合导航应用中起着不同的作用。

方向余弦阵采用3×3正交矩阵表示坐标系旋转。利用方向余弦阵表示旋转无奇异性，采用方向余弦阵进行坐标变换直观简洁。此外，方向余弦阵的微分方程较为简洁。因此，

方向余弦阵常用于坐标变换和姿态解算。然而，与其他旋转表示法相比，方向余弦阵元素个数较多，在进行姿态解算时计算量稍大，同时在姿态解算时需要对方向余弦阵进行正交化以处理数值计算误差。因此，利用方向余弦阵进行姿态解算的计算复杂度稍高。

欧拉角采用连续三次转动的角度表示坐标系旋转。由于坐标系旋转具有三个自由度，欧拉角表示旋转达到了参数最少。欧拉角表示旋转较为直观，主要应用于导航系统的人机交互中，包括姿态估计结果输出展示以及仿真中姿态的人为输入。然而，欧拉角表示旋转具有奇异性，且无法直接进行坐标变换，因此很少使用欧拉角进行姿态解算和坐标变换。

旋转矢量采用单次转动表示坐标系旋转。旋转矢量同样达到了参数最少，与欧拉角相比，旋转矢量表示旋转不具有奇异性。在组合导航应用中，旋转矢量主要用于描述姿态估计失准角，并增广到组合导航状态变量中。然而，旋转矢量微分方程较为复杂，且无法使用旋转矢量直接进行坐标变换，因此很少使用旋转矢量进行姿态解算和坐标变换。

四元数采用单位四元数表示坐标系旋转。与其他旋转表示法相比，利用四元数表示旋转较为抽象。然而，四元数表示旋转无奇异性，同时利用四元数可以简洁地实现坐标变换。此外，四元数的微分方程较为简洁，在姿态解算时只需对四元数进行单位化以应对数值问题。因此，四元数常用于姿态解算和坐标变换，利用四元数进行姿态解算的计算复杂度小于方向余弦阵。

坐标变换的四种数学描述之间的转换关系如图 1-12 所示。

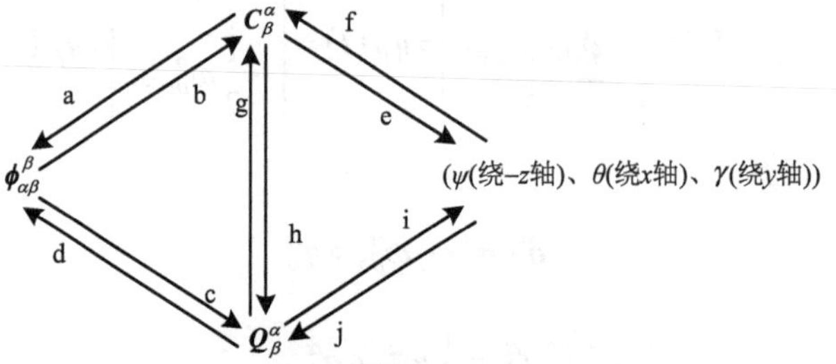

图 1-12　坐标变换的四种数学描述之间的转换关系

a. 方向余弦阵到旋转矢量，根据方向余弦阵相关性质，对式(1-73)反解得到

$$\phi = \arccos\left[\frac{\mathrm{tr}\left(\boldsymbol{C}_\beta^\alpha\right)-1}{2}\right]$$

$$(\boldsymbol{u}\times) = \frac{1}{2\sin\phi}\left[\boldsymbol{C}_\beta^\alpha - \left(\boldsymbol{C}_\beta^\alpha\right)^{\mathrm{T}}\right] \tag{1-108}$$

$$\boldsymbol{\phi}_{\alpha\beta}^\beta = \phi\boldsymbol{u}$$

b. 旋转矢量到方向余弦阵，参考式(1-73)计算得到

$$\boldsymbol{C}_\beta^\alpha = \boldsymbol{I}_3 + \sin\phi(\boldsymbol{u}\times) + (1-\cos\phi)(\boldsymbol{u}\times)^2 \tag{1-109}$$

c. 旋转矢量到四元数，参考旋转矢量定义式(1-72)与式(1-97)计算得到

$$\boldsymbol{Q}_\beta^\alpha = \cos\frac{\phi}{2} + \boldsymbol{u}\sin\frac{\phi}{2} \tag{1-110}$$

d. 四元数到旋转矢量，根据式(1-97)计算得到

$$\begin{cases} \phi = 2\arccos(q_0) \\ \boldsymbol{u} = \dfrac{\boldsymbol{q}_v}{\sin\dfrac{\phi}{2}} \end{cases} \tag{1-111}$$

e. 方向余弦阵到欧拉角，将式(1-63)取转置后，通过观察 $\boldsymbol{C}_\beta^\alpha$ 中的元素可得到欧拉角计算式为

$$\psi = \arctan\left(\frac{c_{12}}{c_{22}}\right),\quad \theta = \arcsin(c_{32}),\quad \gamma = \arctan\left(-\frac{c_{31}}{c_{33}}\right) \tag{1-112}$$

f. 欧拉角到方向余弦阵，在“–312”欧拉角定义下，参考式(1-63)计算得到

$$\boldsymbol{C}_\beta^\alpha = \begin{bmatrix} \cos\gamma\cos\psi + \sin\gamma\sin\theta\sin\psi & \cos\theta\sin\psi & \sin\gamma\cos\psi - \cos\gamma\sin\theta\sin\psi \\ -\cos\gamma\sin\psi + \sin\gamma\sin\theta\cos\psi & \cos\theta\cos\psi & -\sin\gamma\sin\psi - \cos\gamma\sin\theta\cos\psi \\ -\sin\gamma\cos\theta & \sin\theta & \cos\gamma\cos\theta \end{bmatrix} \tag{1-113}$$

g. 四元数到方向余弦阵，可直接由式(1-98)计算得到

$$\boldsymbol{C}_\beta^\alpha = \begin{bmatrix} q_w^2 + q_x^2 - q_y^2 - q_z^2 & 2(q_x q_y - q_w q_z) & 2(q_x q_z + q_w q_y) \\ 2(q_x q_y + q_w q_z) & q_w^2 - q_x^2 + q_y^2 - q_z^2 & 2(q_y q_z - q_w q_x) \\ 2(q_x q_z - q_w q_y) & 2(q_y q_z + q_w q_x) & q_w^2 - q_x^2 - q_y^2 + q_z^2 \end{bmatrix} \tag{1-114}$$

h. 方向余弦阵到四元数，根据式(1-114)中的对角线元素，可以得到

$$\begin{cases} q_w = \pm\dfrac{1}{2}\sqrt{1 + C_{11} + C_{22} + C_{33}} \\ q_x = \pm\dfrac{1}{2}\sqrt{1 + C_{11} - C_{22} - C_{33}} \\ q_y = \pm\dfrac{1}{2}\sqrt{1 - C_{11} + C_{22} - C_{33}} \\ q_z = \pm\dfrac{1}{2}\sqrt{1 - C_{11} - C_{22} + C_{33}} \end{cases} \tag{1-115}$$

i. 四元数到欧拉角，将方向余弦阵作为中间量，先由式(1-114)计算方向余弦阵，再通过式(1-112)解出欧拉角

$$\begin{cases} \psi = \arctan\left[\dfrac{2(q_x q_y - q_w q_z)}{q_w^2 - q_x^2 + q_y^2 - q_z^2}\right] \\ \theta = \arcsin\left[2(q_y q_z + q_w q_x)\right] \\ \gamma = \arctan\left[-\dfrac{2(q_x q_z - q_w q_y)}{q_w^2 - q_x^2 - q_y^2 + q_z^2}\right] \end{cases} \tag{1-116}$$

j. 欧拉角到四元数，参考式(1-97)，在“–312”欧拉角定义下，可得到四元数的计算公式为

$$
\begin{aligned}
\boldsymbol{Q}_\beta^\alpha &= \boldsymbol{Q}_1^\alpha \circ \boldsymbol{Q}_2^1 \circ \boldsymbol{Q}_\beta^2 = \left(\cos\frac{\psi}{2} - \boldsymbol{k}\sin\frac{\psi}{2}\right)\circ\left(\cos\frac{\theta}{2} + \boldsymbol{j}\sin\frac{\theta}{2}\right)\circ\left(\cos\frac{\gamma}{2} + \boldsymbol{i}\sin\frac{\gamma}{2}\right) \\
&= \begin{bmatrix}
\cos\frac{\psi}{2}\cos\frac{\theta}{2}\cos\frac{\gamma}{2} - \sin\frac{\psi}{2}\sin\frac{\theta}{2}\sin\frac{\gamma}{2} \\
\cos\frac{\psi}{2}\cos\frac{\theta}{2}\sin\frac{\gamma}{2} + \sin\frac{\psi}{2}\sin\frac{\theta}{2}\cos\frac{\gamma}{2} \\
\cos\frac{\psi}{2}\sin\frac{\theta}{2}\cos\frac{\gamma}{2} - \sin\frac{\psi}{2}\cos\frac{\theta}{2}\sin\frac{\gamma}{2} \\
-\sin\frac{\psi}{2}\cos\frac{\theta}{2}\cos\frac{\gamma}{2} - \cos\frac{\psi}{2}\sin\frac{\theta}{2}\sin\frac{\gamma}{2}
\end{bmatrix}
\end{aligned} \tag{1-117}
$$

1.5　概率与统计基本知识

本节介绍本书主要使用的概率与统计基本知识。首先介绍概率论中的基本概念，随后介绍本书将会使用到的几种概率分布及其基本性质，最后介绍随机过程中的若干基本概念。

1.5.1　概率论基本知识

1. 贝叶斯公式

对于随机变量 $\boldsymbol{x}$ 和 $\boldsymbol{y}$，可将 $\boldsymbol{x}$ 和 $\boldsymbol{y}$ 的联合概率密度 $p(\boldsymbol{x},\boldsymbol{y})$ 写成一个条件概率密度和一个非条件概率密度的乘积，即

$$
p(\boldsymbol{x},\boldsymbol{y}) = p(\boldsymbol{x}\,|\,\boldsymbol{y})\,p(\boldsymbol{y}) = p(\boldsymbol{y}\,|\,\boldsymbol{x})\,p(\boldsymbol{x}) \tag{1-118}
$$

重新整理可得到贝叶斯公式为

$$
p(\boldsymbol{x}\,|\,\boldsymbol{y}) = \frac{p(\boldsymbol{y}\,|\,\boldsymbol{x})\,p(\boldsymbol{x})}{p(\boldsymbol{y})} \tag{1-119}
$$

其中，$p(\boldsymbol{x})$ 称为 $\boldsymbol{x}$ 的先验概率密度，一般对应融合传感器测量信息前对估计量已有的信息；$p(\boldsymbol{y}\,|\,\boldsymbol{x})$ 称为似然函数，一般对应传感器测量信息；$p(\boldsymbol{x}\,|\,\boldsymbol{y})$ 称为 $\boldsymbol{x}$ 的后验概率密度，一般对应融合传感器测量信息后对估计量的信息。

例 1-1　假设某产品的长度 x 是一个连续随机变量，其先验概率密度 $p(x)$ 为正态分布 $N(\mu_0,\sigma_0^2)$。现有对产品长度的量测 $y = x + v$，v 为量测噪声，其均值为 $E[v]=0$，方差为 $\mathrm{Var}[v]=\sigma^2$。由此可以得到似然函数 $p(y\,|\,x) = N(y;x,\sigma^2)$。由贝叶斯公式可以计算后验概率密度为

$$
\begin{aligned}
p(x\,|\,y) &= \frac{p(y\,|\,x)p(x)}{p(y)} = \frac{p(y\,|\,x)p(x)}{\int p(y\,|\,x)p(x)\mathrm{d}x} \\
&= \frac{N(y;x,\sigma^2)N(x;\mu_0,\sigma_0^2)}{\int N(y;x,\sigma^2)N(x;\mu_0,\sigma_0^2)\mathrm{d}x} \\
&= N\left(x;\frac{\sigma^2}{\sigma_0^2+\sigma^2}\mu_0 + \frac{\sigma_0^2}{\sigma_0^2+\sigma^2}y, \frac{\sigma^2\sigma_0^2}{\sigma_0^2+\sigma^2}\right)
\end{aligned} \tag{1-120}
$$

式(1-120)可以利用后面介绍的高斯分布的性质式(1-129)和式(1-131)求出。现令 $\mu_1=\dfrac{\sigma^2}{\sigma_0^2+\sigma^2}\mu_0+\dfrac{\sigma_0^2}{\sigma_0^2+\sigma^2}y$、$\sigma_1^2=\dfrac{\sigma^2\sigma_0^2}{\sigma_0^2+\sigma^2}$，则后验概率可以写为

$$p(x\mid y)=N(x;\mu_1,\sigma_1^2) \tag{1-121}$$

若先验分布的均值为 $\mu_0=1.5$，方差为 $\sigma_0^2=1.2$，量测值为 $y=3$，量测的方差为 $\sigma^2=1$，由贝叶斯公式可以得出后验分布的均值为 $\mu_1=2.3182$，方差为 $\sigma_1^2=0.5455$。先验概率密度、似然函数和后验概率密度曲线如图 1-13 所示。

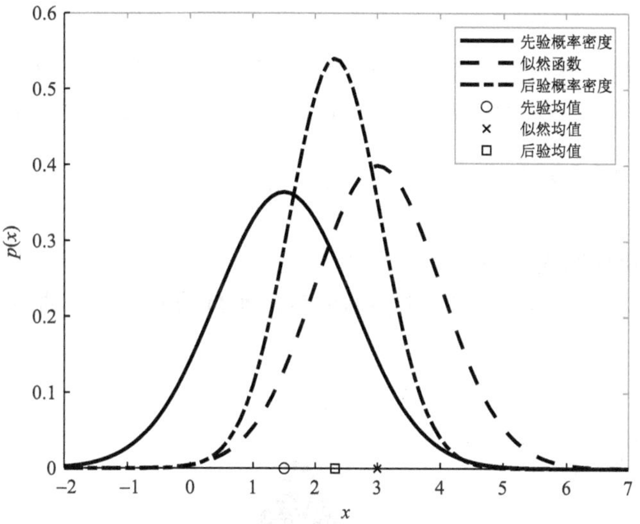

图 1-13　先验概率密度、似然函数和后验概率密度曲线

从图中可以观察到，由于后验分布融合了先验信息和似然信息，后验分布的均值介于先验分布和似然函数的均值之间。同时，由于后验分布融合了更多的信息，其不确定性变小，后验分布的方差要小于先验分布和似然分布。

2. 均值和协方差矩阵

随机向量 $\boldsymbol{x}$ 的期望定义为

$$E[\boldsymbol{x}]\triangleq\int \boldsymbol{x}p(\boldsymbol{x})\mathrm{d}\boldsymbol{x}=\boldsymbol{\mu} \tag{1-122}$$

随机向量 $\boldsymbol{x}$ 的协方差矩阵定义为

$$\mathrm{Cov}[\boldsymbol{x}]\triangleq E\left[(\boldsymbol{x}-\boldsymbol{\mu})(\boldsymbol{x}-\boldsymbol{\mu})^{\mathrm{T}}\right]=\boldsymbol{P} \tag{1-123}$$

其中，协方差矩阵 $\boldsymbol{P}$ 的第 i 行、第 j 列满足

$$P_{ij}=E\left[(x_i-\mu_i)(x_j-\mu_j)\right] \tag{1-124}$$

3. 统计独立和不相关

如果两个随机向量 $\boldsymbol{x}$ 和 $\boldsymbol{y}$ 的联合概率密度可以用以下的因式分解，那么称这两个随机向量是统计独立的，即

$$p(\boldsymbol{x},\boldsymbol{y})=p(\boldsymbol{x})p(\boldsymbol{y}) \tag{1-125}$$

如果两个随机向量 $\boldsymbol{x}$ 和 $\boldsymbol{y}$ 的期望运算满足式(1-126)，则称之为不相关的。

$$E\left[\boldsymbol{x}\boldsymbol{y}^{\mathrm{T}}\right]=E[\boldsymbol{x}]E\left[\boldsymbol{y}^{\mathrm{T}}\right] \tag{1-126}$$

从统计独立和不相关的定义不难看出，如果两个随机向量是统计独立的，那么能够推出它们是不相关的。然而，利用两个随机向量不相关不能推出这两个随机向量统计独立。1.5.2 节将会看到，如果两个随机向量都服从高斯分布，则这两个随机向量统计独立等价于它们不相关。

1.5.2 常见概率分布与基本性质

1. 高斯分布

在状态估计与组合导航中，高斯分布被广泛用于描述随机向量的不确定性。设随机向量 $\boldsymbol{x}\in\mathbb{R}^n$ 服从高斯分布，其均值为 $\boldsymbol{m}$、协方差矩阵(正定矩阵)为 $\boldsymbol{P}$，则 $\boldsymbol{x}$ 的概率密度为

$$N(\boldsymbol{x};\boldsymbol{m},\boldsymbol{P})\triangleq\frac{1}{(2\pi)^{\frac{n}{2}}|\boldsymbol{P}|^{\frac{1}{2}}}\exp\left[-\frac{1}{2}(\boldsymbol{x}-\boldsymbol{m})^{\mathrm{T}}\boldsymbol{P}^{-1}(\boldsymbol{x}-\boldsymbol{m})\right] \tag{1-127}$$

其中，$N(\boldsymbol{x};\boldsymbol{m},\boldsymbol{P})$ 可简写为 $N(\boldsymbol{m},\boldsymbol{P})$。

均值为 $\boldsymbol{0}$、协方差矩阵为 $\boldsymbol{I}$ 的二维高斯分布 $N(\boldsymbol{0},\boldsymbol{I})$ 的概率密度曲线如图 1-14 所示。

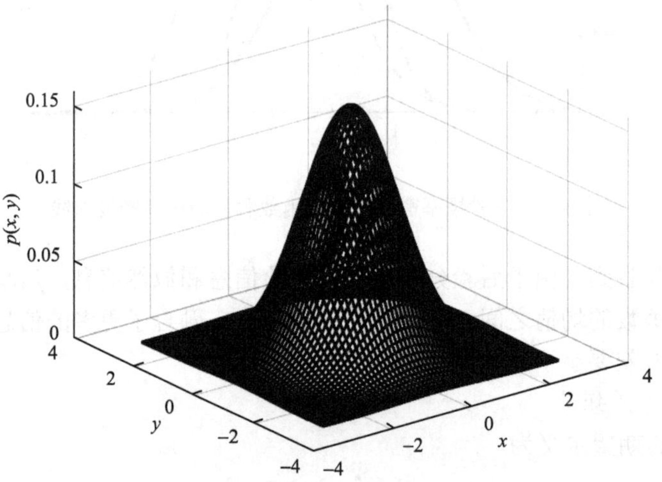

图 1-14　高斯分布 $N(\boldsymbol{0},\boldsymbol{I})$ 的概率密度曲线

若随机向量 $\boldsymbol{x}\in\mathbb{R}^n$ 和 $\boldsymbol{y}\in\mathbb{R}^m$ 满足

$$\begin{aligned}&\boldsymbol{x}\sim N(\boldsymbol{m},\boldsymbol{P})\\&\boldsymbol{y}\mid\boldsymbol{x}\sim N(\boldsymbol{H}\boldsymbol{x}+\boldsymbol{u},\boldsymbol{R})\end{aligned} \tag{1-128}$$

其中，$\boldsymbol{y}\mid\boldsymbol{x}$ 表示 $\boldsymbol{y}$ 对于 $\boldsymbol{x}$ 的条件分布，则 $\boldsymbol{x}$ 和 $\boldsymbol{y}$ 的联合分布为

$$\begin{bmatrix}\boldsymbol{x}\\\boldsymbol{y}\end{bmatrix}\sim N\left(\begin{bmatrix}\boldsymbol{m}\\\boldsymbol{H}\boldsymbol{m}+\boldsymbol{u}\end{bmatrix},\begin{bmatrix}\boldsymbol{P}&\boldsymbol{P}\boldsymbol{H}^{\mathrm{T}}\\\boldsymbol{H}\boldsymbol{P}&\boldsymbol{H}\boldsymbol{P}\boldsymbol{H}^{\mathrm{T}}+\boldsymbol{R}\end{bmatrix}\right) \tag{1-129}$$

若随机向量 $\boldsymbol{x}\in\mathbb{R}^n$ 和 $\boldsymbol{y}\in\mathbb{R}^m$ 满足

$$\begin{bmatrix} \boldsymbol{x} \\ \boldsymbol{y} \end{bmatrix} \sim N\left(\begin{bmatrix} \boldsymbol{a} \\ \boldsymbol{b} \end{bmatrix}, \begin{bmatrix} \boldsymbol{A} & \boldsymbol{C} \\ \boldsymbol{C}^{\mathrm{T}} & \boldsymbol{B} \end{bmatrix} \right) \tag{1-130}$$

则随机向量 $\boldsymbol{x}$ 和 $\boldsymbol{y}$ 的条件分布为

$$\begin{aligned} \boldsymbol{x} \mid \boldsymbol{y} &\sim N\left(\boldsymbol{a} + \boldsymbol{C}\boldsymbol{B}^{-1}(\boldsymbol{y}-\boldsymbol{b}), \boldsymbol{A} - \boldsymbol{C}\boldsymbol{B}^{-1}\boldsymbol{C}^{\mathrm{T}}\right) \\ \boldsymbol{y} \mid \boldsymbol{x} &\sim N\left(\boldsymbol{b} + \boldsymbol{C}^{\mathrm{T}}\boldsymbol{A}^{-1}(\boldsymbol{x}-\boldsymbol{a}), \boldsymbol{B} - \boldsymbol{C}^{\mathrm{T}}\boldsymbol{A}^{-1}\boldsymbol{C}\right) \end{aligned} \tag{1-131}$$

在高斯分布情况下，两随机向量统计独立和不相关是等价的。设两高斯随机向量 $\boldsymbol{x} \in \mathbb{R}^n$ 和 $\boldsymbol{y} \in \mathbb{R}^m$ 联合分布如式(1-130)所示，若 $\boldsymbol{x}$ 和 $\boldsymbol{y}$ 之间不相关，则有

$$\begin{aligned} \boldsymbol{C} &= E\left[(\boldsymbol{x}-\boldsymbol{a})(\boldsymbol{y}-\boldsymbol{b})^{\mathrm{T}}\right] \\ &= E\left[\boldsymbol{x}\boldsymbol{y}^{\mathrm{T}}\right] - E[\boldsymbol{x}]\boldsymbol{b}^{\mathrm{T}} - \boldsymbol{a}E\left[\boldsymbol{y}^{\mathrm{T}}\right] + \boldsymbol{a}\boldsymbol{b}^{\mathrm{T}} \\ &= E\left[\boldsymbol{x}\boldsymbol{y}^{\mathrm{T}}\right] - E[\boldsymbol{x}]E\left[\boldsymbol{y}^{\mathrm{T}}\right] = \boldsymbol{0} \end{aligned} \tag{1-132}$$

根据高斯分布概率密度表达式(1-127)，容易推出

$$p(\boldsymbol{x},\boldsymbol{y}) = N\left(\begin{bmatrix} \boldsymbol{x} \\ \boldsymbol{y} \end{bmatrix}; \begin{bmatrix} \boldsymbol{a} \\ \boldsymbol{b} \end{bmatrix}, \begin{bmatrix} \boldsymbol{A} & \boldsymbol{0} \\ \boldsymbol{0} & \boldsymbol{B} \end{bmatrix} \right) = N(\boldsymbol{x};\boldsymbol{a},\boldsymbol{A})N(\boldsymbol{y};\boldsymbol{b},\boldsymbol{B}) \tag{1-133}$$

即 $\boldsymbol{x}$ 和 $\boldsymbol{y}$ 之间统计独立。两统计独立的随机向量必定不相关，因此两高斯随机向量统计独立和不相关等价。

2. 学生 t 分布

实际工程中可能会受到多种复杂因素的影响，导致噪声存在异常干扰，使得噪声分布不再服从高斯假设，而呈现出比高斯分布更“厚尾”的特性。采用学生 t 分布建模这样的“厚尾”噪声有助于提升导航系统的可靠性和稳定性。设随机向量 $\boldsymbol{x} \in \mathbb{R}^n$ 服从学生 t 分布，其均值为 $\boldsymbol{\mu} \in \mathbb{R}^n$，尺度矩阵为 $\boldsymbol{\Sigma} \in \mathbb{R}^{d \times d}$（正定矩阵），自由度参数为 $\nu \in \mathbb{R}_{>0}$（$\mathbb{R}_{>0}$ 表示正实数域），则随机向量 $\boldsymbol{x}$ 的概率密度为

$$\mathrm{St}(\boldsymbol{x};\boldsymbol{\mu},\boldsymbol{\Sigma},\nu) \triangleq \frac{\Gamma\left(\frac{\nu+n}{2}\right)}{\Gamma\left(\frac{n}{2}\right)} \frac{1}{(\nu\pi)^{\frac{n}{2}}} \frac{1}{\sqrt{|\boldsymbol{\Sigma}|}} \left(1 + \frac{1}{\nu}(\boldsymbol{x}-\boldsymbol{\mu})^{\mathrm{T}}\boldsymbol{\Sigma}^{-1}(\boldsymbol{x}-\boldsymbol{\mu})\right)^{-\frac{n+\nu}{2}} \tag{1-134}$$

其中，$\Gamma(\cdot)$ 表示伽马函数；在 $\nu > 2$ 时，随机变量 $\boldsymbol{x}$ 的协方差为 $\mathrm{Var}(\boldsymbol{x}) = \dfrac{\nu}{\nu-2}\boldsymbol{\Sigma}$。

图 1-15 中对比了一维学生 t 分布和一维高斯分布的概率密度曲线。其中，高斯分布与学生 t 分布的均值都设置为 0、方差都设置为 1，而两个学生 t 分布的自由度参数分别设置为 3 和 8。从图 1-15 可以看出，与高斯分布相比，学生 t 分布概率密度值随着 x 绝对值的增大而衰减得更为缓慢(尾部更厚)，自由度参数 ν 越小，“厚尾”就越明显。因此，学生 t 分布更适合建模包含了异常干扰的“厚尾”噪声。

根据学生 t 分布的性质，式(1-134)中的学生 t 分布可以写成如下高斯分层形式，即

$$\mathrm{St}(\boldsymbol{x};\boldsymbol{\mu},\boldsymbol{\Sigma},\nu) = \int_0^{+\infty} N\left(\boldsymbol{x};\boldsymbol{\mu},\frac{\boldsymbol{\Sigma}}{\xi}\right) G\left(\xi;\frac{\nu}{2},\frac{\nu}{2}\right)\mathrm{d}\xi \tag{1-135}$$

其中，$G(x;\alpha,\beta)$ 表示伽马分布，将在随后定义。

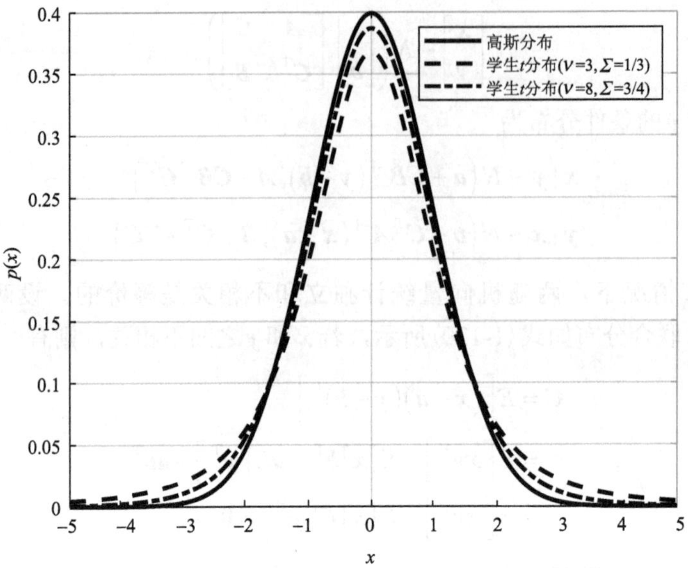

图 1-15　学生 t 分布与高斯分布概率密度曲线对比图

3. 伽马分布

设随机变量 $x\in\mathbb{R}_{>0}$ 服从伽马分布，其形状参数为 $\alpha\in\mathbb{R}_{>0}$，逆尺度参数为 $\beta\in\mathbb{R}_{>0}$，其中，$\mathbb{R}_{>0}$ 代表正实数域，则随机变量 x 的概率分布可写为

$$G(x;\alpha,\beta)\triangleq\begin{cases}\dfrac{\beta^{\alpha}}{\Gamma(\alpha)}x^{\alpha-1}\exp(-\beta x), & x>0\\ 0, & x\leqslant 0\end{cases} \tag{1-136}$$

随机变量 x 的均值为 $E[x]=\dfrac{\alpha}{\beta}$，方差为 $\mathrm{Var}[x]=\dfrac{\alpha}{\beta^2}$。伽马分布的概率密度曲线如图 1-16 所示，从图中可以观察到伽马分布形状参数 α 以及逆尺度参数 β 对均值和方差的影响。

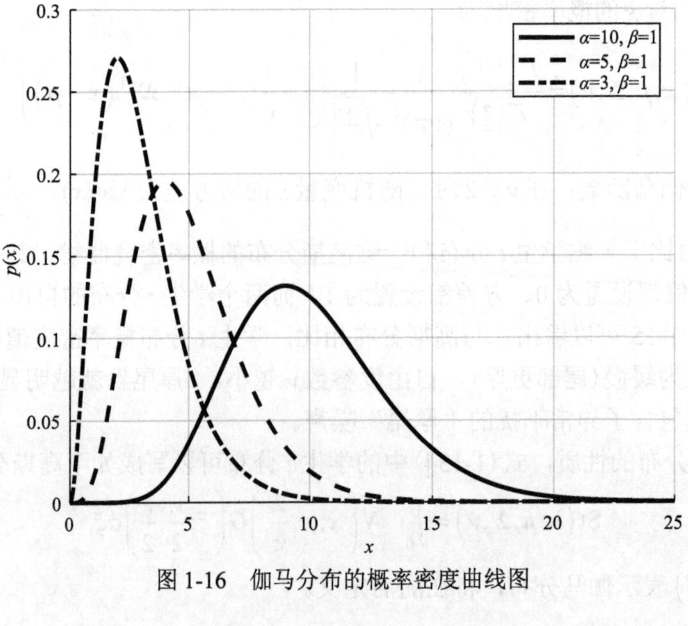

图 1-16　伽马分布的概率密度曲线图

4. 逆维沙特分布

逆维沙特分布是建模正定矩阵的常用分布，该分布常用于高斯分布协方差矩阵的贝叶斯推断。设随机矩阵 $\boldsymbol{B} \in \mathbb{R}^{n\times n}$ 服从逆维沙特分布，其自由度参数为 $\zeta \in \mathbb{R}$（$\zeta > n-1$），逆尺度矩阵 $\boldsymbol{\Psi} \in \mathbb{R}^{n\times n}$（正定矩阵），则随机矩阵 $\boldsymbol{B}$ 的概率分布可写为

$$\mathrm{IW}\left(\boldsymbol{B};\boldsymbol{\Psi},\zeta\right)=\frac{\left|\boldsymbol{\Psi}\right|^{\frac{\zeta}{2}}\left|\boldsymbol{B}\right|^{-\frac{\zeta+n+1}{2}}\exp\left(-\frac{\mathrm{tr}\left(\boldsymbol{\Psi}\boldsymbol{B}^{-1}\right)}{2}\right)}{2^{\frac{\zeta n}{2}}\Gamma_n\left(\frac{\zeta}{2}\right)} \tag{1-137}$$

其中，$\Gamma_n(\cdot)$ 表示多元伽马函数；随机矩阵 $\boldsymbol{B}$ 的均值为 $E[\boldsymbol{B}]=\dfrac{\boldsymbol{\Psi}}{\zeta-n-1}$。

逆维沙特分布是高斯分布协方差矩阵的共轭先验，这是逆维沙特分布的重要性质。假设随机矩阵 $\boldsymbol{B}$ 为待估计量，它的先验分布服从逆维沙特分布，即 $p(\boldsymbol{B})=\mathrm{IW}(\boldsymbol{B};\boldsymbol{\Psi},\zeta)$。现在获得了关于矩阵 $\boldsymbol{B}$ 的测量 $\boldsymbol{x}$，$\boldsymbol{x}$ 服从协方差矩阵为 $\boldsymbol{B}$ 的高斯分布，即似然函数为 $p(\boldsymbol{x}\mid\boldsymbol{B})=N(\boldsymbol{x};\boldsymbol{\mu},\boldsymbol{B})$。根据贝叶斯公式可推导出随机矩阵 $\boldsymbol{B}$ 的后验分布为

$$\begin{aligned}p\left(\boldsymbol{B}\mid\boldsymbol{x}\right)&=\frac{p\left(\boldsymbol{x}\mid\boldsymbol{B}\right)p\left(\boldsymbol{B}\right)}{\int p\left(\boldsymbol{x}\mid\boldsymbol{B}\right)p\left(\boldsymbol{B}\right)\mathrm{d}\boldsymbol{B}}=\frac{N\left(\boldsymbol{x};\boldsymbol{\mu},\boldsymbol{B}\right)\mathrm{IW}\left(\boldsymbol{B};\boldsymbol{\Psi},\zeta\right)}{\int N\left(\boldsymbol{x};\boldsymbol{\mu},\boldsymbol{B}\right)\mathrm{IW}\left(\boldsymbol{B};\boldsymbol{\Psi},\zeta\right)\mathrm{d}\boldsymbol{B}}\\&=\mathrm{IW}\left(\boldsymbol{B};\boldsymbol{\Psi}+\left(\boldsymbol{x}-\boldsymbol{\mu}\right)\left(\boldsymbol{x}-\boldsymbol{\mu}\right)^{\mathrm{T}},\zeta+1\right)\end{aligned} \tag{1-138}$$

由式(1-138)可以看出，当似然函数为多元高斯分布时，$\boldsymbol{B}$ 的后验分布 $p(\boldsymbol{B}\mid\boldsymbol{x})$ 仍然服从逆维沙特分布，具有与先验分布 $p(\boldsymbol{B})$ 相同的形式，因此称逆维沙特分布是高斯分布协方差矩阵的共轭先验。这样的性质能够保证在进行贝叶斯推断过程中待估计协方差矩阵的后验分布和先验分布为同一种分布，将概率密度函数的更新过程简化为概率密度参数的更新过程。

5. 卡方分布

本书中的卡方分布主要用于卡方检测鲁棒卡尔曼滤波器的推导。设随机变量 $x\in\mathbb{R}_{>0}$ 服从卡方分布，其自由度参数为 $n\in\mathbb{N}_+$（$\mathbb{N}_+$ 表示正整数集），则随机变量 x 的概率分布可写为

$$\chi^2\left(x;n\right)=\begin{cases}\dfrac{x^{\frac{n}{2}-1}}{2^{\frac{n}{2}}\Gamma\left(\dfrac{n}{2}\right)}\exp\left\{-\dfrac{x}{2}\right\}, & x\geqslant 0\\ 0, & x<0\end{cases} \tag{1-139}$$

随机变量 x 的均值为 $E[x]=n$，方差为 $\mathrm{Var}[x]=2n$。卡方分布的概率密度曲线如图 1-17 所示。

从图 1-17 可以观察到自由度参数对卡方分布概率密度的影响，随着自由度参数的增加，卡方分布的均值和方差都会增大。

相互独立的多个标准高斯变量的平方和服从卡方分布。若随机变量 $\xi_1,\xi_2,\cdots,\xi_n$ 是相互独立且均服从标准高斯分布 $N(0,1)$ 的随机变量，则随机变量 $\chi_n^2=\sum\limits_{i=1}^{n}\xi_i^2$ 服从自由度为 n 的卡方分布。

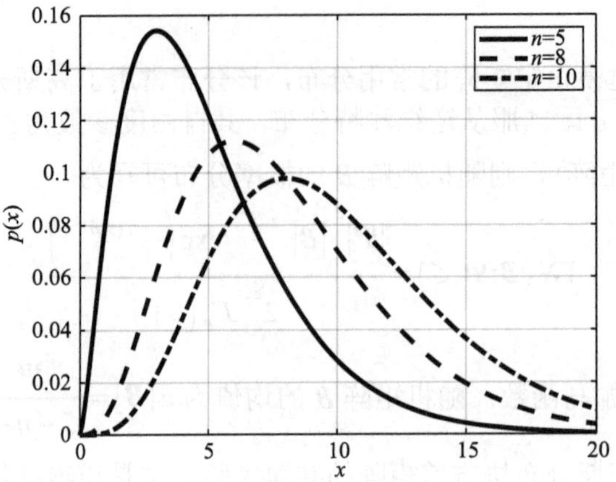

图 1-17　卡方分布的概率密度曲线图

1.5.3　随机过程基本知识

随机过程是随机向量概念的扩展。在状态估计问题中，状态变量和随机噪声等随时间变化的随机量都是随机过程。本小节首先介绍随机过程的基本概念，在这些概念的基础上给出白噪声和有色噪声的定义，并讨论它们的性质，最后介绍马尔可夫过程的概念。

1. 随机过程基本概念

首先给出随机过程的定义。设T是给定参数集，若对于每个$t \in T$，有一个随机向量$\boldsymbol{x}(t)$与之对应，则称随机向量族$\{\boldsymbol{x}(t), t \in T\}$为随机过程。$T$为参数集，通常表示时间。参数集$T$为离散集合的随机过程，也称为随机序列或时间序列，一般用$\{\boldsymbol{x}_t, t = 0, \pm 1, \pm 2, \cdots\}$表示。

下面介绍随机过程常用的统计特征。设$\boldsymbol{x}_T = \{\boldsymbol{x}(t), t \in T\}$是随机过程，如果对任意$t \in T$，$E[\boldsymbol{x}(t)]$存在，则称函数

$$\boldsymbol{m}_{\boldsymbol{x}}(t) \triangleq E\left[\boldsymbol{x}(t)\right] \tag{1-140}$$

为$\boldsymbol{x}_T$的**均值函数**。

对于$\boldsymbol{x}(t)$的任意两个不同时刻（t_1和t_2）构成的两个不同的随机向量$\boldsymbol{x}(t_1)$和$\boldsymbol{x}(t_2)$，若$E[\boldsymbol{x}(t_1)\boldsymbol{x}^{\mathrm{T}}(t_2)]$存在，则称$\boldsymbol{x}_T$为二阶矩过程。

若$\boldsymbol{x}_T$为二阶矩过程，则称函数

$$\boldsymbol{B}_{\boldsymbol{x}}(t_1, t_2) \triangleq E\left\{\left[\boldsymbol{x}(t_1) - \boldsymbol{m}_{\boldsymbol{x}}(t_1)\right]\left[\boldsymbol{x}(t_2) - \boldsymbol{m}_{\boldsymbol{x}}(t_2)\right]^{\mathrm{T}}\right\} \tag{1-141}$$

为$\boldsymbol{x}_T$的**协方差函数**，称

$$\boldsymbol{D}_{\boldsymbol{x}}(t) \triangleq \boldsymbol{B}_{\boldsymbol{x}}(t, t) = E\left\{\left[\boldsymbol{x}(t) - \boldsymbol{m}_{\boldsymbol{x}}(t)\right]\left[\boldsymbol{x}(t) - \boldsymbol{m}_{\boldsymbol{x}}(t)\right]^{\mathrm{T}}\right\} \tag{1-142}$$

为$\boldsymbol{x}_T$的**方差函数**，称

$$\boldsymbol{R}_{\boldsymbol{x}}(t_1, t_2) \triangleq E\left[\boldsymbol{x}(t_1)\boldsymbol{x}^{\mathrm{T}}(t_2)\right] \tag{1-143}$$

为$\boldsymbol{x}_T$的**相关函数**。

最后给出平稳随机过程和功率谱密度的概念。设$\boldsymbol{x}_T = \{\boldsymbol{x}(t), t \in T\}$是随机过程，如果

(1) $\boldsymbol{x}_T$是二阶矩过程；

(2) 对任意$t \in T$，$\boldsymbol{m}_{\boldsymbol{x}}(t) = E[\boldsymbol{x}(t)] =$ 常量；

(3) 对任意$t_1, t_2 \in T$，$\boldsymbol{R}_{\boldsymbol{x}}(t_1, t_2) = E[\boldsymbol{x}(t_1)\boldsymbol{x}^{\mathrm{T}}(t_2)] = \boldsymbol{R}_{\boldsymbol{x}}(t_1 - t_2)$。

则称$\boldsymbol{x}_T$为广义平稳过程，简称为平稳过程。若T为离散集，则称平稳过程$\boldsymbol{x}_T$为平稳序列。平稳过程的相关函数在时域上描述了过程的统计特征，为描述平稳过程在频域上的统计特征，需要引进功率谱密度的概念。从数学上看，一个平稳过程的功率谱密度$\boldsymbol{S}_{\boldsymbol{x}}(\omega)$是相关函数$\boldsymbol{R}_{\boldsymbol{x}}(\tau)$的傅里叶变换，相关函数$\boldsymbol{R}_{\boldsymbol{x}}(\tau)$是功率谱密度$\boldsymbol{S}_{\boldsymbol{x}}(\omega)$的傅里叶逆变换，即

$$\boldsymbol{S}_{\boldsymbol{x}}(\omega) = \int_{-\infty}^{\infty} \boldsymbol{R}_{\boldsymbol{x}}(\tau) \mathrm{e}^{-\mathrm{j}\omega\tau} \mathrm{d}\tau \tag{1-144}$$

$$\boldsymbol{R}_{\boldsymbol{x}}(\tau) = \frac{1}{2\pi} \int_{-\infty}^{\infty} \boldsymbol{S}_{\boldsymbol{x}}(\omega) \mathrm{e}^{\mathrm{j}\omega\tau} \mathrm{d}\omega \tag{1-145}$$

对于平稳序列，其相关函数$\boldsymbol{R}_{\boldsymbol{x}}(k)$和功率谱密度$\boldsymbol{S}_{\boldsymbol{x}}(\omega)$有如下类似的关系：

$$\boldsymbol{S}_{\boldsymbol{x}}(\omega) = \sum_{k=-\infty}^{\infty} \boldsymbol{R}_{\boldsymbol{x}}(k) \mathrm{e}^{-\mathrm{j}\omega k}, \quad \omega \in [-\pi, \pi] \tag{1-146}$$

$$\boldsymbol{R}_{\boldsymbol{x}}(k) = \frac{1}{2\pi} \int_{-\pi}^{\pi} \boldsymbol{S}_{\boldsymbol{x}}(\omega) \mathrm{e}^{\mathrm{j}\omega k} \mathrm{d}\omega \tag{1-147}$$

功率谱密度描述了随机信号在单位频带上的功率。基于功率谱密度的概念，可以定义白噪声和有色噪声。

2. 白噪声和有色噪声

下面讨论白噪声和有色噪声，它们常用于建模状态估计和组合导航问题中。设$\boldsymbol{x}_T$为平稳过程，若它的均值为零，且功率谱密度在所有频率范围内为非零常数矩阵，即$\boldsymbol{S}_{\boldsymbol{x}}(\omega) = \boldsymbol{N}$，则称$\boldsymbol{x}_T$为白噪声过程。然而白噪声的功率无穷大，实际中不可能存在，只是被用来进行近似建模宽频带噪声。如果功率谱密度在频域上的分布是不均匀的，则称其为有色噪声过程。

对于白噪声过程，将$\boldsymbol{S}_{\boldsymbol{x}}(\omega) = \boldsymbol{N}$代入式(1-145)，可得白噪声过程的相关函数为

$$\boldsymbol{R}_{\boldsymbol{x}}(\tau) = \boldsymbol{N}\delta(\tau) \tag{1-148}$$

其中，$\delta(\tau)$为 Dirac-δ 函数，即

$$\delta(\tau) = \begin{cases} \infty, & \tau = 0 \\ 0, & \tau \neq 0 \end{cases} \tag{1-149}$$

其满足$\int_{-\infty}^{\infty} \delta(\tau)\,\mathrm{d}\tau = 1$。

对于白噪声序列，将$\boldsymbol{S}_{\boldsymbol{x}}(\omega) = \boldsymbol{N}$代入式(1-147)，可得白噪声序列的相关函数为

$$\boldsymbol{R}_{\boldsymbol{x}}(k) = \boldsymbol{N}\delta_k = \begin{cases} \boldsymbol{N}, & k = 0 \\ \boldsymbol{0}, & k \neq 0 \end{cases} \tag{1-150}$$

其中，δ_k为 Kronecker-δ 函数，即

$$\delta_k = \begin{cases} 1, & k = 0 \\ 0, & k \neq 0 \end{cases} \tag{1-151}$$

由白噪声过程和白噪声序列的相关函数(1-148)和(1-150)可知，白噪声过程和白噪声序列在两个不同时刻($t_1 \neq t_2$)的取值 $\boldsymbol{x}(t_1)$ 和 $\boldsymbol{x}(t_2)$ 不相关，而有色噪声则无法保证 $\boldsymbol{x}(t_1)$ 和 $\boldsymbol{x}(t_2)$ 不相关。

3. 马尔可夫过程

最后介绍马尔可夫过程，后续章节将会看到状态估计问题中的状态变量是马尔可夫过程。若随机过程 $\boldsymbol{x}_T$ 对于任意时刻 $t_1 < t_2 < \cdots < t_n < t \in T$ 和实向量 $\boldsymbol{x}_1, \boldsymbol{x}_2, \cdots, \boldsymbol{x}_n, \boldsymbol{x}$, 有

$$\begin{aligned} & p\left\{\boldsymbol{x}(t)<\boldsymbol{x} \mid \boldsymbol{x}(t_1)=\boldsymbol{x}_1, \cdots, \boldsymbol{x}(t_{n-1})=\boldsymbol{x}_{n-1}, \boldsymbol{x}(t_n)=\boldsymbol{x}_n\right\} \\ & =p\left\{\boldsymbol{x}(t)<\boldsymbol{x} \mid \boldsymbol{x}(t_n)=\boldsymbol{x}_n\right\} \end{aligned} \tag{1-152}$$

则称 $\boldsymbol{x}_T$ 为一阶马尔可夫过程(Markov Process, MP)。

马尔可夫过程具有无后效性，它表示在 $\boldsymbol{x}(t_i)=\boldsymbol{x}_i, i=1,2,\cdots,n$ 为已知的条件下，事件 $\boldsymbol{x}(t)<x$ 发生的概率只与最近时刻 t_n 的情形有关，与之前的时刻 $t_{n-1}, t_{n-2}, \cdots, t_1$ 的情形无关。

1.6　最优估计基本知识

估计理论是概率论与数理统计的一个分支，是一种通过处理受到随机噪声干扰的量测数据，进而实现系统状态估计的数学方法。在工程实践中，如何利用估计理论对实际观测数据进行处理，进而得到状态估计值的问题称为估计问题。传统的估计理论通过设计滤波器带通频率和带阻频率来分离量测数据和噪声，但对于白噪声等在整个频段内均产生干扰的噪声，传统估计理论无法达到其应有的效果。此时，只能根据量测数据和噪声的统计特性，利用数理统计方法进行估计，并采取一种估计准则来最小化估计误差，这种估计方法称为最优估计。下面对一般形式的估计问题进行描述。

1.6.1　最优估计基本模型

假设随机系统的状态和量测之间存在如下函数关系：

$$\boldsymbol{z}=\boldsymbol{h}(\boldsymbol{x}, \boldsymbol{v}) \tag{1-153}$$

其中，$\boldsymbol{z}$ 为系统量测向量；$\boldsymbol{x}$ 为系统状态向量；$\boldsymbol{v}$ 为量测噪声向量(或称量测误差向量)；$\boldsymbol{h}(\cdot)$ 为量测模型函数，该函数既可以是线性的，也可以是非线性的，当 $\boldsymbol{h}(\cdot)$ 为线性时，式(1-153)一般写作

$$\boldsymbol{z}=\boldsymbol{H}\boldsymbol{x}+\boldsymbol{v} \tag{1-154}$$

其中，$\boldsymbol{H}$ 为量测矩阵。

由于系统含有噪声 $\boldsymbol{v}$，且 $\boldsymbol{H}$ 不一定可逆，所以无法由量测 $\boldsymbol{z}$ 直接得到状态 $\boldsymbol{x}$ 的解析解。下面按照数理统计的方式对 $\boldsymbol{x}$ 进行统计求解。

根据某一量测 $\boldsymbol{z}$ 对状态 $\boldsymbol{x}$ 的估计结果一般记为 $\hat{\boldsymbol{x}}(\boldsymbol{z})$，可简写为 $\hat{\boldsymbol{x}}$。显然，$\hat{\boldsymbol{x}}(\boldsymbol{z})$ 是量测 $\boldsymbol{z}$ 的函数。特别地，当 $\hat{\boldsymbol{x}}(\boldsymbol{z})$ 是 $\boldsymbol{z}$ 的线性函数时，$\hat{\boldsymbol{x}}(\boldsymbol{z})$ 为 $\boldsymbol{x}$ 的线性估计。同时，定义状态的估计误差为

$$\tilde{\boldsymbol{x}}=\boldsymbol{x}-\hat{\boldsymbol{x}}(\boldsymbol{z}) \tag{1-155}$$

显然，估计误差是状态 $\boldsymbol{x}$ 和量测 $\boldsymbol{z}$ 的函数。

最优估计是指某种意义上最好的估计，其具体内涵是指在某一估计准则下使估计误差最小，从而使估计在统计上达到最优。因此，基于不同准则可以设计不同的最优估计方法，得到的估计结果往往也不同。下面介绍几种常见的估计准则和估计方法。

1.6.2　最优估计准则

1. 无偏估计准则

无偏估计(Unbiased Estimation, UBE)准则是指状态估计值 $\hat{\boldsymbol{x}}_{\mathrm{UBE}}$ 与真实值 $\boldsymbol{x}$ 的均值相同，即估计误差 $\tilde{\boldsymbol{x}}$ 的均值为 $\mathbf{0}$，其数学表达式为

$$\hat{\boldsymbol{x}}_{\mathrm{UBE}} \qquad \text{s.t.}\ E\left[\tilde{\boldsymbol{x}}\right]=E\left[\boldsymbol{x}-\hat{\boldsymbol{x}}_{\mathrm{UBE}}\right]=\mathbf{0} \tag{1-156}$$

无偏估计准则是最普遍、最基本的估计准则，常常与其他估计准则相结合，如无偏最小方差准则等。

2. 最小二乘估计准则

最小二乘(Least Square, LS)估计准则是以量测残差 $\hat{\boldsymbol{e}}=\boldsymbol{z}-\boldsymbol{H}\hat{\boldsymbol{x}}$ 的平方和最小为代价函数的，其数学表达式为

$$\hat{\boldsymbol{x}}_{\mathrm{LS}}=\arg\min_{\hat{\boldsymbol{x}}}\boldsymbol{J}\left(\hat{\boldsymbol{x}}\right)=\arg\min_{\hat{\boldsymbol{x}}}\hat{\boldsymbol{e}}^{\mathrm{T}}\hat{\boldsymbol{e}}=\arg\min_{\hat{\boldsymbol{x}}}\left(\boldsymbol{z}-\boldsymbol{H}\hat{\boldsymbol{x}}\right)^{\mathrm{T}}\left(\boldsymbol{z}-\boldsymbol{H}\hat{\boldsymbol{x}}\right) \tag{1-157}$$

最小二乘估计准则一般在 $\boldsymbol{x}$ 和 $\boldsymbol{z}$ 的统计信息未知时使用。

3. 最小均方误差估计准则

最小均方误差(Minimum Mean Square Error, MMSE)估计准则是以估计值均方误差最小为代价函数的，其数学表达式为

$$\hat{\boldsymbol{x}}_{\mathrm{MMSE}}=\arg\min_{\hat{\boldsymbol{x}}}\boldsymbol{J}\left(\hat{\boldsymbol{x}}\right)=\arg\min_{\hat{\boldsymbol{x}}}E\left[\left(\boldsymbol{x}-\hat{\boldsymbol{x}}\right)^{\mathrm{T}}\left(\boldsymbol{x}-\hat{\boldsymbol{x}}\right)\right] \tag{1-158}$$

显然，该准则要求 $\boldsymbol{x}$ 和 $\boldsymbol{z}$ 的统计信息完全已知，即联合概率密度 $p(\boldsymbol{x},\boldsymbol{z})$ 已知。当估计值无偏时，最小均方误差估计有时也称为最小方差(Minimum Variance, MV)估计，即估计误差方差最小的估计值。

4. 线性最小方差估计准则

线性最小方差(Linear Minimum Variance, LMV)估计准则是指在只知道 $p(\boldsymbol{x},\boldsymbol{z})$ 的一、二阶矩，即均值 $E[\boldsymbol{z}]$、$E[\boldsymbol{x}]$，方差 $\mathrm{Cov}[\boldsymbol{z}]$、$\mathrm{Cov}[\boldsymbol{x}]$ 和协方差 $\mathrm{Cov}[\boldsymbol{x},\boldsymbol{z}]$ 的情况下，假定估计值是量测的线性函数，将估计值均方误差最小作为代价函数，其数学表达式为

$$\begin{cases}\hat{\boldsymbol{x}}_{\mathrm{LMV}}=\arg\min_{\hat{\boldsymbol{x}}}\boldsymbol{J}\left(\hat{\boldsymbol{x}}\right)=\arg\min_{\hat{\boldsymbol{x}}}E\left[\left(\boldsymbol{x}-\hat{\boldsymbol{x}}\right)\left(\boldsymbol{x}-\hat{\boldsymbol{x}}\right)^{\mathrm{T}}\right]\\ \text{s.t.}\ \hat{\boldsymbol{x}}=\boldsymbol{A}\boldsymbol{z}+\boldsymbol{b}\end{cases} \tag{1-159}$$

其中，$\boldsymbol{A}$ 为待定的常值矩阵；$\boldsymbol{b}$ 为待定的常数向量。

5. 极大似然估计准则

极大似然(Maximum Likelihood, ML)估计准则是将似然密度 $p(\boldsymbol{z}\,|\,\boldsymbol{x})$ 达到极大的 $\boldsymbol{x}$ 值作为最优估计值的估计方法，即

$$\hat{\boldsymbol{x}}_{\mathrm{ML}}=\arg\max_{\boldsymbol{x}}\log p\left(\boldsymbol{z}\,|\,\boldsymbol{x}\right) \tag{1-160}$$

显然，该准则要求似然概率密度 $p(\boldsymbol{z}\,|\,\boldsymbol{x})$ 已知。

6. 极大后验估计准则

与极大似然估计准则类似，极大后验（Maximum A Posteriori, MAP）估计准则是将 $p(\boldsymbol{x}|\boldsymbol{z})$ 达到极大的 $\boldsymbol{x}$ 值作为最优估计值的估计方法，即

$$\hat{\boldsymbol{x}}_{\mathrm{MAP}} = \arg\max_{\boldsymbol{x}} \log p\left(\boldsymbol{x}|\boldsymbol{z}\right) \tag{1-161}$$

显然，该方法要求后验概率密度 $p(\boldsymbol{x}|\boldsymbol{z})$ 已知。

以上介绍了常见的最优估计准则，下面将对几种典型估计方法进行详细描述。

1.6.3 最小二乘估计

最小二乘估计是由德国数学家高斯提出的，是最早也是应用最广泛的估计方法。其特点是简单方便，只需要量测方程，不必知道 $\boldsymbol{x}$ 和 $\boldsymbol{z}$ 的统计信息。常用的最小二乘估计包括古典最小二乘估计、加权最小二乘估计和递推最小二乘估计三种。古典最小二乘估计是残差平方和达到最小意义下的估计。在古典最小二乘估计中，假定每次量测对估计结果的影响程度相同，但实际上各次的测量精度不尽相同，不应同等看待。因此，在古典最小二乘估计的基础上，提出了加权最小二乘估计。随着递推滤波的发展，又出现了递推最小二乘估计。

1. 古典最小二乘估计

设 $\boldsymbol{x}$ 为某一确定的常数向量，并记第 i 次量测值为 $\boldsymbol{z}_i$，$\hat{\boldsymbol{x}}$ 为 $\boldsymbol{x}$ 的估计值。当进行 r 次测量时，有

$$\begin{cases} \boldsymbol{z}_1 = \boldsymbol{h}_1\boldsymbol{x} + \boldsymbol{v}_1 \\ \boldsymbol{z}_2 = \boldsymbol{h}_2\boldsymbol{x} + \boldsymbol{v}_2 \\ \quad\vdots \\ \boldsymbol{z}_r = \boldsymbol{h}_r\boldsymbol{x} + \boldsymbol{v}_r \end{cases} \tag{1-162}$$

由式(1-162)可得 r 次量测的量测方程为

$$\boldsymbol{z} = \boldsymbol{H}\boldsymbol{x} + \boldsymbol{v} \tag{1-163}$$

其中，$\boldsymbol{z}$、$\boldsymbol{H}$、$\boldsymbol{v}$ 分别为 r 次 $\boldsymbol{z}_i$、$\boldsymbol{h}_i$、$\boldsymbol{v}_i$ 所累积的向量或矩阵，$\boldsymbol{v}$ 为零均值方差为 $\boldsymbol{R}$ 的随机向量，即

$$E\left[\boldsymbol{v}\right] = \boldsymbol{0},\ \mathrm{Cov}\left[\boldsymbol{v}\right] = \boldsymbol{R} \tag{1-164}$$

由 1.6.2 节可知，最小二乘估计准则是使所有量测残差 $\hat{\boldsymbol{e}} = \boldsymbol{z} - \boldsymbol{H}\hat{\boldsymbol{x}}$ 的平方和达到最小来得到估计值 $\hat{\boldsymbol{x}}$ 的，则其代价函数为

$$\hat{\boldsymbol{x}}_{\mathrm{LS}} = \arg\min_{\hat{\boldsymbol{x}}} \boldsymbol{J}\left(\hat{\boldsymbol{x}}\right) = \arg\min_{\hat{\boldsymbol{x}}} \hat{\boldsymbol{e}}^{\mathrm{T}}\hat{\boldsymbol{e}} = \arg\min_{\hat{\boldsymbol{x}}}\left(\boldsymbol{z} - \boldsymbol{H}\hat{\boldsymbol{x}}\right)^{\mathrm{T}}\left(\boldsymbol{z} - \boldsymbol{H}\hat{\boldsymbol{x}}\right) \tag{1-165}$$

为使 $\boldsymbol{J}(\hat{\boldsymbol{x}})$ 取最小，令 $\boldsymbol{J}(\hat{\boldsymbol{x}})$ 对 $\hat{\boldsymbol{x}}$ 的导数为 $\boldsymbol{0}$，结果可得

$$\hat{\boldsymbol{x}}_{\mathrm{LS}} = \left(\boldsymbol{H}^{\mathrm{T}}\boldsymbol{H}\right)^{-1}\boldsymbol{H}^{\mathrm{T}}\boldsymbol{z} \tag{1-166}$$

由式(1-166)结果可见，最小二乘估计 $\hat{\boldsymbol{x}}_{\mathrm{LS}}$ 是量测 $\boldsymbol{z}$ 的线性函数，估计误差及其期望为

$$\tilde{\boldsymbol{x}}_{\mathrm{LS}} = \boldsymbol{x} - \hat{\boldsymbol{x}}_{\mathrm{LS}} = \left(\boldsymbol{H}^{\mathrm{T}}\boldsymbol{H}\right)^{-1}\boldsymbol{H}^{\mathrm{T}}\boldsymbol{H}\boldsymbol{x} - \left(\boldsymbol{H}^{\mathrm{T}}\boldsymbol{H}\right)^{-1}\boldsymbol{H}^{\mathrm{T}}\boldsymbol{z} = -\left(\boldsymbol{H}^{\mathrm{T}}\boldsymbol{H}\right)^{-1}\boldsymbol{H}^{\mathrm{T}}\boldsymbol{v} \tag{1-167}$$

$$E[\tilde{\boldsymbol{x}}_{\text{LS}}]=E\left[-\left(\boldsymbol{H}^{\text{T}}\boldsymbol{H}\right)^{-1}\boldsymbol{H}^{\text{T}}\boldsymbol{v}\right]=-\left(\boldsymbol{H}^{\text{T}}\boldsymbol{H}\right)^{-1}\boldsymbol{H}^{\text{T}}E[\boldsymbol{v}] \tag{1-168}$$

由式(1-167)可知，当量测噪声的均值为 **0** 时，最小二乘估计是无偏估计。此外，由最小二乘原理以及式(1-166)可知，最优估计值 $\hat{\boldsymbol{x}}_{\text{LS}}$ 的计算不需要量测噪声 $\boldsymbol{v}$ 的统计信息。在已知量测噪声统计信息的条件下，可以计算最小二乘估计的误差方差矩阵为

$$\begin{aligned}\text{Cov}[\tilde{\boldsymbol{x}}_{\text{LS}}]&=E\left[\left(\tilde{\boldsymbol{x}}_{\text{LS}}-E[\tilde{\boldsymbol{x}}_{\text{LS}}]\right)\left(\tilde{\boldsymbol{x}}_{\text{LS}}-E[\tilde{\boldsymbol{x}}_{\text{LS}}]\right)^{\text{T}}\right]\\&=\left(\boldsymbol{H}^{\text{T}}\boldsymbol{H}\right)^{-1}\boldsymbol{H}^{\text{T}}\boldsymbol{R}\boldsymbol{H}\left(\boldsymbol{H}^{\text{T}}\boldsymbol{H}\right)^{-1}\end{aligned} \tag{1-169}$$

例 1-2　在实际生活中，经常利用古典最小二乘估计去估计一个常量。例如，有一个阻值未知的电阻，想要知道电阻的阻值，通常会用万用表多次测量它的阻值，并求平均值。利用本节的知识来解释这个过程，假设估计电阻值为 $\boldsymbol{x}$，从万用表中获取了 k 个测量值。在这个例子中，$\boldsymbol{x}$ 是个标量，k 个测量值表示为

$$\begin{cases}z_1=\boldsymbol{x}+\boldsymbol{v}_1\\ \quad\vdots\\ z_k=\boldsymbol{x}+\boldsymbol{v}_k\end{cases} \tag{1-170}$$

这 k 个等式可以用一个矩阵等式表示，即

$$\begin{bmatrix}z_1\\ \vdots\\ z_k\end{bmatrix}=\begin{bmatrix}1\\ \vdots\\ 1\end{bmatrix}\boldsymbol{x}+\begin{bmatrix}\boldsymbol{v}_1\\ \vdots\\ \boldsymbol{v}_k\end{bmatrix} \tag{1-171}$$

利用式(1-166)，电阻值 $\boldsymbol{x}$ 的最小二乘估计 $\hat{\boldsymbol{x}}_{\text{LS}}$ 可以表示为

$$\hat{\boldsymbol{x}}_{\text{LS}}=(\boldsymbol{H}^{\text{T}}\boldsymbol{H})^{-1}\boldsymbol{H}^{\text{T}}\boldsymbol{z}=\left(\begin{bmatrix}1&\cdots&1\end{bmatrix}\begin{bmatrix}1\\ \vdots\\ 1\end{bmatrix}\right)^{-1}\begin{bmatrix}1&\cdots&1\end{bmatrix}\begin{bmatrix}z_1\\ \vdots\\ z_k\end{bmatrix}=\frac{1}{k}\left(z_1+\cdots+z_k\right) \tag{1-172}$$

从这个简单的例子中，可以看到最小二乘估计与直观上简单求取测量值的平均值是吻合的。

由最小二乘原理可知，最小二乘估计不需要知道 $\boldsymbol{x}$ 和 z 的统计信息；由上述例子可知，如果只需要求解最小二乘估计量 $\hat{\boldsymbol{x}}_{\text{LS}}$，则不需要随机变量 $\boldsymbol{v}$ 的任何统计信息。

2. 加权最小二乘估计

在古典最小二乘估计中存在一个假设，即每种量测值对估计结果的影响程度相同。但实际上，每种量测值的影响是不尽相同的。同种类型量测的精度可能不同，不同种量测甚至单位也有区别。加权最小二乘估计采用加权的方法来解决这个问题。对不同的测量值按照它们对估计结果的贡献不同，施加不同的权值，即对于测量精度高的数据赋予更多的权重，反之亦然。

加权最小二乘(Weighted Least Square, WLS)估计的代价函数为

$$\hat{\boldsymbol{x}}_{\text{WLS}}(\boldsymbol{W})=\arg\min_{\hat{\boldsymbol{x}}}\boldsymbol{J}(\hat{\boldsymbol{x}})=\arg\min_{\hat{\boldsymbol{x}}}\left(\boldsymbol{z}-\boldsymbol{H}\hat{\boldsymbol{x}}\right)^{\text{T}}\boldsymbol{W}\left(\boldsymbol{z}-\boldsymbol{H}\hat{\boldsymbol{x}}\right) \tag{1-173}$$

其中，$\boldsymbol{W}$ 是适当取值的正定加权阵。

特别地，当 $\boldsymbol{W}$ 为单位阵时，加权最小二乘估计退化成古典最小二乘估计。加权最小二

乘估计结果可以沿用古典最小二乘估计的推导思路获得，即

$$\hat{\boldsymbol{x}}_{\mathrm{WLS}}(\boldsymbol{W})=\left(\boldsymbol{H}^{\mathrm{T}}\boldsymbol{W}\boldsymbol{H}\right)^{-1}\boldsymbol{H}^{\mathrm{T}}\boldsymbol{W}\boldsymbol{z} \tag{1-174}$$

需要注意的是，加权最小二乘估计在实际应用时还需要确定最优权重$\boldsymbol{W}$，一般准则选取为最小化估计误差方差$\mathrm{Cov}[\tilde{\boldsymbol{x}}_{\mathrm{WLS}}]$。当取$\boldsymbol{W}=\boldsymbol{R}^{-1}$时，$\mathrm{Cov}[\tilde{\boldsymbol{x}}_{\mathrm{WLS}}]$达到最小，这一结果也反映了量测的噪声协方差越大，量测质量越低，该量测分配的权重也相应地降低，才能使得最终估计结果最优。此时的估计值以及估计误差方差矩阵为

$$\begin{cases}\hat{\boldsymbol{x}}_{\mathrm{WLS}}=\left(\boldsymbol{H}^{\mathrm{T}}\boldsymbol{R}^{-1}\boldsymbol{H}\right)^{-1}\boldsymbol{H}^{\mathrm{T}}\boldsymbol{R}^{-1}\boldsymbol{z}\\ \mathrm{Cov}\left[\tilde{\boldsymbol{x}}_{\mathrm{WLS}}\right]=\left(\boldsymbol{H}^{\mathrm{T}}\boldsymbol{R}^{-1}\boldsymbol{H}\right)^{-1}\end{cases} \tag{1-175}$$

例 1-3 在古典最小二乘估计中，提到用万用表测量电阻值，往往采用多次测量取平均值的方法。但是在实际中，不同的万用表可能具有不同的精度，如果直接对不同万用表的测量值取平均值，无法得到最准确的电阻值。假如能够知道万用表的精度，并对应地赋予合适的权值，更相信精度高的万用表的测量值，得到的结果将优于直接取平均值得到的电阻值。假设估计电阻值为x，从万用表中获取了k个测量值。在这个例子中，x是个标量，k个测量值表示为

$$\begin{gathered}z_i=x+v_i\\ E\left(v^i\right)=\sigma^i,\quad i=1,\cdots,k\end{gathered} \tag{1-176}$$

这k个等式可以用一个矩阵等式表示，即

$$\begin{bmatrix}z_1\\ \vdots\\ z_k\end{bmatrix}=\begin{bmatrix}1\\ \vdots\\ 1\end{bmatrix}x+\begin{bmatrix}v_1\\ \vdots\\ v_k\end{bmatrix} \tag{1-177}$$

测量噪声协方差矩阵可以表示为

$$\boldsymbol{R}=\mathrm{diag}\left(\sigma_1^2,\cdots,\sigma_k^2\right) \tag{1-178}$$

利用式(1-175)，电阻值x的加权最小二乘估计可以表示为

$$\begin{aligned}\hat{x}_{\mathrm{WLS}}&=\left(\boldsymbol{H}^{\mathrm{T}}\boldsymbol{R}^{-1}\boldsymbol{H}\right)^{-1}\boldsymbol{H}^{\mathrm{T}}\boldsymbol{R}^{-1}\boldsymbol{z}\\ &=\left(\begin{bmatrix}1&\cdots&1\end{bmatrix}\begin{bmatrix}\sigma_1^2&\cdots&0\\ \vdots&&\vdots\\ 0&\cdots&\sigma_k^2\end{bmatrix}^{-1}\begin{bmatrix}1\\ \vdots\\ 1\end{bmatrix}\right)^{-1}\begin{bmatrix}1&\cdots&1\end{bmatrix}\begin{bmatrix}\sigma_1^2&\cdots&0\\ \vdots&&\vdots\\ 0&\cdots&\sigma_k^2\end{bmatrix}^{-1}\begin{bmatrix}z_1\\ \vdots\\ z_k\end{bmatrix}\\ &=\left(\sum 1/\sigma_i^2\right)^{-1}\left(z_1/\sigma_1^2+\cdots+z_k/\sigma_k^2\right)\end{aligned} \tag{1-179}$$

从式(1-179)可以看出，最优估计值是测量值的加权和，其中每一个测量值的权值与其不确定性成反比。如果所有的不确定性都是相等的，那么这个结果就简化为与式(1-172)相等。

加权最小二乘估计在统计意义上优于古典最小二乘估计，但是需要知道量测噪声方差矩阵。古典最小二乘估计和加权最小二乘估计均为批处理方法，即在获得一批数据之后再集中处理。此类方法占用计算机内存较大，且无法实现在线估计。下面介绍的递推最小二

乘估计可解决此问题。

3. 递推最小二乘估计

递推最小二乘估计基于 k 时刻的加权最小二乘估计 $\hat{\boldsymbol{x}}_{\text{WLS}}(k)$ 和 $k+1$ 时刻获得的新测量 $\boldsymbol{z}_{k+1}$，获得 $k+1$ 时刻的加权最小二乘估计 $\hat{\boldsymbol{x}}_{\text{WLS}}(k+1)$，递推最小二乘估计示意图如图 1-18 所示。

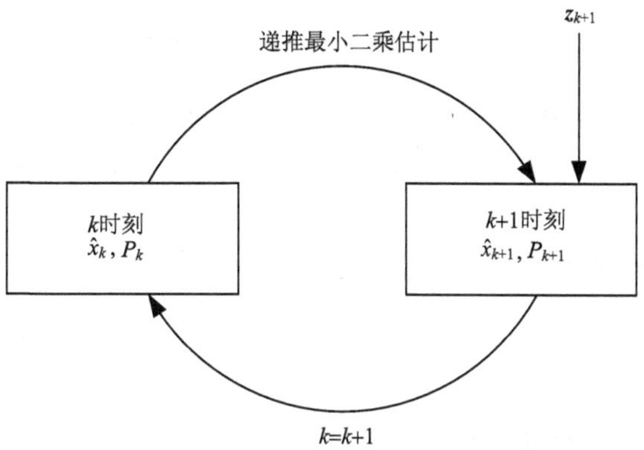

图 1-18　递推最小二乘估计示意图

基于式(1-175)加权最小二乘估计的结果，通过将 k 时刻和 $k+1$ 时刻的估计值和估计误差方差矩阵根据时刻进行矩阵分块展开，即可得到 $k \to k+1$ 的递推估计和估计误差方差矩阵：

$$\begin{cases} \text{Cov}\left[\hat{\boldsymbol{x}}_{\text{WLS}}(k+1)\right] = \left(\left\{\text{Cov}\left[\hat{\boldsymbol{x}}_{\text{WLS}}(k)\right]\right\}^{-1} + \boldsymbol{h}_{k+1}^{\text{T}}\boldsymbol{R}_{k+1}^{-1}\boldsymbol{h}_{k+1}\right)^{-1} \\ \boldsymbol{K}_{k+1} = \text{Cov}\left[\hat{\boldsymbol{x}}_{\text{WLS}}(k+1)\right]\boldsymbol{h}_{k+1}^{\text{T}}\boldsymbol{R}_{k+1}^{-1} \\ \hat{\boldsymbol{x}}_{\text{WLS}}(k+1) = \hat{\boldsymbol{x}}_{\text{WLS}}(k) + \boldsymbol{K}_{k+1}\left[\boldsymbol{z}_{k+1} - \boldsymbol{h}_{k+1}\hat{\boldsymbol{x}}_{\text{WLS}}(k)\right] \end{cases} \tag{1-180}$$

式(1-180)表明，新的估计 $\hat{\boldsymbol{x}}_{\text{WLS}}(k+1)$ 是由旧估计 $\hat{\boldsymbol{x}}_{\text{WLS}}(k)$ 与修正项 $\boldsymbol{z}_{k+1} - \boldsymbol{h}_{k+1}\hat{\boldsymbol{x}}_{\text{WLS}}(k)$ 组成的。递归实现加权最小二乘虽然不能提高估计精度，但存储量和计算量大大减少，可提高估计效率。

1.6.4　最小方差估计和线性最小方差估计

1. 最小方差估计

估计值的优劣性应该取决于其估计误差的全部统计规律，而估计误差方差矩阵正是表征估计误差在估计误差均值附近离散程度的一个指标，可用它来衡量估计的精确程度。后面将看到该估计是无偏估计，因此估计误差的方差和估计值的均方误差完全相等，故最小方差估计也可称为最小均方误差估计。

根据 1.6.2 节，求解最小方差估计的代价函数为

$$\hat{\boldsymbol{x}}_{\text{MV}} = \arg\min_{\hat{\boldsymbol{x}}} \boldsymbol{J}(\hat{\boldsymbol{x}}) = \arg\min_{\hat{\boldsymbol{x}}} E\left[\left(\boldsymbol{x} - \hat{\boldsymbol{x}}(\boldsymbol{z})\right)\left(\boldsymbol{x} - \hat{\boldsymbol{x}}(\boldsymbol{z})\right)^{\text{T}}\right] \tag{1-181}$$

其中，优化变量 $\hat{\boldsymbol{x}}(\boldsymbol{z})$ 是由量测 $\boldsymbol{z}$ 到估计值 $\hat{\boldsymbol{x}}$ 的函数。

若最小方差估计存在，可以证明 $\arg\min\limits_{\hat{\boldsymbol{x}}} E\left[\tilde{\boldsymbol{x}}\tilde{\boldsymbol{x}}^{\text{T}}\right] = \arg\min\limits_{\hat{\boldsymbol{x}}} E\left[\text{tr}\left(\tilde{\boldsymbol{x}}\tilde{\boldsymbol{x}}^{\text{T}}\right)\right]$，则如下等式成立：

$$\begin{aligned}\arg\min_{\hat{\boldsymbol{x}}} E\left[\tilde{\boldsymbol{x}}\tilde{\boldsymbol{x}}^{\mathrm{T}}\right] &= \arg\min_{\hat{\boldsymbol{x}}} E\left[\operatorname{tr}\left(\tilde{\boldsymbol{x}}\tilde{\boldsymbol{x}}^{\mathrm{T}}\right)\right] \\ &= \arg\min_{\hat{\boldsymbol{x}}} E\left[\operatorname{tr}\left(\tilde{\boldsymbol{x}}^{\mathrm{T}}\tilde{\boldsymbol{x}}\right)\right] = \arg\min_{\hat{\boldsymbol{x}}} E\left[\tilde{\boldsymbol{x}}^{\mathrm{T}}\tilde{\boldsymbol{x}}\right]\end{aligned} \tag{1-182}$$

根据贝叶斯公式可得

$$\bar{\boldsymbol{J}}(\hat{\boldsymbol{x}}) = E\left[\tilde{\boldsymbol{x}}^{\mathrm{T}}\tilde{\boldsymbol{x}}\right] = \int_{-\infty}^{\infty} p(\boldsymbol{z})\mathrm{d}\boldsymbol{z}\int_{-\infty}^{\infty}\left[\boldsymbol{x}-\hat{\boldsymbol{x}}(\boldsymbol{z})\right]^{\mathrm{T}}\left[\boldsymbol{x}-\hat{\boldsymbol{x}}(\boldsymbol{z})\right]p(\boldsymbol{x}\mid\boldsymbol{z})\mathrm{d}\boldsymbol{x} \tag{1-183}$$

其中，$p(\boldsymbol{z})$ 是 $\boldsymbol{z}$ 的边沿概率密度；$p(\boldsymbol{x}\mid\boldsymbol{z})$ 是给定 $\boldsymbol{z}$ 条件下，$\boldsymbol{x}$ 的条件概率密度。

由于 $p(\boldsymbol{z})$ 是非负的，所以式(1-183)取最小等价于式(1-184)取最小：

$$\begin{aligned}\bar{\bar{\boldsymbol{J}}}(\hat{\boldsymbol{x}}) &= \int_{-\infty}^{\infty}\left[\boldsymbol{x}-\hat{\boldsymbol{x}}(\boldsymbol{z})\right]^{\mathrm{T}}\left[\boldsymbol{x}-\hat{\boldsymbol{x}}(\boldsymbol{z})\right]p(\boldsymbol{x}\mid\boldsymbol{z})\mathrm{d}\boldsymbol{x} \\ &= E\left[\boldsymbol{x}^{\mathrm{T}}\boldsymbol{x}\mid\boldsymbol{z}\right] - 2\hat{\boldsymbol{x}}^{\mathrm{T}}(\boldsymbol{z})E[\boldsymbol{x}\mid\boldsymbol{z}] + \hat{\boldsymbol{x}}^{\mathrm{T}}(\boldsymbol{z})\hat{\boldsymbol{x}}(\boldsymbol{z})\end{aligned} \tag{1-184}$$

令 $\bar{\bar{\boldsymbol{J}}}(\hat{\boldsymbol{x}})$ 对 $\hat{\boldsymbol{x}}$ 的导数为 $\mathbf{0}$，结果可得

$$\hat{\boldsymbol{x}}_{\mathrm{MV}} = E[\boldsymbol{x}\mid\boldsymbol{z}] \tag{1-185}$$

式(1-185)表明，最小方差估计的估计值等于给定 $\boldsymbol{z}$ 条件下 $\boldsymbol{x}$ 的条件均值。此外，还有

$$\begin{aligned}E\left[\hat{\boldsymbol{x}}_{\mathrm{MV}}\right] &= \int_{-\infty}^{\infty} E[\boldsymbol{x}\mid\boldsymbol{z}]p(\boldsymbol{z})\mathrm{d}\boldsymbol{z} = \int_{-\infty}^{\infty}\left\{\int_{-\infty}^{\infty}\boldsymbol{x}p(\boldsymbol{x}\mid\boldsymbol{z})\mathrm{d}\boldsymbol{x}\right\}p(\boldsymbol{z})\mathrm{d}\boldsymbol{z} \\ &= \int_{-\infty}^{\infty}\boldsymbol{x}\left\{\int_{-\infty}^{\infty}p(\boldsymbol{x},\boldsymbol{z})\mathrm{d}\boldsymbol{z}\right\}\mathrm{d}\boldsymbol{x} = \int_{-\infty}^{\infty}\boldsymbol{x}p(\boldsymbol{x})\mathrm{d}\boldsymbol{x} = E[\boldsymbol{x}]\end{aligned} \tag{1-186}$$

故最小方差估计是无偏估计。同理，最小方差估计的估计误差方差矩阵为

$$\begin{aligned}\operatorname{Cov}\left[\tilde{\boldsymbol{x}}_{\mathrm{MV}}\right] &= E\left[\tilde{\boldsymbol{x}}_{\mathrm{MV}}\tilde{\boldsymbol{x}}_{\mathrm{MV}}^{\mathrm{T}}\right] = E\left[\left(\boldsymbol{x}-\hat{\boldsymbol{x}}_{\mathrm{MV}}\right)\left(\boldsymbol{x}-\hat{\boldsymbol{x}}_{\mathrm{MV}}\right)^{\mathrm{T}}\right] \\ &= E\left[\left(\boldsymbol{x}-E[\boldsymbol{x}\mid\boldsymbol{z}]\right)\left(\boldsymbol{x}-E[\boldsymbol{x}\mid\boldsymbol{z}]\right)^{\mathrm{T}}\right] = \operatorname{Cov}[\boldsymbol{x}\mid\boldsymbol{z}]\end{aligned} \tag{1-187}$$

式(1-187)表明，估计值的误差方差矩阵等于给定 $\boldsymbol{z}$ 条件下 $\boldsymbol{x}$ 的条件方差。

由式(1-185)和式(1-187)可知，最小方差估计需要知道 $\boldsymbol{x}$ 和 $\boldsymbol{z}$ 的条件概率密度 $p(\boldsymbol{x}\mid\boldsymbol{z})$，但 $p(\boldsymbol{x}\mid\boldsymbol{z})$ 在很多情况下是无法得到的，因此在实际中最小方差估计难以计算。

2. 线性最小方差估计

线性最小方差估计是一种特殊的最小方差估计，其估计值是量测的线性函数，即估计值有如下形式：

$$\hat{\boldsymbol{x}}_{\mathrm{LMV}} = \boldsymbol{A}\boldsymbol{z} + \boldsymbol{b} \tag{1-188}$$

其中，$\boldsymbol{A}$ 为待定的常值矩阵；$\boldsymbol{b}$ 为待定的常数向量。

线性最小方差估计的代价函数与最小方差估计一致，即使估计误差矩阵最小。将式(1-188)代入式(1-184)可得

$$\begin{aligned}\bar{\boldsymbol{J}}(\hat{\boldsymbol{x}}) &= E\left[\tilde{\boldsymbol{x}}^{\mathrm{T}}\tilde{\boldsymbol{x}}\right] = E\left[\left(\boldsymbol{x}-\hat{\boldsymbol{x}}(\boldsymbol{z})\right)^{\mathrm{T}}\left(\boldsymbol{x}-\hat{\boldsymbol{x}}(\boldsymbol{z})\right)\right] \\ &= E\left[\left(\boldsymbol{x}-\boldsymbol{A}\boldsymbol{z}-\boldsymbol{b}\right)^{\mathrm{T}}\left(\boldsymbol{x}-\boldsymbol{A}\boldsymbol{z}-\boldsymbol{b}\right)\right]\end{aligned} \tag{1-189}$$

将 $\boldsymbol{J}(\hat{\boldsymbol{x}})$ 分别对 $\boldsymbol{A}$ 和 $\boldsymbol{b}$ 求偏导，并令偏导为 $\boldsymbol{0}$，可得线性最小方差估计的结果为

$$\begin{cases}\hat{\boldsymbol{x}}_{\mathrm{LMV}}=E[\boldsymbol{x}]+\mathrm{Cov}[\boldsymbol{x},\boldsymbol{z}](\mathrm{Cov}[\boldsymbol{z}])^{-1}(\boldsymbol{z}-E[\boldsymbol{z}])\\ \mathrm{Cov}[\tilde{\boldsymbol{x}}_{\mathrm{LMV}}]=\mathrm{Cov}[\boldsymbol{x}]-\mathrm{Cov}[\boldsymbol{x},\boldsymbol{z}](\mathrm{Cov}[\boldsymbol{z}])^{-1}\mathrm{Cov}[\boldsymbol{z},\boldsymbol{x}]\end{cases} \tag{1-190}$$

易知线性最小方差估计也是无偏估计。

由式(1-190)可知，如果只知道量测值和估计值的一阶距和二阶矩，即 $E[\boldsymbol{x}]$、$E[\boldsymbol{z}]$、$\mathrm{Cov}[\boldsymbol{x}]$、$\mathrm{Cov}[\boldsymbol{z}]$ 和 $\mathrm{Cov}[\boldsymbol{x},\boldsymbol{z}]$，则假定估计值是量测值的线性函数，并利用线性最小方差估计得到最优估计值。

1.7　随机线性系统基本知识

线性系统理论是自动控制与状态估计的基本理论框架。世界上的很多过程都可以用线性系统去描述。在状态估计理论和组合导航应用中，主要关注带随机噪声的线性系统，即随机线性系统。一般情况下，组合导航随机线性系统的状态方程是连续的，而量测方程是离散的，为了在计算机上运行卡尔曼滤波算法，需要对连续状态方程进行离散化。因此，本节首先介绍了连续-离散随机线性系统状态空间模型，给出了定常系统的解，随后讨论了连续状态方程的离散化。

1.7.1　线性连续系统

一个连续-离散随机线性系统可以通过以下的状态空间模型来描述，即

$$\begin{cases}\dot{\boldsymbol{x}}(t)=\boldsymbol{F}(t)\boldsymbol{x}(t)+\boldsymbol{G}(t)\boldsymbol{w}(t)\\ \boldsymbol{z}_k=\boldsymbol{H}_k\boldsymbol{x}_k+\boldsymbol{v}_k\end{cases} \tag{1-191}$$

其中，t 为时间；$\boldsymbol{x}(t)\in\mathbb{R}^n$ 为状态向量；$\boldsymbol{w}(t)\in\mathbb{R}^p$ 为系统噪声；$\boldsymbol{F}(t)\in\mathbb{R}^{n\times n}$ 为系统矩阵；$\boldsymbol{G}(t)\in\mathbb{R}^{n\times p}$ 为系统噪声驱动矩阵；对于量测方程，角标 k 表示第 k 次量测的时间 t_k，$\boldsymbol{z}_k\in\mathbb{R}^m$ 为量测向量，$\boldsymbol{v}_k\in\mathbb{R}^m$ 为量测噪声，$\boldsymbol{H}_k\in\mathbb{R}^{m\times n}$ 为量测矩阵。

假设 $\boldsymbol{w}(t)$、$\boldsymbol{v}_k$ 为零均值白噪声，其统计特性为

$$\begin{cases}E[\boldsymbol{w}(t)]=\boldsymbol{0},\quad E[\boldsymbol{w}(t)\boldsymbol{w}^{\mathrm{T}}(\tau)]=\boldsymbol{Q}(t)\delta(t-\tau)\\ E[\boldsymbol{v}_k]=\boldsymbol{0},\quad E[\boldsymbol{v}_k\boldsymbol{v}_j^{\mathrm{T}}]=\boldsymbol{R}_k\delta_{kj}\end{cases} \tag{1-192}$$

其中，$\boldsymbol{Q}(t)$ 为系统噪声 $\boldsymbol{w}(t)$ 的功率谱密度；$\boldsymbol{R}_k$ 为量测噪声 $\boldsymbol{v}_k$ 的协方差矩阵；$\delta(t)$ 和 δ_{kj} 分别为 Dirac-δ 函数和 Kronecker-δ 函数。

如果 $\boldsymbol{F}(t)$ 和 $\boldsymbol{G}(t)$ 是常量，则式(1-191)的解为

$$\boldsymbol{x}(t)=\mathrm{e}^{\boldsymbol{F}(t)(t-t_0)}\boldsymbol{x}(t_0)+\int_{t_0}^{t}\mathrm{e}^{\boldsymbol{F}(t)(t-\tau)}\boldsymbol{G}(t)\boldsymbol{w}(\tau)\mathrm{d}\tau \tag{1-193}$$

其中，t_0 为系统的初始时间。

1.7.2　线性系统离散化

利用计算机运行离散卡尔曼滤波进行状态估计需要对连续的随机线性系统进行离散

化，尤其是对随机噪声进行处理，这与确定性线性系统有着显著的区别。

首先，假设时间区间$[t_{k-1},t_k]$内$\boldsymbol{F}(t)$和$\boldsymbol{G}(t)$可被近似为常数矩阵$\boldsymbol{F}(t_{k-1})$和$\boldsymbol{G}(t_{k-1})$，利用线性系统的解(1-193)可以得到

$$\boldsymbol{x}(t_k)=\mathrm{e}^{\boldsymbol{F}(t_{k-1})\Delta t}\boldsymbol{x}(t_{k-1})+\int_{t_{k-1}}^{t_k}\mathrm{e}^{\boldsymbol{F}(t_{k-1})(t_k-\tau)}\boldsymbol{G}(t_{k-1})\boldsymbol{w}(\tau)\mathrm{d}\tau \tag{1-194}$$

考虑到组合导航中离散化周期$\Delta t=t_k-t_{k-1}$较小，根据矩阵指数函数的定义(1-16)对式(1-194)中的矩阵指数函数采取近似$\mathrm{e}^{\boldsymbol{A}}\approx\boldsymbol{I}+\boldsymbol{A}$，并在等式右侧仅保留关于时间间隔$\Delta t$的一阶项，式(1-194)可近似为

$$\boldsymbol{x}(t_k)=\left(\boldsymbol{I}+\boldsymbol{F}(t_{k-1})\Delta t\right)\boldsymbol{x}(t_{k-1})+\boldsymbol{G}(t_{k-1})\int_{t_{k-1}}^{t_k}\boldsymbol{w}(\tau)\mathrm{d}\tau \tag{1-195}$$

如果定义$\boldsymbol{x}_k=\boldsymbol{x}(t_k)$、$\boldsymbol{F}_{k-1}=\mathrm{e}^{\boldsymbol{F}(t_{k-1})\Delta t}\approx\boldsymbol{I}+\boldsymbol{F}(t_{k-1})\Delta t$，则式(1-195)变为

$$\boldsymbol{x}_k=\boldsymbol{F}_{k-1}\boldsymbol{x}_{k-1}+\boldsymbol{G}(t_{k-1})\int_{t_{k-1}}^{t_k}\boldsymbol{w}(\tau)\mathrm{d}\tau \tag{1-196}$$

对于等式右侧第二项，令$\boldsymbol{w}_k=\dfrac{1}{\Delta t}\displaystyle\int_{t_{k-1}}^{t_k}\boldsymbol{w}(\tau)\mathrm{d}\tau$，表示离散噪声$\boldsymbol{w}_k$等效为连续噪声$\boldsymbol{w}(\tau)$。在离散时间间隔内的时间平均，同时令$\boldsymbol{G}_{k-1}=\boldsymbol{G}(t_{k-1})\Delta t$，则式(1-196)写为

$$\boldsymbol{x}_k=\boldsymbol{F}_{k-1}\boldsymbol{x}_{k-1}+\boldsymbol{G}_{k-1}\boldsymbol{w}_{k-1} \tag{1-197}$$

式(1-197)即为离散化的状态方程。下面计算离散噪声$\boldsymbol{w}_k$的统计特性。

离散噪声$\boldsymbol{w}_k$的均值为

$$E\left[\boldsymbol{w}_k\right]=E\left[\frac{1}{\Delta t}\int_{t_{k-1}}^{t_k}\boldsymbol{w}(\tau)\mathrm{d}\tau\right]=\frac{1}{\Delta t}\int_{t_{k-1}}^{t_k}E\left[\boldsymbol{w}(\tau)\right]\mathrm{d}\tau=0 \tag{1-198}$$

离散噪声$\boldsymbol{w}_k$的方差为

$$\begin{aligned}E\left[\boldsymbol{w}_k\boldsymbol{w}_k^{\mathrm{T}}\right]&=E\left\{\frac{1}{\Delta t}\int_{t_{k-1}}^{t_k}\boldsymbol{w}(\tau)\mathrm{d}\tau\cdot\left[\frac{1}{\Delta t}\int_{t_{k-1}}^{t_k}\boldsymbol{w}(s)\mathrm{d}s\right]^{\mathrm{T}}\right\}\\&=\frac{1}{\Delta t^2}\int_{t_{k-1}}^{t_k}\int_{t_{k-1}}^{t_k}E\left[\boldsymbol{w}(\tau)\boldsymbol{w}^{\mathrm{T}}(s)\right]\mathrm{d}s\mathrm{d}\tau\\&=\frac{1}{\Delta t^2}\int_{t_{k-1}}^{t_k}\int_{t_{k-1}}^{t_k}\boldsymbol{Q}(\tau)\delta(\tau-s)\mathrm{d}s\mathrm{d}\tau\\&=\frac{1}{\Delta t^2}\int_{t_{k-1}}^{t_k}\boldsymbol{Q}(\tau)\mathrm{d}\tau\end{aligned} \tag{1-199}$$

由于离散时间间隔Δt很小，$\boldsymbol{Q}(\tau)$变化缓慢，近似为$\boldsymbol{Q}(t_{k-1})$，得到$\boldsymbol{w}_k$的方差为

$$E\left[\boldsymbol{w}_k\boldsymbol{w}_k^{\mathrm{T}}\right]=\frac{\boldsymbol{Q}(t_{k-1})}{\Delta t} \tag{1-200}$$

1.8 本 章 小 结

本章介绍了状态估计和组合导航中常用的基础知识。首先介绍了线性代数和矩阵论相关知识，这是状态估计中分析和处理多维数据的基本工具，更多相关知识可参考书籍(范崇金等，2016；同济大学数学系，2014；张贤达，2004)。接着介绍了导航中的若干基本概念，

包括地球模型、常用坐标系、常见导航参数等。还介绍了 4 种坐标系旋转表示法，这是导航中表示旋转和姿态的数学工具。导航领域更详细的基础知识介绍可参考相关专著和文献(严恭敏等，2019；GROVES, 2015; SOLA, 2017)。随后介绍了概率论与随机过程相关基本知识，这是分析和处理随机变量的基本数学工具，关于概率统计知识更详细的介绍参见书籍(贾念念等，2018；赵希人等，2015；刘次华，2017)。在此基础上，本章讨论了常用的参数估计准则和参数估计方法，后续章节介绍的状态估计方法可以看作将参数估计方法从静态随机变量向动态随机变量序列的扩展，关于参数估计准则和参数估计方法更详细的介绍参见书籍(Simon，2006)。最后，本章介绍了随机线性系统的概念，并讨论了随机线性系统的离散化，关于线性系统理论的教材可参考书籍(郑大钟，2002)。

习　题

1. 考虑两个可逆矩阵 $\boldsymbol{A}$ 与 $\boldsymbol{B}$，定义矩阵 $\boldsymbol{C}=\boldsymbol{A}+\boldsymbol{B}$，证明：

$$\boldsymbol{C}^{-1}=\boldsymbol{A}^{-1}-\boldsymbol{A}^{-1}\boldsymbol{B}\left(\boldsymbol{B}^{-1}+\boldsymbol{A}^{-1}\boldsymbol{B}\right)^{-1}\boldsymbol{B}^{-1}$$

2. 设 $\boldsymbol{A}$、$\boldsymbol{B}$、$\boldsymbol{C}$ 均为 $m\times m$ 的矩阵，$\boldsymbol{C}=(\boldsymbol{I}-\boldsymbol{A})\boldsymbol{B}(\boldsymbol{I}-\boldsymbol{A})^{\mathrm{T}}+\boldsymbol{ABA}^{\mathrm{T}}$，$J=\mathrm{tr}(\boldsymbol{C})$，试求解：$\dfrac{\partial J}{\partial \boldsymbol{A}}$。

3. 给出“321”定义下的欧拉角与方向余弦阵的关系。

4. 假设运载体位置为 (λ,L,h)，速度为 (V_N,V_E,V_U)，其中，λ 代表经度，L 代表纬度，h 代表高度，地球的卯酉圈半径与子午圈半径分别为 R_N 与 R_M，试求解地球坐标系相对惯性坐标系在地球坐标系下的投影 $\boldsymbol{\omega}_{ie}^{e}$ 与导航坐标系相对地球坐标系在地球坐标系下的投影 $\boldsymbol{\omega}_{en}^{e}$。

5. 设 $\boldsymbol{r}$ 是空间中任意一个三维矢量，它在坐标系 α 和 β 中的坐标分别为 $\boldsymbol{r}^{\alpha}=[r_x^{\alpha}\quad r_y^{\alpha}\quad r_z^{\alpha}]^{\mathrm{T}}$ 和 $\boldsymbol{r}^{\beta}=[r_x^{\beta}\quad r_y^{\beta}\quad r_z^{\beta}]^{\mathrm{T}}$，坐标系 β 相对于坐标系 α 的角速度为 $\omega_{\alpha\beta}$，试证明哥氏定理 $\left.\dfrac{\mathrm{d}\boldsymbol{r}}{\mathrm{d}t}\right|_{\alpha}=\left.\dfrac{\mathrm{d}\boldsymbol{r}}{\mathrm{d}t}\right|_{\beta}+\boldsymbol{\omega}_{\alpha\beta}\times\boldsymbol{r}$。

6. 设坐标系 α 相对于坐标系 β 转动的角速度为 $\omega_{\beta\alpha}$，试推导该旋转对应的方向余弦阵微分方程 $\dot{\boldsymbol{C}}_{\alpha}^{\beta}=\boldsymbol{C}_{\alpha}^{\beta}(\boldsymbol{\omega}_{\beta\alpha}^{\alpha}\times)$。

7. 设坐标系 β 相对于坐标系 α 转动的角速度为 $\omega_{\beta\alpha}$，试推导四元数微分方程 $\dot{\boldsymbol{q}}_{\beta}^{\alpha}=\dfrac{1}{2}\boldsymbol{q}_{\beta}^{\alpha}\circ\boldsymbol{\omega}_{\alpha\beta}^{\beta}$。

8. 分析 1.6.1 节给出的 6 种估计准则的适用场景。

9. 一个连续-离散随机线性系统可以通过以下的状态空间模型描述为

$$\begin{cases}\dot{x}(t)=-\alpha^2x(t)+w(t)\\ z_k=H_kx_k+v_k\end{cases}$$

其中

$$\begin{cases}E\left[w(t)\right]=0,\quad E\left[w(t)w^{\mathrm{T}}(\tau)\right]=Q(t)\delta(t-\tau)\\ E\left[v_k\right]=0,\quad E\left[v_kv_j^{\mathrm{T}}\right]=R_k\delta_{kj}\end{cases}$$

(1)给出上式模型的离散化形式，离散化时间为 t_1；

(2)求解离散化后等效过程噪声的协方差。

第 2 章　惯性导航系统

2.1　引　　言

我们把能够提供载体位置、速度和姿态等运动状态的系统称为导航系统，为载体提供实时导航参数是导航系统的基本任务。在众多的导航系统中，惯性导航系统(Inertial Navigation System, INS)是一种真正意义上的自主式的导航系统，它通过惯性器件测量运载体相对惯性空间的角运动和线运动参数，在给定的初始条件下，通过积分运算获得运载体的速度、位置和姿态信息。加速度计和陀螺仪作为惯性导航系统的核心器件，其精度制约着惯性导航系统的精度。惯性器件在出厂之后，一般需对其关键的误差参数进行标定和补偿，再将校正后的结果输入导航系统中。对于现有的平台式和捷联式两类惯性导航系统，捷联式惯性导航系统因其诸多优势目前已得到广泛应用。针对捷联式惯性导航系统，如何对惯性器件输出的角速度和比力信息进行处理，从而确定运载体的导航参数信息也是值得关注的问题。此外，实际的导航系统不可避免地存在测量误差、计算误差等一系列误差源，这些误差会随着捷联式惯性导航更新算法进行传播，导致最终解算的导航参数存在误差。因此，有必要建立捷联式惯性导航系统的误差方程，并对误差源的传播特性进行分析。在应用过程中，惯性导航系统在进入导航状态前，需要精确获取载体的初始位置、速度和姿态，这就涉及初始对准技术。

为了便于读者对惯性导航系统有一个基本的了解，本章安排如下：2.2 节从基本的惯性器件出发，介绍其类型、误差特性以及标定方法，从而确定惯性导航系统的基本输入；2.3 节简单介绍典型的平台式和捷联式两类惯性导航系统；2.4 节针对捷联式惯性导航系统，介绍其基本的姿态、速度和位置更新算法，从而获得导航系统的基本导航参数；2.5 节推导捷联式惯性导航系统的误差方程，并在静基座条件下对导航误差源的影响进行分析；2.6 节针对不同场景下的初始对准技术进行介绍；最后 2.7 节对本章进行总结。

2.2　惯 性 器 件

惯性器件包括陀螺仪和加速度计，它是惯性导航系统的核心部件，能够敏感载体的旋转角速度与运动加速度。惯性导航系统的精度在很大程度上取决于陀螺仪和加速度计的精度。随着我国海陆空天等应用领域需求的日益发展，对惯性技术提出了更高的要求，也促使惯性技术相关的原理、方法、技术不断进步和创新。惯性传感器在尺寸、重量、成本和精度等方面也在不断改进，以满足应用的需求。本节主要介绍典型惯性传感器陀螺仪和加速度计的工作原理、类型、误差特性以及常用的标定方法。

2.2.1 陀螺仪

陀螺仪是用于敏感运载体相对于惯性空间角速度的传感器，即使在无外界参考信号的情况下也能探测出运载体本身角运动的变化。自 20 世纪初期初代惯性传感器出现以来，陀螺仪使用旋转质量技术，依靠转子的高速旋转来实现角速度的测量。20 世纪 60 年代，一些学者开始基于量子力学研究光学陀螺仪，此类陀螺仪是构建捷联式惯性导航系统的理想惯性元件。20 世纪 80 年代，以微机电系统(Micro Electro Mechanical Systems, MEMS)陀螺仪、半球谐振式陀螺仪等为代表的振动陀螺仪得到了快速发展，特别是 MEMS 陀螺仪，广泛应用于消费市场。而后，随着现代物理和量子技术的不断发展以及微制造加工技术的不断突破，利用原子自旋或干涉效应对环境的高度敏感特性实现角速度感知的原子陀螺仪应运而生，不断突破经典技术的测量极限。陀螺仪发展现状如图 2-1 所示。

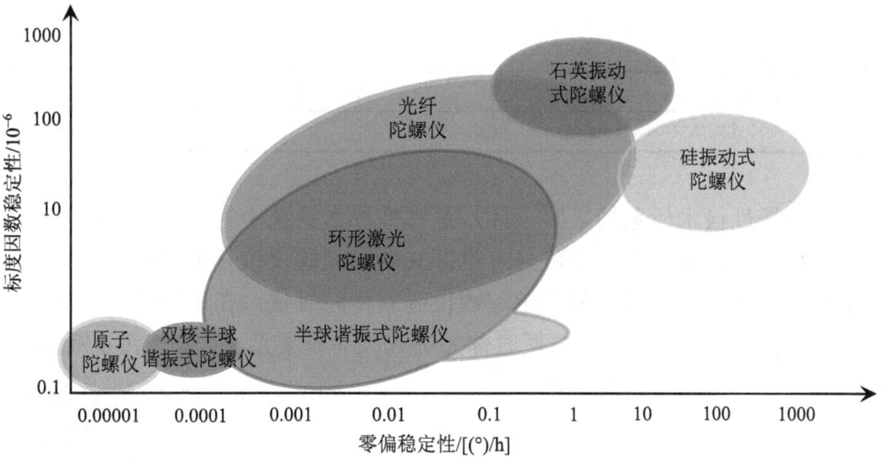

图 2-1　陀螺仪发展现状

根据陀螺仪的工作原理和发展趋势不同，可将其大致分为以下四类，分别是机械式转子陀螺仪、光学陀螺仪、振动式陀螺仪和原子陀螺仪。

机械式转子陀螺仪是以牛顿经典力学为基础的陀螺仪，是一种利用高速旋转的转子来敏感其自转轴在惯性空间定向变化的装置，主要包括挠性陀螺仪、液浮陀螺仪和静电陀螺仪。其中，挠性陀螺仪也被称为动力调谐陀螺仪。

与传统机械式转子陀螺仪的工作方式不同，光学陀螺仪的工作原理是基于 Sagnac 效应的，并且具有动态范围宽、能测量的角速率大、受加速度与振动冲击的影响小、启动时间短和工作寿命长等优点，因而大量应用于惯性导航系统中，主要包括激光陀螺仪和光纤陀螺仪。

振动式陀螺仪是基于哥氏效应的一种陀螺仪，主要有半球谐振式陀螺仪和 MEMS 陀螺仪两种。目前，半球谐振式陀螺仪是一种很有前景的陀螺仪，具有小型化、高精度的特点，得到了国内外惯性技术领域的很大关注。MEMS 陀螺仪是振动式陀螺仪的另一个分支，主要采用微/纳米技术，通过检测振动机械元件上的哥氏加速度来实现对转动角速度的测量，但 MEMS 陀螺仪的精度相对较低。

原子陀螺仪又可分为原子干涉式陀螺仪、原子自旋式陀螺仪和核磁共振陀螺仪，其中原子干涉式陀螺仪是目前理论精度最高的原子陀螺仪，又称为冷原子陀螺仪，基于 Sagnac 效应完成角速度的测量。但目前原子陀螺仪还在实验研究验证阶段，尚未形成大规模应用。各类陀螺仪的性能总结如表 2-1 所示。

表 2-1　各类陀螺仪的性能总结

陀螺仪分类	陀螺仪类型	精度(零偏稳定性)/[(°)/h]	精度潜力	稳定时间	体积	成本	抗干扰能力	受关注度	现阶段主要应用领域
机械式转子陀螺仪	液浮陀螺仪	0.001	中	慢	大	高	弱	低	中、高精度军用领域
	动力调谐陀螺仪	0.01	中	中	中	低	中	低	中、低精度民用领域
	静电陀螺仪	0.0001	高	慢	大	高	弱	低	高精度军用领域
光学陀螺仪	激光陀螺仪	0.001	中	快	中	中	中	低	中、高精度军用领域
	光纤陀螺仪	0.001	中	快	中	低	中	中	中、高精度军、民用领域
振动式陀螺仪	MEMS 陀螺仪	0.1	中	快	小	低	中	高	低精度民用领域
	半球谐振式陀螺仪	0.0001	高	快	小	中	强	高	高精度空间领域
原子陀螺仪	核磁共振陀螺仪	0.01	中	快	小	中	强	高	工程样机阶段
	原子干涉式陀螺仪	0.00001	超高	/	/	/	/	高	原理样机阶段

陀螺仪作为惯性技术体系的重要一环，是惯性导航系统中的核心传感器，其技术的更迭前进与惯性技术的发展需求密不可分。机械式转子陀螺仪拉开了陀螺仪工程化应用的序幕；光学陀螺仪、振动式陀螺仪和原子陀螺仪等新型陀螺仪，在现阶段展示出巨大潜力。陀螺仪技术对国家综合定位、导航与授时体系的建设有重要意义，未来将不断向着高精度、高可靠性、小型化和低成本方向迈进。

陀螺仪和加速度计的发展历史

2.2.2　加速度计

加速度计的测量原理主要基于牛顿力学定律，它通过测量参考质量块所受的惯性力来间接获得载体的加速度。通常，加速度计包含一个经由弹簧约束的在仪表壳体内的检测质量块，通过检测质量块的位移变化来测量运载体的加速度，它实际敏感的是载体的非引力加速度，即比力。加速度计发展现状如图 2-2 所示。

现阶段，应用于惯性导航系统的加速度计类型主要有摆式积分陀螺加速度计、石英挠性摆式加速度计、石英振梁式加速度计、MEMS 加速度计等。摆式积分陀螺加速度计是目前技术成熟且精度最高的机械式加速度计，但其结构复杂、体积及质量大、成本高；石英挠性摆式加速度计和石英振梁式加速度计是目前主流的工程应用加速度计，具有体积小和精度高的优点；石英振梁式加速度计抗环境噪声能力较强，精度较石英挠性摆式加速度计稍高，可应用于导航级惯性系统；MEMS 加速度计具有体积小、成本低和集成度高的优点，目前高精度的 MEMS 加速度计已有成熟产品的精度，可基本满足战术级应用需求，已在国外武器系统中得到广泛应用。上述加速度计产品已较为成熟且覆盖了目前绝大部分的应用场景。但是，欧美多国仍在大量投入研发具有更高精度潜力的下一代加速度计，主要是基于光学效应、量子效应（物质波干涉）和光力耦合效应等的新型高精度加速度计。

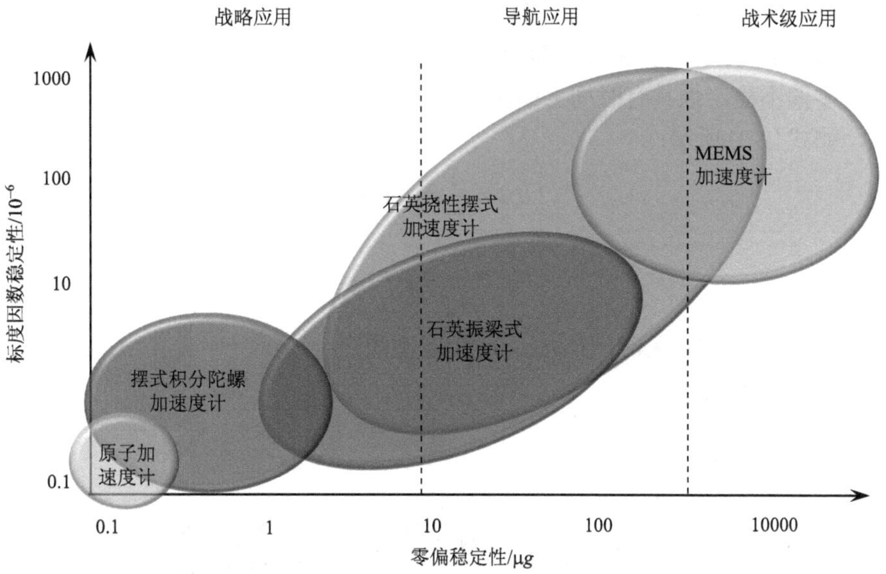

图 2-2　加速度计发展现状

2.2.3　惯性器件误差特性

受机械加工、装配误差及外界环境变化等因素的干扰，惯性器件的输出并不是我们期望的理想载体角运动信息和比力信息，通常受到零偏、标度因数误差、安装误差以及白噪声的影响。下面将依次讨论惯性器件中可能存在的几种误差。

1. 零偏

零偏是指加速度计或陀螺仪在没有外部加速度或角速度作用时测量值的偏移或漂移，与运载体实际的比力和角速率无关，通常是惯性器件的主要误差来源，也用于表示惯性传感器的发展水平。加速度计零偏通常以 mg 或μg 为单位，其中 $1g = 9.80665\text{m/ s}^2$，而对于陀螺仪的零偏，通常使用 (°)/h 表示，其中$1°/\text{h} = 4.848 \times 10^{-6}\ \text{rad/s}$。

对于零偏还有几个概念需要区分。首先是常值零偏，也就是惯性器件生产出来后固定不变的零偏值，通常可以采用标定方法对其进行补偿。假设经标定补偿后加速度计和陀螺仪剩余部分的零偏分别记为b_a和b_g，对于b_a和b_g又可以将其分为静态分量b_{as}、b_{gs}和动态分量b_{ad}、b_{gd}两部分，即

$$\begin{cases} b_a = b_{as} + b_{ad} \\ b_g = b_{gs} + b_{gd} \end{cases} \tag{2-1}$$

零偏的静态分量，也称为零偏重复性，包含逐次启动零偏和经标定补偿之后的剩余常值项零偏。零偏的静态分量在一次启动之后的整个工作过程中都保持不变，但逐次启动时会发生变化。因此，在组合导航中，通常采用随机常数进行建模，其动力学模型为

$$\begin{cases} \dot{b}_{as} = 0 \\ \dot{b}_{gs} = 0 \end{cases} \tag{2-2}$$

零偏的动态分量，也称为零偏不稳定性，用于衡量惯性传感器一个工作周期输出量相对于其零偏均值的离散程度，通常在惯性传感器数分钟的工作时间内就会有变化。如图 2-3 所示，由于零偏不稳定性具有时间上的相关性，在组合导航中通常采用一阶马尔可夫模型进行建模，如式(2-3)所示：

$$\begin{cases}\dot{b}_{ad} = \dfrac{1}{\tau_a} b_{ad} + n_a \\ \dot{b}_{gd} = \dfrac{1}{\tau_g} b_{gd} + n_g\end{cases} \tag{2-3}$$

其中，τ_a、τ_g 为对应的相关时间；n_a、n_g 为驱动噪声。

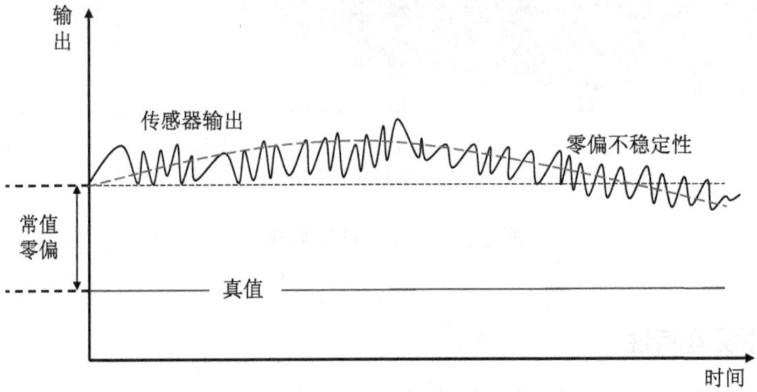

图 2-3　常值零偏及零偏不稳定性示意图

零偏重复性可以通过在常温条件下将器件多次上电，测量和记录每次上电的零偏数值，然后计算其标准差的方式获取。零偏不稳定性的测算方式有两种：①国家军用标准规定。采集一段时间的静态数据，每 10s 或 100s 求平均(以便抑制器件白噪声的影响)，然后统计这些平均值的标准差即为零偏不稳定性。②Allan 方差分析。采集足够长时间的静态数据(一般大于 10h，越高精度的器件所需时间越长)，绘制 Allan 方差曲线，并取其曲线最低点便可估计出零偏不稳定性。(按照第一种方式进行测算的零偏不稳定性也被部分研究人员称为零偏稳定性以示区分)。

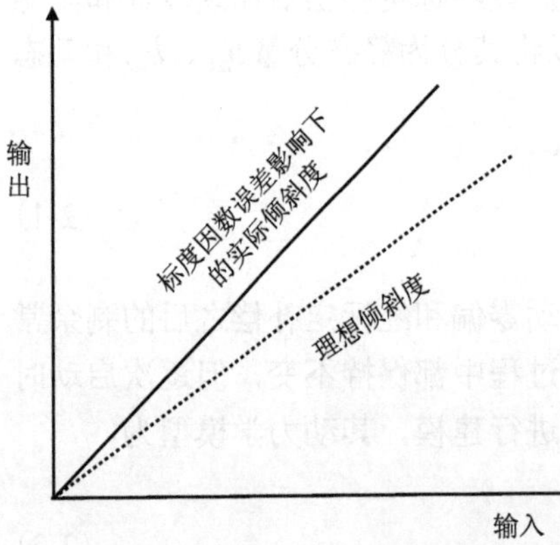

图 2-4　标度因数误差示意图

2. 标度因数误差

标度因数(也称为刻度因子或比例因子)被定义为惯性器件输出量与输入量的比值。该比值是根据整个输入范围内测得的输入/输出数据，通过最小二乘法拟合求出的直线斜率。标度因数误差是指传感器实际输入/输出直线与理想直线的偏离程度，如图 2-4 所示。以陀螺仪为例，在仅考虑标度因数误差 $\delta \boldsymbol{K}_g$ 的情况下，实际输出角速度 $\hat{\boldsymbol{\omega}}$ 与理论角速度 $\boldsymbol{\omega}$ 之间的关系为

$$\hat{\boldsymbol{\omega}} = \boldsymbol{K}_g \boldsymbol{\omega} = (1 + \delta \boldsymbol{K}_g)\boldsymbol{\omega} \tag{2-4}$$

标度因数误差一般用满量程输出的百分比或

者百万分比(ppm)来表示，在组合导航中，若考虑标度因数误差，通常采用随机常数进行建模。

3. 安装误差

安装误差即惯性器件的耦合误差，通常是由三个陀螺仪和加速度计各自构成的敏感轴系与载体坐标系的正交轴无法完全对齐造成的。该误差会导致敏感轴测量到与其正交方向上的分量，如图 2-5 所示。

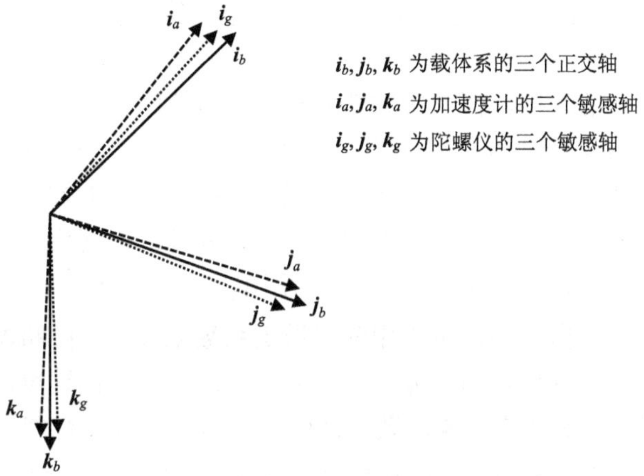

图 2-5 安装误差示意图

以陀螺仪为例，设真实的输入角速度矢量为 $\boldsymbol{\omega}$，其在载体坐标系下的投影为 $\boldsymbol{\omega}^b = \begin{bmatrix} \omega_x^b & \omega_y^b & \omega_z^b \end{bmatrix}^{\mathrm{T}}$，$\boldsymbol{\omega}$ 和 $\boldsymbol{\omega}^b$ 关系如式(2-5)所示：

$$\boldsymbol{\omega} = \begin{bmatrix} \boldsymbol{i}_b & \boldsymbol{j}_b & \boldsymbol{k}_b \end{bmatrix} \begin{bmatrix} \omega_x^b \\ \omega_y^b \\ \omega_z^b \end{bmatrix} = \begin{bmatrix} \boldsymbol{i}_b & \boldsymbol{j}_b & \boldsymbol{k}_b \end{bmatrix} \boldsymbol{\omega}^b \tag{2-5}$$

陀螺仪敏感轴 $\boldsymbol{i}_g$、$\boldsymbol{j}_g$、$\boldsymbol{k}_g$ 实际测量到的角速度 $\hat{\boldsymbol{\omega}}$ 为真实输入角速度 $\boldsymbol{\omega}$ 在其上的投影，分别为 $\boldsymbol{i}_g \cdot \boldsymbol{\omega}$、$\boldsymbol{j}_g \cdot \boldsymbol{\omega}$ 和 $\boldsymbol{k}_g \cdot \boldsymbol{\omega}$，则陀螺仪敏感轴的测量值 $\hat{\boldsymbol{\omega}}$ 与真实角速度在载体坐标系下投影 $\boldsymbol{\omega}^b$ 之间的关系如式(2-6)所示：

$$\hat{\boldsymbol{\omega}} = \begin{bmatrix} \boldsymbol{i}_g \cdot \boldsymbol{\omega} \\ \boldsymbol{j}_g \cdot \boldsymbol{\omega} \\ \boldsymbol{k}_g \cdot \boldsymbol{\omega} \end{bmatrix} = \begin{bmatrix} \boldsymbol{i}_g \cdot \boldsymbol{i}_b & \boldsymbol{i}_g \cdot \boldsymbol{j}_b & \boldsymbol{i}_g \cdot \boldsymbol{k}_b \\ \boldsymbol{j}_g \cdot \boldsymbol{i}_b & \boldsymbol{j}_g \cdot \boldsymbol{j}_b & \boldsymbol{j}_g \cdot \boldsymbol{k}_b \\ \boldsymbol{k}_g \cdot \boldsymbol{i}_b & \boldsymbol{k}_g \cdot \boldsymbol{j}_b & \boldsymbol{k}_g \cdot \boldsymbol{k}_b \end{bmatrix} \boldsymbol{\omega}^b \tag{2-6}$$

由于安装误差角度量级较小，$\boldsymbol{i}_g \cdot \boldsymbol{i}_b$、$\boldsymbol{j}_g \cdot \boldsymbol{j}_b$、$\boldsymbol{k}_g \cdot \boldsymbol{k}_b$ 可以近似为 1。记 $E_{gxy} = \boldsymbol{i}_g \cdot \boldsymbol{j}_b$、$E_{gxz} = \boldsymbol{i}_g \cdot \boldsymbol{k}_b$、$E_{gyx} = \boldsymbol{j}_g \cdot \boldsymbol{i}_b$、$E_{gyz} = \boldsymbol{j}_g \cdot \boldsymbol{k}_b$、$E_{gzx} = \boldsymbol{k}_g \cdot \boldsymbol{i}_b$、$E_{gzy} = \boldsymbol{k}_g \cdot \boldsymbol{j}_b$，故安装的非正交性导致的陀螺仪敏感轴测量值 $\hat{\boldsymbol{\omega}}$ 与真实角速度在载体坐标系下投影 $\boldsymbol{\omega}^b$ 之间的关系如式(2-7)所示：

$$\hat{\boldsymbol{\omega}}=\begin{bmatrix}1 & E_{gxy} & E_{gxz}\\ E_{gyx} & 1 & E_{gyz}\\ E_{gzx} & E_{gzy} & 1\end{bmatrix}\boldsymbol{\omega}^b \tag{2-7}$$

同理，加速度计也可以按照类似的思路获得加速度计敏感轴测量值与真实比力在载体坐标系下投影之间的关系。安装误差在安装完毕后基本保持不变，正是由于安装的非正交性，惯性传感器可能会敏感到其他方向的加速度或角速度信息，从而对惯性导航系统的导航参数解算精度产生影响。在组合导航中，若考虑安装误差，通常采用随机常数对其进行建模。

4. 白噪声

受多种不确定因素的干扰，惯性传感器的输出是包含随机噪声的，为了表征输出信号的随机波动，可以用白噪声对其进行建模。白噪声是一个不相关的随机噪声，并且惯性传感器的白噪声与过去和将来的取值都不相关，因此白噪声既不能被校准，也不能被补偿。惯性传感器的白噪声通常用功率谱密度方根的形式来表征。加速度计功率谱密度方根的常用单位是$\mu g/\sqrt{\text{Hz}}$；陀螺仪的功率谱密度方根常用单位是$(°)/(\text{h}\cdot\sqrt{\text{Hz}})$。

加速度计和陀螺仪的白噪声还可以用随机游走系数来表征，随机游走系数用于描述白噪声产生的随时间累积的器件输出误差系数。其中，加速度计的速度随机游走系数常用单位为$\mu g/\sqrt{\text{Hz}}$，陀螺仪的角度随机游走系数常用单位为$(°)/\sqrt{\text{h}}$。随机游走系数的测算方式同样可以采用 Allan 方差分析法，通过采集足够长时间的静态数据并绘制 Allan 方差曲线。

2.2.4　惯性器件内参标定

惯性器件内参标定的本质是对惯性器件误差参数的辨识，参数一般包括陀螺仪和加速度计零偏、标度因数和安装误差。通常，用于导航系统的惯性传感器并非单轴陀螺仪或加速度计，而是采用由三轴正交安装的陀螺仪组件和加速度计组件。基于机械加工和装配误差等原因，惯性传感器组件中必然会存在一定的误差参数，如不及时进行标定和补偿，惯性导航系统的导航性能会下降，进而影响使用。因此，对惯性导航系统的核心误差源进行标定也一直是惯性导航系统的重要系统技术之一。

在对惯性器件标定之前，需要根据惯性传感器的输入/输出以及标定参数的关系建立相应的传感器测量模型，以更好地对系统误差进行补偿。通常，受安装误差的影响，惯性器件的真实输入在某敏感轴的分量将与其他轴分量在该轴上的投影耦合，该耦合量经过标度因数的缩放和零偏的影响，最终得到惯性元件输出信号。针对上述过程可分别建立如下陀螺仪测量模型和加速度计测量模型。

1. 陀螺仪测量模型

根据陀螺仪的输入输出关系，可建立如下矩阵形式的测量模型：

$$\begin{bmatrix}N_{gx}\\ N_{gy}\\ N_{gz}\end{bmatrix}=\begin{bmatrix}K_{gx} & 0 & 0\\ 0 & K_{gy} & 0\\ 0 & 0 & K_{gz}\end{bmatrix}\begin{bmatrix}1 & E_{gxy} & E_{gxz}\\ E_{gyx} & 1 & E_{gyz}\\ E_{gzx} & E_{gzy} & 1\end{bmatrix}\begin{bmatrix}\omega_x^b\\ \omega_y^b\\ \omega_z^b\end{bmatrix}+\begin{bmatrix}D_{gx}\\ D_{gy}\\ D_{gz}\end{bmatrix}$$

$$=\begin{bmatrix} K_{gx} & K_{gx}E_{gxy} & K_{gx}E_{gxz} \\ K_{gy}E_{gyx} & K_{gy} & K_{gy}E_{gyz} \\ K_{gz}E_{gzx} & K_{gz}E_{gzy} & K_{gz} \end{bmatrix}\begin{bmatrix} \omega_x^b \\ \omega_y^b \\ \omega_z^b \end{bmatrix}+\begin{bmatrix} D_{gx} \\ D_{gy} \\ D_{gz} \end{bmatrix} \tag{2-8}$$

其中，$\boldsymbol{N}_g=\begin{bmatrix} N_{gx} & N_{gy} & N_{gz} \end{bmatrix}^{\mathrm{T}}$为$x$、$y$、$z$三轴陀螺仪的输出值；$\boldsymbol{\omega}^b=\begin{bmatrix} \omega_x^b & \omega_y^b & \omega_z^b \end{bmatrix}^{\mathrm{T}}$为三轴陀螺仪在载体坐标系下的角速度输入；$\boldsymbol{D}_g=\begin{bmatrix} D_{gx} & D_{gy} & D_{gz} \end{bmatrix}^{\mathrm{T}}$为三轴陀螺仪的零偏；$K_{gx}$、$K_{gy}$、$K_{gz}$分别为三轴陀螺仪的标度因数；$E_{gxy}$、$E_{gxz}$、$E_{gyx}$、$E_{gyz}$、$E_{gzx}$、$E_{gzy}$分别为陀螺仪的安装误差系数。

2. 加速度计测量模型

同理，根据加速度计的输入输出关系，可建立如下矩阵形式的测量模型：

$$\begin{bmatrix} N_{ax} \\ N_{ay} \\ N_{az} \end{bmatrix}=\begin{bmatrix} K_{ax} & K_{ax}E_{axy} & K_{ax}E_{axz} \\ K_{ay}E_{ayx} & K_{ay} & K_{ay}E_{ayz} \\ K_{az}E_{azx} & K_{az}E_{azy} & K_{az} \end{bmatrix}\begin{bmatrix} f_x^b \\ f_y^b \\ f_z^b \end{bmatrix}+\begin{bmatrix} D_{ax} \\ D_{ay} \\ D_{az} \end{bmatrix} \tag{2-9}$$

其中，$\boldsymbol{N}_a=\begin{bmatrix} N_{ax} & N_{ay} & N_{az} \end{bmatrix}^{\mathrm{T}}$为$x,y,z$三轴加速度计的输出值；$\boldsymbol{f}^b=\begin{bmatrix} f_x^b & f_y^b & f_z^b \end{bmatrix}^{\mathrm{T}}$为三轴加速度计在载体坐标系下的比力输入；$\boldsymbol{D}_a=\begin{bmatrix} D_{ax} & D_{ay} & D_{az} \end{bmatrix}^{\mathrm{T}}$为三轴加速度计的零偏；$K_{ax}$、$K_{ay}$、$K_{az}$分别为三轴加速度计的标度因数；$E_{axy}$、$E_{axz}$、$E_{ayx}$、$E_{ayz}$、$E_{azx}$、$E_{azy}$分别为三轴加速度计的安装误差系数。

确定惯性组件输出测量模型后，通过设计合理的实验来激励和确定惯性组件的误差源，并通过软件对惯性系统的输出进行补偿来减小惯性组件误差的影响，即可提高惯性导航的精度。实验室常用的方法为转台标定方法。转台标定实验的关键是设计多组不同位置或运动状态，将产生的激励与惯性器件的实际输出结合来建立方程组，通过求解误差方程组即可获得待标定的误差参数。

三轴转台组合标定主要包括速率实验和位置实验，一般通过速率实验获得陀螺仪的标度因数和安装误差系数；通过位置实验获得陀螺仪的常值零偏以及加速度计的所有标定误差参数。下面将简单介绍标定实验具体的实施流程。

1) 速率实验

在进行速率实验之前，首先需对式(2-8)的陀螺仪测量模型整理如下：

$$\begin{cases} \dfrac{N_{gx}}{K_{gx}}=\omega_x^b+E_{gxy}\omega_y^b+E_{gxz}\omega_z^b+D_{gx0} \\ \dfrac{N_{gy}}{K_{gy}}=\omega_y^b+E_{gyx}\omega_x^b+E_{gyz}\omega_z^b+D_{gy0} \\ \dfrac{N_{gz}}{K_{gz}}=\omega_z^b+E_{gzx}\omega_x^b+E_{gzy}\omega_y^b+D_{gz0} \end{cases} \tag{2-10}$$

其中，$D_{gx0}=\dfrac{D_{gx}}{K_{gx}}$；$D_{gy0}=\dfrac{D_{gy}}{K_{gy}}$；$D_{gz0}=\dfrac{D_{gz}}{K_{gz}}$。

速率实验需将惯性组件安装在三轴转台的基座上，如图 2-6 所示，以绕 z 轴旋转为例，x、y、z 轴陀螺仪的主轴分别与转台的内、中、外框的自转轴平行，并将初始方位分别指向东、北、天。然后以一定的转速控制转台按照顺时针和逆时针方向绕地垂线转动，并记录整数圈内陀螺转动的输出值。当惯性组件绕 z 轴以角速率 ω 旋转时，受地球自转角速度的影响，在任意时刻 t，x、y、z 轴陀螺仪的理论角速率输出分别为

$$\begin{bmatrix}\omega_{x1}^b\\ \omega_{y1}^b\\ \omega_{z1}^b\end{bmatrix}=\begin{bmatrix}\cos(\omega t) & \sin(\omega t) & 0\\ -\sin(\omega t) & \cos(\omega t) & 0\\ 0 & 0 & 1\end{bmatrix}\begin{bmatrix}0\\ \omega_{ie}\cos L\\ \omega+\omega_{ie}\sin L\end{bmatrix}=\begin{bmatrix}\omega_{ie}\cos L\sin(\omega t)\\ \omega_{ie}\cos L\cos(\omega t)\\ \omega+\omega_{ie}\sin L\end{bmatrix}\tag{2-11}$$

其中，ω_{x1}^b、ω_{y1}^b、ω_{z1}^b 分别为绕 z 轴旋转的三轴陀螺仪在载体坐标系下的理论输出值；ω_{ie} 为地球自转速率；L 为纬度。

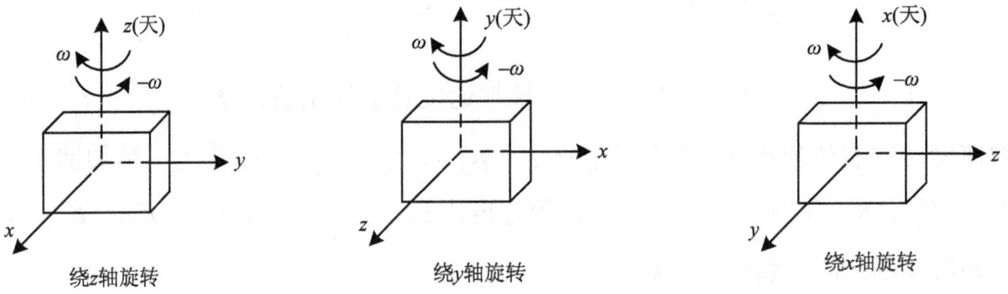

图 2-6　速率实验初始方位示意图

将式(2-11)代入式(2-10)，由于三轴测试转台旋转一周，含有 $\sin(\omega t)$ 和 $\cos(\omega t)$ 的各项积分均为 0，地球自转角速率在非转动轴上的输出可以抵消，则对绕 z 轴旋转处整周期内 x 轴陀螺仪正转和反转的输出值分别求和可得

$$\begin{cases}\sum\dfrac{N_{gx}(t)_+}{K_{gx}}=N\cdot\left[E_{gxz}(\omega+\omega_{ie}\sin L)+D_{gx0}\right]\\ \sum\dfrac{N_{gx}(t)_-}{K_{gx}}=N\cdot\left[E_{gxz}(-\omega+\omega_{ie}\sin L)+D_{gx0}\right]\end{cases}\tag{2-12}$$

其中，N 为一周内记录的陀螺仪输出个数；$N_{gx}(t)_+$、$N_{gx}(t)_-$ 分别为任意时刻正转和反转时 x 轴陀螺仪的输出。

分别对 x、y、z 三轴陀螺仪在顺时针和逆时针转动的计数求和做差，可得

$$\Delta N_{gx1}=2\omega NK_{gx}E_{gxz},\quad \Delta N_{gy1}=2\omega NK_{gy}E_{gyz},\quad \Delta N_{gz1}=2\omega NK_{gz}\tag{2-13}$$

其中，$\Delta N_{gx1}=N_{gx}(t)_+-N_{gx}(t)_-$。

同理，对绕 y 轴旋转和绕 x 轴旋转处的陀螺仪按上述步骤对顺时针和逆时针转动的计数求和做差，可以得到

$$\begin{cases}\Delta N_{gx2}=2\omega NK_{gx}E_{gxy},\quad \Delta N_{gy2}=2\omega NK_{gy},\quad \Delta N_{gz2}=2\omega NK_{gz}E_{gzy}\\ \Delta N_{gx3}=2\omega NK_{gx},\quad \Delta N_{gy3}=2\omega NK_{gy}E_{gyx},\quad \Delta N_{gz3}=2\omega NK_{gz}E_{gzx}\end{cases}\tag{2-14}$$

对式(2-13)和式(2-14)进行求解即可获得陀螺仪的标度因数和安装误差系数。上述速率实验的关键是对陀螺仪在整周期内的数据进行处理和运算。利用非转动轴整周期积分为0的特性，来消除地球自转角速率在非转动轴分量的影响。

2)位置实验

惯性组件标定的位置实验利用转台提供精确的位置基准，使加速度计或陀螺仪敏感不同的重力加速度或地球自转角速率分量，然后利用每个位置上的静止采样结果联立方程组，从而计算待标定的参数。一般有四位置法、六位置法、八位置法、十二位置法以及二十四位置法等，需要标定的参数越多，转动的位置越多。下面主要介绍二十四位置法的标定流程。

进行位置实验时同样需将惯性组件安装在转台的基座上，其 x、y、z 轴陀螺仪的主轴分别与转台的内、中、外框的自转轴平行；依次将 y、x、z 轴陀螺仪的主轴水平朝北，如图 2-7 所示；每次陀螺仪主轴朝北时，控制转台绕该陀螺仪主轴将惯性组件按逆时针方向依次转动 45°，连续转动 7 次，共 24 个位置，记录下每次陀螺仪和加速度计的输出值。为避免转台启动和停止的影响，数据处理时需截取转台完全静止时的采样数据进行计算。

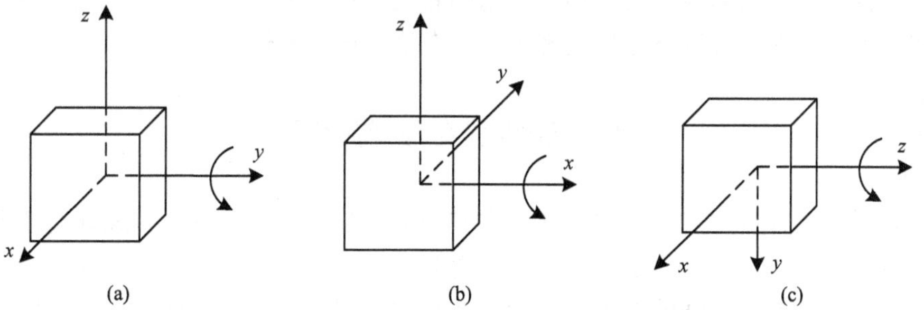

图 2-7　位置实验初始方位示意图

将上述 24 个位置敏感的角速率代入陀螺仪测量方程中即可列写如式(2-15)所示的方程，从而求解陀螺仪零偏：

$$\begin{bmatrix} \dfrac{N_{gx}(1)}{K_{gx}} \\ \dfrac{N_{gx}(2)}{K_{gx}} \\ \vdots \\ \dfrac{N_{gx}(24)}{K_{gx}} \end{bmatrix} = \begin{bmatrix} \omega_x(1) & \omega_y(1) & \omega_z(1) \\ \omega_x(2) & \omega_y(2) & \omega_z(2) \\ \vdots & \vdots & \vdots \\ \omega_x(24) & \omega_y(24) & \omega_z(24) \end{bmatrix} \begin{bmatrix} 1 \\ E_{gxy} \\ E_{gxz} \end{bmatrix} + \begin{bmatrix} 1 \\ 1 \\ \vdots \\ 1 \end{bmatrix} D_{gx0} \tag{2-15}$$

其中，$N_{gx}(i)\left(i=1,2,\cdots,24\right)$ 为陀螺仪在上述 24 个位置的输出信号；$\omega_x(i)$、$\omega_y(i)$、$\omega_z(i)$ 为转台转动停止时的基准值，由于转台的姿态已经过精密校准，因此基准值为已知量；K_{gx}、E_{gxy}、E_{gxz} 由速率实验求得；D_{gx0} 为待求的 x 轴陀螺仪常值零偏。同理，可以求得 y 轴和 z 轴陀螺仪的常值零偏。

加速度计的零偏、标度因数以及安装误差系数也是通过位置实验获得的。对式(2-9)中 x 轴加速度计的测量模型以矩阵形式展开，可以得到

$$\left[N_{ax}\right]=\left[f_x \quad f_y \quad f_z \quad 1\right]\cdot\left[K_{ax} \quad K_{ax}E_{axy} \quad K_{ax}E_{axz} \quad D_{ax}\right]^{\mathrm{T}} \tag{2-16}$$

在陀螺仪的多位置实验中，同步记录加速度计的输出值，并将 24 个位置的输出值代入式(2-16)中并展开为

$$\begin{bmatrix} N_{ax}(1) \\ N_{ax}(2) \\ \vdots \\ N_{ax}(24) \end{bmatrix}=\begin{bmatrix} f_x(1) & f_y(1) & f_z(1) & 1 \\ f_x(2) & f_y(2) & f_z(2) & 1 \\ \vdots & \vdots & \vdots & \vdots \\ f_x(24) & f_y(24) & f_z(24) & 1 \end{bmatrix}\begin{bmatrix} K_{ax} \\ K_{ax}E_{axy} \\ K_{ax}E_{axz} \\ D_{ax} \end{bmatrix} \tag{2-17}$$

对式(2-17)进行简化整理，并利用最小二乘法，即可求得 x 轴加速度计待估计的标度因数、安装误差系数以及常值零偏。同理，按照上述方法也可求得 y 轴和 z 轴加速度计对应的误差参数，至此，陀螺仪和加速度计的基本误差参数均已标定完成。

需要注意的是，对于惯性传感器中的确定性误差成分，如常值零偏、标度因数和安装误差等可以通过实验室标定的方式进行补偿修正。但真正影响后续组合导航系统设计的是补偿了确定性误差之后的残余误差项。常用的做法是将上述残余误差模型化，并将其增广到系统状态量中，在组合导航数据处理中进行在线估计与补偿。

惯导发展历史

2.3 惯性导航系统类型

惯性导航是一种自主式的导航方法，它完全依靠装载设备自主地完成导航任务，不依赖任何外界信息，也不和外界发生任何光、电联系。因此，惯性导航隐蔽性好，工作不受环境条件的限制，具有很强的抗干扰能力，在航空、航天、航海和许多民用领域都得到了广泛的应用。

惯性导航的基本工作原理是：以牛顿力学定律为基础，在给定的初始运动条件下，根据加速度计测得的载体运动的加速度，通过一次积分可得运载体的速度信息，再次积分运算得到运载体的位置信息，它们之间的关系可表示为

$$\boldsymbol{V}=\boldsymbol{V}_0+\int_0^t \boldsymbol{a}\mathrm{d}t \tag{2-18}$$

$$\boldsymbol{S}=\boldsymbol{S}_0+\int_0^t \boldsymbol{V}\mathrm{d}t \tag{2-19}$$

其中，$\boldsymbol{a}$ 为运载体的加速度；$\boldsymbol{V}$ 为运载体的速度；$\boldsymbol{S}$ 为运载体的位移。

上述导航原理建立在牛顿力学定律的基础上，而牛顿力学定律是以惯性空间为参考坐标系的，并且陀螺仪和加速度计输出的都是相对惯性空间的测量值，因此把这类导航称为惯性导航，惯性导航系统是一个积分推位系统。

现有的惯性导航系统按照结构可以分为两类，即平台式惯性导航系统和捷联式惯性导航系统，下面将具体介绍这两类惯性导航系统。

2.3.1 平台式惯性导航系统

平台式惯性导航系统一般由物理的陀螺仪稳定平台、加速度计、导航计算机、控制显示单元以及供电电源等部分组成，其中，陀螺仪稳定平台一般是一个四环三轴陀螺仪稳定

平台,平台上的惯性器件包括两个上下配置的双自由度陀螺仪(也可以采用三个单自由度陀螺仪)和相互垂直安装的三个加速度计。平台式惯性导航系统工作原理图如图 2-8 所示。

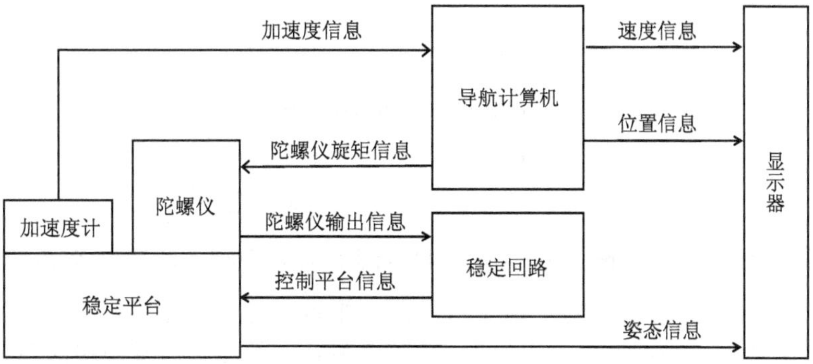

图 2-8　平台式惯性导航系统工作原理图

在图 2-8 中，稳定平台用来模拟导航坐标系，导航计算机根据导航坐标系相对惯性坐标系的角速度发送控制信号对陀螺仪施加力矩信息，使陀螺仪主轴产生进动，而陀螺仪主轴和陀螺仪壳体之间的偏差角则作为反馈控制信号作用于力矩电机，进而带动稳定平台跟踪导航坐标系。此时，安装于稳定平台上的加速度计测量的即是载体在导航坐标系轴向上的比力信息，通过积分运算获得载体的速度和位置。同时在平台的三根轴上均装有角度发送器，载体的姿态信息可以从平台的框架轴上直接读取。

根据惯性导航平台模拟导航坐标系类型的不同,可以将平台式惯性导航系统分为两类:当地水平惯性导航系统和空间稳定惯性导航系统。其中，当地水平惯性导航系统的惯性导航平台模拟当地水平坐标系,空间稳定惯性导航系统的惯性导航平台模拟的是惯性坐标系。根据平台跟踪地球自转角速率和水平坐标系类型的不同，又可以将当地水平惯性导航系统分为指北方位惯性导航系统、游动方位惯性导航系统和自由方位惯性导航系统。

指北方位惯性导航系统是平台式惯性导航系统中最为基础的一种。指北方位惯性导航系统是指平台坐标系 $Ox_py_pz_p$ 与地理坐标系 $Ox_gy_gz_g$ 在工作中完全重合的惯性导航系统，此类惯性导航系统的三轴平台始终保持在当地水平面内，而且有一根水平轴始终指向地理北，平台所模拟的坐标系就是地理坐标系，导航参数就解算在此导航坐标系中。由于平台有相对惯性空间稳定的特性，而地理坐标系随地球自转及载体运动相对惯性空间不断变化，因此，要保证平台始终模拟地理坐标系，就必须给平台施加控制指令，以补偿载体所在的地理坐标系相对惯性空间的转动角速度 $\boldsymbol{\omega}_{in}^n$。该角速度包括地球自转的角速度以及载体相对地球运动导致的地理坐标系相对地球坐标系转动的角速度，即 $\boldsymbol{\omega}_{in}^n=\boldsymbol{\omega}_{ie}^n+\boldsymbol{\omega}_{en}^n$。对于地球自转的角速度，其角速率大小为 ω_{ie}，方向沿地轴(z_e)方向向上，如图 1-5 所示，将其在 n 系(导航坐标系，这里指地理坐标系，即 g 系)下投影可得 $\boldsymbol{\omega}_{ie}^n=\begin{bmatrix}0 & \omega_{ie}\cos L & \omega_{ie}\sin L\end{bmatrix}^{\mathrm{T}}$，其中 L 为载体所在纬度；对于载体相对地球运动导致的地理坐标系相对地球坐标系转动的角速度，其由载体沿 n 系东向与北向的速度引起，将该角速度在 n 系下投影可得 $\boldsymbol{\omega}_{en}^n=\begin{bmatrix}-\dfrac{v_N}{R_M+h} & \dfrac{v_E}{R_N+h} & \dfrac{v_E}{R_N+h}\tan L\end{bmatrix}^{\mathrm{T}}$，其中 h 为载体的高度，

v_E 和 v_N 分别为载体速度沿 n 系的东向与北向的投影。为了使平台模拟地理坐标系，则对平台施加相同的指令角速度 $\boldsymbol{\omega}_{in}^{n}$，即

$$\boldsymbol{\omega}_{ip}^{p}=\boldsymbol{\omega}_{in}^{n}=\begin{bmatrix}\omega_{ipx}^{p}\\ \omega_{ipy}^{p}\\ \omega_{ipz}^{p}\end{bmatrix}=\begin{bmatrix}-\dfrac{v_N}{R_M+h}\\ \omega_{ie}\cos L+\dfrac{v_E}{R_N+h}\\ \omega_{ie}\sin L+\dfrac{v_E}{R_N+h}\tan L\end{bmatrix} \tag{2-20}$$

其中，R_M、R_N 分别为载体所在子午圈、卯酉圈的曲率半径。将这三个角速度分量作为控制指令信号，分别加给相应的陀螺仪力矩器，平台便能自动跟踪地理坐标系。

由式(2-20)的方位指令角速度可以看到，当飞机在高纬度地区甚至极区飞行时($\tan L$ 很大)，这就要求给方位陀螺仪施加很大的控制力矩，导致指北方位惯性导航系统丧失工作能力。为了克服指北方位惯性导航系统这一缺点，人们提出了游动方位惯性导航系统和自由方位惯性导航系统。

游动方位惯性导航系统是指，只对方位陀螺仪施加有限的角速度指令的平台式惯性导航系统，此时平台坐标系不再与地理坐标系重合。即

$$\omega_{ipz}^{p}=\omega_{ie}\sin L=\omega_{iez}^{p} \tag{2-21}$$

自由方位惯性导航系统是指不对方位陀螺仪施矩，令 $\omega_{ipz}^{p}=0$，也就是将指北方位惯性导航系统中的方位环处于自由状态，不进行闭环控制。显而易见，由于不给方位陀螺仪施加任何指令角速度，所以自由方位惯性导航系统同样解决了极区使用问题。

图 2-9 是指北方位惯性导航系统整体实施布局以及原理框图。

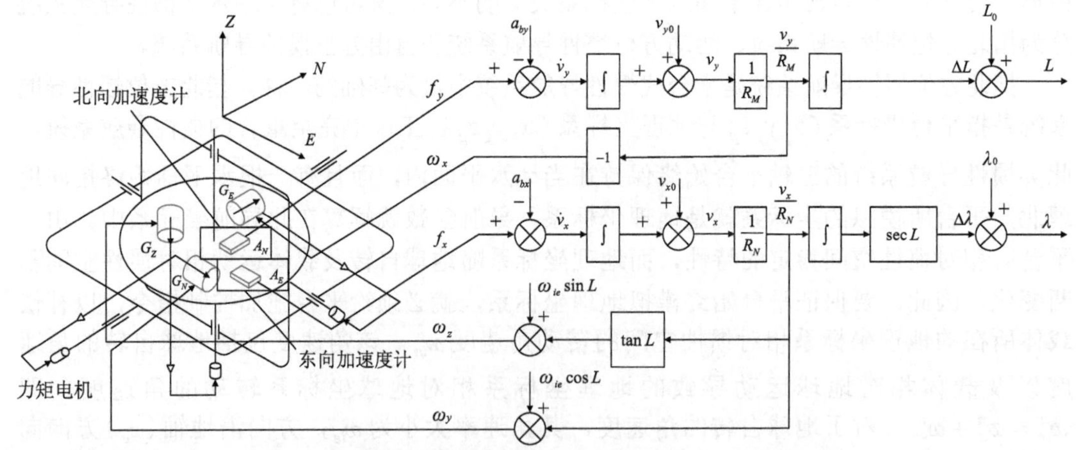

图 2-9　指北方位惯性导航系统整体实施布局以及原理框图

其中，f_x、f_y 分别为加速度计在东向和北向的输出比力，ω_x、ω_y、ω_z 为对陀螺仪施加的控制角速度，v_{x0}、v_{y0} 为惯性导航系统工作的初始速度，L_0、λ_0 为初始位置，a_{bx}、a_{by} 为有害加速度。从图 2-9 中可以看出，由于对陀螺仪稳定平台施加控制信息来控制平台

坐标系跟踪地理坐标系，平台上水平安装的加速度计即可直接测量东向和北向的比力信息，经有害加速度的补偿之后，积分求得速度和位置。其载体姿态由平台框架轴上的角度传感器直接输出。

使用精密陀螺仪及加速度计组成的平台式惯性导航系统定位精度较高，设计原理简单且实际应用较早。但平台式惯性导航系统的结构相对比较复杂、可靠性较低、造价也较高。捷联式惯性导航系统省去了复杂的机电平台，结构简单、体积小、重量轻、成本低、便于维护，并且诸如激光陀螺仪、光纤陀螺仪等固态惯性器件的出现，计算机技术的飞速发展，捷联式惯性导航系统的优越性日趋明显。下面将介绍捷联式惯性导航系统。

2.3.2　捷联式惯性导航系统

捷联式惯性导航系统相比于平台式惯性导航系统在结构上的最大区别就是它没有稳定的实体平台，而是在计算机中建立虚拟的数学平台，导航计算机以导航坐标系为参照来确定运载体的姿态、速度和位置信息。其中，陀螺仪和加速度计直接固连在运载体上，为导航计算机提供运载体的角运动信息和线运动信息。捷联式惯性导航系统工作原理图如图 2-10 所示。

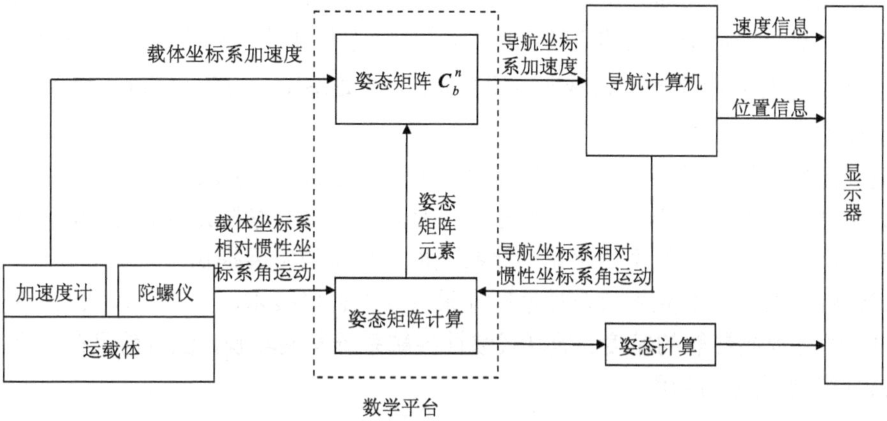

图 2-10　捷联式惯性导航系统工作原理图

在图 2-10 中，陀螺仪输出的角速度用于更新数学平台中的姿态矩阵，加速度计的输出信息通过数学平台姿态矩阵坐标变换后转换为导航坐标系下的加速度，经导航计算机解算后得到载体的速度和位置信息，载体的姿态信息则通过姿态矩阵计算得到。对于捷联式惯性导航系统，合适的姿态矩阵更新和导航解算算法是其导航的关键。

通过以上对比可以看出，捷联式惯性导航系统用数学平台代替了传统的物理平台，使其在惯性器件的误差、环境适应性及系统的计算量等方面均有更苛刻的要求，但由于省去了复杂的机电平台，捷联式惯性导航系统具有结构简单、体积小、质量轻、成本低等优势。此外，捷联式惯性导航系统是保证导航系统精度的关键部分，如何优化捷联式惯性导航系统，使系统具有更高的准确性和快速性成为主要研究的问题。图 2-11 是捷联式惯性导航系统计算流程图。其中，L_0、λ_0、h_0 分别为载体的初始纬度、初始经度和初始高度，v_0 是载体的初始速度，θ_0、γ_0、ψ_0 分别为初始俯仰角、初始横滚角和初始航向角。

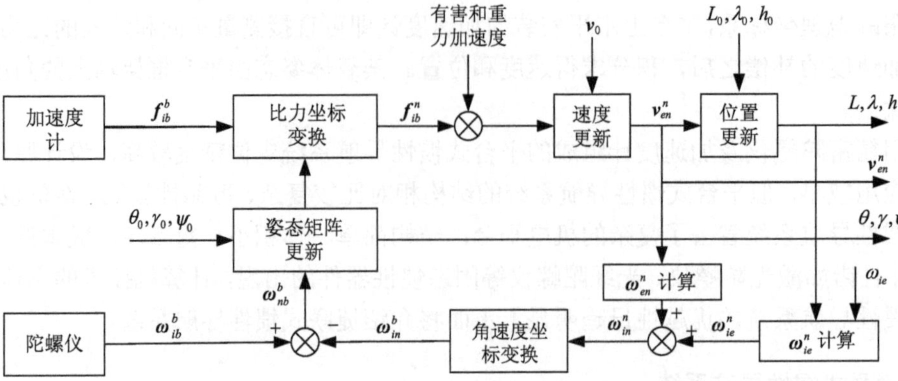

图 2-11　捷联式惯性导航系统计算流程图

由图 2-11 可知，固连在运载体上的加速度计用于敏感载体的比力 $\boldsymbol{f}_{ib}^b$，固连在运载体上的陀螺仪用于敏感载体相对于惯性空间的角速度 $\boldsymbol{\omega}_{ib}^b$，捷联式惯性导航系统经初始对准后，其初始的位置和姿态信息都是已知的，初始的姿态矩阵也是已知的。在进行捷联式惯性导航解算时，$\boldsymbol{f}_{ib}^b$ 由姿态矩阵 $\boldsymbol{C}_b^n$ 变换到导航坐标系得到 $\boldsymbol{f}_{ib}^n$，$\boldsymbol{f}_{ib}^n$ 经速度方程补偿有害加速度后，通过积分得到地速分量，再一次积分可得位置分量。以速度为输入经计算可得到导航坐标系相对于地球坐标系的旋转角速度 $\boldsymbol{\omega}_{en}^n$，$\boldsymbol{\omega}_{en}^n$ 与地球自转角速度 $\boldsymbol{\omega}_{ie}^n$ 叠加后经姿态矩阵 $\boldsymbol{C}_b^n$ 变换，再与陀螺仪输出相减即可得到 $\boldsymbol{\omega}_{nb}^b$，经姿态微分方程更新 $\boldsymbol{C}_b^n$，同时可以解算出载体的姿态。

在捷联式惯性导航系统中，惯性元件的工作环境恶劣、测量范围大、对元件要求苛刻，而且对数字计算机的运算速度有较高要求。但是随着新的光学陀螺仪、振动陀螺仪和微型计算机的迅猛发展，这些新型传感器为捷联式惯性导航的发展提供了可靠的条件。此外，在捷联式惯性导航仪中对陀螺仪及加速度计采取误差补偿技术，同样可以大大提高惯性元件的精度，随之提高导航的精度。捷联式惯性导航系统发展较晚，但目前已在航空、航天、航海等领域得到了成功应用。

2.4　捷联式惯性导航系统更新算法

捷联式惯性导航系统更新算法可以根据陀螺仪和加速度计的输出值实时求解运载体的姿态、速度和位置信息，其中姿态更新算法是导航解算的核心，采用合理的姿态更新算法可以有效提高导航解算效率以及导航定位精度。

2.4.1　姿态更新算法

在捷联式惯性导航系统中，确定运载体的姿态矩阵就是确定载体坐标系相对于导航坐标系的相对角位置关系，常用的描述坐标系之间相对角位置关系的方法有欧拉角法(三参数法)、四元数法(四参数法)和方向余弦法(九参数法)。在运载体运行的过程中，姿态矩阵是实时变化的，其中各个元素均与时间相关。姿态更新算法是指根据陀螺仪的实时输出求解出实时的姿态矩阵，再利用姿态矩阵与姿态角(航向角、俯仰角和横滚角)之间的关系确定出运载体的姿态。由于四元数法描述的姿态微分方程在求解时只需计算四个参数，相比于方向余弦法计算量小、实施简单，且可以避免欧拉角法易出现的奇异值问题，是实际工程应用常用的算法。

根据刚体转动理论，四元数微分方程的表达式为

$$\dot{\boldsymbol{q}}_b^n = \frac{1}{2}\boldsymbol{q}_b^n \circ \boldsymbol{\omega}_{nb}^b \tag{2-22}$$

其中，$\circ$ 表示四元数乘法算子；$\boldsymbol{\omega}_{nb}^b = [\omega_{nbx}^b \;\; \omega_{nby}^b \;\; \omega_{nbz}^b]^{\mathrm{T}}$ 为旋转角速度。

式(2-22)可写成如下矩阵形式：

$$\dot{\boldsymbol{q}}_b^n = \frac{1}{2}\boldsymbol{M}\left(\omega_{nb}^b\right)\boldsymbol{q}_b^n \tag{2-23}$$

其中，$\boldsymbol{M}\left(\omega_{nb}^b\right) = \begin{bmatrix} 0 & -\omega_{nbx}^b & -\omega_{nby}^b & -\omega_{nbz}^b \\ \omega_{nbx}^b & 0 & \omega_{nbz}^b & -\omega_{nby}^b \\ \omega_{nby}^b & -\omega_{nbz}^b & 0 & \omega_{nbx}^b \\ \omega_{nbz}^b & \omega_{nby}^b & -\omega_{nbx}^b & 0 \end{bmatrix}$；$\boldsymbol{q}_b^n = \begin{bmatrix} q_0 \\ q_1 \\ q_2 \\ q_3 \end{bmatrix}$。

四元数微分方程建立了四元数与旋转角速度的关系，如何在导航计算机中对其进行实时求解是姿态更新算法的核心。本书将采用典型的数值积分算法——龙格-库塔法来进行姿态矩阵的更新。龙格-库塔法的主要思想是：在两个离散点之间多次求取斜率并加权求得近似值的积分算法，在数值计算方面应用广泛，根据计算精度的不同，其可分为一阶、二阶和四阶龙格-库塔法。

在实际的导航计算机中，可根据导航计算的精度要求和计算机的运算速度选择不同的算法。为了保证姿态解算的精度，本节利用四阶龙格-库塔法来求解式(2-23)中的四元数微分方程，当前时刻的四元数 $\boldsymbol{q}_b^n(t_k)$ 可以按照如下方式计算得到：

$$\begin{cases} k_1 = \dfrac{1}{2}\boldsymbol{q}_b^n(t_{k-1}) \circ \boldsymbol{\omega}_{nb}^b(t_{k-1}) \\ k_2 = \dfrac{1}{2}\left(\boldsymbol{q}_b^n(t_{k-1}) + \dfrac{T}{2}k_1\right) \circ \boldsymbol{\omega}_{nb}^b(t_{k-0.5}) \\ k_3 = \dfrac{1}{2}\left(\boldsymbol{q}_b^n(t_{k-1}) + \dfrac{T}{2}k_2\right) \circ \boldsymbol{\omega}_{nb}^b(t_{k-0.5}) \\ k_4 = \dfrac{1}{2}\left(\boldsymbol{q}_b^n(t_{k-1}) + Tk_3\right) \circ \boldsymbol{\omega}_{nb}^b(t_k) \\ \boldsymbol{q}_b^n(t_k) = \boldsymbol{q}_b^n(t_{k-1}) + \dfrac{T}{6}(k_1 + 2k_2 + 2k_3 + k_4) \end{cases} \tag{2-24}$$

其中，$T = t_k - t_{k-1}$，$k = 1,2,3,\cdots$ 为离散时间；$\boldsymbol{q}_b^n(t_{k-1})$ 为 t_{k-1} 时刻的四元数；$\boldsymbol{\omega}_{nb}^b(t_{k-1})$ 为 t_{k-1} 时刻的角速度；$\boldsymbol{\omega}_{nb}^b(t_{k-0.5})$ 为中间时刻的角速度；$\boldsymbol{\omega}_{nb}^b(t_k)$ 为当前时刻的角速度；角速度 $\boldsymbol{\omega}_{nb}^b$ 可按式(2-25)~式(2-27)计算：

$$\boldsymbol{\omega}_{nb}^b = \boldsymbol{\omega}_{ib}^b - \boldsymbol{C}_n^b\boldsymbol{\omega}_{in}^n = \boldsymbol{\omega}_{ib}^b - \boldsymbol{C}_n^b\left(\boldsymbol{\omega}_{ie}^n + \boldsymbol{\omega}_{en}^n\right) \tag{2-25}$$

$$\boldsymbol{\omega}_{ie}^n = \begin{bmatrix}0 & \omega_{ie}\cos L & \omega_{ie}\sin L\end{bmatrix}^{\mathrm{T}} \tag{2-26}$$

$$\boldsymbol{\omega}_{en}^{n} = \left[-\frac{v_{en,N}^{n}}{R_M + h} \quad \frac{v_{en,E}^{n}}{R_N + h} \quad \frac{v_{en,E}^{n}}{R_N + h}\tan L \right]^{\mathrm{T}} \tag{2-27}$$

其中，$\boldsymbol{\omega}_{ib}^{b}(t_k)$ 为当前时刻陀螺仪测得的载体相对于惯性坐标系的旋转角速度；ω_{ie} 为地球自转角速率；R_N 为卯酉圈曲率半径；R_M 为子午圈曲率半径；$v_{en,N}^{n}$ 和 $v_{en,E}^{n}$ 分别为上一时刻载体的北向速度和东向速度；L 和 h 分别为上一时刻载体的纬度和高度。

如果按照陀螺仪的输出频率进行姿态更新，则需要计算中间时刻的角速度。假设在离散时间内的角速度满足线性形式，则中间时刻的角速度 $\boldsymbol{\omega}_{nb}^{b}(t_{k-0.5})$ 可以计算为

$$\boldsymbol{\omega}_{nb}^{b}(t_{k-0.5}) = \frac{\boldsymbol{\omega}_{nb}^{b}(t_{k-1}) + \boldsymbol{\omega}_{nb}^{b}(t_k)}{2} \tag{2-28}$$

由于部分陀螺仪实际输出的是角增量信息，此时还需将角增量转化为角速度。假设在采样周期 T 内角速度是线性变化的，若陀螺仪从 t_{k-1} 时刻到 $t_{k-0.5}$ 时刻输出的角增量为 $\Delta\boldsymbol{\theta}_1$，从 $t_{k-0.5}$ 时刻到 t_k 时刻输出的角增量为 $\Delta\boldsymbol{\theta}_2$，则三个时刻的角速度和角增量之间的关系表示为

$$\begin{cases} \boldsymbol{\omega}_{nb}^{b}(t_{k-1}) = \dfrac{3\Delta\boldsymbol{\theta}_1 - \Delta\boldsymbol{\theta}_2}{T} \\ \boldsymbol{\omega}_{nb}^{b}(t_{k-0.5}) = \dfrac{\Delta\boldsymbol{\theta}_1 + \Delta\boldsymbol{\theta}_2}{T} \\ \boldsymbol{\omega}_{nb}^{b}(t_k) = \dfrac{3\Delta\boldsymbol{\theta}_2 - \Delta\boldsymbol{\theta}_1}{T} \end{cases} \tag{2-29}$$

由于计算误差的存在，四元数在迭代更新的过程中会逐渐失去规范化特性，为了保证更新后的四元数满足模值约束条件，还需要对其进行规范化处理，即

$$\bar{\boldsymbol{q}}_{b}^{n}(t_k) = \frac{\boldsymbol{q}_{b}^{n}(t_k)}{\left\|\boldsymbol{q}_{b}^{n}(t_k)\right\|} \tag{2-30}$$

其中，$\left\|\boldsymbol{q}_{b}^{n}(t_k)\right\|$ 是 $\boldsymbol{q}_{b}^{n}(t_k)$ 的二范数。

在确定更新后的四元数之后，利用四元数与方向余弦阵之间的转换关系即可求得姿态矩阵为

$$\boldsymbol{C}_{b}^{n} = \begin{bmatrix} q_0^2 + q_1^2 - q_2^2 - q_3^2 & 2(q_1q_2 - q_0q_3) & 2(q_1q_3 + q_0q_2) \\ 2(q_1q_2 + q_0q_3) & q_0^2 - q_1^2 + q_2^2 - q_3^2 & 2(q_2q_3 - q_0q_1) \\ 2(q_1q_3 - q_0q_2) & 2(q_2q_3 + q_0q_1) & q_0^2 - q_1^2 - q_2^2 + q_3^2 \end{bmatrix} \tag{2-31}$$

然后利用姿态矩阵 $\boldsymbol{C}_{b}^{n}$ 和姿态角的关系即可求得 t_k 时刻运载体的航向角、俯仰角和横滚角，具体的计算公式为

$$\psi = \arctan\left(\frac{-c_{12}}{c_{11}}\right), \quad \theta = \arcsin c_{32}, \quad \gamma = \arctan\left(\frac{-c_{31}}{c_{33}}\right) \tag{2-32}$$

其中，c_{ij} 为姿态矩阵 $\boldsymbol{C}_{b}^{n}$ 中第 i 行第 j 列的元素；ψ 代表航向角；θ 代表俯仰角；γ 代表横滚角。

2.4.2　速度更新算法

在进行速度更新之前需要确定速度微分方程，即比力方程。假设在地球表面附近有一运载体，其在 i 系中的位置矢量为 $\boldsymbol{r}$，由哥氏定理得

$$\left.\frac{\mathrm{d}\boldsymbol{r}}{\mathrm{d}t}\right|_i=\left.\frac{\mathrm{d}\boldsymbol{r}}{\mathrm{d}t}\right|_e+\boldsymbol{\omega}_{ie}\times\boldsymbol{r}=\boldsymbol{v}_e+\boldsymbol{\omega}_{ie}\times\boldsymbol{r} \tag{2-33}$$

把式(2-33)两边相对 i 系取导数，有

$$\left.\frac{\mathrm{d}^2\boldsymbol{r}}{\mathrm{d}t^2}\right|_i=\left.\frac{\mathrm{d}\boldsymbol{v}_e}{\mathrm{d}t}\right|_i+\left.\frac{\mathrm{d}}{\mathrm{d}t}(\boldsymbol{\omega}_{ie}\times\boldsymbol{r})\right|_i=\left.\frac{\mathrm{d}\boldsymbol{v}_e}{\mathrm{d}t}\right|_i+\left.\frac{\mathrm{d}\boldsymbol{\omega}_{ie}}{\mathrm{d}t}\right|_i\times\boldsymbol{r}+\boldsymbol{\omega}_{ie}\times\left.\frac{\mathrm{d}\boldsymbol{r}}{\mathrm{d}t}\right|_i \tag{2-34}$$

由于 $\boldsymbol{\omega}_{ie}$ 为常数，$\frac{\mathrm{d}\boldsymbol{\omega}_{ie}}{\mathrm{d}t}=0$，并且在惯性导航计算中 $\boldsymbol{v}_e$ 通常是在导航坐标系中分解的，将式(2-33)代入式(2-34)中并利用哥氏定理整理可得

$$\begin{aligned}\left.\frac{\mathrm{d}^2\boldsymbol{r}}{\mathrm{d}t^2}\right|_i&=\left.\frac{\mathrm{d}\boldsymbol{v}_e}{\mathrm{d}t}\right|_i+\boldsymbol{\omega}_{ie}\times\left.\frac{\mathrm{d}\boldsymbol{r}}{\mathrm{d}t}\right|_i\\&=\left.\frac{\mathrm{d}\boldsymbol{v}_e}{\mathrm{d}t}\right|_n+\boldsymbol{\omega}_{in}\times\boldsymbol{v}_e+\boldsymbol{\omega}_{ie}\times(\boldsymbol{v}_e+\boldsymbol{\omega}_{ie}\times\boldsymbol{r})\end{aligned} \tag{2-35}$$

其中，$\boldsymbol{\omega}_{in}$ 为 n 系相对于 i 系的角速率矢量，按角速率合成定理有 $\boldsymbol{\omega}_{in}=\boldsymbol{\omega}_{ie}+\boldsymbol{\omega}_{en}$，则式(2-35)整理可得

$$\left.\frac{\mathrm{d}^2\boldsymbol{r}}{\mathrm{d}t^2}\right|_i=\dot{\boldsymbol{v}}_e+(2\boldsymbol{\omega}_{ie}+\boldsymbol{\omega}_{en})\times\boldsymbol{v}_e+\boldsymbol{\omega}_{ie}\times(\boldsymbol{\omega}_{ie}\times\boldsymbol{r}) \tag{2-36}$$

由于载体运动的加速度由非引力加速度和引力加速度两部分组成，即

$$\left.\frac{\mathrm{d}^2\boldsymbol{r}}{\mathrm{d}t^2}\right|_i=\boldsymbol{f}+\boldsymbol{J} \tag{2-37}$$

其中，$\boldsymbol{f}$ 为非引力加速度；$\boldsymbol{J}$ 为引力加速度。由图 2-12 可知，引力加速度由向心加速度和重力加速度两部分组成，即

$$\boldsymbol{J}=\boldsymbol{\omega}_{ie}\times(\boldsymbol{\omega}_{ie}\times\boldsymbol{r})+\boldsymbol{g} \tag{2-38}$$

将式(2-38)和式(2-37)代入式(2-36)，可得

$$\boldsymbol{f}=\dot{\boldsymbol{v}}_e+(2\boldsymbol{\omega}_{ie}+\boldsymbol{\omega}_{en})\times\boldsymbol{v}_e-\boldsymbol{g} \tag{2-39}$$

将式(2-39)的变量均投影到导航坐标系下，即可得捷联式惯性导航系统的速度微分方程为

$$\dot{\boldsymbol{v}}_{en}^n=\boldsymbol{C}_b^n\boldsymbol{f}^b-(2\boldsymbol{\omega}_{ie}^n+\boldsymbol{\omega}_{en}^n)\times\boldsymbol{v}_{en}^n+\boldsymbol{g}^n \tag{2-40}$$

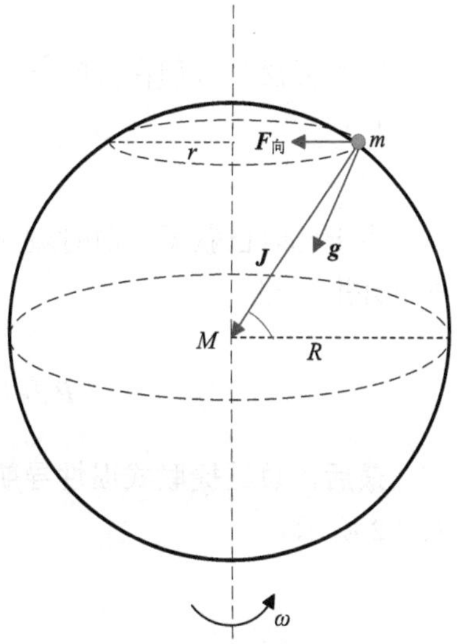

图 2-12　引力加速度和向心加速度、重力加速度的关系

其中，$\boldsymbol{v}_{en}^n=\begin{bmatrix}v_{en,E}^n & v_{en,N}^n & v_{en,U}^n\end{bmatrix}^{\mathrm{T}}$；$\boldsymbol{f}^b$ 为当前时刻加速度计测得的载体的非引力加速度在载体坐标系下的投影；$2\boldsymbol{\omega}_{ie}^n\times\boldsymbol{v}_{en}^n$ 为载体运动和地球自转引起的哥氏加速度；$\boldsymbol{\omega}_{en}^n\times\boldsymbol{v}_{en}^n$ 为载体运动引起的向心加速度；$\boldsymbol{g}^n$ 为重力加速

度在 n 系下的投影；$(2\boldsymbol{\omega}_{ie}^n+\boldsymbol{\omega}_{en}^n)\times\boldsymbol{v}_{en}^n+\boldsymbol{g}^n$ 统称为有害加速度项。

对于式(2-40)的微分方程，可以采用二阶龙格-库塔法进行求解：

$$\begin{cases} k_1=\boldsymbol{C}_b^n(t_{k-1})\boldsymbol{f}^b(t_{k-1})-\left(2\boldsymbol{\omega}_{ie}^n(t_{k-1})+\boldsymbol{\omega}_{en}^n(t_{k-1})\right)\times\boldsymbol{v}_{en}^n(t_{k-1})+\boldsymbol{g}^n \\ k_2=\boldsymbol{C}_b^n(t_k)\boldsymbol{f}^b(t_k)-\left(2\boldsymbol{\omega}_{ie}^n(t_{k-1})+\boldsymbol{\omega}_{en}^n(t_{k-1})\right)\times\left(\boldsymbol{v}_{en}^n(t_{k-1})+k_1T\right)+\boldsymbol{g}^n \\ \boldsymbol{v}_{en}^n(t_k)=\boldsymbol{v}_{en}^n(t_{k-1})+\dfrac{k_1+k_2}{2}T \end{cases} \tag{2-41}$$

2.4.3　位置更新算法

捷联式惯性导航系统的位置微分方程分别为

$$\begin{cases} \dot{L}=\dfrac{v_{en,N}^n}{R_M+h} \\ \dot{\lambda}=\dfrac{v_{en,E}^n}{(R_N+h)\cos L} \\ \dot{h}=v_{en,U}^n \end{cases} \tag{2-42}$$

其中，L 为纬度；λ 为经度；h 为高度。

若位置矢量 $\boldsymbol{p}=\begin{bmatrix}L & \lambda & h\end{bmatrix}^{\mathrm{T}}$，则其位置微分方程写成矩阵的形式为

$$\dot{\boldsymbol{p}}=\boldsymbol{R}_c\boldsymbol{v}_{en}^n \tag{2-43}$$

式(2-43)中有

$$\boldsymbol{R}_c=\begin{bmatrix} 0 & 1/(R_M+h) & 0 \\ \sec L/(R_N+h) & 0 & 0 \\ 0 & 0 & 1 \end{bmatrix}$$

对位置微分方程在区间 $[t_k,t_{k+1}]$ 内积分可得到位置的递推方程为

$$\boldsymbol{p}(t_k)=\boldsymbol{p}(t_{k-1})+\int_{t_{k-1}}^{t_k}\boldsymbol{R}_c\boldsymbol{v}_{en}^n\mathrm{d}t \tag{2-44}$$

由于此时已获得当前时刻的速度，所以可以利用离散时间内的平均速度对位置相关项进行外推，即

$$\boldsymbol{p}(t_k)=\boldsymbol{p}(t_{k-1})+\boldsymbol{R}_c\frac{\boldsymbol{v}_{en}^n(t_k)+\boldsymbol{v}_{en}^n(t_{k-1})}{2}T \tag{2-45}$$

最后，总结捷联式惯性导航系统更新算法的主体计算框图和伪代码分别如图 2-13 和表 2-2 所示。

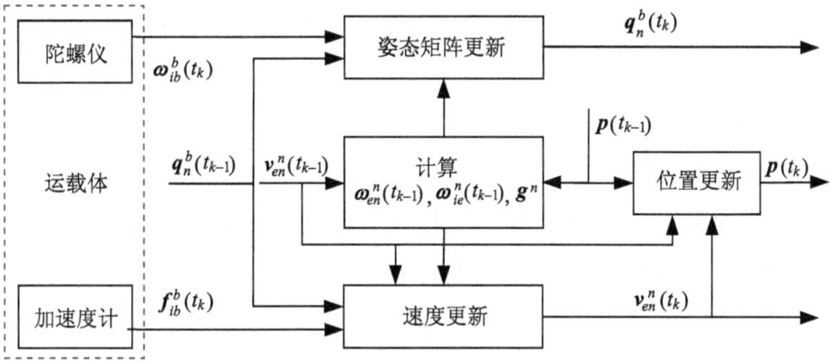

图 2-13　捷联式惯性导航系统更新算法的主体计算框图

表 2-2　捷联式惯性导航系统更新算法伪代码

输入：$\boldsymbol{\omega}_{ib}^b(t_k),\boldsymbol{q}_b^n(t_{k-1}),\boldsymbol{f}_{ib}^b(t_k),\boldsymbol{p}(t_{k-1}),\boldsymbol{v}_{en}^n(t_{k-1}),\boldsymbol{f}_{ib}^b(t_{k-1}),\boldsymbol{\omega}_{nb}^b(t_{k-1})$

输出：$\boldsymbol{v}_{en}^n(t_k),\boldsymbol{p}(t_k),\boldsymbol{q}_b^n(t_k)$

(1) 姿态更新算法。

第一步：通过输入上一时刻的速度 $\boldsymbol{v}_{en}^n(t_{k-1})$ 和位置 $\boldsymbol{p}(t_{k-1})$，利用式(2-26)和式(2-27)计算得到 $\boldsymbol{\omega}_{ie}^n(t_{k-1}),\boldsymbol{\omega}_{en}^n(t_{k-1})$，并通过位置计算可得 $\boldsymbol{g}^n,R_N,R_M$。

第二步：利用陀螺仪输出角速度 $\boldsymbol{\omega}_{ib}^b(t_k)$，以及上一时刻的 $\boldsymbol{q}_b^n(t_{k-1})$，结合第一步输出的 $\boldsymbol{\omega}_{ie}^n(t_{k-1}),\boldsymbol{\omega}_{en}^n(t_{k-1})$，根据式(2-25)求解出角速度 $\boldsymbol{\omega}_{nb}^b(t_k)$。

第三步：利用输入的 $\boldsymbol{\omega}_{nb}^b(t_{k-1})$ 和第二步求解的 $\boldsymbol{\omega}_{nb}^b(t_k)$，通过式(2-28)求得 $\boldsymbol{\omega}_{nb}^b(t_{k-0.5})$，再利用式(2-24)更新输出四元数 $\boldsymbol{q}_b^n(t_k)$。

第四步：通过式(2-30)对 $\boldsymbol{q}_b^n(t_k)$ 进行规范化处理。

第五步：通过式(2-31)得到姿态矩阵 $\boldsymbol{C}_b^n$，并根据 $\boldsymbol{C}_b^n$ 和姿态角的转换关系即可求出更新后的姿态角 ψ,θ,γ。

(2) 速度更新算法。

第六步：利用第一步求解出的 $\boldsymbol{\omega}_{ie}^n(t_{k-1}),\boldsymbol{\omega}_{en}^n(t_{k-1}),\boldsymbol{g}^n$，第四步求解出的 $\boldsymbol{q}_b^n(t_k)$ 以及输入的 $\boldsymbol{f}^b(t_k),\boldsymbol{f}^b(t_{k-1}),\boldsymbol{q}_b^n(t_{k-1})$，通过式(2-41)，即可求解出更新后的速度 $\boldsymbol{v}_{en}^n(t_k)$。

(3) 位置更新算法。

第七步：利用第一步求解出的 R_N,R_M 以及输入的上一时刻的位置 $\boldsymbol{p}(t_{k-1})$ 求出 $\boldsymbol{R}_c$。

第八步：利用第六步求解出的 $\boldsymbol{v}_{en}^n(t_k)$，第七步求解出的 $\boldsymbol{R}_c$ 以及输入的 $\boldsymbol{v}_{en}^n(t_{k-1}),\boldsymbol{p}(t_{k-1})$，通过式(2-45)求解更新后的位置 $\boldsymbol{p}(t_k)$。

2.5　捷联式惯性导航系统误差分析

在捷联式惯性导航系统的更新算法中，将惯性导航系统看作一个没有误差的理想系统。但在实际的导航系统中，惯性传感器不可避免地会存在测量误差，同时导航参数的初始化不能保证完全精确，这些误差源都会随着惯性导航积分运算和导航参数的更新进行传播，导致后续导航参数误差不断累积。可以用一组微分方程来描述惯性导航误差随时间的变化规律，即惯性导航误差方程。推导捷联式惯性导航系统的误差方程以及进行误差特性分析是后续进行组合导航的基础。

2.5.1　捷联式惯性导航系统的误差方程

本节将给出捷联式惯性导航系统的误差方程的具体推导过程，建立姿态失准角误差、速度误差、位置误差以及陀螺仪和加速度计零偏之间的关系，为后面分析误差传播规律以及构造组合导航系统模型奠定基础。

1. 姿态误差方程

定义捷联式惯性导航算法计算得到的方向余弦阵为$\hat{\boldsymbol{C}}_b^n$，真实的捷联式矩阵为$\boldsymbol{C}_b^n$，假设n系的计算是存在误差的，计算的导航坐标系表示为n'，则计算得到的方向余弦阵$\hat{\boldsymbol{C}}_b^n$可以表示为$\boldsymbol{C}_b^{n'}$，根据方向余弦阵的链式法则，有

$$\hat{\boldsymbol{C}}_b^n = \boldsymbol{C}_b^{n'} = \boldsymbol{C}_n^{n'}\boldsymbol{C}_b^n \tag{2-46}$$

假设计算的导航坐标系n'相对于真实的导航坐标系n的等效旋转矢量$\boldsymbol{\phi}$(常称为失准角误差)为小角度，则可建立误差矩阵$\boldsymbol{C}_n^{n'}$与$\boldsymbol{\phi}$的关系如下：

$$\boldsymbol{C}_n^{n'} = \left(\boldsymbol{C}_{n'}^n\right)^{\mathrm{T}} \approx \left[\boldsymbol{I}_{3\times3} + (\boldsymbol{\phi}\times)\right]^{\mathrm{T}} = \boldsymbol{I}_{3\times3} - (\boldsymbol{\phi}\times) \tag{2-47}$$

同理，由于n系的计算误差，将式(2-47)代入式(2-46)中可得

$$\hat{\boldsymbol{C}}_b^n = \left[\boldsymbol{I}_{3\times3} - (\boldsymbol{\phi}\times)\right]\boldsymbol{C}_b^n \tag{2-48}$$

理想姿态矩阵微分方程表示为

$$\dot{\boldsymbol{C}}_b^n = \boldsymbol{C}_b^n\left(\boldsymbol{\omega}_{nb}^b\times\right) = \boldsymbol{C}_b^n\left(\boldsymbol{\omega}_{ib}^b\times\right) - \left(\boldsymbol{\omega}_{in}^n\times\right)\boldsymbol{C}_b^n \tag{2-49}$$

对式(2-48)两边同时求微分，结合姿态矩阵的微分方程(2-49)分解可得

$$\begin{aligned}\dot{\hat{\boldsymbol{C}}}_b^n &= \left[\boldsymbol{I}_{3\times3} - (\boldsymbol{\phi}\times)\right]\dot{\boldsymbol{C}}_b^n - (\dot{\boldsymbol{\phi}}\times)\boldsymbol{C}_b^n \\ &= \left[\boldsymbol{I}_{3\times3} - (\boldsymbol{\phi}\times)\right]\left[\boldsymbol{C}_b^n\left(\boldsymbol{\omega}_{ib}^b\times\right) - \left(\boldsymbol{\omega}_{in}^n\times\right)\boldsymbol{C}_b^n\right] - (\dot{\boldsymbol{\phi}}\times)\boldsymbol{C}_b^n\end{aligned} \tag{2-50}$$

其中，$\dot{\hat{\boldsymbol{C}}}_b^n$ 表示实际计算得到的姿态矩阵的微分形式，需要考虑到n系的计算误差，实际计算的姿态矩阵微分方程表示为

$$\dot{\hat{\boldsymbol{C}}}_b^n = \hat{\boldsymbol{C}}_b^n\left(\hat{\boldsymbol{\omega}}_{ib}^b\times\right) - \left(\hat{\boldsymbol{\omega}}_{in}^n\times\right)\hat{\boldsymbol{C}}_b^n \tag{2-51}$$

记：$\hat{\boldsymbol{\omega}}_{ib}^b = \boldsymbol{\omega}_{ib}^b + \delta\boldsymbol{\omega}_{ib}^b$，$\hat{\boldsymbol{\omega}}_{in}^n = \boldsymbol{\omega}_{in}^n + \delta\boldsymbol{\omega}_{in}^n$，$\delta\boldsymbol{\omega}_{ib}^b$表示陀螺仪输出误差，$\delta\boldsymbol{\omega}_{in}^n$为角速度$\boldsymbol{\omega}_{in}^n$的解算误差。联立式(2-49)和式(2-50)，可得

$$\left(\boldsymbol{I}_{3\times3} - (\boldsymbol{\phi}\times)\right)\left(\boldsymbol{C}_b^n\left(\boldsymbol{\omega}_{ib}^b\times\right) - \left(\boldsymbol{\omega}_{in}^n\times\right)\boldsymbol{C}_b^n\right) - \left(\dot{\boldsymbol{\phi}}\times\right)\boldsymbol{C}_b^n = \hat{\boldsymbol{C}}_b^n\left(\hat{\boldsymbol{\omega}}_{ib}^b\times\right) - \left(\hat{\boldsymbol{\omega}}_{in}^n\times\right)\hat{\boldsymbol{C}}_b^n \tag{2-52}$$

将$\hat{\boldsymbol{\omega}}_{ib}^b$、$\hat{\boldsymbol{\omega}}_{in}^n$和式(2-48)代入方程(2-52)中，可得

$$\begin{aligned}&\left[\boldsymbol{I}_{3\times3} - (\boldsymbol{\phi}\times)\right]\left(\boldsymbol{C}_b^n\left(\boldsymbol{\omega}_{ib}^b\times\right) - \left(\boldsymbol{\omega}_{in}^n\times\right)\boldsymbol{C}_b^n\right) - \left(\dot{\boldsymbol{\phi}}\times\right)\boldsymbol{C}_b^n \\ &= \left[\boldsymbol{I}_{3\times3} - (\boldsymbol{\phi}\times)\right]\boldsymbol{C}_b^n\left[\left(\boldsymbol{\omega}_{ib}^b + \delta\boldsymbol{\omega}_{ib}^b\right)\times\right] - \left[\left(\boldsymbol{\omega}_{in}^n + \delta\boldsymbol{\omega}_{in}^n\right)\times\right]\left[\boldsymbol{I}_{3\times3} - (\boldsymbol{\phi}\times)\right]\boldsymbol{C}_b^n\end{aligned} \tag{2-53}$$

式(2-53)两边同时右乘$\boldsymbol{C}_n^b$并忽略二阶小量，整理可得

$$\left(\dot{\boldsymbol{\phi}}\times\right) = -\boldsymbol{C}_b^n\left(\delta\boldsymbol{\omega}_{ib}^b\times\right)\boldsymbol{C}_n^b + \left[(\boldsymbol{\phi}\times)\left(\boldsymbol{\omega}_{in}^n\times\right) - \left(\boldsymbol{\omega}_{in}^n\times\right)(\boldsymbol{\phi}\times)\right] + \left(\delta\boldsymbol{\omega}_{in}^n\times\right) \tag{2-54}$$

其中，根据反对称矩阵的相似变换公式$(\delta\boldsymbol{\omega}_{in}^n\times) = \boldsymbol{C}_b^n(\delta\boldsymbol{\omega}_{ib}^b\times)\boldsymbol{C}_n^b$和公式$(\boldsymbol{a}\times)(\boldsymbol{b}\times) - (\boldsymbol{b}\times)(\boldsymbol{a}\times) = (\boldsymbol{a}\times\boldsymbol{b})\times$，式(2-54)可化简为

$$\left(\dot{\boldsymbol{\phi}}\times\right)=\left[\left(-\delta\boldsymbol{\omega}_{ib}^{n}+\boldsymbol{\phi}\times\boldsymbol{\omega}_{in}^{n}+\delta\boldsymbol{\omega}_{in}^{n}\right)\times\right] \tag{2-55}$$

从而可得捷联式惯性导航系统的姿态误差微分方程的矢量形式为

$$\dot{\boldsymbol{\phi}}=\boldsymbol{\phi}\times\boldsymbol{\omega}_{in}^{n}-\boldsymbol{C}_{b}^{n}\delta\boldsymbol{\omega}_{ib}^{b}+\delta\boldsymbol{\omega}_{in}^{n} \tag{2-56}$$

其中，$\delta\boldsymbol{\omega}_{in}^{n}=\delta\boldsymbol{\omega}_{ie}^{n}+\delta\boldsymbol{\omega}_{en}^{n}$，$\delta\boldsymbol{\omega}_{ie}^{n}$ 和 $\delta\boldsymbol{\omega}_{en}^{n}$ 分别对式(2-26)和式(2-27)求偏差得到，分别为

$$\delta\boldsymbol{\omega}_{ie}^{n}=\begin{bmatrix}0\\-\omega_{ie}\sin L\cdot\delta L\\\omega_{ie}\cos L\cdot\delta L\end{bmatrix}$$

$$\delta\boldsymbol{\omega}_{en}^{n}=\begin{bmatrix}-\dfrac{\delta v_N}{R_M+h}+\dfrac{v_N\delta h}{\left(R_M+h\right)^2}\\\dfrac{\delta v_E}{R_N+h}-\dfrac{v_E\delta h}{\left(R_N+h\right)^2}\\\dfrac{\delta v_E}{R_N+h}\tan L+\delta L\dfrac{v_E}{R_N+h}\sec^2 L-\delta h\dfrac{v_E\tan L}{\left(R_N+h\right)^2}\end{bmatrix}$$

陀螺仪的输出误差一般由陀螺仪零偏 $\boldsymbol{\varepsilon}^b$ 和白噪声 $\boldsymbol{w}_g^b$ 两部分组成，陀螺仪输出误差表示为 $\delta\boldsymbol{\omega}_{ib}^{b}=\boldsymbol{\varepsilon}^b+\boldsymbol{w}_g^b$，$\boldsymbol{\varepsilon}^b$ 为陀螺仪的常值零偏，定义 $\boldsymbol{\varepsilon}^n=\boldsymbol{C}_b^n\boldsymbol{\varepsilon}^b=\begin{bmatrix}\varepsilon_E & \varepsilon_N & \varepsilon_U\end{bmatrix}^{\mathrm{T}}$，$\boldsymbol{w}_g^b$ 为陀螺仪的三轴测量白噪声，定义 $\boldsymbol{w}_g^n=\boldsymbol{C}_b^n\boldsymbol{w}_g^b\begin{bmatrix}w_{gE} & w_{gN} & w_{gU}\end{bmatrix}^{\mathrm{T}}$。则可将式(2-56)展开为

$$\begin{bmatrix}\dot{\phi}_E\\\dot{\phi}_N\\\dot{\phi}_U\end{bmatrix}=\begin{bmatrix}0 & -\phi_U & \phi_N\\\phi_U & 0 & -\phi_E\\-\phi_N & \phi_E & 0\end{bmatrix}\begin{bmatrix}-\dfrac{v_N}{R_M+h}\\\omega_{ie}\cos L+\dfrac{v_E}{R_N+h}\\\omega_{ie}\sin L+\dfrac{v_E}{R_N+h}\tan L\end{bmatrix}$$
$$+\begin{bmatrix}-\dfrac{\delta v_N}{R_M+h}+\delta h\dfrac{v_N}{\left(R_M+h\right)^2}\\-\delta L\omega_{ie}\sin L+\dfrac{\delta v_E}{R_N+h}-\delta h\dfrac{v_E}{\left(R_N+h\right)^2}\\\delta L\omega_{ie}\cos L+\dfrac{\delta v_E}{R_N+h}\tan L+\delta L\dfrac{v_E}{R_N+h}\sec^2 L-\delta h\dfrac{v_E\tan L}{\left(R_N+h\right)^2}\end{bmatrix}-\begin{bmatrix}\varepsilon_E+w_{gE}\\\varepsilon_N+w_{gN}\\\varepsilon_U+w_{gU}\end{bmatrix} \tag{2-57}$$

2. 速度误差方程

根据比力方程，当不考虑任何误差时，理想的速度微分方程为

$$\dot{\boldsymbol{v}}^n=\boldsymbol{C}_b^n\boldsymbol{f}^b-(2\boldsymbol{\omega}_{ie}^{n}+\boldsymbol{\omega}_{en}^{n})\times\boldsymbol{v}^n+\boldsymbol{g}^n \tag{2-58}$$

而实际系统由于解算误差和惯性器件的测量误差导致速度解算不准确，包含误差的速度微分方程为

$$\dot{\hat{\boldsymbol{v}}}^n=\hat{\boldsymbol{C}}_b^n\hat{\boldsymbol{f}}^b-(2\hat{\boldsymbol{\omega}}_{ie}^{n}+\hat{\boldsymbol{\omega}}_{en}^{n})\times\hat{\boldsymbol{v}}^n+\hat{\boldsymbol{g}}^n \tag{2-59}$$

式(2-59)中实际带误差的输出项与其对应的真值之间的关系为

$$\begin{cases}\delta\boldsymbol{f}^b=\hat{\boldsymbol{f}}^b-\boldsymbol{f}^b\\\delta\boldsymbol{\omega}_{ie}^n=\hat{\boldsymbol{\omega}}_{ie}^n-\boldsymbol{\omega}_{ie}^n\\\delta\boldsymbol{\omega}_{en}^n=\hat{\boldsymbol{\omega}}_{en}^n-\boldsymbol{\omega}_{en}^n\\\delta\boldsymbol{g}^n=\hat{\boldsymbol{g}}^n-\boldsymbol{g}^n\end{cases}\tag{2-60}$$

其中，$\boldsymbol{f}^b$ 为载体的真实非引力加速度在载体坐标系下的投影；$\boldsymbol{\omega}_{ie}^n$ 和 $\boldsymbol{\omega}_{en}^n$ 可以参照 2.4.1 节给出的定义；$\boldsymbol{g}^n$ 为真实重力加速度在 n 系下的投影；$\delta\boldsymbol{f}^b$、$\delta\boldsymbol{\omega}_{ie}^n$、$\delta\boldsymbol{\omega}_{en}^n$、$\delta\boldsymbol{g}^n$ 分别为加速度计测量误差、地球自转角速度计算误差、导航坐标系旋转计算误差和重力误差。

速度误差定义为导航计算机的计算速度 $\hat{\boldsymbol{v}}^n$ 与理想速度 $\boldsymbol{v}^n$ 之间的偏差，将式(2-59)和式(2-58)相减，并忽略二阶小量的影响可得速度误差微分方程的矢量形式为

$$\begin{aligned}\delta\dot{\boldsymbol{v}}^n&=\hat{\boldsymbol{C}}_b^n\hat{\boldsymbol{f}}^b-(2\hat{\boldsymbol{\omega}}_{ie}^n+\hat{\boldsymbol{\omega}}_{en}^n)\times\hat{\boldsymbol{v}}^n+\hat{\boldsymbol{g}}^n-\left[\boldsymbol{C}_b^n\boldsymbol{f}^b-(2\boldsymbol{\omega}_{ie}^n+\boldsymbol{\omega}_{en}^n)\times\boldsymbol{v}^n+\boldsymbol{g}^n\right]\\&\approx\boldsymbol{f}^n\times\boldsymbol{\phi}^n-(2\boldsymbol{\omega}_{ie}^n+\boldsymbol{\omega}_{en}^n)\times\delta\boldsymbol{v}^n+\boldsymbol{v}^n\times(2\delta\boldsymbol{\omega}_{ie}^n+\delta\boldsymbol{\omega}_{en}^n)+\boldsymbol{C}_b^n\delta\boldsymbol{f}^b+\delta\boldsymbol{g}^n\end{aligned}\tag{2-61}$$

式(2-61)中，忽略加速度计刻度系数误差和安装误差的影响，加速度计输出误差主要由加速度计零偏 $\boldsymbol{\nabla}^b$ 和加速度计三轴白噪声 $\boldsymbol{w}_a^b$ 组成，即 $\delta\boldsymbol{f}^b=\boldsymbol{\nabla}^b+\boldsymbol{w}_a^b$，定义 $\boldsymbol{\nabla}^n=\boldsymbol{C}_b^n\boldsymbol{\nabla}^b=\begin{bmatrix}\nabla_E & \nabla_N & \nabla_U\end{bmatrix}^{\mathrm{T}}$、$\boldsymbol{f}^n=\begin{bmatrix}f_E & f_N & f_U\end{bmatrix}^{\mathrm{T}}$，加速度计三轴白噪声在 n 系下的投影可以写为 $\boldsymbol{w}_a^n=\boldsymbol{C}_b^n\boldsymbol{w}_a^b=\begin{bmatrix}w_{aE} & w_{aN} & w_{aU}\end{bmatrix}^{\mathrm{T}}$，由于重力误差往往很小，所以在计算中通常忽略 $\delta\boldsymbol{g}^n$ 的影响，则将式(2-61)展开，可写为

$$\begin{aligned}\begin{bmatrix}\delta\dot{v}_E\\\delta\dot{v}_N\\\delta\dot{v}_U\end{bmatrix}&=\begin{bmatrix}0&-f_U&f_N\\f_U&0&-f_E\\-f_N&f_E&0\end{bmatrix}\begin{bmatrix}\phi_E\\\phi_N\\\phi_U\end{bmatrix}+\begin{bmatrix}0&-\delta v_U&\delta v_N\\\delta v_U&0&-\delta v_E\\-\delta v_N&\delta v_E&0\end{bmatrix}\begin{bmatrix}-\dfrac{v_N}{R_M+h}\\2\omega_{ie}\cos L+\dfrac{v_E}{R_N+h}\\2\omega_{ie}\sin L+\dfrac{v_E}{R_N+h}\tan L\end{bmatrix}\\&+\begin{bmatrix}0&-v_U&v_N\\v_U&0&-v_E\\-v_N&v_E&0\end{bmatrix}\begin{bmatrix}-\dfrac{\delta v_N}{R_M+h}+\delta h\dfrac{v_N}{(R_M+h)^2}\\-2\delta L\omega_{ie}\sin L+\dfrac{\delta v_E}{R_N+h}-\delta h\dfrac{v_E}{(R_N+h)^2}\\2\delta L\omega_{ie}\cos L+\dfrac{\delta v_E}{R_N+h}\tan L+\delta L\dfrac{v_E}{R_N+h}\sec^2 L-\delta h\dfrac{v_E\tan L}{(R_N+h)^2}\end{bmatrix}\\&+\begin{bmatrix}\nabla_E+w_{aE}\\\nabla_N+w_{aN}\\\nabla_U+w_{aU}\end{bmatrix}\end{aligned}\tag{2-62}$$

3. 位置误差方程

位置误差定义为计算位置与理想位置之间的偏差，根据式(2-42)可得理想位置的计算

公式，则实际带误差的位置微分方程为

$$\begin{cases}\dot{\hat{L}}=\dfrac{\hat{v}_N^n}{R_M+\hat{h}}=\dfrac{v_N^n+\delta v_N^n}{R_M+h+\delta h}\\ \dot{\hat{\lambda}}=\dfrac{\sec\hat{L}}{R_N+\hat{h}}\hat{v}_E^n=\dfrac{\sec\left(L+\delta L\right)}{R_N+h+\delta h}\left(v_E^n+\delta v_E^n\right)\\ \dot{\hat{h}}=\hat{v}_U^n=v_U^n+\delta v_U^n\end{cases} \tag{2-63}$$

将式(2-63)与理想的位置微分方程相减即可得到位置误差微分方程为

$$\begin{bmatrix}\delta\dot{L}\\ \delta\dot{\lambda}\\ \delta\dot{h}\end{bmatrix}=\begin{bmatrix}\dot{\hat{L}}\\ \dot{\hat{\lambda}}\\ \dot{\hat{h}}\end{bmatrix}-\begin{bmatrix}\dot{L}\\ \dot{\lambda}\\ \dot{h}\end{bmatrix}=\begin{bmatrix}0 & \dfrac{1}{R_M+h} & 0\\ \dfrac{\sec L}{R_N+h} & 0 & 0\\ 0 & 0 & 1\end{bmatrix}\begin{bmatrix}\delta v_E^n\\ \delta v_N^n\\ \delta v_U^n\end{bmatrix}+\begin{bmatrix}0 & 0 & -\dfrac{v_N}{\left(R_M+h\right)^2}\\ \dfrac{v_E\tan L\sec L}{R_N+h} & 0 & -\dfrac{v_E\sec L}{\left(R_N+h\right)^2}\\ 0 & 0 & 0\end{bmatrix}\begin{bmatrix}\delta L\\ \delta\lambda\\ \delta h\end{bmatrix} \tag{2-64}$$

综合上面推导出的姿态误差方程(2-57)、速度误差方程(2-62)和位置误差方程(2-64)，准备构建系统误差状态方程，选择姿态失准角$\boldsymbol{\phi}$、东北天速度误差$\delta\boldsymbol{v}^n$、纬经高位置误差$\delta\boldsymbol{p}$、陀螺仪零偏$\boldsymbol{\varepsilon}^b$和加速度计零偏$\boldsymbol{\nabla}^b$作为 15 维状态量。其中，姿态失准角$\boldsymbol{\phi}$、东北天速度误差$\delta\boldsymbol{v}^n$、纬经高位置误差$\delta\boldsymbol{p}$具体可写为

$$\boldsymbol{\phi}=\begin{bmatrix}\phi_E\\ \phi_N\\ \phi_U\end{bmatrix},\quad \delta\boldsymbol{v}^n=\begin{bmatrix}\delta v_E\\ \delta v_N\\ \delta v_U\end{bmatrix},\quad \delta\boldsymbol{p}=\begin{bmatrix}\delta L\\ \delta\lambda\\ \delta h\end{bmatrix} \tag{2-65}$$

忽略陀螺仪和加速度计刻度系数误差和安装误差的影响，状态转移矩阵建模仅考虑陀螺仪测量零偏$\boldsymbol{\varepsilon}^b$和加速度计测量零偏$\boldsymbol{\nabla}^b$，分别写为

$$\boldsymbol{\varepsilon}^b=\begin{bmatrix}\boldsymbol{\varepsilon}_x^b\\ \boldsymbol{\varepsilon}_y^b\\ \boldsymbol{\varepsilon}_z^b\end{bmatrix},\quad \boldsymbol{\nabla}^b=\begin{bmatrix}\boldsymbol{\nabla}_x^b\\ \boldsymbol{\nabla}_y^b\\ \boldsymbol{\nabla}_z^b\end{bmatrix} \tag{2-66}$$

将五种误差整合后，系统状态$\boldsymbol{x}$是 15 维向量，状态向量的具体展开形式为

$$\boldsymbol{x}=\left[\boldsymbol{\phi}^{\mathrm{T}}\quad (\delta\boldsymbol{v}^n)^{\mathrm{T}}\quad (\delta\boldsymbol{p})^{\mathrm{T}}\quad (\boldsymbol{\varepsilon}^b)^{\mathrm{T}}\quad (\boldsymbol{\nabla}^b)^{\mathrm{T}}\right]^{\mathrm{T}} \tag{2-67}$$

假设该系统传递函数矩阵为$\boldsymbol{A}(t)$，同时噪声驱动矩阵为$\boldsymbol{B}(t)$，则连续时间模型的误差方程可写为

$$\dot{\boldsymbol{x}}(t)=\boldsymbol{A}(t)\boldsymbol{x}(t)+\boldsymbol{B}(t)\boldsymbol{w}(t) \tag{2-68}$$

状态噪声$\boldsymbol{w}^b$由$\boldsymbol{w}_g^b$和$\boldsymbol{w}_a^b$两部分构成，$\boldsymbol{w}_g^b$和$\boldsymbol{w}_a^b$分别为陀螺仪和加速度计的三轴测量白噪声，写为

$$\boldsymbol{w}^b=\begin{bmatrix}\boldsymbol{w}_g^b\\ \boldsymbol{w}_a^b\end{bmatrix} \tag{2-69}$$

假设采样时间为T_s，通过1.7.2节线性系统离散化的结论(引用式(1-196))，可以从中推导出离散化的状态转移矩阵$\boldsymbol{F}_{k-1}$为

$$\boldsymbol{F}_{k-1} \approx \boldsymbol{I} + \boldsymbol{A}_{k-1}T_s = \boldsymbol{I}_{15\times15} + \begin{bmatrix} \boldsymbol{M}_{aa} & \boldsymbol{M}_{av} & \boldsymbol{M}_{ap} & -\boldsymbol{C}_b^n & \boldsymbol{0}_{3\times3} \\ \boldsymbol{M}_{va} & \boldsymbol{M}_{vv} & \boldsymbol{M}_{vp} & \boldsymbol{0}_{3\times3} & \boldsymbol{C}_b^n \\ \boldsymbol{0}_{3\times3} & \boldsymbol{M}_{pv} & \boldsymbol{M}_{pp} & \boldsymbol{0}_{3\times3} & \boldsymbol{0}_{3\times3} \\ \boldsymbol{0}_{3\times3} & \boldsymbol{0}_{3\times3} & \boldsymbol{0}_{3\times3} & \boldsymbol{0}_{3\times3} & \boldsymbol{0}_{3\times3} \\ \boldsymbol{0}_{3\times3} & \boldsymbol{0}_{3\times3} & \boldsymbol{0}_{3\times3} & \boldsymbol{0}_{3\times3} & \boldsymbol{0}_{3\times3} \end{bmatrix} T_s \tag{2-70}$$

其中，状态转移矩阵$\boldsymbol{F}_k$中每个分块矩阵具体表示为

$$\boldsymbol{M}_{aa} = -\left(\boldsymbol{\omega}_{in}^n \times\right),\quad \boldsymbol{M}_{av} = \begin{bmatrix} 0 & -1/R_{Mh} & 0 \\ 1/R_{Nh} & 0 & 0 \\ \tan L/R_{Nh} & 0 & 0 \end{bmatrix},\quad \boldsymbol{M}_{ap} = \boldsymbol{M}_1 + \boldsymbol{M}_2$$

$$\boldsymbol{M}_1 = \begin{bmatrix} 0 & 0 & 0 \\ -\omega_{ie}\sin L & 0 & 0 \\ \omega_{ie}\cos L & 0 & 0 \end{bmatrix},\quad \boldsymbol{M}_2 = \begin{bmatrix} 0 & 0 & v_N/R_{Mh}^2 \\ 0 & 0 & -v_E/R_{Nh}^2 \\ v_E\sec^2 L/R_{Nh} & 0 & -v_E\tan L/R_{Nh}^2 \end{bmatrix}$$

$$\boldsymbol{M}_{va} = \left(\boldsymbol{f}^n \times\right),\quad \boldsymbol{M}_{vv} = \left(\boldsymbol{v}^n \times\right)\boldsymbol{M}_{av} - \left[\left(2\boldsymbol{\omega}_{ie}^n + \boldsymbol{\omega}_{en}^n\right)\times\right],\quad \boldsymbol{M}_{vp} = \left(\boldsymbol{v}^n \times\right)\left(2\boldsymbol{M}_1 + \boldsymbol{M}_2\right)$$

$$\boldsymbol{M}_{pv} = \begin{bmatrix} 0 & 1/R_{Mh} & 0 \\ \sec L/R_{Nh} & 0 & 0 \\ 0 & 0 & 1 \end{bmatrix},\quad \boldsymbol{M}_{pp} = \begin{bmatrix} 0 & 0 & -v_N/R_{Mh}^2 \\ v_E\sec L\tan L/R_{Nh} & 0 & -v_E\sec L/R_{Nh}^2 \\ 0 & 0 & 0 \end{bmatrix}$$

其中，$R_{Mh} = R_M + h$，$R_{Nh} = R_N + h$，R_M和R_N分别为子午圈曲率半径和卯酉圈曲率半径；L和h分别为纬度和高度；$\boldsymbol{v}^n = \begin{bmatrix} v_E & v_N & v_U \end{bmatrix}^{\mathrm{T}}$为“东北天”坐标系下的三维速度矢量。

离散化的状态噪声驱动矩阵$\boldsymbol{G}_k$为

$$\boldsymbol{G}_k \approx \boldsymbol{B}_{k-1}T_s = \begin{bmatrix} -\boldsymbol{C}_b^n & \boldsymbol{0}_{3\times3} \\ \boldsymbol{0}_{3\times3} & \boldsymbol{C}_b^n \\ \boldsymbol{0}_{3\times3} & \boldsymbol{0}_{3\times3} \\ \boldsymbol{0}_{3\times3} & \boldsymbol{0}_{3\times3} \\ \boldsymbol{0}_{3\times3} & \boldsymbol{0}_{3\times3} \end{bmatrix} T_s \tag{2-71}$$

其中，$\boldsymbol{C}_b^n$为b系到n系的坐标变换矩阵。

结合前面离散化得到的状态转移矩阵$\boldsymbol{F}_k$和状态噪声驱动矩阵$\boldsymbol{G}_k$，可以得到离散化惯性导航系统的误差传播方程：

$$\boldsymbol{x}_k = \boldsymbol{F}_k\boldsymbol{x}_{k-1} + \boldsymbol{G}_{k-1}\boldsymbol{w}_{k-1} \tag{2-72}$$

至此，本节完成了对捷联式惯性导航系统的姿态、速度、位置的误差分析和建模，并根据误差方程构建了系统误差状态方程，对误差进行了精确建模与跟踪，以便进行误差补偿，从而提高精度，为后面介绍误差传播规律以及初始对准奠定基础。

2.5.2　捷联式惯性导航系统的误差特性分析

捷联式惯性导航系统采用数学平台代替物理平台，若未对惯性器件的误差进行准确标定与补偿，直接应用于惯性导航系统会导致惯性器件的误差通过姿态矩阵在系统中传播，对导航系统的性能产生重要影响。因此，分析惯性器件误差在捷联式惯性导航系统中的传播特性及其对导航参数的影响在导航系统的综合设计及性能预测方面都具有重要的意义。研究惯性导航系统的误差特性，通常需求得相应微分方程的解。2.5.1 节推导的误差传播方程描述了捷联式惯性导航系统各类误差动态传播的过程，从中不难看出，该方程是复杂时变函数，在此基础上求取各种误差的解析解是相当困难的。但是，在静基座条件下，误差传播方程所表征的复杂时变系统将退化为线性定常系统，此时的简化情况为求解各类误差的解析解提供了可能。

在静基座条件下，载体相对地面静止，则 $v_E = v_N = v_U = 0$、$f_E = f_N = 0$、$f_U = g$，真实位置可视为准确已知，且 R_M 和 R_N 可近似用地球平均半径 R 代替。式(2-57)、式(2-62)及式(2-64)可重写为

$$\begin{cases}\dot{\phi}_E = \phi_N\omega_{ie}\sin L - \phi_U\omega_{ie}\cos L - \dfrac{\delta v_N}{R} - \varepsilon_E \\ \dot{\phi}_N = -\phi_E\omega_{ie}\sin L + \dfrac{\delta v_E}{R} - \delta L\omega_{ie}\sin L - \varepsilon_N \\ \dot{\phi}_U = \phi_E\omega_{ie}\cos L + \dfrac{\delta v_E}{R}\tan L + \delta L\omega_{ie}\cos L - \varepsilon_U \\ \delta\dot{v}_E = -g\phi_N - 2\delta v_U\omega_{ie}\cos L + 2\delta v_N\omega_{ie}\sin L + \nabla_E \\ \delta\dot{v}_N = g\phi_E - 2\delta v_E\omega_{ie}\sin L + \nabla_N \\ \delta\dot{v}_U = 2\delta v_E\omega_{ie}\cos L + \nabla_U \\ \delta\dot{L} = \dfrac{1}{R}\delta v_N \\ \delta\dot{\lambda} = \dfrac{\sec L}{R}\delta v_E \\ \delta\dot{h} = \delta v_U\end{cases} \tag{2-73}$$

纯惯性导航系统天向通道中的速度误差及位置误差是发散的，根本原因是系统无阻尼，使系统出现正特征根。在实际应用中，通常需借助辅助测量设备进行高度阻尼，以获得较为准确的高度信息，因此不将其列入捷联式惯性导航系统的误差特性分析的方程中。此外，从上述误差方程中可以看出，经度误差 $\delta\lambda$ 不参与其他误差的动态传播，且其只与东向速度误差 δv_E 有关，是一个相对独立的过程，可将其从惯性导航误差方程中分离出来。若认为天向速度及高度误差近似忽略不计，即 $\delta v_U \approx 0$、$\delta h \approx 0$，则上述惯性导航误差方程可进一步简化为

$$\begin{bmatrix} \dot{\phi}_E \\ \dot{\phi}_N \\ \dot{\phi}_U \\ \delta\dot{v}_E \\ \delta\dot{v}_N \\ \delta\dot{L} \end{bmatrix} = \begin{bmatrix} 0 & \omega_{ie}\sin L & -\omega_{ie}\cos L & 0 & -1/R & 0 \\ -\omega_{ie}\sin L & 0 & 0 & 1/R & 0 & -\omega_{ie}\sin L \\ \omega_{ie}\cos L & 0 & 0 & \tan L/R & 0 & \omega_{ie}\cos L \\ 0 & -g & 0 & 0 & 2\omega_{ie}\sin L & 0 \\ g & 0 & 0 & -2\omega_{ie}\sin L & 0 & 0 \\ 0 & 0 & 0 & 0 & 1/R & 0 \end{bmatrix} \cdot \begin{bmatrix} \phi_E \\ \phi_N \\ \phi_U \\ \delta v_E \\ \delta v_N \\ \delta L \end{bmatrix} + \begin{bmatrix} -\varepsilon_E \\ -\varepsilon_N \\ -\varepsilon_U \\ \nabla_E \\ \nabla_N \\ 0 \end{bmatrix} \tag{2-74}$$

式(2-74)可写为如下状态方程的形式：

$$\dot{\boldsymbol{X}}(t) = \boldsymbol{F}\boldsymbol{X}(t) + \boldsymbol{W}(t) \tag{2-75}$$

对式(2-75)进行拉氏变换，可得

$$\boldsymbol{X}(s) = (s\boldsymbol{I}-\boldsymbol{F})^{-1}\left[\boldsymbol{W}(s)+\boldsymbol{X}(0)\right] = \frac{\boldsymbol{N}(s)}{|s\boldsymbol{I}-\boldsymbol{F}|}\left[\boldsymbol{W}(s)+\boldsymbol{X}(0)\right] \tag{2-76}$$

其中，$\boldsymbol{N}(s)$为$s\boldsymbol{I}-\boldsymbol{F}$的伴随矩阵，整理可得特征行列式为

$$\Delta(s) = |s\boldsymbol{I}-\boldsymbol{F}| = \left(s^2+\omega_{ie}^2\right)\left[\left(s^2+\omega_s^2\right)^2 + 4s^2\omega_{ie}^2\sin^2 L\right] \tag{2-77}$$

令式(2-77)的特征行列式为0，可求解出系统的六个特征根，分别为

$$\begin{cases} s_{1,2} = \pm\mathrm{j}\omega_{ie} \\ s_{3,4} \approx \pm\mathrm{j}\left(\omega_s + \omega_{ie}\sin L\right) \\ s_{5,6} \approx \pm\mathrm{j}\left(\omega_s - \omega_{ie}\sin L\right) \end{cases} \tag{2-78}$$

其中，$\omega_s = \sqrt{g/R}$为舒勒角频率；$\omega_f = \omega_{ie}\sin L$为傅科角频率，$\omega_{ie}$为地球角频率。

由式(2-78)可知，系统的六个特征根均为虚根，说明该系统为无阻尼振荡系统，各误差量是由舒勒角频率、傅科角频率和地球角频率叠加而成的，对应地，惯性导航系统误差特性包含舒勒、傅科和地球自转三种周期振荡。其中，舒勒周期为$T_s = 2\pi/\omega_s \approx 84.4\,\text{min}$，傅科周期为$T_f = 2\pi/(\omega_{ie}\sin L)$，其数值与载体所在的纬度有关，地球周期为$T_e = 2\pi/\omega_{ie} = 24\text{h}$。由于$\omega_s \gg \omega_f$，系统的振荡角频率$\omega_s+\omega_f$和$\omega_s-\omega_f$在数值上非常接近，在误差量的叠加上会产生拍频现象，即舒勒振荡的幅值受傅科周期的调制作用。由此可以看出，系统的误差是由地球周期与被傅科周期调制的舒勒周期叠加而成的。

造成惯性导航系统误差的误差源主要包括陀螺仪常值零偏误差、加速度计常值零偏误差、初始失准角误差、初始速度误差及初始位置误差。对式(2-76)求拉氏反变换，并忽略傅科振荡的影响，可近似获得系统误差关于时间的解析解，即惯性导航系统的误差传播特性，各误差源对惯性导航系统误差的影响如表2-3~表2-6所示。

表 2-3　陀螺仪常值零偏误差引起的系统误差

状态量	误差源		
	ε_E	ε_N	ε_U
ϕ_E	$-\dfrac{\varepsilon_E}{\omega_s}\sin(\omega_s t)\cos(\omega_f t)$	$-\dfrac{\varepsilon_N}{\omega_s}\sin(\omega_s t)\sin(\omega_f t)$	0
ϕ_N	$\dfrac{\varepsilon_E}{\omega_s}\sin(\omega_s t)\cos(\omega_f t)$	$-\dfrac{\varepsilon_N}{\omega_s}\sin(\omega_s t)\sin(\omega_f t)$	0
ϕ_U	$-\dfrac{\varepsilon_E}{\omega_{ie}}\sec L\left(1-\cos(\omega_{ie}t)\right)$ $+\dfrac{\varepsilon_E}{\omega_s}\tan L\sin(\omega_s t)\sin(\omega_f t)$	$\dfrac{\varepsilon_N}{\omega_{ie}}\tan L\sin(\omega_{ie}t)$ $-\dfrac{\varepsilon_E}{\omega_s}\tan L\sin(\omega_s t)\cos(\omega_f t)$	$-\dfrac{\varepsilon_U}{\omega_{ie}}\sin(\omega_{ie}t)$
δv_E	$-\varepsilon_E R\sin L\sin(\omega_{ie}t)$ $+\varepsilon_E R\cos(\omega_s t)\cos(\omega_f t)$	$-\varepsilon_N R\cos(\omega_s t)\cos(\omega_f t)$ $+\varepsilon_N R\left(\cos^2 L+\sin^2 L\cos(\omega_{ie}t)\right)$	$\varepsilon_U R\cos L\sin L\left(1-\cos(\omega_{ie}t)\right)$ $-\varepsilon_U\dfrac{\omega_{ie}}{\omega_s}R\cos L\sin(\omega_s t)\sin(\omega_f t)$
δv_N	$-\varepsilon_E R\cos\left(\omega_{ie}t\right)$ $+\varepsilon_E R\cos\left(\omega_s t\right)\cos\left(\omega_f t\right)$	$-\varepsilon_N R\sin L\sin(\omega_{ie}t)$ $+\varepsilon_N R\cos(\omega_s t)\sin(\omega_f t)$	$\varepsilon_U R\cos L\sin(\omega_{ie}t)$ $-\varepsilon_U\dfrac{\omega_{ie}}{\omega_s}R\cos L\sin(\omega_s t)\cos(\omega_f t)$
δL	$-\varepsilon_E\left(\dfrac{\sin(\omega_{ie}t)}{\omega_{ie}}-\dfrac{\sin(\omega_s t)\cos(\omega_f t)}{\omega_s}\right)$	$-\varepsilon_N\dfrac{\sin L}{\omega_{ie}}\left(1-\cos(\omega_{ie}t)\right)$ $+\varepsilon_N\dfrac{\sin(\omega_s t)\sin(\omega_f t)}{\omega_s}$	$\dfrac{\varepsilon_U}{\omega_{ie}}\cos L(1-\cos(\omega_{ie}t))$
$\delta\lambda$	$-\varepsilon_E\dfrac{\tan L}{\omega_{ie}}\left(1-\cos(\omega_{ie}t)\right)$ $+\varepsilon_E\dfrac{\sec L}{\omega_s}\sin(\omega_s t)\sin(\omega_f t)$	$\varepsilon_N t\cos L+\varepsilon_N\dfrac{\sin L\tan L\sin(\omega_{ie}t)}{\omega_{ie}}$ $-\varepsilon_N\dfrac{\sec L\sin(\omega_s t)\cos(\omega_f t)}{\omega_s}$	$\varepsilon_U\sin L\left(t-\dfrac{\sin(\omega_{ie}t)}{\omega_{ie}}\right)$

表 2-4　加速度计常值零偏误差及初始纬度误差引起的系统误差

状态量	误差源		
	∇_E	∇_N	δL_0
ϕ_E	$-\dfrac{\nabla_E}{g}\cos(\omega_s t)\sin(\omega_f t)$	$-\dfrac{\nabla_N}{g}\left(1-\cos(\omega_s t)\cos(\omega_f t)\right)$	$-\dfrac{\delta L_0}{\omega_s}\omega_{ie}\sin L\sin(\omega_s t)\sin(\omega_f t)$
ϕ_N	$\dfrac{\nabla_E}{g}\left(1-\cos(\omega_s t)\cos(\omega_f t)\right)$	$-\dfrac{\nabla_N}{g}\cos(\omega_s t)\sin(\omega_f t)$	$-\dfrac{\delta L_0}{\omega_s}\omega_{ie}\sin L\sin(\omega_s t)\cos(\omega_f t)$
ϕ_U	$\dfrac{\nabla_E}{g}\tan L\left(1-\cos(\omega_s t)\cos(\omega_f t)\right)$	$-\dfrac{\nabla_N}{g}\tan L\cos(\omega_s t)\sin(\omega_f t)$	$\delta L_0\sec L\cdot(\sin(\omega_{ie}t)$ $-\dfrac{\omega_{ie}}{\omega_s}\sin^2 L\sin(\omega_s t)\cos(\omega_f t))$
δv_E	$\dfrac{\nabla_E}{g}R\omega_s\sin(\omega_s t)\cos(\omega_f t)$	$\dfrac{\nabla_N}{g}R\omega_s\sin(\omega_s t)\sin(\omega_f t)$	$\delta L_0 R\omega_{ie}\cos L\cdot$ $\left(\cos(\omega_{ie}t)-\cos(\omega_s t)\cos(\omega_f t)\right)$
δv_N	$-\dfrac{\nabla_E}{g}R\omega_s\sin(\omega_s t)\sin(\omega_f t)$	$\dfrac{\nabla_N}{g}R\omega_s\sin(\omega_s t)\cos(\omega_f t)$	$\delta L_0 R\omega_{ie}\sin L\cos_s\sin(\omega_f t)$ $-\delta L_0 R\omega_{ie}\sin(\omega_{ie}t)$
δL	$\dfrac{\nabla_E}{g}\cos(\omega_s t)\sin(\omega_f t)$	$\dfrac{\nabla_N}{g}\left(1-\cos(\omega_s t)\cos(\omega_f t)\right)$	$\delta L_0\cos(\omega_{ie}t)$ $+\delta L_0\dfrac{\omega_{ie}}{\omega_s}\sin L\sin(\omega_s t)\sin(\omega_f t)$
$\delta\lambda$	$\dfrac{\nabla_E}{g}\sec L\left(1-\cos(\omega_s t)\cos(\omega_f t)\right)$	$-\dfrac{\nabla_N}{g}\sec L\cos(\omega_s t)\sin(\omega_f t)$	$\delta L_0\tan L\sin(\omega_{ie}t)$ $-\delta L_0\tan L\dfrac{\omega_{ie}}{\omega_s}\sin(\omega_s t)\cos(\omega_f t)$

表 2-5　初始失准角误差引起的系统误差

状态量	误差源		
	ϕ_{E_0}	ϕ_{N_0}	ϕ_{U_0}
ϕ_E	$\phi_{E_0}\cos(\omega_s t)\cos(\omega_f t)$	$\phi_{N_0}\cos(\omega_s t)\sin(\omega_f t)$	$-\phi_{U_0}\dfrac{\omega_{ie}}{\omega_s}\cos L\sin(\omega_s t)\cos(\omega_f t)$
ϕ_N	$-\phi_{E_0}\cos(\omega_s t)\sin(\omega_f t)$	$\phi_{N_0}\cos(\omega_s t)\cos(\omega_f t)$	$\phi_{U_0}\dfrac{\omega_{ie}}{\omega_s}\cos L\sin(\omega_s t)\sin(\omega_f t)$
ϕ_U	$\phi_{E_0}\sec L\sin(\omega_{ie}t)$ $-\phi_{E_0}\tan L\cos(\omega_s t)\sin(\omega_f t)$	$\phi_{N_0}\tan L\cos(\omega_s t)\cos(\omega_f t)$ $-\phi_{N_0}\tan L\cos(\omega_{ie}t)$	$\phi_{U_0}\cos(\omega_{ie}t)$ $+\phi_{U_0}\dfrac{\omega_{ie}}{\omega_s}\sin L\sin(\omega_s t)\sin(\omega_f t)$
δv_E	$\phi_{E_0}R\omega_s\sin(\omega_s t)\sin(\omega_f t)$	$-\phi_{N_0}R\omega_s\sin(\omega_s t)\cos(\omega_f t)$	$\phi_{U_0}R\omega_{ie}\cos L\cos(\omega_s t)\sin(\omega_f t)$ $-\phi_{U_0}R\omega_{ie}\cos L\sin L\sin(\omega_{ie}t)$
δv_N	$\phi_{E_0}R\omega_s\sin(\omega_s t)\cos(\omega_f t)$	$\phi_{N_0}R\omega_s\sin(\omega_s t)\sin(\omega_f t)$	$\phi_{U_0}R\omega_{ie}\cos L\cos(\omega_s t)\cos(\omega_f t)$ $-\phi_{U_0}R\omega_{ie}\cos L\cos(\omega_{ie}t)$
δL	$\phi_{E_0}\left(\cos(\omega_{ie}t)-\cos(\omega_s t)\cos(\omega_f t)\right)$	$\phi_{N_0}\left(\sin L\sin(\omega_{ie}t)-\cos(\omega_s t)\sin(\omega_f t)\right)$	$-\phi_{U_0}\cos L\sin(\omega_{ie}t)$ $+\phi_{U_0}\cos L\dfrac{\omega_{ie}}{\omega_s}\sin(\omega_s t)\cos(\omega_f t)$
$\delta\lambda$	$\phi_{E_0}\tan L\sin(\omega_{ie}t)$ $-\phi_{E_0}\sec L\cos(\omega_s t)\sin\left(\omega_f t\right)$	$\phi_{N_0}\sec L\cos(\omega_s t)\sin(\omega_f t)$ $-\phi_{N_0}\sec L\left(\cos^2 L-\sin^2 L\cos(\omega_{ie}t)\right)$	$-\phi_{U_0}\sec L\left(1-\cos(\omega_{ie}t)\right)$ $+\phi_{U_0}\dfrac{\omega_{ie}}{\omega_s}\sin(\omega_s t)\sin(\omega_f t)$

表 2-6　初始速度误差及初始经度误差引起的系统误差

状态量	误差源		
	δv_{E_0}	δv_{N_0}	$\delta\lambda_0$
ϕ_E	$\dfrac{\delta v_{E_0}}{R\omega_s}\sin(\omega_s t)\sin(\omega_f t)$	$-\dfrac{\delta v_{N_0}}{R\omega_s}\sin(\omega_s t)\cos(\omega_f t)$	0
ϕ_N	$\dfrac{\delta v_{E_0}}{R\omega_s}\sin(\omega_s t)\sin(\omega_f t)$	$\dfrac{\delta v_{N_0}}{R\omega_s}\sin(\omega_s t)\sin(\omega_f t)$	0
ϕ_U	$\dfrac{\delta v_{E_0}}{R\omega_s}\tan L\sin(\omega_s t)\cos(\omega_f t)$	$\dfrac{\delta v_{N_0}}{R\omega_s}\tan L\sin(\omega_s t)\sin(\omega_f t)$	0
δv_E	$\delta v_{E_0}\cos(\omega_s t)\cos(\omega_f t)$	$\delta v_{N_0}\cos(\omega_s t)\sin(\omega_f t)$	0
δv_N	$-\delta v_{E_0}\cos(\omega_s t)\sin(\omega_f t)$	$\delta v_{N_0}\cos(\omega_s t)\cos(\omega_f t)$	0
δL	$-\dfrac{\delta v_{E_0}}{R\omega_s}\sin(\omega_s t)\sin(\omega_f t)$	$\dfrac{\delta v_{N_0}}{R\omega_s}\sin(\omega_s t)\cos(\omega_f t)$	0
$\delta\lambda$	$\dfrac{\delta v_{E_0}}{R\omega_s}\sec L\sin(\omega_s t)\cos(\omega_f t)$	$\dfrac{\delta v_{N_0}}{R\omega_s}\sec L\sin(\omega_s t)\sin(\omega_f t)$	$\delta\lambda_0$

由表 2-3~表 2-6 可以看出，对于陀螺仪常值零偏误差，北向和天向陀螺仪常值零偏 ε_N、ε_U 不仅会引起常值的东向速度误差 δv_E 和纬度误差 δL，还会引起随时间增长的经度误差 $\delta\lambda$；东向陀螺仪常值零偏 ε_E 则会引起常值的天向失准角误差 ϕ_U、经度误差 $\delta\lambda$ 以及其他振荡误差。对于加速度计常值零偏误差，东向加速度计常值零偏不仅会引起常值的 $\delta\lambda$、ϕ_N、ϕ_U 误差，还会引起舒勒周期振荡形式的其他误差；北向加速度计常值零偏则会引起 δL 和 ϕ_E 的常值误差和其他振荡误差。上述现象在一定程度上反映了惯性导航系统解算在姿态、速度和位置间的相互影响，实质上构成了一套完整而严密的闭环反馈系统。

下面将通过仿真具体分析静基座条件下主要误差源陀螺仪常值零偏和加速度计常值零偏对导航误差的影响。

1. 陀螺仪常值零偏下的系统误差特性

为了验证陀螺仪常值零偏对系统误差的影响，分别对东向、北向和天向的陀螺仪加入 0.01 °/h 的常值零偏，纬度取为 35°，初始误差均设为 0，仿真时间为 24h，三种情况的系统误差的仿真曲线分别如图 2-14~图 2-16 所示。

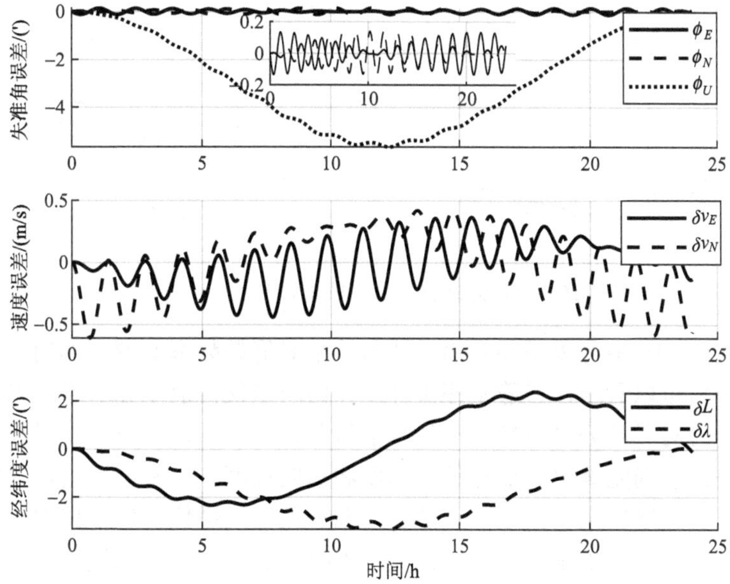

图 2-14　东向陀螺仪常值零偏引起的系统误差曲线

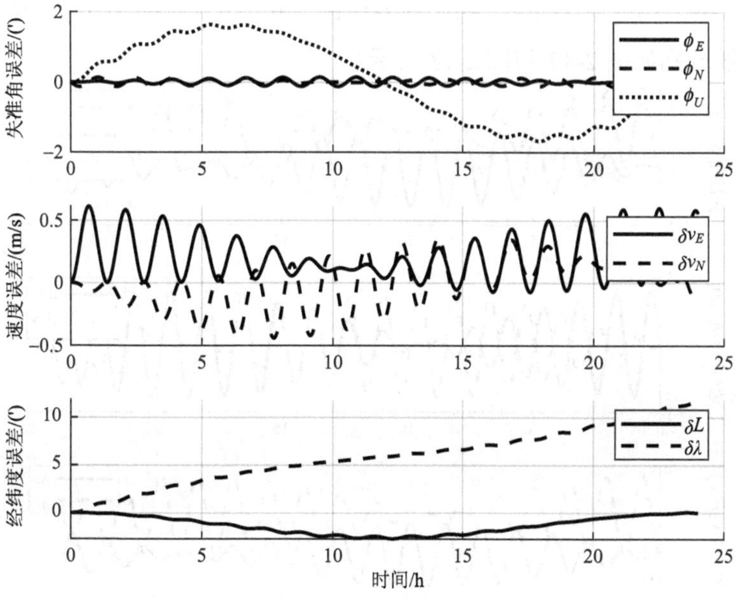

图 2-15　北向陀螺仪常值零偏引起的系统误差曲线

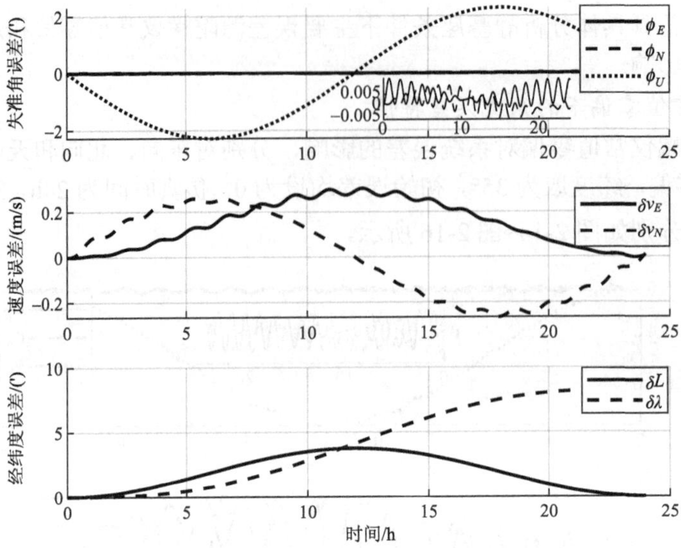

图 2-16　天向陀螺仪常值零偏引起的系统误差曲线

从图 2-14~图 2-16 中可以明显看出，傅科频率对舒勒频率的调制作用，同时对前面的误差曲线进行分析可以看出，在静基座条件下，由陀螺仪常值零偏引起的系统误差主要是振荡型误差，同时对于部分导航参数产生常值偏差，其中，东向陀螺仪对经度及方位失准角产生常值误差，北向陀螺仪常值零偏对纬度和东向速度产生常值误差，天向陀螺仪常值零偏对纬度和东向速度产生常值误差。然而北向和天向陀螺仪常值零偏误差导致经度误差中存在随时间累积增长的积累型误差，此类误差将引起导航精度的发散。

2. *加速度计常值零偏下的系统误差特性*

为了验证加速度计常值零偏对系统误差的影响，分别对东向和北向的加速度计加入 100 μg 的常值零偏，纬度取为 40°，初始误差均设为 0，仿真时间为 24h，两种情况的系统误差的仿真曲线分别如图 2-17 和图 2-18 所示。

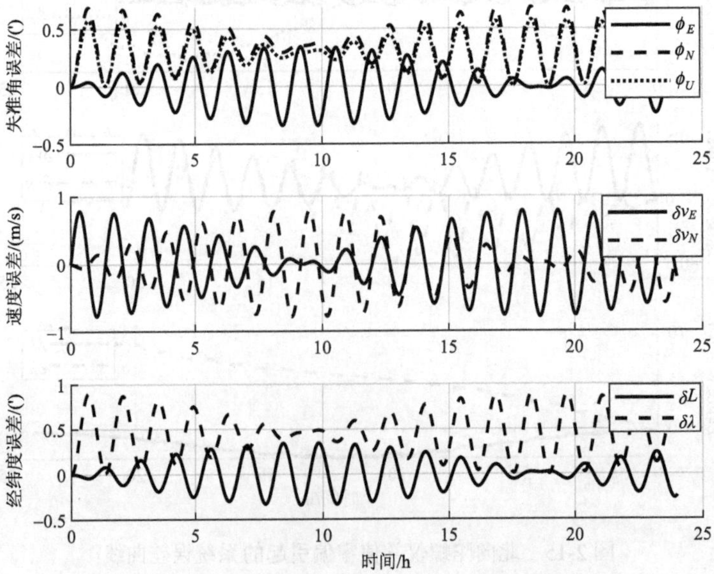

图 2-17　东向加速度计常值零偏引起的系统误差曲线

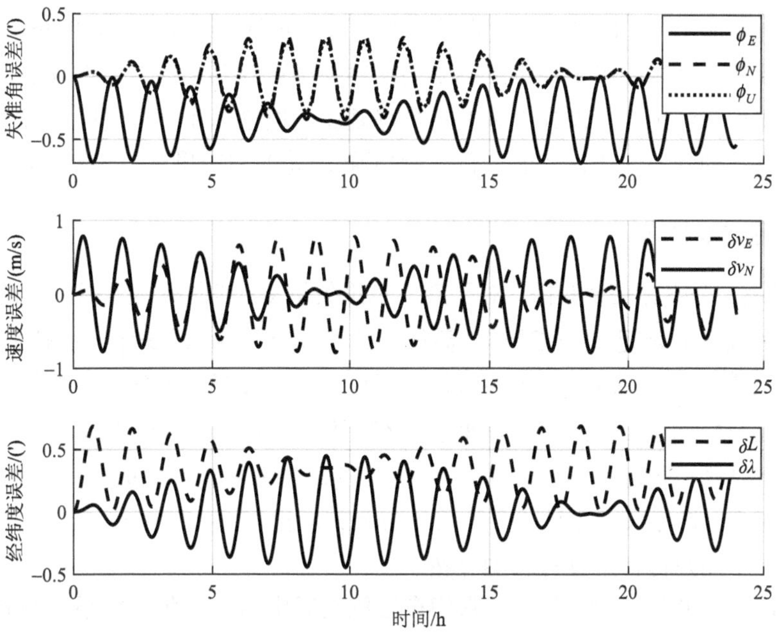

图 2-18　北向加速度计常值零偏引起的系统误差曲线

从图 2-17 和图 2-18 的曲线分析可以看出，在静基座条件下，加速度计常值零偏主要引起的系统误差包括振荡型误差和常值型误差。其中，东向和北向加速度计零偏均不会对速度引起常值误差，东向加速度计常值零偏引起了北向、天向失准角和经度的常值误差，北向加速度计常值零偏引起了北向、天向失准角和纬度的常值误差。

2.6　初始对准技术

惯性导航系统需要在已知上一时刻位置速度姿态的基础上，对惯性器件测量数据进行积分来获得当前时刻的位置、速度、姿态。因此，使用惯性导航系统提供导航结果之前需要对其进行初始化，也就是我们通常说的初始对准。

初始对准技术用于确定惯性导航系统的初始位置、速度和姿态。运载体位置和速度的初始对准需要借助外部辅助设备，如 GNSS，一般比较容易实现。初始对准的难点在于获得惯性导航系统的姿态。后续的初始对准如无特别说明，指的都是姿态初始对准。平台式惯性导航系统的初始对准是一个物理过程，指的是使平台坐标系对齐导航坐标系。捷联式惯性导航系统的初始对准指的是确定载体坐标系相对于导航坐标系的初始姿态矩阵 $\boldsymbol{C}_b^n$。惯性导航系统的初始对准速度和精度直接影响导航系统的启动时长、导航解算精度等。为了更快更好地投入工作任务，惯性导航系统的初始对准需要满足快速性和精确性。

传统的初始对准主要分为两个阶段：粗对准和精对准。其中，粗对准阶段的主要目的是提供粗略的姿态信息，为后续的精对准提供基础。但基本的粗对准方法并没有解决陀螺仪和加速度计零偏的估计问题，其对准精度仍受制于器件误差；精对准阶段则是通过惯性器件的输出信息及外部观测信息不断地修正失准角和惯性器件误差，从而确定更精确的初始姿态矩阵和惯性器件参数。

在组合导航应用中，精对准一般直接指组合导航过程。因此，本节只介绍粗对准方法，即如何确定载体坐标系相对于导航坐标系的初始姿态矩阵 $\boldsymbol{C}_b^n$。根据惯性导航系统所处状态不同，初始对准方法也有所差异。本节将分静基座、摇摆基座和行进间对准三类来对初始对准技术进行详细介绍。在此之前，首先给出确定 $\boldsymbol{C}_b^n$ 的通用思想——矢量定姿技术。

2.6.1 双矢量定姿技术

由于 $\boldsymbol{C}_b^n$ 是一个坐标变换矩阵，对于某一三维矢量 $\boldsymbol{x}$，其在载体坐标系下的投影 $\boldsymbol{x}^b$ 和导航坐标系下的投影 $\boldsymbol{x}^n$ 满足 $\boldsymbol{x}^n=\boldsymbol{C}_b^n\boldsymbol{x}^b$。显然，这样一对坐标 $\{\boldsymbol{x}^b,\boldsymbol{x}^n\}$ 无法解出 $\boldsymbol{C}_b^n$。但若存在另外两个矢量 $\boldsymbol{y}$、$\boldsymbol{z}$，且 $\boldsymbol{x}$、$\boldsymbol{y}$、$\boldsymbol{z}$ 不共线，则可以根据这些矢量分别在载体坐标系和导航坐标系下的投影坐标组成的两个矩阵来确定 $\boldsymbol{C}_b^n$(不共线是为了保证矩阵可逆)。因此，初始对准的关键就是构造足够多不共线的观测矢量，这些矢量在两个坐标系下的坐标是已知的，只要矢量足够多，就可以构造足够多的可用方程来解出 $\boldsymbol{C}_b^n$ 的每一个元素。这就是矢量定姿技术的内涵，下面对该技术进行详细介绍。

若已知两个不共线矢量 $\boldsymbol{r}_1$ 和 $\boldsymbol{r}_2$，它们在三维空间中两个直角坐标系 α 系和 β 系下的投影坐标分别记为 $\boldsymbol{r}_1^\alpha$、$\boldsymbol{r}_2^\alpha$ 和 $\boldsymbol{r}_1^\beta$、$\boldsymbol{r}_2^\beta$。显然，有以下关系成立：

$$\boldsymbol{r}_1^\beta=\boldsymbol{C}_\alpha^\beta\boldsymbol{r}_1^\alpha \tag{2-79}$$

$$\boldsymbol{r}_2^\beta=\boldsymbol{C}_\alpha^\beta\boldsymbol{r}_2^\alpha \tag{2-80}$$

矩阵 $\boldsymbol{C}_\alpha^\beta$ 有 9 个未知元素(实际上仅 3 个独立未知量，即三轴姿态角)，而式(2-79)和式(2-80)可构造 6 个标量方程。为了便于求解，构造了辅助矢量等式以获得额外的 3 个标量方程。辅助矢量等式的一个非常自然的构造方法就是利用 $\boldsymbol{r}_1$ 和 $\boldsymbol{r}_2$ 的外积 $\boldsymbol{r}_1\times\boldsymbol{r}_2$ 在不同坐标系下的投影，则可得

$$\boldsymbol{r}_1^\beta\times\boldsymbol{r}_2^\beta=\boldsymbol{C}_\alpha^\beta\left(\boldsymbol{r}_1^\alpha\times\boldsymbol{r}_2^\alpha\right) \tag{2-81}$$

联立式(2-79)~式(2-81)可得

$$\begin{bmatrix}\boldsymbol{r}_1^\beta & \boldsymbol{r}_2^\beta & \boldsymbol{r}_1^\beta\times\boldsymbol{r}_2^\beta\end{bmatrix}=\boldsymbol{C}_\alpha^\beta\begin{bmatrix}\boldsymbol{r}_1^\alpha & \boldsymbol{r}_2^\alpha & \boldsymbol{r}_1^\alpha\times\boldsymbol{r}_2^\alpha\end{bmatrix} \tag{2-82}$$

对于两个不共线的矢量 $\boldsymbol{r}_1$ 和 $\boldsymbol{r}_2$，$\boldsymbol{r}_1$、$\boldsymbol{r}_2$ 和 $\boldsymbol{r}_1\times\boldsymbol{r}_2$ 三者必定不共面，即 $\begin{bmatrix}\boldsymbol{r}_1^\alpha & \boldsymbol{r}_2^\alpha & \boldsymbol{r}_1^\alpha\times\boldsymbol{r}_2^\alpha\end{bmatrix}$ 可逆，则由式(2-82)可解得

$$\boldsymbol{C}_\alpha^\beta=\begin{bmatrix}\boldsymbol{r}_1^\beta & \boldsymbol{r}_2^\beta & \boldsymbol{r}_1^\beta\times\boldsymbol{r}_2^\beta\end{bmatrix}\begin{bmatrix}\boldsymbol{r}_1^\alpha & \boldsymbol{r}_2^\alpha & \boldsymbol{r}_1^\alpha\times\boldsymbol{r}_2^\alpha\end{bmatrix}^{-1} \tag{2-83}$$

理论上坐标变换矩阵 $\boldsymbol{C}_\alpha^\beta$ 是单位正交矩阵，故有 $\boldsymbol{C}_\alpha^\beta=\left(\left(\boldsymbol{C}_\alpha^\beta\right)^{-1}\right)^{\mathrm{T}}$，则等式(2-83)的等价形式为

$$\boldsymbol{C}_\alpha^\beta=\begin{bmatrix}\left(\boldsymbol{r}_1^\beta\right)^{\mathrm{T}}\\ \left(\boldsymbol{r}_2^\beta\right)^{\mathrm{T}}\\ \left(\boldsymbol{r}_1^\beta\times\boldsymbol{r}_2^\beta\right)^{\mathrm{T}}\end{bmatrix}^{-1}\begin{bmatrix}\left(\boldsymbol{r}_1^\alpha\right)^{\mathrm{T}}\\ \left(\boldsymbol{r}_2^\alpha\right)^{\mathrm{T}}\\ \left(\boldsymbol{r}_1^\alpha\times\boldsymbol{r}_2^\alpha\right)^{\mathrm{T}}\end{bmatrix} \tag{2-84}$$

式(2-84)是矢量定姿技术给出的坐标变换矩阵 $\boldsymbol{C}_\alpha^\beta$ 的求解方法，只要保证等式右边两个矩阵中的三个行向量不共面即可。然而，实际应用中 $\boldsymbol{r}_1^\alpha$、$\boldsymbol{r}_2^\alpha$、$\boldsymbol{r}_1^\beta$ 和 $\boldsymbol{r}_2^\beta$ 均不可避免地存在一定的误差，故根据式(2-84)求解的坐标变换矩阵 $\boldsymbol{C}_\alpha^\beta$ 不能严格满足单位正交化的要求。因此，需要提前对参与解算的所有矢量进行正交化及单位化处理。一个朴素的思想就是以某个单位化的矢量为基础，利用矢量外积不断构造新的正交矢量，即 $\dfrac{\boldsymbol{r}_1}{\|\boldsymbol{r}_1\|}$、$\dfrac{\boldsymbol{r}_1\times\boldsymbol{r}_2}{\|\boldsymbol{r}_1\times\boldsymbol{r}_2\|}$、$\dfrac{\boldsymbol{r}_1\times\boldsymbol{r}_2\times\boldsymbol{r}_1}{\|\boldsymbol{r}_1\times\boldsymbol{r}_2\times\boldsymbol{r}_1\|}$。将新矢量在 α 系和 β 系下的投影分别代入式(2-84)即可获得满足单位正交化的坐标变换矩阵 $\boldsymbol{C}_\alpha^\beta$ 为

$$\boldsymbol{C}_\alpha^\beta=\begin{bmatrix}\left(\boldsymbol{r}_1^\beta/\|\boldsymbol{r}_1^\beta\|\right)^{\mathrm{T}}\\ \left(\boldsymbol{r}_1^\beta\times\boldsymbol{r}_2^\beta/\|\boldsymbol{r}_1^\beta\times\boldsymbol{r}_2^\beta\|\right)^{\mathrm{T}}\\ \left(\boldsymbol{r}_1^\beta\times\boldsymbol{r}_2^\beta\times\boldsymbol{r}_1^\beta/\|\boldsymbol{r}_1^\beta\times\boldsymbol{r}_2^\beta\times\boldsymbol{r}_1^\beta\|\right)^{\mathrm{T}}\end{bmatrix}^{-1}\begin{bmatrix}\left(\boldsymbol{r}_1^\alpha/\|\boldsymbol{r}_1^\alpha\|\right)^{\mathrm{T}}\\ \left(\boldsymbol{r}_1^\alpha\times\boldsymbol{r}_2^\alpha/\|\boldsymbol{r}_1^\alpha\times\boldsymbol{r}_2^\alpha\|\right)^{\mathrm{T}}\\ \left(\boldsymbol{r}_1^\alpha\times\boldsymbol{r}_2^\alpha\times\boldsymbol{r}_1^\alpha/\|\boldsymbol{r}_1^\alpha\times\boldsymbol{r}_2^\alpha\times\boldsymbol{r}_1^\alpha\|\right)^{\mathrm{T}}\end{bmatrix}\tag{2-85}$$

2.6.2　静基座对准

静基座下初始对准主要采用解析式初始对准方法。由于静基座下运载体相对地球没有角运动和线运动，理论上陀螺仪只会敏感到地球自转角速度，其方向与地轴方向平行，加速度计只会敏感到重力加速度，其方向指向地心，二者为一组不共线的矢量，可利用矢量定姿技术确定初始姿态矩阵。因此，传统的解析式初始对准方法主要利用地球重力加速度矢量和地球自转角速度矢量在载体坐标系和导航坐标系的投影坐标来计算初始姿态矩阵。

重力加速度矢量 $\boldsymbol{g}$ 和地球自转角速度矢量 $\boldsymbol{\omega}_{ie}$ 在导航坐标系下的投影分别为

$$\boldsymbol{g}^n=\begin{bmatrix}0\\0\\-g\end{bmatrix},\quad \boldsymbol{\omega}_{ie}^n=\begin{bmatrix}0\\ \omega_{ie}\cos L\\ \omega_{ie}\sin L\end{bmatrix}\tag{2-86}$$

其中，当地纬度 L 假设为准确已知。

在静基座条件下，由于 $\boldsymbol{\omega}_{ie}^n=\boldsymbol{\omega}_{ib}^n$，存在如式(2-87)所示关系：

$$\begin{cases}\boldsymbol{g}^n=\boldsymbol{C}_b^n\boldsymbol{g}^b\\ \boldsymbol{\omega}_{ie}^n=\boldsymbol{C}_b^n\boldsymbol{\omega}_{ib}^b\end{cases}\tag{2-87}$$

若忽略陀螺仪常值零偏和加速度计零偏误差量的影响，直接以陀螺仪输出 $\tilde{\boldsymbol{\omega}}_{ib}^b$ 代替地球自转角速率在载体坐标系下的投影，以加速度计输出 $\tilde{\boldsymbol{f}}^b$ 代替重力加速度在载体坐标系下的投影，则有如式(2-88)所示的关系成立：

$$\begin{cases}-\boldsymbol{g}^n=\tilde{\boldsymbol{C}}_b^n\tilde{\boldsymbol{f}}^b\\ \boldsymbol{\omega}_{ie}^n=\tilde{\boldsymbol{C}}_b^n\tilde{\boldsymbol{\omega}}_{ib}^b\end{cases}\tag{2-88}$$

根据 2.6.1 节矢量定姿技术，以导航坐标系 n 代入 α 系，以载体坐标系 b 代入 β 系，由式(2-81)可以构造以下矢量等式：

$$-\boldsymbol{g}^n \times \boldsymbol{\omega}_{ie}^n = \tilde{\boldsymbol{C}}_b^n \left(\tilde{\boldsymbol{f}}^b \times \tilde{\boldsymbol{\omega}}_{ib}^b \right) \tag{2-89}$$

将以上三组矢量代入式(2-85)可得

$$\hat{\boldsymbol{C}}_b^n = \begin{bmatrix} \left(\dfrac{-\boldsymbol{g}^n}{\left\| -\boldsymbol{g}^n \right\|} \right)^{\mathrm{T}} \\ \left(\dfrac{\left(-\boldsymbol{g}^n\right) \times \boldsymbol{\omega}_{ie}^n}{\left\| \left(-\boldsymbol{g}^n\right) \times \boldsymbol{\omega}_{ie}^n \right\|} \right)^{\mathrm{T}} \\ \left(\dfrac{\left(-\boldsymbol{g}^n\right) \times \boldsymbol{\omega}_{ie}^n \times \left(-\boldsymbol{g}^n\right)}{\left\| \left(-\boldsymbol{g}^n\right) \times \boldsymbol{\omega}_{ie}^n \times \left(-\boldsymbol{g}^n\right) \right\|} \right)^{\mathrm{T}} \end{bmatrix}^{-1} \begin{bmatrix} \left(\dfrac{\tilde{\boldsymbol{f}}^b}{\left\| \tilde{\boldsymbol{f}}^b \right\|} \right)^{\mathrm{T}} \\ \left(\dfrac{\tilde{\boldsymbol{f}}^b \times \tilde{\boldsymbol{\omega}}_{ib}^b}{\left\| \tilde{\boldsymbol{f}}^b \times \tilde{\boldsymbol{\omega}}_{ib}^b \right\|} \right)^{\mathrm{T}} \\ \left(\dfrac{\tilde{\boldsymbol{f}}^b \times \tilde{\boldsymbol{\omega}}_{ib}^b \times \tilde{\boldsymbol{f}}^b}{\left\| \tilde{\boldsymbol{f}}^b \times \tilde{\boldsymbol{\omega}}_{ib}^b \times \tilde{\boldsymbol{f}}^b \right\|} \right)^{\mathrm{T}} \end{bmatrix} \tag{2-90}$$

由于惯性传感器的输出包含零偏等测量误差，在静基座条件下，粗对准精度的理论上界可近似分析为

$$\begin{cases} \phi_E = \dfrac{\nabla_N}{g} \\ \phi_N = -\dfrac{\nabla_E}{g} \\ \phi_U = \dfrac{\varepsilon_E}{\omega_{ie} \cos L} - \dfrac{\nabla_E}{g} \tan L \end{cases} \tag{2-91}$$

式(2-91)表明，在静基座条件下，水平失准角的对准精度主要取决于两个水平加速度计的零偏误差，方位失准角的对准精度主要取决于东向陀螺仪的零偏误差。利用式(2-91)，可以大致获得静基座条件下，粗对准为精对准阶段所提供初始姿态的大致量级。

2.6.3　摇摆基座对准

当载体受外界环境(如风浪等)的影响而处于摇摆状态时，陀螺仪输出的角速度信息将不再完全是地球自转角速度，而包含了不可忽略的干扰角速度，此时不宜直接将陀螺仪输出信息近似为地球自转角速度。因此，摇摆基座情况下的初始对准问题不再适合采用依赖地球自转角速度矢量的解析式对准方法。

在摇摆状态下，利用陀螺仪输出的角速度与载体运动的角速度构造双矢量求解姿态矩阵 $\boldsymbol{C}_b^n$ 是不准确的。考虑到摇摆状态下，加速度计输出的不同时刻的比力信息与不同时刻的重力矢量分别可以在初始的 $b(0)$ 系与 $n(0)$ 系下构造不共线的矢量，这为利用矢量定姿技术确定摇摆状态下初始姿态矩阵 $\boldsymbol{C}_{b(0)}^{n(0)}$ 提供了可能。因此，借助初始姿态矩阵 $\boldsymbol{C}_{b(0)}^{n(0)}$ 可以获得对准结束时刻的 $\boldsymbol{C}_b^n$。

根据矩阵乘法链式法则，对准结束时刻的姿态矩阵 $\boldsymbol{C}_b^n$ 可分解为

$$\boldsymbol{C}_b^n = \boldsymbol{C}_{n(0)}^{n(t)} \boldsymbol{C}_{b(0)}^{n(0)} \boldsymbol{C}_{b(t)}^{b(0)} \tag{2-92}$$

其中，$b(0)$ 与 $n(0)$ 为初始时刻相对于惯性空间不转动的凝固坐标系，分别表示初始时刻的载体坐标系与初始时刻的导航坐标系；$\boldsymbol{C}_{b(0)}^{n(0)}$ 表示粗对准开始时刻的姿态阵。

在式(2-92)中，$\boldsymbol{C}_{n(t)}^{n(0)}$ 和 $\boldsymbol{C}_{b(t)}^{b(0)}$ 可通过下面两个公式来计算：

$$\dot{\boldsymbol{C}}_{n(t)}^{n(0)} = \boldsymbol{C}_{n(t)}^{n(0)}\left(\boldsymbol{\omega}_{ie}^{n}\times\right) \tag{2-93}$$

$$\dot{\boldsymbol{C}}_{b(t)}^{b(0)} = \boldsymbol{C}_{b(t)}^{b(0)}\left(\boldsymbol{\omega}_{ib}^{b}\times\right) \tag{2-94}$$

因此，摇摆基座下时变姿态矩阵 $\boldsymbol{C}_b^n$ 的求解问题可以转化为常值姿态矩阵 $\boldsymbol{C}_{b(0)}^{n(0)}$ 的求解问题。利用矢量定姿技术即可确定常值姿态矩阵 $\boldsymbol{C}_{b(0)}^{n(0)}$。

t 时刻比力和重力加速度在 $b(0)$ 系和 $n(0)$ 系下的投影可分别计算为

$$\boldsymbol{f}^{b(0)}(t) = \boldsymbol{C}_{b(t)}^{b(0)}\boldsymbol{f}^{b}(t) = \boldsymbol{C}_{b(t)}^{b(0)}\left[f_x^b(t) \quad f_y^b(t) \quad f_z^b(t)\right]^{\mathrm{T}} \tag{2-95}$$

$$\boldsymbol{g}^{n(0)}(t) = \boldsymbol{C}_{n(t)}^{n(0)}\boldsymbol{g}^{n} = \boldsymbol{C}_{n(t)}^{n(0)}\left[0 \quad 0 \quad -g\right]^{\mathrm{T}} \tag{2-96}$$

则有式(2-97)成立：

$$\begin{cases} \boldsymbol{g}^{n(0)}(t_1) = \boldsymbol{C}_{n(t_1)}^{n(0)}\boldsymbol{g}^{n}, & \boldsymbol{f}^{b(0)}(t_1) = \boldsymbol{C}_{b(t_1)}^{b(0)}\boldsymbol{f}^{b}(t_1) \\ \boldsymbol{g}^{n(0)}(t_2) = \boldsymbol{C}_{n(t_2)}^{n(0)}\boldsymbol{g}^{n}, & \boldsymbol{f}^{b(0)}(t_2) = \boldsymbol{C}_{b(t_2)}^{b(0)}\boldsymbol{f}^{b}(t_2) \end{cases} \tag{2-97}$$

其中，$\boldsymbol{f}^b$ 代表加速度计输出的比力。

由式(2-81)可以构造以下矢量等式：

$$\boldsymbol{g}^{n(0)}(t_1)\times\boldsymbol{g}^{n(0)}(t_2) = \boldsymbol{C}_{b(0)}^{n(0)}\left(\boldsymbol{f}^{b(0)}(t_1)\times\boldsymbol{f}^{b(0)}(t_2)\right) \tag{2-98}$$

利用双矢量定姿原理，将以上三组矢量代入式(2-85)，可得

$$\boldsymbol{C}_{b(0)}^{n(0)} = \begin{bmatrix} \dfrac{\left(\boldsymbol{g}^{n(0)}(t_1)\right)^{\mathrm{T}}}{\left\|\boldsymbol{g}^{n(0)}(t_1)\right\|} \\ \dfrac{\left[\boldsymbol{g}^{n(0)}(t_1)\times\boldsymbol{g}^{n(0)}(t_2)\right]^{\mathrm{T}}}{\left\|\boldsymbol{g}^{n(0)}(t_1)\times\boldsymbol{g}^{n(0)}(t_2)\right\|} \\ \dfrac{\left[\boldsymbol{g}^{n(0)}(t_1)\times\boldsymbol{g}^{n(0)}(t_2)\times\boldsymbol{g}^{n(0)}(t_1)\right]^{\mathrm{T}}}{\left\|\boldsymbol{g}^{n(0)}(t_1)\times\boldsymbol{g}^{n(0)}(t_2)\times\boldsymbol{g}^{n(0)}(t_1)\right\|} \end{bmatrix}^{-1} \begin{bmatrix} \dfrac{\left(\boldsymbol{f}^{b(0)}(t_1)\right)^{\mathrm{T}}}{\left\|\boldsymbol{f}^{b(0)}(t_1)\right\|} \\ \dfrac{\left(\boldsymbol{f}^{b(0)}(t_1)\times\boldsymbol{f}^{b(0)}(t_2)\right)^{\mathrm{T}}}{\left\|\boldsymbol{f}^{b(0)}(t_1)\times\boldsymbol{f}^{b(0)}(t_2)\right\|} \\ \dfrac{\left(\boldsymbol{f}^{b(0)}(t_1)\times\boldsymbol{f}^{b(0)}(t_2)\times\boldsymbol{f}^{b(0)}(t_1)\right)^{\mathrm{T}}}{\left\|\boldsymbol{f}^{b(0)}(t_1)\times\boldsymbol{f}^{b(0)}(t_2)\times\boldsymbol{f}^{b(0)}(t_1)\right\|} \end{bmatrix} \tag{2-99}$$

最后，将式(2-99)代入式(2-92)中即可计算求解初始姿态矩阵 $\boldsymbol{C}_b^n$。

2.6.4　行进间对准

运载体在行进途中不仅可能会产生摇摆，还有可能产生变速，导致加速度计输出受到除重力加速度之外的载体加速度的影响。因此，运载体行进间对准无法采用 2.6.2 节的解析式初始对准方法和 2.6.3 节的惯性坐标系初始对准方法。

本节给出处理行进间初始对准问题的优化对准方法。优化对准方法利用辅助传感器信

息构建多组不共线的观测矢量，然后基于最小二乘准则获得姿态的最优估计。下面将具体介绍优化对准的实现过程。

根据 2.3.1 节可知，捷联式惯性导航系统的速度微分方程为

$$\dot{\boldsymbol{v}}^n = \boldsymbol{C}_b^n \boldsymbol{f}^b - \left(2\boldsymbol{\omega}_{ie}^n + \boldsymbol{\omega}_{en}^n\right) \times \boldsymbol{v}^n + \boldsymbol{g}^n \tag{2-100}$$

对式(2-100)中的初始姿态矩阵 $\boldsymbol{C}_b^n$ 采用式(2-92)的链式分解并进行整理可得

$$\boldsymbol{C}_{n(t)}^{n(0)}\left(\dot{\boldsymbol{v}}^n + \left(2\boldsymbol{\omega}_{ie}^n + \boldsymbol{\omega}_{en}^n\right) \times \boldsymbol{v}^n - \boldsymbol{g}^n\right) = \boldsymbol{C}_{b(0)}^{n(0)} \boldsymbol{C}_{b(t)}^{b(0)} \boldsymbol{f}^b \tag{2-101}$$

两个时变的姿态矩阵 $\boldsymbol{C}_{n(t)}^{n(0)}$ 和 $\boldsymbol{C}_{b(t)}^{b(0)}$ 可以由惯性导航系统自身根据式(2-93)、式(2-94)中的姿态矩阵微分方程进行更新，即

$$\dot{\boldsymbol{C}}_{n(t)}^{n(0)} = \boldsymbol{C}_{n(t)}^{n(0)}\left(\boldsymbol{\omega}_{in}^n(t) \times\right) \tag{2-102}$$

$$\dot{\boldsymbol{C}}_{b(t)}^{b(0)} = \boldsymbol{C}_{b(t)}^{b(0)}\left(\boldsymbol{\omega}_{ib}^b(t) \times\right) \tag{2-103}$$

因此，式(2-101)中我们感兴趣的量是对准开始时刻的姿态矩阵 $\boldsymbol{C}_{b(0)}^{n(0)}$，其被确定之后可以根据式(2-92)获得对准结束时刻的姿态矩阵 $\boldsymbol{C}_{b(t)}^{n(t)}$。为此，需要确定式(2-101)中的未知量 $\boldsymbol{v}^n$、$\boldsymbol{\omega}_{en}^n$、$\boldsymbol{\omega}_{ie}^n$，这些未知量无法通过惯性导航系统直接获得，因此需要借助外部辅助设备。

通过辅助传感器(如 GNSS)可以获得地速 $\boldsymbol{v}^n$，以及运载体的纬度和高度，可以用于确定 $\boldsymbol{\omega}_{en}^n$ 和 $\boldsymbol{\omega}_{ie}^n$。因此，优化对准方法的核心是：根据这些能够确定的量来计算常值姿态矩阵 $\boldsymbol{C}_{b(0)}^{n(0)}$。本节的思路依旧是构造不共线观测矢量。

对式(2-101)两端积分可得

$$\int_0^t \boldsymbol{C}_{n(\tau)}^{n(0)}\left[\dot{\boldsymbol{v}}^n + \left(2\boldsymbol{\omega}_{ie}^n + \boldsymbol{\omega}_{en}^n\right) \times \boldsymbol{v}^n - \boldsymbol{g}^n\right] \mathrm{d}\tau = \boldsymbol{C}_{b(0)}^{n(0)} \int_0^t \boldsymbol{C}_{b(\tau)}^{b(0)} \boldsymbol{f}^b \mathrm{d}\tau \tag{2-104}$$

令 $\boldsymbol{\alpha}(t) = \int_0^t \boldsymbol{C}_{b(\tau)}^{b(0)} \boldsymbol{f}^b \mathrm{d}\tau$、$\boldsymbol{\beta}(t) = \int_0^t \boldsymbol{C}_{n(\tau)}^{n(0)}\left[\dot{\boldsymbol{v}}^n + \left(2\boldsymbol{\omega}_{ie}^n + \boldsymbol{\omega}_{en}^n\right) \times \boldsymbol{v}^n - \boldsymbol{g}^n\right] \mathrm{d}\tau$，则式(2-104)可以表示为

$$\boldsymbol{\beta}(t) = \boldsymbol{C}_{b(0)}^{n(0)} \boldsymbol{\alpha}(t) \tag{2-105}$$

式(2-105)已经具备了矢量定姿的雏形，但需要处理 $\boldsymbol{\alpha}(t)$ 和 $\boldsymbol{\beta}(t)$ 中的积分。

对 $\boldsymbol{\beta}(t)$ 进行展开整理可得

$$\begin{aligned}
\boldsymbol{\beta}(t) &= \int_0^t \boldsymbol{C}_{n(\tau)}^{n(0)} \mathrm{d}\boldsymbol{v}^n + \int_0^t \boldsymbol{C}_{n(\tau)}^{n(0)}\left(\boldsymbol{\omega}_{ie}^n \times \boldsymbol{v}^n\right) \mathrm{d}\tau + \int_0^t \boldsymbol{C}_{n(\tau)}^{n(0)}\left[\left(\boldsymbol{\omega}_{ie}^n + \boldsymbol{\omega}_{en}^n\right) \times \boldsymbol{v}^n\right] \mathrm{d}\tau - \int_0^t \boldsymbol{C}_{n(\tau)}^{n(0)} \boldsymbol{g}^n \mathrm{d}\tau \\
&= \boldsymbol{C}_{n(\tau)}^{n(0)} \boldsymbol{v}^n \Big|_0^t - \int_0^t \boldsymbol{v}^n \mathrm{d}\boldsymbol{C}_{n(\tau)}^{n(0)} + \int_0^t \boldsymbol{C}_{n(\tau)}^{n(0)}\left(\boldsymbol{\omega}_{ie}^n \times \boldsymbol{v}^n\right) \mathrm{d}\tau + \int_0^t \boldsymbol{C}_{n(\tau)}^{n(0)}\left(\boldsymbol{\omega}_{in}^n \times \boldsymbol{v}^n\right) \mathrm{d}\tau - \int_0^t \boldsymbol{C}_{n(\tau)}^{n(0)} \boldsymbol{g}^n \mathrm{d}\tau \\
&= \boldsymbol{C}_{n(t)}^{n(0)} \boldsymbol{v}^n(t) - \boldsymbol{v}^{n(0)}(0) - \int_0^t \boldsymbol{C}_{n(\tau)}^{n(0)}\left(\boldsymbol{\omega}_{in}^n \times\right) \boldsymbol{v}^n \mathrm{d}\tau + \int_0^t \boldsymbol{C}_{n(\tau)}^{n(0)}\left(\boldsymbol{\omega}_{in}^n \times \boldsymbol{v}^n\right) \mathrm{d}\tau
\end{aligned}$$

$$+\int_0^t \boldsymbol{C}_{n(\tau)}^{n(0)}\left(\boldsymbol{\omega}_{ie}^n \times \boldsymbol{v}^n\right)\mathrm{d}\tau - \int_0^t \boldsymbol{C}_{n(\tau)}^{n(0)}\boldsymbol{g}^n \mathrm{d}\tau$$
$$= \boldsymbol{C}_{n(t)}^{n(0)}\boldsymbol{v}^n(t) - \boldsymbol{v}^{n(0)}(0) + \int_0^t \boldsymbol{C}_{n(\tau)}^{n(0)}\left(\boldsymbol{\omega}_{ie}^n \times \boldsymbol{v}^n\right)\mathrm{d}\tau - \int_0^t \boldsymbol{C}_{n(\tau)}^{n(0)}\boldsymbol{g}^n \mathrm{d}\tau \tag{2-106}$$

利用累加和代替上述积分运算，并假设 $[t_k, t_{k+1}]$ 时间段内运载体是匀速运动的，且 $\boldsymbol{\omega}_{ie}^n$、$\boldsymbol{\omega}_{in}^n$、$\boldsymbol{g}^n$ 为常值，对于 $\boldsymbol{\beta}(t)$ 中的积分项 $\int_0^t \boldsymbol{C}_{n(\tau)}^{n(0)}(\boldsymbol{\omega}_{ie}^n \times \boldsymbol{v}^n)\mathrm{d}\tau$ 和 $\int_0^t \boldsymbol{C}_{n(\tau)}^{n(0)}\boldsymbol{g}^n \mathrm{d}\tau$，分别展开为

$$\begin{aligned}\int_0^t \boldsymbol{C}_{n(\tau)}^{n(0)}\left(\boldsymbol{\omega}_{ie}^n \times \boldsymbol{v}^n\right)\mathrm{d}\tau &\approx \sum_{k=0}^{M}\boldsymbol{C}_{n(t_k)}^{n(0)}\int_{t_k}^{t_{k+1}}\boldsymbol{C}_{n(t)}^{n(t_k)}\left(\boldsymbol{\omega}_{ie}^n \times \boldsymbol{v}^n\right)\mathrm{d}t \\ &= \sum_{k=0}^{M}\boldsymbol{C}_{n(t_k)}^{n(0)}\left\{\left[\frac{T_s}{2}\boldsymbol{I}_3 + \frac{T_s^2}{6}\boldsymbol{\omega}_{in}^n(t_{k+1})\times\right]\left[\boldsymbol{\omega}_{ie}^n(t_{k+1})\times\boldsymbol{v}^n(t_k)\right]\right. \\ &\quad \left. + \left[\frac{T_s}{2}\boldsymbol{I}_3 + \frac{T_s^2}{3}\boldsymbol{\omega}_{in}^n(t_{k+1})\times\right]\left[\boldsymbol{\omega}_{ie}^n(t_{k+1})\times\boldsymbol{v}^n(t_{k+1})\right]\right\}\end{aligned} \tag{2-107}$$

$$\begin{aligned}\int_0^t \boldsymbol{C}_{n(\tau)}^{n(0)}\boldsymbol{g}^n \mathrm{d}\tau &\approx \sum_{k=0}^{M}\boldsymbol{C}_{n(t_k)}^{n(0)}\int_{t_k}^{t_{k+1}}\boldsymbol{C}_{n(t_{k+1})}^{n(t_k)}\boldsymbol{g}^n(t_{k+1})\mathrm{d}t \\ &= \sum_{k=0}^{M}\boldsymbol{C}_{n(t_k)}^{n(0)}\left[T_s\boldsymbol{I}_3 + \frac{T_s^2}{2}\boldsymbol{\omega}_{in}^n(t_{k+1})\times\right]\boldsymbol{g}^n(t_{k+1})\end{aligned} \tag{2-108}$$

其中，T_s 为器件的输出周期，且 $t = MT_s$。

同理，对于 $\boldsymbol{\alpha}(t)$ 中的积分运算，展开为

$$\begin{aligned}\boldsymbol{\alpha}(t) &\approx \sum_{k=0}^{M}\boldsymbol{C}_{b(t_k)}^{b(0)}\int_{t_k}^{t_{k+1}}\boldsymbol{C}_{b(t)}^{b(t_k)}\boldsymbol{f}^b(t_{k+1})\mathrm{d}t \\ &= \sum_{k=0}^{M}\boldsymbol{C}_{b(t_k)}^{b(0)}\left[T_s\boldsymbol{I}_3 + \frac{T_s^2}{2}\boldsymbol{\omega}_{ib}^b(t_{k+1})\times\right]\boldsymbol{f}^b(t_{k+1})\end{aligned} \tag{2-109}$$

由上述分析可知，在整个对准时间内，通过式(2-106)和式(2-109)的计算可以获得多组不共线的观测矢量 $\boldsymbol{\beta}_{1:k}$ 和 $\boldsymbol{\alpha}_{1:k}$。如果直接利用双矢量定姿原理任意选择两组矢量来求解初始姿态矩阵,则会导致数据利用率较低,且对准结果易受到单次器件测量精度(即观测噪声)的影响。为了能充分利用对准时间内的所有不共线的观测矢量 $\boldsymbol{\beta}_{1:k}$ 和 $\boldsymbol{\alpha}_{1:k}$，可以将求解常值姿态矩阵 $\boldsymbol{C}_{b(0)}^{n(0)}$ 的问题转化为一个优化问题，也就是人们常说的 Wahba 问题。

为了简化运算，将式(2-105)转化为如下四元数的形式：

$$\boldsymbol{\beta} = \boldsymbol{q} \circ \boldsymbol{\alpha} \circ \boldsymbol{q}^* \tag{2-110}$$

其中，$\boldsymbol{q} = [s \quad \boldsymbol{\eta}]^{\mathrm{T}}$ 为常值姿态矩阵 $\boldsymbol{C}_{b(0)}^{n(0)}$ 对应的四元数；$\boldsymbol{q}^*$ 为 $\boldsymbol{q}$ 的共轭四元数；$\circ$ 为四元数乘法运算符号；$\boldsymbol{\beta}$ 和 $\boldsymbol{\alpha}$ 分别为观测矢量 $\boldsymbol{\beta}(t)$ 和 $\boldsymbol{\alpha}(t)$ 所对应的四元数形式，标量部分都为 0。

对于任意两个四元数 $\boldsymbol{q}_1$ 和 $\boldsymbol{q}_2$，四元数的乘法运算法则为

$$\boldsymbol{q}_1 \circ \boldsymbol{q}_2 = [\overset{+}{\boldsymbol{q}_1}]\cdot\boldsymbol{q}_2 = [\overset{-}{\boldsymbol{q}_2}]\cdot\boldsymbol{q}_1 \tag{2-111}$$

其中，$\overset{+}{[q]}$和$\overset{-}{[q]}$分别为

$$\overset{+}{[\boldsymbol{q}]}=\begin{bmatrix} s & -\boldsymbol{\eta}^{\mathrm{T}} \\ \boldsymbol{\eta} & s\boldsymbol{I}_{3\times3}+(\boldsymbol{\eta}\times) \end{bmatrix},\quad \overset{-}{[\boldsymbol{q}]}=\begin{bmatrix} s & -\boldsymbol{\eta}^{\mathrm{T}} \\ \boldsymbol{\eta} & s\boldsymbol{I}_{3\times3}-(\boldsymbol{\eta}\times) \end{bmatrix} \tag{2-112}$$

将式(2-110)利用四元数的运算法则进行变换，可得

$$\left(\overset{+}{[\boldsymbol{\beta}]}-\overset{-}{[\boldsymbol{\alpha}]}\right)\boldsymbol{q}=\boldsymbol{0} \tag{2-113}$$

以上对准问题可描述为一个最小化问题，即

$$\hat{\boldsymbol{q}}=\arg\min_{\boldsymbol{q}}\sum_{i=0}^{k}\left\|\boldsymbol{C}_{b(0)}^{n(0)}\boldsymbol{\alpha}_i-\boldsymbol{\beta}_i\right\|^2,\ \text{s.t. } \boldsymbol{q}^{\mathrm{T}}\boldsymbol{q}=1 \tag{2-114}$$

利用式(2-113)和式(2-114)四元数与姿态矩阵的关系，可将式(2-114)转化为

$$\begin{aligned}\hat{\boldsymbol{q}}&=\arg\min_{\boldsymbol{q}}\sum_{i=0}^{k}\left\|\left(\overset{+}{[\boldsymbol{\beta}_i]}-\overset{-}{[\boldsymbol{\alpha}_i]}\right)\boldsymbol{q}\right\|^2\\&=\arg\min_{\boldsymbol{q}}\sum_{i=0}^{k}\boldsymbol{q}^{\mathrm{T}}\left(\overset{+}{[\boldsymbol{\beta}_i]}-\overset{-}{[\boldsymbol{\alpha}_i]}\right)^{\mathrm{T}}\left(\overset{+}{[\boldsymbol{\beta}_i]}-\overset{-}{[\boldsymbol{\alpha}_i]}\right)\boldsymbol{q}\\&=\arg\min_{\boldsymbol{q}}\boldsymbol{q}^{\mathrm{T}}\boldsymbol{K}\boldsymbol{q},\ \text{s.t. } \boldsymbol{q}^{\mathrm{T}}\boldsymbol{q}=1\end{aligned} \tag{2-115}$$

其中，$\boldsymbol{K}=\sum_{i=0}^{k}\left(\overset{+}{[\boldsymbol{\beta}_i]}-\overset{-}{[\boldsymbol{\alpha}_i]}\right)^{\mathrm{T}}\left(\overset{+}{[\boldsymbol{\beta}_i]}-\overset{-}{[\boldsymbol{\alpha}_i]}\right)$。

采用拉格朗日乘子法解决式(2-115)中的等式约束优化问题，构建如下目标函数：

$$L(\boldsymbol{q})=\boldsymbol{q}^{\mathrm{T}}\boldsymbol{K}\boldsymbol{q}-\lambda\left(1-\boldsymbol{q}^{\mathrm{T}}\boldsymbol{q}\right) \tag{2-116}$$

为求解$L(\boldsymbol{q})$的极值，对四元数$\boldsymbol{q}$求偏导可得

$$\frac{\partial L(\boldsymbol{q})}{\partial \boldsymbol{q}}=\left(\boldsymbol{K}+\boldsymbol{K}^{\mathrm{T}}\right)\boldsymbol{q}-2\lambda\boldsymbol{q} \tag{2-117}$$

令$\dfrac{\partial L(\boldsymbol{q})}{\partial \boldsymbol{q}}=0$，有如下关系成立：

$$\boldsymbol{K}\boldsymbol{q}=\lambda\boldsymbol{q} \tag{2-118}$$

通过式(2-118)可以发现，最优的四元数即为矩阵$\boldsymbol{K}$最小特征值对应的特征向量，从而可求解出最优的姿态矩阵$\boldsymbol{C}_{b(0)}^{n(0)}$。优化对准的具体实现流程如图2-19所示。

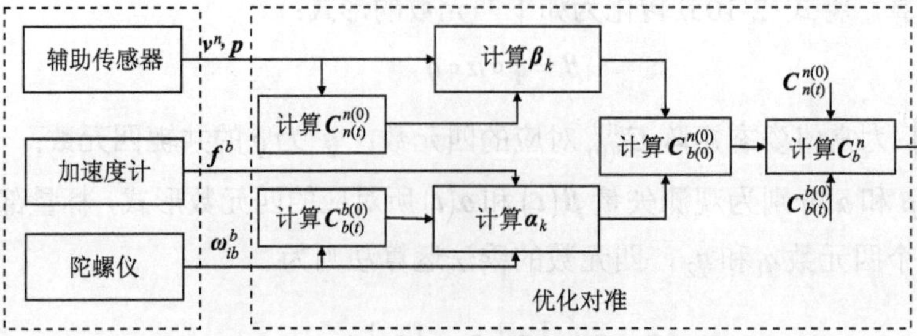

图2-19　优化对准原理示意图

2.7 本章小结

本章主要介绍惯性导航系统的相关基础知识。首先，介绍惯性导航系统的核心传感器陀螺仪和加速度计的基本原理、误差特性以及标定方法；对于常用的两类惯性导航系统，分别分析其工作原理以及主要差异；然后，针对捷联式惯性导航系统介绍其基本的导航参数更新算法，同时，建立惯性导航的误差方程并分析其误差传播特性；最后，介绍不同场景下的初始对准技术。

虽然惯性导航系统是完全自主的导航系统，但惯性导航系统的误差是随着时间逐步累积的，将其与其他导航系统进行组合能够大大提高导航精度。从本质上看，组合导航系统是多传感器多源导航信息的集成优化系统，它的关键技术是信息融合和处理。新的数据处理方法，特别是卡尔曼滤波方法的应用是产生组合导航的关键。第 3 章将重点介绍卡尔曼滤波的原理及其在组合导航中的应用。

习　题

1. 当三轴陀螺仪静止放置在地面上，且三轴与 ENU 坐标系(即“东北天”坐标系)重合时，求纬度为 $45.8°$、经度为 $126.7°$ 的陀螺仪输出。(地球自转角速度取 $15°/h$，保留小数点后五位)。

2. 试分析指北方位惯性导航系统、游动方位惯性导航系统和自由方位惯性导航系统的主要区别及优缺点。

3. 请对比分析平台式惯性导航系统和捷联式惯性导航系统的工作原理、结构特点和优缺点，并说明它们在不同应用场景下的适用性。

4. 以四元数姿态更新方法为例，结合本书第 1 章内容，请尝试从理论上推导其他姿态更新方法，并与本章所提出方法进行仿真验证和对比分析。

5. 请推导比力方程，并说明比力方程中各项的物理含义。

6. 试分析为什么陀螺仪和加速度计是惯性导航系统精度的决定性因素。

7. 试推导并说明捷联式惯性导航系统高度通道的稳定性。

8. 自行查找相关资料，试推导静基座条件下解析式粗对准方法的理论极限精度，并计算加速度计零偏为 $1mg$，陀螺仪零偏为 $0.01°/h$ 时在 $45°$ 纬度处将产生多大的对准误差。

9. 请编程实现一套捷联式惯性导航解算程序，主要包括以下四个部分：

(1) 产生陀螺仪和加速度计数据；

(2) 初始化导航参数；

(3) 捷联式惯性导航更新算法；

(4) 误差统计与画图。

第 3 章 卡尔曼滤波器

3.1 引 言

信号是传输和携带信息的时间函数或空间函数，可分为两种类型——确定性信号和随机信号。确定性信号的规律是给定的，并且频谱也是明确的，如阶跃信号等。相反，随机信号的规律是变化的，其频谱也不明确，如陀螺漂移等。

滤波指的是从一系列混杂信息中获得所需信息的过程。信号的发送和检测过程经常会受到外界扰动和系统噪声的干扰，因而必须经滤波处理才能得到所需信息。对于确定性信号，设计具有相应频率特性的滤波器可以实现所需信息和干扰信息的隔离。对于随机信号，因受到频率很宽的随机噪声的干扰，无法利用频率特性完全区分所需信息和干扰信息。根据信号和噪声的统计特性并采用概率论与数理统计的数学方法进行估计是一种常见的方法。因此，随机信号中的滤波一般指的是估计。本书主要针对随机信号滤波，因此后续不再区分滤波和估计两种概念。

卡尔曼滤波器(Kalman Filter, KF)是 Kalman 于 1960 年提出的一种滤波方法。卡尔曼滤波器通过将量测信息和系统模型信息进行融合来提高系统的估计性能，目前广泛应用于导航、自动控制、信号处理、图像处理等领域。对于模型确定和噪声统计特性已知的线性随机系统，卡尔曼滤波器是线性最小方差意义下最优的估计方法。在卡尔曼滤波器出现后，估计理论的发展大多是在其基础上的改进。当量测存在多维情况时，矩阵求逆问题会导致滤波计算量大大增加。为了解决此类问题，在卡尔曼滤波框架的基础上诞生了序贯卡尔曼滤波，通过对量测信息进行序贯处理，避免了高维矩阵求逆。为了避免多变量所引起的复杂估计问题，通过改变信息传递的方式，诞生了卡尔曼滤波器的对偶形式——信息滤波。当卡尔曼滤波器应用在工业领域时，人们发现由于计算机计算水平的限制，卡尔曼滤波器会因为舍入误差出现发散问题。为了适应当时的计算水平，诞生了平方根滤波方法，以保证卡尔曼滤波数值稳定性。虽然目前计算机水平已得到大幅提升，但是平方根滤波仍是滤波领域不可或缺的一部分。在实际工程中，还会出现有色噪声问题，由于破坏了卡尔曼滤波器的白噪声假设，基本的卡尔曼滤波器无法在此情况下实现最优。为了解决此类问题，需要对基本卡尔曼滤波方程进行改进，使其更加实用，符合工程需求。卡尔曼滤波器在导航领域应用最多的是本书介绍的组合导航系统，最经典且应用最广泛的组合导航系统为惯性/卫星组合导航系统。

为了使读者对卡尔曼滤波器具有广泛且深刻的了解，本章安排如下：3.2 节介绍基本卡尔曼滤波方程，并从四个角度对方程进行推导；3.3 节对卡尔曼滤波的相关性质等进行总结以及讨论，并引出滤波发散问题及其解决方法；3.4 节对卡尔曼滤波的一些技术处理方法进行介绍，如序贯卡尔曼滤波、信息滤波、平方根滤波以及噪声相关处理；3.5 节介绍卡尔曼滤波器在惯性导航/卫星组合导航系统中的应用；3.6 节对本章内容进行总结。

3.2　离散卡尔曼滤波方程推导

自卡尔曼滤波器诞生以来，诸多学者针对卡尔曼滤波方程从不同角度提出了推导方法，如正交投影、线性最小方差估计、贝叶斯估计等。这些方法都涉及复杂的数理统计方面的知识，可在数学上对卡尔曼滤波方程进行严密推导。为了让读者对卡尔曼滤波有更深刻的理解，本节将从多个角度对卡尔曼滤波方程进行推导。

系统模型往往是研究估计问题的基础，因此本章先对卡尔曼滤波所适用的系统模型进行介绍。考虑如下所示的随机线性离散系统：

$$\begin{cases} \boldsymbol{x}_k = \boldsymbol{F}_{k-1}\boldsymbol{x}_{k-1} + \boldsymbol{w}_{k-1} \\ \boldsymbol{z}_k = \boldsymbol{H}_k\boldsymbol{x}_k + \boldsymbol{v}_k \end{cases} \tag{3-1}$$

其中，$\boldsymbol{x}_k$、$\boldsymbol{z}_k$、$\boldsymbol{w}_{k-1}$、$\boldsymbol{v}_k$ 分别表示状态向量、量测向量、系统噪声向量、量测噪声向量；$\boldsymbol{F}_{k-1}$、$\boldsymbol{H}_k$ 分别表示状态一步转移矩阵和量测矩阵。

为了使卡尔曼滤波器能对系统状态以线性最小方差准则进行递推最优估计，在此对系统的特性进行以下假设。

假设系统噪声向量和量测噪声向量均是不相关的零均值白噪声，即其统计特性为

$$\begin{cases} E\left[\boldsymbol{w}_k\right] = \boldsymbol{0}, \quad E\left[\boldsymbol{w}_k\boldsymbol{w}_j^{\mathrm{T}}\right] = \boldsymbol{Q}_k\delta_{kj} \\ E\left[\boldsymbol{v}_k\right] = \boldsymbol{0}, \quad E\left[\boldsymbol{v}_k\boldsymbol{v}_j^{\mathrm{T}}\right] = \boldsymbol{R}_k\delta_{kj} \\ E\left[\boldsymbol{w}_k\boldsymbol{v}_j^{\mathrm{T}}\right] = \boldsymbol{0} \end{cases} \tag{3-2}$$

其中，$\boldsymbol{Q}_k$ 和 $\boldsymbol{R}_k$ 分别为 $\boldsymbol{w}_k$ 和 $\boldsymbol{v}_k$ 的噪声方差矩阵；δ_{kj} 为 Kronecker-δ 函数，即如果 $k=j$，那么 $\delta_{kj}=1$，否则，$\delta_{kj}=0$。

系统初始状态 $\boldsymbol{x}_0$ 的统计特性为

$$E\left[\boldsymbol{x}_0\right] = \hat{\boldsymbol{x}}_{0|0}, \ \mathrm{Cov}\left[\boldsymbol{x}_0\right] = \boldsymbol{P}_{0|0} \tag{3-3}$$

假设初始状态向量 $\boldsymbol{x}_0$ 与系统噪声向量 $\boldsymbol{w}_k$ 和量测噪声向量 $\boldsymbol{v}_k$ 均无关，即

$$E\left[\boldsymbol{x}_0\boldsymbol{w}_k^{\mathrm{T}}\right] = \boldsymbol{0}, \ E\left[\boldsymbol{x}_0\boldsymbol{v}_k^{\mathrm{T}}\right] = \boldsymbol{0} \tag{3-4}$$

以上就是卡尔曼滤波所适用的系统模型以及相关假设条件，本书将在下一节针对该系统模型以及假设条件给出卡尔曼滤波方程四种形式的推导。

3.2.1　卡尔曼滤波器推导：线性最小方差估计准则

卡尔曼滤波的本质是不断预测和校正，即其解算过程包括预测和校正两个过程。预测过程(或称为时间更新过程)是指在未获得当前时刻量测的情况下，利用系统状态模型以及上一时刻的状态估计值，对当前时刻的状态进行预估计。校正过程(或称为量测更新过程)是指在获得当前时刻量测的条件下，对先验估计进行修正，获得当前时刻系统状态的后验估计，如图 3-1 所示。

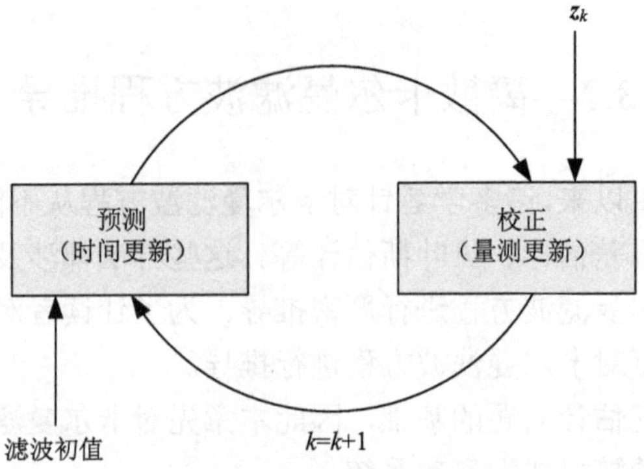

图 3-1　卡尔曼滤波推算过程

因此，在基于线性最小方差估计的推导方法中，将推导过程分为时间更新和量测更新两个过程。

1. 时间更新过程

1) 状态一步预测 $\hat{\boldsymbol{x}}_{k|k-1}$ 推导

假设系统在 k 时刻累积获得 $k-1$ 个量测值 $z_{1:k-1}$，并且已得到 $k-1$ 时刻状态 $\boldsymbol{x}_{k-1}$ 的最优线性估计 $\hat{\boldsymbol{x}}_{k-1|k-1}$，且由线性最小方差定义可知，$\hat{\boldsymbol{x}}_{k-1|k-1}$ 为 $z_{1:k-1}$ 条件下 $\boldsymbol{x}_{k-1}$ 的条件均值，即

$$\hat{\boldsymbol{x}}_{k-1|k-1}=E\left[\boldsymbol{x}_{k-1} \mid z_{1:k-1}\right] \tag{3-5}$$

其中，$z_{1:k-1}$ 表示 $z_1, z_2, \cdots, z_{k-1}$。

易知，k 时刻状态一步预测估计为 $z_{1:k-1}$ 条件下 $\boldsymbol{x}_k$ 的条件均值，即

$$\begin{aligned}\hat{\boldsymbol{x}}_{k|k-1}&=E\left[\boldsymbol{x}_k \mid z_{1:k-1}\right]=E\left[\boldsymbol{F}_{k-1}\boldsymbol{x}_{k-1}+\boldsymbol{w}_{k-1} \mid z_{1:k-1}\right]\\&=\boldsymbol{F}_{k-1}E\left[\boldsymbol{x}_{k-1} \mid z_{1:k-1}\right]+E\left[\boldsymbol{w}_{k-1} \mid z_{1:k-1}\right]\end{aligned} \tag{3-6}$$

其中，$E[\boldsymbol{w}_{k-1} \mid z_{1:k-1}]$ 为 $z_{1:k-1}$ 条件下 $\boldsymbol{w}_{k-1}$ 的条件均值，且 $E[\boldsymbol{w}_{k-1} \mid z_{1:k-1}]=\mathbf{0}$，具体证明过程如下。

根据式(3-1)将 $\boldsymbol{z}_{k-1}$ 重写为

$$\begin{aligned}\boldsymbol{z}_{k-1}&=\boldsymbol{H}_{k-1}\boldsymbol{x}_{k-1}+\boldsymbol{v}_{k-1}=\boldsymbol{H}_{k-1}\left(\boldsymbol{F}_{k-2}\boldsymbol{x}_{k-2}+\boldsymbol{w}_{k-2}\right)+\boldsymbol{v}_{k-1}\\&=\boldsymbol{H}_{k-1}\left[\boldsymbol{F}_{k-2}\left(\boldsymbol{F}_{k-3}\boldsymbol{x}_{k-3}+\boldsymbol{w}_{k-3}\right)+\boldsymbol{w}_{k-2}\right]+\boldsymbol{v}_{k-1}\end{aligned} \tag{3-7}$$

其中，对式(3-7)进行递推，$\boldsymbol{z}_{k-1}$ 可以表示为 $\{\boldsymbol{x}_0, \boldsymbol{w}_0, \boldsymbol{w}_1, \cdots, \boldsymbol{w}_{k-2}, \boldsymbol{v}_{k-1}\}$ 的线性函数，分析可得 $\boldsymbol{w}_{k-1}$ 与 $\boldsymbol{z}_{k-1}$ 无关，同理，$\boldsymbol{w}_{k-1}$ 与 $\{\boldsymbol{z}_{k-2}, \cdots, \boldsymbol{z}_1\}$ 无关，推导出 $E[\boldsymbol{w}_{k-1} \mid z_{1:k-1}]=\mathbf{0}$。

因此，结合式(3-6)可得状态一步预测估计为

$$\hat{\boldsymbol{x}}_{k|k-1}=\boldsymbol{F}_{k-1}\hat{\boldsymbol{x}}_{k-1|k-1} \tag{3-8}$$

2) 量测一步预测 $\hat{\boldsymbol{z}}_{k|k-1}$ 推导

参考状态一步预测的推导，可得到量测一步预测 $\hat{\boldsymbol{z}}_{k|k-1}=E[\boldsymbol{z}_k \mid z_{1:k-1}]$。根据系统模型以及相关假设条件，有

$$\begin{aligned}\hat{\boldsymbol{z}}_{k|k-1}&=E\left[\boldsymbol{z}_k \mid z_{1:k-1}\right]=E\left[\boldsymbol{H}_k\boldsymbol{x}_k+\boldsymbol{v}_k \mid z_{1:k-1}\right]\\&=\boldsymbol{H}_kE\left[\boldsymbol{x}_k \mid z_{1:k-1}\right]+E\left[\boldsymbol{v}_k \mid z_{1:k-1}\right]\end{aligned} \tag{3-9}$$

同理，经过分析发现 $E[\boldsymbol{v}_k \mid \boldsymbol{z}_{1:k-1}] = \boldsymbol{0}$ (留作习题证明)，再结合式(3-6)和式(3-9)可得

$$\hat{\boldsymbol{z}}_{k|k-1} = \boldsymbol{H}_k \hat{\boldsymbol{x}}_{k|k-1} \tag{3-10}$$

3) 预测误差方差矩阵 $\boldsymbol{P}_{k|k-1}$ 推导

计算预测误差方差矩阵需先计算一步预测误差，由状态误差定义及式(3-8)可得

$$\tilde{\boldsymbol{x}}_{k|k-1} = \boldsymbol{x}_k - \hat{\boldsymbol{x}}_{k|k-1} = \boldsymbol{F}_{k-1}\boldsymbol{x}_{k-1} + \boldsymbol{w}_{k-1} - \boldsymbol{F}_{k-1}\hat{\boldsymbol{x}}_{k-1|k-1} = \boldsymbol{F}_{k-1}\tilde{\boldsymbol{x}}_{k-1|k-1} + \boldsymbol{w}_{k-1} \tag{3-11}$$

其中，$\tilde{\boldsymbol{x}}_{k-1|k-1}$ 与系统噪声 $\boldsymbol{w}_{k-1}$ 不相关，即 $E[\tilde{\boldsymbol{x}}_{k-1|k-1}\boldsymbol{w}_{k-1}^{\mathrm{T}}] = \boldsymbol{0}$，具体证明如下：

根据状态误差定义，有

$$\tilde{\boldsymbol{x}}_{k-1|k-1} = \boldsymbol{x}_{k-1} - \hat{\boldsymbol{x}}_{k-1|k-1} \tag{3-12}$$

根据马尔可夫链，可以推断出 $\hat{\boldsymbol{x}}_{k-1|k-1}$ 是关于 $\boldsymbol{z}_{1:k-1}$ 的线性函数，对 $\boldsymbol{x}_{k-1}$ 和 $\hat{\boldsymbol{x}}_{k-1|k-1}$ 进行分解等价于对 $\boldsymbol{x}_{k-1}$ 和 $\boldsymbol{z}_{1:k-1}$ 进行分解，可得 $\boldsymbol{x}_{k-1}$ 可表示为 $\{\boldsymbol{x}_0, \boldsymbol{w}_0, \cdots, \boldsymbol{w}_{k-2}\}$ 的线性函数，$\hat{\boldsymbol{x}}_{k-1|k-1}$ 可表示为 $\{\boldsymbol{x}_0, \boldsymbol{w}_0, \cdots, \boldsymbol{w}_{k-2}, \boldsymbol{v}_1, \cdots, \boldsymbol{v}_{k-1}\}$ 的线性函数。根据式(3-12)，$\tilde{\boldsymbol{x}}_{k-1|k-1}$ 可表示为 $\{\boldsymbol{x}_0, \boldsymbol{w}_0, \cdots, \boldsymbol{w}_{k-2}, \boldsymbol{v}_1, \cdots, \boldsymbol{v}_{k-1}\}$ 的线性函数，由于白噪声 $\boldsymbol{w}_{k-1}$ 与 $\boldsymbol{x}_0$、$\{\boldsymbol{w}_0, \cdots, \boldsymbol{w}_{k-2}\}$、$\{\boldsymbol{v}_1, \cdots, \boldsymbol{v}_{k-1}\}$ 彼此不相关，所以 $E[\tilde{\boldsymbol{x}}_{k-1|k-1}\boldsymbol{w}_{k-1}^{\mathrm{T}}] = \boldsymbol{0}$，证毕。

根据线性最小方差估计定义，有

$$\begin{aligned}
\boldsymbol{P}_{k|k-1} &= E\left[\tilde{\boldsymbol{x}}_{k|k-1}\tilde{\boldsymbol{x}}_{k|k-1}^{\mathrm{T}}\right] \\
&= E\left[\left(\boldsymbol{F}_{k-1}\tilde{\boldsymbol{x}}_{k-1|k-1} + \boldsymbol{w}_{k-1}\right)\left(\boldsymbol{F}_{k-1}\tilde{\boldsymbol{x}}_{k-1|k-1} + \boldsymbol{w}_{k-1}\right)^{\mathrm{T}}\right] \\
&= \boldsymbol{F}_{k-1}E\left[\tilde{\boldsymbol{x}}_{k-1|k-1}\tilde{\boldsymbol{x}}_{k-1|k-1}^{\mathrm{T}}\right]\boldsymbol{F}_{k-1}^{\mathrm{T}} + E\left[\boldsymbol{w}_{k-1}\boldsymbol{w}_{k-1}^{\mathrm{T}}\right]
\end{aligned} \tag{3-13}$$

又因为

$$\boldsymbol{P}_{k-1|k-1} = E\left[\tilde{\boldsymbol{x}}_{k-1|k-1}\tilde{\boldsymbol{x}}_{k-1|k-1}^{\mathrm{T}}\right], \quad \boldsymbol{Q}_{k-1} = E\left[\boldsymbol{w}_{k-1}\boldsymbol{w}_{k-1}^{\mathrm{T}}\right] \tag{3-14}$$

所以预测误差方差矩阵为

$$\boldsymbol{P}_{k|k-1} = \boldsymbol{F}_{k-1}\boldsymbol{P}_{k-1|k-1}\boldsymbol{F}_{k-1}^{\mathrm{T}} + \boldsymbol{Q}_{k-1} \tag{3-15}$$

以上就是卡尔曼滤波的时间更新过程，即根据上一时刻状态的后验估计得到当前时刻状态一步预测估计和误差协方差。卡尔曼滤波的时间更新公式为

$$\begin{cases}
\hat{\boldsymbol{x}}_{k|k-1} = \boldsymbol{F}_{k-1}\hat{\boldsymbol{x}}_{k-1|k-1} \\
\boldsymbol{P}_{k|k-1} = \boldsymbol{F}_{k-1}\boldsymbol{P}_{k-1|k-1}\boldsymbol{F}_{k-1}^{\mathrm{T}} + \boldsymbol{Q}_{k-1}
\end{cases} \tag{3-16}$$

2. 量测更新过程

1) 后验状态估计 $\hat{\boldsymbol{x}}_{k|k}$ 推导

在系统得到 k 时刻量测值 $\boldsymbol{z}_k$ 后，可计算系统量测值与估计量测值之间的偏差，即

$$\tilde{\boldsymbol{z}}_{k|k-1} = \boldsymbol{z}_k - \hat{\boldsymbol{z}}_{k|k-1} = \boldsymbol{z}_k - \boldsymbol{H}_k\hat{\boldsymbol{x}}_{k|k-1} \tag{3-17}$$

偏差产生的原因在于系统量测值与估计量测值都受到噪声影响。为了得到 k 时刻状态 $\boldsymbol{x}_k$ 的估计值，卡尔曼滤波的基本思想是：用预测偏差 $\tilde{\boldsymbol{z}}_{k|k-1}$ 来修正预测估计 $\hat{\boldsymbol{x}}_{k|k-1}$，即

$$\hat{\boldsymbol{x}}_{k|k} = \hat{\boldsymbol{x}}_{k|k-1} + \boldsymbol{K}_k\tilde{\boldsymbol{z}}_{k|k-1} \tag{3-18}$$

其中，$\boldsymbol{K}_k$ 为卡尔曼增益；$\tilde{\boldsymbol{z}}_{k|k-1}$ 称为新息。

2) 后验估计误差方差矩阵 $\boldsymbol{P}_{k|k}$ 推导

定义后验状态估计误差为

$$\tilde{\boldsymbol{x}}_{k|k}=\boldsymbol{x}_k-\hat{\boldsymbol{x}}_{k|k} \tag{3-19}$$

利用式(3-11)和式(3-18)可得

$$\begin{aligned}\tilde{\boldsymbol{x}}_{k|k}&=\boldsymbol{x}_k-\hat{\boldsymbol{x}}_{k|k}=\tilde{\boldsymbol{x}}_{k|k-1}-\boldsymbol{K}_k\left(\boldsymbol{H}_k\boldsymbol{x}_k+\boldsymbol{v}_k-\boldsymbol{H}_k\hat{\boldsymbol{x}}_{k|k-1}\right)\\&=\left(\boldsymbol{I}-\boldsymbol{K}_k\boldsymbol{H}_k\right)\tilde{\boldsymbol{x}}_{k|k-1}-\boldsymbol{K}_k\boldsymbol{v}_k\end{aligned} \tag{3-20}$$

因此，有

$$\boldsymbol{P}_{k|k}=E\left[\tilde{\boldsymbol{x}}_{k|k}\tilde{\boldsymbol{x}}_{k|k}^{\mathrm{T}}\right]=E\left[\left(\left(\boldsymbol{I}-\boldsymbol{K}_k\boldsymbol{H}_k\right)\tilde{\boldsymbol{x}}_{k|k-1}-\boldsymbol{K}_k\boldsymbol{v}_k\right)\left(\left(\boldsymbol{I}-\boldsymbol{K}_k\boldsymbol{H}_k\right)\tilde{\boldsymbol{x}}_{k|k-1}-\boldsymbol{K}_k\boldsymbol{v}_k\right)^{\mathrm{T}}\right] \tag{3-21}$$

由于 $\tilde{\boldsymbol{x}}_{k|k-1}$ 与量测噪声 $\boldsymbol{v}_k$ 不相关，即 $E\left(\tilde{\boldsymbol{x}}_{k|k-1}\boldsymbol{v}_k^{\mathrm{T}}\right)=\boldsymbol{0}$（留作习题证明），式(3-21)可进一步推导为

$$\boldsymbol{P}_{k|k}=\left(\boldsymbol{I}-\boldsymbol{K}_k\boldsymbol{H}_k\right)\boldsymbol{P}_{k|k-1}\left(\boldsymbol{I}-\boldsymbol{K}_k\boldsymbol{H}_k\right)^{\mathrm{T}}+\boldsymbol{K}_k\boldsymbol{R}_k\boldsymbol{K}_k^{\mathrm{T}} \tag{3-22}$$

3) 增益矩阵 $\boldsymbol{K}_k$ 推导

下面用最小方差估计准则来确定卡尔曼增益 $\boldsymbol{K}_k$。根据式(3-22)，代价函数为

$$J_k=\operatorname{tr}\left(\boldsymbol{P}_{k|k}\right) \tag{3-23}$$

为了求解使 J_k 最小的 $\boldsymbol{K}_k$，需使 J_k 对 $\boldsymbol{K}_k$ 求偏导即 $\dfrac{\partial J_k}{\partial \boldsymbol{K}_k}$ 等于 0。最终结果如下：

$$\boldsymbol{K}_k=\boldsymbol{P}_{k|k-1}\boldsymbol{H}_k^{\mathrm{T}}\left(\boldsymbol{H}_k\boldsymbol{P}_{k|k-1}\boldsymbol{H}_k^{\mathrm{T}}+\boldsymbol{R}_k\right)^{-1} \tag{3-24}$$

将式(3-24)代入式(3-22)可得

$$\begin{aligned}\boldsymbol{P}_{k|k}&=\left(\boldsymbol{I}-\boldsymbol{K}_k\boldsymbol{H}_k\right)\boldsymbol{P}_{k|k-1}\left(\boldsymbol{I}-\boldsymbol{K}_k\boldsymbol{H}_k\right)^{\mathrm{T}}+\boldsymbol{K}_k\boldsymbol{R}_k\boldsymbol{K}_k^{\mathrm{T}}\\&=\boldsymbol{P}_{k|k-1}+\boldsymbol{K}_k\left(\boldsymbol{H}_k\boldsymbol{P}_{k|k-1}\boldsymbol{H}_k^{\mathrm{T}}+\boldsymbol{R}_k\right)\boldsymbol{K}_k^{\mathrm{T}}-\boldsymbol{K}_k\boldsymbol{H}_k\boldsymbol{P}_{k|k-1}-\boldsymbol{P}_{k|k-1}\boldsymbol{H}_k^{\mathrm{T}}\boldsymbol{K}_k^{\mathrm{T}}\\&=\boldsymbol{P}_{k|k-1}+\boldsymbol{P}_{k|k-1}\boldsymbol{H}_k^{\mathrm{T}}\left(\boldsymbol{H}_k\boldsymbol{P}_{k|k-1}\boldsymbol{H}_k^{\mathrm{T}}+\boldsymbol{R}_k\right)^{-1}\left(\boldsymbol{H}_k\boldsymbol{P}_{k|k-1}\boldsymbol{H}_k^{\mathrm{T}}+\boldsymbol{R}_k\right)\boldsymbol{K}_k^{\mathrm{T}}-\boldsymbol{K}_k\boldsymbol{H}_k\boldsymbol{P}_{k|k-1}-\boldsymbol{P}_{k|k-1}\boldsymbol{H}_k^{\mathrm{T}}\boldsymbol{K}_k^{\mathrm{T}}\\&=\boldsymbol{P}_{k|k-1}+\boldsymbol{P}_{k|k-1}\boldsymbol{H}_k^{\mathrm{T}}\boldsymbol{K}_k^{\mathrm{T}}-\boldsymbol{P}_{k|k-1}\boldsymbol{H}_k^{\mathrm{T}}\boldsymbol{K}_k^{\mathrm{T}}-\boldsymbol{K}_k\boldsymbol{H}_k\boldsymbol{P}_{k|k-1}\\&=\left(\boldsymbol{I}-\boldsymbol{K}_k\boldsymbol{H}_k\right)\boldsymbol{P}_{k|k-1}\end{aligned} \tag{3-25}$$

故通过上述推导得到如式(3-22)和式(3-25)所示的估计误差方差矩阵 $\boldsymbol{P}_{k|k}$ 的两种数学表达式。对式(3-25)使用矩阵求逆引理可得到 $\boldsymbol{P}_{k|k}$ 的另一种数学表达式，即

$$\boldsymbol{P}_{k|k}=\left(\boldsymbol{P}_{k|k-1}^{-1}+\boldsymbol{H}_k^{\mathrm{T}}\boldsymbol{R}_k^{-1}\boldsymbol{H}_k\right)^{-1} \tag{3-26}$$

同样地，将式(3-26)代入式(3-24)可得增益矩阵 $\boldsymbol{K}_k$ 的另一种数学表达式，即

$$\boldsymbol{K}_k=\boldsymbol{P}_{k|k}\boldsymbol{H}_k^{\mathrm{T}}\boldsymbol{R}_k^{-1} \tag{3-27}$$

以上就是卡尔曼滤波的量测更新过程，即通过量测 $\boldsymbol{z}_k$ 得到当前时刻状态的后验估计，包括卡尔曼增益计算、后验状态估计计算和后验状态估计误差方差计算。卡尔曼滤波的量测更新公式为

$$
\begin{cases}
\boldsymbol{K}_k = \boldsymbol{P}_{k|k-1}\boldsymbol{H}_k^{\mathrm{T}}\left(\boldsymbol{H}_k\boldsymbol{P}_{k|k-1}\boldsymbol{H}_k^{\mathrm{T}} + \boldsymbol{R}_k\right)^{-1} \\
\hat{\boldsymbol{x}}_{k|k} = \hat{\boldsymbol{x}}_{k|k-1} + \boldsymbol{K}_k\left(\boldsymbol{z}_k - \boldsymbol{H}_k\hat{\boldsymbol{x}}_{k|k-1}\right) \\
\boldsymbol{P}_{k|k} = \left(\boldsymbol{I} - \boldsymbol{K}_k\boldsymbol{H}_k\right)\boldsymbol{P}_{k|k-1}\left(\boldsymbol{I} - \boldsymbol{K}_k\boldsymbol{H}_k\right)^{\mathrm{T}} + \boldsymbol{K}_k\boldsymbol{R}_k\boldsymbol{K}_k^{\mathrm{T}}
\end{cases}
\tag{3-28}
$$

上述就是基于线性最小方差估计角度的离散卡尔曼滤波方程的推导过程。下面对离散卡尔曼滤波方程组进行总结。

(1) 系统状态方程和量测方程为

$$
\begin{cases}
\boldsymbol{x}_k = \boldsymbol{F}_{k-1}\boldsymbol{x}_{k-1} + \boldsymbol{w}_{k-1} \\
\boldsymbol{z}_k = \boldsymbol{H}_k\boldsymbol{x}_k + \boldsymbol{v}_k \\
E\left[\boldsymbol{w}_k\right] = \boldsymbol{0}, \quad E\left[\boldsymbol{w}_k\boldsymbol{w}_j^{\mathrm{T}}\right] = \boldsymbol{Q}_k\delta_{kj} \\
E\left[\boldsymbol{v}_k\right] = \boldsymbol{0}, \quad E\left[\boldsymbol{v}_k\boldsymbol{v}_j^{\mathrm{T}}\right] = \boldsymbol{R}_k\delta_{kj} \\
E\left[\boldsymbol{w}_k\boldsymbol{v}_j^{\mathrm{T}}\right] = \boldsymbol{0}
\end{cases}
\tag{3-29}
$$

(2) 状态初始化为

$$
\begin{cases}
E\left[\boldsymbol{x}_0\right] = \hat{\boldsymbol{x}}_{0|0},\ \mathrm{Cov}\left[\boldsymbol{x}_0\right] = \boldsymbol{P}_{0|0} \\
E\left[\boldsymbol{x}_0\boldsymbol{w}_k^{\mathrm{T}}\right] = \boldsymbol{0},\ E\left[\boldsymbol{x}_0\boldsymbol{v}_k^{\mathrm{T}}\right] = \boldsymbol{0}
\end{cases}
\tag{3-30}
$$

(3) 离散卡尔曼滤波方程计算流程。

①状态一步预测为

$$
\hat{\boldsymbol{x}}_{k|k-1} = \boldsymbol{F}_{k-1}\hat{\boldsymbol{x}}_{k-1|k-1}
\tag{3-31}
$$

②预测误差方差矩阵为

$$
\boldsymbol{P}_{k|k-1} = \boldsymbol{F}_{k-1}\boldsymbol{P}_{k-1|k-1}\boldsymbol{F}_{k-1}^{\mathrm{T}} + \boldsymbol{Q}_{k-1}
\tag{3-32}
$$

③增益矩阵为

$$
\boldsymbol{K}_k = \boldsymbol{P}_{k|k-1}\boldsymbol{H}_k^{\mathrm{T}}\left(\boldsymbol{H}_k\boldsymbol{P}_{k|k-1}\boldsymbol{H}_k^{\mathrm{T}} + \boldsymbol{R}_k\right)^{-1}
\tag{3-33}
$$

④状态估计为

$$
\hat{\boldsymbol{x}}_{k|k} = \hat{\boldsymbol{x}}_{k|k-1} + \boldsymbol{K}_k\left(\boldsymbol{z}_k - \boldsymbol{H}_k\hat{\boldsymbol{x}}_{k|k-1}\right)
\tag{3-34}
$$

⑤估计误差方差矩阵为

$$
\boldsymbol{P}_{k|k} = \left(\boldsymbol{I} - \boldsymbol{K}_k\boldsymbol{H}_k\right)\boldsymbol{P}_{k|k-1}\left(\boldsymbol{I} - \boldsymbol{K}_k\boldsymbol{H}_k\right)^{\mathrm{T}} + \boldsymbol{K}_k\boldsymbol{R}_k\boldsymbol{K}_k^{\mathrm{T}}
\tag{3-35}
$$

或

$$
\begin{cases}
\boldsymbol{P}_{k|k} = \left(\boldsymbol{I} - \boldsymbol{K}_k\boldsymbol{H}_k\right)\boldsymbol{P}_{k|k-1} \\
\boldsymbol{P}_{k|k} = \left(\boldsymbol{P}_{k|k-1}^{-1} + \boldsymbol{H}_k^{\mathrm{T}}\boldsymbol{R}_k^{-1}\boldsymbol{H}_k\right)^{-1}
\end{cases}
\tag{3-36}
$$

可得到卡尔曼滤波器结构图，如图 3-2 所示。在图 3-2 中，滤波器的输入是量测值，输出是状态的估计值。

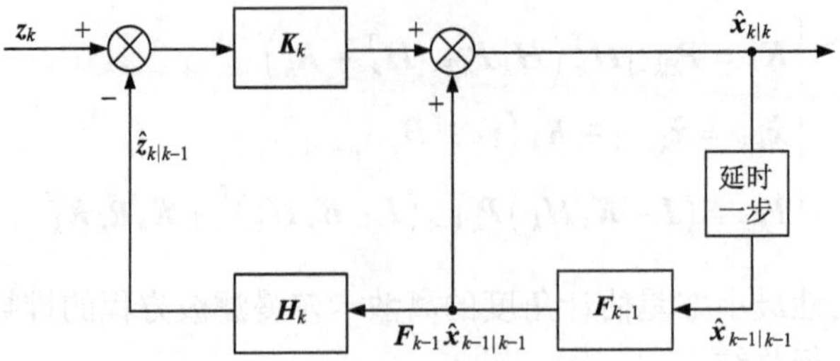

图 3-2　卡尔曼滤波器结构图

式(3-31)~式(3-36)的卡尔曼滤波计算流程图如图 3-3 所示，包括两个计算回路：滤波计算回路和增益计算回路。而滤波计算回路依赖增益计算回路，增益计算回路是独立计算的。卡尔曼滤波单步执行伪代码如表 3-1 所示。

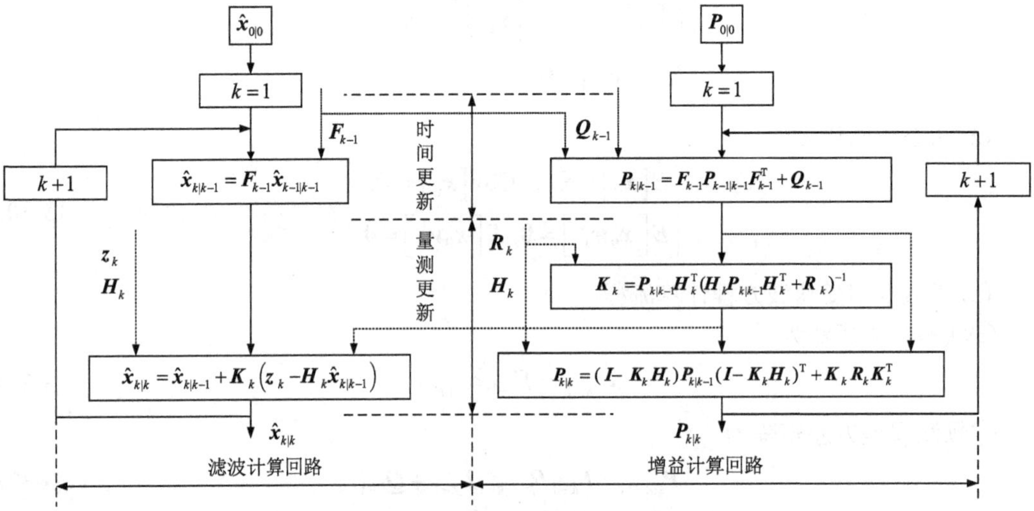

图 3-3　卡尔曼滤波计算流程图

表 3-1　卡尔曼滤波单步执行伪代码

滤波输入：$\hat{x}_{k-1|k-1}$, $P_{k-1|k-1}$, F_{k-1}, H_k, z_k, Q_{k-1}, R_k

时间更新：

1. $\hat{x}_{k|k-1}=F_{k-1}\hat{x}_{k-1|k-1}$
2. $P_{k|k-1}=F_{k-1}P_{k-1|k-1}F_{k-1}^{T}+Q_{k-1}$

量测更新：

3. $K_k=P_{k|k-1}H_k^{T}\left(H_kP_{k|k-1}H_k^{T}+R_k\right)^{-1}$
4. $\hat{x}_{k|k}=\hat{x}_{k|k-1}+K_k\left(z_k-H_k\hat{x}_{k|k-1}\right)$
5. $P_{k|k}=\left(I-K_kH_k\right)P_{k|k-1}\left(I-K_kH_k\right)^{T}+K_kR_kK_k^{T}$

滤波输出：$\hat{x}_{k|k}$, $P_{k|k}$

3.2.2　卡尔曼滤波器推导：最小方差估计准则

本小节从贝叶斯滤波角度推导离散卡尔曼滤波方程，该角度能够让读者更容易理解最优估计问题的本质。本小节先对概率状态空间模型以及贝叶斯滤波方程进行介绍，再对卡尔曼滤波方程进行推导。

1. 概率状态空间模型

不同于最小二乘估计，贝叶斯估计通常被认为是针对概率状态空间模型的状态估计方法，而概率状态空间模型可由一组条件概率密度构成，即状态转移概率密度和量测似然概率密度：

$$\begin{cases} \boldsymbol{x}_k \sim p\left(\boldsymbol{x}_k \mid \boldsymbol{x}_{k-1}\right) \\ \boldsymbol{z}_k \sim p\left(\boldsymbol{z}_k \mid \boldsymbol{x}_k\right) \end{cases} \tag{3-37}$$

状态转移概率密度 $p(\boldsymbol{x}_k \mid \boldsymbol{x}_{k-1})$ 用于描述随机系统的状态变化规律，而 $p(\boldsymbol{z}_k \mid \boldsymbol{x}_k)$ 用于描述给定状态 $\boldsymbol{x}_k$ 条件下随机系统量测分布情况。

假设该概率状态空间模型近似为一阶马尔可夫模型，则该模型具有以下两个特性：

1) 状态向量的马尔可夫特性

状态向量为一阶随机马尔可夫过程，即当前时刻的状态向量仅与前一时刻的状态向量相关：

$$p\left(\boldsymbol{x}_k \mid \boldsymbol{x}_{k-1}, \boldsymbol{x}_{k-2}, \cdots, \boldsymbol{x}_0\right) = p\left(\boldsymbol{x}_k \mid \boldsymbol{x}_{k-1}\right) \tag{3-38}$$

2) 量测的条件独立性

已知当前时刻的状态向量 $\boldsymbol{x}_k$，当前时刻的量测向量 $\boldsymbol{z}_k$ 与此前所有时刻的状态向量和量测向量均独立，即

$$p\left(\boldsymbol{z}_k \mid \boldsymbol{x}_{0:k}, \boldsymbol{z}_{1:k-1}\right) = p\left(\boldsymbol{z}_k \mid \boldsymbol{x}_k\right) \tag{3-39}$$

其中，$\boldsymbol{x}_{0:k}$ 表示从初始时刻到当前时刻的状态向量集合。

2. 贝叶斯滤波方程

以上是对概率状态空间模型的简要介绍，接下来介绍贝叶斯滤波方程。在一阶马尔可夫假设条件下，贝叶斯滤波的目的是在已知先验状态密度、状态转移概率密度和量测似然概率密度的情况下求解状态向量 $\boldsymbol{x}_k$ 的后验概率密度 $p(\boldsymbol{x}_k \mid \boldsymbol{z}_{1:k})$。贝叶斯滤波方程是基于贝叶斯估计的递推方程，用于计算 k 时刻的状态预测概率密度 $p(\boldsymbol{x}_k \mid \boldsymbol{z}_{1:k-1})$ 以及状态后验概率密度 $p(\boldsymbol{x}_k \mid \boldsymbol{z}_{1:k})$，其解算过程如下。

(1) 初始化：递归解算由先验概率密度 $p(\boldsymbol{x}_0)$ 开始；

(2) 预测：在解算步数为 k 时，计算 $\boldsymbol{x}_k$ 的一步预测概率密度 $p(\boldsymbol{x}_k \mid \boldsymbol{z}_{1:k-1})$；

(3) 更新：在当前时刻量测似然概率密度 $p(\boldsymbol{z}_k \mid \boldsymbol{x}_k)$ 已知时，计算 $\boldsymbol{x}_k$ 的后验概率密度 $p(\boldsymbol{x}_k \mid \boldsymbol{z}_{1:k})$。

从前面的解算过程可以看出，贝叶斯滤波的基本思想和卡尔曼滤波类似，也是进行不断的预测与更新，而且要求状态的先验知识已知。下面给出预测和更新两个步骤的具体推导过程。

1) 预测

在预测步骤需要计算 $\boldsymbol{x}_k$ 的一步预测概率密度 $p\left(\boldsymbol{x}_k \mid \boldsymbol{z}_{1:k-1}\right)$，由概率论和数理统计的相关知识可知

$$p\left(\boldsymbol{x}_k \mid \boldsymbol{z}_{1:k-1}\right) = \int p\left(\boldsymbol{x}_k, \boldsymbol{x}_{k-1} \mid \boldsymbol{z}_{1:k-1}\right) \mathrm{d}\boldsymbol{x}_{k-1} \tag{3-40}$$

根据贝叶斯公式，则有

$$
\begin{aligned}
p\left(\boldsymbol{x}_k \mid z_{1:k-1}\right) &= \int p\left(\boldsymbol{x}_k, \boldsymbol{x}_{k-1} \mid z_{1:k-1}\right)\mathrm{d}\boldsymbol{x}_{k-1} \\
&= \int p\left(\boldsymbol{x}_k \mid \boldsymbol{x}_{k-1}, z_{1:k-1}\right) p\left(\boldsymbol{x}_{k-1} \mid z_{1:k-1}\right)\mathrm{d}\boldsymbol{x}_{k-1}
\end{aligned}
\tag{3-41}
$$

利用状态一阶马尔可夫特性，可得状态向量 $\boldsymbol{x}_k$ 的一步预测概率密度为

$$
p\left(\boldsymbol{x}_k \mid z_{1:k-1}\right) = \int p\left(\boldsymbol{x}_k \mid \boldsymbol{x}_{k-1}\right) p\left(\boldsymbol{x}_{k-1} \mid z_{1:k-1}\right)\mathrm{d}\boldsymbol{x}_{k-1} \tag{3-42}
$$

2) 更新

在更新步骤需要计算 $\boldsymbol{x}_k$ 的后验概率密度 $p(\boldsymbol{x}_k \mid z_{1:k})$，即 $p(\boldsymbol{x}_k \mid z_{1:k-1}, z_k)$。根据贝叶斯公式，$\boldsymbol{x}_k$ 的后验概率密度等价于

$$
p\left(\boldsymbol{x}_k \mid z_{1:k}\right) = p\left(\boldsymbol{x}_k \mid z_{1:k-1}, z_k\right) = \frac{p\left(\boldsymbol{x}_k, z_k \mid z_{1:k-1}\right)}{p\left(z_k \mid z_{1:k-1}\right)} \tag{3-43}
$$

再结合量测量的条件独立特性，由式(3-43)可得

$$
p\left(\boldsymbol{x}_k \mid z_{1:k}\right) = \frac{p\left(z_k \mid \boldsymbol{x}_k\right) p\left(\boldsymbol{x}_k \mid z_{1:k-1}\right)}{p\left(z_k \mid z_{1:k-1}\right)} \tag{3-44}
$$

根据概率密度积分性质，式(3-44)可进一步转化为

$$
p\left(\boldsymbol{x}_k \mid z_{1:k}\right) = \frac{p\left(z_k \mid \boldsymbol{x}_k\right) p\left(\boldsymbol{x}_k \mid z_{1:k-1}\right)}{p\left(z_k \mid z_{1:k-1}\right)} = \frac{p\left(z_k \mid \boldsymbol{x}_k\right) p\left(\boldsymbol{x}_k \mid z_{1:k-1}\right)}{\int p\left(z_k \mid \boldsymbol{x}_k\right) p\left(\boldsymbol{x}_k \mid z_{1:k-1}\right)\mathrm{d}\boldsymbol{x}_k} \tag{3-45}
$$

贝叶斯滤波流程图如图 3-4 所示，其单步执行伪代码如表 3-2 所示。

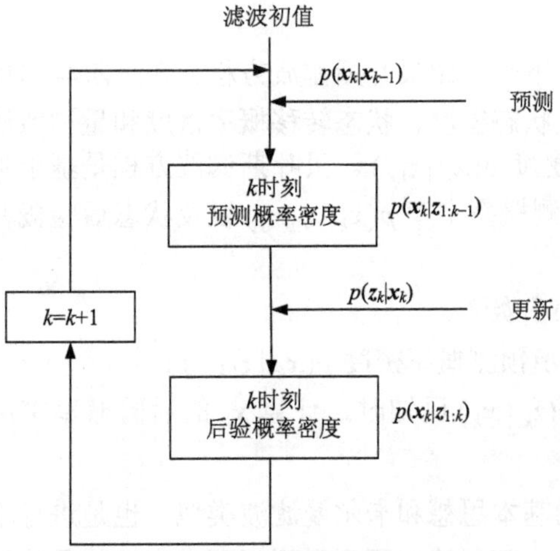

图 3-4　贝叶斯滤波流程图

表 3-2　贝叶斯滤波单步执行伪代码

滤波输入：$p\left(\boldsymbol{x}_{k-1} \mid z_{1:k-1}\right), p\left(\boldsymbol{x}_k \mid \boldsymbol{x}_{k-1}\right), p\left(z_k \mid \boldsymbol{x}_k\right)$

时间更新：

1. $p\left(\boldsymbol{x}_k, \boldsymbol{x}_{k-1} \mid z_{1:k-1}\right) = p\left(\boldsymbol{x}_k \mid \boldsymbol{x}_{k-1}\right) p\left(\boldsymbol{x}_{k-1} \mid z_{1:k-1}\right)$
2. $p\left(\boldsymbol{x}_k \mid z_{1:k-1}\right) = \int p\left(\boldsymbol{x}_k, \boldsymbol{x}_{k-1} \mid z_{1:k-1}\right)\mathrm{d}\boldsymbol{x}_{k-1}$

量测更新：

3. $p\left(\boldsymbol{x}_k, z_k \mid z_{1:k-1}\right) = p\left(z_k \mid \boldsymbol{x}_k\right) p\left(\boldsymbol{x}_k \mid z_{1:k-1}\right)$
4. $p\left(z_k \mid z_{1:k-1}\right) = \int p\left(\boldsymbol{x}_k, z_k \mid z_{1:k-1}\right)\mathrm{d}\boldsymbol{x}_k$
5. $p\left(\boldsymbol{x}_k \mid z_{1:k}\right) = \dfrac{p\left(\boldsymbol{x}_k, z_k \mid z_{1:k-1}\right)}{p\left(z_k \mid z_{1:k-1}\right)}$

滤波输出：$p\left(\boldsymbol{x}_k \mid z_{1:k}\right)$

3. 卡尔曼滤波器推导：贝叶斯准则

以上是贝叶斯滤波方程的推导，在此基础上对卡尔曼滤波方程进行推导。卡尔曼滤波方程为贝叶斯滤波提供了随机线性高斯系统模型下的闭式解。为了方便推导，此处采用 3.2 节开始部分所介绍的系统模型和相关假设，并在该模型的基础上添加高斯假设，即初始状

态、系统噪声以及量测噪声皆服从高斯分布，则相应的概率密度为

$$p(\boldsymbol{w}_k)=N(\boldsymbol{w}_k;\boldsymbol{0},\boldsymbol{Q}_k) \tag{3-46}$$

$$p(\boldsymbol{v}_k)=N(\boldsymbol{v}_k;\boldsymbol{0},\boldsymbol{R}_k) \tag{3-47}$$

$$p(\boldsymbol{x}_0)=N(\boldsymbol{x}_0;\hat{\boldsymbol{x}}_{0|0},\boldsymbol{P}_{0|0}) \tag{3-48}$$

在前面已介绍，卡尔曼滤波是基于线性最小方差估计的滤波算法，包括时间更新过程和量测更新过程两个过程。

1) 时间更新过程

由 3.2.2 节贝叶斯滤波方程可知，卡尔曼滤波时间更新过程需要计算状态一步预测估计和一步预测方差，该值可以通过对状态一步预测密度积分得到，即

$$\hat{\boldsymbol{x}}_{k|k-1}=\int \boldsymbol{x}_k p(\boldsymbol{x}_k \mid \boldsymbol{z}_{1:k-1})\mathrm{d}\boldsymbol{x}_k \tag{3-49}$$

$$\boldsymbol{P}_{k|k-1}=\int(\boldsymbol{x}_k-\hat{\boldsymbol{x}}_{k|k-1})(\boldsymbol{x}_k-\hat{\boldsymbol{x}}_{k|k-1})^{\mathrm{T}} p(\boldsymbol{x}_k \mid \boldsymbol{z}_{1:k-1})\mathrm{d}\boldsymbol{x}_k \tag{3-50}$$

由式 (3-49) 和式 (3-50) 可知，想要计算状态一步预测估计及方差，需要知道一步预测概率密度 $p(\boldsymbol{x}_k \mid \boldsymbol{z}_{1:k-1})$。由式 (3-42) 可知，需要获得上一时刻状态后验概率密度和状态转移概率密度，在高斯假设下上一时刻状态后验概率密度满足

$$p(\boldsymbol{x}_{k-1} \mid \boldsymbol{z}_{1:k-1})=N(\boldsymbol{x}_{k-1};\hat{\boldsymbol{x}}_{k-1|k-1},\boldsymbol{P}_{k-1|k-1}) \tag{3-51}$$

由式(3-1)可知，在 $\boldsymbol{x}_{k-1}$ 已知时，$\boldsymbol{F}_{k-1}\boldsymbol{x}_{k-1}$ 为常值，可移到等式左边，则 $\boldsymbol{x}_k$ 与 $\boldsymbol{w}_{k-1}$ 同分布，则状态转移概率密度为

$$p(\boldsymbol{x}_k \mid \boldsymbol{x}_{k-1})=p_{\boldsymbol{w}_{k-1}}(\boldsymbol{x}_k-\boldsymbol{F}_{k-1}\boldsymbol{x}_{k-1})=N(\boldsymbol{x}_k;\boldsymbol{F}_{k-1}\boldsymbol{x}_{k-1},\boldsymbol{Q}_{k-1}) \tag{3-52}$$

其中，$p_{\boldsymbol{w}_{k-1}}(\boldsymbol{x}_k-\boldsymbol{F}_{k-1}\boldsymbol{x}_{k-1})$ 表示 $\boldsymbol{x}_k-\boldsymbol{F}_{k-1}\boldsymbol{x}_{k-1}$ 与 $\boldsymbol{w}_{k-1}$ 具有相同的概率密度。

将式 (3-51) 和式 (3-52) 代入式 (3-42) 的状态一步预测概率密度 $p(\boldsymbol{x}_k \mid \boldsymbol{z}_{1:k-1})$ 可得

$$p(\boldsymbol{x}_k \mid \boldsymbol{z}_{1:k-1})=\int N(\boldsymbol{x}_k;\boldsymbol{F}_{k-1}\boldsymbol{x}_{k-1},\boldsymbol{Q}_{k-1})N(\boldsymbol{x}_{k-1};\hat{\boldsymbol{x}}_{k-1|k-1},\boldsymbol{P}_{k-1|k-1})\mathrm{d}\boldsymbol{x}_{k-1} \tag{3-53}$$

利用式 (1-128) 和式 (1-129) 可得

$$p(\boldsymbol{x}_k \mid \boldsymbol{z}_{1:k-1})=N(\boldsymbol{x}_k;\boldsymbol{F}_{k-1}\hat{\boldsymbol{x}}_{k-1|k-1},\boldsymbol{F}_{k-1}\boldsymbol{P}_{k-1|k-1}\boldsymbol{F}_{k-1}^{\mathrm{T}}+\boldsymbol{Q}_{k-1}) \tag{3-54}$$

从式 (3-54) 可以看出，在高斯假设下，根据贝叶斯滤波方程推导得到的预测概率密度 $p(\boldsymbol{x}_k \mid \boldsymbol{z}_{1:k-1})$ 仍服从高斯分布，故根据式 (3-49) 和式 (3-50) 可获得基于贝叶斯滤波推导的卡尔曼滤波时间更新公式为

$$\begin{cases}\hat{\boldsymbol{x}}_{k|k-1}=\boldsymbol{F}_{k-1}\hat{\boldsymbol{x}}_{k-1|k-1}\\ \boldsymbol{P}_{k|k-1}=\boldsymbol{F}_{k-1}\boldsymbol{P}_{k-1|k-1}\boldsymbol{F}_{k-1}^{\mathrm{T}}+\boldsymbol{Q}_{k-1}\end{cases} \tag{3-55}$$

2) 量测更新过程

同理，量测更新过程包括状态估计和方差估计，其数学表达式为

$$\hat{\boldsymbol{x}}_{k|k}=\int \boldsymbol{x}_k p(\boldsymbol{x}_k \mid \boldsymbol{z}_{1:k})\mathrm{d}\boldsymbol{x}_k \tag{3-56}$$

$$\boldsymbol{P}_{k|k}=\int(\boldsymbol{x}_k-\hat{\boldsymbol{x}}_{k|k})(\boldsymbol{x}_k-\hat{\boldsymbol{x}}_{k|k})^{\mathrm{T}} p(\boldsymbol{x}_k \mid \boldsymbol{z}_{1:k})\mathrm{d}\boldsymbol{x}_k \tag{3-57}$$

由式 (3-56) 可知，想要计算后验状态估计，需要知道后验概率密度 $p(\boldsymbol{x}_k \mid \boldsymbol{z}_{1:k})$。在时间

更新过程已计算得到 $p(\boldsymbol{x}_k \mid \boldsymbol{z}_{1:k-1})$ 的数学表达式，下面给出高斯假设下量测似然密度 $p(\boldsymbol{z}_k \mid \boldsymbol{x}_k)$ 的形式。结合 $p(\boldsymbol{x}_k \mid \boldsymbol{z}_{1:k-1})$、$p(\boldsymbol{z}_k \mid \boldsymbol{x}_k)$ 及式(3-45)可以获得后验概率密度。

同理，当 $\boldsymbol{x}_k$ 已知时，结合系统量测模型可知，$\boldsymbol{z}_k$ 与 $\boldsymbol{v}_k$ 具有相似的概率密度，即

$$p\left(\boldsymbol{z}_k \mid \boldsymbol{x}_k\right) = p_{\boldsymbol{v}_k}\left(\boldsymbol{z}_k - \boldsymbol{H}_k\boldsymbol{x}_k\right) = N\left(\boldsymbol{z}_k; \boldsymbol{H}_k\boldsymbol{x}_k, \boldsymbol{R}_k\right) \tag{3-58}$$

其中，$p_{\boldsymbol{v}_k}(\boldsymbol{z}_k - \boldsymbol{H}_k\boldsymbol{x}_k)$ 表示 $\boldsymbol{z}_k - \boldsymbol{H}_k\boldsymbol{x}_k$ 与 $\boldsymbol{v}_k$ 具有相同的概率密度。

在此依据高斯联合分布性质，可以给出 $p(\boldsymbol{z}_k \mid \boldsymbol{x}_k)$ 与 $p(\boldsymbol{x}_k \mid \boldsymbol{z}_{1:k-1})$ 联合概率密度为

$$p\left(\boldsymbol{z}_k, \boldsymbol{x}_k \mid \boldsymbol{z}_{1:k-1}\right) = N\left(\begin{bmatrix} \boldsymbol{x}_k \\ \boldsymbol{z}_k \end{bmatrix}; \begin{bmatrix} \hat{\boldsymbol{x}}_{k|k-1} \\ \hat{\boldsymbol{z}}_{k|k-1} \end{bmatrix}, \begin{bmatrix} \boldsymbol{P}_{k|k-1} & \boldsymbol{P}_{k|k-1}\boldsymbol{H}_k^{\mathrm{T}} \\ \boldsymbol{H}_k\boldsymbol{P}_{k|k-1} & \boldsymbol{H}_k\boldsymbol{P}_{k|k-1}\boldsymbol{H}_k^{\mathrm{T}} + \boldsymbol{R}_k \end{bmatrix}\right) \tag{3-59}$$

至此已得到 $\boldsymbol{x}_k$ 与 $\boldsymbol{z}_k$ 的联合高斯概率密度，而贝叶斯滤波的目的是计算后验概率密度 $p(\boldsymbol{x}_k \mid \boldsymbol{z}_{1:k})$。由联合高斯概率密度的性质可得，$p(\boldsymbol{x}_k \mid \boldsymbol{z}_{1:k})$ 的条件概率密度为

$$p\left(\boldsymbol{x}_k \mid \boldsymbol{z}_{1:k}\right) = N\left(\boldsymbol{x}_k; \hat{\boldsymbol{x}}_{k|k}, \boldsymbol{P}_{k|k}\right) \tag{3-60}$$

状态估计和方差分别为

$$\hat{\boldsymbol{x}}_{k|k} = \hat{\boldsymbol{x}}_{k|k-1} + \boldsymbol{P}_{k|k-1}\boldsymbol{H}_k^{\mathrm{T}}\left(\boldsymbol{H}_k\boldsymbol{P}_{k|k-1}\boldsymbol{H}_k^{\mathrm{T}} + \boldsymbol{R}_k\right)^{-1}\left(\boldsymbol{z}_k - \boldsymbol{H}_k\hat{\boldsymbol{x}}_{k|k-1}\right) \tag{3-61}$$

$$\boldsymbol{P}_{k|k} = \boldsymbol{P}_{k|k-1} - \boldsymbol{P}_{k|k-1}\boldsymbol{H}_k^{\mathrm{T}}\left(\boldsymbol{H}_k\boldsymbol{P}_{k|k-1}\boldsymbol{H}_k^{\mathrm{T}} + \boldsymbol{R}_k\right)^{-1}\boldsymbol{H}_k\boldsymbol{P}_{k|k-1} \tag{3-62}$$

为了与卡尔曼滤波方程保持一致，定义增益矩阵 $\boldsymbol{K}_k$，则量测更新公式为

$$\boldsymbol{K}_k = \boldsymbol{P}_{k|k-1}\boldsymbol{H}_k^{\mathrm{T}}\left(\boldsymbol{H}_k\boldsymbol{P}_{k|k-1}\boldsymbol{H}_k^{\mathrm{T}} + \boldsymbol{R}_k\right)^{-1} \tag{3-63}$$

$$\hat{\boldsymbol{x}}_{k|k} = \hat{\boldsymbol{x}}_{k|k-1} + \boldsymbol{K}_k\left(\boldsymbol{z}_k - \boldsymbol{H}_k\hat{\boldsymbol{x}}_{k|k-1}\right) \tag{3-64}$$

$$\boldsymbol{P}_{k|k} = \boldsymbol{P}_{k|k-1} - \boldsymbol{K}_k\boldsymbol{H}_k\boldsymbol{P}_{k|k-1} = \left(\boldsymbol{I} - \boldsymbol{K}_k\boldsymbol{H}_k\right)\boldsymbol{P}_{k|k-1} \tag{3-65}$$

以上就是基于最小方差估计角度的离散卡尔曼滤波方程的推导过程。通过推导过程以及结果可以发现，卡尔曼滤波方程是贝叶斯滤波在随机线性高斯系统模型下的闭式解。

3.2.3 卡尔曼滤波器推导：MLE 估计准则

假设系统在 k 时刻获得 k 次量测值 $\boldsymbol{z}_{1:k}$，并且已得到 $k-1$ 时刻状态 $\boldsymbol{x}_{k-1}$ 的最优估计 $\hat{\boldsymbol{x}}_{k-1|k-1}$ 以及估计方差矩阵 $\boldsymbol{P}_{k-1|k-1}$。通过系统状态模型，可以用 $\hat{\boldsymbol{x}}_{k-1|k-1}$ 对 k 时刻系统状态 $\boldsymbol{x}_k$ 进行预测，记预测状态为 $\hat{\boldsymbol{x}}_{k|k-1}$ 及预测方差为 $\boldsymbol{P}_{k|k-1}$。$\hat{\boldsymbol{x}}_{k|k-1}$ 与 $\boldsymbol{P}_{k|k-1}$ 的具体数学表达式已在式(3-55)给出，在此不再赘述。

至此，对于 k 时刻状态 $\boldsymbol{x}_k$，存在两个广义意义上的量测：$\hat{\boldsymbol{x}}_{k|k-1}$ 和 $\boldsymbol{z}_k$。重新构造量测模型为

$$\begin{cases} \hat{\boldsymbol{x}}_{k|k-1} = \boldsymbol{x}_k - \tilde{\boldsymbol{x}}_{k|k-1} \\ \boldsymbol{z}_k = \boldsymbol{H}_k\boldsymbol{x}_k + \boldsymbol{v}_k \end{cases} \tag{3-66}$$

定义新的量测向量 $\bar{\boldsymbol{z}}_k = [\hat{\boldsymbol{x}}_{k|k-1}^{\mathrm{T}} \quad \boldsymbol{z}_k^{\mathrm{T}}]^{\mathrm{T}}$，量测矩阵 $\bar{\boldsymbol{H}}_k = [\boldsymbol{I} \quad \boldsymbol{H}_k^{\mathrm{T}}]^{\mathrm{T}}$，量测噪声 $\bar{\boldsymbol{v}}_k = [-\tilde{\boldsymbol{x}}_{k|k-1}^{\mathrm{T}} \quad \boldsymbol{v}_k^{\mathrm{T}}]^{\mathrm{T}}$，则增广的量测模型为

$$\bar{\boldsymbol{z}}_k = \bar{\boldsymbol{H}}_k\boldsymbol{x}_k + \bar{\boldsymbol{v}}_k \tag{3-67}$$

由 3.2.1 节可知，$\tilde{\boldsymbol{x}}_{k|k-1}$ 与 $\boldsymbol{v}_k$ 不相关，则新的量测噪声均值及方差矩阵为

$$E\left[\bar{\boldsymbol{v}}_k\right]=\begin{bmatrix}\mathbf{0}\\\mathbf{0}\end{bmatrix},\quad \bar{\boldsymbol{R}}_k=E\left[\bar{\boldsymbol{v}}_k\bar{\boldsymbol{v}}_k^{\mathrm{T}}\right]=\begin{bmatrix}\boldsymbol{P}_{k|k-1} & \mathbf{0}\\\mathbf{0} & \boldsymbol{R}_k\end{bmatrix}\tag{3-68}$$

此外，已知$\bar{\boldsymbol{v}}_k$也服从高斯分布。由 3.2.2 节可知，在$\boldsymbol{x}_k$已知的条件下，$\bar{\boldsymbol{z}}_k$也服从高斯分布，其均值为$\bar{\boldsymbol{H}}_k\boldsymbol{x}_k$，方差为$\bar{\boldsymbol{R}}_k$。由极大似然估计以及$\bar{\boldsymbol{z}}_k$的条件概率密度可知，系统状态$\hat{\boldsymbol{x}}_{k|k}$的数学表达式为

$$\begin{aligned}\hat{\boldsymbol{x}}_{k|k}&=\arg\max_{\boldsymbol{x}_k}p\left(\bar{\boldsymbol{z}}_k\mid\boldsymbol{x}_k\right)=\arg\max_{\boldsymbol{x}_k}\log p\left(\bar{\boldsymbol{z}}_k\mid\boldsymbol{x}_k\right)\\&=\arg\max_{\boldsymbol{x}_k}\log N\left(\bar{\boldsymbol{z}}_k;\bar{\boldsymbol{H}}_k\boldsymbol{x}_k,\bar{\boldsymbol{R}}_k\right)=\arg\min_{\boldsymbol{x}_k}\underbrace{\frac{1}{2}\left\|\bar{\boldsymbol{z}}_k-\bar{\boldsymbol{H}}_k\boldsymbol{x}_k\right\|_{\bar{\boldsymbol{R}}_k^{-1}}^2}_{J(\boldsymbol{x}_k)}\end{aligned}\tag{3-69}$$

同理，令代价函数对$\boldsymbol{x}_k$的偏导等于$\mathbf{0}$，则得

$$\hat{\boldsymbol{x}}_{k|k}=\left(\bar{\boldsymbol{H}}_k^{\mathrm{T}}\bar{\boldsymbol{R}}_k^{-1}\bar{\boldsymbol{H}}_k\right)^{-1}\bar{\boldsymbol{H}}_k^{\mathrm{T}}\bar{\boldsymbol{R}}_k^{-1}\bar{\boldsymbol{z}}_k\tag{3-70}$$

在数理统计学中，有这样的结论：卡尔曼滤波的后验协方差矩阵是 Fisher 信息矩阵的逆，即$\boldsymbol{P}_{k|k}=\boldsymbol{Y}_{k|k}^{-1}$，$\boldsymbol{Y}_{k|k}$称为 Fisher 信息矩阵。Fisher 信息矩阵是似然概率密度在参数真实值处二阶导数的期望，因此可以从该角度计算估计误差方差矩阵，即

$$\boldsymbol{Y}_{k|k}=E\left[\frac{\partial^2J\left(\boldsymbol{x}_k\right)}{\partial\boldsymbol{x}_k\partial\boldsymbol{x}_k^{\mathrm{T}}}\right]=\bar{\boldsymbol{H}}_k^{\mathrm{T}}\bar{\boldsymbol{R}}_k^{-1}\bar{\boldsymbol{H}}_k\tag{3-71}$$

综上，代入$\bar{\boldsymbol{z}}_k$、$\bar{\boldsymbol{H}}_k$、$\bar{\boldsymbol{R}}_k$可得$\hat{\boldsymbol{x}}_{k|k}$与$\boldsymbol{P}_{k|k}$的数学表达式为(留作习题证明)

$$\boldsymbol{K}_k=\boldsymbol{P}_{k|k-1}\boldsymbol{H}_k^{\mathrm{T}}\left(\boldsymbol{H}_k\boldsymbol{P}_{k|k-1}\boldsymbol{H}_k^{\mathrm{T}}+\boldsymbol{R}_k\right)^{-1}\tag{3-72}$$

$$\hat{\boldsymbol{x}}_{k|k}=\hat{\boldsymbol{x}}_{k|k-1}+\boldsymbol{K}_k\left(\boldsymbol{z}_k-\boldsymbol{H}_k\hat{\boldsymbol{x}}_{k|k-1}\right)\tag{3-73}$$

$$\boldsymbol{P}_{k|k}=\boldsymbol{P}_{k|k-1}-\boldsymbol{K}_k\boldsymbol{H}_k\boldsymbol{P}_{k|k-1}=\left(\boldsymbol{I}-\boldsymbol{K}_k\boldsymbol{H}_k\right)\boldsymbol{P}_{k|k-1}\tag{3-74}$$

为了与卡尔曼滤波方程保持一致，在此同样定义了增益矩阵$\boldsymbol{K}_k$。

3.2.4　卡尔曼滤波器推导：MAP 估计准则

与前面一致，假设系统在k时刻获得k次量测值$\boldsymbol{z}_{1:k}$，并且已得到$k-1$时刻状态$\boldsymbol{x}_{k-1}$的最优估计$\hat{\boldsymbol{x}}_{k-1|k-1}$以及估计方差矩阵$\boldsymbol{P}_{k-1|k-1}$。由极大后验估计可知，在量测$\boldsymbol{z}_{1:k}$已知的情况下，通过最大化后验概率密度可得到所要估计的k时刻状态$\boldsymbol{x}_k$，其表达式为

$$\hat{\boldsymbol{x}}_{k|k}=\arg\max_{\boldsymbol{x}_k}p\left(\boldsymbol{x}_k\mid\boldsymbol{z}_{1:k}\right)=\arg\max_{\boldsymbol{x}_k}\log p\left(\boldsymbol{x}_k\mid\boldsymbol{z}_{1:k}\right)\tag{3-75}$$

由 3.2.2 节的贝叶斯滤波方程推导结果式(3-45)可知，式(3-75)可转换为如下形式：

$$\begin{aligned}\hat{\boldsymbol{x}}_{k|k}&=\arg\max_{\boldsymbol{x}_k}\log p\left(\boldsymbol{x}_k\mid\boldsymbol{z}_{1:k}\right)\\&=\arg\max_{\boldsymbol{x}_k}\log\frac{p\left(\boldsymbol{z}_k\mid\boldsymbol{x}_k\right)p\left(\boldsymbol{x}_k\mid\boldsymbol{z}_{1:k-1}\right)}{p\left(\boldsymbol{z}_k\mid\boldsymbol{z}_{1:k-1}\right)}\\&=\arg\max_{\boldsymbol{x}_k}\underbrace{\left(\log p\left(\boldsymbol{z}_k\mid\boldsymbol{x}_k\right)+\log p\left(\boldsymbol{x}_k\mid\boldsymbol{z}_{1:k-1}\right)\right)}_{J(\boldsymbol{x}_k)}\end{aligned}\tag{3-76}$$

由 3.2.2 节可知，$p(\boldsymbol{z}_k\mid\boldsymbol{x}_k)$是均值为$\boldsymbol{H}_k\boldsymbol{x}_k$、方差为$\boldsymbol{R}_k$的高斯分布，而$p(\boldsymbol{x}_k\mid\boldsymbol{z}_{1:k-1})$是

均值为 $\hat{\boldsymbol{x}}_{k|k-1}$、方差为 $\boldsymbol{P}_{k|k-1}$ 的高斯分布，则 $\boldsymbol{J}(\boldsymbol{x}_k)$ 的表达式为

$$\begin{aligned}\boldsymbol{J}\left(\boldsymbol{x}_k\right) &= \log p\left(\boldsymbol{z}_k \mid \boldsymbol{x}_k\right) + \log p\left(\boldsymbol{x}_k \mid \boldsymbol{z}_{1:k-1}\right) \\ &= -\frac{1}{2}\left\|\boldsymbol{z}_k - \boldsymbol{H}_k \boldsymbol{x}_k\right\|_{\boldsymbol{R}_k^{-1}}^2 - \frac{1}{2}\left\|\boldsymbol{x}_k - \hat{\boldsymbol{x}}_{k|k-1}\right\|_{\boldsymbol{P}_{k|k-1}^{-1}}^2 \triangleq -\tilde{\boldsymbol{J}}\left(\boldsymbol{x}_k\right)\end{aligned} \tag{3-77}$$

综上，则有 $\hat{\boldsymbol{x}}_{k|k}=\arg\min\limits_{\boldsymbol{x}_k}\tilde{\boldsymbol{J}}(\boldsymbol{x}_k)$。同理，令代价函数 $\tilde{\boldsymbol{J}}(\boldsymbol{x}_k)$ 对 $\boldsymbol{x}_k$ 的偏导等于 $\boldsymbol{0}$，可得

$$\boldsymbol{K}_k = \boldsymbol{P}_{k|k-1}\boldsymbol{H}_k^{\mathrm{T}}\left(\boldsymbol{H}_k \boldsymbol{P}_{k|k-1}\boldsymbol{H}_k^{\mathrm{T}} + \boldsymbol{R}_k\right)^{-1} \tag{3-78}$$

$$\hat{\boldsymbol{x}}_{k|k} = \hat{\boldsymbol{x}}_{k|k-1} + \boldsymbol{K}_k\left(\boldsymbol{z}_k - \boldsymbol{H}_k \hat{\boldsymbol{x}}_{k|k-1}\right) \tag{3-79}$$

与极大似然估计一样，有 $\boldsymbol{P}_{k|k} = \boldsymbol{Y}_{k|k}^{-1}$，且 Fisher 信息矩阵为概率密度在参数真实值处的二阶导数的期望，故可得

$$\boldsymbol{P}_{k|k} = \left(\boldsymbol{I} - \boldsymbol{K}_k \boldsymbol{H}_k\right)\boldsymbol{P}_{k|k-1} \tag{3-80}$$

与贝叶斯估计类似，极大似然估计和极大后验估计也是从概率密度的角度来求最优估计值的。此外，从第 1 章已了解到，这两种准则要求对应的概率密度已知，并用最大化概率密度的状态值作为最优估计值。3.3 节将对线性最小方差估计、最小方差估计、极大似然估计以及极大后验估计的关系进行介绍。

3.3　关于卡尔曼滤波的讨论

3.2 节从四个角度对离散卡尔曼滤波方程进行了推导，并得到了相同的推导结果。这说明，在线性高斯情况下，线性最小方差估计、最小方差估计、极大似然估计以及极大后验估计是等价的。故本节对卡尔曼滤波器的特点进行简要总结，并对各估计等价的结论进行讨论和分析。

3.3.1　卡尔曼滤波器的特点

从卡尔曼滤波器的推导过程及基本方程可以看出，其有以下特点：

(1) 卡尔曼滤波基本方程是递推方程，在其计算过程中持续进行“预测+修正”的步骤，因此该方法便于实时处理、计算机实现。

(2) 卡尔曼滤波必须有初始状态及方差 $\{\hat{\boldsymbol{x}}_{0|0},\boldsymbol{P}_{0|0}\}$。

(3) 增益矩阵 $\boldsymbol{K}_k$ 与初始方差矩阵 $\boldsymbol{P}_{0|0}$、系统噪声方差矩阵 $\boldsymbol{Q}_{k-1}$ 以及量测噪声方差矩阵 $\boldsymbol{R}_k$ 之间存在如下关系：

①根据式(3-33)，直观上可以理解为，当 $\boldsymbol{R}_k$ “增大”时，$\boldsymbol{K}_k$ “减小”，即如果量测噪声增大，则对新息的增益应减小以降低对量测的置信度。

②根据式(3-32)，直观上可以理解为，如果 $\boldsymbol{P}_{0|0}$ 或 $\boldsymbol{Q}_{k-1}$ “减小”，则 $\boldsymbol{P}_{k|k-1}$ “减小”。再根据式(3-33)，$\boldsymbol{P}_{k|k-1}$ “减小”会导致 $\boldsymbol{K}_k$ “减小”。其本质含义是，$\boldsymbol{P}_{0|0}$ “减小”表示状态初始估计精度较高，$\boldsymbol{Q}_{k-1}$ “减小”表示系统噪声变小，因此 $\boldsymbol{K}_k$ 会提高对先验的置信度。

(4) 对于高斯噪声的线性系统，卡尔曼滤波器是最小均方误差意义下的最优解。

3.3.2　卡尔曼滤波器等价性分析

3.2 节介绍了四种方法对卡尔曼滤波方程进行推导，并且得到了相同的结果，这足以说明，在线性高斯条件下，线性最小方差估计、最小方差估计、极大似然估计以及极大后验估计是等价的，下面主要分析线性高斯情况下，最小方差估计分别与 MAP、MLE、线性最小方差估计等价，以及 MAP 和 MLE 等价的本质。

1. *最小方差估计与 MAP 等价*

由基于贝叶斯估计和极大后验估计角度的推导过程可知，贝叶斯估计所计算的最优估计值是 $p(\boldsymbol{x}_k \mid \boldsymbol{z}_{1:k})$ 的均值点，而极大后验估计所计算的最优估计值是 $p(\boldsymbol{x}_k \mid \boldsymbol{z}_{1:k})$ 为最大值所在的估计点。

在线性高斯条件下，通过推导可知，$p(\boldsymbol{x}_k \mid \boldsymbol{z}_{1:k})$ 是服从高斯分布的，而由高斯分布的性质可知，均值点就是最大值所在的点，因此二者是等价的。

2. *最小方差估计与 MLE 等价*

由 MLE 角度的推导过程可知，MLE 所计算的最优估计值融合了两种信息：状态 $\boldsymbol{x}_k$ 的先验信息和量测信息 $\boldsymbol{z}_k$。记 $\boldsymbol{x}_k$ 的状态估计为 $\hat{\boldsymbol{x}}_{k|k}$，方差估计为 $\boldsymbol{P}_{k|k}$，则由式(3-70)和式(3-71)可知

$$\begin{cases}\boldsymbol{P}_{k|k}^{-1}\hat{\boldsymbol{x}}_{k|k} = \boldsymbol{P}_{k|k-1}^{-1}\hat{\boldsymbol{x}}_{k|k-1} + \boldsymbol{H}_k^{\mathrm{T}}\boldsymbol{R}_k^{-1}\boldsymbol{z}_k \\ \boldsymbol{P}_{k|k}^{-1} = \boldsymbol{P}_{k|k-1}^{-1} + \boldsymbol{H}_k^{\mathrm{T}}\boldsymbol{R}_k^{-1}\boldsymbol{H}_k\end{cases} \tag{3-81}$$

这是时间域信息融合的方式，即信息相加。

由贝叶斯估计角度的推导过程可知，后验概率密度 $p(\boldsymbol{x}_k \mid \boldsymbol{z}_{1:k})$ 也融合了两部分与 $\boldsymbol{x}_k$ 有关的概率信息：预测概率密度 $p(\boldsymbol{x}_k \mid \boldsymbol{z}_{1:k-1})$ 和似然概率密度 $p(\boldsymbol{z}_k \mid \boldsymbol{x}_k)$。

在线性高斯条件下，$p(\boldsymbol{x}_k \mid \boldsymbol{z}_{1:k-1})$ 以及 $p(\boldsymbol{z}_k \mid \boldsymbol{x}_k)$ 都为高斯分布，即

$$\begin{cases}p\left(\boldsymbol{x}_k \mid \boldsymbol{z}_{1:k-1}\right) = N\left(\boldsymbol{x}_k; \hat{\boldsymbol{x}}_{k|k-1}, \boldsymbol{P}_{k|k-1}\right) \\ p\left(\boldsymbol{z}_k \mid \boldsymbol{x}_k\right) = N\left(\boldsymbol{x}_k; \boldsymbol{H}_k\boldsymbol{x}_k, \boldsymbol{R}_k\right)\end{cases} \tag{3-82}$$

正如前面所说，高斯分布的均值和方差包含了整个概率密度的信息，因此 $p(\boldsymbol{x}_k \mid \boldsymbol{z}_{1:k})$ 能够融合与状态 $\boldsymbol{x}_k$ 有关的全部信息，即

$$p\left(\boldsymbol{x}_k \mid \boldsymbol{z}_{1:k}\right) = \frac{p\left(\boldsymbol{z}_k \mid \boldsymbol{x}_k\right)p\left(\boldsymbol{x}_k \mid \boldsymbol{z}_{1:k-1}\right)}{p\left(\boldsymbol{z}_k \mid \boldsymbol{z}_{1:k-1}\right)} \tag{3-83}$$

其中，$p(\boldsymbol{z}_k \mid \boldsymbol{z}_{1:k-1})$ 不包含与 $\boldsymbol{x}_k$ 有关的信息。这是概率域信息融合的方式，即概率相乘。

在 MLE 中，状态信息通过信息矩阵(即协方差矩阵的逆)来承载，当信息矩阵越大时，协方差矩阵越小，即状态的不确定性越小，此时认为我们对状态了解的信息越多；而在贝叶斯估计中，状态信息由概率密度函数表示，反映的是状态可能为某值的概率，当我们对状态了解的信息变多时，概率密度函数会在某些点处变得更加集中。在 MLE 的时间域信息融合中，承载状态信息的后验信息矩阵等于先验信息矩阵加上量测信息矩阵，此时后验信息矩阵相较于先验信息矩阵变大，意味着经过量测更新后对状态了解的信息变多；而在贝叶斯估计的概率域的信息融合中，后验密度函数是先验密度函数与量测的似然密度函数

的乘积，如果先验和似然在某些状态上都赋予较高概率，则此时该状态的后验概率仍然较大，归一化后，后验密度也将同时承载先验密度和似然密度的信息。由此可见，MLE 的时间域信息融合过程是通过对先验信息矩阵和量测信息矩阵相加来实现的，即“信息相加”，而贝叶斯估计的概率域信息融合是通过对先验密度函数与量测的似然密度函数相乘来实现的，即“概率相乘”，这两者在线性高斯条件下是等价的。

3. 最小方差估计与线性最小方差估计等价

根据式(1-190)，结合式(3-1)和 3.2 节的相关假设，有如下信息：量测 $\boldsymbol{z}_k$，先验估计 $E(\boldsymbol{x})=\hat{\boldsymbol{x}}_{k|k-1}$，先验估计误差协方差 $\mathrm{Cov}(\boldsymbol{x})=\boldsymbol{P}_{k|k-1}$，先验估计误差 $\tilde{\boldsymbol{x}}_{k|k-1}$ 和量测噪声 $\boldsymbol{v}_k$ 不相关，式(1-190)中其余量计算如下：

$$\begin{cases}E\left[\boldsymbol{z}_k\right]=E\left[\boldsymbol{H}_k\boldsymbol{x}_k+\boldsymbol{v}_k\right]=\boldsymbol{H}_k\hat{\boldsymbol{x}}_{k|k-1}\\ \mathrm{Cov}\left[\boldsymbol{z}_k\right]=E\left[\left(\boldsymbol{z}_k-E\left[\boldsymbol{z}_k\right]\right)\left(\boldsymbol{z}_k-E\left[\boldsymbol{z}_k\right]\right)^{\mathrm{T}}\right]=\boldsymbol{H}_k\boldsymbol{P}_{k|k-1}\boldsymbol{H}_k^{\mathrm{T}}+\boldsymbol{R}_k\\ \mathrm{Cov}(\boldsymbol{x},\boldsymbol{z})=E\left[\tilde{\boldsymbol{x}}_{k|k-1}\tilde{\boldsymbol{x}}_{k|k-1}^{\mathrm{T}}\boldsymbol{H}_k^{\mathrm{T}}\right]=\boldsymbol{P}_{k|k-1}\boldsymbol{H}_k^{\mathrm{T}}\end{cases}\tag{3-84}$$

将式(3-84)代入式(1-190)中，可得到线性最小方差估计意义下最优估计 $\hat{\boldsymbol{x}}_{k|k}$ 的表达式为

$$\hat{\boldsymbol{x}}_{k|k}=\hat{\boldsymbol{x}}_{k|k-1}+\boldsymbol{P}_{k|k-1}\boldsymbol{H}_k\left(\boldsymbol{H}_k\boldsymbol{P}_{k|k-1}\boldsymbol{H}_k^{\mathrm{T}}+\boldsymbol{R}_k\right)^{-1}\left(\boldsymbol{z}_k-\boldsymbol{H}_k\hat{\boldsymbol{x}}_{k|k-1}\right)\tag{3-85}$$

可得出与最小方差估计(3-61)相同的结果。因此在线性高斯情况下，最小方差估计和线性最小方差估计等价。

4. MLE 与 MAP 的关系

根据贝叶斯公式，后验概率密度和似然概率密度存在如下关系：

$$p(\boldsymbol{x}\mid\boldsymbol{z})=\frac{p(\boldsymbol{z}\mid\boldsymbol{x})p(\boldsymbol{x})}{p(\boldsymbol{z})}\tag{3-86}$$

其中，$p(\boldsymbol{x})$ 为状态 $\boldsymbol{x}$ 的先验概率密度；$p(\boldsymbol{z})$ 为量测 $\boldsymbol{z}$ 的概率密度。

当 $\boldsymbol{x}$ 没有先验知识可利用时，可假定 $\boldsymbol{x}$ 在很大的范围内变化，因此可认为 $\boldsymbol{x}$ 服从均值为 $\boldsymbol{m}_x$ 而方差很大(趋于无穷)的正态分布，概率密度函数为

$$p(\boldsymbol{x})=\frac{1}{(2\pi)^{\frac{n}{2}}|\boldsymbol{P}|^{\frac{1}{2}}}\exp\left[-\frac{1}{2}(\boldsymbol{x}-\boldsymbol{m}_x)^{\mathrm{T}}\boldsymbol{P}^{-1}(\boldsymbol{x}-\boldsymbol{m}_x)\right]\tag{3-87}$$

其中，$\boldsymbol{P}$ 为 $\boldsymbol{x}$ 的协方差矩阵，且有 $\boldsymbol{P}\to\infty$、$\boldsymbol{P}^{-1}\to\boldsymbol{0}$。

将式(3-86)取对数并对 $\boldsymbol{x}$ 求偏导，可得

$$\frac{\partial}{\partial\boldsymbol{x}}\log p(\boldsymbol{x}\mid\boldsymbol{z})=\frac{\partial}{\partial\boldsymbol{x}}\log p(\boldsymbol{z}\mid\boldsymbol{x})+\frac{\partial}{\partial\boldsymbol{x}}\log p(\boldsymbol{x})-\frac{\partial}{\partial\boldsymbol{x}}\log p(\boldsymbol{z})\tag{3-88}$$

易知 $p(\boldsymbol{z})$ 与 $\boldsymbol{x}$ 无关，且有

$$\begin{aligned}\frac{\partial}{\partial\boldsymbol{x}}\log p(\boldsymbol{x})&=\frac{\partial}{\partial\boldsymbol{x}}\left[-\log(2\pi)^{\frac{n}{2}}|\boldsymbol{P}|^{\frac{1}{2}}-\frac{1}{2}(\boldsymbol{x}-\boldsymbol{m}_x)^{\mathrm{T}}\boldsymbol{P}^{-1}(\boldsymbol{x}-\boldsymbol{m}_x)\right]\\&=-\boldsymbol{P}^{-1}(\boldsymbol{x}-\boldsymbol{m}_x)\to\boldsymbol{0}\end{aligned}\tag{3-89}$$

故当没有 $\boldsymbol{x}$ 的先验概率密度时，有 $\frac{\partial}{\partial\boldsymbol{x}}\log p(\boldsymbol{x}\mid\boldsymbol{z})=\frac{\partial}{\partial\boldsymbol{x}}\log p(\boldsymbol{z}\mid\boldsymbol{x})$，这说明，极大后验

估计与极大似然估计等价。从结果上来看，可以发现在线性高斯条件下，极大似然估计和极大后验估计是等价的。值得注意的是，尽管一开始证明了极大似然估计和极大后验估计只有当没有任何先验信息时才等价，但这与本小节的结论并不冲突。本小节通过将先验 $\hat{\boldsymbol{x}}_{k|k-1}$ 视为量测，可以等价于系统多了一份量测信息，不再具有先验信息。因此，从这个角度出发，MLE 和 MAP 的解是等价的。

综上，从信息融合角度表明，从卡尔曼滤波角度来看，在线性高斯条件下最小方差估计、线性最小方差估计、极大似然估计以及极大后验估计是等价的。

3.3.3　卡尔曼滤波器发散问题

尽管卡尔曼滤波器在理论上非常优美且形式简单，但在实际使用中有时会发现，状态估计结果可能出现有偏的情况，甚至估计误差的均值和方差矩阵都有可能趋于无穷大或超过给定范围，这种现象称为滤波的发散现象。引起滤波器发散的原因是多样的，主要有如下几种：

(1) 对实际物理系统了解不充分，导致构建的系统模型不符合实际物理系统的状态。

(2) 对系统噪声或者量测噪声的统计特性缺乏了解，导致卡尔曼滤波使用的噪声方差矩阵不准确，进而造成增益矩阵计算不准确，或者在系统噪声特性不满足卡尔曼滤波假设时使用卡尔曼滤波，导致卡尔曼滤波性能下降甚至发散。

(3) 卡尔曼滤波是递推过程，递推计算在有限字长的计算机上实现时，每步都存在舍入误差，因此会存在舍入误差累积问题。这种问题可能导致估计误差方差矩阵失去非负定性，甚至失去对称性，使增益矩阵逐渐失去正确的修正作用。

需要指出的是，以上只是列举了卡尔曼滤波发散的部分可能原因，与滤波发散并无绝对的因果关系，而且实际中也会存在其他原因使卡尔曼滤波发散。为了让读者对滤波发散有更加直观的理解，本节举例说明原因 (1) 造成的滤波发散现象，并给出了相应的解决方案。

例 3-1　一架飞机从高度 x_0 开始匀速上升，速度设为常值 V，每 1s 测量一次飞机高度并将测量结果作为量测值，量测噪声设为均值为 0、方差为 1 的高斯白噪声。假设实际建模时误认为飞机静止，分析卡尔曼滤波器对高度的估计效果。

解　由题意可知，系统相关参数为 $F_{k-1}=1$、$Q_k=0$、$H_k=1$、$R_k=1$，由于误认为飞机静止，故系统的模型为

$$\begin{cases} x_k = x_{k-1} \\ z_k = x_k + v_k \end{cases}$$

若取系统状态初值为 $\hat{x}_{0|0}=0$、$P_{0|0}\to\infty$，则关于状态的时间更新为

$$\hat{x}_{k|k-1} = F_{k-1}\hat{x}_{k-1|k-1} = \hat{x}_{k-1|k-1}$$

$$P_{k|k-1} = F_{k-1}P_{k-1|k-1}F_{k-1}^{\mathrm{T}} + Q_{k-1} = P_{k-1|k-1}$$

由于

$$P_{k|k}^{-1} = P_{k|k-1}^{-1} + H_k^{\mathrm{T}}R_k^{-1}H_k = P_{k|k-1}^{-1} + 1$$

$$P_{k|k}^{-1} = P_{0|0}^{-1} + k = k$$

所以关于状态的量测更新为

$$K_k = P_{k|k} H_k^{\mathrm{T}} R_k^{-1} = \frac{1}{k}$$

$$P_{k|k} = \frac{1}{k}$$

$$\hat{x}_{k|k} = \hat{x}_{k|k-1} + K_k \left(z_k - H_k \hat{x}_{k|k-1} \right) = \frac{k-1}{k} \hat{x}_{k-1|k-1} + \frac{1}{k} z_k$$

由此可得

$$\lim_{k \to \infty} K_k = \lim_{k \to \infty} \frac{1}{k} = 0$$

$$\lim_{k \to \infty} P_{k|k} = \lim_{k \to \infty} \frac{1}{k} = 0$$

$$\begin{cases} \hat{x}_{1|1} = z_1 \\ \hat{x}_{2|2} = \dfrac{1}{2}\left(z_1 + z_2\right) \\ \vdots \\ \hat{x}_{k|k} = \dfrac{1}{k}\left(z_1 + z_2 + \cdots + z_k\right) \end{cases}$$

下面分析实际的滤波估计误差。由题意可知，实际高度为

$$x_k = x_{k-1} + V = x_0 + kV$$

所以量测值为

$$z_k = x_0 + kV + v_k$$

再结合上式，可知滤波估计值为

$$\hat{x}_{k|k} = \frac{1}{k}\left(z_1 + z_2 + \cdots + z_k\right) = \frac{1}{k}\sum_{i=1}^{k} z_i = x_0 + \frac{k+1}{2}V + \frac{1}{k}\sum_{i=1}^{k} v_i$$

则滤波估计误差以及估计误差方差为

$$\tilde{x}_{k|k} = x_k - \hat{x}_{k|k} = \frac{k-1}{2}V - \frac{1}{k}\sum_{i=1}^{k} v_i$$

$$P_{k|k} = E\left[\tilde{x}_{k|k} \tilde{x}_{k|k}^{\mathrm{T}} \right] = \frac{\left(k-1\right)^2}{4} V^2 + \frac{1}{k}$$

$$\lim_{k \to \infty} P_{k|k} = \infty$$

例 3-1 中发生滤波发散现象的根本原因在于：系统模型严重不准，使量测与模型出现严重的不匹配现象。从计算过程来看，增益矩阵 K_k 迅速趋近于 0 也是引起发散的一个原因，当增益矩阵归于 0 时，估计值则完全依赖错误的系统模型，导致滤波发散。

针对不同的发散原因，已经出现多种抑制发散的方法，本节主要介绍误差方差矩阵加权滤波，其余的方法读者可自行查阅相关资料。误差方差矩阵加权法的思路是：通过加权的方式增大预测误差方差矩阵 $\boldsymbol{P}_{k|k-1}$，进而导致增益矩阵增大，量测的修正作用增强。

假设线性状态方程以及量测方程为

$$\begin{cases} \boldsymbol{x}_k = \boldsymbol{F}_{k-1}\boldsymbol{x}_{k-1} + \boldsymbol{w}_{k-1} \\ \boldsymbol{z}_k = \boldsymbol{H}_k\boldsymbol{x}_k + \boldsymbol{v}_k \end{cases} \tag{3-90}$$

误差方差矩阵加权法是在计算 $\boldsymbol{P}_{k|k-1}$ 时，将 $\boldsymbol{P}_{k-1|k-1}$ 增大 $s(s>1)$ 倍，即

$$\boldsymbol{P}_{k|k-1} = s\boldsymbol{F}_{k-1}\boldsymbol{P}_{k-1|k-1}\boldsymbol{F}_{k-1}^{\mathrm{T}} + \boldsymbol{Q}_{k-1} \tag{3-91}$$

对于例 3-1，如果将 $P_{k-1|k-1}$ 增大 s 倍，则有

$$P_{k|k-1} = sP_{k-1|k-1} \tag{3-92}$$

$$P_{k|k}^{-1} = P_{k|k-1}^{-1} + 1 = s^{-1}P_{k-1|k-1}^{-1} + 1 = \frac{1-s^{-k}}{1-s^{-1}} \tag{3-93}$$

此时的增益矩阵为

$$K_k = P_{k|k}H_k^{\mathrm{T}}R_k^{-1} = \frac{1-s^{-1}}{1-s^{-k}} \tag{3-94}$$

$$\lim_{k\to\infty} K_k = \lim_{k\to\infty}\frac{1-s^{-1}}{1-s^{-k}} = 1-s^{-1} \tag{3-95}$$

式(3-95)说明，增益矩阵不再降为 0，从而避免了由增益矩阵为 0 带来的过度相信错误系统模型信息的问题。通过增大 s 来增大先验 $\boldsymbol{P}_{k|k-1}$，使得 $\boldsymbol{K}_k$ 也增大，从而加强了新息的重视程度，抑制了滤波发散。

此外，常用的抑制卡尔曼滤波发散的方法还有衰减记忆滤波、限定增益滤波、增广状态滤波以及自适应滤波等。衰减记忆滤波是使滤波器忘记以前的量测值，把重点放在最近的量测值上，这使滤波器更侧重最近的量测值，能保证收敛和稳定性；限定增益滤波就是使增益矩阵 $\boldsymbol{K}_k$ 在过了一定时间以后，就不再下降，这样可以保证增益矩阵不会趋于 $\boldsymbol{0}$；当模型噪声是未知输入时，可以将其看作由白噪声激励的线性系统的输出，并将它增广为系统状态向量的一部分，这就是增广状态滤波，与该部分相关的内容会在 3.4 节进行介绍；自适应滤波就是在利用量测数据进行更新时，不断地对未知的或不精确的模型参数或者噪声的统计特性进行估计并修正。

以上所介绍的方法都是用于处理滤波发散的问题的。对于计算发散，一般采用各种平方根滤波方法去解决，具体的相关内容将在后续章节进行讨论。

3.4　工程应用的卡尔曼滤波

前面所介绍的卡尔曼滤波在随机系统精确建模的情况下，能够得到系统状态在线性最小方差意义下的最优估计。而在实际工程应用中，往往会存在噪声为非高斯白噪声或者数值计算不稳定等问题，因此需要一些技术处理方法来解决此类问题。

本节介绍卡尔曼滤波的若干工程处理方法，包括序贯卡尔曼滤波、信息滤波、平方根滤波、噪声相关以及有色噪声条件下的卡尔曼滤波方法。这些方法都是在卡尔曼滤波的基础上进行改进的，以增强卡尔曼滤波在实际系统中的实用性。

3.4.1　序贯卡尔曼滤波

由卡尔曼滤波基本方程可知，当量测向量 $\boldsymbol{z}_k$ 的维数很高时，计算增益矩阵 $\boldsymbol{K}_k$ 时需要求逆的阶数就很高，计算量非常大。序贯卡尔曼滤波采取了对 $\boldsymbol{z}_k$ 各分量顺序处理的策略，使高阶矩阵求逆变为低阶矩阵求逆，可以有效降低计算量。当 $\boldsymbol{R}_k$ 为对角阵时，计算量的降低尤为明显。此外，在实际应用中不同类型量测数据可能存在时间异步的问题，传统的卡尔曼滤波难以直接处理这些异步量测。相比之下，序贯滤波通过对 $\boldsymbol{z}_k$ 各分量顺序处理，可以有效应对量测数据的时间异步的问题，从而确保数据处理的实时性。下面按照量测噪声方差矩阵是否为对角阵两种情况对序贯卡尔曼滤波进行介绍。

1. 量测噪声方差矩阵为对角阵

考虑与离散卡尔曼滤波推导中一样的线性离散系统：

$$\begin{cases}\boldsymbol{x}_k = \boldsymbol{F}_{k-1}\boldsymbol{x}_{k-1} + \boldsymbol{w}_{k-1} \\ \boldsymbol{z}_k = \boldsymbol{H}_k\boldsymbol{x}_k + \boldsymbol{v}_k\end{cases} \tag{3-96}$$

其中，$\boldsymbol{z}_k \in \mathbb{R}^r$ 。

此外，卡尔曼滤波基本方程为

$$\begin{cases}\hat{\boldsymbol{x}}_{k|k-1} = \boldsymbol{F}_{k-1}\hat{\boldsymbol{x}}_{k-1|k-1} \\ \boldsymbol{P}_{k|k-1} = \boldsymbol{F}_{k-1}\boldsymbol{P}_{k-1|k-1}\boldsymbol{F}_{k-1}^{\mathrm{T}} + \boldsymbol{Q}_{k-1} \\ \boldsymbol{K}_k = \boldsymbol{P}_{k|k-1}\boldsymbol{H}_k^{\mathrm{T}}\left(\boldsymbol{H}_k\boldsymbol{P}_{k|k-1}\boldsymbol{H}_k^{\mathrm{T}} + \boldsymbol{R}_k\right)^{-1} \\ \hat{\boldsymbol{x}}_{k|k} = \hat{\boldsymbol{x}}_{k|k-1} + \boldsymbol{K}_k\left(\boldsymbol{z}_k - \boldsymbol{H}_k\hat{\boldsymbol{x}}_{k|k-1}\right) \\ \boldsymbol{P}_{k|k} = \left(\boldsymbol{I} - \boldsymbol{K}_k\boldsymbol{H}_k\right)\boldsymbol{P}_{k|k-1}\end{cases} \tag{3-97}$$

由式(3-97)可知，计算 $\boldsymbol{K}_k$ 需要求 $r \times r$ 矩阵的逆，即 $(\boldsymbol{H}_k\boldsymbol{P}_{k|k-1}\boldsymbol{H}_k^{\mathrm{T}} + \boldsymbol{R}_k)^{-1}$ 。

假设 k 时刻有 r 个独立量测值代替量测向量 $\boldsymbol{z}_k$，即此时的量测方程可表示为

$$\begin{bmatrix} z_k^1 \\ z_k^2 \\ \vdots \\ z_k^r \end{bmatrix} = \begin{bmatrix} \boldsymbol{H}_k^1 \\ \boldsymbol{H}_k^2 \\ \vdots \\ \boldsymbol{H}_k^r \end{bmatrix}\boldsymbol{x}_k + \begin{bmatrix} v_k^1 \\ v_k^2 \\ \vdots \\ v_k^r \end{bmatrix} \tag{3-98}$$

这里用 z_k^i 表示量测向量 $\boldsymbol{z}_k$ 中第 i 个元素。此外，噪声 v_k^i 与 $v_k^j\ (i \neq j)$ 之间不相关，$\boldsymbol{R}_k$ 为分块对角阵，即

$$\boldsymbol{R}_k = \begin{bmatrix} R_k^1 & & & 0 \\ & R_k^2 & & \\ & & \ddots & \\ 0 & & & R_k^r \end{bmatrix} \tag{3-99}$$

同理，令 $\boldsymbol{H}_k^i$ 表示 $\boldsymbol{H}_k$ 的第 i 行元素，v_k^i 表示 $\boldsymbol{v}_k$ 的第 i 个元素，则可知

$$\begin{cases} z_k^i = \boldsymbol{H}_k^i \boldsymbol{x}_k + v_k^i \\ v_k^i \sim \left(0, R_k^i\right) \end{cases}, \quad i = 1, 2, \cdots, r \tag{3-100}$$

与 k 时刻使用的量测向量 $\boldsymbol{z}_k$ 不同，序贯卡尔曼滤波每次量测更新只处理一个标量量测。在此使用 $\boldsymbol{K}_k^i$ 来表示处理 k 时刻第 i 个量测值的增益矩阵，$\hat{\boldsymbol{x}}_{k|k}^i$ 表示在 k 时刻对第 i 个量测值进行处理后的估计值，$\boldsymbol{P}_{k|k}^i$ 表示在 k 时刻对第 i 个量测值进行处理后的估计误差方差矩阵，引入定义：

$$\begin{cases} \hat{\boldsymbol{x}}_{k|k}^0 = \hat{\boldsymbol{x}}_{k|k-1} \\ \boldsymbol{P}_{k|k}^0 = \boldsymbol{P}_{k|k-1} \end{cases} \tag{3-101}$$

其中，$\hat{\boldsymbol{x}}_{k|k}^0$ 为 k 时刻的初始估计值，等于状态一步预测估计值；同理，$\boldsymbol{P}_{k|k}^0$ 为未使用任何 k 时刻量测值之前的估计误差方差矩阵，等于状态一步预测估计误差方差矩阵。

对于增益矩阵 $\boldsymbol{K}_k^i$ 和方差矩阵 $\boldsymbol{P}_{k|k}^i$，可由独立量测值 z_k^i 条件下的一般卡尔曼滤波量测更新方程得到，对于 $i = 1, 2, \cdots, r$，有

$$\begin{cases} \boldsymbol{K}_k^i = \boldsymbol{P}_{k|k}^{i-1} \left(\boldsymbol{H}_k^i\right)^{\mathrm{T}} \left(\boldsymbol{H}_k^i \boldsymbol{P}_{k|k}^{i-1} \left(\boldsymbol{H}_k^i\right)^{\mathrm{T}} + R_k^i\right)^{-1} \\ \hat{\boldsymbol{x}}_{k|k}^i = \hat{\boldsymbol{x}}_{k|k}^{i-1} + \boldsymbol{K}_k^i \left(z_k^i - \boldsymbol{H}_k^i \hat{\boldsymbol{x}}_{k|k}^{i-1}\right) \\ \boldsymbol{P}_{k|k}^i = \left(\boldsymbol{I} - \boldsymbol{K}_k^i \boldsymbol{H}_k^i\right) \boldsymbol{P}_{k|k}^{i-1} \end{cases} \tag{3-102}$$

处理完所有量测值之后，令 $\hat{\boldsymbol{x}}_{k|k} = \hat{\boldsymbol{x}}_{k|k}^r$ 和 $\boldsymbol{P}_{k|k} = \boldsymbol{P}_{k|k}^r$，可得 k 时刻的状态估计和估计误差方差矩阵。通过分析式(3-102)中的表达式可以看出，序贯卡尔曼滤波不需要求任何矩阵的逆。

标准卡尔曼滤波过程和序贯卡尔曼滤波过程分别如图 3-5 和图 3-6 所示。

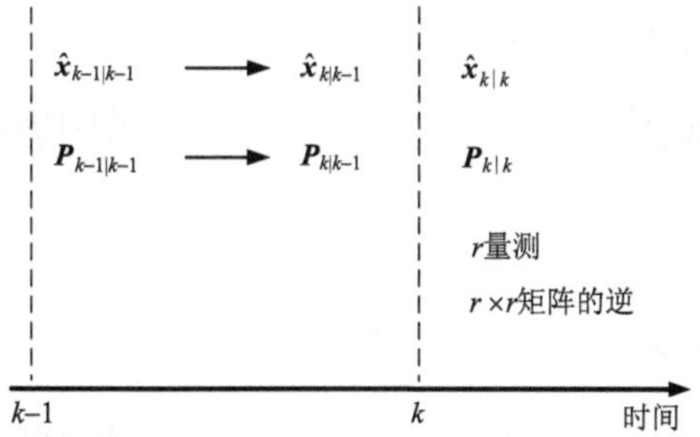

图 3-5　标准卡尔曼滤波过程

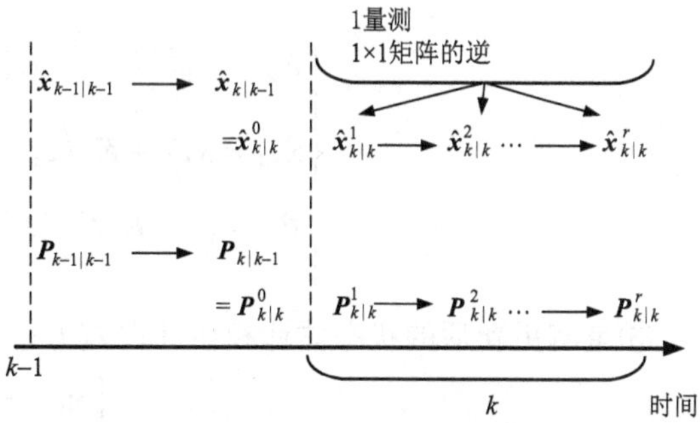

图 3-6　序贯卡尔曼滤波过程

序贯卡尔曼滤波过程可总结如下。

(1) 状态方程和量测方程为

$$\begin{cases} \boldsymbol{x}_k = \boldsymbol{F}_{k-1}\boldsymbol{x}_{k-1} + \boldsymbol{w}_{k-1} \\ \boldsymbol{z}_k = \boldsymbol{H}_k \boldsymbol{x}_k + \boldsymbol{v}_k \\ E\left[\boldsymbol{w}_k\right] = \boldsymbol{0}, \quad E\left[\boldsymbol{w}_k \boldsymbol{w}_j^{\mathrm{T}}\right] = \boldsymbol{Q}_k \delta_{kj} \\ E\left[\boldsymbol{v}_k\right] = \boldsymbol{0}, \quad E\left[\boldsymbol{v}_k \boldsymbol{v}_j^{\mathrm{T}}\right] = \boldsymbol{R}_k \delta_{kj} \\ E\left[\boldsymbol{w}_k \boldsymbol{v}_j^{\mathrm{T}}\right] = \boldsymbol{0} \end{cases} \tag{3-103}$$

其中，量测噪声方差矩阵 $\boldsymbol{R}_k$ 为一个对角阵，即

$$\boldsymbol{R}_k = \mathrm{diag}(R_k^1, R_k^2, \cdots, R_k^r) \tag{3-104}$$

(2) 状态初始化为

$$\begin{cases} E\left[\boldsymbol{x}_0\right] = \hat{\boldsymbol{x}}_{0|0}, \ \mathrm{Cov}\left[\boldsymbol{x}_0\right] = \boldsymbol{P}_{0|0} \\ E\left[\boldsymbol{x}_0 \boldsymbol{w}_k^{\mathrm{T}}\right] = \boldsymbol{0}, \quad E\left[\boldsymbol{x}_0 \boldsymbol{v}_k^{\mathrm{T}}\right] = \boldsymbol{0} \end{cases} \tag{3-105}$$

(3) k 时刻的时间更新方程为

$$\begin{cases} \hat{\boldsymbol{x}}_{k|k-1} = \boldsymbol{F}_{k-1} \hat{\boldsymbol{x}}_{k-1|k-1} \\ \boldsymbol{P}_{k|k-1} = \boldsymbol{F}_{k-1} \boldsymbol{P}_{k-1|k-1} \boldsymbol{F}_{k-1}^{\mathrm{T}} + \boldsymbol{Q}_{k-1} \end{cases} \tag{3-106}$$

这与标准卡尔曼滤波相同。

(4) k 时刻的量测更新方程。

①初始化状态估计和估计误差方差矩阵为

$$\begin{cases} \hat{\boldsymbol{x}}_{k|k}^0 = \hat{\boldsymbol{x}}_{k|k-1} \\ \boldsymbol{P}_{k|k}^0 = \boldsymbol{P}_{k|k-1} \end{cases} \tag{3-107}$$

这是在 k 时刻未使用任何量测之前的状态估计和估计误差方差矩阵。

②对于 $i = 1, 2, \cdots, r$（r 是量测值个数），有

$$\begin{cases} \boldsymbol{K}_k^i = \boldsymbol{P}_{k|k}^{i-1} \left(\boldsymbol{H}_k^i\right)^{\mathrm{T}} \left(\boldsymbol{H}_k^i \boldsymbol{P}_{k|k}^{i-1} \left(\boldsymbol{H}_k^i\right)^{\mathrm{T}} + R_k^i\right)^{-1} \\ \hat{\boldsymbol{x}}_{k|k}^i = \hat{\boldsymbol{x}}_{k|k}^{i-1} + \boldsymbol{K}_k^i \left(z_k^i - \boldsymbol{H}_k^i \hat{\boldsymbol{x}}_{k|k}^{i-1}\right) \\ \boldsymbol{P}_{k|k}^i = \left(\boldsymbol{I} - \boldsymbol{K}_k^i \boldsymbol{H}_k^i\right) \boldsymbol{P}_{k|k}^{i-1} \end{cases} \tag{3-108}$$

③量测更新后的状态估计和估计误差方差矩阵为

$$\begin{cases} \hat{\boldsymbol{x}}_{k|k} = \hat{\boldsymbol{x}}_{k|k}^r \\ \boldsymbol{P}_{k|k} = \boldsymbol{P}_{k|k}^r \end{cases} \tag{3-109}$$

以上是量测噪声方差矩阵为分块对角阵情况下的序贯卡尔曼滤波过程。

2. 量测噪声方差矩阵为非对角阵

当 $\boldsymbol{R}_k$ 为非分块对角阵时，可采用下面的变换方法实现对角化处理，再利用序贯卡尔曼滤波。

$\boldsymbol{R}_k$ 是正定对称矩阵，因此可以进行三角分解（如 Cholesky 分解），即

$$\boldsymbol{R}_k = \boldsymbol{L}_k \boldsymbol{L}_k^{\mathrm{T}} \tag{3-110}$$

其中，$\boldsymbol{L}_k$ 为非奇异的上(或下)三角阵。

将 $\boldsymbol{L}_k^{-1}$ 同时左乘量测方程两边，可得

$$\boldsymbol{L}_k^{-1}\boldsymbol{z}_k = \boldsymbol{L}_k^{-1}\boldsymbol{H}_k\boldsymbol{x}_k + \boldsymbol{L}_k^{-1}\boldsymbol{v}_k \tag{3-111}$$

式(3-111)可简化表示为

$$\boldsymbol{z}_k^* = \boldsymbol{H}_k^*\boldsymbol{x}_k + \boldsymbol{v}_k^* \tag{3-112}$$

其中，$\boldsymbol{z}_k^* = \boldsymbol{L}_k^{-1}\boldsymbol{z}_k$；$\boldsymbol{H}_k^* = \boldsymbol{L}_k^{-1}\boldsymbol{H}_k$；$\boldsymbol{v}_k^* = \boldsymbol{L}_k^{-1}\boldsymbol{v}_k$。

式(3-112)中新的量测噪声方差矩阵可表示为

$$\begin{aligned}\boldsymbol{R}_k^* &= E\left[\boldsymbol{v}_k^*\left(\boldsymbol{v}_k^*\right)^{\mathrm{T}}\right] = E\left[\boldsymbol{L}_k^{-1}\boldsymbol{v}_k\left(\boldsymbol{L}_k^{-1}\boldsymbol{v}_k\right)^{\mathrm{T}}\right] \\ &= \boldsymbol{L}_k^{-1}E\left[\boldsymbol{v}_k\left(\boldsymbol{v}_k\right)^{\mathrm{T}}\right]\left(\boldsymbol{L}_k^{-1}\right)^{\mathrm{T}} = \boldsymbol{L}_k^{-1}\boldsymbol{R}_k\left(\boldsymbol{L}_k^{-1}\right)^{\mathrm{T}} = \boldsymbol{I}\end{aligned} \tag{3-113}$$

显然，$\boldsymbol{R}_k^*$ 为单位对角阵，之后便可采用常规的序贯卡尔曼滤波进行处理。需要注意的是，该方法必须对 $\boldsymbol{R}_k$ 进行三角分解，因此会增加一些矩阵分解的计算量；特别地，如果 $\boldsymbol{R}_k$ 是常值矩阵，则只需在初始化时进行一次三角分解即可。

3.4.2 信息滤波

在实际系统应用中，需要把多个传感器获得的信息进行信息融合，从而获得对观测目标的状态估计。信息滤波就是从信息融合的角度看待最优估计问题，与卡尔曼滤波相比，它不用将信息即时转化为概率，而是以分散化的形式直观地进行信息融合，通过简单地将新的信息局部地添加到系统，可避免多变量所引起的复杂估计问题。信息滤波是卡尔曼滤波的对偶形式，设 $\hat{\boldsymbol{x}}$ 为 $\boldsymbol{x}$ 的估计，则估计误差的方差矩阵为 $\boldsymbol{P}$。在卡尔曼滤波中，迭代更新的是矩阵 $\boldsymbol{P}$，而信息滤波迭代更新的不是矩阵 $\boldsymbol{P}$，而是 $\boldsymbol{P}$ 的逆。

如果估计完全正确，即 $\boldsymbol{x} = \hat{\boldsymbol{x}}$，则 $\boldsymbol{P} = \boldsymbol{0}$、$\boldsymbol{P}^{-1} = \infty$，这说明，$\hat{\boldsymbol{x}}$ 包含 $\boldsymbol{x}$ 的全部信息。反之，若估计误差很大，则 $\boldsymbol{P}$ 就会很大，而 $\boldsymbol{P}^{-1}$ 就会很小，这说明 $\hat{\boldsymbol{x}}$ 包含 $\boldsymbol{x}$ 的信息很少。所以，$\boldsymbol{P}^{-1}$ 可以看作 $\hat{\boldsymbol{x}}$ 含有 $\boldsymbol{x}$ 信息的定量衡量值。信息矩阵的定义为

$$\boldsymbol{Y} = \boldsymbol{P}^{-1} \tag{3-114}$$

其中，$\boldsymbol{Y}$ 表征状态估计的确定性。如果 $\boldsymbol{Y}$ 很“大”，那么在状态估计包含真实状态的信息量也很大。

考虑与离散卡尔曼滤波推导中一样的线性离散系统，如下：

$$\begin{cases}\boldsymbol{x}_k = \boldsymbol{F}_{k-1}\boldsymbol{x}_{k-1} + \boldsymbol{w}_{k-1} \\ \boldsymbol{z}_k = \boldsymbol{H}_k\boldsymbol{x}_k + \boldsymbol{v}_k\end{cases} \tag{3-115}$$

其中，$\boldsymbol{w}_k$、$\boldsymbol{v}_k$ 是不相关的零均值高斯白噪声，方差矩阵分别为 $\boldsymbol{Q}_k$、$\boldsymbol{R}_k$。

根据式(3-26)，$\boldsymbol{P}$ 的量测更新方程可写为

$$\boldsymbol{P}_{k|k}^{-1} = \boldsymbol{P}_{k|k-1}^{-1} + \boldsymbol{H}_k^{\mathrm{T}}\boldsymbol{R}_k^{-1}\boldsymbol{H}_k \tag{3-116}$$

将 $\boldsymbol{Y}$ 的定义代入式(3-116)可得

$$\boldsymbol{Y}_{k|k} = \boldsymbol{Y}_{k|k-1} + \boldsymbol{H}_k^{\mathrm{T}} \boldsymbol{R}_k^{-1} \boldsymbol{H}_k \tag{3-117}$$

由此得到了信息矩阵的量测更新方程。同样，$\boldsymbol{P}$ 的时间更新方程为

$$\boldsymbol{P}_{k|k-1} = \boldsymbol{F}_{k-1} \boldsymbol{P}_{k-1|k-1} \boldsymbol{F}_{k-1}^{\mathrm{T}} + \boldsymbol{Q}_{k-1} \tag{3-118}$$

因此，信息矩阵的时间更新方程为

$$\boldsymbol{Y}_{k|k-1} = \left(\boldsymbol{F}_{k-1} \boldsymbol{Y}_{k-1|k-1}^{-1} \boldsymbol{F}_{k-1}^{\mathrm{T}} + \boldsymbol{Q}_{k-1} \right)^{-1} \tag{3-119}$$

利用矩阵求逆的引理，则有

$$\boldsymbol{Y}_{k|k-1} = \boldsymbol{Q}_{k-1}^{-1} - \boldsymbol{Q}_{k-1}^{-1} \boldsymbol{F}_{k-1} \left(\boldsymbol{Y}_{k-1|k-1} + \boldsymbol{F}_{k-1}^{\mathrm{T}} \boldsymbol{Q}_{k-1}^{-1} \boldsymbol{F}_{k-1} \right)^{-1} \boldsymbol{F}_{k-1}^{\mathrm{T}} \boldsymbol{Q}_{k-1}^{-1} \tag{3-120}$$

由此得到了信息矩阵的时间更新方程。信息滤波过程可总结如下。

(1) 状态方程和量测方程为

$$\begin{cases} \boldsymbol{x}_k = \boldsymbol{F}_{k-1} \boldsymbol{x}_{k-1} + \boldsymbol{w}_{k-1} \\ \boldsymbol{z}_k = \boldsymbol{H}_k \boldsymbol{x}_k + \boldsymbol{v}_k \end{cases} \tag{3-121}$$

其中，状态和测量噪声满足如下假设：

$$\begin{cases} E\left[\boldsymbol{w}_k\right] = \boldsymbol{0}, \quad E\left[\boldsymbol{w}_k \boldsymbol{w}_j^{\mathrm{T}}\right] = \boldsymbol{Q}_k \delta_{kj} \\ E\left[\boldsymbol{v}_k\right] = \boldsymbol{0}, \quad E\left[\boldsymbol{v}_k \boldsymbol{v}_j^{\mathrm{T}}\right] = \boldsymbol{R}_k \delta_{kj} \\ E\left[\boldsymbol{w}_k \boldsymbol{v}_j^{\mathrm{T}}\right] = \boldsymbol{0} \end{cases} \tag{3-122}$$

(2) 状态初始化为

$$\begin{cases} E\left[\boldsymbol{x}_0\right] = \hat{\boldsymbol{x}}_{0|0} \\ \boldsymbol{P}_{0|0} = E\left[\left(\boldsymbol{x} - \hat{\boldsymbol{x}}_{0|0} \right) \left(\boldsymbol{x} - \hat{\boldsymbol{x}}_{0|0} \right)^{\mathrm{T}} \right] \\ \boldsymbol{Y}_{0|0} = \boldsymbol{P}_{0|0}^{-1} \\ E\left[\boldsymbol{x}_0 \boldsymbol{w}_k^{\mathrm{T}}\right] = \boldsymbol{0}, \quad E\left[\boldsymbol{x}_0 \boldsymbol{v}_k^{\mathrm{T}}\right] = \boldsymbol{0} \end{cases} \tag{3-123}$$

(3) 时间更新方程为

$$\begin{cases} \hat{\boldsymbol{x}}_{k|k-1} = \boldsymbol{F}_{k-1} \hat{\boldsymbol{x}}_{k-1|k-1} \\ \boldsymbol{Y}_{k|k-1} = \boldsymbol{Q}_{k-1}^{-1} - \boldsymbol{Q}_{k-1}^{-1} \boldsymbol{F}_{k-1} \left(\boldsymbol{Y}_{k-1|k-1} + \boldsymbol{F}_{k-1}^{\mathrm{T}} \boldsymbol{Q}_{k-1}^{-1} \boldsymbol{F}_{k-1} \right)^{-1} \boldsymbol{F}_{k-1}^{\mathrm{T}} \boldsymbol{Q}_{k-1}^{-1} \end{cases} \tag{3-124}$$

(4) 量测更新方程为

$$\begin{cases} \boldsymbol{Y}_{k|k} = \boldsymbol{Y}_{k|k-1} + \boldsymbol{H}_k^{\mathrm{T}} \boldsymbol{R}_k^{-1} \boldsymbol{H}_k \\ \boldsymbol{K}_k = \boldsymbol{Y}_{k|k}^{-1} \boldsymbol{H}_k^{\mathrm{T}} \boldsymbol{R}_k^{-1} \\ \hat{\boldsymbol{x}}_{k|k} = \hat{\boldsymbol{x}}_{k|k-1} + \boldsymbol{K}_k \left(\boldsymbol{z}_k - \boldsymbol{H}_k \hat{\boldsymbol{x}}_{k|k-1} \right) \end{cases} \tag{3-125}$$

式(3-125)中 $\boldsymbol{Y}_{k|k}$ 的推导体现了信息融合的过程。信息滤波是在卡尔曼滤波的基础上推导而来的，二者在代数上是等价的。

卡尔曼滤波算法和信息滤波算法的不同之处如下：

(1) 基本卡尔曼滤波方程需要计算 $r \times r$ 矩阵的逆，r 表示量测值个数。信息滤波方程至

少需要计算两次 $n \times n$ 矩阵的逆，n 表示状态量个数。因此，当 $r \gg n$ 时，信息滤波的计算效率更高。

(2) 当初值完全无法确定时，信息滤波简单地设置 $\boldsymbol{Y}_{0|0} = \boldsymbol{0}$ 便可以表示初始不确定性。相应地，卡尔曼滤波中 $\boldsymbol{P}_{0|0}$ 应为无穷大，但在实际应用时，无穷大在数值上不能被设置，导致卡尔曼滤波的初始不确定性不能被表示。因此，在这种情况下，信息滤波的计算精度比卡尔曼滤波更高。

平方根滤波与载人登月

3.4.3 平方根滤波

计算机的有限字长问题会使滤波递推过程中存在舍入误差，进而使 $\boldsymbol{P}_{k|k-1}$、$\boldsymbol{P}_{k|k}$ 逐渐失去非负定性，导致 $\boldsymbol{K}_k$ 计算失真，造成滤波器发散。这种原因所导致的发散一般称为计算发散，此类发散问题可采用平方根滤波方法解决。平方根滤波方法的思路是：将卡尔曼滤波的估计误差方差矩阵分解成若干子矩阵连乘的形式，以此将估计误差矩阵更新拆分成子矩阵更新，更新之后的子矩阵再次连乘获得更新后的估计误差方差矩阵，几种平方根滤波方法简述如表 3-3 所示。得益于分解后子矩阵的特殊形式，子矩阵连乘得到的估计误差方差矩阵始终是非负定的，从而降低由计算误差引起滤波器发散的可能性。平方根滤波精度可提高至标准卡尔曼滤波的 2 倍，但计算量较大。本节主要介绍计算量较小的 UD 分解滤波方法，并从时间更新和量测更新两部分给出整体滤波过程。

假设状态方程和量测方程为

$$\begin{cases} \boldsymbol{x}_k = \boldsymbol{F}_{k-1}\boldsymbol{x}_{k-1} + \boldsymbol{w}_{k-1} \\ \boldsymbol{z}_k = \boldsymbol{H}_k\boldsymbol{x}_k + \boldsymbol{v}_k \end{cases} \tag{3-126}$$

其中，$\boldsymbol{w}_k$、$\boldsymbol{v}_k$ 是不相关的零均值高斯白噪声，方差矩阵分别为 $\boldsymbol{Q}_k$、$\boldsymbol{R}_k$。

表 3-3　几种平方根滤波方法简述

名称	原理	优缺点
Potter (Carlson) 平方根滤波	$\boldsymbol{P} = \boldsymbol{\Delta}\boldsymbol{\Delta}^{\mathrm{T}}$ 其中，$\boldsymbol{\Delta}$ 表示下(上)三角阵	(1) 滤波精度是标准卡尔曼滤波的 2 倍 (2) 计算量高于标准卡尔曼滤波
奇异值分解滤波	$\boldsymbol{P} = \boldsymbol{U}\boldsymbol{\Lambda}\boldsymbol{U}^{\mathrm{T}}$ 其中，$\boldsymbol{U}$ 表示单位正交矩阵；$\boldsymbol{\Lambda}$ 表示对角阵	(1) 滤波精度是标准卡尔曼滤波的 2 倍 (2) 奇异值分解计算量较大 (3) 均方误差矩阵必须是严格正定的
UD 分解滤波	$\boldsymbol{P} = \boldsymbol{U}\boldsymbol{D}\boldsymbol{U}^{\mathrm{T}}$ 其中，$\boldsymbol{U}$ 表示上三角阵，主对角元素全为 1；$\boldsymbol{D}$ 表示对角阵	(1) 测量噪声协方差矩阵为对角阵或常数阵 (2) 滤波精度是标准卡尔曼滤波的 2 倍 (3) 计算量低于 Potter 平方根滤波

对于非负定的协方差矩阵 $\boldsymbol{P}_{k|k}$ 和 $\boldsymbol{P}_{k|k-1}$，可进行如下 $\boldsymbol{U}\boldsymbol{D}\boldsymbol{U}^{\mathrm{T}}$ 分解：

$$\begin{cases} \boldsymbol{P}_{k|k-1} = \boldsymbol{U}_{k|k-1}\boldsymbol{D}_{k|k-1}\boldsymbol{U}_{k|k-1}^{\mathrm{T}} \\ \boldsymbol{P}_{k|k} = \boldsymbol{U}_{k|k}\boldsymbol{D}_{k|k}\boldsymbol{U}_{k|k}^{\mathrm{T}} \end{cases} \tag{3-127}$$

其中，$\boldsymbol{U}$ 表示上三角阵，主对角元素全为 1；$\boldsymbol{D}$ 表示对角阵。

UD 分解滤波并不直接求解 $\boldsymbol{P}_{k|k}$ 和 $\boldsymbol{P}_{k|k-1}$，而是求解 $\boldsymbol{U}_{k|k-1}$、$\boldsymbol{U}_{k|k}$、$\boldsymbol{D}_{k|k-1}$ 和 $\boldsymbol{D}_{k|k}$，并且

$\boldsymbol{U}$ 和 $\boldsymbol{D}$ 的特殊结构确保了 $\boldsymbol{P}_{k|k}$ 和 $\boldsymbol{P}_{k|k-1}$ 的非负定性。下面将 UD 分解滤波过程按照时间更新和量测更新两部分进行介绍。

1) 协方差矩阵的时间更新

由卡尔曼滤波基本方程可得

$$\boldsymbol{P}_{k|k-1}=\boldsymbol{F}_{k-1}\boldsymbol{P}_{k-1|k-1}\boldsymbol{F}_{k-1}^{\mathrm{T}}+\boldsymbol{Q}_{k-1} \tag{3-128}$$

则式(3-128)可表示为

$$\begin{aligned}\boldsymbol{U}_{k|k-1}\boldsymbol{D}_{k|k-1}\boldsymbol{U}_{k|k-1}^{\mathrm{T}}&=\boldsymbol{F}_{k-1}\boldsymbol{U}_{k-1|k-1}\boldsymbol{D}_{k-1|k-1}\boldsymbol{U}_{k-1|k-1}^{\mathrm{T}}\boldsymbol{F}_{k-1}^{\mathrm{T}}+\boldsymbol{Q}_{k-1}\\&=\begin{bmatrix}\boldsymbol{F}_{k-1}\boldsymbol{U}_{k-1|k-1} & \boldsymbol{1}\end{bmatrix}\begin{bmatrix}\boldsymbol{D}_{k-1|k-1} & \boldsymbol{0}\\ \boldsymbol{0} & \boldsymbol{Q}_{k-1}\end{bmatrix}\begin{bmatrix}\boldsymbol{U}_{k-1|k-1}^{\mathrm{T}}\boldsymbol{F}_{k-1}^{\mathrm{T}}\\ \boldsymbol{1}\end{bmatrix}=\boldsymbol{W}\boldsymbol{D}\boldsymbol{W}^{\mathrm{T}}\end{aligned} \tag{3-129}$$

记

$$\boldsymbol{W}=\begin{bmatrix}\boldsymbol{F}_{k-1}\boldsymbol{U}_{k-1|k-1} & \boldsymbol{1}\end{bmatrix},\qquad \boldsymbol{D}=\operatorname{diag}\left(\boldsymbol{D}_{k-1|k-1},\boldsymbol{Q}_{k-1}\right) \tag{3-130}$$

若记 QR 分解 $\boldsymbol{W}^{\mathrm{T}}=\widehat{\boldsymbol{Q}}\widehat{\boldsymbol{R}}$，此处 $\widehat{\boldsymbol{R}}$ 选为下三角阵并代入式(3-129)，可得

$$\boldsymbol{U}_{k|k-1}\boldsymbol{D}_{k|k-1}\boldsymbol{U}_{k|k-1}^{\mathrm{T}}=\widehat{\boldsymbol{R}}^{\mathrm{T}}\widehat{\boldsymbol{Q}}^{\mathrm{T}}\boldsymbol{D}\widehat{\boldsymbol{Q}}\widehat{\boldsymbol{R}}=\widehat{\boldsymbol{R}}^{\mathrm{T}}\boldsymbol{A}\widehat{\boldsymbol{R}} \tag{3-131}$$

记 $\boldsymbol{A}=\widehat{\boldsymbol{Q}}^{\mathrm{T}}\boldsymbol{D}\widehat{\boldsymbol{Q}}$，显然 $\boldsymbol{A}$ 为非负定对称矩阵，可进行 UD 分解，记 $\boldsymbol{A}=\widehat{\boldsymbol{U}}\widehat{\boldsymbol{D}}\widehat{\boldsymbol{U}}^{\mathrm{T}}$。此处，$\widehat{\boldsymbol{U}}$ 选为上三角阵并代入式(3-131)可得

$$\boldsymbol{U}_{k|k-1}\boldsymbol{D}_{k|k-1}\boldsymbol{U}_{k|k-1}^{\mathrm{T}}=\widehat{\boldsymbol{R}}^{\mathrm{T}}\widehat{\boldsymbol{U}}\widehat{\boldsymbol{D}}\widehat{\boldsymbol{U}}^{\mathrm{T}}\widehat{\boldsymbol{R}}=(\widehat{\boldsymbol{R}}^{\mathrm{T}}\widehat{\boldsymbol{U}})\widehat{\boldsymbol{D}}(\widehat{\boldsymbol{R}}^{\mathrm{T}}\widehat{\boldsymbol{U}})^{\mathrm{T}} \tag{3-132}$$

显然，式(3-132)中两个上三角阵的乘积 $\widehat{\boldsymbol{R}}^{\mathrm{T}}\widehat{\boldsymbol{U}}$ 仍为上三角阵，故可令上三角阵 $\boldsymbol{U}_{k|k-1}=\widehat{\boldsymbol{R}}^{\mathrm{T}}\widehat{\boldsymbol{U}}$ 以及对角阵 $\boldsymbol{D}_{k|k-1}=\widehat{\boldsymbol{D}}$，这样便实现了估计误差方差矩阵的时间更新。

估计误差方差矩阵的时间更新步骤可总结如下：

(1) 根据式(3-130)计算 $\boldsymbol{W}$ 和 $\boldsymbol{D}$。

(2) 将 $\boldsymbol{W}$ 进行 QR 分解得到 $\widehat{\boldsymbol{Q}}$ 和 $\widehat{\boldsymbol{R}}$，并选 $\widehat{\boldsymbol{R}}$ 为下三角阵。

(3) 记 $\boldsymbol{A}=\widehat{\boldsymbol{Q}}^{\mathrm{T}}\boldsymbol{D}\widehat{\boldsymbol{Q}}$，并将 $\boldsymbol{A}$ 进行 UD 分解得到 $\widehat{\boldsymbol{U}}$ 和 $\widehat{\boldsymbol{D}}$，其中 $\widehat{\boldsymbol{U}}$ 选为上三角阵，$\widehat{\boldsymbol{D}}$ 为对角阵。

(4) 令 $\boldsymbol{U}_{k|k-1}=\widehat{\boldsymbol{R}}^{\mathrm{T}}\widehat{\boldsymbol{U}}$ 以及 $\boldsymbol{D}_{k|k-1}=\widehat{\boldsymbol{D}}$，此时 $\boldsymbol{U}_{k|k-1}$ 为上三角阵，$\boldsymbol{D}_{k|k-1}$ 为对角阵，根据式(3-127)计算 $\boldsymbol{P}_{k|k-1}=\boldsymbol{U}_{k|k-1}\boldsymbol{D}_{k|k-1}\boldsymbol{U}_{k|k-1}^{\mathrm{T}}$，便可完成估计误差方差矩阵的时间更新。

上述计算过程中共需要两次矩阵分解及多次矩阵乘法，计算量较大。考虑到式(3-129)中 $\boldsymbol{D}$ 是对角阵，给出了高效的直接由 $\boldsymbol{W}$ 和 $\boldsymbol{D}$ 进行 UD 分解，求解上三角阵 $\boldsymbol{U}_{k|k-1}$ 和对角阵 $\boldsymbol{D}_{k|k-1}$ 的算法，即

$$\boldsymbol{D}_{k|k-1}^{jj}=\sum_{s=1}^{2n}\boldsymbol{D}_{ss}\boldsymbol{W}_{j,s}^{(n-j)}\boldsymbol{W}_{j,s}^{(n-j)} \tag{3-133}$$

$$\boldsymbol{U}_{k|k-1}^{ij}=\frac{\sum_{s=1}^{2n}\boldsymbol{D}_{ss}\boldsymbol{W}_{i,s}^{(n-j)}\boldsymbol{W}_{j,s}^{(n-j)}}{\boldsymbol{D}_{k|k-1}^{jj}} \tag{3-134}$$

记

$$W_i^{(n-j+1)} = W_i^{(n-j)} - U_{k|k-1}^{ij} W_j^{(n-j)}, \quad j = n, \cdots, 1;\ i = 1, \cdots, j-1 \tag{3-135}$$

$W_{j,s}^{(n-j)}$ 表示向量 $W_j^{(n-j)}$ 的第 s 分量，向量初值 $W_j^{(0)}$ 为 W 的第 j 行向量。特别地，当 $D_{k|k-1}^{jj} = 0$ 时，式(3-133)说明，$D_{ss} = \mathbf{0}$ 或 $W_j^{(n-j)} = \mathbf{0}$，这时式(3-134)右端的分子和分母同时为 $\mathbf{0}$，$U_{k|k-1}^{ij}$ 可取任意值，一般简单地取 $U_{k|k-1}^{ij} = \mathbf{0}$ 即可，因而 UD 分解滤波可用于估计误差方差矩阵非负定的情形。

2)协方差矩阵的量测更新

UD 分解滤波的量测更新算法只适用于量测为标量的情形。当量测为非标量时，需要利用序贯卡尔曼滤波先进行处理，在此不再进行详细介绍。因此，以下步骤中量测皆为标量情形。

由卡尔曼滤波基本方程可得

$$P_{k|k} = P_{k|k-1} - P_{k|k-1} H_k^{\mathrm{T}} \left(H_k P_{k|k-1} H_k^{\mathrm{T}} + R_k \right)^{-1} H_k P_{k|k-1} \tag{3-136}$$

将式(3-127)代入式(3-136)，可得

$$\begin{aligned} U_{k|k} D_{k|k} U_{k|k}^{\mathrm{T}} =\ & U_{k|k-1} D_{k|k-1} U_{k|k-1}^{\mathrm{T}} - U_{k|k-1} D_{k|k-1} U_{k|k-1}^{\mathrm{T}} H_k^{\mathrm{T}} \\ & \times \left(H_k U_{k|k-1} D_{k|k-1} U_{k|k-1}^{\mathrm{T}} H_k^{\mathrm{T}} + R_k \right)^{-1} H_k U_{k|k-1} D_{k|k-1} U_{k|k-1}^{\mathrm{T}} \\ =\ & U_{k|k-1} \left[D_{k|k-1} - D_{k|k-1} U_{k|k-1}^{\mathrm{T}} H_k^{\mathrm{T}} \times \left(H_k U_{k|k-1} D_{k|k-1} U_{k|k-1}^{\mathrm{T}} H_k^{\mathrm{T}} + R_k \right)^{-1} H_k U_{k|k-1} D_{k|k-1} \right] U_{k|k-1}^{\mathrm{T}} \\ =\ & U_{k|k-1} \left(D_{k|k-1} - a^{-1} g g^{\mathrm{T}} \right) U_{k|k-1}^{\mathrm{T}} \end{aligned} \tag{3-137}$$

记

$$\begin{cases} f = \left(H_k U_{k|k-1} \right)^{\mathrm{T}} \\ g = D_{k|k-1} U_{k|k-1}^{\mathrm{T}} H_k^{\mathrm{T}} = D_{k|k-1} f \\ a = H_k U_{k|k-1} D_{k|k-1} U_{k|k-1}^{\mathrm{T}} H_k^{\mathrm{T}} + R_k = f^{\mathrm{T}} g + R_k \end{cases} \tag{3-138}$$

考虑到在标量情况下，a 为标量且 f 和 g 都是简单的 n 维列向量，通过展开并比较式(3-137)两端，可以得到 $U_{k|k}$ 和 $D_{k|k}$ 中各元素的计算公式为

$$U_{k|k}^{ij} = U_{k|k-1}^{ij} + \lambda_j \left(g_i + \sum_{s=i+1}^{j-1} U_{k|k-1}^{is} g_s \right) \tag{3-139}$$

$$D_{k|k}^{jj} = \frac{a_{j-1}}{a_j} \cdot D_{k|k-1}^{jj} \tag{3-140}$$

记

$$a_{j-1} = a_j - f_j g_j, \quad \lambda_j = \frac{-f_j}{a_{j-1}}, \quad j = n, \cdots, 1;\ i = 1, \cdots, j-1 \tag{3-141}$$

其中，$U_{k|k}^{ij}$ 和 $D_{k|k}^{jj}$ 分别表示 $U_{k|k}$ 的第 i 行、第 j 列元素和 $D_{k|k}$ 的对角线元素；f_j 和 g_j 分别表示向量 f 和 g 的第 j 分量；a_j 的迭代初值为 $a_n = a$，注意，当 $R_k > 0$ 时，总有 $a_j > 0$。

3.4.4 噪声相关条件下的卡尔曼滤波

3.2 节在推导卡尔曼滤波方程之前，假设系统为模型完全已知的线性系统且系统噪声、量测噪声均为互不相关、方差已知的白噪声序列。然而在实际系统中，由于不同子系统之间相互耦合或外部环境等因素，系统噪声与量测噪声之间可能存在相关性。在这种情况下，传统的卡尔曼滤波方法可能会失效。例如，由于上一时刻的后验估计误差 $\tilde{\boldsymbol{x}}_{k-1|k-1}$ 与量测噪声 $\boldsymbol{v}_{k-1}$ 相关，如果 $\boldsymbol{v}_{k-1}$ 和系统噪声 $\boldsymbol{w}_{k-1}$ 相关，则 $E[\tilde{\boldsymbol{x}}_{k-1|k-1}\boldsymbol{w}_{k-1}^{\mathrm{T}}]=\mathbf{0}$ 的假设将不再成立，式(3-13)中对于一步预测误差协方差矩阵的计算将存在错误。

在本节中，主要介绍如何去除系统噪声与量测噪声相关对卡尔曼滤波的影响。考虑如下所示的线性离散系统：

$$\begin{cases}\boldsymbol{x}_k=\boldsymbol{F}_{k-1}\boldsymbol{x}_{k-1}+\boldsymbol{w}_{k-1}\\ \boldsymbol{z}_k=\boldsymbol{H}_k\boldsymbol{x}_k+\boldsymbol{v}_k\end{cases} \tag{3-142}$$

其中，$\boldsymbol{w}_k$、$\boldsymbol{v}_k$ 为相关的零均值高斯白噪声，即其统计特性为

$$\begin{cases}E\left[\boldsymbol{w}_k\right]=\mathbf{0},\quad E\left[\boldsymbol{w}_k\boldsymbol{w}_j^{\mathrm{T}}\right]=\boldsymbol{Q}_k\delta_{kj}\\ E\left[\boldsymbol{v}_k\right]=\mathbf{0},\quad E\left[\boldsymbol{v}_k\boldsymbol{v}_j^{\mathrm{T}}\right]=\boldsymbol{R}_k\delta_{kj}\\ E\left[\boldsymbol{w}_k\boldsymbol{v}_j^{\mathrm{T}}\right]=\boldsymbol{S}_k\delta_{kj}\end{cases} \tag{3-143}$$

其中，$\boldsymbol{Q}_k$ 和 $\boldsymbol{R}_k$ 分别为 $\boldsymbol{w}_k$ 和 $\boldsymbol{v}_k$ 的方差矩阵；δ_{kj} 为 Kronecker-δ 函数，即如果 $k=j$，则 $\delta_{kj}=1$，否则，$\delta_{kj}=0$。

系统初始状态 $\boldsymbol{x}_0$ 的统计特性为

$$\begin{cases}E\left[\boldsymbol{x}_0\right]=\hat{\boldsymbol{x}}_{0|0},\ \mathrm{Cov}\left[\boldsymbol{x}_0\right]=\boldsymbol{P}_{0|0}\\ E\left[\boldsymbol{x}_0\boldsymbol{w}_k^{\mathrm{T}}\right]=\mathbf{0},\quad E\left[\boldsymbol{x}_0\boldsymbol{v}_k^{\mathrm{T}}\right]=\mathbf{0}\end{cases} \tag{3-144}$$

显然，该系统的 $\boldsymbol{w}_k$ 和 $\boldsymbol{v}_k$ 存在 δ 相关性。解决的方法就是将系统方程变形，以进行去相关处理。

由系统的量测方程可构造恒等式为

$$\boldsymbol{J}_{k-1}\left(\boldsymbol{z}_{k-1}-\boldsymbol{H}_{k-1}\boldsymbol{x}_{k-1}-\boldsymbol{v}_{k-1}\right)=\mathbf{0} \tag{3-145}$$

其中，$\boldsymbol{J}_{k-1}$ 为任意系数矩阵。

将式(3-145)代入状态方程中，可得

$$\begin{aligned}\boldsymbol{x}_k&=\boldsymbol{F}_{k-1}\boldsymbol{x}_{k-1}+\boldsymbol{w}_{k-1}+\boldsymbol{J}_{k-1}\left(\boldsymbol{z}_{k-1}-\boldsymbol{H}_{k-1}\boldsymbol{x}_{k-1}-\boldsymbol{v}_{k-1}\right)\\ &=\left(\boldsymbol{F}_{k-1}-\boldsymbol{J}_{k-1}\boldsymbol{H}_{k-1}\right)\boldsymbol{x}_{k-1}+\boldsymbol{J}_{k-1}\boldsymbol{z}_{k-1}+\left(\boldsymbol{w}_{k-1}-\boldsymbol{J}_{k-1}\boldsymbol{v}_{k-1}\right)\\ &=\boldsymbol{F}_{k-1}^{*}\boldsymbol{x}_{k-1}+\boldsymbol{J}_{k-1}\boldsymbol{z}_{k-1}+\boldsymbol{w}_{k-1}^{*}\end{aligned} \tag{3-146}$$

记

$$\begin{cases}\boldsymbol{F}_{k-1}^{*}=\boldsymbol{F}_{k-1}-\boldsymbol{J}_{k-1}\boldsymbol{H}_{k-1}\\ \boldsymbol{w}_{k-1}^{*}=\boldsymbol{w}_{k-1}-\boldsymbol{J}_{k-1}\boldsymbol{v}_{k-1}\end{cases} \tag{3-147}$$

计算噪声 $\boldsymbol{w}_k^{*}$ 的均值、方差矩阵以及 $\boldsymbol{w}_k^{*}$ 与 $\boldsymbol{v}_k$ 之间的协方差矩阵，可得

$$E\left[\boldsymbol{w}_k^*\right]=E\left[\boldsymbol{w}_k-\boldsymbol{J}_k\boldsymbol{v}_k\right]=\mathbf{0} \tag{3-148}$$

$$E\left[\boldsymbol{w}_k^*\left(\boldsymbol{w}_j^*\right)^{\mathrm{T}}\right]=(\boldsymbol{Q}_k+\boldsymbol{J}_k\boldsymbol{R}_k\boldsymbol{J}_k^{\mathrm{T}}-\boldsymbol{S}_k\boldsymbol{J}_k^{\mathrm{T}}-\boldsymbol{J}_k\boldsymbol{S}_k^{\mathrm{T}})\delta_{kj} \tag{3-149}$$

$$E\left[\boldsymbol{w}_k^*\boldsymbol{v}_j^{\mathrm{T}}\right]=\left(\boldsymbol{S}_k-\boldsymbol{J}_k\boldsymbol{R}_k\right)\delta_{kj} \tag{3-150}$$

显然，令 $\boldsymbol{S}_k-\boldsymbol{J}_k\boldsymbol{R}_k=\mathbf{0}$，即令系数矩阵

$$\boldsymbol{J}_k=\boldsymbol{S}_k\boldsymbol{R}_k^{-1} \tag{3-151}$$

则此时 $\boldsymbol{w}_k^*$ 与 $\boldsymbol{v}_k$ 之间不再相关，达到去相关的目的。

再将式(3-151)代入式(3-149)，可得

$$E\left[\boldsymbol{w}_k^*\left(\boldsymbol{w}_j^*\right)^{\mathrm{T}}\right]=\left(\boldsymbol{Q}_k-\boldsymbol{J}_k\boldsymbol{S}_k^{\mathrm{T}}\right)\delta_{kj}=\left(\boldsymbol{Q}_k-\boldsymbol{J}_k\boldsymbol{R}_k\boldsymbol{J}_k^{\mathrm{T}}\right)\delta_{kj} \tag{3-152}$$

可简记

$$\boldsymbol{Q}_k^*=\boldsymbol{Q}_k-\boldsymbol{J}_k\boldsymbol{R}_k\boldsymbol{J}_k^{\mathrm{T}} \tag{3-153}$$

至此，系统的模型转换为

$$\begin{cases}\boldsymbol{x}_k=\boldsymbol{F}_{k-1}^*\boldsymbol{x}_{k-1}+\boldsymbol{J}_{k-1}\boldsymbol{z}_{k-1}+\boldsymbol{w}_{k-1}^*\\ \boldsymbol{z}_k=\boldsymbol{H}_k\boldsymbol{x}_k+\boldsymbol{v}_k\end{cases} \tag{3-154}$$

其中

$$\begin{cases}\boldsymbol{J}_{k-1}=\boldsymbol{S}_{k-1}\boldsymbol{R}_{k-1}^{-1}\\ \boldsymbol{F}_{k-1}^*=\boldsymbol{F}_{k-1}-\boldsymbol{J}_{k-1}\boldsymbol{H}_{k-1}\\ \boldsymbol{w}_{k-1}^*=\boldsymbol{w}_{k-1}-\boldsymbol{J}_{k-1}\boldsymbol{v}_{k-1}\end{cases} \tag{3-155}$$

在该条件下，噪声统计特性为

$$\begin{cases}E\left[\boldsymbol{w}_k^*\right]=\mathbf{0},\quad E\left[\boldsymbol{w}_k^*\left(\boldsymbol{w}_j^*\right)^{\mathrm{T}}\right]=\boldsymbol{Q}_k^*\delta_{kj}\\ E\left[\boldsymbol{v}_k\right]=\mathbf{0},\quad E\left[\boldsymbol{v}_k\boldsymbol{v}_j^{\mathrm{T}}\right]=\boldsymbol{R}_k\delta_{kj}\\ E\left[\boldsymbol{w}_k^*\boldsymbol{v}_j^{\mathrm{T}}\right]=\mathbf{0}\end{cases} \tag{3-156}$$

这正好消除了系统噪声和量测噪声之间的相关性，参考前面卡尔曼滤波基本方程的推导过程，对噪声相关条件下的卡尔曼滤波方程进行推导。

若已知 $k-1$ 时刻的最优估计值 $\hat{\boldsymbol{x}}_{k-1|k-1}$，则由系统状态方程可得状态 $\boldsymbol{x}_k$ 的一步预测为

$$\hat{\boldsymbol{x}}_{k|k-1}=E\left[\boldsymbol{F}_{k-1}^*\boldsymbol{x}_{k-1}+\boldsymbol{J}_{k-1}\boldsymbol{z}_{k-1}+\boldsymbol{w}_{k-1}^*\,\middle|\,\boldsymbol{z}_{1:k-1}\right]=\boldsymbol{F}_{k-1}^*\hat{\boldsymbol{x}}_{k-1|k-1}+\boldsymbol{J}_{k-1}\boldsymbol{z}_{k-1} \tag{3-157}$$

则一步预测误差为

$$\tilde{\boldsymbol{x}}_{k|k-1}=\boldsymbol{x}_k-\hat{\boldsymbol{x}}_{k|k-1}=\boldsymbol{F}_{k-1}^*\tilde{\boldsymbol{x}}_{k-1|k-1}+\boldsymbol{w}_{k-1}^* \tag{3-158}$$

因此一步预测误差方差矩阵为

$$\boldsymbol{P}_{k|k-1}=E\left[\tilde{\boldsymbol{x}}_{k|k-1}\tilde{\boldsymbol{x}}_{k|k-1}^{\mathrm{T}}\right]=\boldsymbol{F}_{k-1}^*\boldsymbol{P}_{k-1|k-1}\left(\boldsymbol{F}_{k-1}^*\right)^{\mathrm{T}}+\boldsymbol{Q}_{k-1}^* \tag{3-159}$$

上述系统中只对状态方程进行了变换，而量测方程保持不变，则量测更新部分的基本

方程也保持不变。至此，可得噪声相关条件下的卡尔曼滤波方程为

$$\hat{\boldsymbol{x}}_{k|k-1} = \boldsymbol{F}_{k-1}^{*}\hat{\boldsymbol{x}}_{k-1|k-1} + \boldsymbol{J}_{k-1}\boldsymbol{z}_{k-1} \tag{3-160}$$

$$\boldsymbol{P}_{k|k-1} = \boldsymbol{F}_{k-1}^{*}\boldsymbol{P}_{k-1|k-1}\left(\boldsymbol{F}_{k-1}^{*}\right)^{\mathrm{T}} + \boldsymbol{Q}_{k-1}^{*} \tag{3-161}$$

$$\boldsymbol{K}_{k} = \boldsymbol{P}_{k|k-1}\boldsymbol{H}_{k}^{\mathrm{T}}\left(\boldsymbol{H}_{k}\boldsymbol{P}_{k|k-1}\boldsymbol{H}_{k}^{\mathrm{T}} + \boldsymbol{R}_{k}\right)^{-1} \tag{3-162}$$

$$\hat{\boldsymbol{x}}_{k|k} = \hat{\boldsymbol{x}}_{k|k-1} + \boldsymbol{K}_{k}\left(\boldsymbol{z}_{k} - \boldsymbol{H}_{k}\hat{\boldsymbol{x}}_{k|k-1}\right) \tag{3-163}$$

$$\boldsymbol{P}_{k|k} = \left(\boldsymbol{I} - \boldsymbol{K}_{k}\boldsymbol{H}_{k}\right)\boldsymbol{P}_{k|k-1} \tag{3-164}$$

显然，当协方差矩阵 $\boldsymbol{S}_k = \boldsymbol{0}$ 时，有 $\boldsymbol{J}_k = \boldsymbol{0}$，此时式(3-160)~式(3-164)与卡尔曼滤波基本方程完全一致。

3.4.5 有色噪声条件下的卡尔曼滤波

3.2 节的卡尔曼滤波有一个重要的假设，即系统噪声和量测噪声均为理想白噪声。然而，在实际系统工程中许多因素都会导致非理想白噪声，如系统动力学非线性、传感器带宽与采样率不匹配及外部环境干扰等，这违背了卡尔曼滤波中的白噪声假设。

在 3.4.4 节中，介绍了如何去除系统噪声与量测噪声相关的影响，但并没有处理系统噪声或量测噪声为有色噪声的情况。在本节中，将介绍如何处理系统噪声或量测噪声为有色噪声的情况。

1. 系统噪声为有色噪声

白噪声是一种理想的噪声，表示噪声序列的无自相关性，而有色噪声序列中的噪声存在自相关性。对于有色噪声的定义，读者可参考本书第 1 章。本小节主要考虑系统噪声为有色噪声条件下的卡尔曼滤波算法。此时，线性离散系统为

$$\begin{cases} \boldsymbol{x}_k = \boldsymbol{F}_{k-1}\boldsymbol{x}_{k-1} + \boldsymbol{w}_{k-1} \\ \boldsymbol{z}_k = \boldsymbol{H}_k\boldsymbol{x}_k + \boldsymbol{v}_k \end{cases} \tag{3-165}$$

其中，$\boldsymbol{v}_k$ 为零均值白噪声序列；$\boldsymbol{w}_k$ 为有色噪声，二者之间不相关。

此外，有色噪声 $\boldsymbol{w}_k$ 可以用白噪声激发的线性系统——成型滤波器得到，满足

$$\boldsymbol{w}_k = \prod\nolimits_{k-1}\boldsymbol{w}_{k-1} + \boldsymbol{\varepsilon}_{k-1} \tag{3-166}$$

其中，$\prod_k$ 为相关矩阵；$\boldsymbol{\varepsilon}_k$ 为零均值白噪声序列。

下面采用状态增广法进行卡尔曼滤波方程推导。将 $\boldsymbol{w}_k$ 添加到状态向量中，则增广后的状态向量为

$$\boldsymbol{x}_k^a = \begin{bmatrix} \boldsymbol{x}_k \\ \boldsymbol{w}_k \end{bmatrix} \tag{3-167}$$

增广后的状态方程和量测方程为

$$\begin{cases} \begin{bmatrix} \boldsymbol{x}_k \\ \boldsymbol{w}_k \end{bmatrix} = \begin{bmatrix} \boldsymbol{F}_{k-1} & \boldsymbol{I} \\ \boldsymbol{0} & \prod_{k-1} \end{bmatrix}\begin{bmatrix} \boldsymbol{x}_{k-1} \\ \boldsymbol{w}_{k-1} \end{bmatrix} + \begin{bmatrix} \boldsymbol{0} \\ \boldsymbol{I} \end{bmatrix}\boldsymbol{\varepsilon}_{k-1} \\ \boldsymbol{z}_k = \begin{bmatrix} \boldsymbol{H}_k & \boldsymbol{0} \end{bmatrix}\begin{bmatrix} \boldsymbol{x}_k \\ \boldsymbol{w}_k \end{bmatrix} + \boldsymbol{v}_k \end{cases} \tag{3-168}$$

即

$$\begin{cases} \boldsymbol{x}_k^a = \boldsymbol{F}_{k-1}^a \boldsymbol{x}_{k-1}^a + \boldsymbol{\psi}_{k-1}^a \boldsymbol{w}_{k-1}^a \\ \boldsymbol{z}_k^a = \boldsymbol{H}_k^a \boldsymbol{x}_k^a + \boldsymbol{v}_k \end{cases} \tag{3-169}$$

其中，$\boldsymbol{w}_{k-1}^a(\boldsymbol{w}_{k-1}^a = \boldsymbol{\varepsilon}_{k-1})$和$\boldsymbol{v}_k$都是零均值白噪声序列，符合卡尔曼滤波基本方程的要求，可以按照前面推导相应的滤波方程(在此留作习题)。需要注意的是，增广后系统状态向量维数增加，计算量会增大。

2. 量测噪声为有色噪声

对于系统噪声为有色噪声而量测噪声为白噪声的系统，采用状态增广的方法使噪声白化是一种有效的方法，唯一的代价是阶数增高，计算量增大。对于系统噪声为白噪声而量测噪声为有色噪声的卡尔曼滤波，可采用状态增广法或者量测差分法，下面对两种方法逐一进行介绍。

1)状态增广法

考虑如下的线性离散系统：

$$\begin{cases} \boldsymbol{x}_k = \boldsymbol{F}_{k-1} \boldsymbol{x}_{k-1} + \boldsymbol{w}_{k-1} \\ \boldsymbol{z}_k = \boldsymbol{H}_k \boldsymbol{x}_k + \boldsymbol{v}_k \end{cases} \tag{3-170}$$

其中，系统噪声$\boldsymbol{w}_k$为零均值白噪声序列；量测噪声$\boldsymbol{v}_k$为有色噪声，二者之间不相关。

此外，量测噪声$\boldsymbol{v}_k$满足

$$\boldsymbol{v}_k = \boldsymbol{\psi}_{k-1} \boldsymbol{v}_{k-1} + \boldsymbol{\varepsilon}_{k-1} \tag{3-171}$$

其中，$\boldsymbol{\varepsilon}_k$为零均值白噪声序列，即

$$\begin{cases} E\left[\boldsymbol{\varepsilon}_k\right] = \boldsymbol{0} \\ E\left[\boldsymbol{\varepsilon}_k \boldsymbol{\varepsilon}_j^{\mathrm{T}}\right] = \boldsymbol{R}_{\varepsilon k} \delta_{kj} \end{cases} \tag{3-172}$$

若将量测噪声$\boldsymbol{v}_k$状态增广，则增广后的状态方程为

$$\begin{bmatrix} \boldsymbol{x}_k \\ \boldsymbol{v}_k \end{bmatrix} = \begin{bmatrix} \boldsymbol{F}_{k-1} & \boldsymbol{0} \\ \boldsymbol{0} & \boldsymbol{\psi}_{k-1} \end{bmatrix} \begin{bmatrix} \boldsymbol{x}_{k-1} \\ \boldsymbol{v}_{k-1} \end{bmatrix} + \begin{bmatrix} \boldsymbol{w}_{k-1} \\ \boldsymbol{\varepsilon}_{k-1} \end{bmatrix} \tag{3-173}$$

量测方程为

$$\boldsymbol{z}_k = \begin{bmatrix} \boldsymbol{H}_k & \boldsymbol{I} \end{bmatrix} \begin{bmatrix} \boldsymbol{x}_k \\ \boldsymbol{v}_k \end{bmatrix} + \boldsymbol{0} \tag{3-174}$$

可简写为

$$\begin{cases} \boldsymbol{x}_k^* = \boldsymbol{F}_{k-1}^* \boldsymbol{x}_{k-1}^* + \boldsymbol{w}_{k-1}^* \\ \boldsymbol{z}_k = \boldsymbol{H}_k^* \boldsymbol{x}_k^* + \boldsymbol{v}_k^* \end{cases} \tag{3-175}$$

这个系统与原始系统等价。系统噪声和量测噪声的方差矩阵为

$$E\left[\boldsymbol{w}_k^* \left(\boldsymbol{w}_j^*\right)^{\mathrm{T}}\right] = \begin{bmatrix} \boldsymbol{Q}_k \delta_{kj} & \boldsymbol{0} \\ \boldsymbol{0} & \boldsymbol{R}_{\varepsilon k} \delta_{kj} \end{bmatrix} \tag{3-176}$$

$$E\left[\boldsymbol{v}_k^* \left(\boldsymbol{v}_j^*\right)^{\mathrm{T}}\right] = \boldsymbol{0} \tag{3-177}$$

从式(3-176)和式(3-177)可以看出，系统中并不存在量测噪声，这等价于系统的量测噪声是白色的，且均值和方差矩阵皆为零。理论上，在没有量测噪声时，卡尔曼滤波器依旧可以使用，而且在提出卡尔曼滤波器时，并没有对量测噪声的方差矩阵进行任何约束。但从应用上来说，量测噪声的方差为零可能会带来很多数值问题。因此，下面介绍另一种处理有色量测噪声的方法。

2) 量测差分法

假设量测方程中的有色噪声 $\boldsymbol{v}_k$ 满足式(3-171)以及式(3-172)，利用量测方程将相邻时刻的量测求差展开，即

$$\begin{aligned}\boldsymbol{z}_k-\boldsymbol{\psi}_{k-1}\boldsymbol{z}_{k-1}&=\left[\boldsymbol{H}_k\left(\boldsymbol{F}_{k-1}\boldsymbol{x}_{k-1}+\boldsymbol{w}_{k-1}\right)\right]+\left(\boldsymbol{\psi}_{k-1}\boldsymbol{v}_{k-1}+\boldsymbol{\varepsilon}_{k-1}\right)-\boldsymbol{\psi}_{k-1}\left(\boldsymbol{H}_{k-1}\boldsymbol{x}_{k-1}+\boldsymbol{v}_{k-1}\right)\\&=\left(\boldsymbol{H}_k\boldsymbol{F}_{k-1}-\boldsymbol{\psi}_{k-1}\boldsymbol{H}_{k-1}\right)\boldsymbol{x}_{k-1}+\left(\boldsymbol{H}_k\boldsymbol{w}_{k-1}+\boldsymbol{\varepsilon}_{k-1}\right)\end{aligned} \tag{3-178}$$

记

$$\begin{cases}\boldsymbol{z}_{k-1}^{*}=\boldsymbol{z}_k-\boldsymbol{\psi}_{k-1}\boldsymbol{z}_{k-1}\\ \boldsymbol{H}_{k-1}^{*}=\boldsymbol{H}_k\boldsymbol{F}_{k-1}-\boldsymbol{\psi}_{k-1}\boldsymbol{H}_{k-1}\\ \boldsymbol{v}_{k-1}^{*}=\boldsymbol{H}_k\boldsymbol{w}_{k-1}+\boldsymbol{\varepsilon}_{k-1}\end{cases} \tag{3-179}$$

这样，对于量测值 $\boldsymbol{z}_{k-1}^{*}$ 就产生了一个新的量测方程，量测矩阵为 $\boldsymbol{H}_{k-1}^{*}$，量测噪声为 $\boldsymbol{v}_{k-1}^{*}$。由此定义的等价系统如下：

$$\begin{cases}\boldsymbol{x}_k=\boldsymbol{F}_{k-1}\boldsymbol{x}_{k-1}+\boldsymbol{w}_{k-1}\\ \boldsymbol{z}_k^{*}=\boldsymbol{H}_k^{*}\boldsymbol{x}_k+\boldsymbol{v}_k^{*}\end{cases} \tag{3-180}$$

新的量测噪声 $\boldsymbol{v}_k^{*}$ 的方差矩阵及系统噪声和量测噪声的协方差矩阵分别为

$$E\left[\boldsymbol{v}_k^{*}\left(\boldsymbol{v}_j^{*}\right)^{\mathrm{T}}\right]=\left(\boldsymbol{H}_{k+1}\boldsymbol{Q}_k\boldsymbol{H}_{k+1}^{\mathrm{T}}+\boldsymbol{R}_{\varepsilon k}\right)\delta_{kj} \tag{3-181}$$

$$E\left[\boldsymbol{w}_k\left(\boldsymbol{v}_j^{*}\right)^{\mathrm{T}}\right]=E\left[\boldsymbol{w}_k\left(\boldsymbol{H}_{k+1}\boldsymbol{w}_k+\boldsymbol{\varepsilon}_k\right)^{\mathrm{T}}\right]=\boldsymbol{Q}_k\boldsymbol{H}_{k+1}^{\mathrm{T}}\delta_{kj} \tag{3-182}$$

其中，$\boldsymbol{w}_k$ 与 $\boldsymbol{\varepsilon}_k$ 相互独立且均值为零。需要注意的是，这里的系统噪声 $\boldsymbol{w}_k$ 与量测噪声 $\boldsymbol{v}_k^{*}$ 相关，因此可采用 3.4.4 节的方法进行去相关处理。

对于系统噪声和量测噪声均为有色噪声的情况，可采用两种方法进行处理：一是采用状态增广法，对系统噪声和量测噪声均进行状态增广；二是同时采用状态增广法和量测差分法，在状态增广后，系统噪声被白化，此时再采用量测差分法来处理量测噪声。对于上述两种处理方法，详细步骤此处不再赘述。

北斗卫星导航系统的发展历程

3.5　惯性/卫星松组合导航

随着科学技术的高速发展，目前广泛应用于天空、海洋以及地面的导航系统不计其数，但各自存在优缺点。例如，惯性导航系统(Inertial Navigation System, INS)能够不依赖外界信息，完全依靠自身设备完成导航任务，并提供多种较高精度的导航参数。但是 INS 的误差会随时间累积，不适用于独立长时间工作。全球导航卫星系统(Global Navigation Satellite

System, GNSS）可以提供实时全天候的高精度导航定位信息，且定位误差与时间无关。但是，GNSS 接收机信号易受干扰，在市区、森林等地区工作时信号容易中断，导致 GNSS 的可靠性没有 INS 强。

INS/GNSS 组合导航系统使 INS 和 GNSS 优劣互补，整体导航性能得到提升，可以更好地应用于空中、海上和陆地等场景。组合导航系统中有众多概念，如开环与闭环、松组合与紧组合等，下面对这些概念进行概述。

3.5.1　惯性/卫星组合模式概述

本节将重点讲述 INS/GNSS 组合导航系统的基本概念与卡尔曼滤波器在组合导航系统中的应用。

(1) 松组合和紧组合。根据 GNSS 量测形式不同，可分为松组合和紧组合。在松组合中，卡尔曼滤波器的测量输入为 GNSS 输出的伪距和伪距率处理转化后的位置和速度参数，且状态量与 GNSS 参数无关。在紧组合中，卡尔曼滤波器的测量输入直接为 GNSS 输出的伪距和伪距率，且状态量包含惯性导航系统和 GNSS 的参数。松组合较为简单，但要求最少有 4 颗卫星才能保证 GNSS 输出位置和速度测量。紧组合对卫星信号数目要求较低，当没有足够的卫星信号时，仍可以用来辅助 INS。

(2) 开环校正和闭环校正。由于 INS/GNSS 组合导航系统采用间接法建模状态误差，卡尔曼滤波器输出的通常是导航误差。因此，需要利用滤波器输出的估计误差对 INS 输出的导航参数进行校正，校正方式分开环和闭环两种。开环校正利用滤波器输出的 INS 误差估计值校正 INS 输出的导航参数，以得到导航参数的最优估计，且滤波器输出不会反馈给 INS，如图 3-7 所示。闭环校正是将滤波器输出的 INS 误差估计值反馈到惯性导航系统的内部，来校正 INS 输出的导航参数，每次校正后的导航参数将作为下一时刻的初值参与惯导解算。同时，滤波估计的加速度计和陀螺仪偏置在每个周期内都通过反馈校正 IMU 输出，从而影响后续的导航解算。在每次闭环校正后，对滤波器的误差状态估计部分置零，如图 3-8 所示。

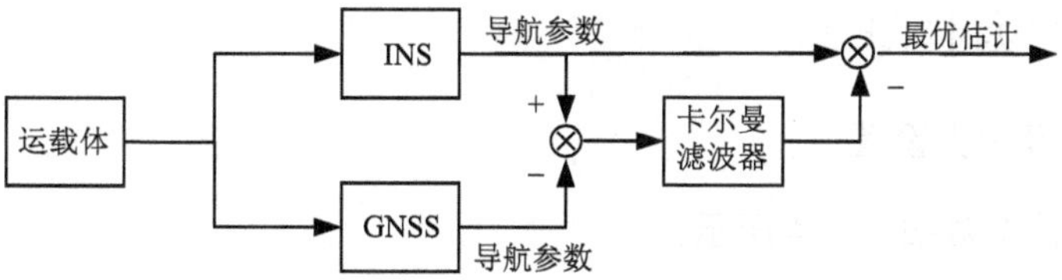

图 3-7　开环校正

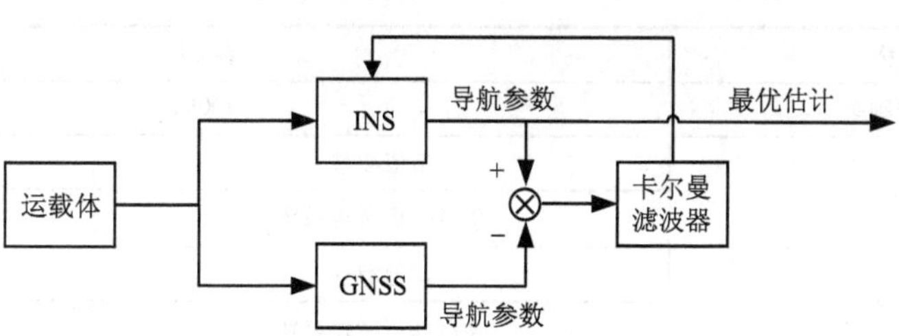

图 3-8　闭环校正

本节将 INS 信息和 GNSS 位置信息松组合，并采用开环校正的方式介绍卡尔曼滤波器在组合导航系统中的应用。

3.5.2 惯性/卫星松组合导航模型

1. 系统模型

系统模型利用惯性导航系统的误差方程来构建。本节选择东向、北向、天向姿态失准角$\boldsymbol{\phi}$、东北天速度误差$\delta\boldsymbol{v}$、纬经高位置误差$\delta\boldsymbol{p}$、陀螺仪零偏$\boldsymbol{\varepsilon}$和加速度计零偏$\boldsymbol{\nabla}$作为状态量，则系统模型为

$$\boldsymbol{x}_k = \boldsymbol{F}_{k-1}\boldsymbol{x}_{k-1} + \boldsymbol{G}_{k-1}\boldsymbol{w}_{k-1} \tag{3-183}$$

其中，各向量和矩阵的定义见 2.5.1 节的式(2-67)和式(2-69)～式(2-71)。仿真中设置系统噪声向量$\boldsymbol{w}_k \in \mathbb{R}^{6\times1}$为白噪声，且服从零均值协方差为$\boldsymbol{Q}_k \in \mathbb{R}^{6\times6}$的高斯分布。

2. 量测模型

GNSS 提供的量测值是大地坐标系下的位置量测，即

$$\boldsymbol{z}_k^{\text{GNSS}} = \boldsymbol{p}_k^{\text{GNSS}} = \boldsymbol{p}_k + \boldsymbol{v}_k^{\text{GNSS}} \tag{3-184}$$

其中，$\boldsymbol{p}_k \in \mathbb{R}^{3\times1}$为运载体真实的纬经高；$\boldsymbol{v}_k^{\text{GNSS}} \in \mathbb{R}^{3\times1}$为 GNSS 位置量测白噪声，仿真中设置其为白噪声，且服从零均值协方差为$\boldsymbol{R}_k \in \mathbb{R}^{3\times3}$的高斯分布。

量测方程利用 INS 与 GNSS 关于同一参数(位置)的差值作为量测信息来构建，即位置差值。位置差值是指由 INS 给出的位置信息$\boldsymbol{p}_k^{\text{INS}}$与 GNSS 提供的位置信息$\boldsymbol{p}_k^{\text{GNSS}}$求差，则有

$$\boldsymbol{z}_k = \boldsymbol{p}_k^{\text{INS}} - \boldsymbol{p}_k^{\text{GNSS}} = \boldsymbol{p}_k + \delta\boldsymbol{p}_k - \left(\boldsymbol{p}_k + \boldsymbol{v}_k^{\text{GNSS}}\right) = \boldsymbol{H}_k\boldsymbol{x}_k + \boldsymbol{v}_k \tag{3-185}$$

其中，量测噪声$\boldsymbol{v}_k = -\boldsymbol{v}_k^{\text{GNSS}}$，量测矩阵为

$$\boldsymbol{H}_k = \begin{bmatrix}\boldsymbol{0}_{3\times6} & \boldsymbol{I}_{3\times3} & \boldsymbol{0}_{3\times6}\end{bmatrix} \tag{3-186}$$

仿真采用的状态空间模型如式(3-183)和式(3-185)所示，下面采用卡尔曼滤波器来对运载体的状态进行实时估计。

3.5.3 仿真环境及参数设置

仿真中的器件参数如表 3-4 所示。

表 3-4　INS/GNSS 组合导航仿真系统参数设置

参数名称	参数值	
IMU 采样频率	100Hz	
三轴陀螺仪	常值漂移	$1°/\text{h}$
	角度随机游走系数	$0.05°/\sqrt{\text{h}}$
三轴加速度计	常值漂移	1mg
	速度随机游走系数	$100\mu\text{g}/\sqrt{\text{Hz}}$

续表

参数名称	参数值
GNSS 采样频率	1Hz
GNSS 位置测量误差标准差	[10m,10m,10m]
初始姿态误差	[0.1°,0.1°,5°]
初始速度误差	[0.1m/s,0.1m/s,0.1m/s]
初始位置误差	[10m,10m,10m]

卡尔曼滤波参数如表 3-5 所示。

表 3-5　INS/GNSS 组合导航仿真算法参数设置

算法名称	算法参数	参数值
KF	系统噪声协方差矩阵	$\mathbf{Q}_k = \text{blkdiag}([0.05°/\sqrt{\text{h}} * \boldsymbol{I}_3, 100\mu g/\sqrt{\text{Hz}} * \boldsymbol{I}_3])^2 / T_s$
	量测噪声协方差矩阵	$\boldsymbol{R}_k = [10\text{m} * \boldsymbol{I}_3]^2$
	滤波器初始状态	$[\mathbf{0}]_{15\times1}$
	滤波器初始姿态误差标准差	[0.1°,0.1°,5°]
	滤波器初始速度误差标准差	[0.1m/s,0.1m/s,0.1m/s]
	滤波器初始位置误差标准差	[10m,10m,10m]
	滤波器初始陀螺仪零偏标准差	[1°/h,1°/h,1°/h]
	滤波器初始加速度计零偏标准差	[1mg,1mg,1mg]

仿真真实轨迹如表 3-6 和图 3-9 所示。在 GNSS 位置量测条件下，状态中的位置误差是全局可观的。另外，轨迹中进行了变速、转弯等各种机动以保证姿态误差、陀螺零偏、加速度计零偏都是全局可观的。状态真实数据可由设定的轨迹生成，陀螺仪和加速度计的实际数据通过附加设定的器件常值漂移和随机噪声得到。

表 3-6　仿真真实轨迹数据

轨迹	加速度/(m/s^2)	角速度/[(°)/s]	持续时间/s	轨迹	加速度/(m/s^2)	角速度/[(°)/s]	持续时间/s
初始化	0	0	0	左转	0	6	60
加速运动	2.5	0	10	右转	0	6	60
匀速运动	0	0	180	左转	0	6	60
左转	0	6	30	右转	0	6	60
匀速运动	0	0	180	左转	0	6	60
右转	0	6	30	右转	0	6	60
匀速运动	0	0	180	(重复左转右转 6 次)	⋮	⋮	⋮
左转	0	6	15	左转	0	6	5
匀速运动	0	0	90				

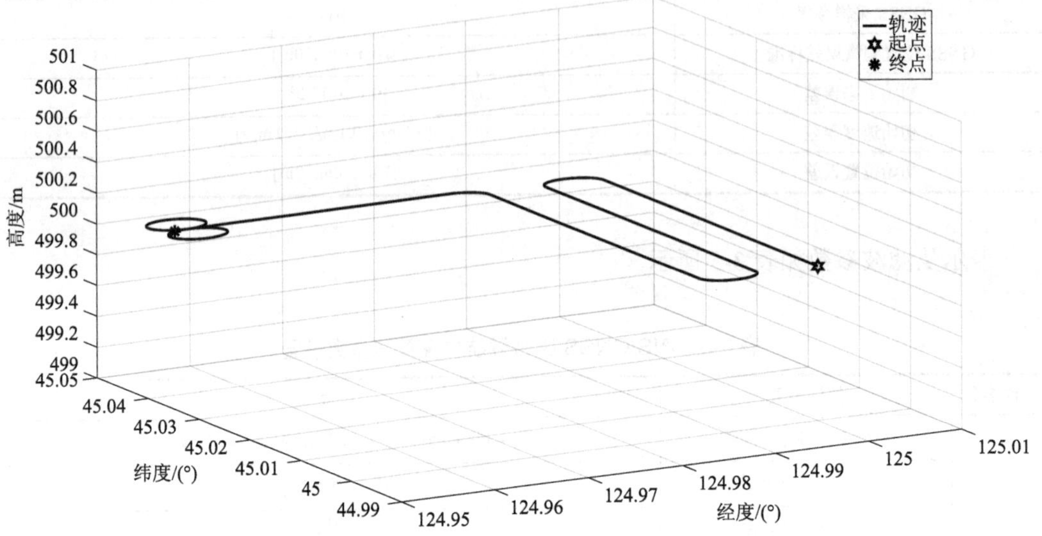

图 3-9　仿真真实轨迹

3.5.4　仿真结果与分析

本节利用 3.5.2 节的 INS/GNSS 组合导航模型以及 3.5.3 节的仿真参数进行 10 次蒙特卡罗仿真实验。为了验证卡尔曼滤波在组合导航中的作用，本节在相同仿真参数下对纯惯性导航和 INS/GNSS 组合导航进行仿真，并对比分析其性能。

首先，不采用卡尔曼滤波融合 GNSS 量测信息，只利用惯性导航数据对真实运动轨迹进行解算，可得到关于姿态、速度、位置的误差图，如图 3-10～图 3-12 所示。

由图 3-10～图 3-12 可知，纯惯性导航系统对真实运动的姿态、速度、位置估计误差曲线均是随时间发散的，且发散程度越来越大。这是因为惯性器件(陀螺仪和加速度计)的测量存在常值零偏和随机漂移误差。这些误差均会通过惯导更新算法进行传播，导致导航参数误差不断累积。接下来对 INS/GNSS 组合导航进行仿真，同样得到关于姿态、速度、位置的误差图，如图 3-13～图 3-17 所示。

由图 3-13～图 3-17 可知，在典型的机动轨迹激励条件下，惯性导航位置、速度、姿态误差呈现收敛至 0 的趋势，陀螺仪零偏误差估计和加速度计零偏误差估计也呈现收敛至器件参数设置值的趋势。综合以上两组仿真结果可知，卡尔曼滤波器通过融合惯性导航信息和 GNSS 量测信息，可以抑制惯性导航器件输出的偏移以及校正惯性导航参数的误差。同时，INS 信息平滑了 GNSS 本身输出的位置量测误差，提高了组合导航系统的精度并保证系统的稳定，体现了组合导航的优势。

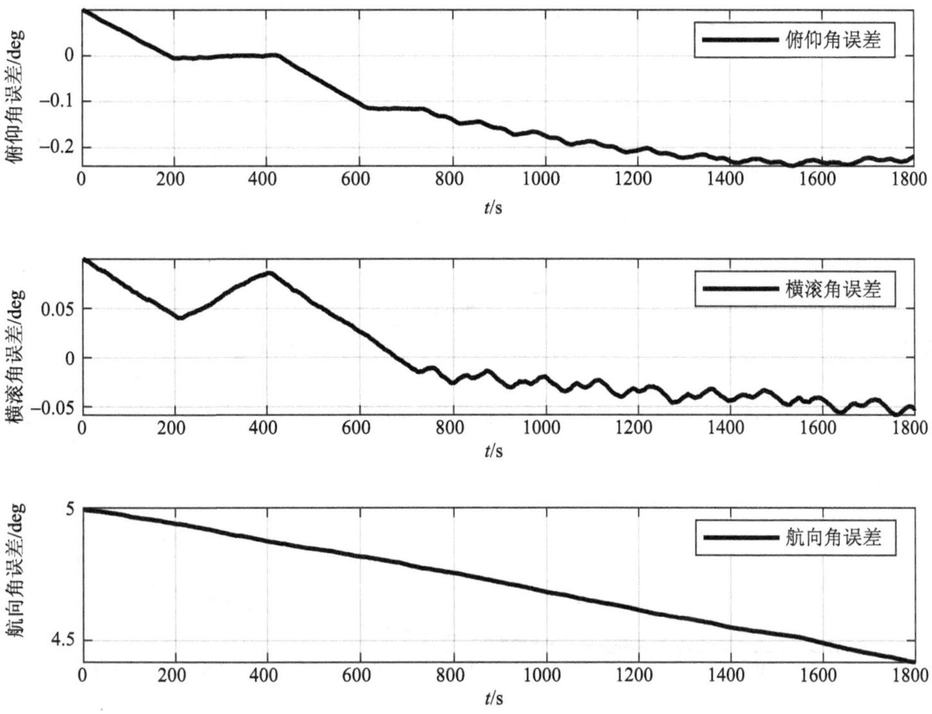

图 3-10 纯惯性导航姿态误差

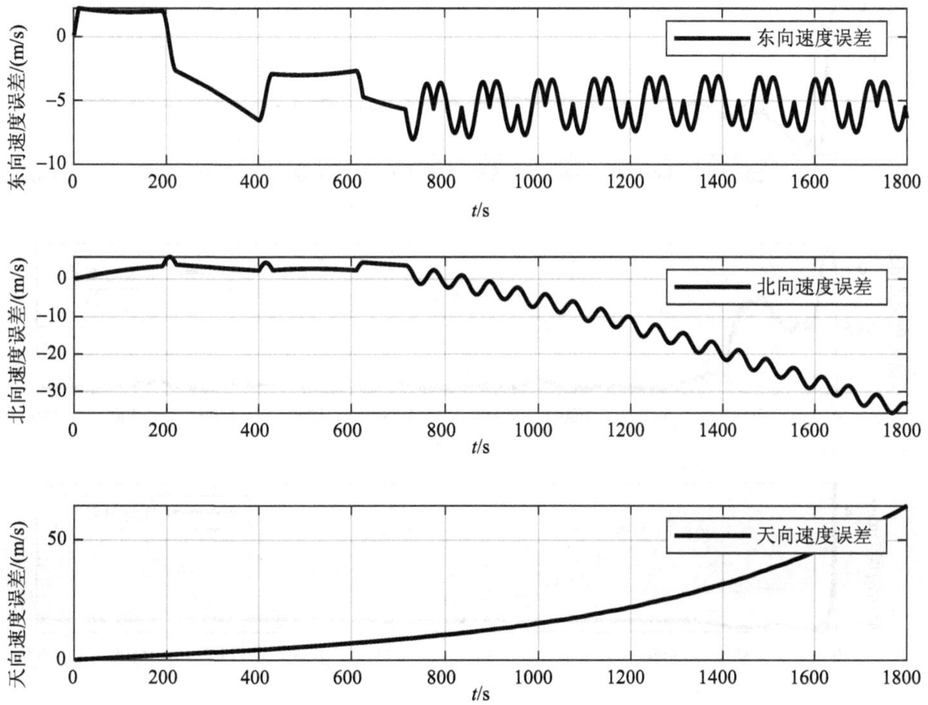

图 3-11 纯惯性导航速度误差

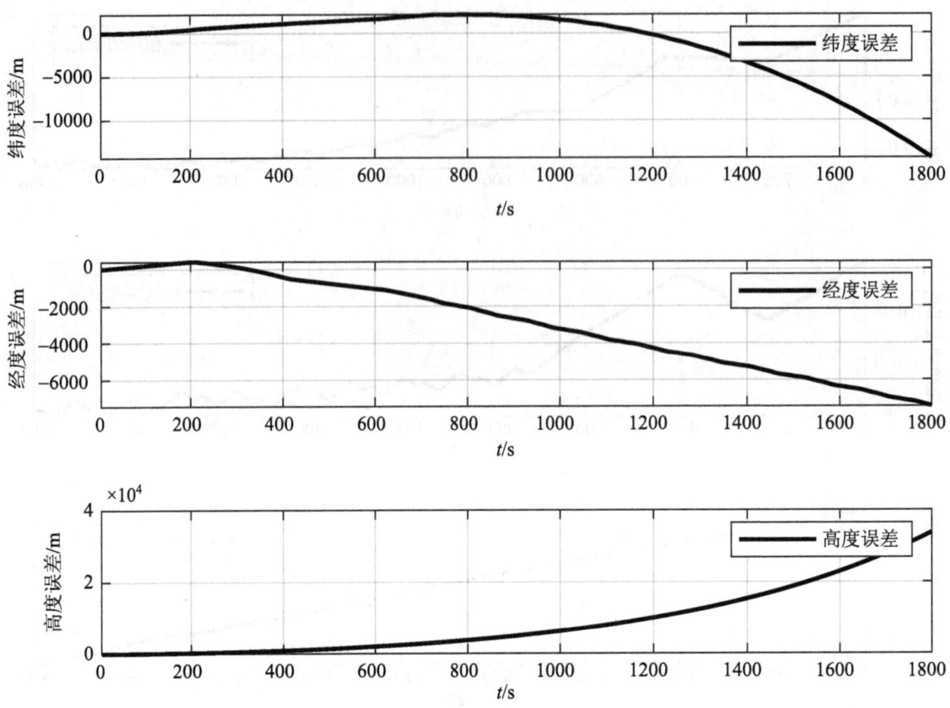

图 3-12　纯惯性导航位置误差

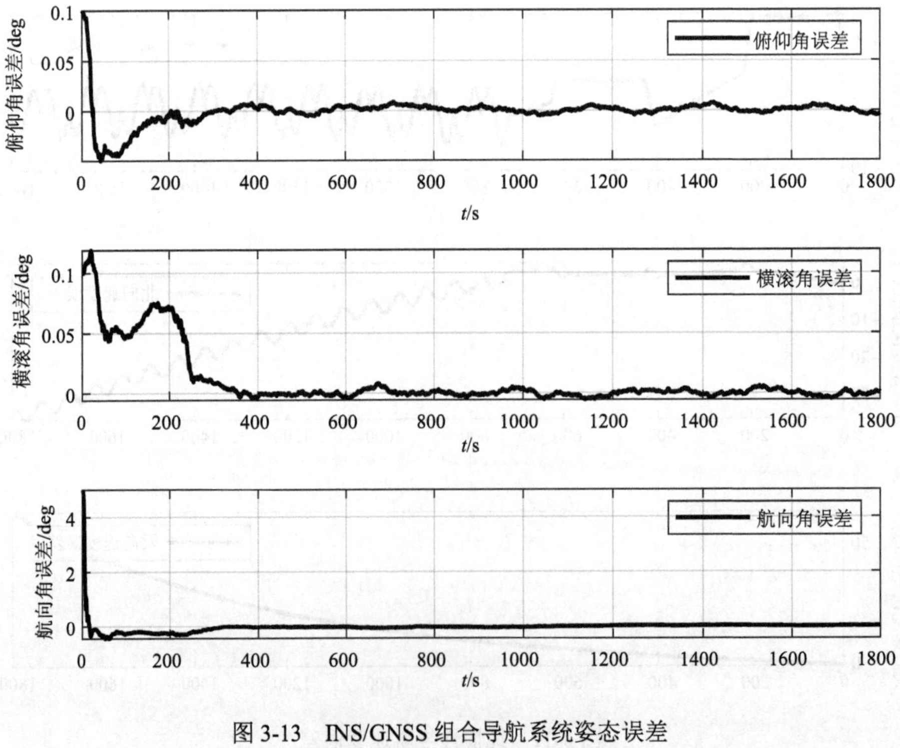

图 3-13　INS/GNSS 组合导航系统姿态误差

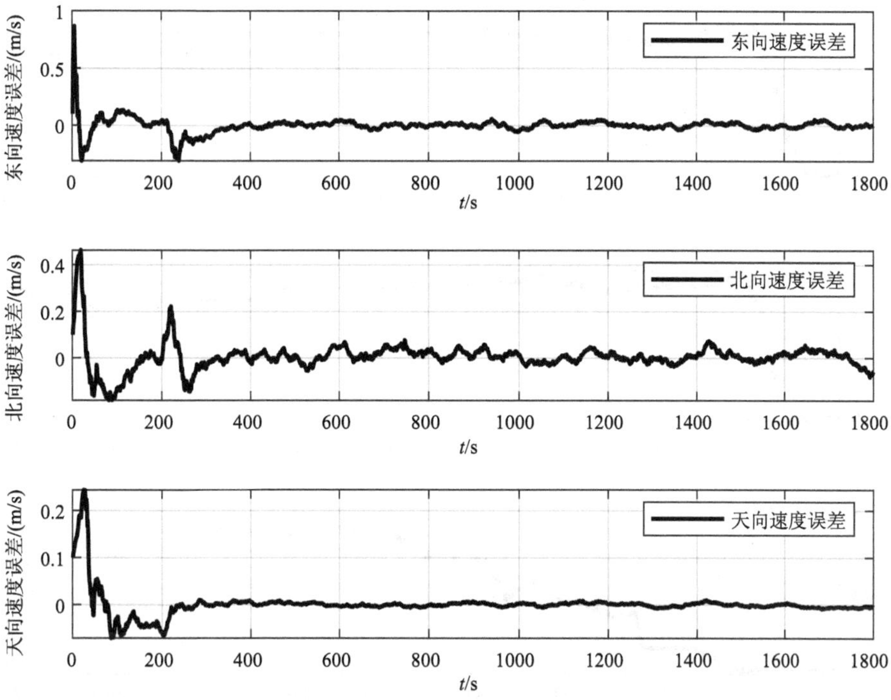

图 3-14　INS/GNSS 组合导航系统速度误差

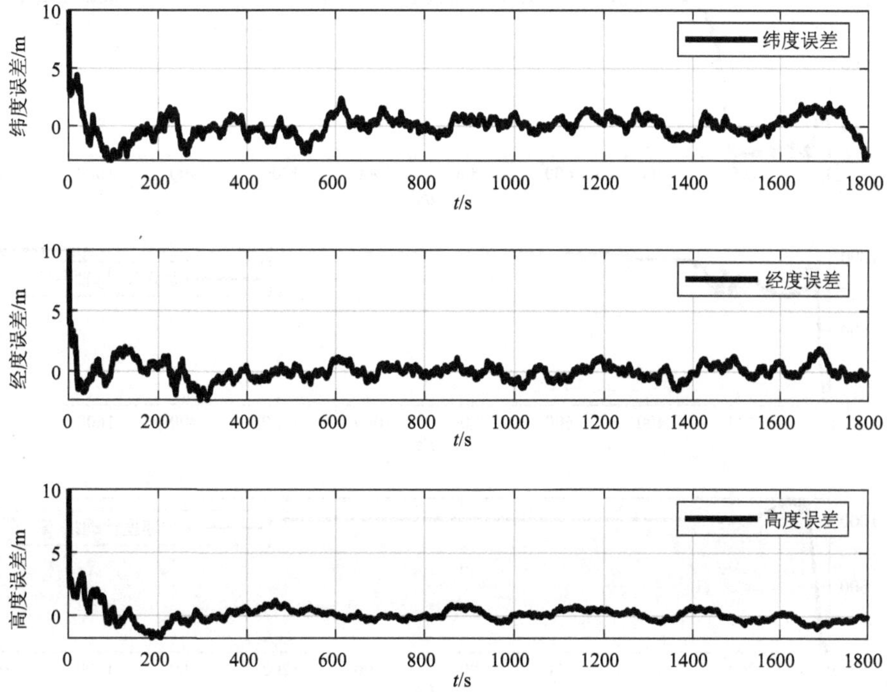

图 3-15　INS/GNSS 组合导航系统位置误差

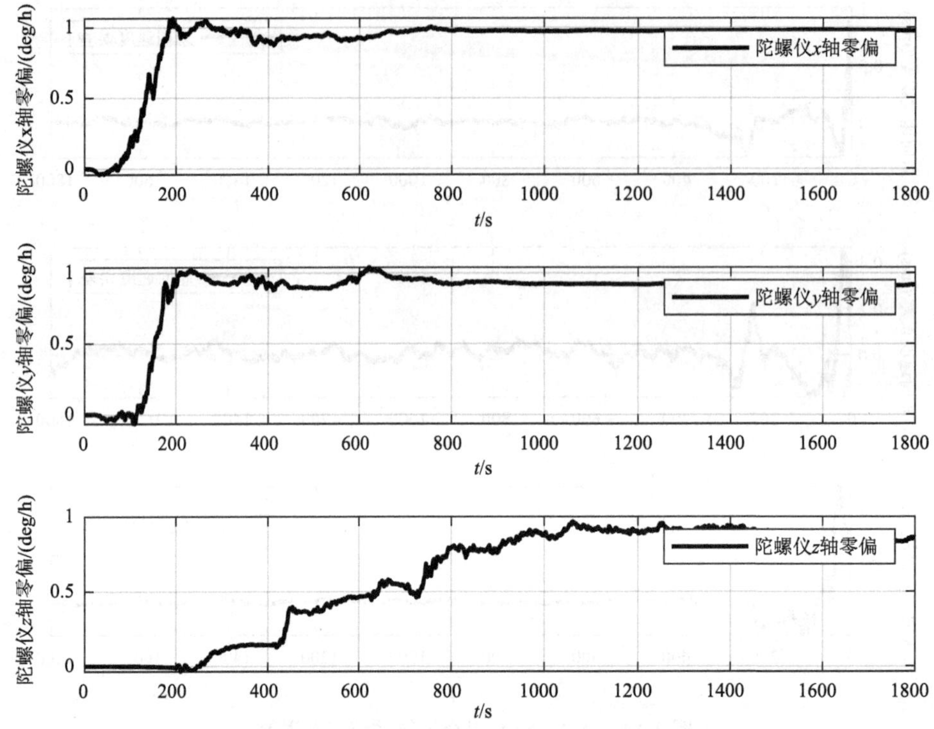

图 3-16　INS/GNSS 组合导航系统中陀螺仪零偏估计曲线

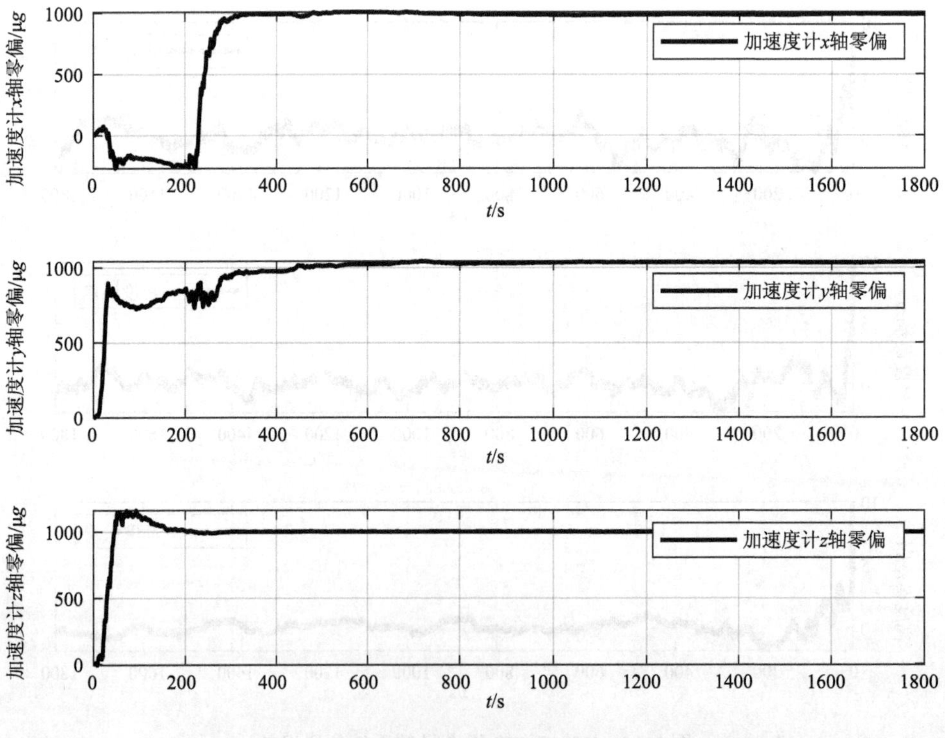

图 3-17　INS/GNSS 组合导航系统中加速度计零偏估计曲线

3.6 本章小结

本章从线性最小方差估计、最小方差估计、极大似然估计、极大后验估计四个角度对离散卡尔曼滤波方程进行了推导。由推导结果可知，这四种估计在线性高斯条件下是等价的。之后对卡尔曼滤波的相关性质等内容进行了讨论，分析了各个推导结果在线性高斯系统下等价的本质，并对滤波器发散问题以及如何解决进行了简要介绍。

此外，本章针对卡尔曼滤波在实际使用时遇到的问题，介绍了卡尔曼滤波的其他形式——序贯卡尔曼滤波、信息滤波、平方根滤波、噪声相关条件下以及有色噪声条件下的卡尔曼滤波。在本章末尾，详细介绍了卡尔曼滤波器在组合导航系统中的应用实例——惯性/卫星组合导航系统，并通过仿真程序进行仿真与结果分析。

习　题

1. 仿照本章中 $E[\boldsymbol{w}_{k-1} \mid \boldsymbol{z}_{1:k-1}] = \boldsymbol{0}$ 的证明过程，试证明 $E[\boldsymbol{v}_k \mid \boldsymbol{z}_{1:k-1}] = \boldsymbol{0}$、 $E[\tilde{\boldsymbol{x}}_{k|k-1}\boldsymbol{v}_k^{\mathrm{T}}] = \boldsymbol{0}$ 成立。

2. 设系统和量测方程分别为

$$x_{k+1} = x_k + w_k$$
$$z_k = x_k + v_k$$

其中，z_k、x_k 都是标量；w_k、v_k 都是零均值的白噪声序列，且有

$$\mathrm{Var}\left(w_i, w_j\right) = 2\delta_{ij}$$
$$\mathrm{Var}\left(v_i, v_j\right) = 2\delta_{ij}$$

w_k、v_k、x_0 三者互不相关，$E(x_0) = 0$，量测依次为

$$z_1 = 2, \quad z_2 = -4, \quad z_3 = -1, \quad z_4 = 3, \quad z_5 = 1$$

试按下述三种情况计算 $\hat{x}_{k+1|k}, P_{k+1|k}$：

(1) $P_0 = \infty$。

(2) $P_0 = 1$。

(3) $P_0 = 0$。

3. 试分析后验协方差矩阵 $\boldsymbol{P}_{k|k}$ 三种表达方式各自的优缺点。

4. 分别从线性最小方差估计角度、贝叶斯角度、极大似然角度和极大后验角度对卡尔曼滤波方程进行推导，并分析四种推导方式之间的关系。

5. 阅读本章内容，总结引起卡尔曼滤波器发散的原因，并查阅相关资料了解现有的抑制卡尔曼滤波器发散的方法。

6. 设系统和量测方程分别为

$$\boldsymbol{x}_{k+1} = \boldsymbol{x}_k + \boldsymbol{w}_k$$
$$\boldsymbol{z}_{k+1} = \boldsymbol{x}_{k+1} + \boldsymbol{v}_{k+1}$$

$\boldsymbol{z}_{k+1} = [4\ \ 6]^{\mathrm{T}}$、$\hat{\boldsymbol{x}}_{k|k} = [\hat{x}_k^1\ \ \hat{x}_k^2]^{\mathrm{T}} = [3\ \ 4]^{\mathrm{T}}$，且 $\boldsymbol{w}_k$、$\boldsymbol{v}_k$ 都是零均值白噪声序列，且有

$$\mathrm{Var}(\boldsymbol{w}_i, \boldsymbol{w}_j) = 2\boldsymbol{I}_2\delta_{ij}$$
$$\mathrm{Var}(\boldsymbol{v}_i, \boldsymbol{v}_j) = \boldsymbol{I}_2\delta_{ij}$$

w_k, v_k, x_0 三者互不相关，$E(x_0), P_{0|0}$ 均已知。在已知 $P_{k|k} = \begin{bmatrix} 3 & 0 \\ 0 & 5 \end{bmatrix}$ 的前提下，分别用卡尔曼滤波和序贯卡尔曼滤波的方法求解 $\hat{x}_{k+1|k+1}$、$P_{k+1|k+1}$。

7. 3.4.2 节介绍了卡尔曼滤波的对偶形式——信息滤波，并给出了信息矩阵的定义和推导过程。试查阅资料了解信息向量的含义并给出其递推求解的过程，以及其与信息矩阵之间的关系。

8. 在利用状态增广法处理有色量测噪声时会有哪些问题，查阅相关资料了解实际应用时如何处理该问题。

第 4 章　非线性卡尔曼滤波器

4.1　引　　言

第 3 章介绍的卡尔曼滤波器要求系统是线性的，但严格来说，实际工程中的大部分系统都是非线性系统，甚至很多都是强非线性系统。非线性系统滤波问题广泛存在于目标跟踪、导航、信号处理、工业自动控制、金融、无线通信等领域中，具有重要的理论研究意义和广阔的应用前景。在这些情况下，为了得到更加精确的估计结果，估计算法必须如实反映系统非线性特性，因此必须研究非线性滤波问题。对于线性高斯系统，卡尔曼滤波是最小方差意义下的最优解。然而对于非线性系统，其最优解一般不能用闭合形式表示，主要原因是尽管可以假设系统初始状态和噪声服从高斯分布，但是非线性变换后的系统状态和输出往往不再服从高斯分布，因此建立在高斯分布基础上的估计理论不再适用。

20 世纪 70 年代以后，人们一直按以下两个方向寻求工程上实用的非线性滤波近似算法：一是将状态后验概率密度近似为高斯分布，再通过近似解析求解或数值积分求解非线性高斯加权积分的高斯近似滤波器，如扩展卡尔曼滤波器(Extended Kalman Filter, EKF)、无迹卡尔曼滤波器(Unscented Kalman Filter, UKF)、容积卡尔曼滤波器(Cubature Kalman Filter, CKF)等；二是采用蒙特卡罗随机采样的方法近似非高斯概率密度，进而近似求解非线性积分，如粒子滤波。非线性系统近似的方法有很多，这也使得非线性滤波没有固定的方法和形式，而是拥有更多的解决方法和实现途径。本章将介绍四种非线性滤波方法，并通过典型导航系统的仿真实验对四种方法进行分析比较：

(1) 基于泰勒级数展开的扩展卡尔曼滤波；

(2) 基于无迹变换的无迹卡尔曼滤波；

(3) 基于球面径向求积准则的容积卡尔曼滤波；

(4) 基于蒙特卡罗逼近的粒子滤波。

其中，方法(1)~(3)均属于高斯近似滤波器。

本章安排如下：4.2 节对高斯近似滤波器的一般形式和近似精度进行介绍；4.3 节、4.4 节和 4.5 节分别对 EKF、UKF 和 CKF 这三种高斯近似滤波器进行详细介绍，并讨论它们的近似精度；4.6 节对粒子滤波进行详细介绍；4.7 节讨论几种非线性滤波器的特点，并分别介绍几种非线性滤波器在惯性/卫星紧组合导航系统和惯性/重力组合导航系统中的仿真应用；4.8 节对本章内容进行总结。

4.2　高斯近似滤波器

4.2.1　高斯近似滤波器定义

对于非线性系统的滤波问题，难点在于高斯随机变量经过非线性传播后不再服从高斯分布，因此很难获得最优的非线性滤波算法。为了获得一个次优的非线性滤波算法，将后验概率密度近似为高斯分布是一种最常用的算法。基于高斯分布近似的非线性滤波方法不仅具有良好的估计精度，而且具有适量的计算复杂度，使得其受到越来越多研究者的关注。高斯近似滤波器的核心是将高斯概率分布经非线性变换后的概率分布近似为高斯分布，从而在贝叶斯角度近似获得封闭解。下面对高斯近似滤波器进行详细陈述。

考虑如下离散时间非线性随机状态空间模型

$$\begin{cases}\boldsymbol{x}_k=\boldsymbol{f}\left(\boldsymbol{x}_{k-1}\right)+\boldsymbol{G}_{k-1}\boldsymbol{w}_{k-1}\\ \boldsymbol{z}_k=\boldsymbol{h}\left(\boldsymbol{x}_k\right)+\boldsymbol{v}_k\end{cases}\tag{4-1}$$

其中，k 表示离散化时间；$\boldsymbol{f}(\cdot)$ 和 $\boldsymbol{h}(\cdot)$ 分别表示已知的系统函数和量测函数；$\boldsymbol{G}_k$ 表示系统噪声驱动矩阵；$\boldsymbol{w}_k$ 表示均值为零、协方差矩阵为 $\boldsymbol{Q}_k$ 的高斯状态白噪声；$\boldsymbol{v}_k$ 表示均值为零、协方差矩阵为 $\boldsymbol{R}_k$ 的高斯量测白噪声；$\boldsymbol{w}_k$、$\boldsymbol{v}_k$ 以及系统初值满足 3.2 节式(3-2)假设。

为了推导高斯近似滤波，状态和量测的联合一步预测概率密度需要被假设为高斯分布，即

$$p\left(\boldsymbol{x}_k,\boldsymbol{z}_k\mid \boldsymbol{z}_{1:k-1}\right)=N\left(\begin{bmatrix}\boldsymbol{x}_k\\ \boldsymbol{z}_k\end{bmatrix};\begin{bmatrix}\hat{\boldsymbol{x}}_{k|k-1}\\ \hat{\boldsymbol{z}}_{k|k-1}\end{bmatrix},\begin{bmatrix}\boldsymbol{P}_{k|k-1} & \boldsymbol{P}_{k|k-1}^{xz}\\ \left(\boldsymbol{P}_{k|k-1}^{xz}\right)^{\mathrm{T}} & \boldsymbol{P}_{k|k-1}^{zz}\end{bmatrix}\right)\tag{4-2}$$

其中，$\hat{\boldsymbol{x}}_{k|k-1}$ 和 $\boldsymbol{P}_{k|k-1}$ 分别表示 k 时刻的状态一步预测和相应的预测误差协方差矩阵；$\hat{\boldsymbol{z}}_{k|k-1}$、$\boldsymbol{P}_{k|k-1}^{zz}$ 和 $\boldsymbol{P}_{k|k-1}^{xz}$ 分别表示 k 时刻的量测一步预测、量测一步预测误差协方差矩阵、状态和量测一步预测误差的互协方差矩阵，它们分别表示为

$$\begin{aligned}
\hat{\boldsymbol{x}}_{k|k-1}&=\int_{\mathbb{R}^n}\boldsymbol{f}\left(\boldsymbol{x}_{k-1}\right)N\left(\boldsymbol{x}_{k-1};\hat{\boldsymbol{x}}_{k-1|k-1},\boldsymbol{P}_{k-1|k-1}\right)\mathrm{d}\boldsymbol{x}_{k-1}\\
\boldsymbol{P}_{k|k-1}&=\int_{\mathbb{R}^n}\left(\boldsymbol{f}\left(\boldsymbol{x}_{k-1}\right)-\hat{\boldsymbol{x}}_{k|k-1}\right)\left(\boldsymbol{f}\left(\boldsymbol{x}_{k-1}\right)-\hat{\boldsymbol{x}}_{k|k-1}\right)^{\mathrm{T}}N\left(\boldsymbol{x}_{k-1};\hat{\boldsymbol{x}}_{k-1|k-1},\boldsymbol{P}_{k-1|k-1}\right)\mathrm{d}\boldsymbol{x}_{k-1}+\boldsymbol{G}_{k-1}\boldsymbol{Q}_{k-1}\boldsymbol{G}_{k-1}^{\mathrm{T}}\\
&=\int_{\mathbb{R}^n}\boldsymbol{f}\left(\boldsymbol{x}_{k-1}\right)\boldsymbol{f}^{\mathrm{T}}\left(\boldsymbol{x}_{k-1}\right)N\left(\boldsymbol{x}_{k-1};\hat{\boldsymbol{x}}_{k-1|k-1},\boldsymbol{P}_{k-1|k-1}\right)\mathrm{d}\boldsymbol{x}_{k-1}-\hat{\boldsymbol{x}}_{k|k-1}\hat{\boldsymbol{x}}_{k|k-1}^{\mathrm{T}}+\boldsymbol{G}_{k-1}\boldsymbol{Q}_{k-1}\boldsymbol{G}_{k-1}^{\mathrm{T}}\\
\hat{\boldsymbol{z}}_{k|k-1}&=\int_{\mathbb{R}^n}\boldsymbol{h}\left(\boldsymbol{x}_k\right)N\left(\boldsymbol{x}_k;\hat{\boldsymbol{x}}_{k|k-1},\boldsymbol{P}_{k|k-1}\right)\mathrm{d}\boldsymbol{x}_k\\
\boldsymbol{P}_{k|k-1}^{zz}&=\int_{\mathbb{R}^n}\left(\boldsymbol{h}\left(\boldsymbol{x}_k\right)-\hat{\boldsymbol{z}}_{k|k-1}\right)\left(\boldsymbol{h}\left(\boldsymbol{x}_k\right)-\hat{\boldsymbol{z}}_{k|k-1}\right)^{\mathrm{T}}N\left(\boldsymbol{x}_k;\hat{\boldsymbol{x}}_{k|k-1},\boldsymbol{P}_{k|k-1}\right)\mathrm{d}\boldsymbol{x}_k+\boldsymbol{R}_k\\
&=\int_{\mathbb{R}^n}\boldsymbol{h}\left(\boldsymbol{x}_k\right)\boldsymbol{h}^{\mathrm{T}}(\boldsymbol{x}_k)N\left(\boldsymbol{x}_k;\hat{\boldsymbol{x}}_{k|k-1},\boldsymbol{P}_{k|k-1}\right)\mathrm{d}\boldsymbol{x}_k-\hat{\boldsymbol{z}}_{k|k-1}\hat{\boldsymbol{z}}_{k|k-1}^{\mathrm{T}}+\boldsymbol{R}_k\\
\boldsymbol{P}_{k|k-1}^{xz}&=\int_{\mathbb{R}^n}\left(\boldsymbol{x}_k-\hat{\boldsymbol{x}}_{k|k-1}\right)\left(\boldsymbol{h}\left(\boldsymbol{x}_k\right)-\hat{\boldsymbol{z}}_{k|k-1}\right)^{\mathrm{T}}N\left(\boldsymbol{x}_k;\hat{\boldsymbol{x}}_{k|k-1},\boldsymbol{P}_{k|k-1}\right)\mathrm{d}\boldsymbol{x}_k\\
&=\int_{\mathbb{R}^n}\boldsymbol{x}_k\boldsymbol{h}^{\mathrm{T}}\left(\boldsymbol{x}_k\right)N\left(\boldsymbol{x}_k;\hat{\boldsymbol{x}}_{k|k-1},\boldsymbol{P}_{k|k-1}\right)\mathrm{d}\boldsymbol{x}_k-\hat{\boldsymbol{x}}_{k|k-1}\hat{\boldsymbol{z}}_{k|k-1}^{\mathrm{T}}
\end{aligned}\tag{4-3}$$

根据式(4-2)和贝叶斯准则，状态的后验滤波概率密度可以更新为高斯分布，即

$$p\left(\boldsymbol{x}_k\mid \boldsymbol{z}_{1:k}\right)=N\left(\boldsymbol{x}_k;\hat{\boldsymbol{x}}_{k|k},\boldsymbol{P}_{k|k}\right)\tag{4-4}$$

其中，状态的滤波估计 $\hat{\boldsymbol{x}}_{k|k}$、相应的估计误差协方差矩阵 $\boldsymbol{P}_{k|k}$ 以及卡尔曼滤波增益 $\boldsymbol{K}_k$ 可以表示为

$$\begin{aligned}\hat{\boldsymbol{x}}_{k|k} &= \hat{\boldsymbol{x}}_{k|k-1} + \boldsymbol{K}_k\left(\boldsymbol{z}_k - \hat{\boldsymbol{z}}_{k|k-1}\right)\\ \boldsymbol{P}_{k|k} &= \boldsymbol{P}_{k|k-1} - \boldsymbol{K}_k\boldsymbol{P}_{k|k-1}^{zz}\boldsymbol{K}_k^{\mathrm{T}}\\ \boldsymbol{K}_k &= \boldsymbol{P}_{k|k-1}^{xz}\left(\boldsymbol{P}_{k|k-1}^{zz}\right)^{-1}\end{aligned} \tag{4-5}$$

然而，由式(4-3)可知，即便 $k-1$ 时刻的后验概率密度被近似为高斯分布，在进行状态和测量的一步预测时，非线性变换后的状态概率密度也无法保持高斯分布特性。换句话说，式(4-3)的非线性高斯加权积分很难精确计算。因此，如何近似求解式(4-3)的非线性高斯加权积分是高斯近似滤波器需要解决的核心问题，这类积分问题可以表示成如式(4-6)所示的通用形式，即

$$\boldsymbol{I}(\boldsymbol{g}) = \int_{\mathbb{R}^n} \boldsymbol{g}(\boldsymbol{x})N(\boldsymbol{x};\boldsymbol{\mu},\boldsymbol{\Sigma})\mathrm{d}\boldsymbol{x} \tag{4-6}$$

其中，$\boldsymbol{I}(\boldsymbol{g})$ 定义为函数 $\boldsymbol{g}(\boldsymbol{x})$ 在高斯分布 $N(\boldsymbol{x};\boldsymbol{\mu},\boldsymbol{\Sigma})$ 下的高斯加权积分。

利用不同的高斯加权积分准则来计算方程(4-6)中的高斯加权积分可以得到不同的高斯近似滤波器，如利用泰勒级数展开方法、无迹变换方法和球面径向变换方法等。在接下来的章节中，将对采用不同的高斯加权积分准则得到的多种非线性滤波器进行详细介绍。

4.2.2　高斯近似滤波器近似精度

为了更好比较不同高斯近似滤波器的特点，下面对高斯近似滤波器的近似精度阶数（简写为近似精度）进行统一定义。定义近似精度本质上是为了评价不同高斯近似滤波器在处理式(4-6)的非线性高斯加权积分时的优缺点。

显然，在高斯近似滤波器中，数值积分仅涉及两类非线性函数的高斯加权积分：①非线性函数向量的高斯加权积分，如式(4-3)中第一和第三个积分；②非线性函数矩阵的高斯加权积分，如式(4-3)中第二、第四和第五个积分。下面针对本小节介绍的泰勒级数展开技术，对式(4-6)所示的数值积分近似精度进行定义。注意，本小节将第①类近似定义为均值近似，将第②类近似定义为协方差近似，则近似精度也分为均值近似精度和协方差近似精度。

1. 均值近似精度 o_m

当 $\boldsymbol{g}(\boldsymbol{x})$ 为列向量时，对 $\boldsymbol{g}(\boldsymbol{x})$ 进行泰勒级数展开，可得

$$\boldsymbol{g}(\boldsymbol{x}) = \boldsymbol{g}(\hat{\boldsymbol{x}}+\tilde{\boldsymbol{x}}) = \boldsymbol{g}(\hat{\boldsymbol{x}}) + \boldsymbol{D}_{\tilde{x}}\boldsymbol{g} + \frac{\boldsymbol{D}_{\tilde{x}}^2\boldsymbol{g}}{2!} + \frac{\boldsymbol{D}_{\tilde{x}}^3\boldsymbol{g}}{3!} + \frac{\boldsymbol{D}_{\tilde{x}}^4\boldsymbol{g}}{4!} + \cdots \tag{4-7}$$

其中，$\boldsymbol{D}_{\tilde{x}}\boldsymbol{g}$ 表示 $\boldsymbol{g}(\cdot)$ 的全微分，且泰勒级数展开的第 i 项为

$$\boldsymbol{D}_{\tilde{x}}^i\boldsymbol{g} = \left(\sum_{j=1}^{n}\tilde{x}_j\frac{\partial}{\partial x_j}\right)^i \boldsymbol{g}(\boldsymbol{x})\Bigg|_{\boldsymbol{x}=\hat{\boldsymbol{x}}} \tag{4-8}$$

其中，$\tilde{x}_j$ 指 $\tilde{\boldsymbol{x}}$ 的第 j 维度。

设 $\tilde{\boldsymbol{g}}_{l+1}(\boldsymbol{x})$ 为函数 $\boldsymbol{g}(\boldsymbol{x})$ 的泰勒级数前 $l+1$ 项和。如果函数 $\tilde{\boldsymbol{g}}_{l+1}(\boldsymbol{x})$ 的高斯加权积分 $\boldsymbol{I}(\tilde{\boldsymbol{g}}_{l+1})$ 真实值等于利用泰勒级数展开方法、无迹变换方法、球面径向变换方法等计算得出积分 $\boldsymbol{I}(\tilde{\boldsymbol{g}}_{l+1})$ 的数值积分值 $\overline{\tilde{\boldsymbol{g}}_{l+1}(\boldsymbol{x})}$，即

$$\boldsymbol{I}(\tilde{\boldsymbol{g}}_{l+1})=\int_{\mathbb{R}^n}\tilde{\boldsymbol{g}}_{l+1}(\boldsymbol{x})N(\boldsymbol{x};\boldsymbol{\mu},\boldsymbol{\Sigma})\mathrm{d}\boldsymbol{x}=\overline{\tilde{\boldsymbol{g}}_{l+1}(\boldsymbol{x})} \tag{4-9}$$

则称该数值积分方法的均值近似精度 $o_m=l$。

2. 协方差近似精度 o_c

当 $\boldsymbol{g}(\boldsymbol{x})$ 为矩阵时，本章考虑的被积矩阵函数 $\boldsymbol{g}(\boldsymbol{x})$ 均可作如下分解，即 $\boldsymbol{g}(\boldsymbol{x})=\boldsymbol{f}(\boldsymbol{x})(\boldsymbol{h}(\boldsymbol{x}))^{\mathrm{T}}$。依次对 $\boldsymbol{f}(\boldsymbol{x})$ 和 $\boldsymbol{h}(\boldsymbol{x})$ 进行泰勒级数展开，可得到与式(4-7)和式(4-8)类似的结果。如果对于 $\boldsymbol{f}(\boldsymbol{x})$ 和 $\boldsymbol{h}(\boldsymbol{x})$ 的前 $l+1$ 项级数 $\tilde{\boldsymbol{f}}_{l+1}(\boldsymbol{x})$ 和 $\tilde{\boldsymbol{h}}_{l+1}(\boldsymbol{x})$，数值积分结果 $\overline{\tilde{\boldsymbol{g}}_{l+1}(\boldsymbol{x})}$ 完全等于 $\tilde{\boldsymbol{g}}(\boldsymbol{x})=\tilde{\boldsymbol{f}}_{l+1}(\boldsymbol{x})\tilde{\boldsymbol{h}}_{l+1}(\boldsymbol{x})^{\mathrm{T}}$ 的高斯加权积分结果，则称该数值积分方法的协方差近似精度 $o_c=l$。显然，在非线性函数泰勒级数被截断至相同项数时，协方差近似需要计算的数值积分比均值近似更加复杂，具体见例 4-1。

例 4-1 对于高斯随机变量 $x\sim N(x;0,1)$，$f(x)=\mathrm{e}^x$，$h(x)=1/(1+x)$，根据均值近似精度和协方差近似精度的定义完成下面的均值和方差近似计算。

(1) $f(x)$ 的二阶精度均值以及 $h(x)$ 的二阶精度均值。

(2) $f(x)$ 的二阶精度方差、$h(x)$ 的二阶精度方差，以及 $f(x)$ 和 $h(x)$ 之间的二阶精度互协方差。

解 根据均值近似精度和协方差近似精度的定义，需要将 $f(x)$、$h(x)$ 的泰勒级数截断至第 3 项，即

$$\begin{cases}f(x)\approx\tilde{f}(x)=1+x+\dfrac{x^2}{2}\\ h(x)\approx\tilde{h}(x)=1-x+x^2\end{cases} \tag{4-10}$$

则 $f(x)$ 的二阶精度均值以及 $h(x)$ 的二阶精度均值分别为

$$\begin{cases}E\left(f(x)\right)\approx E\left(\tilde{f}(x)\right)=\displaystyle\int_{-\infty}^{\infty}\left(1+x+\frac{x^2}{2}\right)N(x;0,1)\mathrm{d}x=\frac{3}{2}\\ E\left(h(x)\right)\approx E\left(\tilde{h}(x)\right)=\displaystyle\int_{-\infty}^{\infty}\left(1-x+x^2\right)N(x;0,1)\mathrm{d}x=2\end{cases} \tag{4-11}$$

$f(x)$ 的二阶精度方差、$h(x)$ 的二阶精度方差以及 $f(x)$ 和 $h(x)$ 之间的二阶精度互协方差可计算为

$$\begin{cases}\mathrm{Var}\left(f(x)\right)\approx\mathrm{Var}\left(\tilde{f}(x)\right)\\ \qquad=\displaystyle\int_{-\infty}^{\infty}\left(x+\frac{x^2}{2}-\frac{1}{2}\right)^2N(x;0,1)\mathrm{d}x=\frac{3}{2}\\ \mathrm{Var}\left(h(x)\right)\approx\mathrm{Var}\left(\tilde{h}(x)\right)\\ \qquad=\displaystyle\int_{-\infty}^{\infty}\left(-x+x^2-1\right)^2N(x;0,1)\mathrm{d}x=3\\ \mathrm{Cov}\left(f(x),h(x)\right)\approx\mathrm{Cov}\left(\tilde{f}(x),\tilde{h}(x)\right)\\ \qquad=\displaystyle\int_{-\infty}^{\infty}\left(x+\frac{x^2}{2}-\frac{1}{2}\right)\left(-x+x^2-1\right)N(x;0,1)\mathrm{d}x=0\end{cases} \tag{4-12}$$

根据式(4-11)，若想实现均值近似精度为 2，只需要能够计算高斯分布的前 2 阶矩，但若想实现方差近似精度为 2，则至少需要能够计算高斯分布的前 4 阶矩。由此可知，若想均值和协方差的近似精度一致，则协方差需要的条件更加严格。

4.3　扩展卡尔曼滤波器

扩展卡尔曼滤波器的核心是将式(4-6)中的非线性函数 $\boldsymbol{g}(\boldsymbol{x})$ 利用泰勒级数展开近似成线性函数，从而将非线性高斯加权积分近似成可解的线性高斯加权积分。扩展卡尔曼滤波器根据系统模型可分为离散 EKF、连续 EKF、连续-离散 EKF；根据进行线性化截断的阶数可分为一阶 EKF、二阶 EKF。本节只介绍离散系统下的一阶 EKF 与二阶 EKF。

4.3.1　一阶 EKF

一阶 EKF 的核心是将非线性函数进行泰勒级数展开，并进行一阶线性化截断，然后代入高斯近似滤波框架。

1. *泰勒级数展开*

考虑式(4-1)所示的离散时间非线性随机状态空间模型，同时有如下定义：

$$\begin{cases}\boldsymbol{x}=\left[x_1,x_2,\cdots,x_n\right]^{\mathrm{T}}\in\mathbb{R}^n\\ \boldsymbol{x}=\hat{\boldsymbol{x}}+\tilde{\boldsymbol{x}},\ \ \tilde{\boldsymbol{x}}\sim N(\boldsymbol{0},\boldsymbol{P})\\ \nabla_{\boldsymbol{x}}^{\mathrm{T}}=\left[\dfrac{\partial}{\partial x_1},\dfrac{\partial}{\partial x_2},\cdots,\dfrac{\partial}{\partial x_n}\right]\\ \boldsymbol{f}(\boldsymbol{x})=\begin{bmatrix}f_1(\boldsymbol{x})\\ f_2(\boldsymbol{x})\\ \vdots\\ f_n(\boldsymbol{x})\end{bmatrix}=\begin{bmatrix}f_1(x_1,x_2,\cdots,x_n)\\ f_2(x_1,x_2,\cdots,x_n)\\ \vdots\\ f_n(x_1,x_2,\cdots,x_n)\end{bmatrix}\in\mathbb{R}^n\\ \boldsymbol{h}(\boldsymbol{x})=\begin{bmatrix}h_1(\boldsymbol{x})\\ h_2(\boldsymbol{x})\\ \vdots\\ h_m(\boldsymbol{x})\end{bmatrix}=\begin{bmatrix}h_1(x_1,x_2,\cdots,x_n)\\ h_2(x_1,x_2,\cdots,x_n)\\ \vdots\\ h_m(x_1,x_2,\cdots,x_n)\end{bmatrix}\in\mathbb{R}^m\end{cases}\tag{4-13}$$

下面以非线性函数向量 $\boldsymbol{f}(\boldsymbol{x})$ 为例，结合梯度算子 ∇ 的定义，对 $\boldsymbol{f}(\boldsymbol{x})$ 进行泰勒级数展开，即

$$\boldsymbol{f}(\boldsymbol{x})=\boldsymbol{f}(\hat{\boldsymbol{x}})+\sum_{i=1}^{\infty}\frac{1}{i!}\left(\nabla_{\boldsymbol{x}}^{\mathrm{T}}\tilde{\boldsymbol{x}}\right)^i\boldsymbol{f}(\boldsymbol{x})\Big|_{\boldsymbol{x}=\hat{\boldsymbol{x}}}\tag{4-14}$$

其中，一阶展开项的详细展开式为

$$\left(\nabla_{\boldsymbol{x}}^{\mathrm{T}}\tilde{\boldsymbol{x}}\right)\boldsymbol{f}(\boldsymbol{x})\Big|_{\boldsymbol{x}=\hat{\boldsymbol{x}}}=\left(\frac{\partial}{\partial x_1}\tilde{x}_1+\frac{\partial}{\partial x_2}\tilde{x}_2+\cdots+\frac{\partial}{\partial x_n}\tilde{x}_n\right)\boldsymbol{f}(\boldsymbol{x})\Big|_{\boldsymbol{x}=\hat{\boldsymbol{x}}}$$

$$=\begin{bmatrix}\dfrac{\partial f_1(\boldsymbol{x})}{\partial x_1} & \dfrac{\partial f_1(\boldsymbol{x})}{\partial x_2} & \cdots & \dfrac{\partial f_1(\boldsymbol{x})}{\partial x_n}\\ \dfrac{\partial f_2(\boldsymbol{x})}{\partial x_1} & \dfrac{\partial f_2(\boldsymbol{x})}{\partial x_2} & \cdots & \dfrac{\partial f_2(\boldsymbol{x})}{\partial x_n}\\ \vdots & \vdots & & \vdots\\ \dfrac{\partial f_n(\boldsymbol{x})}{\partial x_1} & \dfrac{\partial f_n(\boldsymbol{x})}{\partial x_2} & \cdots & \dfrac{\partial f_n(\boldsymbol{x})}{\partial x_n}\end{bmatrix}\Bigg|_{\boldsymbol{x}=\hat{\boldsymbol{x}}}\begin{bmatrix}\tilde{x}_1\\ \tilde{x}_2\\ \vdots\\ \tilde{x}_n\end{bmatrix}=\boldsymbol{J}\left(\boldsymbol{f}(\boldsymbol{x})\right)\big|_{\boldsymbol{x}=\hat{\boldsymbol{x}}}\tilde{\boldsymbol{x}} \tag{4-15}$$

其中，$\boldsymbol{J}\left(\boldsymbol{f}(\boldsymbol{x})\right)\big|_{\boldsymbol{x}=\hat{\boldsymbol{x}}}$ 为函数 $\boldsymbol{f}(\boldsymbol{x})$ 在 $\boldsymbol{x}=\hat{\boldsymbol{x}}$ 处的 Jacobi 矩阵。

二阶展开项的详细展开式为

$$\frac{1}{2}\left(\nabla_{\boldsymbol{x}}^{\mathrm{T}}\tilde{\boldsymbol{x}}\right)^2\boldsymbol{f}(\boldsymbol{x})\big|_{\boldsymbol{x}=\hat{\boldsymbol{x}}}=\frac{1}{2}\tilde{\boldsymbol{x}}^{\mathrm{T}}\nabla_{\boldsymbol{x}}\nabla_{\boldsymbol{x}}^{\mathrm{T}}\tilde{\boldsymbol{x}}\boldsymbol{f}(\boldsymbol{x})\Big|_{\boldsymbol{x}=\hat{\boldsymbol{x}}}=\frac{1}{2}\sum_{i=1}^{n}\tilde{\boldsymbol{x}}^{\mathrm{T}}\nabla_{\boldsymbol{x}}\nabla_{\boldsymbol{x}}^{\mathrm{T}}\tilde{\boldsymbol{x}}\boldsymbol{e}_i f_i(\boldsymbol{x})\Big|_{\boldsymbol{x}=\hat{\boldsymbol{x}}} \tag{4-16}$$

其中，$\boldsymbol{e}_i$ 表示第 i 维度为 1、其余维度为 0 的 n 维单位向量，$f_i(\boldsymbol{x})$ 表示 $f(\boldsymbol{x})$ 的第 i 维度。因为梯度算子 ∇ 只对 $\boldsymbol{f}$ 起作用，所以有

$$\begin{aligned}\frac{1}{2}\sum_{i=1}^{n}\boldsymbol{e}_i\tilde{\boldsymbol{x}}^{\mathrm{T}}\left(\nabla_{\boldsymbol{x}}\nabla_{\boldsymbol{x}}^{\mathrm{T}}f_i(\boldsymbol{x})\right)\big|_{\boldsymbol{x}=\hat{\boldsymbol{x}}}\tilde{\boldsymbol{x}}&=\frac{1}{2}\sum_{i=1}^{n}\boldsymbol{e}_i\mathrm{tr}\left[\nabla_{\boldsymbol{x}}\nabla_{\boldsymbol{x}}^{\mathrm{T}}f_i(\boldsymbol{x})\big|_{\boldsymbol{x}=\hat{\boldsymbol{x}}}\tilde{\boldsymbol{x}}\tilde{\boldsymbol{x}}^{\mathrm{T}}\right]\\&=\frac{1}{2}\sum_{i=1}^{n}\boldsymbol{e}_i\mathrm{tr}\left[\mathbf{He}(f_i(\boldsymbol{x}))\big|_{\boldsymbol{x}=\hat{\boldsymbol{x}}}\tilde{\boldsymbol{x}}\tilde{\boldsymbol{x}}^{\mathrm{T}}\right]\end{aligned} \tag{4-17}$$

其中，$\mathbf{He}(f_i(\boldsymbol{x}))\big|_{\boldsymbol{x}=\hat{\boldsymbol{x}}}$ 为函数 $f_i(\boldsymbol{x})$ 在 $\boldsymbol{x}=\hat{\boldsymbol{x}}$ 处的 Hessian 矩阵。

2. 一阶 EKF 推导

1) 时间更新

假设 $k-1$ 时刻已经将后验状态密度近似成高斯分布 $N(\boldsymbol{x}_{k-1};\hat{\boldsymbol{x}}_{k-1|k-1},\boldsymbol{P}_{k-1|k-1})$，将非线性函数向量 $\boldsymbol{f}(\boldsymbol{x}_{k-1})$ 在 $\boldsymbol{x}_{k-1}=\hat{\boldsymbol{x}}_{k-1|k-1}$ 处进行泰勒级数展开，并忽略二阶及以上的高阶项，得到近似的一阶线性化函数向量为

$$\boldsymbol{f}\left(\boldsymbol{x}_{k-1}\right)\approx\boldsymbol{f}\left(\hat{\boldsymbol{x}}_{k-1|k-1}\right)+\boldsymbol{F}_{k-1}\tilde{\boldsymbol{x}}_{k-1|k-1} \tag{4-18}$$

其中，$\boldsymbol{F}_{k-1}$ 为非线性函数 $\boldsymbol{f}(\boldsymbol{x})$ 在 $\hat{\boldsymbol{x}}_{k-1|k-1}$ 处的 Jacobi 矩阵；$\tilde{\boldsymbol{x}}_{k-1|k-1}=\boldsymbol{x}_{k-1}-\hat{\boldsymbol{x}}_{k-1|k-1}$ 为 $k-1$ 时刻后验状态估计误差。

在线性化非线性函数向量 $\boldsymbol{f}(\cdot)$ 后，根据式(4-3)可得

$$\begin{aligned}\hat{\boldsymbol{x}}_{k|k-1}&=\int_{\mathbb{R}^n}\boldsymbol{f}\left(\boldsymbol{x}_{k-1}\right)N\left(\boldsymbol{x}_{k-1};\hat{\boldsymbol{x}}_{k-1|k-1},\boldsymbol{P}_{k-1|k-1}\right)\mathrm{d}\boldsymbol{x}_{k-1}\\&\approx\int_{\mathbb{R}^n}\left(\boldsymbol{f}\left(\hat{\boldsymbol{x}}_{k-1|k-1}\right)+\boldsymbol{F}_{k-1}\tilde{\boldsymbol{x}}_{k-1|k-1}\right)N\left(\boldsymbol{x}_{k-1};\hat{\boldsymbol{x}}_{k-1|k-1},\boldsymbol{P}_{k-1|k-1}\right)\mathrm{d}\boldsymbol{x}_{k-1}\\&=\boldsymbol{f}\left(\hat{\boldsymbol{x}}_{k-1|k-1}\right)\end{aligned} \tag{4-19}$$

得到状态一步预测 $\hat{\boldsymbol{x}}_{k|k-1}$ 如式(4-19)所示。接着求得状态一步预测误差协方差矩阵

$\boldsymbol{P}_{k|k-1}$ 为

$$\begin{aligned}\boldsymbol{P}_{k|k-1}&=\int_{\mathbb{R}^n}\boldsymbol{f}\left(\boldsymbol{x}_{k-1}\right)\boldsymbol{f}^{\mathrm{T}}\left(\boldsymbol{x}_{k-1}\right)N\left(\boldsymbol{x}_{k-1};\hat{\boldsymbol{x}}_{k-1|k-1},\boldsymbol{P}_{k-1|k-1}\right)\mathrm{d}\boldsymbol{x}_{k-1}\\&\quad-\hat{\boldsymbol{x}}_{k|k-1}\hat{\boldsymbol{x}}_{k|k-1}^{\mathrm{T}}+\boldsymbol{G}_{k-1}\boldsymbol{Q}_{k-1}\boldsymbol{G}_{k-1}^{\mathrm{T}}\\&\approx\int_{\mathbb{R}^n}\left[\boldsymbol{f}\left(\hat{\boldsymbol{x}}_{k-1|k-1}\right)+\boldsymbol{F}_{k-1}\tilde{\boldsymbol{x}}_{k-1|k-1}\right]\left[\boldsymbol{f}\left(\hat{\boldsymbol{x}}_{k-1|k-1}\right)+\boldsymbol{F}_{k-1}\tilde{\boldsymbol{x}}_{k-1|k-1}\right]^{\mathrm{T}}\\&\quad\times N\left(\boldsymbol{x}_{k-1};\hat{\boldsymbol{x}}_{k-1|k-1},\boldsymbol{P}_{k-1|k-1}\right)\mathrm{d}\boldsymbol{x}_{k-1}-\hat{\boldsymbol{x}}_{k|k-1}\hat{\boldsymbol{x}}_{k|k-1}^{\mathrm{T}}+\boldsymbol{G}_{k-1}\boldsymbol{Q}_{k-1}\boldsymbol{G}_{k-1}^{\mathrm{T}}\\&=\boldsymbol{f}\left(\hat{\boldsymbol{x}}_{k-1|k-1}\right)\boldsymbol{f}^{\mathrm{T}}\left(\hat{\boldsymbol{x}}_{k-1|k-1}\right)+\boldsymbol{F}_{k-1}\boldsymbol{P}_{k-1|k-1}\boldsymbol{F}_{k-1}^{\mathrm{T}}-\hat{\boldsymbol{x}}_{k|k-1}\hat{\boldsymbol{x}}_{k|k-1}^{\mathrm{T}}+\boldsymbol{G}_{k-1}\boldsymbol{Q}_{k-1}\boldsymbol{G}_{k-1}^{\mathrm{T}}\\&=\boldsymbol{F}_{k-1}\boldsymbol{P}_{k-1|k-1}\boldsymbol{F}_{k-1}^{\mathrm{T}}+\boldsymbol{G}_{k-1}\boldsymbol{Q}_{k-1}\boldsymbol{G}_{k-1}^{\mathrm{T}}\end{aligned}\tag{4-20}$$

2) 量测更新

对非线性量测函数 $\boldsymbol{h}(\cdot)$ 在 $\hat{\boldsymbol{x}}_{k|k-1}$ 处进行一阶泰勒级数展开，得到近似线性化量测函数为

$$\boldsymbol{h}\left(\boldsymbol{x}_k\right)\approx\boldsymbol{h}\left(\hat{\boldsymbol{x}}_{k|k-1}\right)+\boldsymbol{H}_k\tilde{\boldsymbol{x}}_{k|k-1}\tag{4-21}$$

其中，$\boldsymbol{H}_k$ 为非线性函数向量 $\boldsymbol{h}(\cdot)$ 在 $\hat{\boldsymbol{x}}_{k|k-1}$ 处的 Jacobi 矩阵；$\tilde{\boldsymbol{x}}_{k|k-1}=\boldsymbol{x}_k-\hat{\boldsymbol{x}}_{k|k-1}$ 为状态一步预测误差。将式(4-21)代入式(4-3)可得量测一步预测 $\hat{\boldsymbol{z}}_{k|k-1}$、量测一步预测误差协方差矩阵 $\boldsymbol{P}_{k|k-1}^{zz}$ 以及状态和量测一步预测误差的互协方差矩阵 $\boldsymbol{P}_{k|k-1}^{xz}$ 分别为

$$\begin{aligned}\hat{\boldsymbol{z}}_{k|k-1}&=\int_{\mathbb{R}^n}\boldsymbol{h}\left(\boldsymbol{x}_k\right)N\left(\boldsymbol{x}_k;\hat{\boldsymbol{x}}_{k|k-1},\boldsymbol{P}_{k|k-1}\right)\mathrm{d}\boldsymbol{x}_k\\&\approx\int_{\mathbb{R}^n}\left(\boldsymbol{h}\left(\hat{\boldsymbol{x}}_{k|k-1}\right)+\boldsymbol{H}_k\tilde{\boldsymbol{x}}_{k|k-1}\right)N\left(\boldsymbol{x}_k;\hat{\boldsymbol{x}}_{k|k-1},\boldsymbol{P}_{k|k-1}\right)\mathrm{d}\boldsymbol{x}_k\\&=\boldsymbol{h}\left(\hat{\boldsymbol{x}}_{k|k-1}\right)+\int_{\mathbb{R}^n}\boldsymbol{H}_k\left(\boldsymbol{x}_k-\hat{\boldsymbol{x}}_{k|k-1}\right)N\left(\boldsymbol{x}_k;\hat{\boldsymbol{x}}_{k|k-1},\boldsymbol{P}_{k|k-1}\right)\mathrm{d}\boldsymbol{x}_k\\&=\boldsymbol{h}\left(\hat{\boldsymbol{x}}_{k|k-1}\right)\end{aligned}\tag{4-22}$$

$$\begin{aligned}\boldsymbol{P}_{k|k-1}^{zz}&=\int_{\mathbb{R}^n}\boldsymbol{h}\left(\boldsymbol{x}_k\right)\boldsymbol{h}^{\mathrm{T}}\left(\boldsymbol{x}_k\right)N\left(\boldsymbol{x}_k;\hat{\boldsymbol{x}}_{k|k-1},\boldsymbol{P}_{k|k-1}\right)\mathrm{d}\boldsymbol{x}_k-\hat{\boldsymbol{z}}_{k|k-1}\hat{\boldsymbol{z}}_{k|k-1}^{\mathrm{T}}+\boldsymbol{R}_k\\&\approx\int_{\mathbb{R}^n}\left(\boldsymbol{h}\left(\hat{\boldsymbol{x}}_{k|k-1}\right)+\boldsymbol{H}_k\tilde{\boldsymbol{x}}_{k|k-1}\right)^{\mathrm{T}}\left(\boldsymbol{h}\left(\hat{\boldsymbol{x}}_{k|k-1}\right)+\boldsymbol{H}_k\tilde{\boldsymbol{x}}_{k|k-1}\right)^{\mathrm{T}}\\&\quad\times N\left(\boldsymbol{x}_k;\hat{\boldsymbol{x}}_{k|k-1},\boldsymbol{P}_{k|k-1}\right)\mathrm{d}\boldsymbol{x}_k-\hat{\boldsymbol{z}}_{k|k-1}\hat{\boldsymbol{z}}_{k|k-1}^{\mathrm{T}}+\boldsymbol{R}_k\\&=\boldsymbol{h}\left(\hat{\boldsymbol{x}}_{k|k-1}\right)\boldsymbol{h}^{\mathrm{T}}\left(\hat{\boldsymbol{x}}_{k|k-1}\right)+\boldsymbol{H}_k\boldsymbol{P}_{k|k-1}\boldsymbol{H}_k^{\mathrm{T}}-\hat{\boldsymbol{z}}_{k|k-1}\hat{\boldsymbol{z}}_{k|k-1}^{\mathrm{T}}+\boldsymbol{R}_k\\&=\boldsymbol{H}_k\boldsymbol{P}_{k|k-1}\boldsymbol{H}_k^{\mathrm{T}}+\boldsymbol{R}_k\end{aligned}\tag{4-23}$$

$$\begin{aligned}\boldsymbol{P}_{k|k-1}^{xz}&=\int_{\mathbb{R}^n}\boldsymbol{x}_k\boldsymbol{h}^{\mathrm{T}}\left(\boldsymbol{x}_k\right)N\left(\boldsymbol{x}_k;\hat{\boldsymbol{x}}_{k|k-1},\boldsymbol{P}_{k|k-1}\right)\mathrm{d}\boldsymbol{x}_k-\hat{\boldsymbol{x}}_{k|k-1}\hat{\boldsymbol{z}}_{k|k-1}^{\mathrm{T}}\\&\approx\int_{\mathbb{R}^n}\boldsymbol{x}_k\left[\boldsymbol{h}\left(\hat{\boldsymbol{x}}_{k|k-1}\right)+\boldsymbol{H}_k\tilde{\boldsymbol{x}}_{k|k-1}\right]^{\mathrm{T}}N\left(\boldsymbol{x}_k;\hat{\boldsymbol{x}}_{k|k-1},\boldsymbol{P}_{k|k-1}\right)\mathrm{d}\boldsymbol{x}_k-\hat{\boldsymbol{x}}_{k|k-1}\hat{\boldsymbol{z}}_{k|k-1}^{\mathrm{T}}\\&=\int_{\mathbb{R}^n}\boldsymbol{x}_k\left[\boldsymbol{h}\left(\hat{\boldsymbol{x}}_{k|k-1}\right)+\boldsymbol{H}_k\left(\boldsymbol{x}_k-\hat{\boldsymbol{x}}_{k|k-1}\right)\right]^{\mathrm{T}}N\left(\boldsymbol{x}_k;\hat{\boldsymbol{x}}_{k|k-1},\boldsymbol{P}_{k|k-1}\right)\mathrm{d}\boldsymbol{x}_k-\hat{\boldsymbol{x}}_{k|k-1}\hat{\boldsymbol{z}}_{k|k-1}^{\mathrm{T}}\\&=\hat{\boldsymbol{x}}_{k|k-1}\boldsymbol{h}^{\mathrm{T}}\left(\hat{\boldsymbol{x}}_{k|k-1}\right)+\boldsymbol{P}_{k|k-1}\boldsymbol{H}_k^{\mathrm{T}}-\hat{\boldsymbol{x}}_{k|k-1}\hat{\boldsymbol{x}}_{k|k-1}^{\mathrm{T}}\boldsymbol{H}_k^{\mathrm{T}}+\hat{\boldsymbol{x}}_{k|k-1}\hat{\boldsymbol{x}}_{k|k-1}^{\mathrm{T}}\boldsymbol{H}_k^{\mathrm{T}}-\hat{\boldsymbol{x}}_{k|k-1}\hat{\boldsymbol{z}}_{k|k-1}^{\mathrm{T}}\\&=\boldsymbol{P}_{k|k-1}\boldsymbol{H}_k^{\mathrm{T}}\end{aligned}\tag{4-24}$$

由式(4-5)可得

$$
\begin{cases}
\boldsymbol{K}_k = \boldsymbol{P}_{k|k-1}\boldsymbol{H}_k^{\mathrm{T}}\left(\boldsymbol{H}_k\boldsymbol{P}_{k|k-1}\boldsymbol{H}_k^{\mathrm{T}} + \boldsymbol{R}_k\right)^{-1} \\
\hat{\boldsymbol{x}}_{k|k} = \boldsymbol{f}\left(\hat{\boldsymbol{x}}_{k-1|k-1}\right) + \boldsymbol{K}_k\left(\boldsymbol{z}_k - \boldsymbol{h}\left(\hat{\boldsymbol{x}}_{k|k-1}\right)\right) \\
\boldsymbol{P}_{k|k} = \boldsymbol{P}_{k|k-1} - \boldsymbol{K}_k\boldsymbol{H}_k\boldsymbol{P}_{k|k-1}^{\mathrm{T}}
\end{cases}
\tag{4-25}
$$

综上，一阶 EKF 的滤波公式为

$$
\begin{cases}
\hat{\boldsymbol{x}}_{k|k-1} = \boldsymbol{f}\left(\hat{\boldsymbol{x}}_{k-1|k-1}\right) \\
\boldsymbol{P}_{k|k-1} = \boldsymbol{F}_{k-1}\boldsymbol{P}_{k-1|k-1}\boldsymbol{F}_{k-1}^{\mathrm{T}} + \boldsymbol{G}_{k-1}\boldsymbol{Q}_{k-1}\boldsymbol{G}_{k-1}^{\mathrm{T}} \\
\boldsymbol{K}_k = \boldsymbol{P}_{k|k-1}\boldsymbol{H}_k^{\mathrm{T}}\left(\boldsymbol{H}_k\boldsymbol{P}_{k|k-1}\boldsymbol{H}_k^{\mathrm{T}} + \boldsymbol{R}_k\right)^{-1} \\
\hat{\boldsymbol{x}}_{k|k} = \boldsymbol{f}\left(\hat{\boldsymbol{x}}_{k-1|k-1}\right) + \boldsymbol{K}_k\left(\boldsymbol{z}_k - \boldsymbol{h}\left(\hat{\boldsymbol{x}}_{k|k-1}\right)\right) \\
\boldsymbol{P}_{k|k} = \boldsymbol{P}_{k|k-1} - \boldsymbol{K}_k\boldsymbol{H}_k\boldsymbol{P}_{k|k-1}^{\mathrm{T}}
\end{cases}
\tag{4-26}
$$

4.3.2　二阶 EKF

二阶 EKF 在一阶 EKF 的基础上还考虑了非线性函数向量泰勒级数展开二阶项，其实现过程同样分为时间更新和量测更新两部分，下面对离散系统的二阶 EKF 滤波方程进行推导。

1. 时间更新

首先是状态一步预测。与一阶 EKF 一样，状态一步预测仍为条件均值。因此，对非线性函数向量 $\boldsymbol{f}(\cdot)$ 在 $\boldsymbol{x}_{k-1} = \hat{\boldsymbol{x}}_{k-1|k-1}$ 处进行泰勒级数展开，忽略三阶以上的高阶项，将得到的近似二阶线性化函数向量代入高斯近似滤波框架，可得

$$
\begin{aligned}
\hat{\boldsymbol{x}}_{k|k-1} &= \int_{\mathbb{R}^n}\boldsymbol{f}\left(\boldsymbol{x}_{k-1}\right)N\left(\boldsymbol{x}_{k-1};\hat{\boldsymbol{x}}_{k-1|k-1},\boldsymbol{P}_{k-1|k-1}\right)\mathrm{d}\boldsymbol{x}_{k-1} \\
&\approx \int_{\mathbb{R}^n}\left[\boldsymbol{f}\left(\hat{\boldsymbol{x}}_{k-1|k-1}\right) + \boldsymbol{F}_{k-1}\tilde{\boldsymbol{x}}_{k-1|k-1} + \frac{1}{2}\sum_{i=1}^{n}\boldsymbol{e}_i\mathrm{tr}\left(\mathbf{He}_{f_i}\tilde{\boldsymbol{x}}_{k-1|k-1}\tilde{\boldsymbol{x}}_{k-1|k-1}^{\mathrm{T}}\right)\right] \\
&\quad \times N\left(\boldsymbol{x}_{k-1};\hat{\boldsymbol{x}}_{k-1|k-1},\boldsymbol{P}_{k-1|k-1}\right)\mathrm{d}\boldsymbol{x}_{k-1} \\
&= \boldsymbol{f}\left(\hat{\boldsymbol{x}}_{k-1|k-1}\right) + \frac{1}{2}\sum_{i=1}^{n}\boldsymbol{e}_i\mathrm{tr}\left(\mathbf{He}_{f_i}\boldsymbol{P}_{k-1|k-1}\right)
\end{aligned}
\tag{4-27}
$$

其中，$\mathbf{He}_{f_i} = \mathbf{He}(f_i(\boldsymbol{x}))\big|_{\boldsymbol{x}=\hat{\boldsymbol{x}}_{k-1|k-1}}$ 为函数 $f_i(\boldsymbol{x})$ 在 $\boldsymbol{x} = \hat{\boldsymbol{x}}_{k-1|k-1}$ 处的 Hessian 矩阵。

进一步计算求得状态预测误差协方差矩阵 $\boldsymbol{P}_{k|k-1}$ 为

$$
\begin{aligned}
\boldsymbol{P}_{k|k-1} &= \int_{\mathbb{R}^n}\boldsymbol{f}\left(\boldsymbol{x}_{k-1}\right)\boldsymbol{f}^{\mathrm{T}}\left(\boldsymbol{x}_{k-1}\right)N\left(\boldsymbol{x}_{k-1};\hat{\boldsymbol{x}}_{k-1|k-1},\boldsymbol{P}_{k-1|k-1}\right)\mathrm{d}\boldsymbol{x}_{k-1} \\
&\quad - \hat{\boldsymbol{x}}_{k|k-1}\hat{\boldsymbol{x}}_{k|k-1}^{\mathrm{T}} + \boldsymbol{G}_{k-1}\boldsymbol{Q}_{k-1}\boldsymbol{G}_{k-1}^{\mathrm{T}} \\
&\approx \boldsymbol{A} - \boldsymbol{B} + \boldsymbol{G}_{k-1}\boldsymbol{Q}_{k-1}\boldsymbol{G}_{k-1}^{\mathrm{T}}
\end{aligned}
\tag{4-28}
$$

其中，矩阵 $\boldsymbol{A}$ 为

$$
\begin{aligned}
\boldsymbol{A}=&\boldsymbol{f}\left(\hat{\boldsymbol{x}}_{k-1|k-1}\right)\boldsymbol{f}^{\mathrm{T}}\left(\hat{\boldsymbol{x}}_{k-1|k-1}\right)+\frac{1}{2}\boldsymbol{f}\left(\hat{\boldsymbol{x}}_{k-1|k-1}\right)\sum_{j=1}^{n}\boldsymbol{e}_j^{\mathrm{T}}\mathrm{tr}\left(\mathbf{He}_{f_j}\boldsymbol{P}_{k-1|k-1}\right)\\
&+\boldsymbol{F}_{k-1}\boldsymbol{P}_{k-1|k-1}\boldsymbol{F}_{k-1}^{\mathrm{T}}+\frac{1}{2}\sum_{i=1}^{n}\boldsymbol{e}_i\mathrm{tr}\left(\mathbf{He}_{f_i}\boldsymbol{P}_{k-1|k-1}\right)\boldsymbol{f}^{\mathrm{T}}\left(\hat{\boldsymbol{x}}_{k-1|k-1}\right)\\
&+\frac{1}{4}\sum_{i=1}^{n}\sum_{j=1}^{n}\boldsymbol{e}_i\boldsymbol{e}_j^{\mathrm{T}}\int_{\mathbb{R}^n}\mathrm{tr}\left(\mathbf{He}_{f_i}\tilde{\boldsymbol{x}}_{k-1|k-1}\tilde{\boldsymbol{x}}_{k-1|k-1}^{\mathrm{T}}\right)\mathrm{tr}\left(\mathbf{He}_{f_j}\tilde{\boldsymbol{x}}_{k-1|k-1}\tilde{\boldsymbol{x}}_{k-1|k-1}^{\mathrm{T}}\right)\\
&\times N\left(\boldsymbol{x}_{k-1};\hat{\boldsymbol{x}}_{k-1|k-1},\boldsymbol{P}_{k-1|k-1}\right)\mathrm{d}\boldsymbol{x}_{k-1}
\end{aligned}
\tag{4-29}
$$

$$
\begin{aligned}
\boldsymbol{B}=&\boldsymbol{f}\left(\hat{\boldsymbol{x}}_{k-1|k-1}\right)\boldsymbol{f}^{\mathrm{T}}\left(\hat{\boldsymbol{x}}_{k-1|k-1}\right)+\frac{1}{2}\boldsymbol{f}\left(\hat{\boldsymbol{x}}_{k-1|k-1}\right)\sum_{j=1}^{n}\boldsymbol{e}_j^{\mathrm{T}}\mathrm{tr}\left(\mathbf{He}_{f_j}\boldsymbol{P}_{k-1|k-1}\right)\\
&+\frac{1}{2}\sum_{i=1}^{n}\boldsymbol{e}_i\,\mathrm{tr}\left(\mathbf{He}_{f_i}\boldsymbol{P}_{k-1|k-1}\right)\boldsymbol{f}^{\mathrm{T}}\left(\hat{\boldsymbol{x}}_{k-1|k-1}\right)\\
&+\frac{1}{4}\sum_{i=1}^{n}\sum_{j=1}^{n}\boldsymbol{e}_i\boldsymbol{e}_j^{\mathrm{T}}\mathrm{tr}\left(\mathbf{He}_{f_i}\boldsymbol{P}_{k-1|k-1}\right)\mathrm{tr}\left(\mathbf{He}_{f_j}\boldsymbol{P}_{k-1|k-1}\right)
\end{aligned}
\tag{4-30}
$$

根据高斯分布的性质，式(4-29)尾项中的数学期望满足

$$
\begin{aligned}
&E\left[\mathrm{tr}\left(\mathbf{He}_{f_i}\tilde{\boldsymbol{x}}_{k-1|k-1}\tilde{\boldsymbol{x}}_{k-1|k-1}^{\mathrm{T}}\right)\mathrm{tr}\left(\mathbf{He}_{f_j}\tilde{\boldsymbol{x}}_{k-1|k-1}\tilde{\boldsymbol{x}}_{k-1|k-1}^{\mathrm{T}}\right)\right]\\
&=2\mathrm{tr}\left(\mathbf{He}_{f_i}\boldsymbol{P}_{k-1|k-1}\mathbf{He}_{f_j}\boldsymbol{P}_{k-1|k-1}\right)+\mathrm{tr}\left(\mathbf{He}_{f_i}\boldsymbol{P}_{k-1|k-1}\right)\mathrm{tr}\left(\mathbf{He}_{f_j}\boldsymbol{P}_{k-1|k-1}\right)
\end{aligned}
\tag{4-31}
$$

结合式(4-28)~式(4-31)，可得

$$
\begin{aligned}
\boldsymbol{P}_{k|k-1}=&\boldsymbol{F}_{k-1}\boldsymbol{P}_{k-1|k-1}\boldsymbol{F}_{k-1}^{\mathrm{T}}+\boldsymbol{G}_{k-1}\boldsymbol{Q}_{k-1}\boldsymbol{G}_{k-1}^{\mathrm{T}}\\
&+\frac{1}{2}\sum_{i=1}^{n}\sum_{j=1}^{n}\boldsymbol{e}_i\boldsymbol{e}_j^{\mathrm{T}}E\left[\mathrm{tr}\left(\mathbf{He}_{f_i}\boldsymbol{P}_{k-1|k-1}\mathbf{He}_{f_j}\boldsymbol{P}_{k-1|k-1}\right)\right]
\end{aligned}
\tag{4-32}
$$

2. 量测更新

当获得 k 时刻的量测信息 z_k 时，根据标准卡尔曼滤波的基本思想，对状态进行量测更新如下：

$$
\hat{\boldsymbol{x}}_{k|k}=\hat{\boldsymbol{x}}_{k|k-1}+\boldsymbol{K}_k\left(z_k-\hat{z}_{k|k-1}\right)=\hat{\boldsymbol{x}}_{k|k-1}+\boldsymbol{P}_{k|k-1}^{xz}\left(\boldsymbol{P}_{k|k-1}^{zz}\right)^{-1}\left(z_k-\hat{z}_{k|k-1}\right)
\tag{4-33}
$$

其中，量测一步预测 $\hat{\boldsymbol{z}}_{k|k-1}$、量测一步预测误差协方差矩阵 $\boldsymbol{P}_{k|k-1}^{zz}$ 以及状态和量测一步预测误差的互协方差矩阵 $\boldsymbol{P}_{k|k-1}^{xz}$ 可通过将非线性量测函数在预测状态 $\hat{\boldsymbol{x}}_{k|k-1}$ 处进行二阶泰勒展开并代入式(4-3)计算如下：

$$
\begin{aligned}
\hat{\boldsymbol{z}}_{k|k-1}&=\int_{\mathbb{R}^n}\boldsymbol{h}\left(\boldsymbol{x}_k\right)N\left(\boldsymbol{x}_k;\hat{\boldsymbol{x}}_{k|k-1},\boldsymbol{P}_{k|k-1}\right)\mathrm{d}\boldsymbol{x}_k\\
&\approx\int_{\mathbb{R}^n}\left[\boldsymbol{h}\left(\hat{\boldsymbol{x}}_{k|k-1}\right)+\boldsymbol{H}_k\tilde{\boldsymbol{x}}_{k|k-1}+\frac{1}{2}\sum_{i=1}^{m}\boldsymbol{e}_i\mathrm{tr}\left(\mathbf{He}_{h_i}\tilde{\boldsymbol{x}}_{k-1|k-1}\tilde{\boldsymbol{x}}_{k-1|k-1}^{\mathrm{T}}\right)\right]\\
&\qquad\times N\left(\boldsymbol{x}_k;\hat{\boldsymbol{x}}_{k|k-1},\boldsymbol{P}_{k|k-1}\right)\mathrm{d}\boldsymbol{x}_k\\
&=\boldsymbol{h}\left(\hat{\boldsymbol{x}}_{k|k-1}\right)+\frac{1}{2}\sum_{i=1}^{m}\boldsymbol{e}_i\mathrm{tr}\left(\mathbf{He}_{h_i}\boldsymbol{P}_{k|k-1}\right)
\end{aligned}
\tag{4-34}
$$

$$P_{k|k-1}^{zz} \approx H_k P_{k|k-1} H_k^{\mathrm{T}} + R_k + \frac{1}{2}\sum_{i=1}^{m}\sum_{j=1}^{m} e_i e_j^{\mathrm{T}} \mathrm{tr}\left(\mathbf{He}_{h_i} P_{k|k-1} \mathbf{He}_{h_j} P_{k|k-1}\right) \tag{4-35}$$

$$\begin{aligned} P_{k|k-1}^{xz} &= \int_{\mathbb{R}^n} x_k h^{\mathrm{T}}(x_k) N\left(x_k; \hat{x}_{k|k-1}, P_{k|k-1}\right) \mathrm{d}x_k - \hat{x}_{k|k-1}\hat{z}_{k|k-1}^{\mathrm{T}} \\ &\approx \int_{\mathbb{R}^n}\left[x_k h^{\mathrm{T}}\left(\hat{x}_{k|k-1}\right) + x_k \tilde{x}_{k|k-1}^{\mathrm{T}} H_k^{\mathrm{T}} + \frac{1}{2} x_k \sum_{i=1}^{m} e_i^{\mathrm{T}} \mathrm{tr}\left(\mathbf{He}_{h_i} \tilde{x}_{k-1|k-1}\tilde{x}_{k-1|k-1}^{\mathrm{T}}\right)\right] \\ &\quad \times N\left(x_k; \hat{x}_{k|k-1}, P_{k|k-1}\right) \mathrm{d}x_k \\ &\quad - \hat{x}_{k|k-1}\left(h^{\mathrm{T}}\left(\hat{x}_{k|k-1}\right) + \frac{1}{2}\sum_{i=1}^{m} e_i^{\mathrm{T}} \mathrm{tr}\left(\mathbf{He}_{h_i} P_{k|k-1}\right)\right) \\ &= \int_{\mathbb{R}^n}\left(\left(\hat{x}_{k|k-1} + \tilde{x}_{k|k-1}\right)\tilde{x}_{k|k-1}^{\mathrm{T}} H_k^{\mathrm{T}}\right) N\left(x_k; \hat{x}_{k|k-1}, P_{k|k-1}\right) \mathrm{d}x_k = P_{k|k-1} H_k^{\mathrm{T}} \end{aligned} \tag{4-36}$$

其中，$\mathbf{He}_{h_i} = \mathbf{He}(h_i(x))\big|_{x=\hat{x}_{k|k-1}}$ 为函数 $h_i(x)$ 在 $x = \hat{x}_{k|k-1}$ 处的 Hessian 矩阵。

至此，二阶 EKF 的滤波公式为

$$\begin{cases} \hat{x}_{k|k-1} = f\left(\hat{x}_{k-1|k-1}\right) + \dfrac{1}{2}\sum\limits_{i=1}^{n} e_i \mathrm{tr}\left(\mathbf{He}_{f_i} P_{k-1|k-1}\right) \\ P_{k|k-1} = F_{k-1} P_{k-1|k-1} F_{k-1}^{T} + G_{k-1} Q_{k-1} G_{k-1}^{T} \\ \qquad + \dfrac{1}{2}\sum\limits_{i=1}^{n}\sum\limits_{j=1}^{n} e_i e_j^{T} E\left[\mathrm{tr}(\mathbf{He}_{f_i} P_{k-1|k-1} \mathbf{He}_{f_j} P_{k-1|k-1})\right] \\ K_k = P_{k|k-1} H_k^{T}\left[H_k P_{k|k-1} H_k^{T} + R_k + \dfrac{1}{2}\sum\limits_{i=1}^{m}\sum\limits_{j=1}^{m} e_i e_j^{T} \mathrm{tr}(\mathbf{He}_{h_i} P_{k|k-1} \mathbf{He}_{h_j} P_{k|k-1})\right]^{-1} \\ \hat{x}_{k|k} = \hat{x}_{k|k-1} + K_k\left(z_k - h\left(\hat{x}_{k|k-1}\right) - \dfrac{1}{2}\sum\limits_{i=1}^{m} e_i \mathrm{tr}\left(\mathbf{He}_{h_i} P_{k|k-1}\right)\right) \\ P_{k|k} = P_{k|k-1} - K_k H_k P_{k|k-1}^{\mathrm{T}} \end{cases} \tag{4-37}$$

4.3.3 扩展卡尔曼滤波器讨论

显然，根据近似精度的定义，一阶 EKF 的均值近似精度和协方差近似精度都为 1，二阶 EKF 的均值近似精度和协方差近似精度都为 2。对于非线性系统的逼近问题，线性化是一种普遍的工程方法，EKF 算法已在实践中得到广泛应用，但依旧存在如下一些问题：

(1) 当系统非线性程度较强时，采用泰勒级数展开并舍弃高阶项的做法不可避免地会产生较大的线性化截断误差，可能会对滤波结果造成一定的影响。

(2) EKF要求其量测模型和状态模型函数是可微的，对于更复杂的系统，可能会难以得到 Jacobi 矩阵(例如，惯性/重力组合导航的量测是根据匹配获得的，无法获得解析的量测方程，也无法求解量测雅克比矩阵)。

(3) EKF在展开点进行局部线性化，因此其对初始状态非常敏感，初始状态估计精度差可能导致 EKF 发散。尽管二阶 EKF 能够获得比一阶 EKF 更加精确的结果，但是 Hessian 矩阵的计算将会增加计算量。因此，在使用 EKF 时，需要根据实际情况进行选择。

问题(1)和问题(3)对扩展卡尔曼滤波器估计性能的影响通常可以使用迭代扩展卡尔曼

滤波器(Iterative EKF, IEKF)缓解。IEKF 的核心思想是提高量测方程的线性化精度。基于此，IEKF 构建了一个极大似然问题，该问题可以使用高斯-牛顿法进行求解。这使得 IEKF 最后在形式上与 EKF 的区别仅在于 IEKF 对非线性量测函数进行多次线性化，每次线性化都采用已获得的最新的后验估计。从形式上看，IEKF 每次迭代都使线性化点变得更精确。在此给出第 $i+1$ 次迭代 IEKF 量测更新的公式为

$$\hat{\boldsymbol{x}}_k^{i+1} = \boldsymbol{f}\left(\hat{\boldsymbol{x}}_{k-1|k-1}\right) + \boldsymbol{K}_k^i\left(\boldsymbol{z}_k - \boldsymbol{h}_k\left(\hat{\boldsymbol{x}}_k^i\right) - \boldsymbol{H}_k^i\left(\hat{\boldsymbol{x}}_{k|k-1} - \hat{\boldsymbol{x}}_k^i\right)\right) \tag{4-38}$$

其中，$\hat{\boldsymbol{x}}_k^i$ 表示第 i 次迭代得到的状态后验估计，$\boldsymbol{H}_k^i$ 表示在第 i 次状态估计 $\hat{\boldsymbol{x}}_k^i$ 处线性化得到的量测矩阵，$\boldsymbol{K}_k^i$ 为基于第 i 次状态估计 $\hat{\boldsymbol{x}}_k^i$ 得到的卡尔曼滤波增益，迭代初值为 $\hat{\boldsymbol{x}}_k^0 = \hat{\boldsymbol{x}}_{k|k-1}$。

假设第 N 次迭代终止，可以获得 IEKF 所估计的状态及其误差协方差为 $\hat{\boldsymbol{x}}_{k|k} = \hat{\boldsymbol{x}}_k^N$、$\boldsymbol{P}_{k|k} = \boldsymbol{P}_{k|k-1} - \boldsymbol{K}_k^N \boldsymbol{H}_k^N \boldsymbol{P}_{k|k-1}^{\mathrm{T}}$。这种改进方法带来的问题是重新迭代线性化引起的计算量增加。

4.4　无迹卡尔曼滤波器

4.3 节介绍的 EKF 对非线性函数进行泰勒级数展开，从而将非线性滤波问题近似为线性滤波问题，其本质是对系统的非线性函数进行逼近。本节介绍的基于无迹变换的非线性滤波方法认为直接近似非线性函数随机变量的分布比直接近似非线性函数更加简单。本节接下来首先介绍无迹变换的基本思想，接着介绍无迹卡尔曼滤波器。

4.4.1　无迹变换

无迹变换(Unscented Transform, UT)是一种非线性近似技术，它以两条准则为基础：第一，相比于整个概率分布函数，对单一点执行非线性变换是容易的；第二，在状态空间中不难找到一组点，利用这些点可以近似状态向量的真实概率分布。联合这两个观点，在已知 $\boldsymbol{x}$ 分布的条件下，UT 求解随机变量 $\boldsymbol{g}(\boldsymbol{x})$ 的统计特性的思想如下：

(1) 找到一组确定的样本点(称为 Sigma 点)，这些点可以捕获当前状态后验概率密度的某些统计特性。

(2) 将每一个确定的样本点经过非线性函数 $\boldsymbol{r} = \boldsymbol{g}(\boldsymbol{x})$ 得到非线性变换后的样本点，利用变换后样本点的样本均值和协方差加权计算可估计出 $\boldsymbol{r}$ 的均值 $\hat{\boldsymbol{r}}$ 和协方差 $\boldsymbol{S}_U$。

下面详细介绍无迹变换如何获得样本点，即 Sigma 点。在此之前，首先介绍无迹变换的密度标准化思想。假设经过非线性变换的随机变量服从高斯分布，根据前面介绍的思想，无迹变换需要首先选定 Sigma 点来近似该高斯分布，

假设式(4-6)中的 n 维高斯分布被近似成一组 N 个样本点 $\{\boldsymbol{x}^{(i)}\}_{i=1}^N$ 的加权和，即

$$N\left(\boldsymbol{x};\boldsymbol{\mu},\boldsymbol{\Sigma}\right) \approx \sum_{i=1}^{N} \omega_i \delta\left(\boldsymbol{x} - \boldsymbol{x}^{(i)}\right) \tag{4-39}$$

其中，ω_i 为样本 $\boldsymbol{x}^{(i)}$ 的权重；$\delta(\cdot)$ 为 $\boldsymbol{x}^{(i)}$ 处的狄拉克函数。

将式(4-39)代入式(4-6)，可得

$$
\begin{aligned}
\boldsymbol{I}(\boldsymbol{g}) &= \int_{\mathbb{R}^n} \boldsymbol{g}(\boldsymbol{x}) N(\boldsymbol{x};\boldsymbol{\mu},\boldsymbol{\Sigma}) \mathrm{d}\boldsymbol{x} \\
&\approx \int_{\mathbb{R}^n} \boldsymbol{g}(\boldsymbol{x}) \sum_{i=1}^{N} \omega_i \delta\left(\boldsymbol{x}-\boldsymbol{x}^{(i)}\right) \mathrm{d}\boldsymbol{x} = \sum_{i=1}^{N} \omega_i \boldsymbol{g}\left(\boldsymbol{x}^{(i)}\right)
\end{aligned} \tag{4-40}
$$

根据式(4-40)，非线性加权积分可由样本点非线性变换后的加权和近似表示。采样的核心在于确认样本点和样本权重$\{\boldsymbol{x}^{(i)},\omega_i\}_{i=1}^{N}$。显然，样本点是为了捕获高斯分布的统计特性，因此必然会随着高斯分布的均值$\boldsymbol{\mu}$和协方差$\boldsymbol{\Sigma}$的变化而发生改变，这会增大采样的复杂性。为此，无迹变换提出将高斯随机变量进行线性变换实现密度标准化，并对标准化后的分布进行采样，此时由于各维解耦，采样将非常容易。得到标准的样本点后，再对样本点进行线性反变换得到实际的样本点。其思路如下：通过线性变换$\boldsymbol{x}=\boldsymbol{\mu}+\sqrt{\boldsymbol{\Sigma}}\boldsymbol{y}$将其转换成如下标准高斯加权积分的形式：

$$
\begin{aligned}
\boldsymbol{I}(\boldsymbol{g}) &= \int_{\mathbb{R}^n} \boldsymbol{g}(\boldsymbol{x}) N(\boldsymbol{x};\boldsymbol{\mu},\boldsymbol{\Sigma}) \mathrm{d}\boldsymbol{x} = \int_{\mathbb{R}^n} \overline{\boldsymbol{g}}(\boldsymbol{y}) N(\boldsymbol{y};0,\boldsymbol{I}_n) \mathrm{d}\boldsymbol{y} \\
&= \int_{\mathbb{R}^n} \overline{\boldsymbol{g}}(\boldsymbol{y}) N(y_1;0,1) \times N(y_2;0,1) \times \cdots \times N(y_n;0,1) \mathrm{d}y_1 \mathrm{d}y_2 \cdots \mathrm{d}y_n
\end{aligned} \tag{4-41}
$$

其中，$\overline{\boldsymbol{g}}(\boldsymbol{y})=\boldsymbol{g}(\boldsymbol{\mu}+\sqrt{\boldsymbol{\Sigma}}\boldsymbol{y})$。

接下来对标准高斯分布进行采样。首先考虑一维标准高斯分布情况。如图 4-1 所示，选取原点和横轴上对称两点即可近似出一维标准高斯分布。三个采样点分别为a、$-a$、0，ω_0为点 0 的权重，ω_1为对称点a、$-a$的权重。

同理，二维、三维标准高斯分布的采样原理分别如图 4-2 和图 4-3 所示，其中为了便于展示采样点不再绘制相应的高斯分布形状。根据上述采样过程，可以递推出对n维标准高斯分布采样需要$2n+1$个样本点。下面确定样本点及其权重。

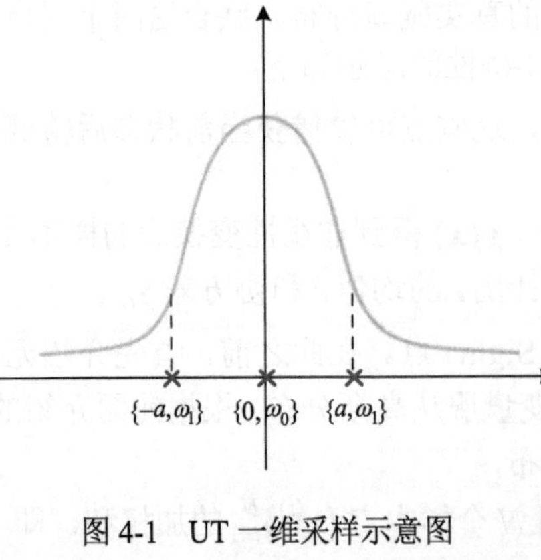

图 4-1　UT 一维采样示意图

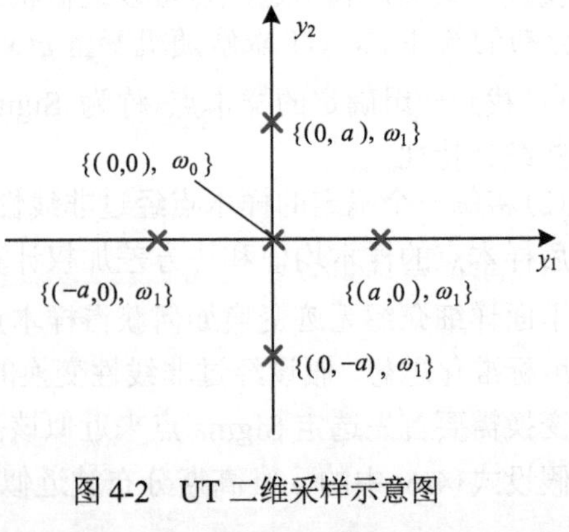

图 4-2　UT 二维采样示意图

根据 4.2.2 节对近似精度的定义可知，确定采样点及其权重的原则是使样本点加权求和尽可能逼近式(4-41)标准高斯分布加权积分的结果。在进行上述采样过程时，最多可以匹配三阶单项式标准高斯加权积分结果(奇数阶矩自动匹配)，匹配过程如下所示。

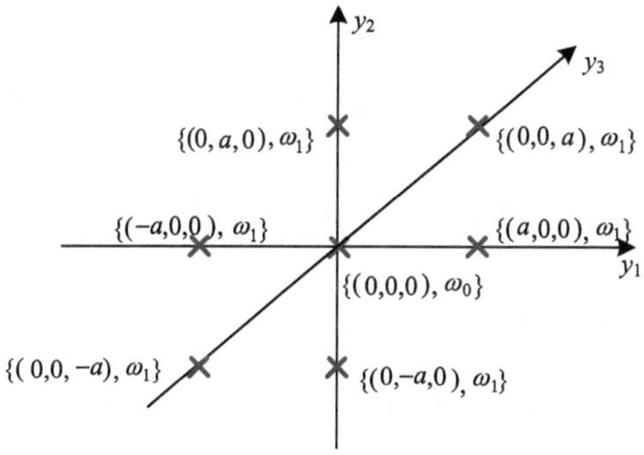

图 4-3　UT 三维采样示意图

(1) 零阶单项式 $\bar{\boldsymbol{g}}(\boldsymbol{y})=1$ 匹配

$$\int_{\mathbb{R}^n} 1\times N(\boldsymbol{y};\boldsymbol{0},\boldsymbol{I}_n)\mathrm{d}\boldsymbol{y}=1 \Leftrightarrow \omega_0\times 1+2n\omega_1\times 1=1 \tag{4-42}$$

(2) 一阶单项式 $\bar{\boldsymbol{g}}(\boldsymbol{y})=y_i$，$i=1,2,\cdots,n$ 匹配（奇数阶次单项式高斯积分，即奇数阶矩）

$$\int_{\mathbb{R}^n} y_i\times N(\boldsymbol{y};\boldsymbol{0},\boldsymbol{I}_n)\mathrm{d}\boldsymbol{y}=0 \Leftrightarrow \omega_0\times 0+\omega_1\times(a)+\omega_1\times(-a)=0 \tag{4-43}$$

(3) 二阶单项式 $\bar{\boldsymbol{g}}(\boldsymbol{y})=y_i^2$，$i=1,2,\cdots,n$ 匹配

$$\int_{\mathbb{R}^n} y_i^2 N(\boldsymbol{y};\boldsymbol{0},\boldsymbol{I}_n)\mathrm{d}\boldsymbol{y}=1 \Leftrightarrow \omega_0\times 0+\omega_1\times a^2+\omega_1\times(-a)^2=2\omega_1 a^2=1 \tag{4-44}$$

注意：$\bar{\boldsymbol{g}}(\boldsymbol{y})=y_i y_j$ 情况自动匹配。

(4) 三阶单项式 $\bar{\boldsymbol{g}}(\boldsymbol{y})=y_i^3$，$i=1,2,\cdots,n$ 匹配（奇数阶次单项式高斯积分，即奇数阶矩）

$$\int_{\mathbb{R}^n} y_i^3 N(\boldsymbol{y};\boldsymbol{0},\boldsymbol{I}_n)\mathrm{d}\boldsymbol{y}=0 \Leftrightarrow \omega_0\times 0+\omega_1\times a^3+\omega_1\times(-a)^3=0 \tag{4-45}$$

注意：$\bar{\boldsymbol{g}}(\boldsymbol{y})=y_i^{\ 2} y_j$ 和 $\bar{\boldsymbol{g}}(\boldsymbol{y})=y_i y_j y_k$ 情况自动匹配。

(5) 权重归一化

$$\omega_0+2n\omega_1=1 \tag{4-46}$$

令 $a=\sqrt{n+\lambda}$，联合式(4-42)~式(4-46)可解出变量 $\boldsymbol{y}$ 的样本点及权值为

$$\begin{cases}
\text{样本点} & \text{权值} \\
\boldsymbol{0}_{n\times 1} & \omega_0=\dfrac{\lambda}{n+\lambda} \\
\sqrt{n+\lambda}\boldsymbol{e}_i & \omega_1=\dfrac{1}{2(n+\lambda)},\quad i=1,2,\cdots,n \\
-\sqrt{n+\lambda}\boldsymbol{e}_i & \omega_1=\dfrac{1}{2(n+\lambda)},\quad i=n+1,n+2,\cdots,2n
\end{cases} \tag{4-47}$$

其中，$\boldsymbol{e}_i=[0,\cdots,0,\cdots,1,\cdots,0]^{\mathrm{T}}$，即第 i 个元素为 1 的单位列向量。

已知样本点的采集规则，下面根据已知向量均值 $\bar{\boldsymbol{x}}$ 和方差 $\boldsymbol{P}$ 来估计经非线性函数 $\boldsymbol{r}=\boldsymbol{g}(\boldsymbol{x})$ 变换后的均值 $\hat{\boldsymbol{r}}$ 和方差 $\boldsymbol{S}_U$ 的例子，介绍无迹变换的实现过程。

(1) 将式(4-47)代入 $\boldsymbol{x}=\boldsymbol{\mu}+\sqrt{\boldsymbol{\Sigma}}\boldsymbol{y}$ 中，构造 2n+1 个 Sigma 点，如下：

$$\begin{cases}\boldsymbol{x}^{(0)}=\bar{\boldsymbol{x}}\\ \boldsymbol{x}^{(i)}=\bar{\boldsymbol{x}}+\sqrt{n+\lambda}\left[\sqrt{\boldsymbol{P}}\right]_i\\ \boldsymbol{x}^{(i+n)}=\bar{\boldsymbol{x}}-\sqrt{n+\lambda}\left[\sqrt{\boldsymbol{P}}\right]_i, \quad i=1,2,\cdots,n\end{cases} \tag{4-48}$$

其中，$[\cdot]_i$ 表示矩阵的第 i 列。

各 Sigma 点权重计算如下：

$$\begin{cases}\omega_0^{(m)}=\dfrac{\lambda}{n+\lambda}\\ \omega_0^{(c)}=\dfrac{\lambda}{n+\lambda}+\left(1-\alpha^2+\beta\right)\\ \omega_i^{(m)}=\dfrac{1}{2(n+\lambda)}, \quad i=1,2,\cdots,2n\\ \omega_i^{(c)}=\dfrac{1}{2(n+\lambda)}, \quad i=1,2,\cdots,2n\end{cases}, \quad \kappa=3-n \tag{4-49}$$

其中，$\omega^{(m)}$ 为计算均值时的权重；$\omega^{(c)}$ 为计算协方差时的权重；$\lambda=\alpha^2(n+\kappa)-n$ 为比例系数，参数 α 和 κ 决定了 Sigma 点在均值附近的分布；β 为算法中的另一个参数，用于引入 $\boldsymbol{x}$ (非高斯)分布的先验信息。

(2) 将 Sigma 点代入非线性函数 $\boldsymbol{g}(\cdot)$

$$\boldsymbol{r}^{(i)}=\boldsymbol{g}\left(\boldsymbol{x}^{(i)}\right), \quad i=0,1,\cdots,2n \tag{4-50}$$

得到变换后的 Sigma 点 $\boldsymbol{r}^{(i)}$。

(3) 由变换后的 Sigma 点加权计算出变量 $\boldsymbol{r}$ 的均值和协方差分别为

$$\begin{aligned}E\left[\boldsymbol{g}(\boldsymbol{x})\right]&\simeq\hat{\boldsymbol{r}}=\sum_{i=0}^{2n}\omega_i^{(m)}\boldsymbol{r}^{(i)}\\ \mathrm{Cov}\left[\boldsymbol{g}(\boldsymbol{x})\right]&\simeq\boldsymbol{S}_U=\sum_{i=0}^{2n}\omega_i^{(c)}\left(\boldsymbol{r}^{(i)}-\hat{\boldsymbol{r}}\right)\left(\boldsymbol{r}^{(i)}-\hat{\boldsymbol{r}}\right)^{\mathrm{T}}\end{aligned} \tag{4-51}$$

利用式(4-51)，式(4-3)中的均值和协方差可以由无迹变换近似获得。

无迹变换过程如图 4-4 表示。在 UT 过程中，最重要的是确定 Sigma 点采样策略，也就是确定使用 Sigma 点的个数、位置以及其权值。Sigma 点的选择应确保其抓住输入变量 $\boldsymbol{x}$ 最重要的统计特性，如均值和方差。目前，已有的 Sigma 点采样策略有对称采样、单形采样、3 阶矩偏度采样以及高斯分布 4 阶矩对称采样等。

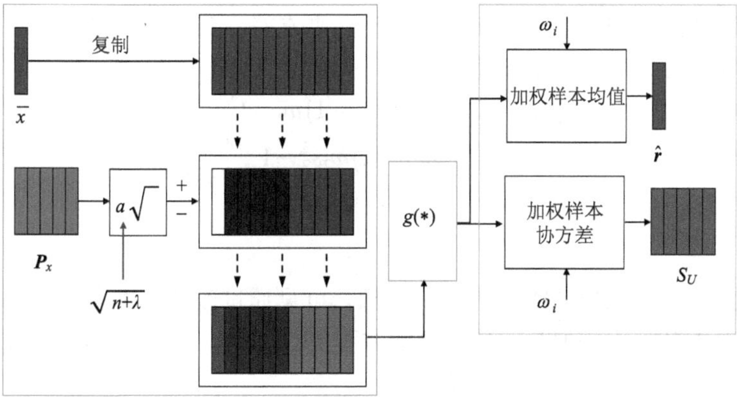

图 4-4　无迹变换过程

下面讨论通过无迹变换近似非线性积分(4-6)的近似精度。显然，根据式(4-42)～式(4-46)，无迹变换在匹配三阶及以下单项式标准高斯加权积分时是完全准确的。对于更高阶次的单项式，如 $\bar{\boldsymbol{g}}(\boldsymbol{y})=y_1^2y_2^2$，实际的积分结果为 1，然而利用样本点加权计算的结果是 0，因此无迹变换无法匹配四阶及以上单项式高斯加权积分。事实上，通过改变样本点的位置和数目，可以匹配高斯分布的更高阶矩，但是会导致参数方程更加复杂。下面简单介绍高阶无迹变换的思想。

三阶无迹变换无法匹配 $\bar{\boldsymbol{g}}(\boldsymbol{y})=y_1^2y_2^2$ 积分结果的原因是采点策略。以图 4-2 为例，样本点均位于轴上，y_1 和 y_2 无法同时不为零，导致 $y_1^2y_2^2$ 始终为零，进而导致近似的积分结果始终为零。这个问题可以通过改变样本点位置来解决，下面进行简要介绍。高阶无迹变换对称地选取 $2n^2+1$ 个采样点，可以分为三类：第一类采样点位于原点，点数为 1，权值为 ω_0；第二类采样点对称地分布在与原点距离为 s_1 的 n 条坐标轴上，点数为 $2n$，权值为 ω_1；第三类采样点对称地位于 $[0,\cdots,\pm s_2,\cdots,\pm s_2,\cdots,0]^{\mathrm{T}}$（第 i 个和第 j 个元素不为 0，$i<j$，$i,j=1,2,\cdots,n$），点数为 $4C_n^2=2n(n-1)$，权值为 ω_2。相比于三阶无迹变换，高阶无迹变换增加了非轴上采样点来匹配高斯分布的更高阶矩。图 4-5 给出了二维情况下，高阶无迹变换选择的采样点及其权重。

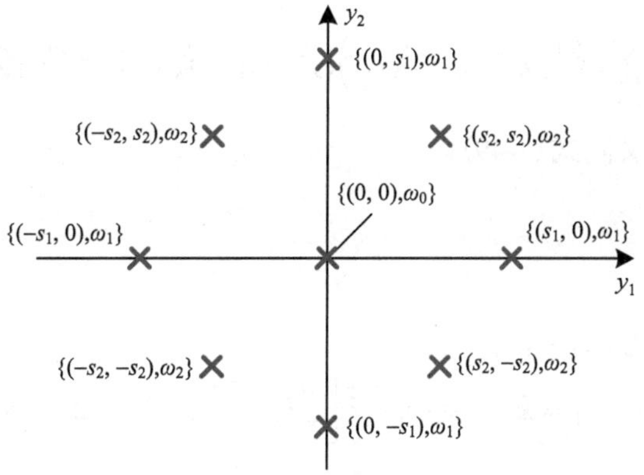

图 4-5　高阶无迹变换在二维情况下的样本点分布图

为了精确地匹配标准高斯随机向量的均值、协方差、三阶矩和四阶矩，高阶无迹变换的采样点及其权值必须满足以下条件：

$$\begin{pmatrix} \omega_0 + 2n\omega_1 + 2n(n-1)\omega_2 - 1 \\ 2\omega_1 s_1^2 + 4(n-1)\omega_2 s_2^2 - 1 \\ 2\omega_1 s_1^4 + 4(n-1)\omega_2 s_2^4 - 3 \\ 4\omega_2 s_2^4 - 1 \end{pmatrix} = 0 \tag{4-52}$$

构造方程的思路和式(4-42)~式(4-46)一致，可见通过改变样本点的位置和数目，可以匹配高斯分布的更高阶矩，但是会导致参数方程更加复杂，求解过程更加困难。本节后续的无迹卡尔曼滤波器基于三阶无迹变换。

4.4.2 无迹卡尔曼滤波器实施

利用 4.4.1 节介绍的无迹变换思想，本节将给出 UKF 的实现过程。本节用无迹变换代替扩展卡尔曼滤波方程，得到 UKF，UKF 采用式(4-1)所示模型及相关定义。与线性卡尔曼滤波相同，无迹卡尔曼滤波的实现过程也分为时间更新过程和量测更新过程。

1. 时间更新过程

(1) 构造 $2n+1$ 个 Sigma 点

$$\begin{cases} \boldsymbol{\chi}_{0,k-1|k-1} = \hat{\boldsymbol{x}}_{k-1|k-1} \\ \boldsymbol{\chi}_{i,k-1|k-1} = \hat{\boldsymbol{x}}_{k-1|k-1} + \sqrt{n+\lambda}\left[\sqrt{\boldsymbol{P}_{k-1|k-1}}\right]_i, \quad i=1,2,\cdots,n \\ \boldsymbol{\chi}_{i+n,k-1|k-1} = \hat{\boldsymbol{x}}_{k-1|k-1} - \sqrt{n+\lambda}\left[\sqrt{\boldsymbol{P}_{k-1|k-1}}\right]_i, \quad i=1,2,\cdots,n \end{cases} \tag{4-53}$$

(2) 将 Sigma 点代入系统模型

$$\hat{\boldsymbol{\chi}}_{i,k|k-1} = \boldsymbol{f}(\boldsymbol{\chi}_{i,k-1|k-1}), \quad i=0,1,\cdots,2n \tag{4-54}$$

(3) 计算预测均值 $\hat{\boldsymbol{x}}_{k|k-1}$ 和预测协方差 $\boldsymbol{P}_{k|k-1}$

$$\hat{\boldsymbol{x}}_{k|k-1} = \sum_{i=0}^{2n} \omega_i^{(m)} \hat{\boldsymbol{\chi}}_{i,k|k-1} \tag{4-55}$$

$$\boldsymbol{P}_{k|k-1} = \sum_{i=0}^{2n} \omega_i^{(c)} \left(\hat{\boldsymbol{\chi}}_{i,k|k-1} - \hat{\boldsymbol{x}}_{k|k-1}\right)\left(\hat{\boldsymbol{\chi}}_{i,k|k-1} - \hat{\boldsymbol{x}}_{k|k-1}\right)^{\mathrm{T}} + \boldsymbol{G}_{k-1}\boldsymbol{Q}_{k-1}\boldsymbol{G}_{k-1}^{\mathrm{T}} \tag{4-56}$$

其中，$\omega_i^{(m)}$ 和 $\omega_i^{(c)}$ 的定义同式(4-49)。

2. 量测更新过程

(1) 构造 Sigma 点

$$\begin{cases} \boldsymbol{\chi}_{0,k|k-1} = \hat{\boldsymbol{x}}_{k|k-1} \\ \boldsymbol{\chi}_{i,k|k-1} = \hat{\boldsymbol{x}}_{k|k-1} + \sqrt{n+\lambda}\left[\sqrt{\boldsymbol{P}_{k|k-1}}\right]_i, \quad i=1,2,\cdots,n \\ \boldsymbol{\chi}_{i+n,k|k-1} = \hat{\boldsymbol{x}}_{k|k-1} - \sqrt{n+\lambda}\left[\sqrt{\boldsymbol{P}_{k|k-1}}\right]_i, \quad i=1,2,\cdots,n \end{cases} \tag{4-57}$$

(2) 将 Sigma 点代入系统量测模型

$$\boldsymbol{Z}_{i,k|k-1} = \boldsymbol{h}\left(\boldsymbol{\chi}_{i,k|k-1}\right), \quad i = 0,1,\cdots,2n \tag{4-58}$$

(3) 计算量测量的预测均值 $\hat{\boldsymbol{z}}_{k|k-1}$ 和预测协方差 $\boldsymbol{P}_{k|k-1}^{zz}$，以及状态与量测量之间的互协方差 $\boldsymbol{P}_{k|k-1}^{xz}$

$$\begin{cases}\hat{\boldsymbol{z}}_{k|k-1} = \sum_{i=0}^{2n}\omega_i^{(m)}\boldsymbol{Z}_{i,k|k-1} \\ \boldsymbol{P}_{k|k-1}^{zz} = \sum_{i=0}^{2n}\omega_i^{(c)}\left(\boldsymbol{Z}_{i,k|k-1} - \hat{\boldsymbol{z}}_{k|k-1}\right)\left(\boldsymbol{Z}_{i,k|k-1} - \hat{\boldsymbol{z}}_{k|k-1}\right)^{\mathrm{T}} + \boldsymbol{R}_k \\ \boldsymbol{P}_{k|k-1}^{xz} = \sum_{i=0}^{2n}\omega_i^{(c)}\left(\boldsymbol{X}_{i,k|k-1} - \hat{\boldsymbol{x}}_{k|k-1}\right)\left(\boldsymbol{Z}_{i,k|k-1} - \hat{\boldsymbol{z}}_{k|k-1}\right)^{\mathrm{T}}\end{cases} \tag{4-59}$$

(4) 结合量测量 $\boldsymbol{z}_k$，计算滤波增益 $\boldsymbol{K}_k$、滤波状态估计 $\hat{\boldsymbol{x}}_{k|k}$ 和方差 $\boldsymbol{P}_{k|k}$

$$\begin{cases}\boldsymbol{K}_k = \boldsymbol{P}_{k|k-1}^{xz}\left(\boldsymbol{P}_{k|k-1}^{zz}\right)^{-1} \\ \hat{\boldsymbol{x}}_{k|k} = \hat{\boldsymbol{x}}_{k|k-1} + \boldsymbol{K}_k\left(\boldsymbol{z}_k - \hat{\boldsymbol{z}}_{k|k-1}\right) \\ \boldsymbol{P}_{k|k} = \boldsymbol{P}_{k|k-1} - \boldsymbol{K}_k\boldsymbol{P}_{k|k-1}^{zz}\boldsymbol{K}_k^{\mathrm{T}}\end{cases} \tag{4-60}$$

式(4-53)~式(4-60)为 UKF 的实现过程。

4.4.3 无迹卡尔曼滤波器讨论

1. 无迹变换的近似精度

根据 4.2.2 节高斯近似滤波器近似精度的定义，将无迹变换的近似精度分成均值近似精度和协方差近似精度。本节先给出结论：三阶无迹变换的均值近似精度为 $o_m = 3$，协方差近似精度为 $o_c = 1$。下面予以论证。

无迹变换在进行均值近似和协方差近似时分别需要计算如下积分：

$$\begin{cases}\boldsymbol{I}_m = \int_{\mathbb{R}^n}\boldsymbol{f}(\boldsymbol{x})N(\boldsymbol{x};\boldsymbol{\mu},\boldsymbol{\Sigma})\mathrm{d}\boldsymbol{x} \\ \boldsymbol{I}_c = \int_{\mathbb{R}^n}\boldsymbol{f}(\boldsymbol{x})\left(\boldsymbol{h}(\boldsymbol{x})\right)^{\mathrm{T}}N(\boldsymbol{x};\boldsymbol{\mu},\boldsymbol{\Sigma})\mathrm{d}\boldsymbol{x}\end{cases} \tag{4-61}$$

由于无迹变换在进行采点之前先进行密度标准化，这里同样对高斯密度进行标准化，标准化之后积分将等价表示为

$$\begin{cases}\boldsymbol{I}_m = \int_{\mathbb{R}^n}\bar{\boldsymbol{f}}(\boldsymbol{y})N(\boldsymbol{y};\boldsymbol{0},\boldsymbol{I})\mathrm{d}\boldsymbol{y} \\ \boldsymbol{I}_c = \int_{\mathbb{R}^n}\bar{\boldsymbol{f}}(\boldsymbol{y})\left(\bar{\boldsymbol{h}}(\boldsymbol{y})\right)^{\mathrm{T}}N(\boldsymbol{y};\boldsymbol{0},\boldsymbol{I})\mathrm{d}\boldsymbol{y}\end{cases} \tag{4-62}$$

对高斯密度标准化后，三阶无迹变换的样本点及其权重为

$$\underbrace{\begin{bmatrix}0\\0\\\vdots\\0\end{bmatrix}}_{y^{(0)},\omega_0},\underbrace{\begin{bmatrix}a\\0\\\vdots\\0\end{bmatrix},\begin{bmatrix}0\\a\\\vdots\\0\end{bmatrix},\cdots,\begin{bmatrix}0\\0\\\vdots\\a\end{bmatrix}}_{y^{(i)},\omega_1,i=1,2,\cdots,n},\underbrace{\begin{bmatrix}-a\\0\\\vdots\\0\end{bmatrix},\begin{bmatrix}0\\-a\\\vdots\\0\end{bmatrix},\cdots,\begin{bmatrix}0\\0\\\vdots\\-a\end{bmatrix}}_{y^{(i)},\omega_1,i=n+1,n+2,\cdots,2n} \tag{4-63}$$

假设式(4-62)中的非线性函数可微，根据均值近似精度定义，若 $o_m=3$，则无迹变换结果需要完全等于式(4-62)中将 $\bar{\boldsymbol{f}}(\boldsymbol{y})$ 进行三阶泰勒级数截断后的加权积分结果，即式(4-64)需成立：

$$\boldsymbol{I}_m \approx \int_{\mathbb{R}^n} \tilde{\bar{\boldsymbol{f}}}_4(\boldsymbol{y}) N(\boldsymbol{y};\boldsymbol{0},\boldsymbol{I})\mathrm{d}\boldsymbol{y} \Leftrightarrow \omega_0 \tilde{\bar{\boldsymbol{f}}}_4\left(\boldsymbol{y}^{(0)}\right) + \omega_1 \sum_{i=1}^{2n} \tilde{\bar{\boldsymbol{f}}}_4\left(\boldsymbol{y}^{(i)}\right) \tag{4-64}$$

其中，$\tilde{\bar{\boldsymbol{f}}}_4(\boldsymbol{y})$ 是 $\tilde{\bar{\boldsymbol{f}}}(\boldsymbol{y})$ 的前 4 项泰勒级数。

由于各个维度的积分已经解耦，不失一般性，可以关注第 q 个维度的积分及其无迹变换近似结果。第 q 个维度的标量非线性函数经过三阶泰勒级数展开可以得到如下多项式：

$$\tilde{\bar{f}}_{q,4}(\boldsymbol{y}) = c_0 + \sum_{i=1}^{n} c_i y_i + \sum_{i=1}^{n}\sum_{j=1}^{n} c_{ij} y_i y_j + \sum_{i=1}^{n}\sum_{j=1}^{n}\sum_{k=1}^{n} c_{ijk} y_i y_j y_k \tag{4-65}$$

其中，$\tilde{\bar{f}}_{q,4}(\boldsymbol{y})$ 是 $\tilde{\bar{f}}_q(\boldsymbol{y})$ 的前 4 项泰勒级数，c 为单项式系数，为表示方便通过下标进行区分。

根据式(4-65)，标量非线性函数总可以表示成多项式形式。根据式(4-42)～式(4-46)，三阶无迹变换总可以匹配三阶及以下单项式的标准高斯加权积分，因此对于式(4-65)的多项式自然可以精确计算其标准高斯加权积分。因此，三阶无迹变换的均值近似精度为 $o_m=3$。

同理，在进行协方差近似时，需要近似非线性函数矩阵 $\left[\bar{\boldsymbol{f}}(\boldsymbol{y})\left(\bar{\boldsymbol{h}}(\boldsymbol{y})\right)^{\mathrm{T}}\right]_{n\times n}$ 的标准高斯加权积分。对于 $o_c=1$，无迹变换需要能够准确计算两个一阶多项式乘积(即二阶多项式)的标准高斯加权积分，这是由式(4-42)～式(4-44)满足的。对于更高的协方差近似精度，如 $o_c=2$，无迹变换需要至少能够计算四阶多项式的标准高斯加权积分，而由 4.4.1 节最后的讨论可知，这无法实现。因此，三阶无迹变换的协方差近似精度 $o_c=1$。

2. UKF 的特点

另外，根据式(4-47)，UKF 对于原点的权重可以为负值，当处理高维问题时(n 比较大)，无迹变换近似协方差时容易出现不正定，进而造成 UKF 的数值不稳定。

总体来说，该算法的特点如下：

(1) UKF 的思想是对状态后验概率密度分布进行近似，而不是对非线性函数进行近似，不需要知道非线性函数的显式表达式。

(2) 不需要求导计算 Jacobi 矩阵，可以处理非可导的非线性函数。

(3) 三阶 UKF 的均值近似精度是三阶，协方差近似精度是一阶。因此，相比于一阶 EKF，三阶 UKF 的均值计算更加准确，但是协方差近似精度与一阶 EKF 是一致的。

(4) UKF 扩展到高阶需要求解高次方程组来获得样本点的位置及权重，可能面临方程组无法解析求解的问题。

(5) 当 UKF 应用在高维系统且样本点权重存在负值时，可能会出现状态协方差矩阵不正定、滤波器发散的问题。

为了解决 UKF 在高维时的数值不稳定问题，Arasaratnam 等通过将非线性高斯加权积分转换成球面径向积分来求解，推导出容积卡尔曼滤波器(CKF)。CKF 相比于 UKF 在数学层面更加严谨和准确，在高维系统中估计更加稳定，且更容易扩展至高阶。

4.5　容积卡尔曼滤波器

对于一个高斯先验分布和非线性系统滤波问题，其主要难点在于解决非线性系统高斯加权积分计算的问题，如式(4-66)所示：

$$\boldsymbol{I}(\boldsymbol{f})=\int_{\mathbb{R}^n}\boldsymbol{f}(\boldsymbol{x})N(\boldsymbol{x};\boldsymbol{\mu},\boldsymbol{\Sigma})\mathrm{d}\boldsymbol{x} \tag{4-66}$$

其中，$\boldsymbol{x}=[x_1,x_2,\cdots,x_n]^{\mathrm{T}}\in\mathbb{R}^n$。

对于式(4-66)的积分，可令 $\boldsymbol{x}=\boldsymbol{\mu}+\sqrt{2\boldsymbol{\Sigma}}\boldsymbol{y}$ 将积分转换成式(4-67)所示通用积分形式：

$$\begin{aligned}\boldsymbol{I}(\boldsymbol{f})&=\int_{\mathbb{R}^n}\boldsymbol{f}\left(\boldsymbol{\mu}+\sqrt{2\boldsymbol{\Sigma}}\boldsymbol{y}\right)\frac{1}{\sqrt{2\boldsymbol{x\Sigma}}}\exp\left(-\boldsymbol{y}^{\mathrm{T}}\boldsymbol{y}\right)\left|\sqrt{2\boldsymbol{\Sigma}}\right|\mathrm{d}\boldsymbol{y}\\&=\int_{\mathbb{R}^n}\overline{\boldsymbol{f}}(\boldsymbol{y})\exp\left(-\boldsymbol{y}^{\mathrm{T}}\boldsymbol{y}\right)\mathrm{d}\boldsymbol{y}\end{aligned} \tag{4-67}$$

其中，$\overline{\boldsymbol{f}}(\boldsymbol{y})=\dfrac{1}{\sqrt{\pi^n}}\boldsymbol{f}\left(\boldsymbol{\mu}+\sqrt{2\boldsymbol{\Sigma}}\boldsymbol{y}\right)$。考虑 $\boldsymbol{f}(\boldsymbol{x})$ 为关于 $\boldsymbol{x}$ 的 d 阶多项式，根据 $\overline{\boldsymbol{f}}(\boldsymbol{y})$ 的定义可知 $\overline{\boldsymbol{f}}(\boldsymbol{y})$ 为关于 $\boldsymbol{y}$ 的 d 阶多项式。下面对多项式 $\overline{\boldsymbol{f}}(\boldsymbol{y})$ 中的一项进行分析，考虑 $\overline{\boldsymbol{f}}(\boldsymbol{y})=y_1^{d_1}y_2^{d_2}\cdots y_n^{d_n}$，$d_i$ 是非负整数且 $\sum\limits_{i=1}^{n}d_i\leqslant d$，$d$ 是正整数。

按照正常方法求解式(4-67)中的积分仍然是十分困难的，容积卡尔曼滤波算法的基本思路是先采用球面径向变换将式(4-67)中的积分转换为球面径向积分，再使用三阶球面径向求积准则来对球面径向积分进行近似求解。

4.5.1　球面径向变换

令 $\boldsymbol{y}=r\boldsymbol{s}$，其中 r 为球体半径，且 $\boldsymbol{y}^{\mathrm{T}}\boldsymbol{y}=r^2$，则 $\mathrm{d}\boldsymbol{y}=r^{n-1}\mathrm{d}r\mathrm{d}\sigma(\boldsymbol{s})$，则式(4-67)中的积分可转变为如式(4-68)所示的球面径向积分：

$$\boldsymbol{I}(\boldsymbol{f})=\int_0^{\infty}\int_{\boldsymbol{U}_n}\overline{\boldsymbol{f}}(r\boldsymbol{s})r^{n-1}\exp\left(-r^2\right)\mathrm{d}\sigma(\boldsymbol{s})\mathrm{d}r \tag{4-68}$$

其中，$\boldsymbol{U}_n=\{\boldsymbol{s}\in\mathbb{R}^n\mid\boldsymbol{s}^{\mathrm{T}}\boldsymbol{s}=1\}$ 为 n 维单位球面；$\sigma(\cdot)$ 为球面测度。

式(4-68)可分解为 n 维球面积分 $\boldsymbol{S}(r)$ 和一维径向积分 $\boldsymbol{I}(\boldsymbol{f})$ 的形式

$$\boldsymbol{S}(r)=\int_{\boldsymbol{U}_n}\overline{\boldsymbol{f}}(r\boldsymbol{s})\mathrm{d}\sigma(\boldsymbol{s}) \tag{4-69}$$

$$\boldsymbol{I}(\boldsymbol{f})=\int_0^{\infty}\boldsymbol{S}(r)r^{n-1}\exp\left(-r^2\right)\mathrm{d}r \tag{4-70}$$

可以看出，通过球面径向变换可以将一个高斯加权积分问题转换为径向积分和球面积分的复合积分问题，即将积分计算式(4-67)转换为多维空间中某个几何体的容积计算。下面分别介绍球面积分和径向积分的求解过程。

4.5.2　球面积分求解

在进行球面积分求解之前需要介绍如下球面容积准则：

$$\int_{U_n}\bar{\boldsymbol{f}}(\boldsymbol{s})\mathrm{d}\sigma(\boldsymbol{s})\approx\omega\sum_{i=1}^{2n}\bar{\boldsymbol{f}}(u[\mathbf{1}]_i) \tag{4-71}$$

其中，ω 为待定权重；u 为待定正数；$[\mathbf{1}]$ 是一个完全对称的点集合，$[\mathbf{1}]_i$ 代表点集合 $[\mathbf{1}]$ 中的第 i 行，如式(4-72)所示：

$$\left\{\begin{bmatrix}1\\0\\\vdots\\0\end{bmatrix},\begin{bmatrix}0\\1\\\vdots\\0\end{bmatrix},\cdots,\begin{bmatrix}0\\0\\\vdots\\1\end{bmatrix},\begin{bmatrix}-1\\0\\\vdots\\0\end{bmatrix},\begin{bmatrix}0\\-1\\\vdots\\0\end{bmatrix},\cdots,\begin{bmatrix}0\\0\\\vdots\\-1\end{bmatrix}\right\} \tag{4-72}$$

点集为对称集，因此对于单项式 $\bar{\boldsymbol{f}}(\boldsymbol{s})=s_1^{d_1}s_2^{d_2}\cdots s_n^{d_n}$，若至少有一个指数 d_i 为奇数，式(4-71)中的近似将是完全准确的。为了使得式(4-71)中的近似在其他情况更加合理，类似UKF，CKF 采用阶矩匹配的方式使得非线性变换后的样本加权和尽可能接近实际球面积分结果。换句话说，需要选择参数 ω 和 u 使得 $\bar{\boldsymbol{f}}(\boldsymbol{s})=1$ 和 $\bar{\boldsymbol{f}}(\boldsymbol{s})=s_i^2$ 时式(4-71)中的近似完全精确，即这种参数条件下式(4-71)中的近似结果可以保证至少与三阶多项式的实际球面积分结果无任何偏差。为此，考虑如下方程：

$$\begin{cases}\bar{\boldsymbol{f}}(\boldsymbol{s})=1: & 2n\omega=\displaystyle\int_{U_n}1\mathrm{d}\sigma(\boldsymbol{s})=A_n\\ \bar{\boldsymbol{f}}(\boldsymbol{s})=s_i^2: & 2\omega u^2=\displaystyle\int_{U_n}s_i^2\mathrm{d}\sigma(\boldsymbol{s})=\frac{1}{n}\int_{U_n}\boldsymbol{s}^{\mathrm{T}}\boldsymbol{s}\mathrm{d}\sigma(\boldsymbol{s})=\frac{A_n}{n}\end{cases} \tag{4-73}$$

其中，$A_n=2\sqrt{\pi^n}/\Gamma(n/2)$ 为 n 维单位球面面积，且 $\Gamma(n)=\int_0^\infty x^{n-1}\exp(-x)\mathrm{d}x$ 。

注意：式(4-73)并不是在概率密度上进行积分，因此不需要进行权重归一化。求解式(4-73)可得

$$\omega=\frac{A_n}{2n},\ u^2=1 \tag{4-74}$$

4.5.3　径向积分求解

与球面积分计算类似，径向积分的近似求解也可以借助数值积分

$$\boldsymbol{I}(f)=\int_0^\infty \boldsymbol{S}(r)r^{n-1}\exp(-r^2)\mathrm{d}r \tag{4-75}$$

对于径向变换式(4-75)，通过积分变换，令 $r=\sqrt{t}$，该式可由著名的高斯-拉盖尔积分表示为

$$\int_0^{\infty} \boldsymbol{S}(r) r^{n-1} \exp\left(-r^2\right) \mathrm{d}r = \frac{1}{2} \int_0^{\infty} \tilde{\boldsymbol{S}}(t) t^{\left(\frac{n}{2}-1\right)} \exp(-t) \mathrm{d}t \tag{4-76}$$

其中，$\tilde{\boldsymbol{S}}(t) = \boldsymbol{S}(\sqrt{t})$。

由于 m 阶高斯-拉盖尔积分在被积函数 $\tilde{\boldsymbol{S}}(t)$ 阶次小于等于 $2m-1$ 时都可以由 m 个样本点加权和精确计算，且样本点为 $\tilde{\boldsymbol{S}}(t)=0$ 的根。因此，$\tilde{\boldsymbol{S}}(t)=1$ 和 $\tilde{\boldsymbol{S}}(t)=t$ 的高斯-拉盖尔积分可由一个样本点和其权重精确匹配，则当 $\boldsymbol{S}(r)=1$ 或 $\boldsymbol{S}(r)=r^2$ 时，式(4-76)的积分可以被样本点加权和精确计算。但是，当 $\boldsymbol{S}(r)$ 为奇数阶次单项式 $\boldsymbol{S}(r)=r$ 和 $\boldsymbol{S}(r)=r^3$ 时，不满足这一点。所幸的是，当径向准则与球面准则相结合来计算积分(4-68)时，由于 $\boldsymbol{y}=r\boldsymbol{s}$，当 $\boldsymbol{S}(r)$ 为 r 的奇数阶次单项式时，显然球面积分中关于 $\boldsymbol{s}$ 的单项式也会是奇数阶次。因此，所有奇数阶次单项式的球面径向积分会因为球面积分为零而直接为零。尽管径向准则对于奇数阶次单项式情况下的积分不精确，但是球面径向准则对于所有奇数阶次多项式的球面径向积分都是精确的。

因此，对于需要精确到三阶单项式球面径向积分的球面径向准则，考虑单点和单权重的一阶广义高斯-拉盖尔积分已经足够。设

$$\int_0^{\infty} \boldsymbol{S}(r) r^{n-1} \exp\left(-r^2\right) \mathrm{d}r \approx \omega_1 \boldsymbol{S}(r_1) \tag{4-77}$$

下面确定权重 ω_1 和样本点 r_1。考虑如下方程：

$$\begin{cases} \boldsymbol{S}(r)=1: \quad \omega_1 = \int_0^{\infty} r^{n-1} \exp\left(-r^2\right) \mathrm{d}r = \dfrac{1}{2}\Gamma\left(\dfrac{n}{2}\right) \\ \boldsymbol{S}(r)=r^2: \quad \omega_1 r_1^2 = \int_0^{\infty} r^{n+1} \exp\left(-r^2\right) \mathrm{d}r = \dfrac{1}{2}\Gamma\left(\dfrac{n}{2}+1\right) = \dfrac{1}{2} \times \dfrac{n}{2}\Gamma\left(\dfrac{n}{2}\right) = \dfrac{n}{2}\omega_1 \end{cases} \tag{4-78}$$

根据式(4-78)可以得出 $r_1^2 = n/2$，则有

$$r_1^2 = n/2, \quad \omega_1 = \frac{1}{2}\Gamma\left(\frac{n}{2}\right) \tag{4-79}$$

因此，球面径向积分可被计算如下：

$$\begin{aligned} \int_0^{\infty} \boldsymbol{S}(r) r^{n-1} \exp\left(-r^2\right) \mathrm{d}r &\approx \frac{1}{2}\Gamma\left(\frac{n}{2}\right) \boldsymbol{S}\left(\sqrt{\frac{n}{2}}\right) \\ &\approx \frac{1}{2}\Gamma\left(\frac{n}{2}\right) \frac{A_n}{2n} \sum_{i=1}^{2n} \overline{\boldsymbol{f}}\left(\sqrt{\frac{n}{2}}[\mathbf{1}]_i\right) = \frac{\sqrt{\pi^n}}{2n} \sum_{i=1}^{2n} \overline{\boldsymbol{f}}\left(\sqrt{\frac{n}{2}}[\mathbf{1}]_i\right) \end{aligned} \tag{4-80}$$

考虑线性变换 $\boldsymbol{x} = \boldsymbol{\mu} + \sqrt{2\boldsymbol{\Sigma}}\boldsymbol{y}$，球面径向积分结果为

$$\boldsymbol{I}(\boldsymbol{f}) = \int_{\mathbb{R}^n} \overline{\boldsymbol{f}}(\boldsymbol{y}) \exp\left(-\boldsymbol{y}^{\mathrm{T}}\boldsymbol{y}\right) \mathrm{d}\boldsymbol{y} = \frac{1}{2n} \sum_{i=1}^{2n} \boldsymbol{f}\left(\boldsymbol{\mu} + \sqrt{\boldsymbol{\Sigma}}\sqrt{n}[\mathbf{1}]_i\right) \tag{4-81}$$

从最后结果来看，球面径向变换将球面积分和径向积分分别表示成样本点加权和的形式。采用 $\boldsymbol{x} = \boldsymbol{\mu} + \sqrt{2\boldsymbol{\Sigma}}\boldsymbol{y}$ 将积分标准化成通用形式(4-67)之后，球面积分的样本点为对称点集 $\boldsymbol{u}[\mathbf{1}]$ 中的元素，权重与球表面积有关，径向积分的样本点与权重均只和 $\boldsymbol{x}$ 的维数 n 有关。根据式(4-67)和式(4-81)，球面径向变换和无迹变换的最终结果类似，都是将计算均值和协方差需要计算的非线性函数高斯加权积分近似成样本点加权和的形式。从结果来看，两

种变换的区别如下：

(1)无迹变换和球面径向变换的样本点位置和权重不同，其中最大的区别是球面径向变换没有在原点处采样，而无迹变换通常在原点处有更高的权重。

(2)无迹变换需要解复杂的参数方程来获得样本点和权重，球面径向变换的样本点固定为对称点集 $u[\mathbf{1}]$ 中的元素，且权重固定为 $1/(2n)$。

(3)球面准则和径向准则扩展到高阶均存在已有的严谨数学结论。例如，利用正交多项式的性质，径向积分(高斯-拉盖尔积分)可以采用样本点加权和的形式近似到 $2m-1$ 阶精度，且样本点和权重可由固定公式计算。因此，球面径向变换不需要求解复杂的参数方程，从数学上可以轻易扩展到高阶。

4.5.4　容积卡尔曼滤波器实施

将球面径向准则(4-81)代入高斯积分公式，得到 CKF。CKF 采用式(4-1)所示模型。与线性卡尔曼滤波相同，容积卡尔曼滤波的实现过程也分为时间更新过程和量测更新过程。

1. 时间更新过程

已知 $k-1$ 时刻状态协方差矩阵 $\boldsymbol{P}_{k-1|k-1}$，通过 Cholesky 分解误差协方差并构造样本点(称为容积点)

$$\boldsymbol{P}_{k-1|k-1}=\boldsymbol{S}_{k-1|k-1}\boldsymbol{S}_{k-1|k-1}^{\mathrm{T}} \tag{4-82}$$

$$\boldsymbol{X}_{i,k-1|k-1}=\boldsymbol{S}_{k-1|k-1}\boldsymbol{\xi}_i+\hat{\boldsymbol{x}}_{k-1|k-1},\quad i=1,2,\cdots,2n \tag{4-83}$$

其中，$\boldsymbol{\xi}_i=\sqrt{n}\boldsymbol{e}_i$，$\boldsymbol{e}_i=[0,\cdots,0,\cdots1,\cdots,0]^{\mathrm{T}}$, $i=1,2,\cdots,n$，即第 i 个元素为 1 的单位列向量。

将容积点代入状态模型传播

$$\boldsymbol{X}_{i,k|k-1}^{*}=\boldsymbol{f}\left(\boldsymbol{X}_{i,k-1|k-1}\right),\quad i=1,2,\cdots,2n \tag{4-84}$$

计算 k 时刻的状态预测值 $\hat{\boldsymbol{x}}_{k|k-1}$ 及预测协方差 $\boldsymbol{P}_{k|k-1}$ 分别为

$$\hat{\boldsymbol{x}}_{k|k-1}=\frac{1}{2n}\sum_{i=1}^{2n}\boldsymbol{X}_{i,k|k-1}^{*} \tag{4-85}$$

$$\boldsymbol{P}_{k|k-1}=\frac{1}{2n}\sum_{i=1}^{2n}\boldsymbol{X}_{i,k|k-1}^{*}\boldsymbol{X}_{i,k|k-1}^{*\mathrm{T}}-\hat{\boldsymbol{x}}_{k|k-1}\hat{\boldsymbol{x}}_{k|k-1}^{\mathrm{T}}+\boldsymbol{G}_{k-1}\boldsymbol{Q}_{k-1}\boldsymbol{G}_{k-1}^{\mathrm{T}} \tag{4-86}$$

2. 量测更新过程

已知 k 时刻一步预测状态协方差矩阵 $\boldsymbol{P}_{k|k-1}$，通过 Cholesky 分解误差协方差并计算容积点

$$\boldsymbol{P}_{k|k-1}=\boldsymbol{S}_{k|k-1}\boldsymbol{S}_{k|k-1}^{\mathrm{T}} \tag{4-87}$$

$$\boldsymbol{X}_{i,k|k-1}=\boldsymbol{S}_{k|k-1}\boldsymbol{\xi}_i+\hat{\boldsymbol{x}}_{k|k-1},\quad i=1,2,\cdots,2n \tag{4-88}$$

将容积点代入量测模型传播，并计算量测预测值 $\hat{\boldsymbol{z}}_{k|k-1}$ 为

$$\boldsymbol{Z}_{i,k|k-1}=\boldsymbol{h}\left(\boldsymbol{X}_{i,k|k-1}\right),\quad i=1,2,\cdots,2n \tag{4-89}$$

$$\hat{\boldsymbol{z}}_{k|k-1}=\frac{1}{2n}\sum_{i=1}^{2n}\boldsymbol{Z}_{i,k|k-1} \tag{4-90}$$

计算量测量预测协方差 $\boldsymbol{P}_{k|k-1}^{zz}$，以及状态与量测量的互协方差 $\boldsymbol{P}_{k|k-1}^{xz}$ 分别为

$$\boldsymbol{P}_{k|k-1}^{zz}=\frac{1}{2n}\sum_{i=1}^{2n}\boldsymbol{Z}_{i,k|k-1}\boldsymbol{Z}_{i,k|k-1}^{\mathrm{T}}-\hat{\boldsymbol{z}}_{k|k-1}\hat{\boldsymbol{z}}_{k|k-1}^{\mathrm{T}}+\boldsymbol{R}_k \tag{4-91}$$

$$\boldsymbol{P}_{k|k-1}^{xz}=\frac{1}{2n}\sum_{i=1}^{2n}\boldsymbol{X}_{i,k|k-1}\boldsymbol{Z}_{i,k|k-1}^{\mathrm{T}}-\hat{\boldsymbol{x}}_{k|k-1}\hat{\boldsymbol{z}}_{k|k-1}^{\mathrm{T}} \tag{4-92}$$

计算卡尔曼增益 $\boldsymbol{K}_k$、最优状态估计 $\hat{\boldsymbol{x}}_{k|k}$ 以及对应的误差协方差 $\boldsymbol{P}_{k|k}$ 分别为

$$\boldsymbol{K}_k=\boldsymbol{P}_{k|k-1}^{xz}\left(\boldsymbol{P}_{k|k-1}^{zz}\right)^{-1} \tag{4-93}$$

$$\hat{\boldsymbol{x}}_{k|k}=\hat{\boldsymbol{x}}_{k|k-1}+\boldsymbol{K}_k\left(\boldsymbol{z}_k-\hat{\boldsymbol{z}}_{k|k-1}\right) \tag{4-94}$$

$$\boldsymbol{P}_{k|k}=\boldsymbol{P}_{k|k-1}-\boldsymbol{K}_k\boldsymbol{P}_{k|k-1}^{zz}\boldsymbol{K}_k^{\mathrm{T}} \tag{4-95}$$

4.5.5　容积卡尔曼滤波器讨论

1. 球面径向变换的近似精度

球面径向变换的近似精度可以通过与 4.4.3 节类似的方式来论证。首先给出结论：三阶球面径向变换的均值近似精度为 $o_m=3$，协方差近似精度为 $o_c=1$。下面予以论证。

根据式(4-69)和式(4-70)，球面径向变换将原来的非线性高斯加权积分等价转换成球面和径向两层复合积分，再通过式(4-71)和式(4-77)将转换后的球面径向复合积分近似为样本点加权和。

由于两次数值积分采样的过程不会互相影响，整体近似过程可以重新表述为

$$\boldsymbol{I}(\boldsymbol{f})=\int_{\mathbb{R}^n}\bar{\boldsymbol{f}}(\boldsymbol{y})\exp\left(-\boldsymbol{y}^{\mathrm{T}}\boldsymbol{y}\right)\mathrm{d}\boldsymbol{y}\approx\omega_1\boldsymbol{S}(r_1)=\omega\omega_1\sum_{i=1}^{2n}\bar{\boldsymbol{f}}\left(r_1u[\mathbf{1}]_i\right) \tag{4-96}$$

其中，约等号右边各项定义与式(4-71)和式(4-77)一致。为了分析式(4-96)的近似精度，本节仍然关注第 p 个维度。

对于维度 p 的积分，假设 $\bar{\boldsymbol{f}}(\cdot)$ 可微，若想均值近似精度达到 3，则根据 4.2.2 节的定义，需要使式(4-96)右边的结果完全等于 $\bar{\boldsymbol{f}}(\cdot)$ 泰勒级数 p 维的前 3 项加权积分结果(注意，加权函数是 $\exp(-\boldsymbol{y}^{\mathrm{T}}\boldsymbol{y})$ 而不是高斯密度)，即

$$\begin{aligned}\boldsymbol{I}\left(\tilde{\bar{\boldsymbol{f}}}_p(\boldsymbol{y})\right)=\boldsymbol{I}\left(\tilde{\bar{\boldsymbol{f}}}_p(r\boldsymbol{s})\right)&=\int_0^{\infty}r^{n-1}\exp\left(-r^2\right)\left(\int_{U_n}\tilde{\bar{\boldsymbol{f}}}_p(r\boldsymbol{s})\mathrm{d}\sigma(\boldsymbol{s})\right)\mathrm{d}r\\&\Leftrightarrow\int_0^{\infty}r^{n-1}\exp\left(-r^2\right)\left(\omega\sum_{i=1}^{2n}\tilde{\bar{\boldsymbol{f}}}_p\left(ru[\mathbf{1}]_i\right)\right)\mathrm{d}r\\&\Leftrightarrow\omega\omega_1\sum_{i=1}^{2n}\tilde{\bar{\boldsymbol{f}}}_p\left(r_1u[\mathbf{1}]_i\right)\end{aligned} \tag{4-97}$$

仍然将 $\tilde{\bar{\boldsymbol{f}}}_p(r\boldsymbol{s})$ 表示成多项式形式可得

$$\tilde{\bar{\boldsymbol{f}}}_p(r\boldsymbol{s})=c_0+\sum_{i=1}^{n}c_irs_i+\sum_{i=1}^{n}\sum_{j=1}^{n}c_{ij}r^2s_is_j+\sum_{i=1}^{n}\sum_{j=1}^{n}\sum_{k=1}^{n}c_{ijk}r^3s_is_js_k \tag{4-98}$$

其中，c 为单项式系数，为表示方便通过下标进行区分。将式(4-98)形式的非线性函数代

入式(4-97)，此时球面积分中的被积函数是关于 s 和 r 的多项式。由于球面积分与变量 r 无关，根据式(4-73)的匹配过程，球面积分可完全等于样本点加权和，即式(4-97)第二行的等号成立。同理，球面积分将变量 s 积分之后，被积函数显然是关于 r 的多项式，则根据式(4-78)的匹配过程，径向积分可完全等于样本点加权和，即式(4-97)第三行的等号成立。综上，三阶球面径向变换的均值近似精度为 $o_m = 3$。同理可知，其协方差近似精度也为 $o_c = 1$。

2. CKF 的特点

从上述标准 CKF 的滤波过程中可以看出，CKF 无需计算系统的 Jacobi 矩阵，滤波结构与标准卡尔曼滤波类似。CKF 以高斯近似滤波为基础，先将非线性高斯加权积分转换为易数值求解的球面径向积分，再通过球面径向积分准则实现球面径向积分的数值近似，从而获得随机变量非线性变换后的均值和方差，可以精确到三阶精度。

CKF 的核心问题有两个。第一，CKF 本质上是高斯近似滤波，因其在构造球面径向积分之前将原始积分问题限制在了高斯加权积分问题上，因此 CKF 在处理非高斯加权积分时效果不佳；第二，CKF 和 UKF 类似，在进行非线性积分数值计算时引入了近似误差。针对这些问题，本章 4.6 节给出了粒子滤波器的相关概念。与 UKF 和 CKF 这类确定性采样方法不同，粒子滤波采用随机采样策略，在处理非高斯问题时比 UKF 和 CKF 更有优势。

4.6 粒子滤波器

粒子滤波器(Particle Filter, PF)基于序贯重要性采样思想，通过非参数化的蒙特卡罗逼近实现递推贝叶斯估计的算法。粒子滤波又称为基于滤波的非格子模拟、凝聚算法、序贯蒙特卡罗或贝叶斯导引滤波，不同于 UKF 与 CKF 的确定性采样，粒子滤波通过大量随机样本的加权逼近状态后验概率分布 $p\left(\boldsymbol{x}_k \mid \boldsymbol{z}_{1:k}\right)$。相比 EKF、CKF、UKF 三种高斯近似滤波，PF 可以适用于非高斯、非线性系统，且随着粒子数目的增加，逼近的精度越高。

4.6.1 蒙特卡罗逼近思想

蒙特卡罗逼近是一种处理复杂统计问题中很实用的方法，其本质是求解概率的问题，常用于求解高维积分问题，下面简要介绍蒙特卡罗逼近的基本原理。

定义如下高维空间 $\mathbb{R}^n$ 上的积分：

$$E\left[\boldsymbol{f}(\boldsymbol{x})\right] = \int_{\mathbb{R}^n} \boldsymbol{f}(\boldsymbol{x}) p(\boldsymbol{x}) \mathrm{d}\boldsymbol{x} \tag{4-99}$$

其中，$p(\boldsymbol{x})$ 为高维空间 $\mathbb{R}^n$ 上的概率密度；$\boldsymbol{f}(\cdot)$ 为关于 $\boldsymbol{x}$ 的任意可积非线性函数。

从 $p(\boldsymbol{x})$ 中独立地抽取 N 个随机的样本组成样本集 $\{\boldsymbol{x}^i\}_{i=1}^N$，则 $\{\boldsymbol{x}^i\}_{i=1}^N$ 是独立同分布的，$p(\boldsymbol{x})$ 可以用这些样本来近似：

$$p(\boldsymbol{x}) \approx \frac{1}{N}\sum_{i=1}^{N} \delta\left(\boldsymbol{x} - \boldsymbol{x}^i\right) \tag{4-100}$$

其中，$\delta\left(\boldsymbol{x} - \boldsymbol{x}^i\right)$ 为样本 $\boldsymbol{x}^i$ 处的狄拉克函数。

式(4-99)定义的高维积分可以近似为式(4-101)的求和问题：

$$\int_{\mathbb{R}^n} \boldsymbol{f}(\boldsymbol{x}) p(\boldsymbol{x}) \mathrm{d}\boldsymbol{x} \approx \frac{1}{N}\sum_{i=1}^{N}\int_{\mathbb{R}^n} \boldsymbol{f}(\boldsymbol{x})\delta\left(\boldsymbol{x}-\boldsymbol{x}^i\right)\mathrm{d}\boldsymbol{x} = \frac{1}{N}\sum_{i=1}^{N}\boldsymbol{f}\left(\boldsymbol{x}^i\right) \tag{4-101}$$

显然，蒙特卡罗逼近与无迹变换和球面径向变换的近似手段是类似的，区别是 UKF 和 CKF 基于确定性采样，而蒙特卡罗逼近基于随机采样。因此，UKF 和 CKF 一般用于状态后验密度可以近似为高斯分布的情况，而蒙特卡罗逼近可以在已知 $p(\boldsymbol{x})$ 的情况下计算任何非线性函数的非高斯密度加权积分，适用范围更广。

式(4-101)基于随机采样的积分方法就是蒙特卡罗逼近。蒙特卡罗逼近方法主要解决如何在给定概率密度 $p(\boldsymbol{x})$ 的情况下，产生随机样本集 $\{\boldsymbol{x}^i\}_{i=1}^N$，进而估计非线性函数的非高斯密度加权积分。

4.6.2　序贯重要性采样

1. 重要性采样

将蒙特卡罗逼近思想应用于贝叶斯滤波框架，从状态变量的后验概率密度 $p(\boldsymbol{x}_{0:k}\mid z_{1:k})$ 中抽取 N 个样本点 $\{\boldsymbol{x}_{0:k}^i\}_{i=1}^N$，则状态后验概率密度可以通过式(4-102)近似得到

$$p(\boldsymbol{x}_{0:k}\mid z_{1:k}) \approx \frac{1}{N}\sum_{i=1}^{N}\delta\left(\boldsymbol{x}_{0:k}-\boldsymbol{x}_{0:k}^i\right) \tag{4-102}$$

对于任何非线性变换 $\boldsymbol{g}(\boldsymbol{x}_{0:k})$，其期望可表示为

$$E\left[\boldsymbol{g}\left(\boldsymbol{x}_{0:k}\right)\right] = \int \boldsymbol{g}\left(\boldsymbol{x}_{0:k}\right) p\left(\boldsymbol{x}_{0:k}\mid z_{1:k}\right)\mathrm{d}\boldsymbol{x}_{0:k} \approx \frac{1}{N}\sum_{i=1}^{N}\boldsymbol{g}\left(\boldsymbol{x}_{0:k}^i\right) \tag{4-103}$$

随着粒子数目 N 的增多，该估计能十分接近实际的期望，但由于状态后验概率密度 $p(\boldsymbol{x}_{0:k}\mid z_{1:k})$ 通常是多变量、高维、复杂的概率分布，不能直接从中抽取样本。有效的解决方法就是通过引入一个已知的、易于采样的概率密度 $q(\boldsymbol{x}_{0:k}\mid z_{1:k})$ 替代 $p(\boldsymbol{x}_{0:k}\mid z_{1:k})$，并从中采集粒子样本，再根据 $q(\boldsymbol{x}_{0:k}\mid z_{1:k})$ 和 $p(\boldsymbol{x}_{0:k}\mid z_{1:k})$ 的关系调整粒子权重。概率密度 $q(\boldsymbol{x}_{0:k}\mid z_{1:k})$ 称为重要性密度函数，从该概率密度上采样 N 个粒子，则可以得到如下样本点和蒙特卡罗逼近的采样密度：

$$\begin{cases} \boldsymbol{x}_{0:k}^i \sim q\left(\boldsymbol{x}_{0:k}\mid z_{1:k}\right),\ i=1,2,\cdots,N \\ q\left(\boldsymbol{x}_{0:k}\mid z_{1:k}\right) \approx \dfrac{1}{N}\displaystyle\sum_{i=1}^{N}\delta\left(\boldsymbol{x}_{0:k}-\boldsymbol{x}_{0:k}^i\right) \end{cases} \tag{4-104}$$

根据式(4-104)，式(4-103)中的期望可以计算为

$$\begin{aligned} E\left[\boldsymbol{g}\left(\boldsymbol{x}_{0:k}\right)\right] &= \int \boldsymbol{g}\left(\boldsymbol{x}_{0:k}\right)\frac{p\left(\boldsymbol{x}_{0:k}\mid z_{1:k}\right)}{q\left(\boldsymbol{x}_{0:k}\mid z_{1:k}\right)} q\left(\boldsymbol{x}_{0:k}\mid z_{1:k}\right)\mathrm{d}\boldsymbol{x}_{0:k} \\ &\approx \int \boldsymbol{g}\left(\boldsymbol{x}_{0:k}\right)\frac{p\left(\boldsymbol{x}_{0:k}\mid z_{1:k}\right)}{q\left(\boldsymbol{x}_{0:k}\mid z_{1:k}\right)}\frac{1}{N}\sum_{i=1}^{N}\delta(\boldsymbol{x}_{0:k}-\boldsymbol{x}_{0:k}^i)\mathrm{d}\boldsymbol{x}_{0:k} \\ &= \int \boldsymbol{g}\left(\boldsymbol{x}_{0:k}\right)\frac{p\left(z_{1:k}\mid \boldsymbol{x}_{0:k}\right)p\left(\boldsymbol{x}_{0:k}\right)}{p\left(z_{1:k}\right)q\left(\boldsymbol{x}_{0:k}\mid z_{1:k}\right)}\frac{1}{N}\sum_{i=1}^{N}\delta(\boldsymbol{x}_{0:k}-\boldsymbol{x}_{0:k}^i)\mathrm{d}\boldsymbol{x}_{0:k} \\ &= \sum_{i=1}^{N}\frac{1}{N}\frac{p\left(z_{1:k}\mid \boldsymbol{x}_{0:k}^i\right)p\left(\boldsymbol{x}_{0:k}^i\right)}{p\left(z_{1:k}\right)q\left(\boldsymbol{x}_{0:k}^i\mid z_{1:k}\right)}\boldsymbol{g}(\boldsymbol{x}_{0:k}^i) \end{aligned} \tag{4-105}$$

其中，重要性密度函数要求在任意点处不为零。式(4-105)中的概率密度 $p(z_{1:k})$ 不容易计算，因此采用如下归一化思路来解决。定义

$$\omega\left(\boldsymbol{x}_{0:k}^{i}\right)=\frac{1}{N}\cdot\frac{p\left(z_{1:k}\mid\boldsymbol{x}_{0:k}^{i}\right)p\left(\boldsymbol{x}_{0:k}^{i}\right)}{q\left(\boldsymbol{x}_{0:k}^{i}\mid z_{1:k}\right)} \tag{4-106}$$

其中，$\omega(\boldsymbol{x}_{0:k}^{i})$ 为未归一化的权重。

对权重进行归一化，可得

$$\tilde{\omega}_{0:k}^{i}=\frac{\omega\left(\boldsymbol{x}_{0:k}^{i}\right)}{\sum_{i=1}^{N}\omega\left(\boldsymbol{x}_{0:k}^{i}\right)} \tag{4-107}$$

其中，$\tilde{\omega}_{0:k}^{i}$ 为归一化的重要性权重。重要性采样示意图如图 4-6 所示。

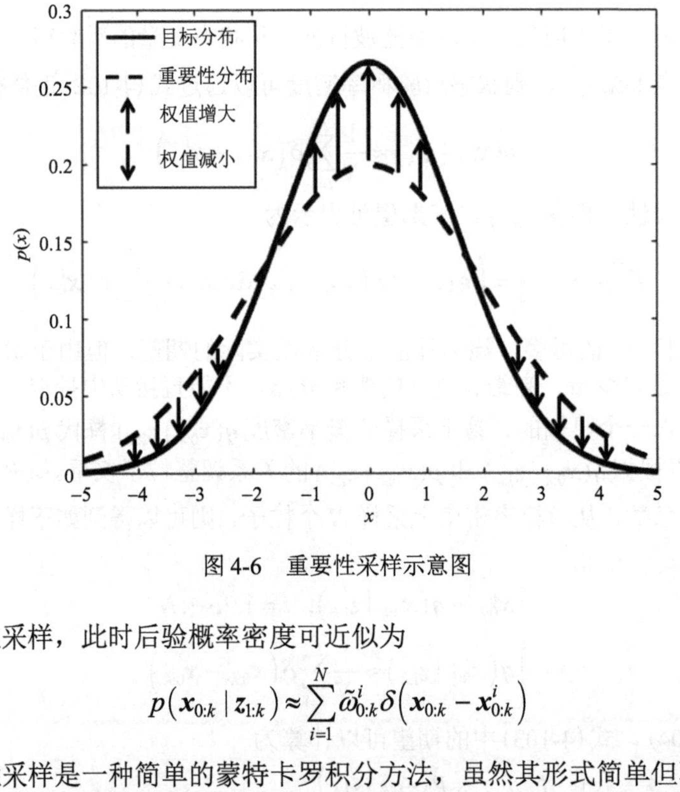

图 4-6　重要性采样示意图

通过重要性采样，此时后验概率密度可近似为

$$p\left(\boldsymbol{x}_{0:k}\mid z_{1:k}\right)\approx\sum_{i=1}^{N}\tilde{\omega}_{0:k}^{i}\delta\left(\boldsymbol{x}_{0:k}-\boldsymbol{x}_{0:k}^{i}\right) \tag{4-108}$$

上述重要性采样是一种简单的蒙特卡罗积分方法，虽然其形式简单但不能用于迭代估计中。这是因为对后验概率密度函数 $p(\boldsymbol{x}_{0:k}\mid z_{1:k})$ 进行估计需要用到所有的观测数据 $z_{1:k}$，并且在每次观测更新时需要重新计算粒子集的重要性权值，这会导致计算量随时间的推移而不断增长。为降低计算复杂度，下面给出一种递推计算的重要性采样方法，称为序贯重要性采样。

2. 序贯重要性采样

假设概率空间模型满足状态一阶马尔可夫特性和量测条件独立性，则概率状态空间模型为

$$\begin{cases} \boldsymbol{x}_k \sim p(\boldsymbol{x}_k \mid \boldsymbol{x}_{k-1}) \\ \boldsymbol{z}_k \sim p(\boldsymbol{z}_k \mid \boldsymbol{x}_k) \end{cases} \tag{4-109}$$

概率状态空间模型满足

$$\begin{cases} p(\boldsymbol{x}_{0:k}) = p(\boldsymbol{x}_k \mid \boldsymbol{x}_{k-1}) p(\boldsymbol{x}_{0:k-1}) \\ p(\boldsymbol{z}_{1:k} \mid \boldsymbol{x}_{0:k}) = p(\boldsymbol{z}_k \mid \boldsymbol{x}_k) p(\boldsymbol{z}_{1:k-1} \mid \boldsymbol{x}_{0:k-1}) \end{cases} \tag{4-110}$$

序贯重要性采样的目的是获得 k 时刻近似的状态后验概率密度 $p(\boldsymbol{x}_k \mid \boldsymbol{z}_{1:k})$，即

$$p(\boldsymbol{x}_k \mid \boldsymbol{z}_{1:k}) \approx \sum_{i=1}^{N} \omega_k^i \delta(\boldsymbol{x}_k - \boldsymbol{x}_k^i) \tag{4-111}$$

与重要性采样类似，$p(\boldsymbol{x}_k \mid \boldsymbol{z}_{1:k})$ 通常是非常复杂的非高斯密度，很难直接采样。为此，可以定义与前面类似的重要性采样方法，从密度简单已知的重要性密度 $q(\boldsymbol{x}_{0:k} \mid \boldsymbol{z}_{1:k})$ 中进行采样，并计算重要性权重。在序贯重要性采样中，一般情况下人为选取的重要性密度 $q(\boldsymbol{x}_{0:k} \mid \boldsymbol{z}_{1:k})$ 满足如下的递归形式：

$$q(\boldsymbol{x}_{0:k} \mid \boldsymbol{z}_{1:k}) = q(\boldsymbol{x}_k \mid \boldsymbol{x}_{0:k-1}, \boldsymbol{z}_{1:k}) q(\boldsymbol{x}_{0:k-1} \mid \boldsymbol{z}_{1:k-1}) \tag{4-112}$$

将式(4-110)和式(4-112)代入式(4-106)，得到

$$\omega(\boldsymbol{x}_{0:k}^i) \propto \frac{p(\boldsymbol{z}_k \mid \boldsymbol{x}_k^i) p(\boldsymbol{x}_k^i \mid \boldsymbol{x}_{0:k-1}^i) p(\boldsymbol{x}_{0:k-1}^i, \boldsymbol{z}_{1:k-1})}{q(\boldsymbol{x}_k^i \mid \boldsymbol{x}_{0:k-1}^i, \boldsymbol{z}_{1:k}) q(\boldsymbol{x}_{0:k-1}^i \mid \boldsymbol{z}_{1:k-1})} \tag{4-113}$$

假设 $k-1$ 时刻已从重要性函数 $q(\boldsymbol{x}_{0:k-1} \mid \boldsymbol{z}_{1:k-1})$ 中完成采样并获得重要性权重 $\omega(\boldsymbol{x}_{0:k-1}^i)$，则根据式(4-113)，重要性权重满足递推公式

$$\omega(\boldsymbol{x}_{0:k}^i) \propto \frac{p(\boldsymbol{z}_k \mid \boldsymbol{x}_k^i) p(\boldsymbol{x}_k^i \mid \boldsymbol{x}_{0:k-1}^i)}{q(\boldsymbol{x}_k^i \mid \boldsymbol{x}_{0:k-1}^i, \boldsymbol{z}_{1:k})} \omega(\boldsymbol{x}_{0:k-1}^i) \tag{4-114}$$

从 $q(\boldsymbol{x}_k \mid \boldsymbol{x}_{0:k-1}^i, \boldsymbol{z}_{1:k})$ 中抽取样本点 $\boldsymbol{x}_k^i$，并由式(4-114)计算重要性权重，称为序贯重要性采样。其中，重要性函数 $q(\boldsymbol{x}_k \mid \boldsymbol{x}_{0:k-1}^i, \boldsymbol{z}_{1:k})$ 的选择是一个关键问题，应使其接近真实状态后验概率密度，以使得重要性权重的方差最小。但实际应用中常采用状态转移概率密度，即 $q(\boldsymbol{x}_k \mid \boldsymbol{x}_{0:k-1}, \boldsymbol{z}_{1:k}) = p(\boldsymbol{x}_k \mid \boldsymbol{x}_{k-1})$ 作为重要性函数，此时重要性权重的递推形式可以简化为

$$\omega(\boldsymbol{x}_{0:k}^i) \propto p(\boldsymbol{z}_k \mid \boldsymbol{x}_k^i) \omega(\boldsymbol{x}_{0:k-1}^i) \tag{4-115}$$

对式(4-115)进行归一化可得到归一化的重要性权重。由于从 $q(\boldsymbol{x}_k \mid \boldsymbol{x}_{0:k-1}^i, \boldsymbol{z}_{1:k})$ 中再次抽取样本点 $\boldsymbol{x}_k^i$ 会使得粒子成倍增长，计算量过大。在实际使用时，一般不会频繁采样，而是通过系统模型将 $k-1$ 时刻的粒子非线性变换成 k 时刻的粒子，这样粒子总数不会发生变化。然而，经过式(4-115)的权值更新，部分低权重粒子的权重会越来越小，以致趋于零，导致有效粒子数目减少，密度近似的误差增大。为此，4.6.3 节将介绍重采样方法来解决这个问题。

4.6.3　粒子退化与重采样

随着时间的推移，粒子样本集合中的大多数粒子权值都变得非常小，这一部分粒子对

于后验估计的贡献也很小。由于缺少有效的粒子参与到后验估计的计算中，系统状态变量的后验估计精度也会下降。这种现象称为粒子退化(Particle Degeneracy)。为了解决粒子退化问题，需要在序贯重要性采样算法实施后增加一个步骤，即重采样过程。

重采样指的是对权值更新后的粒子集合进行重新采样，选取一个大部分粒子权值相当的新的粒子集合，以克服粒子权值退化的现象。考虑重采样后获取的样本粒子是独立的，因此新的样本权值为$1/N$。重采样能够显著提高样本的有效性。粒子滤波中可以随时进行重采样，这就需要对其使用条件进行约束，以避免过量增加计算负担。为了衡量粒子的退化程度，给出有效样本容量N_{eff}的概念

$$N_{\text{eff}}=\frac{1}{\sum_{i=1}^{N}\left(\omega_k^i\right)^2} \tag{4-116}$$

有效样本容量N_{eff}是统计学中用于衡量具有权值的样本集在某个区间内集中程度的指标。N_{eff}越小表示退化越严重，为了判断应用重采样算法的时机，可以引入一个阈值N_{th}与有效样本容量N_{eff}进行比对。当有效样本容量N_{eff}小于所设定的阈值N_{th}时，表示粒子退化现象严重，应该采用重采样算法来增加有效样本容量。

重采样的思想是舍去权值较小的样本，复制权值较大的样本，具体步骤为：首先将样本集中第k次采样各个样本的概率表示为权值ω_k^i，然后从离散分布中抽取N个样本来代替旧的样本集，最后令所有的权值为常值，即$\omega_k^i=1/N$，实现过程如图4-7所示。

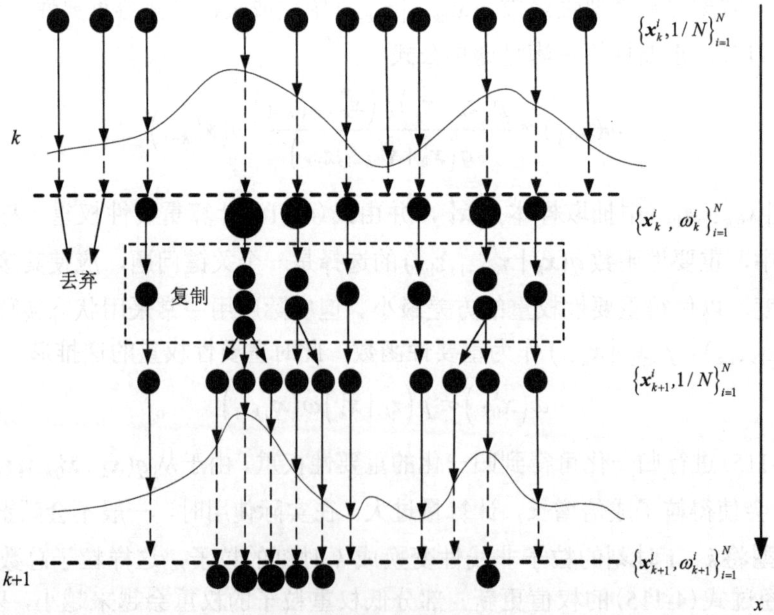

图4-7　粒子滤波重采样过程

4.6.4　粒子滤波步骤

采用式(4-1)所示的状态空间模型。粒子滤波包括样本重要性采样和重采样，结合贝叶

斯滤波体系的具体算法步骤如下：

(1) 初始化。当 $k=0$ 时，初始化根据系统状态的先验概率分布 $p(\boldsymbol{x}_0)$ 建立初始粒子集 $\{\boldsymbol{x}_0^i,\omega_0^i,i=1,2,\cdots,N\}$，其中 $\omega_0^i=1/N$。

(2) 时间更新。当 $k=1,2,3,\cdots$ 时，根据系统模型更新粒子，从 $p\left(\boldsymbol{x}_k\middle|\boldsymbol{x}_{k-1}^i\right)$ 中采样得到 $\boldsymbol{x}_k^i$，获得时间更新的粒子集 $\{\boldsymbol{x}_k^i,\omega_{k-1}^i,i=1,2,\cdots,N\}$。

(3) 量测更新。迭代更新粒子权重，$\omega_k^i=\omega_{k-1}^i p(\boldsymbol{z}_k\mid\boldsymbol{x}_k^i)$，获得量测更新的粒子集 $\{\boldsymbol{x}_k^i,\omega_k^i,i=1,2,\cdots,N\}$。

(4) 权值归一化。对粒子权重进行归一化，$\tilde{\omega}_k^i=\dfrac{\omega(\boldsymbol{x}_k^i)}{\sum\limits_{i=1}^{N}\omega\left(\boldsymbol{x}_k^i\right)}$。

(5) 计算状态估计值为 $\hat{\boldsymbol{x}}_{k|k}=\sum\limits_{i=1}^{N}\tilde{\omega}_k^i\boldsymbol{x}_k^i$。

(6) 重采样。当 $N_{\mathrm{eff}}<N_{\mathrm{th}}$ 时，根据粒子权值 ω_k^i，分别复制高权重粒子，丢弃低权重粒子，从而重新产生 N 个粒子，并归一化重要性权重 $\tilde{\omega}_k^i=1/N$。

4.7　导航系统非线性卡尔曼滤波器的分析比较

前几节中分别介绍了几种经典的非线性滤波方法，包括 EKF、UKF、CKF、PF。本节首先对比分析几种非线性滤波的特点，然后介绍非线性滤波在导航系统中的两项典型应用，最后通过仿真实验对比以上几种非线性滤波方法的性能特点。惯性/卫星紧组合导航系统用来对比 EKF、UKF、CKF 算法，惯性/重力组合导航系统实现对 EKF、UKF、CKF、PF 四种滤波方法的仿真验证。

4.7.1　几种非线性滤波理论对比

本节主要对本章介绍的几种非线性滤波算法进行总结与分析，首先对比几种非线性滤波算法的精度、原理以及优缺点，最后通过两种典型的组合导航系统对非线性滤波性能进行对比验证，如表 4-1 所示。

表 4-1　非线性滤波算法性能对比

滤波器	精度	原理	优点	缺点
EKF	均值和协方差近似精度都为一阶	通过一阶泰勒展开逼近非线性函数，进而求解非线性加权积分	实现简单； 没有引入额外的高阶项，不需要选取任何参数	需要计算 Jacobi 矩阵，要求非线性函数连续可微； 局部线性化，不适用于强非线性系统
UKF	均值近似精度为三阶，协方差近似精度为一阶	基于无迹变换，通过 $2n+1$ 个确定样本点近似高斯分布，进而求解非线性加权积分	不需要计算 Jacobi 矩阵；不要求非线性函数连续可微； 具有多种采样策略	高阶扩展困难； 高维状态下容易出现滤波协方差不正定

续表

滤波器	精度	原理	优点	缺点
CKF	均值近似精度为三阶，协方差近似精度为一阶	基于球面径向准则近似非线性加权积分	不需要求解系统的 Jacobi 矩阵；易于扩展到高维非线性估计问题，无须选择任何参数	存在高斯假设，非高斯情况下效果不佳
PF	精度随样本点数量提高	基于蒙特卡罗思想，通过大量随机样本近似状态后验概率密度	不需要求解系统的 Jacobi 矩阵；粒子数目多时精度较高；适用于非线性非高斯系统	计算量较大；存在粒子退化问题

在贝叶斯框架下，解决滤波估计问题的最优方案即是基于量测信息 $z_{1:k}=\{z_1,z_2,\cdots,z_k\}$ 构造状态后验概率密度函数 $p(\boldsymbol{x}_k\mid z_{1:k})$ 的完整描述。由于高斯分布可以由其前两阶矩(均值和方差)完全表征，对于线性高斯系统，最优滤波器即是卡尔曼滤波器。然而，对于非线性系统，求解预测及预测协方差需要计算状态经非线性传播后的后验分布，这通常很难进行准确描述。为此，需要近似计算非线性积分，如利用一阶线性化、无迹变换及球面径向求积准则等手段求解。但这些方法本质上基于状态后验的高斯假设，如果模型存在强非线性或噪声服从非高斯分布导致状态后验分布高斯近似不合理，上述方法中状态后验分布高斯近似会存在较大误差。粒子滤波通过蒙特卡罗逼近方法来计算非线性非高斯密度加权积分，无须对状态后验分布做高斯近似，在非线性非高斯系统中状态估计精度更高，但需要消耗较高的计算资源。

4.7.2 惯性/卫星紧组合导航系统

3.5 节介绍了惯性/卫星松组合导航系统，其使用的是线性 GNSS 量测模型。本节介绍惯性/卫星紧组合模式，其原理图如图 4-8 所示。在该模式下，组合导航滤波器利用 GNSS 的伪距、伪距率等原始观测量进行数据融合，将根据惯性导航位置计算的伪距、伪距率与 GNSS 提供的伪距、伪距率之差作为量测量，进而实现对导航参数的校正。紧组合模式相比松组合模式结构更紧密，能够让惯性导航和卫星导航相互辅助，但这些量测量对应的量测模型是非线性的，因此需要使用本章介绍的非线性卡尔曼滤波器来处理。

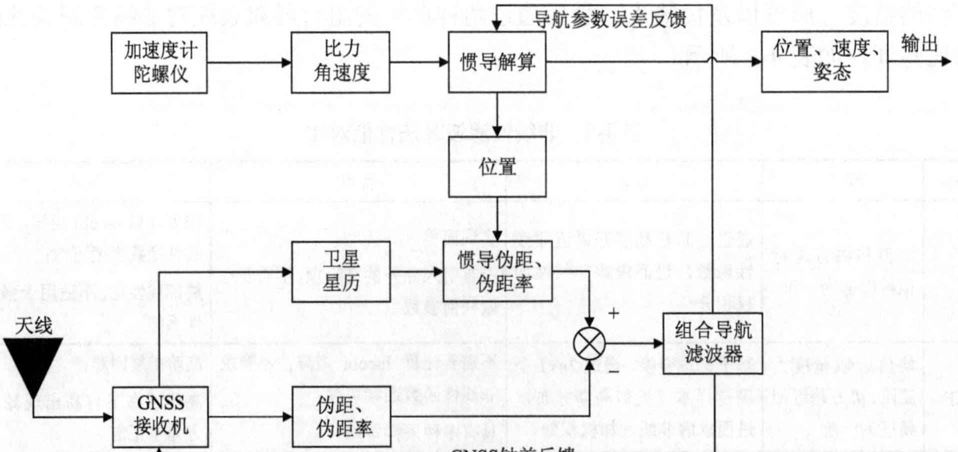

图 4-8 INS/GNSS 紧组合原理图

1. 状态模型

本节仿真采用基于伪距的紧组合模式，并对惯性导航解算值进行闭环校正。在载体东北天姿态失准角 $\boldsymbol{\phi}=\begin{bmatrix}\phi_E & \phi_N & \phi_U\end{bmatrix}^{\mathrm{T}}$、东北天速度误差 $\delta\boldsymbol{v}^n=\begin{bmatrix}\delta v_E & \delta v_N & \delta v_U\end{bmatrix}^{\mathrm{T}}$、纬经高位置误差 $\delta\boldsymbol{p}=\begin{bmatrix}\delta L & \delta\lambda & \delta h\end{bmatrix}^{\mathrm{T}}$、陀螺仪零偏 $\boldsymbol{\varepsilon}^b=\begin{bmatrix}\varepsilon_x^b & \varepsilon_y^b & \varepsilon_z^b\end{bmatrix}^{\mathrm{T}}$ 和加速度计零偏 $\boldsymbol{\nabla}^b=\begin{bmatrix}\nabla_x^b & \nabla_y^b & \nabla_z^b\end{bmatrix}^{\mathrm{T}}$ 作为状态量的基础上，将 GNSS 等效时钟差相应的距离 δt_u 和等效时钟频率误差相应的距离变化率 δt_{ru} 增广到组合导航系统整体状态量中，则紧组合的状态变量可写为

$$\boldsymbol{x}=\begin{bmatrix}\boldsymbol{\phi}^{\mathrm{T}} & (\delta\boldsymbol{v}^n)^{\mathrm{T}} & (\delta\boldsymbol{p})^{\mathrm{T}} & (\boldsymbol{\varepsilon}^b)^{\mathrm{T}} & (\boldsymbol{\nabla}^b)^{\mathrm{T}} & \delta t_u & \delta t_{ru}\end{bmatrix}^{\mathrm{T}} \tag{4-117}$$

相应的系统状态方程可写为

$$\boldsymbol{x}_k=\boldsymbol{F}_{k-1}\boldsymbol{x}_{k-1}+\boldsymbol{G}_{k-1}\boldsymbol{w}_{k-1} \tag{4-118}$$

其中，$\boldsymbol{F}_{k-1}$ 为系统状态转移矩阵；$\boldsymbol{G}_{k-1}$ 为噪声驱动矩阵；$\boldsymbol{w}_{k-1}$ 为系统噪声向量，各矩阵的元素如下

$$\boldsymbol{F}_{k-1}=\boldsymbol{I}_{17\times17}+\begin{bmatrix}\boldsymbol{F}_{\mathrm{SINS}} & \boldsymbol{0}_{15\times2}\\ \boldsymbol{0}_{2\times15} & \boldsymbol{F}_G\end{bmatrix}_{17\times17}T_s \tag{4-119}$$

$$\begin{bmatrix}\delta\dot{t}_u\\ \delta\dot{t}_{ru}\end{bmatrix}=\begin{bmatrix}0 & 1\\ 0 & 0\end{bmatrix}\begin{bmatrix}\delta t_u\\ \delta t_{ru}\end{bmatrix},\quad \boldsymbol{F}_G=\begin{bmatrix}0 & 1\\ 0 & 0\end{bmatrix} \tag{4-120}$$

其中，δt_{ru} 建模为常值，T_s 为惯性器件采样时间；$\boldsymbol{F}_{\mathrm{SINS}}$ 各元素的定义参考第 2 章式(2-70)中的 $\boldsymbol{A}_{k-1}$，状态噪声驱动矩阵 $\boldsymbol{G}_{k-1}$ 可表示为

$$\boldsymbol{G}_k=\begin{bmatrix}\boldsymbol{G}_{\mathrm{SINS}}\\ \boldsymbol{0}_{2\times6}\end{bmatrix}T_s \tag{4-121}$$

$$\boldsymbol{G}_{\mathrm{SINS}}=\begin{bmatrix}-\boldsymbol{C}_b^n & \boldsymbol{0}_{3\times3}\\ \boldsymbol{0}_{3\times3} & \boldsymbol{C}_b^n\\ \boldsymbol{0}_{9\times3} & \boldsymbol{0}_{9\times3}\end{bmatrix} \tag{4-122}$$

状态噪声 $\boldsymbol{w}_{k-1}$ 为

$$\boldsymbol{w}_{k-1}=\begin{bmatrix}\boldsymbol{w}_g^b\\ \boldsymbol{w}_a^b\end{bmatrix} \tag{4-123}$$

其中，$\boldsymbol{C}_b^n$ 为 b 系到 n 系的坐标变换矩阵；$\boldsymbol{w}_g^b=\begin{bmatrix}w_{gx}^b & w_{gy}^b & w_{gz}^b\end{bmatrix}^{\mathrm{T}}$ 为陀螺仪的三轴测量白噪声，$\boldsymbol{w}_a^b=\begin{bmatrix}w_{ax}^b & w_{ay}^b & w_{az}^b\end{bmatrix}^{\mathrm{T}}$ 为加速度计的三轴测量白噪声。

2. 量测模型

在紧组合模式下，GNSS 提供的测量值为运载体到卫星的伪距。伪距相比于真实距离增加了因 GNSS 接收机与卫星时钟不同步和随机噪声引起的距离误差。量测模型中所有量均为 k 时刻，此处为表述方便将 k 省略。GNSS 提供的运载体相对于第 i 颗卫星的伪距测量值为

$$\rho_k^i = \sqrt{\left[\left(x - x_S^i\right)^2 + \left(y - y_S^i\right)^2 + \left(z - z_S^i\right)^2\right]} + \delta t_u + v^i \tag{4-124}$$

其中，(x, y, z) 为运载体地球坐标系下的真实位置；(x_S^i, y_S^i, z_S^i) 为第 i 颗卫星在地球坐标系下的真实位置，实际使用时根据卫星星历获得；v_i 为 GNSS 伪距测量白噪声。

选取运载体相对四颗卫星的伪距作为量测量，则量测模型为

$$\boldsymbol{z}_k = \begin{bmatrix} \rho_k^1 \\ \rho_k^2 \\ \rho_k^3 \\ \rho_k^4 \end{bmatrix} = \begin{bmatrix} \sqrt{\left[\left(x - x_S^1\right)^2 + \left(y - y_S^1\right)^2 + \left(z - z_S^1\right)^2\right]} + \delta t_u + v^1 \\ \sqrt{\left[\left(x - x_S^2\right)^2 + \left(y - y_S^2\right)^2 + \left(z - z_S^2\right)^2\right]} + \delta t_u + v^2 \\ \sqrt{\left[\left(x - x_S^3\right)^2 + \left(y - y_S^3\right)^2 + \left(z - z_S^3\right)^2\right]} + \delta t_u + v^3 \\ \sqrt{\left[\left(x - x_S^4\right)^2 + \left(y - y_S^4\right)^2 + \left(z - z_S^4\right)^2\right]} + \delta t_u + v^4 \end{bmatrix} = \boldsymbol{h}\left(\boldsymbol{x}_k\right) + \boldsymbol{v}_k \tag{4-125}$$

其中，$\boldsymbol{h}(\cdot)$ 为非线性量测函数，注意不仅 $\boldsymbol{z}_k$ 与 (x, y, z) 存在非线性关系，(x, y, z) 与实际的状态量 $\delta \boldsymbol{p}$ 也存在非线性关系。

为了采用 EKF 进行量测更新，需对非线性量测函数 $\boldsymbol{h}(\cdot)$ 在 $\hat{\boldsymbol{x}}_{k|k-1}$ 处进行一阶泰勒级数展开。基于惯性导航解算的位置估计信息，根据式(4-21)可得到近似一阶截断的线性化量测模型为

$$\begin{aligned} \boldsymbol{z}_k &= \boldsymbol{h}\left(\boldsymbol{x}_k\right) + \boldsymbol{v}_k \approx \boldsymbol{h}\left(\hat{\boldsymbol{x}}_{k|k-1}\right) + \boldsymbol{H}_k \tilde{\boldsymbol{x}}_{k|k-1} + \boldsymbol{v}_k \\ &= \begin{bmatrix} \rho_I^1 \\ \vdots \\ \rho_I^4 \end{bmatrix} + \underbrace{\begin{bmatrix} \boldsymbol{0}_{4\times6} & \dfrac{\partial \boldsymbol{h}\left(\boldsymbol{x}_k\right)}{\partial \delta \boldsymbol{p}} & \boldsymbol{0}_{4\times6} & \dfrac{\partial \boldsymbol{h}\left(\boldsymbol{x}_k\right)}{\partial \delta t_u} & \boldsymbol{0}_{4\times1} \end{bmatrix}}_{\boldsymbol{H}_k} \left(\boldsymbol{x}_k - \hat{\boldsymbol{x}}_{k|k-1}\right) + \boldsymbol{v}_k \end{aligned} \tag{4-126}$$

其中，$\rho_I^i = \sqrt{(x_I - x_S^i)^2 + (y_I - y_S^i)^2 + (z_I - z_S^i)^2}$ 为由惯性导航解算位置计算的载体到卫星 i 的伪距；(x_I, y_I, z_I) 为 k 时刻地球坐标系下载体位置的惯性导航系统解算值。注意本节仿真采用惯导闭环反馈，位置最优估计即为惯导计算位置 (x_I, y_I, z_I)，故可在 (x_I, y_I, z_I) 处进行一阶线性化。

根据式(4-15)，量测 Jacobi 矩阵 $\dfrac{\partial \boldsymbol{h}(\boldsymbol{x}_k)}{\partial \delta \boldsymbol{p}}$ 和 $\dfrac{\partial \boldsymbol{h}(\boldsymbol{x}_k)}{\partial \delta t_u}$ 可计算为

$$\begin{aligned} \frac{\partial \boldsymbol{h}\left(\boldsymbol{x}_k\right)}{\partial \delta \boldsymbol{p}} &= \begin{bmatrix} \dfrac{\partial \rho_k^1}{\partial \delta x} & \dfrac{\partial \rho_k^1}{\partial \delta y} & \dfrac{\partial \rho_k^1}{\partial \delta z} \\ \vdots & \vdots & \vdots \\ \dfrac{\partial \rho_k^4}{\partial \delta x} & \dfrac{\partial \rho_k^4}{\partial \delta y} & \dfrac{\partial \rho_k^4}{\partial \delta z} \end{bmatrix} \frac{\partial \left[\delta x \quad \delta y \quad \delta z\right]^{\mathrm{T}}}{\partial \delta \boldsymbol{p}} \\ &= \begin{bmatrix} e_{11} & e_{12} & e_{13} \\ e_{21} & e_{22} & e_{23} \\ e_{31} & e_{32} & e_{33} \\ e_{41} & e_{42} & e_{43} \end{bmatrix} \begin{bmatrix} -R_{Nh} \sin L \cos \lambda & -R_{Nh} \cos L \sin \lambda & \cos L \cos \lambda \\ -R_{Nh} \sin L \sin \lambda & R_{Nh} \cos L \cos \lambda & \cos L \sin \lambda \\ R_{Nh} \cos L & 0 & \sin L \end{bmatrix} \end{aligned} \tag{4-127}$$

$$\frac{\partial \boldsymbol{h}(\boldsymbol{x}_k)}{\partial \delta t_u}=\begin{bmatrix}1 & 1 & 1 & 1\end{bmatrix}^{\mathrm{T}} \tag{4-128}$$

其中，$e_{i1}=\dfrac{x_S^i-x_I}{\rho_I^i}$；$e_{i2}=\dfrac{y_S^i-y_I}{\rho_I^i}$；$e_{i3}=\dfrac{z_S^i-z_I}{\rho_I^i}$ 。

3. 仿真环境及参数设置

惯性/卫星紧组合导航系统的仿真参数如表 4-2 所示。

表 4-2　惯性/卫星紧组合导航系统仿真参数设置

参数名称	参数值	
IMU 采样频率	100Hz	
三轴陀螺仪	常值漂移	$1°/\mathrm{h}$
	角度随机游走系数	$0.05°/\sqrt{\mathrm{h}}$
三轴加速度计	常值漂移	$1\mathrm{m}g$
	速度随机游走系数	$100\mu g/\sqrt{\mathrm{Hz}}$
GNSS 采样频率	1Hz	
GNSS 伪距量测噪声标准差	10m	
初始姿态误差	[0.1°, 0.1°, 5°]	
初始速度误差	[0.1m/s, 0.1m/s, 0.1m/s]	
初始位置误差	[10m,10m,10m]	

滤波器参数如表 4-3 所示。

表 4-3　惯性/卫星紧组合导航算法仿真参数设置

算法名称	算法参数	参数值
滤波器通用参数	系统噪声协方差矩阵 $\boldsymbol{Q}_k$	$\boldsymbol{Q}_k=\mathrm{blkdiag}([0.05°/\sqrt{\mathrm{h}}*\boldsymbol{I}_3;100\mu g/\sqrt{\mathrm{Hz}}*\boldsymbol{I}_3])^2/T_s$
	量测噪声协方差矩阵 $\boldsymbol{R}_k$	$\boldsymbol{R}_k=\mathrm{blkdiag}([10\mathrm{m}*\boldsymbol{I}_4])^2$
	初始姿态误差标准差	[0.1°, 0.1°, 5°]
	初始速度误差标准差	[0.1m/s, 0.1m/s, 0.1m/s]
	初始位置误差标准差	[10m,10m,10m]
	初始陀螺仪零偏标准差	[1°/h, 1°/h, 1°/h]
	初始加速度计零偏标准差	[1mg, 1mg, 1mg]
UKF 特有参数	α	0.001
	β	2
	κ	3

仿真真实轨迹同第 3 章表 3-6 和图 3-9，通过在仿真轨迹中进行各种机动以保证姿态误差、陀螺仪零偏、加速度计零偏为全局可观。状态真实数据由设定的轨迹生成，陀螺仪和加速度计的实际数据通过附加设定的器件常值漂移和随机噪声得到。

4. 仿真结果分析

三种非线性滤波算法定位误差如表 4-4 所示。

表 4-4 三种非线性滤波算法定位误差

非线性滤波算法	RMSE/m
CKF	2.2130
EKF	2.9989
UKF	2.7871

惯性/卫星紧组合系统作为一种经典的非线性系统，从仿真结果对比图 4-9～图 4-13 中可以看出，三种非线性滤波算法都可以较好地估计出导航参数，其中 CKF 的估计精度较高。但不可否认的是，使用 EKF 方法也可以较为准确地逼近非线性模型。EKF 算法对计算机算力要求较低且在惯性/卫星紧组合系统下与其余两种估计精度的区别不明显，因此 EKF 算法在实际工程中的应用更加广泛。

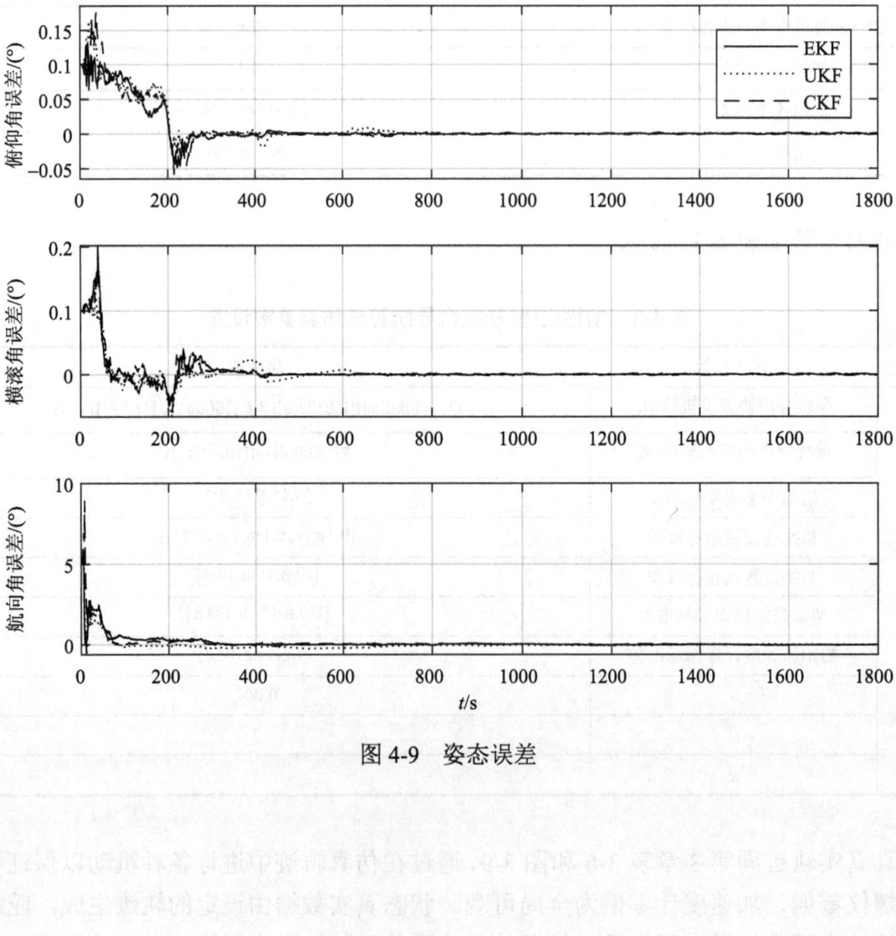

图 4-9 姿态误差

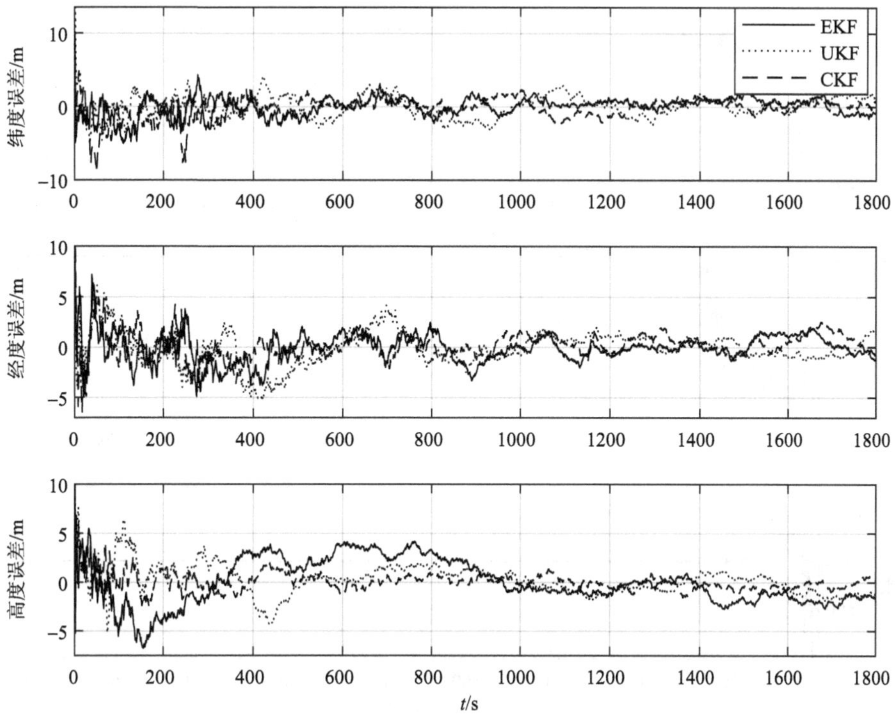

图 4-10　位置误差

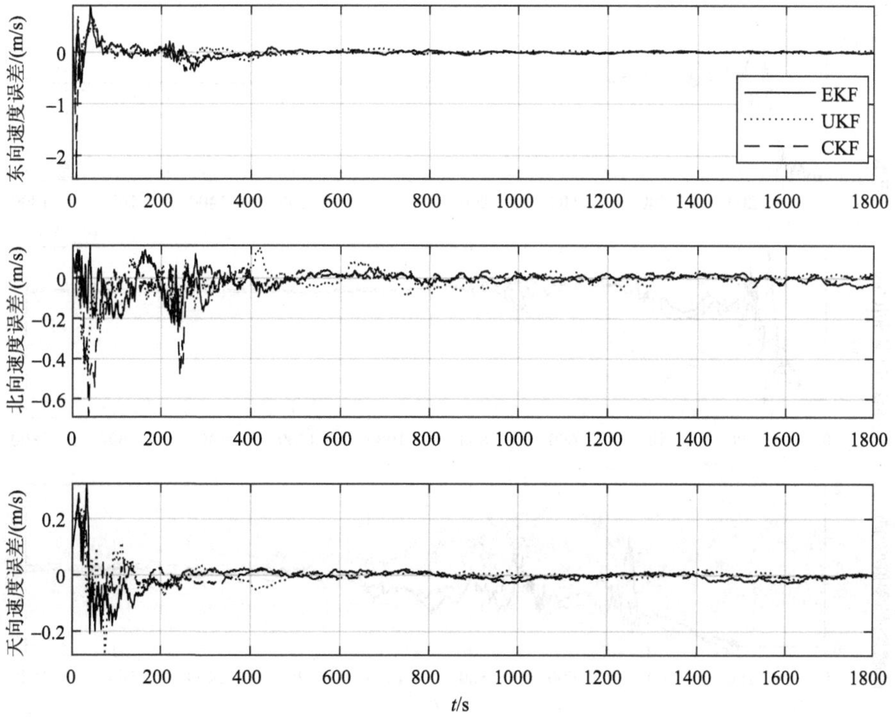

图 4-11　速度误差

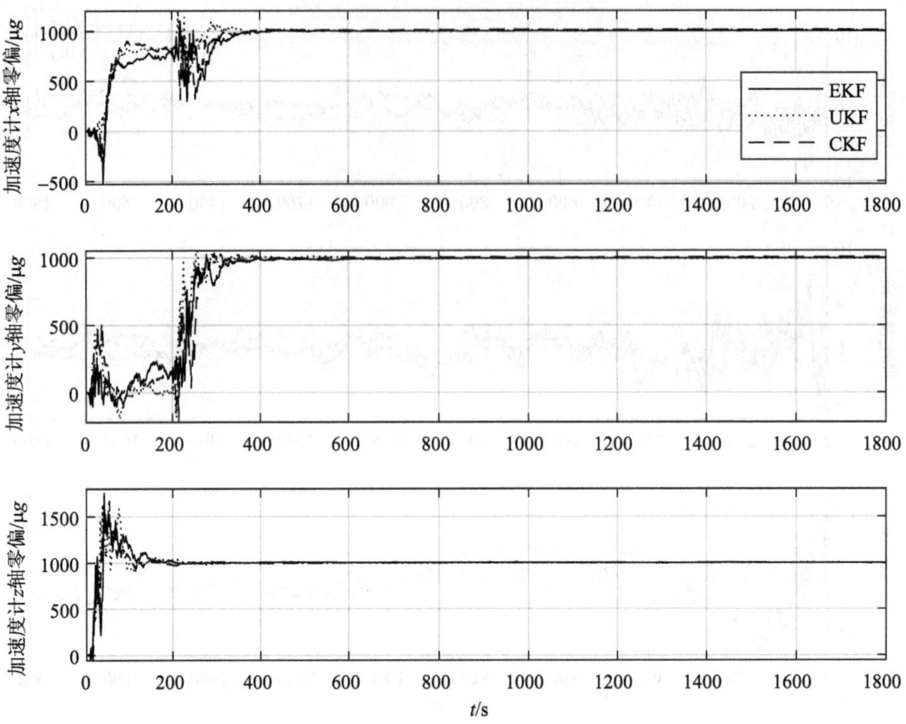

图 4-12　加速度计零偏估计

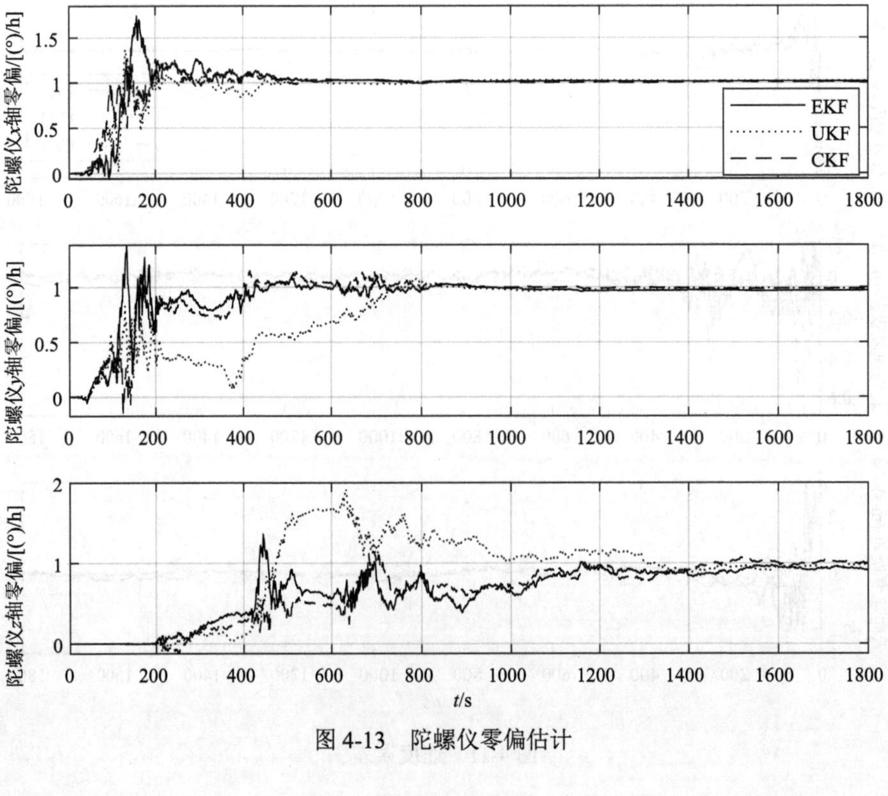

图 4-13　陀螺仪零偏估计

4.7.3　惯性/重力组合导航系统

地球物理场导航简介

惯性导航系统广泛应用于水下导航，但作为一种推算导航系统，其定位误差会随时间累积；海洋重力场是地球固有的物理特性之一，一般不随时间变化，具有良好的分布特征，利用重力场特征和重力场背景图匹配所获得的导航定位信息具有自主性，且精度不随时间发散。随着高精度重力测量仪器的发展以及高精度重力背景图融合技术的发展，惯性/重力组合导航系统因其隐蔽性好、自主性强等特点，已成为船舶、潜艇等自主导航的重要手段。惯性/重力组合导航系统主要包括重力场背景图、惯性导航系统、重力测量系统和重力匹配算法四个部分。其中，重力场背景图是该系统的基础部分，在导航开始之前，需要通过不同的测绘手段获取某片区域的重力异常值，进而制得具有一定分辨率的重力异常参考图存储在导航计算机中；惯性导航系统可以保证载体短时间内具有较高的导航精度，可实时输出导航参数并为载体提供一个参考位置信息；重力测量系统的主要仪器是重力仪，通过对重力仪的输出数据进行厄特沃什效应补偿、深度补偿等一系列的数据处理，可输出当前时刻载体所在位置的实测重力异常值；重力匹配算法通过综合惯性导航系统、重力仪实时测量和重力场背景图提供的信息，确定出最佳的匹配位置或匹配点，从而得到定位信息。重力匹配算法根据待匹配点的个数可分为序列匹配算法与单点滤波算法，本节的目的是通过惯性/重力组合导航仿真实验对比不同非线性滤波算法的性能，因此只对惯性/重力导航系统中滤波方法的原理及其通用的系统模型进行介绍。

基于滤波方法的惯性/重力组合导航基本原理如图 4-14 所示。在导航过程中，首先由惯性导航系统提供当前时刻的位置点，这个点称为惯性导航指示位置，利用该指示位置在预存的重力场背景图中提取对应的参考重力异常值；然后，通过该参考值与重力测量系统输出的实测重力异常值建立量测量，通过组合导航滤波器得到最优估计点，进而实现对惯性导航位置的校正，这是惯性/重力组合导航系统的基本原理。

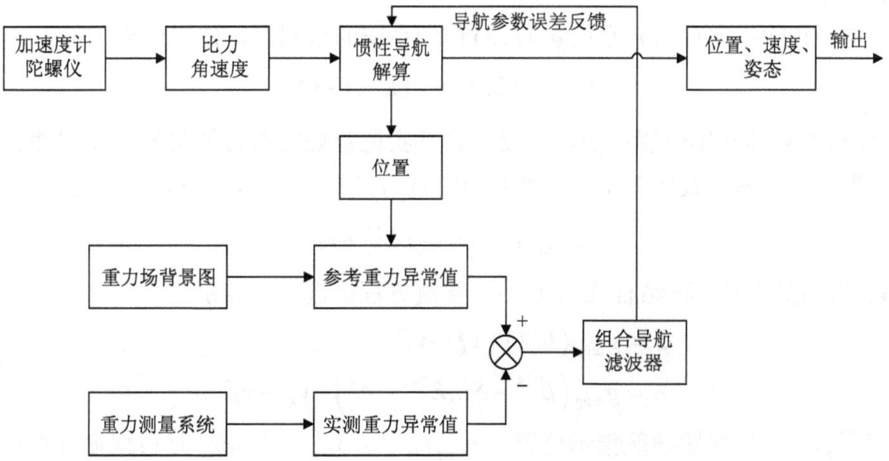

图 4-14　惯性/重力组合导航基本原理图

1. 状态模型

在实际的重力导航中，水下航行器的深度和水平位置是相互独立的，通过压力传感器可以获得精确的深度，这样深度误差不会随时间累积，也不会影响水平位置误差，因此这里省略了垂直通道的位置和速度。由于重力导航的输出频率低，导航结果通常是载体的水平位置，对于惯性器件的补偿能力较弱，为了简化模型，这里将状态变量设置为经、纬度误差，东、北向的速度误差，状态变量可写为

$$\boldsymbol{x}=\begin{bmatrix}\delta L & \delta\lambda & \delta v_E & \delta v_N\end{bmatrix}^{\mathrm{T}} \tag{4-129}$$

系统的状态方程为

$$\boldsymbol{x}_k=\boldsymbol{F}_{k-1}\boldsymbol{x}_{k-1}+\boldsymbol{G}_{k-1}\boldsymbol{w}_{k-1} \tag{4-130}$$

$$\boldsymbol{F}_{k-1}=\boldsymbol{I}_{4\times 4}+\begin{bmatrix} 0 & 0 & 0 & \dfrac{1}{R_0} \\ \dfrac{v_E\tan L_{k-1}}{R_0\cos L_{k-1}} & 0 & \dfrac{1}{R_0\cos L_{k-1}} & 0 \\ 0 & 0 & 0 & 2\omega_{ie}\sin L_{k-1} \\ 0 & 0 & -2\omega_{ie}\sin L_{k-1} & 0 \end{bmatrix}T_s \tag{4-131}$$

$$\boldsymbol{G}_{k-1}=\begin{bmatrix}0 & 0\\0 & 0\\1 & 0\\0 & 1\end{bmatrix}T_s \qquad \boldsymbol{w}_{k-1}=\begin{bmatrix}w_{aE}\\w_{aN}\end{bmatrix} \tag{4-132}$$

其中，T_s 为惯性器件采样时间；R_0 为赤道半径；ω_{ie} 为地球自转角速度；$\boldsymbol{F}_{k-1}$ 为系统状态转移矩阵，提取式(2-70)所示的 15 阶方阵中纬度误差、经度误差、东向速度误差、北向速度误差对应的 4 行 4 列构成 4 阶方阵，并考虑到水下航行器机动能力有限，进一步忽略该 4 阶方阵中与载体速度相关的项，可得出该系统状态转移矩阵；$\boldsymbol{G}_{k-1}$ 为系统的噪声驱动矩阵；$\boldsymbol{w}_{k-1}$ 为系统状态噪声，w_{aE} 和 w_{aN} 分别表示加速度计噪声在东向和北向的投影。

2. 量测模型

选取重力仪输出的重力异常值 $g_G(L,\lambda)$ 作为系统的量测量，建立量测方程为

$$z=g_G(L,\lambda)=g(L,\lambda)+\nu_k^g \tag{4-133}$$

其中，(L,λ) 是载体真实位置；$g(L,\lambda)$ 是载体真实位置处的重力异常值；ν_k^g 是重力仪测量噪声，而重力参考图上载体真实位置处对应的重力异常值 $g_{\mathrm{map}}(L,\lambda)$ 可表示为

$$g_{\mathrm{map}}(L,\lambda)=g(L,\lambda)+\nu_k^m \tag{4-134}$$

其中，ν_k^m 为制图噪声，再结合式(4-133)，量测方程可进一步表示为

$$\begin{aligned} z &= g_{\mathrm{map}}(L,\lambda)+\nu_k^g-\nu_k^m \\ &= g_{\mathrm{map}}\left(L^{\mathrm{INS}}-\delta L,\lambda^{\mathrm{INS}}-\delta\lambda\right)+\nu_k^g-\nu_k^m \end{aligned} \tag{4-135}$$

其中，$(L^{\mathrm{INS}},\lambda^{\mathrm{INS}})$ 是惯性导航指示位置；$g_{\mathrm{map}}(L^{\mathrm{INS}}-\delta L,\lambda^{\mathrm{INS}}-\delta\lambda)$ 是根据惯性导航指示位置及误差量在重力参考图中提取的重力异常值，这个值是在重力参考图中以搜索的方式得到的，因此无法用具体的数学公式进行描述，为了便于滤波器实现，将该值的获取过程表述为非线性函数 $\boldsymbol{h}(\cdot)$，可得到量测模型为

$$z_k=\boldsymbol{h}(\boldsymbol{x}_k)+\boldsymbol{v}_k \tag{4-136}$$

其中

$$h(x_k) = g_{\text{map}}\left(L^{\text{INS}} - \delta L, \lambda^{\text{INS}} - \delta\lambda\right) \tag{4-137}$$

$$v_k = v_k^g - v_k^m \tag{4-138}$$

式(4-136)即为惯性/重力组合导航的通用量测模型，对于 UKF、CKF、PF 算法可直接应用此非线性模型，在 EKF 算法中需要对非线性量测函数 $h(\cdot)$ 在 $\hat{x}_{k|k-1}$ 处进行一阶泰勒级数展开，近似的一阶截断的线性化量测模型为

$$\begin{aligned} z_k &= h(x_k) + v_k \approx h(\hat{x}_{k|k-1}) + H_k \tilde{x}_{k|k-1} + v_k \\ &= g_{\text{map}}\left(L^{\text{INS}}, \lambda^{\text{INS}}\right) + \underbrace{\begin{bmatrix}-h_L & -h_\lambda & 0 & 0\end{bmatrix}}_{H_k}\left(x_k - \hat{x}_{k|k-1}\right) + v_k \end{aligned} \tag{4-139}$$

其中，$H_k = [-h_L \quad -h_\lambda \quad 0 \quad 0]$，$h_L$ 代表的是重力异常值在纬度方向上的梯度，h_λ 代表的是重力异常值在经度方向上的梯度，本仿真实验中计算梯度的方法为九点拟合法，如图 4-15 所示。

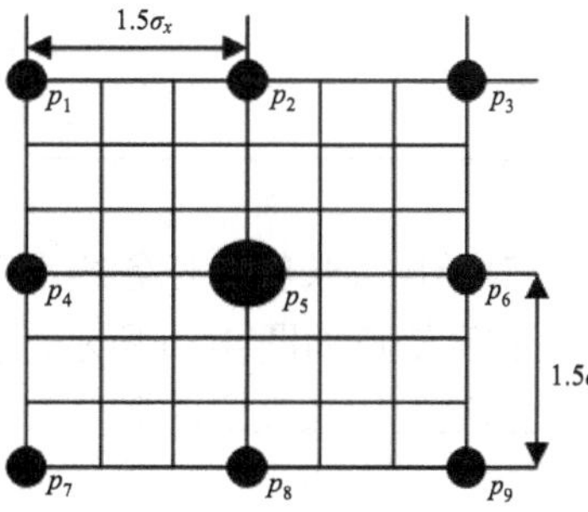

图 4-15　重力图九点拟合法

在惯性导航指示位置选取参考图上的九个网格点，其中 p_5 为距离惯性导航指示位置最近的网格点，在距离 $1.5\sigma_\lambda$ 和 $1.5\sigma_L$ 附近处选择 8 个围绕 p_5 的网格点；σ_λ、σ_L 为惯性导航水平误差的标准差，可通过状态方程计算得到。下面给出 p_5 点处的重力异常梯度的计算公式：

$$\begin{cases} h_\lambda = \dfrac{g_3 + g_6 + g_9 - (g_1 + g_4 + g_7)}{3\sigma_\lambda} \\ h_L = \dfrac{g_1 + g_2 + g_3 - (g_7 + g_8 + g_9)}{3\sigma_L} \end{cases} \tag{4-140}$$

其中，$g_1, g_2, \cdots, g_9$ 是重力图上提取的九个点的重力异常值。

3. *仿真环境及参数设置*

惯性/重力组合导航系统中选用的器件参数如表 4-5 所示。

表 4-5　惯性/重力组合导航系统仿真参数设置

参数名称	参数值	
IMU 采样频率（$1/T_s$）	100Hz	
三轴陀螺仪	常值漂移	0.01°/h
	角度随机游走系数	$0.001°/\sqrt{\text{h}}$
三轴加速度计	常值漂移	50μg
	速度随机游走系数	$50\mu g/\sqrt{\text{Hz}}$
重力仪采样频率	1/180Hz	
重力图分辨率	1′×1′	
重力仪测量噪声标准差	3mGal	
初始姿态误差	[0.005°, 0.005°, 0.05°]	
初始速度误差	[0.1m/s, 0.1m/s, 0m/s]	
初始位置误差	[20m, 20m, 0m]	

惯性/重力组合导航滤波器参数如表 4-6 所示。

表 4-6　惯性/重力组合导航算法仿真参数设置

算法名称	算法参数	参数值
滤波器通用参数	系统噪声协方差矩阵 $\boldsymbol{Q}_k$	$\boldsymbol{Q}_k = \text{blkdiag}([50\mu g/\sqrt{\text{Hz}}\cdot \boldsymbol{I}_2])^2/T_s$
	量测噪声协方差矩阵 $\boldsymbol{R}_k$	$\boldsymbol{R}_k = \text{blkdiag}([3\text{mGal}])^2$
	初始速度误差标准差	[0.1m/s,0.1m/s]
	初始位置误差标准差	[20m,20m]
UKF 参数	α	1
	β	2
	κ	2
PF 参数	粒子数	100
	重采样门限	50

对于执行长航时任务的水下航行器，其水下机动能力有限，通常将其视为匀速直线运动，仿真轨迹如图 4-16 所示。状态真实数据可由设定的轨迹生成，陀螺仪和加速度计的实际数据通过附加设定的器件常值漂移和随机噪声得到，如表 4-7 所示。

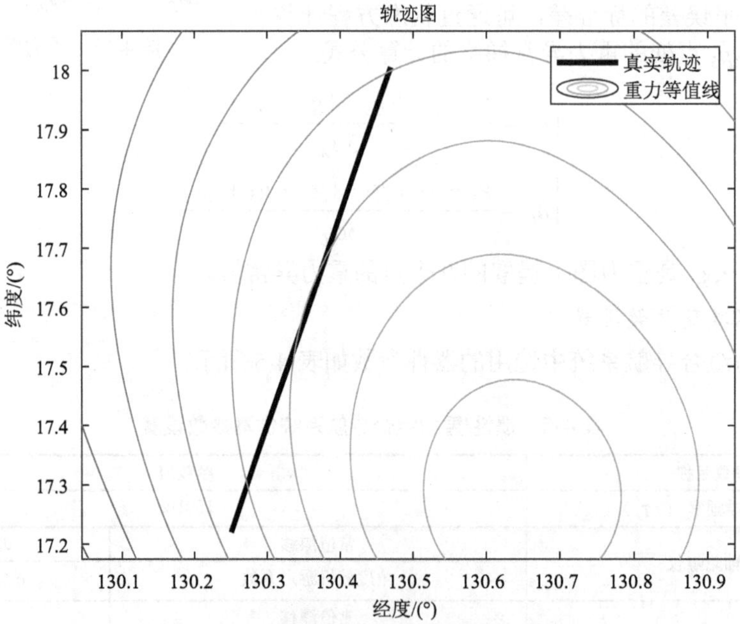

图 4-16　惯性/重力导航组合仿真载体真实轨迹

表 4-7　惯性/重力组合导航仿真真实轨迹

轨迹	加速度/(m/s^2)	角速度/[(°)/s]	持续时间/s
初始化	0	0	0
匀加速运动	1	0	10
匀速运动	0	0	9000

4. 仿真结果与分析

图 4-17 是纯惯性导航与四种基于非线性滤波的惯性/重力组合导航结果。几种方法的定位误差 RMSE 如表 4-8 所示。考虑到重力导航的采样频率较低，定位误差受重力背景图的分辨率影响，为了合理评估重力定位的精度，引入了匹配率这一指标。所谓匹配率，即在所有估计出的位置点中，误差范围在背景图 1 个网格内的位置点所占的比例。匹配率可分为纬度匹配率、经度匹配率和绝对匹配率。其中，纬度匹配率和经度匹配率分别为纬度误差、经度误差小于背景图 1 倍网格边长的点占所有估计位置点的比例；绝对匹配率为绝对定位误差小于背景图 $\sqrt{2}$ 倍网格边长的点占所有估计位置点的比例。本实验采用的重力场背景图分辨率为 $1'\times1'$ $(1'=1海里\approx1852\text{m})$，因此将经度误差和纬度误差在 1 海里内，绝对定位误差在 $\sqrt{2}$ 海里内的位置点视作成功匹配点，并以此计算各方向的匹配率。关于四种滤波方法的匹配率如表 4-9 所示。在本实验中惯导的纬度误差和绝对定位误差发散明显，因此在这两个维度上可以直观比较四种非线性滤波的精度，其中 EKF 定位误差最大，匹配率最低；CKF 定位误差略小于 UKF，二者匹配率相当；PF 定位误差明显小于其他方法，匹配率最高。

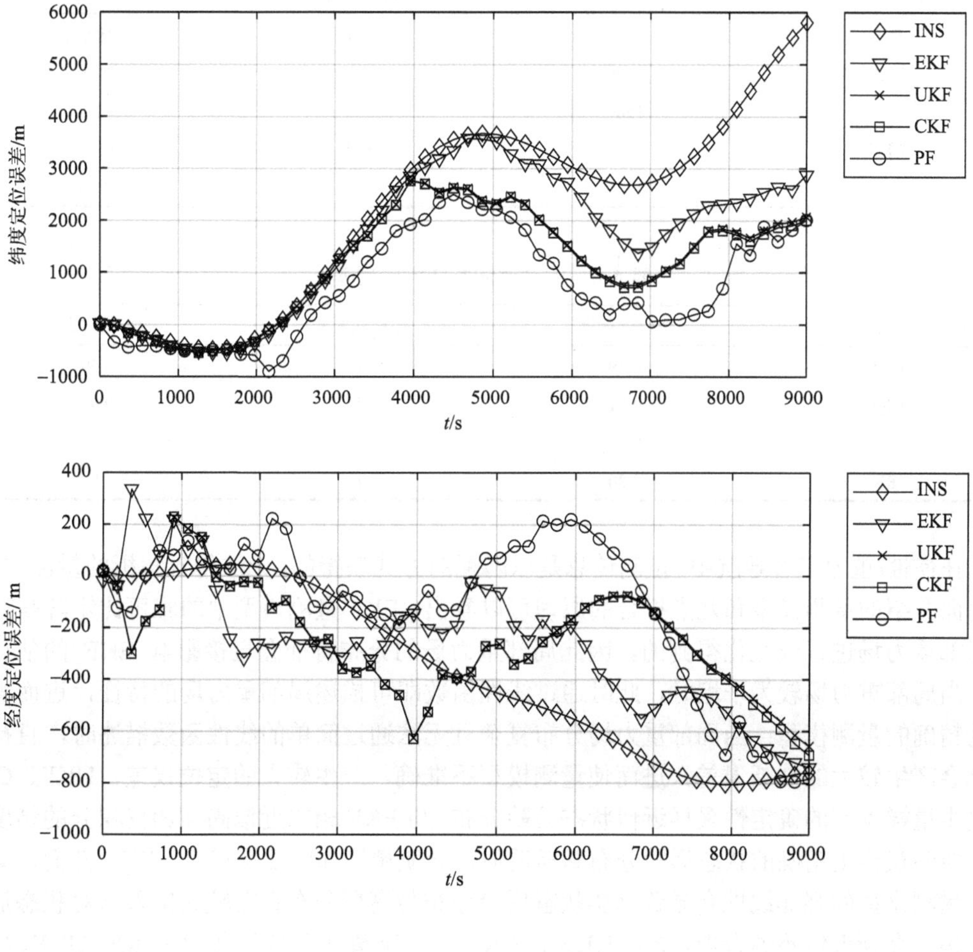

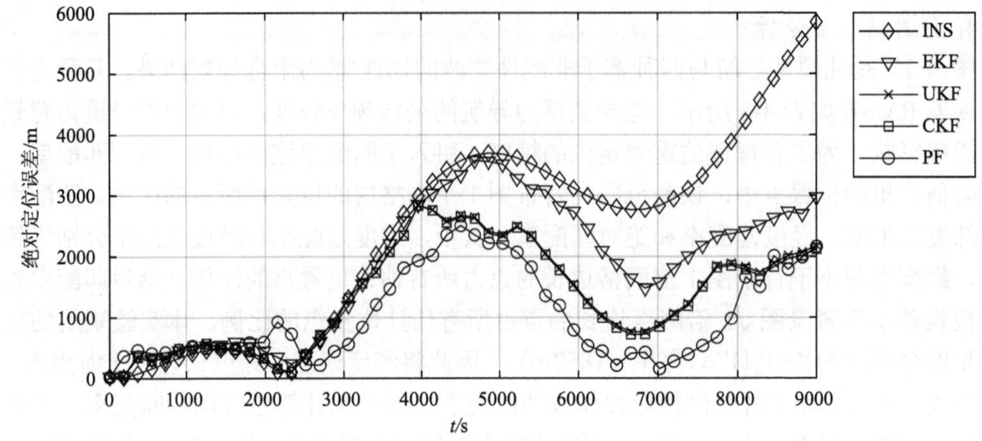

图 4-17　位置误差

表 4-8　五种方法的定位误差

方法名称	纬度误差 RMSE/m	经度误差 RMSE/m	绝对误差 RMSE/m
INS	2855	481	2895
EKF	2099	360	2129
UKF	1566	316	1598
CKF	1542	324	1576
PF	1230	315	1270

表 4-9　四种滤波方法的匹配率

方法名称	纬度匹配率	经度匹配率	绝对匹配率
EKF	0.49	1	0.69
UKF	0.71	1	0.92
CKF	0.71	1	0.94
PF	0.80	1	1

在惯性/重力组合导航中，量测信息是以匹配的方式获得的，无法得到解析的量测方程。从前面介绍的量测模型和九点拟合的原理可以看出，EKF 量测模型中的雅可比矩阵是通过对局部重力场进行线性化得到的。因此局部重力场的分布特征会直接影响 EKF 的估计误差。当局部重力场较为平坦时，此时通过线性函数即可描述局部重力场的特征，进而得到较为精确的量测模型；当局部重力场分布复杂且无法通过简单的线性函数描述时，直接线性化会产生较大的截断误差，进而使量测模型不准确，产生较大的定位误差。UKF、CKF 通过少量样本点的确定性采样近似状态后验分布，与 EKF 相比近似高斯加权积分的精度更高，能够获得更精确的状态后验分布高斯近似，导航精度和匹配率优于 EKF。然而，重力匹配量测模型的强非线性会导致真实状态后验分布与高斯分布存在较大出入，对状态后验分布进行高斯近似不够合理，导致 UKF 和 CKF 的导航精度仍然有限。与 EKF、UKF、CKF 相比，PF 通过大量随机样本逼近状态后验分布，无需对状态后验做高斯近似，在这个非线

性较强的模型中具有明显的优势，获得最高的导航精度和匹配率，但 PF 需要消耗更高的计算资源。

4.8 本章小结

本章共介绍了四种非线性滤波方法，分别是基于泰勒展开的 EKF、基于无迹变换的 UKF、基于球面径向求积准则的 CKF 和基于蒙特卡罗逼近的 PF。其中，前三种由于存在高斯假设，因此均为高斯近似滤波器，PF 则通过大量随机样本实现状态后验概率分布的逼近，摆脱了高斯假设的限制，在非线性非高斯系统中状态估计精度更高，但计算量更大。同时，本章还给出了高斯近似滤波器近似精度的定义，并推导了前三种滤波方法的近似精度。

在本章末尾，对四种非线性滤波方法各自的特点进行了总结，并对组合导航系统中常见的非线性实例—惯性/卫星紧组合导航系统与惯性/重力组合导航系统进行了介绍，通过仿真实验对四种非线性滤波方法的性能进行了对比与分析。

习　题

1. 简述二阶 EKF 相较于一阶 EKF 的优势和缺陷。

2. 考虑下面的非线性状态空间模型：

$$x_k = x_{k-1} - 0.01\sin\left(x_{k-1}\right) + q_{k-1}$$
$$y_k = 0.5\sin\left(2x_k\right) + r_k$$

其中，q_{k-1} 的方差为 0.01^2；r_k 的方差为 0.02^2。对该模型进行 UKF 解算，绘制估计误差曲线。

3. 考虑一个单摆的离散化状态空间模型：

$$\begin{bmatrix} x_{1,k} \\ x_{2,k} \end{bmatrix} = \begin{bmatrix} x_{1,k-1} + x_{2,k-1}\Delta t \\ x_{2,k-1} + g\sin\left(x_{1,k-1}\right)\Delta t \end{bmatrix} + w_{k-1}$$
$$z_k = \sin\left(x_{1,k}\right) + v_k$$

其中，$x_{1,k-1}$、$x_{2,k-1}$ 分别为单摆在 $k-1$ 时刻的摆角以及角速度；w_{k-1}、v_k 分别为状态和量测噪声，满足 $w_{k-1} \sim N\left(0, \boldsymbol{Q}\right)$、$v_k \sim N\left(0, \boldsymbol{R}\right)$，并且状态噪声矩阵 $\boldsymbol{Q}$ 可表示为

$$\boldsymbol{Q} = \begin{bmatrix} \dfrac{q^c \Delta t^3}{3} & \dfrac{q^c \Delta t^2}{2} \\ \dfrac{q^c \Delta t^2}{2} & q^c \Delta t \end{bmatrix}$$

其中，q^c 为连续状态噪声谱密度。应用 CKF 对该模型进行解算。

4. 证明：当函数是线性时，无迹变换和球面容积积分可以给出精确的结果。

5. 学习其他非线性滤波，例如 Gauss-Hermite 卡尔曼滤波、Rao-Blackwellized 粒子滤波，分析它们的优缺点。

6. 一维离散系统的数学模型描述如下：

$$x_{k+1} = 0.5x_k + \frac{25x_k}{1 - x_k^2} + 8\cos\left(1.2x_k\right) + \omega_k$$

观测方程为

$$y_k = \frac{x_k^2}{20} + v_k$$

设 ω_k 和 v_k 是零均值的高斯白噪声序列，方差分别为10和1。给定初值 $x_0 = 0.1$。试采用粒子滤波算法求解状态 x_k 的估计值。

7. 对习题 2 中的状态空间模型，分别用 EKF、UKF、CKF 和粒子滤波算法进行解算，通过仿真绘制四种非线性卡尔曼滤波器估计误差的曲线图，比较分析各自的结果。

第 5 章　自适应卡尔曼滤波器

5.1　引　　言

对于模型结构参数和噪声统计参数已知的线性高斯系统，采用标准卡尔曼滤波器可以获得最小均方误差准则下的最优估计。然而，在实际工程应用中，这两类参数往往难以精确获得，尤其对于噪声统计参数，受作业环境、传感器性能等因素的影响，其先验值往往会偏离真实值。例如，在水下 INS/DVL 组合导航系统中，DVL（多普勒计程仪）的测速精度会受作业海域水深、盐度、温度等因素的影响而发生改变，在 INS/GNSS 组合导航系统中，GNSS 提供的位置、速度等信息在不同工作环境下精度也不同。辅助导航系统量测精度的变化会导致真实的量测噪声协方差矩阵时变，采用不准确的噪声统计参数会导致标准卡尔曼滤波的估计精度降低，严重时将引起滤波发散。如何在状态估计的同时对噪声统计参数进行在线估计与修正，即自适应卡尔曼滤波问题，是状态估计领域长久以来的一个重要研究方向，亦是提高组合导航系统在时变噪声统计参数情况下导航性能的关键所在。

国内外学者进行了大量关于自适应卡尔曼滤波器的研究工作，本章将主要介绍三种在组合导航系统中应用较为广泛的自适应卡尔曼滤波器，分别为 Sage-Husa 自适应卡尔曼滤波器、基于新息的自适应卡尔曼滤波器和基于变分贝叶斯的自适应卡尔曼滤波器，最后通过 INS/DVL 组合导航仿真对上述方法的实际性能进行对比分析。

5.2　Sage-Husa 自适应卡尔曼滤波器

1969 年，学者 Sage 和 Husa 提出了一种无偏的极大后验自适应卡尔曼滤波器，后来被称为 Sage-Husa 自适应卡尔曼滤波器（Sage-Husa Adaptive Kalman Filter, SHAKF）。SHAKF 利用滤波新息对量测噪声的统计参数进行在线估计，结构简单且性能良好，得到了较为广泛的应用。

假设离散线性系统的状态方程和量测方程为

$$\begin{cases} \boldsymbol{x}_k = \boldsymbol{F}_{k-1}\boldsymbol{x}_{k-1} + \boldsymbol{G}_{k-1}\boldsymbol{w}_{k-1} \\ \boldsymbol{z}_k = \boldsymbol{H}_k\boldsymbol{x}_k + \boldsymbol{v}_k \end{cases} \tag{5-1}$$

其中，k 表示离散时间；$\boldsymbol{x}_k \in \mathbb{R}^n$ 表示状态向量；$\boldsymbol{z}_k \in \mathbb{R}^m$ 表示量测向量；$\boldsymbol{F}_{k-1} \in \mathbb{R}^{n\times n}$ 表示状态转移矩阵；$\boldsymbol{G}_{k-1} \in \mathbb{R}^{n\times d}(d<n)$ 表示噪声驱动矩阵；$\boldsymbol{H}_k \in \mathbb{R}^{m\times n}$ 表示量测矩阵；$\boldsymbol{w}_k \in \mathbb{R}^d$ 和 $\boldsymbol{v}_k \in \mathbb{R}^m$ 为互不相关的零均值高斯白噪声，满足

$$\begin{cases} E\left[\boldsymbol{w}_k\right] = \boldsymbol{0}, \quad E\left[\boldsymbol{w}_k\boldsymbol{w}_l^{\mathrm{T}}\right] = \boldsymbol{Q}_k\delta_{kl} \\ E\left[\boldsymbol{v}_k\right] = \boldsymbol{0}, \quad E\left[\boldsymbol{v}_k\boldsymbol{v}_l^{\mathrm{T}}\right] = \boldsymbol{R}_k\delta_{kl} \\ E\left[\boldsymbol{w}_k\boldsymbol{v}_l^{\mathrm{T}}\right] = \boldsymbol{0} \end{cases} \tag{5-2}$$

其中，$\boldsymbol{Q}_k$代表 k 时刻的过程噪声协方差矩阵；$\boldsymbol{R}_k$代表 k 时刻的量测噪声协方差矩阵；δ_{kl} 为克罗内克（Kronecker-δ）函数。假设初始状态向量 $\boldsymbol{x}_0$ 服从均值向量为 $\hat{\boldsymbol{x}}_{0|0}$、协方差矩阵为 $\boldsymbol{P}_{0|0}$ 的高斯分布。

在实际惯性基组合导航工程应用中，惯性传感器的标定工作通常较为细致，过程噪声协方差矩阵相对来说比较准确，因此，我们通常更关注不精确的量测噪声协方差矩阵对状态估计的影响。在以下的讨论中，均假设过程噪声协方差矩阵 $\boldsymbol{Q}_k$ 已知，量测噪声协方差矩阵 $\boldsymbol{R}_k$ 未知。下面给出 $\boldsymbol{R}_k$ 的自适应估计方法。

在卡尔曼滤波中，新息公式如式(5-3)所示

$$\tilde{\boldsymbol{z}}_{k|k-1}=\boldsymbol{z}_k-\hat{\boldsymbol{z}}_{k|k-1}=\boldsymbol{H}_k\boldsymbol{x}_k+\boldsymbol{v}_k-\boldsymbol{H}_k\hat{\boldsymbol{x}}_{k|k-1}=\boldsymbol{H}_k\tilde{\boldsymbol{x}}_{k|k-1}+\boldsymbol{v}_k \tag{5-3}$$

根据式(5-3)，新息的协方差公式如式(5-4)所示

$$\begin{aligned}E\left[\tilde{\boldsymbol{z}}_{k|k-1}\tilde{\boldsymbol{z}}_{k|k-1}^{\mathrm{T}}\middle|\boldsymbol{z}_{1:k-1}\right]&=E\left[\boldsymbol{H}_k\tilde{\boldsymbol{x}}_{k|k-1}+\boldsymbol{v}_k\right]\left[\boldsymbol{H}_k\tilde{\boldsymbol{x}}_{k|k-1}+\boldsymbol{v}_k\right]^{\mathrm{T}}\\&=\boldsymbol{H}_kE\left[\tilde{\boldsymbol{x}}_{k|k-1}\tilde{\boldsymbol{x}}_{k|k-1}^{\mathrm{T}}\middle|\boldsymbol{z}_{1:k-1}\right]\boldsymbol{H}_k^{\mathrm{T}}+\boldsymbol{H}_kE\left[\tilde{\boldsymbol{x}}_{k|k-1}\boldsymbol{v}_k^{\mathrm{T}}\middle|\boldsymbol{z}_{1:k-1}\right]\\&\quad+E\left[\boldsymbol{v}_k\tilde{\boldsymbol{x}}_{k|k-1}^{\mathrm{T}}\middle|\boldsymbol{z}_{1:k-1}\right]\boldsymbol{H}_k^{\mathrm{T}}+\boldsymbol{R}_k\end{aligned} \tag{5-4}$$

由于状态一步预测误差 $\tilde{\boldsymbol{x}}_{k|k-1}$和量测噪声 $\boldsymbol{v}_k$ 的均值都为零且二者互不相关，所以二者交叉项的期望为零，式(5-4)可化简为

$$E\left[\tilde{\boldsymbol{z}}_{k|k-1}\tilde{\boldsymbol{z}}_{k|k-1}^{\mathrm{T}}\middle|\boldsymbol{z}_{1:k-1}\right]=\boldsymbol{H}_k\boldsymbol{P}_{k|k-1}\boldsymbol{H}_k^{\mathrm{T}}+\boldsymbol{R}_k \tag{5-5}$$

将式(5-5)移项，可得量测噪声协方差矩阵的表达式为

$$\boldsymbol{R}_k=E\left[\tilde{\boldsymbol{z}}_{k|k-1}\tilde{\boldsymbol{z}}_{k|k-1}^{\mathrm{T}}\middle|\boldsymbol{z}_{1:k-1}\right]-\boldsymbol{H}_k\boldsymbol{P}_{k|k-1}\boldsymbol{H}_k^{\mathrm{T}} \tag{5-6}$$

在自适应卡尔曼滤波算法的实际应用中，通常以时间平均代替随机序列的统计平均，则 $\boldsymbol{R}_k$ 的递推估计方法可构造如式(5-7)所示

$$\begin{aligned}\hat{\boldsymbol{R}}_k&=\frac{1}{k}\sum_{i=1}^{k}(\tilde{\boldsymbol{z}}_{i|i-1}\tilde{\boldsymbol{z}}_{i|i-1}^{\mathrm{T}}-\boldsymbol{H}_i\boldsymbol{P}_{i|i-1}\boldsymbol{H}_i^{\mathrm{T}})\\&=\frac{1}{k}\left[\sum_{i=1}^{k-1}(\tilde{\boldsymbol{z}}_{i|i-1}\tilde{\boldsymbol{z}}_{i|i-1}^{\mathrm{T}}-\boldsymbol{H}_i\boldsymbol{P}_{i|i-1}\boldsymbol{H}_i^{\mathrm{T}})+(\tilde{\boldsymbol{z}}_{k|k-1}\tilde{\boldsymbol{z}}_{k|k-1}^{\mathrm{T}}-\boldsymbol{H}_k\boldsymbol{P}_{k|k-1}\boldsymbol{H}_k^{\mathrm{T}})\right]\\&=\frac{1}{k}\left[(k-1)\hat{\boldsymbol{R}}_{k-1}+\left(\tilde{\boldsymbol{z}}_{k|k-1}\tilde{\boldsymbol{z}}_{k|k-1}^{\mathrm{T}}-\boldsymbol{H}_k\boldsymbol{P}_{k|k-1}\boldsymbol{H}_k^{\mathrm{T}}\right)\right]\\&=\left(1-\frac{1}{k}\right)\hat{\boldsymbol{R}}_{k-1}+\frac{1}{k}\left(\tilde{\boldsymbol{z}}_{k|k-1}\tilde{\boldsymbol{z}}_{k|k-1}^{\mathrm{T}}-\boldsymbol{H}_k\boldsymbol{P}_{k|k-1}\boldsymbol{H}_k^{\mathrm{T}}\right)\end{aligned} \tag{5-7}$$

注意到式(5-7)对每个时刻的样本采用了相同的权重 $1/k$。除此之外，我们还可以逐渐降低过早时刻样本的权重，从而降低累积的量测噪声的影响，如式(5-8)所示

$$\hat{\boldsymbol{R}}_k=(1-d_k)\hat{\boldsymbol{R}}_{k-1}+d_k\left(\tilde{\boldsymbol{z}}_{k|k-1}\tilde{\boldsymbol{z}}_{k|k-1}^{\mathrm{T}}-\boldsymbol{H}_k\boldsymbol{P}_{k|k-1}\boldsymbol{H}_k^{\mathrm{T}}\right) \tag{5-8}$$

式(5-8)称为指数渐消记忆加权平均方法。其中，加权系数 d_k 一般设置为

$$d_k=\frac{1-b}{1-b^k} \tag{5-9}$$

而 b 的取值范围通常为[0.95,0.99]，具体大小根据实际系统来判断。

综上，经典 SHAKF 算法如式(5-10)所示：

$$
\begin{aligned}
\hat{\boldsymbol{x}}_{k|k-1} &= \boldsymbol{F}_{k-1}\hat{\boldsymbol{x}}_{k-1|k-1} \\
\boldsymbol{P}_{k|k-1} &= \boldsymbol{F}_{k-1}\boldsymbol{P}_{k-1|k-1}\boldsymbol{F}_{k-1}^{\mathrm{T}} + \boldsymbol{G}_{k-1}\boldsymbol{Q}_{k-1}\boldsymbol{G}_{k-1}^{\mathrm{T}} \\
\tilde{\boldsymbol{z}}_{k|k-1} &= \boldsymbol{z}_k - \boldsymbol{H}_k\hat{\boldsymbol{x}}_{k|k-1} \\
\hat{\boldsymbol{R}}_k &= (1-d_k)\hat{\boldsymbol{R}}_{k-1} + d_k\left(\tilde{\boldsymbol{z}}_{k|k-1}\tilde{\boldsymbol{z}}_{k|k-1}^{\mathrm{T}} - \boldsymbol{H}_k\boldsymbol{P}_{k|k-1}\boldsymbol{H}_k^{\mathrm{T}}\right) \\
\boldsymbol{K}_k &= \boldsymbol{P}_{k|k-1}\boldsymbol{H}_k^{\mathrm{T}}\left(\boldsymbol{H}_k\boldsymbol{P}_{k|k-1}\boldsymbol{H}_k^{\mathrm{T}} + \hat{\boldsymbol{R}}_k\right)^{-1} \\
\hat{\boldsymbol{x}}_{k|k} &= \hat{\boldsymbol{x}}_{k|k-1} + \boldsymbol{K}_k\tilde{\boldsymbol{z}}_{k|k-1} \\
\boldsymbol{P}_{k|k} &= (\boldsymbol{I} - \boldsymbol{K}_k\boldsymbol{H}_k)\boldsymbol{P}_{k|k-1}
\end{aligned}
\tag{5-10}
$$

其中，$\boldsymbol{P}_{k|k-1}$ 和 $\boldsymbol{P}_{k|k}$ 分别为 k 时刻的先验估计误差协方差矩阵及后验状态估计误差协方差矩阵；$\boldsymbol{K}_k$ 为滤波增益矩阵；$\tilde{\boldsymbol{z}}_{k|k-1}$ 为新息；$\hat{\boldsymbol{R}}_{k-1}$ 为上一时刻估计得到的量测噪声协方差矩阵；$\boldsymbol{R}_0$ 为所定义的名义量测噪声协方差矩阵。

以上是完整的 SHAKF 执行过程，其单步执行伪代码如表 5-1 所示。由式(5-6)可知，量测噪声协方差矩阵的更新取决于 $E[\tilde{\boldsymbol{z}}_{k|k-1}\tilde{\boldsymbol{z}}_{k|k-1}^{\mathrm{T}}|\boldsymbol{z}_{1:k-1}]$。然而，$E[\tilde{\boldsymbol{z}}_{k|k-1}\tilde{\boldsymbol{z}}_{k|k-1}^{\mathrm{T}}|\boldsymbol{z}_{1:k-1}]$ 受过程噪声协方差矩阵和量测噪声协方差矩阵的影响，无法明确具体是哪一种噪声协方差矩阵不准确。仅当过程噪声协方差精确已知而量测噪声协方差矩阵未知时，可以通过式(5-8)较好地估计未知的量测噪声协方差矩阵。

表 5-1　SHAKF 的单步执行伪代码

滤波输入：$\hat{\boldsymbol{x}}_{k-1|k-1}$，$\boldsymbol{P}_{k-1|k-1}$，$\boldsymbol{F}_{k-1}$，$\boldsymbol{G}_{k-1}$，$\boldsymbol{H}_k$，$\boldsymbol{Q}_{k-1}$，$\hat{\boldsymbol{R}}_{k-1}$，$\boldsymbol{z}_k$，$b$，$k$
时间更新：
1. $\hat{\boldsymbol{x}}_{k|k-1} = \boldsymbol{F}_{k-1}\hat{\boldsymbol{x}}_{k-1|k-1}$
2. $\boldsymbol{P}_{k|k-1} = \boldsymbol{F}_{k-1}\boldsymbol{P}_{k-1|k-1}\boldsymbol{F}_{k-1}^{\mathrm{T}} + \boldsymbol{G}_{k-1}\boldsymbol{Q}_{k-1}\boldsymbol{G}_{k-1}^{\mathrm{T}}$
噪声参数自适应估计：
3. $\tilde{\boldsymbol{z}}_{k|k-1} = \boldsymbol{z}_k - \boldsymbol{H}_k\hat{\boldsymbol{x}}_{k|k-1}$
4. $d_k = (1-b)/(1-b^k)$
5. $\hat{\boldsymbol{R}}_k = (1-d_k)\hat{\boldsymbol{R}}_{k-1} + d_k\left(\tilde{\boldsymbol{z}}_{k|k-1}\tilde{\boldsymbol{z}}_{k|k-1}^{\mathrm{T}} - \boldsymbol{H}_k\boldsymbol{P}_{k|k-1}\boldsymbol{H}_k^{\mathrm{T}}\right)$
量测更新：
6. $\boldsymbol{K}_k = \boldsymbol{P}_{k|k-1}\boldsymbol{H}_k^{\mathrm{T}}\left(\boldsymbol{H}_k\boldsymbol{P}_{k|k-1}\boldsymbol{H}_k^{\mathrm{T}} + \hat{\boldsymbol{R}}_k\right)^{-1}$
7. $\hat{\boldsymbol{x}}_{k|k} = \hat{\boldsymbol{x}}_{k|k-1} + \boldsymbol{K}_k\tilde{\boldsymbol{z}}_{k|k-1}$
8. $\boldsymbol{P}_{k|k} = (\boldsymbol{I} - \boldsymbol{K}_k\boldsymbol{H}_k)\boldsymbol{P}_{k|k-1}$
滤波输出：$\hat{\boldsymbol{x}}_{k|k}$，$\boldsymbol{P}_{k|k}$，$\hat{\boldsymbol{R}}_k$

5.3　基于新息的自适应卡尔曼滤波器

基于新息的自适应卡尔曼滤波器(Innovation-based Adaptive Kalman Filter, IAKF)与 5.2

节介绍的 SHAKF 均利用历史时刻的新息来对未知参数进行在线估计。不同的是，根据式(5-7)，SHAKF 利用了所有历史时刻$(1\sim k)$的新息，并通过渐消记忆加权平均法来降低过早时刻新息的权重，实现未知噪声统计参数的自适应估计；而 IAKF 方法则直接利用固定延时滑动窗口内的量测新息来实现对未知参数的自适应估计。

针对状态空间模型(5-1)，假设过程噪声协方差矩阵$\boldsymbol{Q}_k$已知，量测噪声协方差矩阵$\boldsymbol{R}_k$未知，下面给出$\boldsymbol{R}_k$的在线估计方法。

在基于新息的自适应滤波器中，$\boldsymbol{R}_k$的估计问题可以描述为一个极大似然估计问题。为了便于叙述，以下推导过程中将以α_k表示待估计的噪声统计参数。通常，似然函数被假设为高斯分布，则可得k时刻的量测似然函数为

$$p_{\alpha_k}\left(\boldsymbol{z}_k \mid \boldsymbol{z}_{1:k-1}\right)=\frac{1}{\sqrt{(2\pi)^m\left|\boldsymbol{C}_{\tilde{z}_{k|k-1}}^{\alpha_k}\right|}}\mathrm{e}^{-\frac{1}{2}\tilde{\boldsymbol{z}}_{k|k-1}^{\mathrm{T}}\left(\boldsymbol{C}_{\tilde{z}_{k|k-1}}^{\alpha_k}\right)^{-1}\tilde{\boldsymbol{z}}_{k|k-1}} \tag{5-11}$$

其中，$\boldsymbol{C}_{\tilde{z}_{k|k-1}}^{\alpha_k}$为新息协方差矩阵(简写为$\boldsymbol{C}_{\tilde{z}_{k|k-1}}$)；$m$为量测维数；$p_{\alpha_k}(\cdot)$为关于变量$\alpha_k$的函数。

对于滑窗长度为N的一段新息序列，有式(5-12)成立：

$$\begin{aligned}
&p_{\alpha_k}\left(\boldsymbol{z}_k,\boldsymbol{z}_{k-1},\cdots,\boldsymbol{z}_{k-N+1} \mid \boldsymbol{z}_{1:k-N}\right)\\
&=p_{\alpha_k}\left(\boldsymbol{z}_k \mid \boldsymbol{z}_{1:k-1}\right)p_{\alpha_k}\left(\boldsymbol{z}_{k-1},\boldsymbol{z}_{k-2},\cdots,\boldsymbol{z}_{k-N+1} \mid \boldsymbol{z}_{1:k-N}\right)\\
&=p_{\alpha_k}\left(\boldsymbol{z}_k \mid \boldsymbol{z}_{1:k-1}\right)p_{\alpha_k}\left(\boldsymbol{z}_{k-1} \mid \boldsymbol{z}_{1:k-2}\right)\cdots p_{\alpha_k}\left(\boldsymbol{z}_{k-N+1} \mid \boldsymbol{z}_{1:k-N}\right)\\
&=\prod_{j=k-N+1}^{k}\frac{1}{\sqrt{(2\pi)^m\left|\boldsymbol{C}_{\tilde{z}_{j|j-1}}\right|}}\exp\left\{-\frac{1}{2}\tilde{\boldsymbol{z}}_{j|j-1}^{\mathrm{T}}\boldsymbol{C}_{\tilde{z}_{j|j-1}}^{-1}\tilde{\boldsymbol{z}}_{j|j-1}\right\}
\end{aligned} \tag{5-12}$$

对式(5-12)两边同时取负对数可得

$$\begin{aligned}
&-\ln p_{\alpha_k}\left(\boldsymbol{z}_k,\boldsymbol{z}_{k-1},\cdots,\boldsymbol{z}_{k-N+1} \mid \boldsymbol{z}_{1:k-N}\right)\\
&=\frac{1}{2}\sum_{j=k-N+1}^{k}\left\{m\ln(2\pi)+\ln\left|\boldsymbol{C}_{\tilde{z}_{j|j-1}}\right|+\tilde{\boldsymbol{z}}_{j|j-1}^{\mathrm{T}}\boldsymbol{C}_{\tilde{z}_{j|j-1}}^{-1}\tilde{\boldsymbol{z}}_{j|j-1}\right\}
\end{aligned} \tag{5-13}$$

结合式(5-13)估计参数α_k，可以转化成如式(5-14)所示的优化问题：

$$\hat{\alpha}_k=\underset{\alpha_k}{\arg\min}\left(\sum_{j=k-N+1}^{k}\ln\left|\boldsymbol{C}_{\tilde{z}_{j|j-1}}\right|+\sum_{j=k-N+1}^{k}\tilde{\boldsymbol{z}}_{j|j-1}^{\mathrm{T}}\boldsymbol{C}_{\tilde{z}_{j|j-1}}^{-1}\tilde{\boldsymbol{z}}_{j|j-1}\right) \tag{5-14}$$

基于式(5-14)对α_k求导并合并公共项$\dfrac{\partial \boldsymbol{C}_{\tilde{z}_{j|j-1}}}{\partial \alpha_k}$，可得

$$\begin{aligned}
&\sum_{j=k-N+1}^{k}\operatorname{tr}\left[\left(\boldsymbol{C}_{\tilde{z}_{j|j-1}}^{-1}\frac{\partial \boldsymbol{C}_{\tilde{z}_{j|j-1}}}{\partial \alpha_k}\right)-\tilde{\boldsymbol{z}}_{j|j-1}^{\mathrm{T}}\boldsymbol{C}_{\tilde{z}_{j|j-1}}^{-1}\frac{\partial \boldsymbol{C}_{\tilde{z}_{j|j-1}}}{\partial \alpha_k}\boldsymbol{C}_{\tilde{z}_{j|j-1}}^{-1}\tilde{\boldsymbol{z}}_{j|j-1}\right]\\
&=\sum_{j=k-N+1}^{k}\operatorname{tr}\left[\left(\boldsymbol{C}_{\tilde{z}_{j|j-1}}^{-1}-\boldsymbol{C}_{\tilde{z}_{j|j-1}}^{-1}\tilde{\boldsymbol{z}}_{j|j-1}\tilde{\boldsymbol{z}}_{j|j-1}^{\mathrm{T}}\boldsymbol{C}_{\tilde{z}_{j|j-1}}^{-1}\right)\frac{\partial \boldsymbol{C}_{\tilde{z}_{j|j-1}}}{\partial \alpha_k}\right]=0
\end{aligned} \tag{5-15}$$

根据式(5-5)，有

$$\boldsymbol{C}_{\tilde{z}_{k|k-1}}=E\left[\tilde{\boldsymbol{z}}_{k|k-1}\tilde{\boldsymbol{z}}_{k|k-1}^{\mathrm{T}}\middle|\boldsymbol{z}_{1:k-1}\right]=\boldsymbol{R}_k+\boldsymbol{H}_k\boldsymbol{P}_{k|k-1}\boldsymbol{H}_k^{\mathrm{T}} \tag{5-16}$$

故 $\boldsymbol{C}_{\tilde{z}_{j|j-1}}$ 对 α_k 的导数可写为

$$\frac{\partial \boldsymbol{C}_{\tilde{z}_{j|j-1}}}{\partial \alpha_k}=\frac{\partial \boldsymbol{R}_j}{\partial \alpha_k}+\boldsymbol{H}_j\frac{\partial \boldsymbol{P}_{j|j-1}}{\partial \alpha_k}\boldsymbol{H}_j^{\mathrm{T}} \tag{5-17}$$

在标准卡尔曼滤波中 $\boldsymbol{P}_{k|k-1}=\boldsymbol{F}_{k-1}\boldsymbol{P}_{k-1|k-1}\boldsymbol{F}_{k-1}^{\mathrm{T}}+\boldsymbol{G}_{k-1}\boldsymbol{Q}_{k-1}\boldsymbol{G}_{k-1}^{\mathrm{T}}$，则有

$$\frac{\partial \boldsymbol{P}_{j|j-1}}{\partial \alpha_k}=\boldsymbol{F}_{j-1}\frac{\partial \boldsymbol{P}_{j-1|j-1}}{\partial \alpha_k}\boldsymbol{F}_{j-1}^{\mathrm{T}}+\boldsymbol{G}_{j-1}\frac{\partial \boldsymbol{Q}_{j-1}}{\partial \alpha_k}\boldsymbol{G}_{j-1}^{\mathrm{T}} \tag{5-18}$$

滑窗中 $j-1$ 时刻的估计误差协方差矩阵 $\boldsymbol{P}_{j-1|j-1}$ 已知且与 α_k 无关，而过程噪声协方差矩阵 $\boldsymbol{Q}_{j-1}$ 已知且与 α_k 无关，则 $\dfrac{\partial \boldsymbol{P}_{j|j-1}}{\partial \alpha_k}$ 为 $\boldsymbol{0}$ ，故式(5-17)可重写为

$$\frac{\partial \boldsymbol{C}_{\tilde{z}_{j|j-1}}}{\partial \alpha_k}=\frac{\partial \boldsymbol{R}_j}{\partial \alpha_k} \tag{5-19}$$

将式(5-19)代入式(5-15)中，可得

$$\begin{aligned}&\sum_{j=k-N+1}^{k}\operatorname{tr}\left[\left(\boldsymbol{C}_{\tilde{z}_{j|j-1}}^{-1}-\boldsymbol{C}_{\tilde{z}_{j|j-1}}^{-1}\tilde{\boldsymbol{z}}_{j|j-1}\tilde{\boldsymbol{z}}_{j|j-1}^{\mathrm{T}}\boldsymbol{C}_{\tilde{z}_{j|j-1}}^{-1}\right)\frac{\partial \boldsymbol{C}_{\tilde{z}_{j|j-1}}}{\partial \alpha_k}\right]\\&=\sum_{j=k-N+1}^{k}\operatorname{tr}\left[\left(\boldsymbol{C}_{\tilde{z}_{j|j-1}}^{-1}-\boldsymbol{C}_{\tilde{z}_{j|j-1}}^{-1}\tilde{\boldsymbol{z}}_{j|j-1}\tilde{\boldsymbol{z}}_{j|j-1}^{\mathrm{T}}\boldsymbol{C}_{\tilde{z}_{j|j-1}}^{-1}\right)\frac{\partial \boldsymbol{R}_j}{\partial \alpha_k}\right]=0\end{aligned} \tag{5-20}$$

令 p 、 q 分别表示协方差矩阵 $\boldsymbol{R}_j$ 的行、列索引，取 $\alpha_k^p=R_k^{pp}$ ，对 $\forall\alpha_k^p$ ，有

$$\left(\frac{\partial \boldsymbol{R}_j}{\partial \alpha_k^p}\right)^{pq}=\begin{cases}1, & p=q\\0, & p\neq q\end{cases} \tag{5-21}$$

则式(5-20)可化简为

$$\begin{aligned}&\sum_{j=k-N+1}^{k}\operatorname{tr}\left[\left(\boldsymbol{C}_{\tilde{z}_{j|j-1}}^{-1}-\boldsymbol{C}_{\tilde{z}_{j|j-1}}^{-1}\tilde{\boldsymbol{z}}_{j|j-1}\tilde{\boldsymbol{z}}_{j|j-1}^{\mathrm{T}}\boldsymbol{C}_{\tilde{z}_{j|j-1}}^{-1}\right)\frac{\partial \boldsymbol{R}_j}{\partial \alpha_k^p}\right]\\&=\sum_{j=k-N+1}^{k}\left[\left(\boldsymbol{C}_{\tilde{z}_{j|j-1}}^{-1}-\boldsymbol{C}_{\tilde{z}_{j|j-1}}^{-1}\tilde{\boldsymbol{z}}_{j|j-1}\tilde{\boldsymbol{z}}_{j|j-1}^{\mathrm{T}}\boldsymbol{C}_{\tilde{z}_{j|j-1}}^{-1}\right)^{pp}+\underbrace{0+\cdots+0}_{m-1}\right]=0\end{aligned} \tag{5-22}$$

对于 $p=1,2,\cdots,m$ ，均有式(5-22)成立，因此

$$\begin{aligned}&\sum_{j=k-N+1}^{k}\left[\left(\boldsymbol{C}_{\tilde{z}_{j|j-1}}^{-1}-\boldsymbol{C}_{\tilde{z}_{j|j-1}}^{-1}\tilde{\boldsymbol{z}}_{j|j-1}\tilde{\boldsymbol{z}}_{j|j-1}^{\mathrm{T}}\boldsymbol{C}_{\tilde{z}_{j|j-1}}^{-1}\right)^{11}+\cdots+\left(\boldsymbol{C}_{\tilde{z}_{j|j-1}}^{-1}-\boldsymbol{C}_{\tilde{z}_{j|j-1}}^{-1}\tilde{\boldsymbol{z}}_{j|j-1}\tilde{\boldsymbol{z}}_{j|j-1}^{\mathrm{T}}\boldsymbol{C}_{\tilde{z}_{j|j-1}}^{-1}\right)^{mm}\right]\\&=\sum_{j=k-N+1}^{k}\operatorname{tr}\left(\boldsymbol{C}_{\tilde{z}_{j|j-1}}^{-1}-\boldsymbol{C}_{\tilde{z}_{j|j-1}}^{-1}\tilde{\boldsymbol{z}}_{j|j-1}\tilde{\boldsymbol{z}}_{j|j-1}^{\mathrm{T}}\boldsymbol{C}_{\tilde{z}_{j|j-1}}^{-1}\right)=\sum_{j=j_0}^{k}\operatorname{tr}\left[\boldsymbol{C}_{\tilde{z}_{j|j-1}}^{-1}\left(\boldsymbol{I}-\tilde{\boldsymbol{z}}_{j|j-1}\tilde{\boldsymbol{z}}_{j|j-1}^{\mathrm{T}}\boldsymbol{C}_{\tilde{z}_{j|j-1}}^{-1}\right)\right]=0\end{aligned} \tag{5-23}$$

由式(5-16)可知 $\boldsymbol{C}_{\tilde{z}_{j|j-1}}\neq\boldsymbol{0}$ ，则由式(5-23)可得

$$\sum_{j=j_0}^{k}\operatorname{tr}\left(\boldsymbol{I}-\tilde{\boldsymbol{z}}_{j|j-1}\tilde{\boldsymbol{z}}_{j|j-1}^{\mathrm{T}}\boldsymbol{C}_{\tilde{z}_{j|j-1}}^{-1}\right)=0 \tag{5-24}$$

假设在 j 时刻有 $\hat{\boldsymbol{C}}_{\tilde{z}_{k|k-1}}=\boldsymbol{C}_{\tilde{z}_{j|j-1}}, j=j_0,\cdots,k$ ，则有

$$\begin{aligned}\sum_{j=j_0}^{k}\operatorname{tr}\left(\boldsymbol{I}-\tilde{\boldsymbol{z}}_{j|j-1}\tilde{\boldsymbol{z}}_{j|j-1}^{\mathrm{T}}\boldsymbol{C}_{\tilde{\boldsymbol{z}}_{j|j-1}}^{-1}\right)&=mN-\operatorname{tr}\sum_{j=j_0}^{k}\left(\tilde{\boldsymbol{z}}_{j|j-1}\tilde{\boldsymbol{z}}_{j|j-1}^{\mathrm{T}}\boldsymbol{C}_{\tilde{\boldsymbol{z}}_{j|j-1}}^{-1}\right)\\&=m\left(N-\sum_{j=j_0}^{k}\left(\tilde{\boldsymbol{z}}_{j|j-1}\tilde{\boldsymbol{z}}_{j|j-1}^{\mathrm{T}}\hat{\boldsymbol{C}}_{\tilde{\boldsymbol{z}}_{k|k-1}}^{-1}\right)\right)=0\end{aligned}\tag{5-25}$$

由式(5-25)可得

$$\hat{\boldsymbol{C}}_{\tilde{\boldsymbol{z}}_{k|k-1}}=\frac{1}{N}\sum_{j=j_0}^{k}\tilde{\boldsymbol{z}}_{j|j-1}\tilde{\boldsymbol{z}}_{j|j-1}^{\mathrm{T}}\tag{5-26}$$

可见，新息协方差矩阵的估计值 $\hat{\boldsymbol{C}}_{\tilde{\boldsymbol{z}}_{k|k-1}}$ 融合了滑窗内所有新息所包含的信息。利用新息协方差矩阵与量测噪声协方差矩阵的关系可以获得更准确的量测噪声协方差矩阵估计值。因此，联立式(5-26)，第 k 时刻量测噪声协方差矩阵的估计值 $\hat{\boldsymbol{R}}_k$ 可以按照式(5-27)求出：

$$\hat{\boldsymbol{R}}_k=\hat{\boldsymbol{C}}_{\tilde{\boldsymbol{z}}_{k|k-1}}-\boldsymbol{H}_k\boldsymbol{P}_{k|k-1}\boldsymbol{H}_k^{\mathrm{T}}\tag{5-27}$$

在获得了量测噪声协方差矩阵估计值 $\hat{\boldsymbol{R}}_k$ 之后，可以利用该估计值完成卡尔曼滤波的量测更新，获得状态后验估计。IAKF 的单步执行伪代码见表 5-2。由表 5-2 可以看出，相比于 SHAKF，IAKF 需要存储滑窗区间 $[k-N+1, k]$ 内的所有新息二阶矩样本，即需要存储 $\{\tilde{\boldsymbol{z}}_{j|j-1}\tilde{\boldsymbol{z}}_{j|j-1}^{\mathrm{T}}\mid k-N+1\leqslant j\leqslant k-1\}$。同时，在噪声统计参数自适应估计环节中需要进行求和运算。一般情况下，滑窗长度 N 设置为 200～500(对于采样时间为 100Hz 的 IMU 即为 2s～5s)，用于保证自适应滤波精度和稳定性。当滑窗长度 N 较大时，IAKF 将面临较高的计算复杂度。

表 5-2　IAKF 的单步执行伪代码

滤波输入：

$\hat{\boldsymbol{x}}_{k-1|k-1}$，$\boldsymbol{P}_{k-1|k-1}$，$\boldsymbol{F}_{k-1}$，$\boldsymbol{G}_{k-1}$，$\boldsymbol{H}_k$，$\boldsymbol{z}_k$，$\boldsymbol{Q}_{k-1}$，$N$，$\left\{\tilde{\boldsymbol{z}}_{j|j-1}\tilde{\boldsymbol{z}}_{j|j-1}^{\mathrm{T}}\mid k-N+1\leqslant j\leqslant k-1\right\}$

时间更新：

1. $\hat{\boldsymbol{x}}_{k|k-1}=\boldsymbol{F}_{k-1}\hat{\boldsymbol{x}}_{k-1|k-1}$
2. $\boldsymbol{P}_{k|k-1}=\boldsymbol{F}_{k-1}\boldsymbol{P}_{k-1|k-1}\boldsymbol{F}_{k-1}^{\mathrm{T}}+\boldsymbol{G}_{k-1}\boldsymbol{Q}_{k-1}\boldsymbol{G}_{k-1}^{\mathrm{T}}$

量测噪声协方差矩阵的自适应估计：

3. $\hat{\boldsymbol{z}}_{k|k-1}=\boldsymbol{H}_k\hat{\boldsymbol{x}}_{k|k-1}$
4. $\tilde{\boldsymbol{z}}_{k|k-1}=\boldsymbol{z}_k-\hat{\boldsymbol{z}}_{k|k-1}$
5. $\hat{\boldsymbol{C}}_{\tilde{\boldsymbol{z}}_{k|k-1}}=\dfrac{1}{N}\sum\limits_{j=k-N+1}^{k}\tilde{\boldsymbol{z}}_{j|j-1}\tilde{\boldsymbol{z}}_{j|j-1}^{\mathrm{T}}$
6. $\hat{\boldsymbol{R}}_k=\hat{\boldsymbol{C}}_{\tilde{\boldsymbol{z}}_{k|k-1}}-\boldsymbol{H}_k\boldsymbol{P}_{k|k-1}\boldsymbol{H}_k^{\mathrm{T}}$

量测更新：

7. $\boldsymbol{K}_k=\boldsymbol{P}_{k|k-1}\boldsymbol{H}_k^{\mathrm{T}}\left(\boldsymbol{H}_k\boldsymbol{P}_{k|k-1}\boldsymbol{H}_k^{\mathrm{T}}+\hat{\boldsymbol{R}}_k\right)^{-1}$
8. $\hat{\boldsymbol{x}}_{k|k}=\hat{\boldsymbol{x}}_{k|k-1}+\boldsymbol{K}_k\tilde{\boldsymbol{z}}_{k|k-1}$
9. $\boldsymbol{P}_{k|k}=\boldsymbol{P}_{k|k-1}-\boldsymbol{K}_k\boldsymbol{H}_k\boldsymbol{P}_{k|k-1}$

滤波输出：$\hat{\boldsymbol{x}}_{k|k}$，$\boldsymbol{P}_{k|k}$，$\left\{\tilde{\boldsymbol{z}}_{j|j-1}\tilde{\boldsymbol{z}}_{j|j-1}^{\mathrm{T}}\mid k-N+2\leqslant j\leqslant k\right\}$

5.4　基于变分贝叶斯的自适应卡尔曼滤波器

SHAKF 和 IAKF 都能在一定程度上处理量测噪声协方差矩阵认知不精确导致滤波精度下降的问题。然而，以上两种方法均基于量测新息对噪声参数进行估计，并未利用当前时刻状态的后验估计信息及噪声统计参数的先验信息，导致 SHAKF 和 IAKF 精度有限。基于变分贝叶斯的自适应卡尔曼滤波器(Variational Bayesian Adaptive Kalman Filter, VBAKF)在贝叶斯框架下求取状态向量与未知噪声统计参数的联合后验密度，能充分考虑噪声统计参数的先验信息。此外，VBAKF 在求解近似后验密度的迭代过程中，还利用了状态后验估计信息计算噪声参数的后验密度，理论上可以获得比 SHAKF 和 IAKF 更好的估计性能。

5.4.1　问题描述

针对状态空间模型(5-1)，假设过程噪声协方差矩阵 $\boldsymbol{Q}_k$ 已知，量测噪声协方差矩阵 $\boldsymbol{R}_k$ 未知，采用如下方法对 $\boldsymbol{R}_k$ 进行估计。

不妨首先考虑基于贝叶斯框架解决滤波问题的过程。假设 $k-1$ 时刻状态向量和量测噪声协方差矩阵的后验联合概率密度函数 $p(\boldsymbol{x}_{k-1},\boldsymbol{R}_{k-1}\mid z_{1:k-1})$ 已知，并假设状态向量的动态模型和量测噪声协方差的时间演化模型相互独立，则状态向量和量测噪声协方差矩阵的转移概率密度可分解为

$$\begin{aligned}p\left(\boldsymbol{x}_k,\boldsymbol{R}_k\mid \boldsymbol{x}_{k-1},\boldsymbol{R}_{k-1}\right)&=p\left(\boldsymbol{x}_k\mid \boldsymbol{x}_{k-1},\boldsymbol{R}_{k-1},\boldsymbol{R}_k\right)p\left(\boldsymbol{R}_k\mid \boldsymbol{x}_{k-1},\boldsymbol{R}_{k-1}\right)\\&=p\left(\boldsymbol{x}_k\mid \boldsymbol{x}_{k-1}\right)p\left(\boldsymbol{R}_k\mid \boldsymbol{R}_{k-1}\right)\end{aligned}\tag{5-28}$$

利用 Chapman-Kolmogorov 方程，状态向量和量测噪声协方差矩阵的联合一步预测概率密度为

$$p\left(\boldsymbol{x}_k,\boldsymbol{R}_k\mid z_{1:k-1}\right)=\iint p\left(\boldsymbol{x}_k\mid \boldsymbol{x}_{k-1}\right)p\left(\boldsymbol{R}_k\mid \boldsymbol{R}_{k-1}\right)p\left(\boldsymbol{x}_{k-1},\boldsymbol{R}_{k-1}\mid z_{1:k-1}\right)\mathrm{d}\boldsymbol{x}_{k-1}\mathrm{d}\boldsymbol{R}_{k-1}\tag{5-29}$$

其中，$p(\boldsymbol{x}_k\mid \boldsymbol{x}_{k-1})$ 可由式(5-1)系统方程获得。

接下来，利用贝叶斯公式更新 k 时刻状态向量和量测噪声协方差矩阵的联合后验概率密度，即

$$p\left(\boldsymbol{x}_k,\boldsymbol{R}_k\mid z_{1:k}\right)=\frac{p\left(z_k\mid \boldsymbol{x}_k,\boldsymbol{R}_k\right)p\left(\boldsymbol{x}_k,\boldsymbol{R}_k\mid z_{1:k-1}\right)}{p\left(z_k\mid z_{1:k-1}\right)}\tag{5-30}$$

其中，$p(z_k\mid z_{1:k-1})$ 为归一化常数，其具体形式如式(5-31)所示。

$$p\left(z_k\mid z_{1:k-1}\right)=\iint p\left(z_k\mid \boldsymbol{x}_k,\boldsymbol{R}_k\right)p\left(\boldsymbol{x}_k,\boldsymbol{R}_k\mid z_{1:k-1}\right)\mathrm{d}\boldsymbol{x}_k\mathrm{d}\boldsymbol{R}_k\tag{5-31}$$

其中，似然函数 $p(z_k\mid \boldsymbol{x}_k,\boldsymbol{R}_k)$ 可利用量测模型获得。

由于式(5-29)形式较为复杂，式(5-30)中的联合后验密度通常无法被解析求解。下面将介绍变分贝叶斯方法来对该联合后验密度进行近似求解。

5.4.2 变分贝叶斯方法介绍

变分贝叶斯的起源与发展

变分贝叶斯(Variational Bayesian, VB)方法是一种无法求取联合后验密度解析解条件下求取局部最优解的近似方法，它利用已知的模型信息、观测信息和先验信息来获得状态向量和未知参数联合后验密度近似解。VB 方法的核心思想是：寻找一个近似的、简单易求、形式自由的联合密度$q(\boldsymbol{X},\boldsymbol{\theta})$来逼近真实的联合后验密度$p(\boldsymbol{X},\boldsymbol{\theta}\mid\boldsymbol{Z})$，即$p(\boldsymbol{X},\boldsymbol{\theta}\mid\boldsymbol{Z})\approx q(\boldsymbol{X},\boldsymbol{\theta})$，其中，$\boldsymbol{X}$表示未知的状态向量，$\boldsymbol{\theta}$表示未知的参数，$\boldsymbol{Z}$表示观测向量，$p(\boldsymbol{X},\boldsymbol{\theta}\mid\boldsymbol{Z})$表示真实的联合后验密度，$q(\boldsymbol{X},\boldsymbol{\theta})$表示近似的联合后验密度。在 VB 方法中，未知参数$\boldsymbol{\theta}$被当作一个随机变量。获得如此形式的自由近似解将面临以下三个问题：第一，如何选取近似的联合后验密度$q(\boldsymbol{X},\boldsymbol{\theta})$；第二，如何处理状态向量与参数之间的耦合，以及参数与参数之间的耦合；第三，如何评价近似的联合后验密度$q(\boldsymbol{X},\boldsymbol{\theta})$与真实的联合后验密度$p(\boldsymbol{X},\boldsymbol{\theta}\mid\boldsymbol{Z})$之间的相似程度。

对于第一个问题，VB 方法将$q(\boldsymbol{X},\boldsymbol{\theta})$选择为似然函数的共轭分布，因为共轭性能够保证状态向量和未知参数经过贝叶斯推理后得到的后验分布与先验分布具有相同的函数形式。对于第二个问题，根据平均场理论(Mean Field Theory)，VB 方法认为未知状态向量$\boldsymbol{X}$和未知参数$\boldsymbol{\theta}$的后验分布是相互独立的，甚至认为参数与参数的后验分布也是相互独立的，从而近似的联合后验密度$q(\boldsymbol{X},\boldsymbol{\theta})$可以被进一步近似为$q(\boldsymbol{X},\boldsymbol{\theta})\approx q(\boldsymbol{X})q(\boldsymbol{\theta})$。这种处理虽然比较粗糙，但也可以很好地将相互耦合的状态向量、未知参数以及相互耦合的参数与参数进行解耦，为求解状态向量和未知参数的联合后验密度提供了很大方便。对于第三个问题，VB 方法利用 Kullback-Leibler(K-L)距离来判断$q(\boldsymbol{X},\boldsymbol{\theta})$与$p(\boldsymbol{X},\boldsymbol{\theta}\mid\boldsymbol{Z})$之间的相似程度。以最小化估计与真实后验之间 K-L 距离为原则，基于 VB 方法的状态和未知参数联合推断问题可以表示成式(5-32)所示的优化问题

$$\begin{cases}\{q(\boldsymbol{X}),q(\boldsymbol{\theta})\}=\arg\min\mathrm{KLD}\left(q(\boldsymbol{X})q(\boldsymbol{\theta})\,\|\,p(\boldsymbol{X},\boldsymbol{\theta}\mid\boldsymbol{Z})\right)\\ \text{s.t.}\quad\int q(\boldsymbol{X})\mathrm{d}\boldsymbol{X}=1,\qquad\int q(\boldsymbol{\theta})\mathrm{d}\boldsymbol{\theta}=1\end{cases}\tag{5-32}$$

其中，KLD 表示 K-L 距离，即

$$\mathrm{KLD}\left(q(\boldsymbol{X})q(\boldsymbol{\theta})\,\|\,p(\boldsymbol{X},\boldsymbol{\theta}\mid\boldsymbol{Z})\right)=\iint q(\boldsymbol{X})q(\boldsymbol{\theta})\ln\frac{q(\boldsymbol{X})q(\boldsymbol{\theta})}{p(\boldsymbol{X},\boldsymbol{\theta}\mid\boldsymbol{Z})}\mathrm{d}\boldsymbol{X}\mathrm{d}\boldsymbol{\theta}\tag{5-33}$$

其中，真实后验$p(\boldsymbol{X},\boldsymbol{\theta}\mid\boldsymbol{Z})$未知，无法解析求解式(5-32)中的最小化形式。为解决这一问题，需要先引入负自由能量函数的概念。

利用贝叶斯公式，$\ln p(\boldsymbol{Z})$可计算为

$$\begin{aligned}\ln p(\boldsymbol{Z})&=\ln\frac{p(\boldsymbol{X},\boldsymbol{\theta},\boldsymbol{Z})}{p(\boldsymbol{X},\boldsymbol{\theta}\mid\boldsymbol{Z})}=\iint q(\boldsymbol{X})q(\boldsymbol{\theta})\ln\frac{p(\boldsymbol{X},\boldsymbol{\theta},\boldsymbol{Z})}{p(\boldsymbol{X},\boldsymbol{\theta}\mid\boldsymbol{Z})}\mathrm{d}\boldsymbol{X}\mathrm{d}\boldsymbol{\theta}\\&=\iint q(\boldsymbol{X})q(\boldsymbol{\theta})\ln\frac{p(\boldsymbol{X},\boldsymbol{\theta},\boldsymbol{Z})}{q(\boldsymbol{X})q(\boldsymbol{\theta})}\mathrm{d}\boldsymbol{X}\mathrm{d}\boldsymbol{\theta}+\iint q(\boldsymbol{X})q(\boldsymbol{\theta})\ln\frac{q(\boldsymbol{X})q(\boldsymbol{\theta})}{p(\boldsymbol{X},\boldsymbol{\theta}\mid\boldsymbol{Z})}\mathrm{d}\boldsymbol{X}\mathrm{d}\boldsymbol{\theta}\\&=F\left(q(\boldsymbol{X}),q(\boldsymbol{\theta})\right)+\mathrm{KLD}\left(q(\boldsymbol{X})q(\boldsymbol{\theta})\,\|\,p(\boldsymbol{X},\boldsymbol{\theta},\boldsymbol{Z})\right)\end{aligned}\tag{5-34}$$

其中，$F(q(\boldsymbol{X}),q(\boldsymbol{\theta}))$表示负自由能量函数，可表示为

$$F\left(q(\boldsymbol{X}),q(\boldsymbol{\theta})\right)=\iint q(\boldsymbol{X})q(\boldsymbol{\theta})\ln\frac{p(\boldsymbol{X},\boldsymbol{\theta},\boldsymbol{Z})}{q(\boldsymbol{X})q(\boldsymbol{\theta})}\mathrm{d}\boldsymbol{X}\mathrm{d}\boldsymbol{\theta} \tag{5-35}$$

从式(5-34)中可以看出，$\ln p(\boldsymbol{Z})$ 可以分解为负自由能量函数 $F(q(\boldsymbol{X}),q(\boldsymbol{\theta}))$ 与 K-L 距离 $\mathrm{KLD}\left(q(\boldsymbol{X})q(\boldsymbol{\theta})\,\|\,p(\boldsymbol{X},\boldsymbol{\theta}\,|\,\boldsymbol{Z})\right)$ 之和。由于 $\ln p(\boldsymbol{Z})$ 是与后验密度 $q(\boldsymbol{X})$、$q(\boldsymbol{\theta})$ 无关的常值，所以当 $\mathrm{KLD}\left(q(\boldsymbol{X})q(\boldsymbol{\theta})\,\|\,p(\boldsymbol{X},\boldsymbol{\theta}\,|\,\boldsymbol{Z})\right)$ 最小时，$F(q(\boldsymbol{X}),q(\boldsymbol{\theta}))$ 将达到最大，从而式(5-32)中的最小化问题等价转化为 $F(q(\boldsymbol{X}),q(\boldsymbol{\theta}))$ 的最大化问题，即

$$\begin{cases}\left\{q(\boldsymbol{X}),q(\boldsymbol{\theta})\right\}=\arg\max F\left(q(\boldsymbol{X}),q(\boldsymbol{\theta})\right)\\ \text{s.t.}\ \displaystyle\int q(\boldsymbol{X})\mathrm{d}\boldsymbol{X}=1,\qquad \int q(\boldsymbol{\theta})\mathrm{d}\boldsymbol{\theta}=1\end{cases} \tag{5-36}$$

利用贝叶斯定理和密度的归一性质进行推导，式(5-35)可重新表示为

$$\begin{aligned}F\left(q(\boldsymbol{X}),q(\boldsymbol{\theta})\right)&=\iint q(\boldsymbol{X})q(\boldsymbol{\theta})\ln\frac{p(\boldsymbol{X},\boldsymbol{\theta},\boldsymbol{Z})}{q(\boldsymbol{X})q(\boldsymbol{\theta})}\mathrm{d}\boldsymbol{X}\mathrm{d}\boldsymbol{\theta}\\ &=\iint q(\boldsymbol{X})q(\boldsymbol{\theta})\ln p(\boldsymbol{X},\boldsymbol{\theta},\boldsymbol{Z})\mathrm{d}\boldsymbol{X}\mathrm{d}\boldsymbol{\theta}-\iint q(\boldsymbol{X})q(\boldsymbol{\theta})\ln q(\boldsymbol{X})q(\boldsymbol{\theta})\mathrm{d}\boldsymbol{X}\mathrm{d}\boldsymbol{\theta}\\ &=\iint q(\boldsymbol{X})q(\boldsymbol{\theta})\ln p(\boldsymbol{X},\boldsymbol{\theta},\boldsymbol{Z})\mathrm{d}\boldsymbol{X}\mathrm{d}\boldsymbol{\theta}-\int\left(\int q(\boldsymbol{\theta})\mathrm{d}\boldsymbol{\theta}\right)q(\boldsymbol{X})\ln q(\boldsymbol{X})\mathrm{d}\boldsymbol{X}\\ &\quad-\int\left(\int q(\boldsymbol{X})\mathrm{d}\boldsymbol{X}\right)q(\boldsymbol{\theta})\ln q(\boldsymbol{\theta})\mathrm{d}\boldsymbol{\theta}\\ &=\iint q(\boldsymbol{X})q(\boldsymbol{\theta})\ln p(\boldsymbol{X},\boldsymbol{\theta},\boldsymbol{Z})\mathrm{d}\boldsymbol{X}\mathrm{d}\boldsymbol{\theta}-\int q(\boldsymbol{X})\ln q(\boldsymbol{X})\mathrm{d}\boldsymbol{X}-\int q(\boldsymbol{\theta})\ln q(\boldsymbol{\theta})\mathrm{d}\boldsymbol{\theta}\end{aligned} \tag{5-37}$$

为求解最优的 $q(\boldsymbol{X})$ 和 $q(\boldsymbol{\theta})$，首先定义对数密度函数 $\ln\tilde{p}(\boldsymbol{X})$ 和 $\ln\tilde{p}(\boldsymbol{\theta})$ 分别为

$$\ln\tilde{p}(\boldsymbol{X})=\int q(\boldsymbol{\theta})\ln p(\boldsymbol{X},\boldsymbol{\theta},\boldsymbol{Z})\mathrm{d}\boldsymbol{\theta}+c_X,\quad \text{s.t.}\ \int\tilde{p}(\boldsymbol{X})\mathrm{d}\boldsymbol{X}=1 \tag{5-38}$$

$$\ln\tilde{p}(\boldsymbol{\theta})=\int q(\boldsymbol{X})\ln p(\boldsymbol{X},\boldsymbol{\theta},\boldsymbol{Z})\mathrm{d}\boldsymbol{X}+c_\theta,\quad \text{s.t.}\ \int\tilde{p}(\boldsymbol{\theta})\mathrm{d}\boldsymbol{\theta}=1 \tag{5-39}$$

其中，c_X 和 c_θ 分别表示与状态向量 $\boldsymbol{X}$ 和未知参数 $\boldsymbol{\theta}$ 无关的常值。

将式(5-38)代入式(5-37)中，$F(q(\boldsymbol{X}),q(\boldsymbol{\theta}))$ 可表示为

$$F\left(q(\boldsymbol{X}),q(\boldsymbol{\theta})\right)=-\int q(\boldsymbol{X})\ln\frac{q(\boldsymbol{X})}{\tilde{p}(\boldsymbol{X})}\mathrm{d}\boldsymbol{X}-2c_X=-\mathrm{KLD}\left(q(\boldsymbol{X})\,\|\,\tilde{p}(\boldsymbol{X})\right)-2c_X \tag{5-40}$$

其中，常值 $c_X=\int q(\boldsymbol{\theta})\ln q(\boldsymbol{\theta})\mathrm{d}\boldsymbol{\theta}$。

由于 $\mathrm{KLD}\left(q(\boldsymbol{X})\,\|\,\tilde{p}(\boldsymbol{X})\right)\geqslant 0$，所以只有 $\mathrm{KLD}\left(q(\boldsymbol{X})\,\|\,\tilde{p}(\boldsymbol{X})\right)=0$ 时，$F(q(\boldsymbol{X}),q(\boldsymbol{\theta}))$ 最大，此时 $q(\boldsymbol{X})=\tilde{p}(\boldsymbol{X})$。将 $q(\boldsymbol{X})=\tilde{p}(\boldsymbol{X})$ 代入式(5-38)可得

$$\ln q(\boldsymbol{X})=\int q(\boldsymbol{\theta})\ln p(\boldsymbol{X},\boldsymbol{\theta},\boldsymbol{Z})\mathrm{d}\boldsymbol{\theta}+c_X,\quad \text{s.t.}\ \int q(\boldsymbol{X})\mathrm{d}\boldsymbol{X}=1 \tag{5-41}$$

同理，将式(5-39)代入式(5-37)求解使得 $F(q(\boldsymbol{X}),q(\boldsymbol{\theta}))$ 最大的最优 $q(\boldsymbol{\theta})$，可得

$$\ln q(\boldsymbol{\theta})=\int q(\boldsymbol{X})\ln p(\boldsymbol{X},\boldsymbol{\theta},\boldsymbol{Z})\mathrm{d}\boldsymbol{X}+c_\theta,\quad \text{s.t.}\ \int q(\boldsymbol{\theta})\mathrm{d}\boldsymbol{\theta}=1 \tag{5-42}$$

最优解 $q(\boldsymbol{X})$ 和 $q(\boldsymbol{\theta})$ 分别满足式(5-41)和式(5-42)。考虑到式(5-41)和式(5-42)具有相同结构，最优解 $q(\boldsymbol{X})$ 和 $q(\boldsymbol{\theta})$ 满足的方程可统一表示为

$$\ln q(\boldsymbol{\varphi})=E_{\boldsymbol{\Theta}^{(-\varphi)}}\left[\ln p(\boldsymbol{X},\boldsymbol{\theta},\boldsymbol{Z})\right]+c_{\varphi},\quad \text{s.t.}\ \int q(\boldsymbol{\varphi})\mathrm{d}\boldsymbol{\varphi}=1 \tag{5-43}$$

$$\boldsymbol{\Theta}\triangleq\{\boldsymbol{X},\boldsymbol{\theta}\} \tag{5-44}$$

其中，$\boldsymbol{\Theta}$ 表示由状态向量和未知参数组成的集合；$\boldsymbol{\varphi}\in\boldsymbol{\Theta}$ 表示集合 $\boldsymbol{\Theta}$ 中的任一元素；$\boldsymbol{\Theta}^{(-\varphi)}$ 表示除去元素 $\boldsymbol{\varphi}$ 后集合 $\boldsymbol{\Theta}$ 中剩余的元素；$q(\boldsymbol{\varphi})$ 表示 $\boldsymbol{\varphi}$ 的近似后验密度；$E_x[\cdot]$ 表示关于随机变量 x 后验密度 $q(x)$ 的期望运算。

从式(5-43)和式(5-44)中可以看出，状态向量和未知参数相互依赖与耦合，故无法获得 $q(\boldsymbol{\varphi})$ 的解析解。为了解决该问题，可以利用定点迭代方法来求解式(5-43)，获得 $q(\boldsymbol{\varphi})$ 的一个局部最优解。

5.4.3 基于变分贝叶斯的自适应卡尔曼滤波器原理与设计

接下来介绍 VBAKF 的设计思想和推导过程。首先，为了便于 VB 推断，需将未知量测噪声协方差矩阵 $\boldsymbol{R}_k$ 的共轭先验分布选择为逆 Wishart 分布；随后，基于 VB 方法近似计算状态向量和未知噪声参数的联合后验密度；最后，给出 VBAKF 在实际应用中的参数选取建议。

1. 先验分布的选择

考虑 5.4.1 节中的离散线性系统状态空间模型，在该条件下，一步预测先验 PDF $p(\boldsymbol{x}_k\mid z_{1:k-1})$ 和似然 PDF $p(z_k\mid\boldsymbol{x}_k)$ 将服从如下高斯分布，即

$$p(\boldsymbol{x}_k\mid z_{1:k-1})=N(\boldsymbol{x}_k;\hat{\boldsymbol{x}}_{k|k-1},\boldsymbol{P}_{k|k-1}) \tag{5-45}$$

$$p(z_k\mid\boldsymbol{x}_k,\boldsymbol{R}_k)=N(z_k;\boldsymbol{H}_k\boldsymbol{x}_k,\boldsymbol{R}_k) \tag{5-46}$$

为便于 VB 推断的进行，需要保证被估计量的先验分布和后验分布具有相同的形式，因此需要为被估计量选择共轭先验分布。对于固定均值的高斯分布，其协方差矩阵的共轭分布为逆 Wishart 分布，维数为 $d\times d$ 的对称正定随机矩阵 $\boldsymbol{B}$ 的逆 Wishart PDF 可以表示为

$$\mathrm{IW}(\boldsymbol{B};\lambda,\boldsymbol{\Psi})=|\boldsymbol{\Psi}|^{\lambda/2}|\boldsymbol{B}|^{-(\lambda+d+1)/2}\frac{\exp\left\{-0.5\mathrm{tr}\left(\boldsymbol{\Psi}\boldsymbol{B}^{-1}\right)\right\}}{2^{d\lambda/2}\Gamma_d(\lambda/2)} \tag{5-47}$$

其中，λ 表示自由度参数；$d\times d$ 的对称正定矩阵 $\boldsymbol{\Psi}$ 表示逆尺度矩阵；$|\cdot|$ 和 $\mathrm{tr}(\cdot)$ 分别表示行列式运算和矩阵求迹运算；$\Gamma_d(\cdot)$ 表示 d 维的伽马函数。

对于 $\boldsymbol{B}\sim\mathrm{IW}(\boldsymbol{B};\lambda,\boldsymbol{\Psi})$，当 $\lambda>d+1$ 时，$E[\boldsymbol{B}^{-1}]=(\lambda-d-1)\boldsymbol{\Psi}^{-1}$。将量测噪声协方差矩阵 $\boldsymbol{R}_k$ 的先验分布 $p(\boldsymbol{R}_k\mid z_{1:k-1})$ 选择为逆 Wishart 分布，即

$$p(\boldsymbol{R}_k\mid z_{1:k-1})=\mathrm{IW}(\boldsymbol{R}_k;\hat{u}_{k|k-1},\widehat{\boldsymbol{U}}_{k|k-1}) \tag{5-48}$$

接下来确定先验自由度参数 $\hat{u}_{k|k-1}$ 和先验逆尺度矩阵 $\widehat{\boldsymbol{U}}_{k|k-1}$。

根据 Chapman-Kolmogorov 方程，先验分布 $p(\boldsymbol{R}_k\mid z_{1:k-1})$ 可以表示为

$$p(\boldsymbol{R}_k\mid z_{1:k-1})=\int p(\boldsymbol{R}_k\mid\boldsymbol{R}_{k-1})p(\boldsymbol{R}_{k-1}\mid z_{1:k-1})\mathrm{d}\boldsymbol{R}_{k-1} \tag{5-49}$$

其中，$p(\boldsymbol{R}_{k-1}\mid z_{1:k-1})$ 表示量测噪声协方差矩阵 $\boldsymbol{R}_{k-1}$ 的后验 PDF。

根据式(5-48)，量测噪声协方差矩阵 $\boldsymbol{R}_{k-1}$ 的先验分布 $p(\boldsymbol{R}_{k-1} \mid z_{1:k-2})$ 被选择为逆 Wishart 分布，故后验分布 $p(\boldsymbol{R}_{k-1} \mid z_{1:k-1})$ 也可更新为逆 Wishart 分布，即

$$p\left(\boldsymbol{R}_{k-1} \mid z_{1:k-1}\right) = \mathrm{IW}\left(\boldsymbol{R}_{k-1}; \hat{u}_{k-1|k-1}, \widehat{\boldsymbol{U}}_{k-1|k-1}\right) \tag{5-50}$$

在实际应用中，动态模型 $p(\boldsymbol{R}_k \mid \boldsymbol{R}_{k-1})$ 往往是未知的。但对于量测噪声协方差矩阵随时间缓变的场景，可通过遗忘因子 $\rho \in (0,1]$ 来传递上一时刻的近似后验 PDF，从而先验参数 $\hat{u}_{k|k-1}$ 和 $\widehat{\boldsymbol{U}}_{k|k-1}$ 可以表示为

$$\begin{cases} \hat{u}_{k|k-1} = \rho\left(\hat{u}_{k-1|k-1} - m - 1\right) + m + 1 \\ \widehat{\boldsymbol{U}}_{k|k-1} = \rho \widehat{\boldsymbol{U}}_{k-1|k-1} \end{cases} \tag{5-51}$$

其中，ρ 是遗忘因子，表征了量测噪声协方差矩阵随时间波动的程度；m 是 $\boldsymbol{R}_k$ 的维数。

初始量测噪声协方差矩阵 $\boldsymbol{R}_0$ 的概率密度也被假定为逆 Wishart 分布，即 $p(\boldsymbol{R}_0) = \mathrm{IW}(\boldsymbol{R}_0; \hat{u}_{0|0}, \widehat{\boldsymbol{U}}_{0|0})$，且初始量测噪声协方差矩阵 $\boldsymbol{R}_0$ 的均值与名义量测噪声协方差矩阵 $\tilde{\boldsymbol{R}}_0$ 之间满足

$$\frac{\widehat{\boldsymbol{U}}_{0|0}}{\hat{u}_{0|0} - m - 1} = \tilde{\boldsymbol{R}}_0 \tag{5-52}$$

2. 后验 PDF 的变分近似

接下来计算联合后验 PDF $p(\boldsymbol{x}_k, \boldsymbol{R}_k \mid z_{1:k})$ 的近似解析解。根据平均场理论，联合后验 PDF $p(\boldsymbol{x}_k, \boldsymbol{R}_k \mid z_{1:k})$ 可以被近似分解为式(5-53)所示因子乘积形式：

$$p\left(\boldsymbol{x}_k, \boldsymbol{R}_k \mid z_{1:k}\right) \approx q\left(\boldsymbol{x}_k\right) q\left(\boldsymbol{R}_k\right) \tag{5-53}$$

其中，$q(\cdot)$ 表示 $p(\cdot)$ 的近似后验 PDF。

通过最小化近似后验 PDF $q(\boldsymbol{x}_k)q(\boldsymbol{R}_k)$ 与真实的联合后验 PDF $p(\boldsymbol{x}_k, \boldsymbol{R}_k \mid z_{1:k})$ 之间的 K-L 距离，可以解得近似后验 PDF $q(\boldsymbol{x}_k)$ 和 $q(\boldsymbol{R}_k)$ 的解析解：

$$\left\{q\left(\boldsymbol{x}_k\right), q\left(\boldsymbol{R}_k\right)\right\} = \arg\min \mathrm{KLD}\left(q\left(\boldsymbol{x}_k\right) q\left(\boldsymbol{R}_k\right) \| p\left(\boldsymbol{x}_k, \boldsymbol{R}_k \mid z_{1:k}\right)\right) \tag{5-54}$$

根据 5.4.2 节中的 VB 方法，式(5-54)的最优解满足

$$\begin{gathered} \ln q(\boldsymbol{\theta}) = E_{\boldsymbol{\Xi}^{(-\boldsymbol{\theta})}}\left[\ln p\left(\boldsymbol{\Xi}, z_{1:k}\right)\right] + c_{\theta} \\ \boldsymbol{\Xi} \triangleq \left\{\boldsymbol{x}_k, \boldsymbol{R}_k\right\} \end{gathered} \tag{5-55}$$

其中，$\boldsymbol{\Xi}$ 表示由 $\boldsymbol{x}_k$ 和 $\boldsymbol{R}_k$ 组成的集合；$\boldsymbol{\theta}$ 表示集合 $\boldsymbol{\Xi}$ 中的任意元素；$\boldsymbol{\Xi}^{(-\boldsymbol{\theta})}$ 表示 $\boldsymbol{\Xi}$ 中除了 $\boldsymbol{\theta}$ 以外的所有元素；c_{θ} 表示与变量 $\boldsymbol{\theta}$ 无关的常量。

接下来将采用定点迭代法来解决式(5-55)中 $q(\boldsymbol{x}_k)$ 和 $q(\boldsymbol{R}_k)$ 的变量耦合问题。具体来说，在第 $i+1$ 次迭代时利用第 i 次迭代所获得的近似后验 PDF $q^{(i)}(\boldsymbol{\Xi}^{(-\boldsymbol{\theta})})$ 来近似计算式(5-55)中的期望，然后将后验 PDF $q(\boldsymbol{\theta})$ 更新为 $q^{(i+1)}(\boldsymbol{\theta})$。如此反复进行定点迭代，最终将收敛到式(5-55)的局部最优解。

下面给出 VBAKF 的变分更新过程。利用式(5-1)中状态空间模型的条件独立性质，可得联合 PDF 为

$$p\left(\boldsymbol{\Xi},\boldsymbol{z}_{1:k}\right)=p\left(\boldsymbol{z}_k\mid\boldsymbol{x}_k,\boldsymbol{R}_k\right)p\left(\boldsymbol{x}_k\mid\boldsymbol{z}_{1:k-1}\right)p\left(\boldsymbol{R}_k\mid\boldsymbol{z}_{1:k-1}\right)p\left(\boldsymbol{z}_{1:k-1}\right) \tag{5-56}$$

将式(5-46)与式(5-48)代入式(5-56)中得到

$$p\left(\boldsymbol{\Xi},\boldsymbol{z}_{1:k}\right)=N\left(\boldsymbol{z}_k;\boldsymbol{H}_k\boldsymbol{x}_k,\boldsymbol{R}_k\right)N\left(\boldsymbol{x}_k;\hat{\boldsymbol{x}}_{k|k-1},\boldsymbol{P}_{k|k-1}\right)\mathrm{IW}\left(\boldsymbol{R}_k;\hat{u}_{k|k-1},\widehat{\boldsymbol{U}}_{k|k-1}\right)p\left(\boldsymbol{z}_{1:k-1}\right) \tag{5-57}$$

利用式(5-57)，$\ln p(\boldsymbol{\Xi},\boldsymbol{z}_{1:k})$可以表示为

$$\begin{aligned}\ln p\left(\boldsymbol{\Xi},\boldsymbol{z}_{1:k}\right)=&-0.5\left(m+\hat{u}_{k|k-1}+2\right)\ln\left|\boldsymbol{R}_k\right|-0.5\left(\boldsymbol{z}_k-\boldsymbol{H}_k\boldsymbol{x}_k\right)^{\mathrm{T}}\boldsymbol{R}_k^{-1}\left(\boldsymbol{z}_k-\boldsymbol{H}_k\boldsymbol{x}_k\right)\\&-0.5\mathrm{tr}\left(\widehat{\boldsymbol{U}}_{k|k-1}\boldsymbol{R}_k^{-1}\right)-0.5\left(\boldsymbol{x}_k-\hat{\boldsymbol{x}}_{k|k-1}\right)^{\mathrm{T}}\boldsymbol{P}_{k|k-1}^{-1}\left(\boldsymbol{x}_k-\hat{\boldsymbol{x}}_{k|k-1}\right)+c_{\boldsymbol{\Xi}}\end{aligned} \tag{5-58}$$

其中，$c_{\boldsymbol{\Xi}}$表示与集合$\boldsymbol{\Xi}$中元素无关的常量。

1)量测噪声协方差矩阵$\boldsymbol{R}_k$的更新

令$\boldsymbol{\theta}=\boldsymbol{R}_k$，并将式(5-58)代入式(5-55)中，可以得到

$$\begin{aligned}\ln q^{(i+1)}\left(\boldsymbol{R}_k\right)=&-0.5\left(m+\hat{u}_{k|k-1}+2\right)\ln\left|\boldsymbol{R}_k\right|-0.5\mathrm{tr}\left[\left(\boldsymbol{B}_k^{(i)}+\widehat{\boldsymbol{U}}_{k|k-1}\right)\boldsymbol{R}_k^{-1}\right]\\&-0.5\left(\boldsymbol{x}_k-\hat{\boldsymbol{x}}_{k|k-1}\right)^{\mathrm{T}}\boldsymbol{P}_{k|k-1}^{-1}\left(\boldsymbol{x}_k-\hat{\boldsymbol{x}}_{k|k-1}\right)+c_{\boldsymbol{\Xi}}\\=&-0.5\left(m+\hat{u}_{k|k-1}+2\right)\ln\left|\boldsymbol{R}_k\right|-0.5\mathrm{tr}\left[\left(\boldsymbol{B}_k^{(i)}+\widehat{\boldsymbol{U}}_{k|k-1}\right)\boldsymbol{R}_k^{-1}\right]+c_{\boldsymbol{R}}\end{aligned} \tag{5-59}$$

其中，辅助矩阵$\boldsymbol{B}_k^{(i)}$表示为

$$\begin{aligned}\boldsymbol{B}_k^{(i)}&=E^{(i)}\left[\left(\boldsymbol{z}_k-\boldsymbol{H}_k\boldsymbol{x}_k\right)\left(\boldsymbol{z}_k-\boldsymbol{H}_k\boldsymbol{x}_k\right)^{\mathrm{T}}\right]\\&=E^{(i)}\left[\left(\boldsymbol{z}_k-\boldsymbol{H}_k\hat{\boldsymbol{x}}_{k|k}^{(i)}+\boldsymbol{H}_k\hat{\boldsymbol{x}}_{k|k}^{(i)}-\boldsymbol{H}_k\boldsymbol{x}_k\right)\left(\boldsymbol{z}_k-\boldsymbol{H}_k\hat{\boldsymbol{x}}_{k|k}^{(i)}+\boldsymbol{H}_k\hat{\boldsymbol{x}}_{k|k}^{(i)}-\boldsymbol{H}_k\boldsymbol{x}_k\right)^{\mathrm{T}}\right]\\&=\left(\boldsymbol{z}_k-\boldsymbol{H}_k\hat{\boldsymbol{x}}_{k|k}^{(i)}\right)\left(\boldsymbol{z}_k-\boldsymbol{H}_k\hat{\boldsymbol{x}}_{k|k}^{(i)}\right)^{\mathrm{T}}+\boldsymbol{H}_kE^{(i)}\left[\left(\boldsymbol{x}_k-\hat{\boldsymbol{x}}_{k|k}^{(i)}\right)\left(\boldsymbol{x}_k-\hat{\boldsymbol{x}}_{k|k}^{(i)}\right)^{\mathrm{T}}\right]\boldsymbol{H}_k^{\mathrm{T}}\\&=\left(\boldsymbol{z}_k-\boldsymbol{H}_k\hat{\boldsymbol{x}}_{k|k}^{(i)}\right)\left(\boldsymbol{z}_k-\boldsymbol{H}_k\hat{\boldsymbol{x}}_{k|k}^{(i)}\right)^{\mathrm{T}}+\boldsymbol{H}_k\boldsymbol{P}_{k|k}^{(i)}\boldsymbol{H}_k^{\mathrm{T}}\end{aligned} \tag{5-60}$$

$E^{(i)}$为第i次迭代中，对$q^{(i)}(\boldsymbol{x}_k)$求期望。

利用式(5-59)，量测噪声协方差矩阵$\boldsymbol{R}_k$在第$i+1$次迭代时的后验密度将被更新为逆Wishart PDF：

$$q^{(i+1)}\left(\boldsymbol{R}_k\right)=\mathrm{IW}\left(\boldsymbol{R}_k;\hat{u}_k^{(i+1)},\hat{\boldsymbol{U}}_k^{(i+1)}\right) \tag{5-61}$$

其中，自由度参数$\hat{u}_k^{(i+1)}$和逆尺度矩阵$\hat{\boldsymbol{U}}_k^{(i+1)}$可以表示为

$$\begin{cases}\hat{u}_k^{(i+1)}=\hat{u}_{k|k-1}+1\\\hat{\boldsymbol{U}}_k^{(i+1)}=\boldsymbol{B}_k^{(i)}+\widehat{\boldsymbol{U}}_{k|k-1}\end{cases} \tag{5-62}$$

2)状态向量$\boldsymbol{x}_k$的更新

令$\boldsymbol{\theta}=\boldsymbol{x}_k$，并将式(5-58)代入式(5-55)中，可以得到

$$\begin{aligned}\ln q^{(i+1)}(\boldsymbol{x}_k) &= -0.5(m+\hat{u}_{k|k-1}+2)E^{(i+1)}\left[\ln|\boldsymbol{R}_k|\right]-0.5E^{(i+1)}\left[\operatorname{tr}\left(\widehat{\boldsymbol{U}}_{k|k-1}\boldsymbol{R}_k^{-1}\right)\right]\\ &\quad -0.5(\boldsymbol{z}_k-\boldsymbol{H}_k\boldsymbol{x}_k)^{\mathrm{T}}E^{(i+1)}\left[\boldsymbol{R}_k^{-1}\right](\boldsymbol{z}_k-\boldsymbol{H}_k\boldsymbol{x}_k)\\ &\quad -0.5(\boldsymbol{x}_k-\hat{\boldsymbol{x}}_{k|k-1})^{\mathrm{T}}\boldsymbol{P}_{k|k-1}^{-1}(\boldsymbol{x}_k-\hat{\boldsymbol{x}}_{k|k-1})+c_{\boldsymbol{\Xi}}\\ &= -0.5(\boldsymbol{z}_k-\boldsymbol{H}_k\boldsymbol{x}_k)^{\mathrm{T}}E^{(i+1)}\left[\boldsymbol{R}_k^{-1}\right](\boldsymbol{z}_k-\boldsymbol{H}_k\boldsymbol{x}_k)\\ &\quad -0.5(\boldsymbol{x}_k-\hat{\boldsymbol{x}}_{k|k-1})^{\mathrm{T}}\boldsymbol{P}_{k|k-1}^{-1}(\boldsymbol{x}_k-\hat{\boldsymbol{x}}_{k|k-1})+c_{\boldsymbol{x}}\end{aligned} \tag{5-63}$$

其中，$E^{(i+1)}[\boldsymbol{R}_k^{-1}]$ 可以计算为

$$E^{(i+1)}\left[\boldsymbol{R}_k^{-1}\right]=\left(\hat{u}_k^{(i+1)}-m-1\right)\left(\widehat{\boldsymbol{U}}_k^{(i+1)}\right)^{-1} \tag{5-64}$$

在第 $i+1$ 次迭代，定义修正的似然 PDF 为

$$p^{(i+1)}(\boldsymbol{z}_k\mid\boldsymbol{x}_k)=N\left(\boldsymbol{z}_k;\boldsymbol{H}_k\boldsymbol{x}_k,\hat{\boldsymbol{R}}_k^{(i+1)}\right) \tag{5-65}$$

其中，修正的量测噪声协方差矩阵 $\hat{\boldsymbol{R}}_k^{(i+1)}$ 可以表示为

$$\hat{\boldsymbol{R}}_k^{(i+1)}=\left\{E^{(i+1)}\left[\boldsymbol{R}_k^{-1}\right]\right\}^{-1} \tag{5-66}$$

将式(5-45)、式(5-65)、式(5-66)代入式(5-63)中可以得到

$$q^{(i+1)}(\boldsymbol{x}_k)=\frac{1}{c_k^{(i+1)}}p^{(i+1)}(\boldsymbol{z}_k\mid\boldsymbol{x}_k)p(\boldsymbol{x}_k\mid\boldsymbol{z}_{1:k-1}) \tag{5-67}$$

其中，归一化常数 $c_k^{(i+1)}$ 可以表示为

$$c_k^{(i+1)}=\int p^{(i+1)}(\boldsymbol{z}_k\mid\boldsymbol{x}_k)p(\boldsymbol{x}_k\mid\boldsymbol{z}_{1:k-1})\mathrm{d}\boldsymbol{x}_k \tag{5-68}$$

根据式(5-65)~式(5-68)，状态向量 $\boldsymbol{x}_k$ 在第 $i+1$ 次迭代时后验密度将被更新为

$$q^{(i+1)}(\boldsymbol{x}_k)=N\left(\boldsymbol{x}_k;\hat{\boldsymbol{x}}_{k|k}^{(i+1)},\boldsymbol{P}_{k|k}^{(i+1)}\right) \tag{5-69}$$

其中，均值向量 $\hat{\boldsymbol{x}}_{k|k}^{(i+1)}$ 和协方差矩阵 $\boldsymbol{P}_{k|k}^{(i+1)}$ 分别表示为

$$\begin{cases}\boldsymbol{K}_k^{(i+1)}=\boldsymbol{P}_{k|k-1}\boldsymbol{H}_k^{\mathrm{T}}\left(\boldsymbol{H}_k\boldsymbol{P}_{k|k-1}\boldsymbol{H}_k^{\mathrm{T}}+\hat{\boldsymbol{R}}_k^{(i+1)}\right)^{-1}\\ \hat{\boldsymbol{x}}_{k|k}^{(i+1)}=\hat{\boldsymbol{x}}_{k|k-1}+\boldsymbol{K}_k^{(i+1)}(\boldsymbol{z}_k-\boldsymbol{H}_k\hat{\boldsymbol{x}}_{k|k-1})\\ \boldsymbol{P}_{k|k}^{(i+1)}=\boldsymbol{P}_{k|k-1}-\boldsymbol{K}_k^{(i+1)}\boldsymbol{H}_k\boldsymbol{P}_{k|k-1}\end{cases} \tag{5-70}$$

经过 N 次定点迭代后，后验 PDF $q(\boldsymbol{x}_k)$ 和 $q(\boldsymbol{R}_k)$ 的变分近似可以表示为

$$q(\boldsymbol{x}_k)\approx q^{(N)}(\boldsymbol{x}_k)=N\left(\boldsymbol{x}_k;\hat{\boldsymbol{x}}_{k|k}^{(N)},\boldsymbol{P}_{k|k}^{(N)}\right)=N\left(\boldsymbol{x}_k;\hat{\boldsymbol{x}}_{k|k},\boldsymbol{P}_{k|k}\right) \tag{5-71}$$

$$q(\boldsymbol{R}_k)\approx q^{(N)}(\boldsymbol{R}_k)=\mathrm{IW}\left(\boldsymbol{R}_k;\hat{u}_k^{(N)},\widehat{\boldsymbol{U}}_k^{(N)}\right)=\mathrm{IW}\left(\boldsymbol{R}_k;\hat{u}_{k|k},\widehat{\boldsymbol{U}}_{k|k}\right) \tag{5-72}$$

VBAKF 递归运行时间更新和变分量测更新，其单步执行伪代码如表 5-3 所示。

表 5-3　VBAKF 单步执行伪代码

滤波输入：

$\hat{\boldsymbol{x}}_{k-1|k-1}$，$\boldsymbol{P}_{k-1|k-1}$，$\hat{u}_{k-1|k-1}$，$\hat{\boldsymbol{U}}_{k-1|k-1}$，$\boldsymbol{F}_{k-1}$，$\boldsymbol{G}_{k-1}$，$\boldsymbol{H}_k$，$\boldsymbol{z}_k$，$\boldsymbol{Q}_{k-1}$，$m$，$\rho$，$N$

时间更新：

1. $\hat{\boldsymbol{x}}_{k|k-1}=\boldsymbol{F}_{k-1}\hat{\boldsymbol{x}}_{k-1|k-1}$

2. $\boldsymbol{P}_{k|k-1}=\boldsymbol{F}_{k-1}\boldsymbol{P}_{k-1|k-1}\boldsymbol{F}_{k-1}^{\mathrm{T}}+\boldsymbol{G}_{k-1}\boldsymbol{Q}_{k-1}\boldsymbol{G}_{k-1}^{\mathrm{T}}$

变分量测更新：

3.初始化：$\hat{\boldsymbol{x}}_{k|k}^{(0)}=\hat{\boldsymbol{x}}_{k|k-1}$, $\boldsymbol{P}_{k|k}^{(0)}=\boldsymbol{P}_{k|k-1}$, $\hat{\boldsymbol{U}}_{k|k-1}=\rho\hat{\boldsymbol{U}}_{k-1|k-1}$, $\hat{u}_{k|k-1}=\rho\left(\hat{u}_{k-1|k-1}-m-1\right)+m+1$

for $i=0:N-1$

　　在给定 $q^{(i)}(\boldsymbol{x}_k)$ 条件下，更新 $q^{(i+1)}(\boldsymbol{R}_k)=\mathrm{IW}\left(\boldsymbol{R}_k;\hat{u}_k^{(i+1)},\hat{\boldsymbol{U}}_k^{(i+1)}\right)$：

　　4. $\boldsymbol{B}_k^{(i)}=\left(\boldsymbol{z}_k-\boldsymbol{H}_k\hat{\boldsymbol{x}}_{k|k}^{(i)}\right)\left(\boldsymbol{z}_k-\boldsymbol{H}_k\hat{\boldsymbol{x}}_{k|k}^{(i)}\right)^{\mathrm{T}}+\boldsymbol{H}_k\boldsymbol{P}_{k|k}^{(i)}\boldsymbol{H}_k^{\mathrm{T}}$

　　5. $\hat{u}_k^{(i+1)}=\hat{u}_{k|k-1}+1$，$\hat{\boldsymbol{U}}_k^{(i+1)}=\boldsymbol{B}_k^{(i)}+\hat{\boldsymbol{U}}_{k|k-1}$

　　在给定 $q^{(i+1)}(\boldsymbol{R}_k)$ 条件下，更新 $q^{(i+1)}(\boldsymbol{x}_k)=N\left(\boldsymbol{x}_k;\hat{\boldsymbol{x}}_{k|k}^{(i+1)},\boldsymbol{P}_{k|k}^{(i+1)}\right)$：

　　6. $E^{(i+1)}\left[\boldsymbol{R}_k^{-1}\right]=\left(\hat{u}_k^{(i+1)}-m-1\right)\left(\hat{\boldsymbol{U}}_k^{(i+1)}\right)^{-1}$

　　7. $\hat{\boldsymbol{R}}_k^{(i+1)}=\left\{E^{(i+1)}\left[\boldsymbol{R}_k^{-1}\right]\right\}^{-1}$

　　8. $\boldsymbol{K}_k^{(i+1)}=\boldsymbol{P}_{k|k-1}\boldsymbol{H}_k^{\mathrm{T}}\left(\boldsymbol{H}_k\boldsymbol{P}_{k|k-1}\boldsymbol{H}_k^{\mathrm{T}}+\hat{\boldsymbol{R}}_k^{(i+1)}\right)^{-1}$

　　9. $\hat{\boldsymbol{x}}_{k|k}^{(i+1)}=\hat{\boldsymbol{x}}_{k|k-1}+\boldsymbol{K}_k^{(i+1)}\left(\boldsymbol{z}_k-\boldsymbol{H}_k\hat{\boldsymbol{x}}_{k|k-1}\right)$

end for

10. $\hat{\boldsymbol{x}}_{k|k}=\hat{\boldsymbol{x}}_{k|k}^{(N)}$, $\boldsymbol{P}_{k|k}=\boldsymbol{P}_{k|k}^{(N)}$, $\hat{u}_{k|k}=\hat{u}_k^{(N)}$, $\hat{\boldsymbol{U}}_{k|k}=\hat{\boldsymbol{U}}_k^{(N)}$

滤波输出：$\hat{\boldsymbol{x}}_{k|k}$, $\boldsymbol{P}_{k|k}$, $\hat{u}_{k|k}$, $\hat{\boldsymbol{U}}_{k|k}$

3. 参数选择

下面讨论 VBAKF 的参数设置。VBAKF 的参数包括遗忘因子 ρ、量测噪声协方差矩阵的初始名义值 $\tilde{\boldsymbol{R}}_0$ 和迭代次数 N。

在 VBAKF 中，遗忘因子 $\rho\in(0,\ 1]$ 用于调节量测噪声协方差矩阵的先前估计 $\hat{\boldsymbol{R}}_{k-1}$ 对修正量测噪声协方差矩阵 $\hat{\boldsymbol{R}}_k^{(i+1)}$ 的影响。一方面，遗忘因子 ρ 越小，越多量测噪声协方差矩阵先前估计 $\hat{\boldsymbol{R}}_{k-1}$ 的信息被遗忘；另一方面，遗忘因子 ρ 越大，越多量测噪声协方差矩阵先前估计 $\hat{\boldsymbol{R}}_{k-1}$ 的信息被利用。考虑到量测噪声协方差矩阵在许多实际应用中变化缓慢，因此一般建议遗忘因子在 $\rho\in[0.9,1]$ 范围内选择。

事实上，由于遗忘因子 ρ 的引入，名义量测噪声协方差矩阵 $\tilde{\boldsymbol{R}}_0$ 对第 k 时刻量测噪声协方差矩阵的迭代初值 $\hat{\boldsymbol{R}}_k^{(0)}$ 的影响会随着时间 k 的增加而逐渐减小。即便如此，因为 VB 方法只能保证局部收敛，选择合适的初始名义值 $\tilde{\boldsymbol{R}}_0$ 仍有利于在迭代中收敛到真实的量测噪声协方差矩阵 $\boldsymbol{R}_k$。为此，量测噪声协方差矩阵的初始名义值 $\tilde{\boldsymbol{R}}_0$ 需要接近真实的初始量测噪声协方差矩阵 $\boldsymbol{R}_0$。

迭代次数 N 也是 VBAKF 的重要参数，因为它决定了估计精度和实施时间。随着迭代次数的增加，估计精度越高，但需要更多的实施时间。通常，量测向量的维数越高，量测噪声协方差矩阵中需要估计的不精确信息就越多，从而需要的迭代次数越多。在实际应用中，建议选择足够多的迭代次数，以保证定点迭代能收敛到局部最优。

这几节中一共介绍了三种自适应卡尔曼滤波器，分别是 SHAKF、IAKF 和 VBAKF。不难看出，SHAKF 和 IAKF 均采用过去时刻的量测新息对未知参数进行在线估计，两种方法在理论框架和推导结果上均有一定相似性，但 SHAKF 利用了历史时刻所有的量测新息，并通过引入渐消记忆加权平均方法来降低过早时刻的新息权重，从而获得当前时刻噪声统计参数的估计值；而 IAKF 则只利用滑窗内部的量测新息获得噪声参数的自适应估计，且不同时刻新息的权重相同。此外，SHAKF 采用递归方式来计算未知的噪声统计参数的估计值，在存储和计算需求方面与传统卡尔曼滤波器相近；而 IAKF 需要对滑窗内所有新息协方差进行求和运算，因而在计算复杂度和存储需求上高于传统卡尔曼滤波器。

VBAKF 从统计学的角度对噪声统计参数进行自适应学习，从贝叶斯估计角度对状态向量和噪声统计参数的联合后验概率密度进行在线推断，由于缺乏解析解，故采用基于 VB 方法来寻求上述联合概率密度函数的最优近似解。相比于基于新息来估计参数的 SHAKF 和 IAKF，VBAKF 利用了当前时刻状态的后验估计信息，属于基于残差的自适应估计方法，且 VBAKF 还利用了未知噪声统计参数的先验信息，考虑了主观因素对工程实践的影响，可在一定程度上提高估计精度。

5.5　惯性/多普勒组合导航

本节将以惯性/多普勒组合导航系统为应用背景，对本章介绍的三种自适应卡尔曼滤波器 SHAKF、IAKF 和 VBAKF 进行仿真验证与比较。仿真结果显示出与 5.4 节的理论分析相一致的结果。

5.5.1　多普勒计程仪测速原理

多普勒计程仪(Doppler Velocity Log, DVL)是一种基于多普勒效应的导航传感器，它不仅可以测量运载体前进或后退的平移速度，还可以测量运载体向左或向右的横移速度。多普勒计程仪通过向地面发射声波，利用多普勒频移效应，实现运载体相对于地面移动速度的测量。多普勒计程仪抗干扰能力强、反应快、隐蔽性好、平均测量精度高、使用方便，故应用广泛。常用的多普勒导航系统往往采用多个多普勒传感器的组合，其中四波束多普勒测速系统适用性最强，可以测量运载体三个轴向的对地速度且测量精度较高。本小节将对四波束多普勒测速原理进行介绍。

1. 载体速度与多普勒频移间的关系

如图 5-1 所示，假设声波发射机的发射频率为 f_0，发射机以速度 v 从 A 点出发向接收机运动，接收机静止固定于 B 点，二者初始距离为 d 。设声源在介质中的传播速度为 c 。假设发射机从 A 点出发时开始发射声波，时刻为 t_0，在 t_1 时刻运动至 A_1 点，则时间差为

$$\Delta t = t_1 - t_0 \tag{5-73}$$

由于传播延时，发射机在 A 点发射声波信号抵达 B 点的时刻为 T_0，则有

$$T_0 = t_0 + \frac{d}{c} \tag{5-74}$$

同理，发射机运动至 A_1 点时所发射的声波信号抵达 B 点的时刻为 T_1，则

$$T_1 = t_1 + \frac{d - v \cdot \Delta t}{c} \tag{5-75}$$

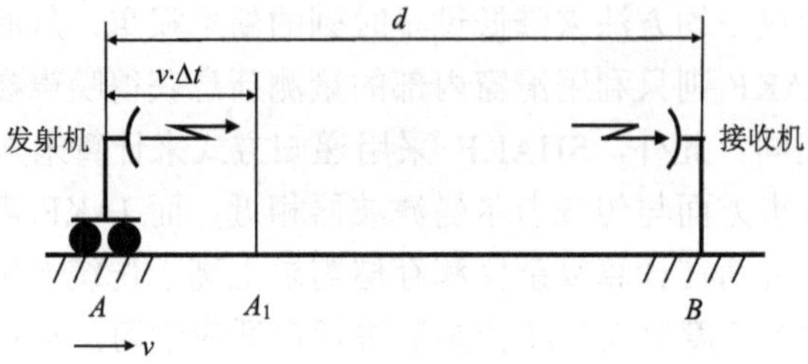

图 5-1　收发分开的多普勒测速仪测速原理

在 $[t_0, t_1]$ 时间段内，发射机发出的信号波动周数为

$$n = \Delta t \cdot f_0 \tag{5-76}$$

若接收信号频率为 f_r，则收到的信号波动周数为

$$N = (T_1 - T_0) \cdot f_r = \left[\left(t_1 + \frac{d - v \cdot \Delta t}{c}\right) - \left(t_0 + \frac{d}{c}\right)\right] \cdot f_r = \left(1 - \frac{v}{c}\right) \cdot \Delta t \cdot f_r \tag{5-77}$$

在理想情况下，由于波动是连续的，所以在 $[T_0, T_1]$ 内接收到的信号波数 N 应与 $[t_0, t_1]$ 内发出的信号波数 n 相等，即 $n = N$，故有

$$\Delta t \cdot f_0 = \left(1 - \frac{v}{c}\right) \cdot \Delta t \cdot f_r \tag{5-78}$$

故可得接收频率 f_r 与发射频率 f_0 的关系为

$$f_r = \frac{c}{c - v} f_0 \tag{5-79}$$

则多普勒频移可表示为

$$f_d = f_r - f_0 = \frac{v}{c - v} \cdot f_0 \tag{5-80}$$

在导航系统中更加常用的是收发一体的多普勒计程仪，如图 5-2 所示。依旧假设声波发射机的发射频率为 f_0，发射机与接收机安装在同一运载体上，且载体以速度 v 从 A 点出发向 B 点运动。

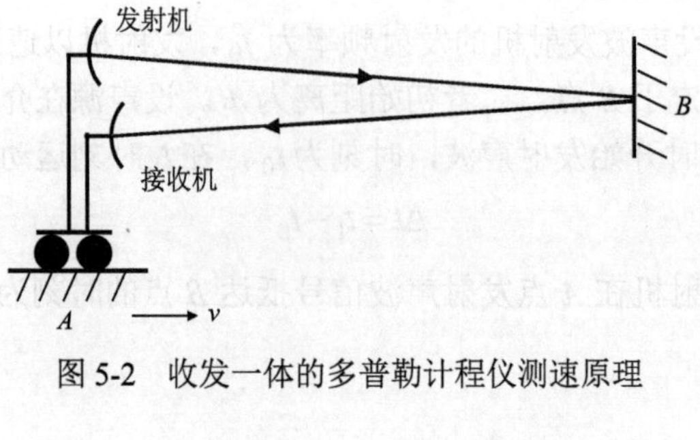

图 5-2　收发一体的多普勒计程仪测速原理

由式(5-79)可知，到达 B 点的信号频率 f_b 为

$$f_b = \frac{c}{c-v} f_0 \tag{5-81}$$

信号到达 B 点后将被反射回 A 点，这相当于从 B 点发射频率为 f_b 的信号，由于存在相对速度 v ，所以根据式(5-79)，A 点接收到的信号频率 f_a 为

$$f_a = \frac{c+v}{c} f_b = \left(\frac{c+v}{c-v}\right) f_0 \tag{5-82}$$

又由于 $\frac{v}{c} \ll 1$，则 $\frac{v}{c}$ 的高阶项可被忽略，所以有

$$f_a \approx \left(1 + \frac{2v}{c}\right) f_0 \tag{5-83}$$

则根据多普勒频移的定义可知

$$f_d = f_a - f_0 = \frac{2v}{c} f_0 = \frac{2v}{\lambda_0} \tag{5-84}$$

其中，$\lambda_0 = c/f_0$ 称为发射信号的波长。

由此，便可获得载体速度与多普勒频移之间的关系。

2. 四波束多普勒测速系统的测速原理介绍

尽管只需三个波束就能提供速度的三个分量，但大多数现代多普勒测速系统都使用四波束。因为平面阵列天线可以容易地产生四条波束，而且由于四波束系统比三波束系统多一个量测方程，所以不仅能提高解算结果的精度，还可以为系统提供测量余度，评估多普勒测速系统是否可靠工作。四波束多普勒测速系统的波束空间和反射点位置分别如图 5-3 和图 5-4 所示。

假定在载体坐标系下的运载体纵向速度分量为 v_y^b，垂直速度分量为 v_z^b，侧向速度分量为 v_x^b，四波束具有相同的倾角 α 和偏角 β，如图 5-3 和图 5-4 所示。因为系统是线性的，所以沿每个波束方向的多普勒频移是三个垂直速度分量的多普勒频移之和。四个波束的多普勒频移分别是

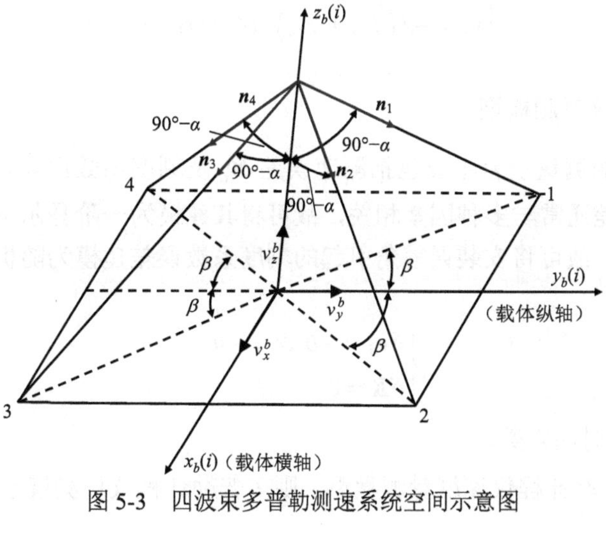

图 5-3　四波束多普勒测速系统空间示意图

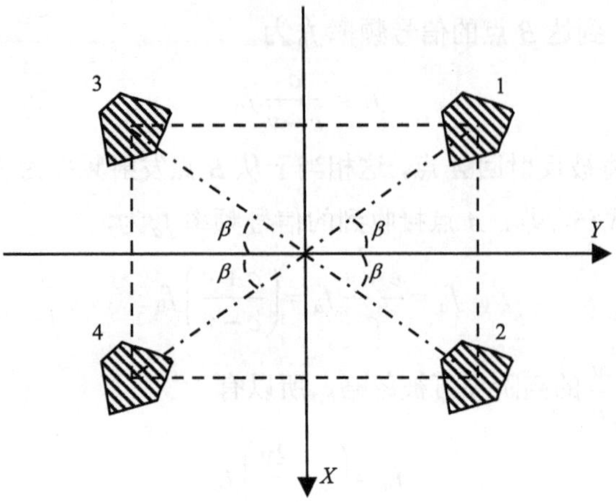

图 5-4　四波束多普勒测速系统平面投影示意图

$$\begin{cases} f_{d1} = 2\left(v_x^b A_x + v_y^b A_y + v_z^b A_z\right)/\lambda \\ f_{d2} = 2\left(v_x^b B_x + v_y^b B_y + v_z^b B_z\right)/\lambda \\ f_{d3} = 2\left(v_x^b C_x + v_y^b C_y + v_z^b C_z\right)/\lambda \\ f_{d4} = 2\left(v_x^b D_x + v_y^b D_y + v_z^b D_z\right)/\lambda \end{cases} \tag{5-85}$$

式中，A_i、B_i、C_i、$D_i(i=x,y,z)$ 分别是四个波束的方向余弦，满足

$$\begin{cases} -A_x = B_x = -C_x = D_x = \sin\beta\cos\alpha \\ A_y = B_y = -C_y = -D_y = \cos\beta\cos\alpha \\ A_z = B_z = C_z = D_z = -\sin\alpha \end{cases} \tag{5-86}$$

联立求解式(5-85)与式(5-86)，则可得三个轴向速度分量 v_x^b、v_y^b、v_z^b 分别为

$$\begin{cases} v_x^b = \lambda\left(f_{d2} - f_{d1}\right)/\left(4\sin\beta\cos\alpha\right) \\ v_y^b = \lambda\left(f_{d2} - f_{d4}\right)/\left(4\cos\beta\cos\alpha\right) \\ v_z^b = -\lambda\left(f_{d2} + f_{d3}\right)/\left(4\sin\alpha\right) \end{cases} \tag{5-87}$$

5.5.2　多普勒计程仪量测模型

多普勒计程仪的测量误差主要包括测速误差 $\delta\boldsymbol{v}_d$ 及刻度系数误差 $\delta\boldsymbol{C}$ 。在船舶正常航行过程中，测速误差通常与多种因素相关，故可将其建模为一阶马尔可夫过程模型；考虑到安装误差角不变，故可将安装误差角引起的刻度系数误差建模为随机常数。多普勒计程仪误差可建模为

$$\begin{cases} \delta\dot{\boldsymbol{v}}_d = -\beta_d\delta\boldsymbol{v}_d + \boldsymbol{w}_d \\ \delta\dot{\boldsymbol{K}} = 0 \end{cases} \tag{5-88}$$

其中，β_d 为反相关时间常数。

假设 $\boldsymbol{N}_d$ 为多普勒计程仪速度量测噪声，则多普勒计程仪量测模型可建立为

$$\boldsymbol{v}_{\mathrm{DVL}}^b = \left(\boldsymbol{I} + \delta\boldsymbol{K}_d\right)\left(\boldsymbol{v}_d^b + \delta\boldsymbol{v}_d^b\right) + \boldsymbol{N}_d \tag{5-89}$$

其中，$\boldsymbol{v}_{\mathrm{DVL}}^b = \begin{bmatrix} v_x^b & v_y^b & v_z^b \end{bmatrix}^{\mathrm{T}}$ 为多普勒计程仪输出的载体坐标系下三轴速度量测值；$\delta\boldsymbol{K}_d$ 为刻度系数误差构成的对角矩阵；$\boldsymbol{v}_d^b$ 为载体坐标系下的真实速度；$\delta\boldsymbol{v}_d^b$ 为测速误差。

5.5.3　惯性/多普勒组合导航模型

惯性/多普勒(SINS/DVL，采用捷联式惯性导航)组合导航系统利用速度组合的方式进行惯性导航的位姿修正，即采用 SINS 输出的导航坐标系下的速度与 DVL 输出的载体坐标系下的速度在导航坐标系下投影的差值作为量测信息，建立相应的组合导航量测方程，状态方程则利用惯性导航系统的误差方程来构建。SINS/DVL 组合导航系统框图如图 5-5 所示。

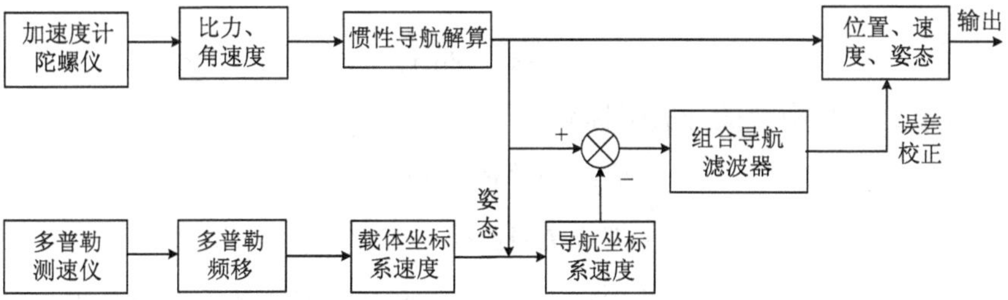

图 5-5　SINS/DVL 组合导航系统框图

DVL 状态向量可以写为

$$\boldsymbol{x}_{\mathrm{DVL}} = \left[\delta v_{dx}^b, \delta v_{dy}^b, \delta v_{dz}^b, \delta K_{dx}, \delta K_{dy}, \delta K_{dz}\right]^{\mathrm{T}}$$

其中，$\delta v_{dx}^b, \delta v_{dy}^b, \delta v_{dz}^b$ 为 DVL 解算的载体坐标系下三轴速度误差；$\delta K_{dx}, \delta K_{dy}, \delta K_{dz}$ 为三轴刻度系数误差。根据式(5-88)，仿真将 DVL 测速误差和刻度系数误差分别建模为一阶马尔可夫过程和随机常数：

$$\begin{cases} \delta\dot{\boldsymbol{v}}_d = -\dfrac{1}{\boldsymbol{T}_d}\delta\boldsymbol{v}_d + \boldsymbol{w}_d \\ \delta\dot{\boldsymbol{K}}_d = 0 \end{cases} \tag{5-90}$$

DVL 的速度误差 $\delta\boldsymbol{v}_d$ 和刻度系数误差 $\delta\boldsymbol{K}_d$ 均可以在对准过程中进行估计并补偿，因此本节基于导航系速度构建观测量的组合导航模型如式(5-91)、(5-92)所示：

$$\boldsymbol{x}_k = \boldsymbol{F}_{k-1}\boldsymbol{x}_{k-1} + \boldsymbol{G}_{k-1}\boldsymbol{w}_{k-1} \tag{5-91}$$

$$\boldsymbol{z}_k = \boldsymbol{H}_k\boldsymbol{x}_k + \boldsymbol{v}_k \tag{5-92}$$

其中，状态向量为

$$\boldsymbol{x}_k = \left[\phi_E, \phi_N, \phi_U, \delta v_E, \delta v_N, \delta v_U, \delta L, \delta\lambda, \delta h, \varepsilon_x^b, \varepsilon_y^b, \varepsilon_z^b, \nabla_x^b, \nabla_y^b, \nabla_z^b\right]^{\mathrm{T}}$$

其中，ϕ_E, ϕ_N, ϕ_U 为惯导的三轴平台误差角；$\delta v_E, \delta v_N, \delta v_U$ 为运载体三轴速度误差；$\delta L, \delta\lambda, \delta h$ 分别代表经度、纬度及高度误差；$\varepsilon_x^b, \varepsilon_y^b, \varepsilon_z^b$ 为三轴陀螺仪常值零偏；$\nabla_x^b, \nabla_y^b, \nabla_z^b$ 为三轴加速

度计常值零偏。

状态转移矩阵为

$$F_k = I_{15\times15} + F_{\text{INS}}T_s \tag{5-93}$$

其中，T_s 为系统采样周期，F_{INS} 为惯导系统对应前 15 维状态状态转移矩阵，已在第 3 章给出。

系统噪声和噪声驱动阵分别为

$$w = \left[w_{gx}^b, w_{gy}^b, w_{gz}^b, w_{ax}^b, w_{ay}^b, w_{az}^b \right]_{6\times1}^{\mathrm{T}} \tag{5-94}$$

$$G_k = G_{\text{INS}}T_s \tag{5-95}$$

其中，T_s 为系统采样周期，$w_{gx}^b, w_{gy}^b, w_{gz}^b$ 为陀螺仪三轴测量白噪声，$w_{ax}^b, w_{ay}^b, w_{az}^b$ 为加速度计三轴测量白噪声，G_{INS} 为惯性导航系统对应前 6 维噪声驱动阵，已在第 3 章给出。

采用间接法选取量测量，以惯导输出的导航系下速度与 DVL 输出速度在导航系下投影的作差得到

$$z_k = v_{\text{INS}_k}^{n'} - v_{\text{DVL}_k}^{n'} \tag{5-96}$$

其中，n' 为导航计算机模拟的导航坐标系。

$$\begin{cases} v_{\text{INS}_k}^{n'} = C_n^{n'} v^n + \delta v_{\text{INS}_k} \\ C_n^{n'} = I - [\phi\times] \end{cases} \tag{5-97}$$

其中，ϕ 为三轴姿态失准角，$N_d^{n'}$ 为 DVL 系统测速噪声，且作为白噪声处理。将式(5-96)代入式(5-97)化简并忽略二阶小量得

$$z_k = v_{\text{INS}_k}^{n'} - v_{\text{DVL}_k}^{n'} = \delta v_{\text{INS}_k} - C_b^n \delta v_d^b - C_b^n \delta K_d v_d^b - N_d^{n'} \tag{5-98}$$

综上，可得系统的量测矩阵：

$$H_k = \begin{bmatrix} [v_d^b\times] & I_{3\times3} & 0_{3\times3} & -C_b^n & \begin{matrix} -C_b^n(11)v_{dx} & -C_b^n(12)v_{dy} & -C_b^n(13)v_{dz} \\ -C_b^n(21)v_{dx} & -C_b^n(22)v_{dy} & -C_b^n(23)v_{dz} \\ -C_b^n(31)v_{dx} & -C_b^n(32)v_{dy} & -C_b^n(33)v_{dz} \end{matrix} \end{bmatrix} \tag{5-99}$$

其中，量测噪声为

$$v = -N_d^{n'} = -C_b^{n'} N_d \tag{5-100}$$

5.5.4 仿真环境及参数设置

SINS/DVL 中选用的器件参数如表 5-4 和表 5-5 所示。

表 5-4　SINS 传感器精度

传感器	常值零偏	随机游走系数	输出频率
三轴陀螺仪	0.1°/h	$1'/\sqrt{\text{h}}$	100Hz
三轴加速度计	50μg	$10\mu g/\sqrt{\text{Hz}}$	100Hz

表 5-5　DVL 传感器精度

传感器	常值零偏	方差	输出频率
DVL	0 m/s	$(0.5\text{m/s})^2$	10Hz

仿真轨迹设计如表 5-6 和图 5-6 所示，其中，横滚左转指运载体在水平面内保持一定横滚角度进行左转动作，等左转运动结束后横滚角。仿真初始条件如表 5-7 所示。状态真实数据由设定的轨迹生成，通过附加上设定的器件常值误差和随机误差得到陀螺仪和加速度计的模拟输出数据。所有滤波器初始状态估计 $\hat{\boldsymbol{x}}_{0|0}$ 中所有维度设置为 0，初始状态估计误差协方差为

$$P_{0|0}=\operatorname{diag}\Big((0.005°)^2\,(0.005°)^2\,(0.05°)^2\,(0.1\text{m/s})^2\,(0.1\text{m/s})^2\,(0.1\text{m/s})^2\\ (10\text{m})^2\,(10\text{m})^2\,(10\text{m})^2\,(0.1°/\text{h})^2\,(0.1°/\text{h})^2\,(0.1°/\text{h})^2\\ (50\mu g)^2\,(50\mu g)^2\,(50\mu g)^2\Big)$$

表 5-6　SINS/DVL 组合导航仿真轨迹

轨迹	加速度/(m/s²)	角速度/[(°)/s]	持续时间/s	轨迹	加速度/(m/s²)	角速度/[(°)/s]	持续时间/s
初始化	0	0	0	匀速直线运动	0	0	220
静止	0	0	280	抬头	0	15	3
匀加速运动	1	0	20	匀速直线运动	0	0	280
匀速直线运动	0	0	1000	横滚左转	0	15	6
右转	0	6	15	匀速直线运动	0	0	500
匀速直线运动	0	0	700	横滚右转	0	15	6
低头	0	15	3	匀速直线运动	0	0	1000

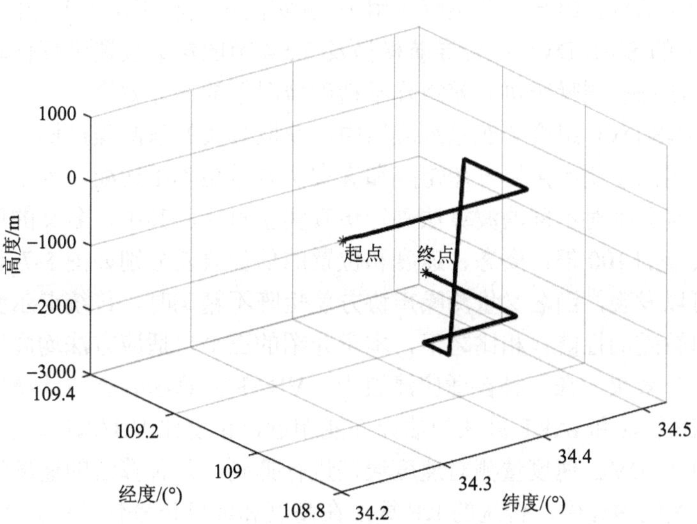

图 5-6　SINS/DVL 组合导航仿真轨迹

表 5-7 SINS/DVL 组合导航仿真初始参数

初始参数	x	y	z
初始姿态误差	10′	10′	1′
初始速度误差	0.03m/s	0.03m/s	0.03m/s
初始位置误差	3m	3m	3m
初始陀螺仪零偏	0.1°/h	0.1°/h	0.1°/h
初始加速度计零偏	50μg	50μg	50μg
初始 DVL 速度误差	0.5m/s	0.5m/s	0.5m/s

滤波器中状态噪声协方差矩阵：

$$\boldsymbol{Q}_k = \mathrm{diag}\left(\boldsymbol{G}_{\mathrm{randn\_Drift}} \quad \boldsymbol{A}_{\mathrm{randn\_Drift}}\right)_{6\times 6}^2 / T_s \tag{5-101}$$

其中，$\boldsymbol{G}_{\mathrm{randn_Drift}}$为陀螺仪随机游走系数，$\boldsymbol{A}_{\mathrm{randn_Drift}}$为加速度计随机游走系数，具体设置为

$$\boldsymbol{Q}_k=\mathrm{diag}\left(1'/\mathrm{h} \quad 1'/\mathrm{h} \quad 1'/\mathrm{h} \quad 10\mu g \quad 10\mu g \quad 10\mu g\right)^2 / T_s \tag{5-102}$$

其中，$T_s = 0.01\mathrm{s}$ 是离散化时间。

为验证量测噪声协方差矩阵不准确和时变时三种自适应滤波器的性能，本节在仿真实验中主要考虑如下场景：

量测噪声协方差矩阵不适配，即名义量测噪声协方差矩阵与真实值不相符，本节中根据经验将名义量测噪声方差设置为真实量测噪声方差的 100 倍来模拟这种情况，即

$$\boldsymbol{R}_k=100\bar{\boldsymbol{R}}_k = 100\times \mathrm{diag}\left(0.5\mathrm{m/s} \quad 0.5\mathrm{m/s} \quad 0.5\,\mathrm{m/s}\right)^2 \tag{5-103}$$

在仿真过程中，为保证仿真结果的可信性，不同方法在同一时刻采用同一组仿真数据进行验证。

5.5.5 仿真结果与分析

在实际的 SINS/DVL 组合导航系统应用中，真实的量测噪声协方差矩阵往往是未知的。本节利用 5.5.3 节的 SINS/DVL 组合导航模型及 5.5.4 节的参数设置进行仿真，分别验证三种自适应滤波算法在量测噪声协方差矩阵不精确情况下的估计效果。

在实际的 SINS/DVL 组合导航系统应用中，获取真实的量测噪声协方差矩阵存在很大难度，导致所利用的量测噪声协方差矩阵和真实协方差矩阵不适配。为了模拟上述失配问题，本节设置仿真分别对不同滤波算法进行仿真实验对比。其中，名义的量测噪声协方差矩阵设置为真实值的 100 倍。姿态、速度和位置的估计误差分别如图 5-7~图 5-9 所示。

从图 5-7 可以发现，当名义量测噪声协方差矩阵不精确时，传统卡尔曼滤波器对航向角的估计表现出较差的性能。相比之下，本章介绍的三个自适应方法均展现出比传统卡尔曼滤波更好的估计效果。在三种自适应滤波中，VBAKF 算法姿态估计精度最高、稳定性最好。而 SHAKF 算法和 IAKF 算法的估计性能相近，精度比 VBAKF 算法略差。由图 5-8 可看出，由于引入 DVL 速度量测对速度误差进行抑制，几种算法的速度误差均可收敛。在图 5-9 对于位置的估计中，传统的 KF 算法在高度和纬度位置估计中发散更快，VBAKF 算法整体精度更高。下面给出几种算法对于 $\boldsymbol{R}_k$ 的估计结果图。

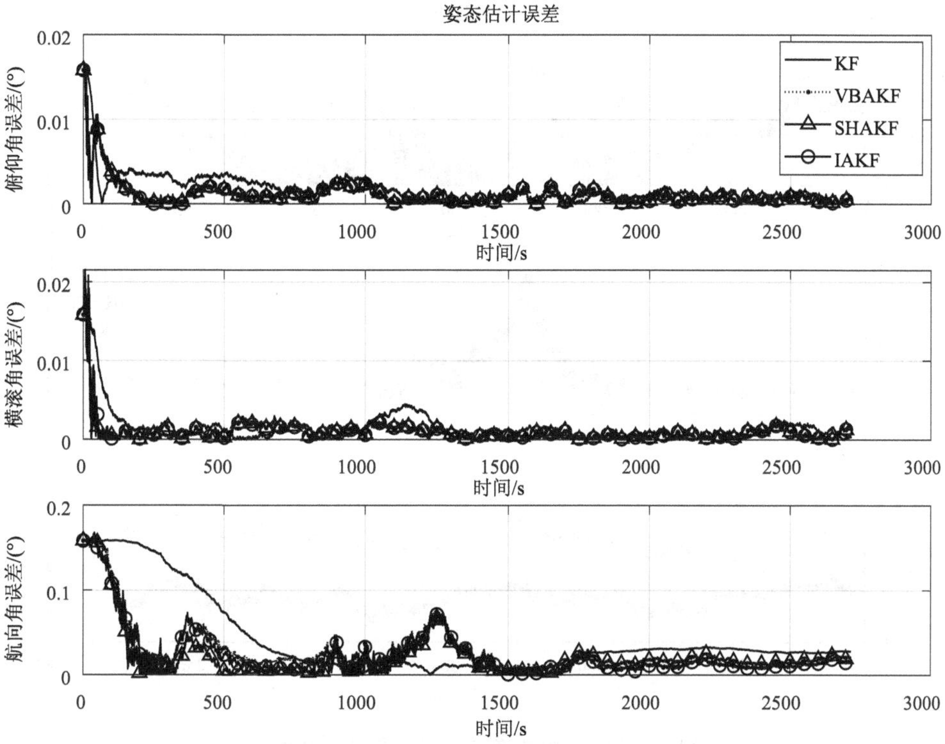

图 5-7　SINS/DVL 组合导航姿态估计结果图

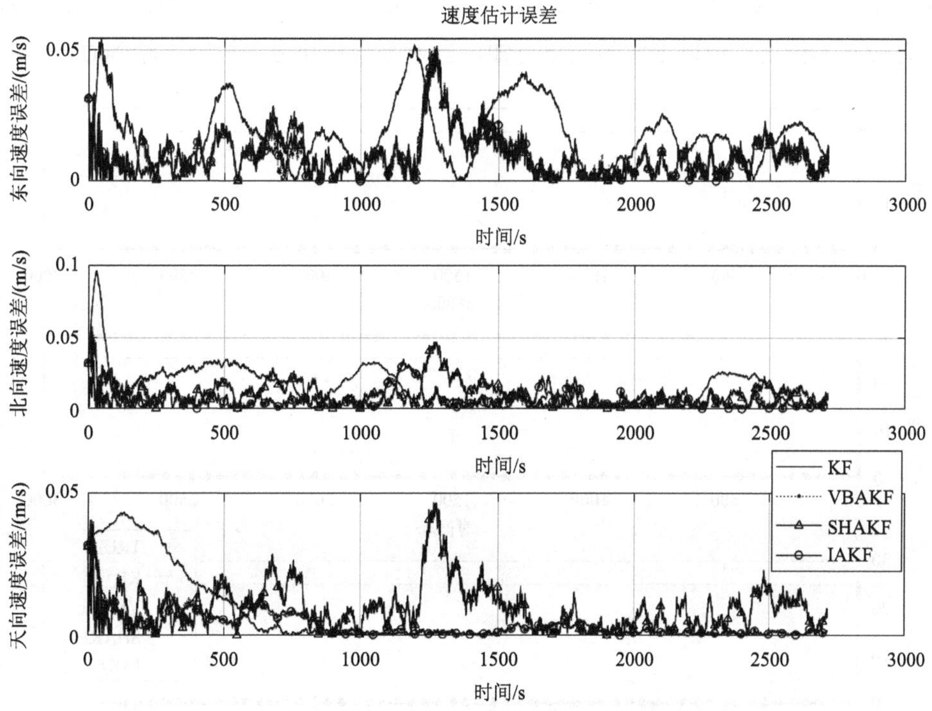

图 5-8　SINS/DVL 组合导航速度估计结果图

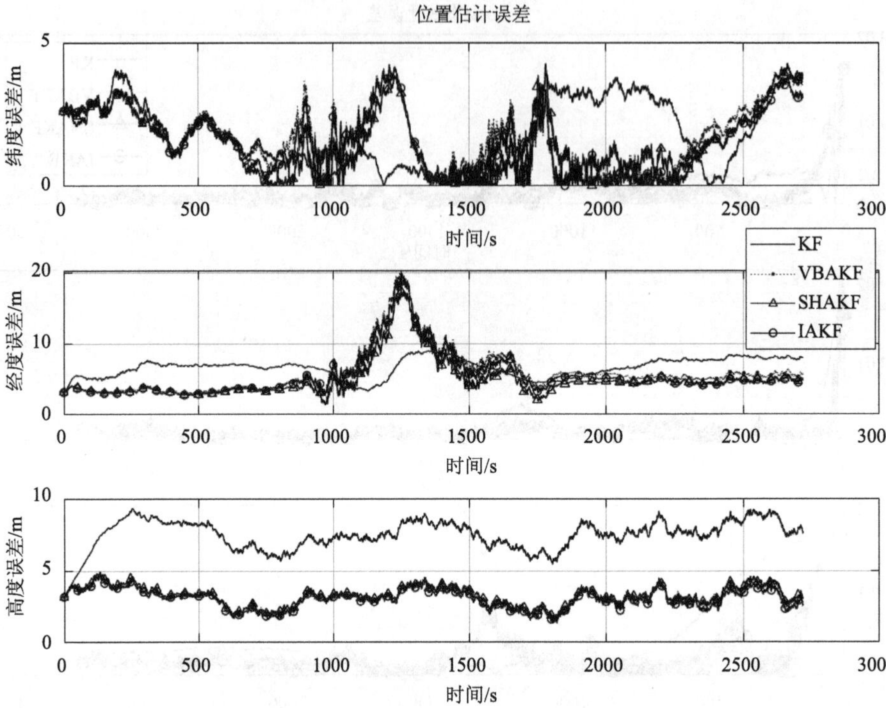

图 5-9　SINS/DVL 组合导航位置估计结果图

在图 5-10 对于 $\boldsymbol{R}_k$ 的估计中，可以看出几种算法都能较好地收敛于真实的 $\boldsymbol{R}_k$，从而使算法具有较好的精度。由以上实验结果可知，当量测噪声协方差矩阵不精确时，传统卡尔

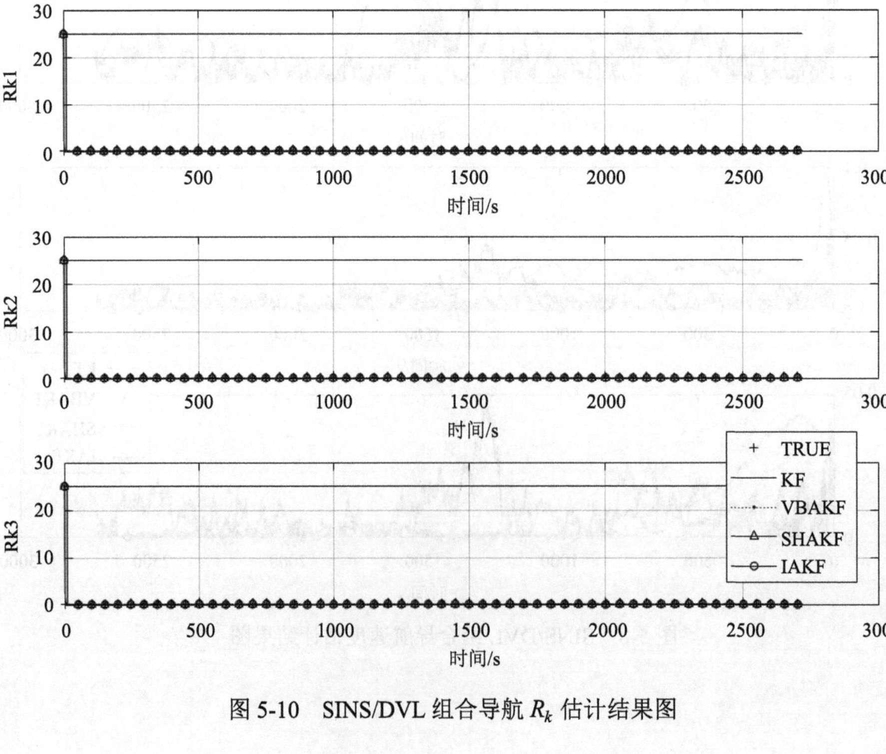

图 5-10　SINS/DVL 组合导航 R_k 估计结果图

曼滤波算法在姿态和位置上的估计效果并不理想，出现了发散的情况。三种自适应滤波算法性能相似。综合而言，在量测噪声协方差矩阵不精确时，自适应卡尔曼滤波算法均表现出良好的估计精度，传统卡尔曼滤波算法由于无法获取较精确的量测噪声协方差矩阵导致其估计效果相对于自适应算法有一定差距。

5.6 本章小结

本章共介绍了三种典型自适应卡尔曼滤波器，分别是 SHAKF、IAKF 和 VBAKF。SHAKF和IAKF利用过去时间段内的新息来实现对噪声统计参数的自适应估计，而VBAKF则从统计学的角度对状态向量和噪声统计参数进行联合自适应学习。相比于 SHAKF 和 IAKF 算法，VBAKF 在进行滤波更新的同时还利用了当前时刻状态的后验估计信息，基于贝叶斯估计的 VBAKF 在更新中还利用了未知噪声参数的先验信息，并考虑了主观因素对工程实践的影响。上述三种算法在适用场景、估计效果、计算存储需求等方面各不相同，读者应根据具体工程需求妥善选取自适应导航滤波方案。

正如前文所述，在滤波过程中同时准确估计过程噪声协方差矩阵与量测噪声协方差矩阵具有一定难度，近年来，本书编者针对这一问题提出同时估计一步预测误差协方差矩阵与量测噪声协方差矩阵的思想，或可为过程噪声、量测噪声同时时变的工程场景提供新的思路；此外，还有基于机器学习的方法对噪声变化规律先进行离线学习，然后在线滤波，这也是一种自适应滤波新趋势。自适应滤波问题一直是一个前沿开放性问题，在此期待有新的优秀成果产生。

习　　题

1. 完成带控制项模型的 SHAKF 算法推导。

2. 思考 SHAKF 算法中的加权系数 d_k 能否选择为其他形式？选择其他形式会对滤波效果产生怎样的影响？

3. 量测噪声协方差矩阵的名义值 $\bar{\boldsymbol{R}}_0$ 的选取会对 VBAKF 算法产生怎样的影响？

4. 试完成 VBAKF 中公式(5-61)和公式(5-69)的推导。

5. 思考 VBAKF 算法中存在哪些近似。

6. 应用 VB 方法存在哪些局限？在什么情况下无法使用 VB 方法？

7. 考虑本章介绍的三种自适应滤波器应如何拓展到非线性系统？

8. 思考本章介绍的三种自适应滤波算法是否可以应用于 $\boldsymbol{Q}_k$ 未知或时变的情况，该如何应用。

9. 尝试了解更多其他类型的自适应滤波算法(如基于机器学习的算法)，并思考该算法与本章所讲的算法在基本原理和性能方面的差异。

10. 考虑基于 UWB 的室内定位问题，为简化模型，仅考虑二维平面情形。人员在 x 轴和 y 轴上运动的加速度为高斯白噪声。分别位于坐标 (x^1, y^1) 和 (x^2, y^2) 的两个基站对测量人员到基站的距离进行周期性测量。系统状态和量测模型为

$$\begin{bmatrix} x_{k+1} \\ y_{k+1} \\ \dot{x}_{k+1} \\ \dot{y}_{k+1} \end{bmatrix} = \begin{bmatrix} 1 & 0 & T & 0 \\ 0 & 1 & 0 & T \\ 0 & 0 & 1 & 0 \\ 0 & 0 & 0 & 1 \end{bmatrix} \begin{bmatrix} x_k \\ y_k \\ \dot{x}_k \\ \dot{y}_k \end{bmatrix} + \boldsymbol{w}_k$$

$$\boldsymbol{z}_k = \begin{bmatrix} \sqrt{(x_k - x^1)^2 + (y_k - y^1)^2} \\ \sqrt{(x_k - x^2)^2 + (y_k - y^2)^2} \end{bmatrix} + \boldsymbol{v}_k$$

其中，x_k、y_k 为人员在 k 时刻的坐标；T 是系统的时间步长；$\boldsymbol{w}_k$ 为零均值状态噪声；$\boldsymbol{v}_k$ 为零均值量测噪声。

假设 $T = 0.1\text{s}$，状态噪声的协方差矩阵 $\boldsymbol{Q} = \text{diag}(0,0,4,4)$，基站坐标 $(x^1, y^1) = (1000,0)$ 以及 $(x^2, y^2) = (0,1000)$，人员的初始状态 $\boldsymbol{x}_0 = [0,0,3,3]^{\text{T}}$ 是完全已知的，在 0~20s 内量测噪声协方差矩阵 $\boldsymbol{R} = \text{diag}(1.0, 1.0)$，在 20~40s 内 $\boldsymbol{R} = \text{diag}(0.01,0.01)$，在 40~60s 内 $\boldsymbol{R} = \text{diag}(0.001,0.001)$。利用本章介绍的三种自适应滤波器对上述室内定位模型进行仿真，对比三种滤波器的性能。

第 6 章　野值鲁棒卡尔曼滤波器

6.1　引　　言

在实际工程应用中，野值干扰问题十分常见，传感器失能、量测异常、通信干扰或电源浪涌等因素会引发野值干扰。在目标跟踪应用中，受反射多径、障碍物遮挡等因素影响，探测雷达传回的量测数据中常包含野值干扰；在水下自主导航应用中，当多普勒计程仪与载体坐标系发生物理失准，或者水深超出多普勒计程仪最大量程时，将诱导大量测速野值；此外，受海水温度、盐度等水文条件以及水声效应影响，水声测距信号中也常包含大量野值。野值干扰为状态估计器的精度和稳定性带来了极大挑战。第 5 章介绍的自适应卡尔曼滤波器主要解决随机系统在噪声参数未知或缓变情况下的状态估计问题。自适应卡尔曼滤波器依然基于高斯噪声假设，因此其在野值干扰频发的场景中常面临精度下降甚至发散等问题。

本章主要介绍野值鲁棒卡尔曼滤波器，状态估计器抵抗野值干扰的能力称为鲁棒性。针对量测野值对噪声高斯性质的破坏，本章从统计学角度分别介绍了基于卡方检测的卡尔曼滤波器和基于广义极大似然估计的野值鲁棒滤波器。其中，基于卡方检测的卡尔曼滤波器利用量测新息及其统计特性构造名义上服从卡方分布的检测量，通过对比检测量与阈值的关系实现野值检测与隔离，实现简单且计算量小。基于广义极大似然估计的野值鲁棒滤波器将极大似然估计中的二范数代价函数替换为鲁棒代价函数，提升状态估计对异常野值鲁棒性，但计算量大。最后，通过野值干扰下惯性/超短基线组合导航仿真对上述方法的实际性能进行对比分析。

6.2　基于卡方检测的卡尔曼滤波器

在实际工程应用中，常常存在传感器失能、量测异常、通信干扰等因素，这些因素会导致量测出现野值干扰，而经典的卡尔曼滤波器在量测存在野值干扰时的鲁棒性较差，可能出现状态估计不准甚至滤波发散的问题。针对该问题，有学者提出了基于卡方检测的卡尔曼滤波器，与经典卡尔曼滤波器相比，当量测出现野值干扰时，这种滤波器利用新息检测方法及时发现异常量测并进行剔除，极大地提升了系统的鲁棒性。

假设随机系统可被描述为如下离散时间线性状态空间模型：

$$\begin{cases} \boldsymbol{x}_k = \boldsymbol{F}_{k-1}\boldsymbol{x}_{k-1} + \boldsymbol{G}_{k-1}\boldsymbol{w}_{k-1} \\ \boldsymbol{z}_k = \boldsymbol{H}_k\boldsymbol{x}_k + \boldsymbol{v}_k \end{cases} \tag{6-1}$$

其中，式(6-1)表示系统方程和量测方程；k 表示离散时间；$\boldsymbol{x}_k \in \mathbb{R}^n$ 表示状态向量；$\boldsymbol{z}_k \in \mathbb{R}^m$ 表示量测向量；$\boldsymbol{F}_{k-1} \in \mathbb{R}^{n\times n}$ 表示状态转移矩阵；$\boldsymbol{G}_{k-1} \in \mathbb{R}^{n\times n}$ 表示噪声驱动矩阵；$\boldsymbol{H}_k \in \mathbb{R}^{m\times n}$ 表示量测矩阵；$\boldsymbol{w}_k \in \mathbb{R}^n$ 表示系统噪声；$\boldsymbol{v}_k \in \mathbb{R}^m$ 表示量测噪声，二者互不相关，且满足

$$\begin{cases} E\left[\boldsymbol{w}_k\right]=\mathbf{0}, \quad E\left[\boldsymbol{w}_k\boldsymbol{w}_l^{\mathrm{T}}\right]=\boldsymbol{Q}_k\delta_{kl} \\ E\left[\boldsymbol{v}_k\right]=\mathbf{0}, \quad E\left[\boldsymbol{v}_k\boldsymbol{v}_l^{\mathrm{T}}\right]=\boldsymbol{R}_k\delta_{kl} \\ E\left[\boldsymbol{w}_k\boldsymbol{v}_l^{\mathrm{T}}\right]=\mathbf{0} \end{cases} \tag{6-2}$$

其中，δ_{kl} 为克罗内克函数。假设初始状态向量 $\boldsymbol{x}_0$ 服从均值向量为 $\hat{\boldsymbol{x}}_{0|0}$、协方差矩阵为 $\hat{\boldsymbol{P}}_{0|0}$ 的高斯分布，且与系统噪声 $\boldsymbol{w}_k$ 和量测噪声 $\boldsymbol{v}_k$ 均无关，即

$$E\left[\boldsymbol{x}_0\boldsymbol{w}_k^{\mathrm{T}}\right]=\mathbf{0},\ E\left[\boldsymbol{x}_0\boldsymbol{v}_k^{\mathrm{T}}\right]=\mathbf{0} \tag{6-3}$$

在式(6-1)中的状态空间模型基础上，当量测噪声受到异常野值干扰时，本节将构建基于卡方检测的卡尔曼滤波器来对量测野值进行处理。卡方检测方法通过构造卡方统计量来检测量测新息的变化，从而判断量测是否存在野值。基于式(6-1)所示的状态空间模型，可得 k 时刻量测新息为

$$\tilde{\boldsymbol{z}}_{k|k-1}=\boldsymbol{z}_k-\hat{\boldsymbol{z}}_{k|k-1}=\boldsymbol{z}_k-\boldsymbol{H}_k\hat{\boldsymbol{x}}_{k|k-1} \tag{6-4}$$

由卡尔曼滤波方程的性质可知，新息 $\tilde{\boldsymbol{z}}_{k|k-1}$ 是与 $\boldsymbol{z}_k$ 同维的高斯白噪声误差列向量，故新息的协方差矩阵为

$$\begin{aligned} \boldsymbol{S}_k &= E\left[\tilde{\boldsymbol{z}}_{k|k-1}\tilde{\boldsymbol{z}}_{k|k-1}^{\mathrm{T}}\right] \\ &= E\left[\left(\boldsymbol{H}_k\boldsymbol{x}_k+\boldsymbol{v}_k-\boldsymbol{H}_k\hat{\boldsymbol{x}}_{k|k-1}\right)\left(\boldsymbol{H}_k\boldsymbol{x}_k+\boldsymbol{v}_k-\boldsymbol{H}_k\hat{\boldsymbol{x}}_{k|k-1}\right)^{\mathrm{T}}\right] \\ &= E\left[\left(\boldsymbol{H}_k\tilde{\boldsymbol{x}}_{k|k-1}+\boldsymbol{v}_k\right)\left(\boldsymbol{H}_k\tilde{\boldsymbol{x}}_{k|k-1}+\boldsymbol{v}_k\right)^{\mathrm{T}}\right] \\ &= E\left[\boldsymbol{H}_k\tilde{\boldsymbol{x}}_{k|k-1}\tilde{\boldsymbol{x}}_{k|k-1}^{\mathrm{T}}\boldsymbol{H}_k^{\mathrm{T}}\right]+E\left[\boldsymbol{v}_k\boldsymbol{v}_k^{\mathrm{T}}\right]+E\left[\boldsymbol{H}_k\tilde{\boldsymbol{x}}_{k|k-1}\boldsymbol{v}_k^{\mathrm{T}}\right]+E\left[\boldsymbol{v}_k\tilde{\boldsymbol{x}}_{k|k-1}^{\mathrm{T}}\boldsymbol{H}_k^{\mathrm{T}}\right] \end{aligned} \tag{6-5}$$

由第 3 章相关知识可知，后两项均值为 0，得

$$\boldsymbol{S}_k=E\left[\boldsymbol{H}_k\tilde{\boldsymbol{x}}_{k|k-1}\tilde{\boldsymbol{x}}_{k|k-1}^{\mathrm{T}}\boldsymbol{H}_k^{\mathrm{T}}\right]+E\left[\boldsymbol{v}_k\boldsymbol{v}_k^{\mathrm{T}}\right]=\boldsymbol{H}_k\boldsymbol{P}_{k|k-1}\boldsymbol{H}_k^{\mathrm{T}}+\boldsymbol{R}_k \tag{6-6}$$

可以通过在有无量测野值情况的假设下，对新息的协方差矩阵进行不一致性检验来判断当前时刻量测是否存在野值。$\boldsymbol{S}_k=\sqrt{\boldsymbol{S}_k}(\sqrt{\boldsymbol{S}_k})^{\mathrm{T}}$ 为正定矩阵，因此 $\sqrt{\boldsymbol{S}_k}$ 也为正定矩阵。根据初始假设，量测无野值时新息 $\tilde{\boldsymbol{z}}_{k|k-1}$ 服从零均值正态分布，则根据概率论的正态分布标准化理论有

$$\left(\sqrt{\boldsymbol{S}_k}\right)^{-1}\tilde{\boldsymbol{z}}_{k|k-1}\sim N\left(\mathbf{0},\boldsymbol{I}_m\right) \tag{6-7}$$

构造检测统计量为

$$O_k=\tilde{\boldsymbol{z}}_{k|k-1}^{\mathrm{T}}\boldsymbol{S}_k^{-1}\tilde{\boldsymbol{z}}_{k|k-1} \tag{6-8}$$

检测统计量 O_k 服从卡方分布 $\chi^2(m)$，卡方检测根据应用需求设定的告警率和自由度选定相应的检测阈值。如图 6-1 所示，当 k 时刻计算的检测统计量 O_k 分布在检测阈值左侧时，认为此量测正常；当检测统计量 O_k 分布在检测阈值右侧时，认为此量测存在野值，进行告警，剔除此量测，即

$$\begin{cases} O_k > T_d, & \text{有量测野值} \\ O_k \leqslant T_d, & \text{无量测野值} \end{cases} \tag{6-9}$$

其中，T_d为告警率对应卡方分布置信度的阈值。

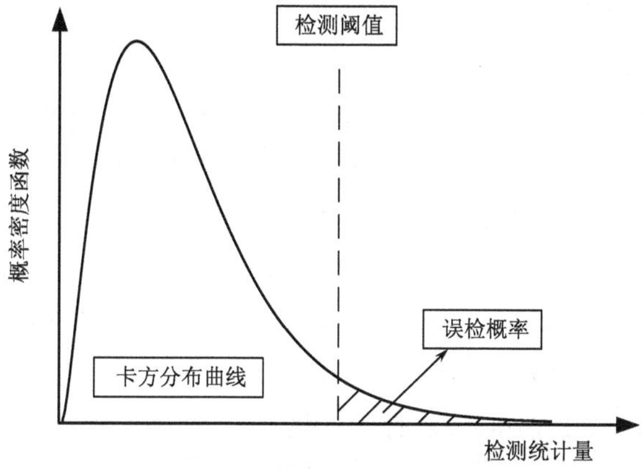

图 6-1　卡方检测概率密度分布基本原理图

带新息卡方检测的卡尔曼滤波器单步运行伪代码如表 6-1 所示。

表 6-1　带新息卡方检测的卡尔曼滤波器单步运行伪代码

输入：$\hat{\boldsymbol{x}}_{k-1|k-1}$，$\boldsymbol{P}_{k-1|k-1}$，$\boldsymbol{F}_{k-1}$，$\boldsymbol{G}_{k-1}$，$\boldsymbol{H}_k$，$\boldsymbol{z}_k$，$\boldsymbol{Q}_{k-1}$，$\boldsymbol{R}_k$

1. 时间更新：

$\hat{\boldsymbol{x}}_{k|k-1} = \boldsymbol{F}_{k-1}\hat{\boldsymbol{x}}_{k-1|k-1}$

$\boldsymbol{P}_{k|k-1} = \boldsymbol{F}_{k-1}\boldsymbol{P}_{k-1|k-1}\boldsymbol{F}_{k-1}^{\mathrm{T}} + \boldsymbol{Q}_{k-1}$

2. 利用方程(6-5)计算 $\boldsymbol{S}_k$；
3. 利用方程(6-8)计算 O_k；
4. 根据 O_k 分布置信度选取阈值；
5. 利用方程(6-9)判断是否存在量测野值

```
if 不存在量测野值
    执行步骤 6
else
   return
end
```

6. 量测更新：

$\boldsymbol{K}_k = \boldsymbol{P}_{k|k-1}\boldsymbol{H}_k^{\mathrm{T}}\left(\boldsymbol{H}_k\boldsymbol{P}_{k|k-1}\boldsymbol{H}_k^{\mathrm{T}} + \boldsymbol{R}_k\right)^{-1}$

$\hat{\boldsymbol{x}}_{k|k} = \hat{\boldsymbol{x}}_{k|k-1} + \boldsymbol{K}_k\left(\boldsymbol{z}_k - \boldsymbol{H}_k\hat{\boldsymbol{x}}_{k|k-1}\right)$

$\boldsymbol{P}_{k|k} = \left(\boldsymbol{I} - \boldsymbol{K}_k\boldsymbol{H}_k\right)\boldsymbol{P}_{k|k-1}$

输出：$\hat{\boldsymbol{x}}_{k|k}$ 和 $\boldsymbol{P}_{k|k}$

6.3　基于广义极大似然估计的野值鲁棒滤波器

一些工程应用中，受脉冲噪声或不可靠传感器影响，传感器测量可能存在野值干扰，导致随机系统量测噪声的概率分布会偏离高斯分布。为了解决上述问题，本节将介绍基于广义极大似然估计的野值鲁棒滤波器，首先介绍广义极大似然估计原理，随后在第 3 章介绍的极大似然估计和卡尔曼滤波基础上，推导出基于广义极大似然估计的野值鲁棒滤波器。

6.3.1 广义极大似然估计

1. 广义极大似然估计原理与求解

广义极大似然估计也称为 M 估计，是基于最小二乘估计研究的一种处理非高斯噪声的抗差估计方法。为了介绍广义极大似然估计的原理，首先对最小二乘估计进行简要回顾。

假设待估计量 $\boldsymbol{x}\in\mathbb{R}^n$ 与量测 $\boldsymbol{z}\in\mathbb{R}^m$ 满足如下关系：

$$\boldsymbol{z}=\boldsymbol{H}\boldsymbol{x}+\boldsymbol{v} \tag{6-10}$$

其中，$\boldsymbol{H}\in\mathbb{R}^{m\times n}$ 表示量测矩阵；$\boldsymbol{v}\in\mathbb{R}^m$ 表示量测噪声，量测噪声服从高斯分布，即 $\boldsymbol{v}\sim N(\boldsymbol{0},\boldsymbol{R})$，$\boldsymbol{R}\in\mathbb{R}^{m\times m}$ 为量测噪声协方差矩阵。

为了便于后续推导，对式(6-10)进行归一化

$$(\sqrt{\boldsymbol{R}})^{-1}\boldsymbol{z}=(\sqrt{\boldsymbol{R}})^{-1}\boldsymbol{H}\boldsymbol{x}+(\sqrt{\boldsymbol{R}})^{-1}\boldsymbol{v} \tag{6-11}$$

其中，$\sqrt{\boldsymbol{R}}$ 为量测噪声方差阵 $\boldsymbol{R}$ 经过克洛斯基分解得到的下三角矩阵，满足 $\boldsymbol{R}=\sqrt{\boldsymbol{R}}(\sqrt{\boldsymbol{R}})^{\mathrm{T}}$。

定义 $\boldsymbol{y}\triangleq(\sqrt{\boldsymbol{R}})^{-1}\boldsymbol{z}$，$\boldsymbol{M}\triangleq(\sqrt{\boldsymbol{R}})^{-1}\boldsymbol{H}$，$\boldsymbol{\tau}\triangleq(\sqrt{\boldsymbol{R}})^{-1}\boldsymbol{v}$，则可将归一化后的式(6-11)写为

$$\boldsymbol{y}=\boldsymbol{M}\boldsymbol{x}+\boldsymbol{\tau} \tag{6-12}$$

经过归一化后的噪声向量 $\boldsymbol{\tau}$ 满足单位高斯分布，即 $\boldsymbol{\tau}\sim N(\boldsymbol{0},\boldsymbol{I}_m)$。根据极大似然估计准则，$\boldsymbol{x}$ 的极大似然估计值 $\hat{\boldsymbol{x}}$ 可表示如下：

$$\hat{\boldsymbol{x}}=\arg\max_{\boldsymbol{x}}\left[p(\boldsymbol{y}|\boldsymbol{x})\right]=\arg\max_{\boldsymbol{x}}\left[\ln p_{\boldsymbol{\tau}}(\boldsymbol{y}-\boldsymbol{M}\boldsymbol{x})\right] \tag{6-13}$$

τ_i 为 $\boldsymbol{\tau}$ 的第 i 维，y_i 为 $\boldsymbol{y}$ 的第 i 维，$\boldsymbol{M}_i$ 为 $\boldsymbol{M}$ 的第 i 行。设标量随机变量 τ_i 服从的概率密度函数为 $f(\tau_i)$，并定义 $\rho(\tau_i)\triangleq-\ln f(\tau_i)$。由于归一化后的噪声向量 $\boldsymbol{\tau}$ 服从高斯分布，并且 $\boldsymbol{\tau}$ 的各个维度相互独立，因此 $p_{\boldsymbol{\tau}}$ 可以写成 $f(\tau_i)$ 连乘的形式。$\boldsymbol{x}$ 的极大似然估计值 $\hat{\boldsymbol{x}}$ 可进一步表示为

$$\begin{aligned}\hat{\boldsymbol{x}}&=\arg\min_{\boldsymbol{x}}\left[-\ln p_{\boldsymbol{\tau}}(\boldsymbol{y}-\boldsymbol{M}\boldsymbol{x})\right]=\arg\min_{\boldsymbol{x}}\left[-\ln p_{\boldsymbol{\tau}}(\boldsymbol{\tau})\right]\\&=\arg\min_{\boldsymbol{x}}\left[-\ln\prod_{i=1}^{m}f(\tau_i)\right]=\arg\min_{\boldsymbol{x}}\sum_{i=1}^{m}-\ln f(\tau_i)\\&=\arg\min_{\boldsymbol{x}}\sum_{i=1}^{m}\rho(\tau_i)\end{aligned} \tag{6-14}$$

不妨令 $\sum_{i=1}^{m}\rho(\tau_i)$ 为极大似然估计求解的代价函数，即

$$J(\boldsymbol{x})=\sum_{i=1}^{m}\rho(\tau_i) \tag{6-15}$$

τ_i 服从高斯分布，即 $f(\tau_i)=N(0,1)$。根据 $\rho(\tau_i)$ 的定义，代价函数 $J(\boldsymbol{x})$ 可表示为

$$J(\boldsymbol{x})=\sum_{i=1}^{m}\frac{1}{2}\tau_i^2+c_x \tag{6-16}$$

其中，c_x 为与 $\boldsymbol{x}$ 无关的常数。令上式对 $\boldsymbol{x}$ 的偏导为零，有

$$\frac{\partial J(\boldsymbol{x})}{\partial \boldsymbol{x}}=\sum_{i=1}^{m}\frac{\partial \tau_i}{\partial \boldsymbol{x}}\tau_i=\sum_{i=1}^{m}-\boldsymbol{M}_i^{\mathrm{T}}\tau_i=\sum_{i=1}^{m}-\boldsymbol{M}_i^{\mathrm{T}}(y_i-\boldsymbol{M}_i\boldsymbol{x})=\mathbf{0} \tag{6-17}$$

对上式进行整理可以得到 $\boldsymbol{M}^{\mathrm{T}}\boldsymbol{y}=\boldsymbol{M}^{\mathrm{T}}\boldsymbol{M}\boldsymbol{x}$。根据 $\boldsymbol{y}$ 和 $\boldsymbol{M}$ 的定义，可将 $\boldsymbol{x}$ 的极大似然估计 $\hat{\boldsymbol{x}}$ 表示如下：

$$\hat{\boldsymbol{x}}=\left(\boldsymbol{M}^{\mathrm{T}}\boldsymbol{M}\right)^{-1}\boldsymbol{M}^{\mathrm{T}}\boldsymbol{y}=\left(\boldsymbol{H}^{\mathrm{T}}\boldsymbol{R}^{-1}\boldsymbol{H}\right)^{-1}\boldsymbol{H}^{\mathrm{T}}\boldsymbol{R}^{-1}\boldsymbol{z} \tag{6-18}$$

通过对比可以得出，公式(6-18)推导出的极大似然估计 $\hat{\boldsymbol{x}}$ 就是 1.6.3 节介绍的最小二乘估计。由此可见，最小二乘估计是高斯噪声假设下的极大似然估计。

在实际工程应用中，由于传感器失能、量测异常、环境干扰等，式(6-10)中的量测 $\boldsymbol{z}$ 容易受到野值干扰，导致噪声向量 $\boldsymbol{v}$ 偏离高斯分布，进而导致 $\boldsymbol{\tau}$ 偏离高斯分布。根据代价函数 $\rho(\tau_i)$ 的定义，当噪声偏离高斯分布时，$\rho(\tau_i)$ 设置为二次函数将导致极大似然估计对野值过于敏感，容易受到异常野值的影响。为了解决上述问题，可以将代价函数项 $\rho(\tau_i)$ 由二次函数修改为 Huber 代价函数、Cauchy 代价函数、Welsch 代价函数等，具体形式在下一小节介绍。本小节暂不对 $\rho(\tau_i)$ 函数的具体形式做限制，将推导广义极大似然估计 $\hat{\boldsymbol{x}}$ 的通用求解方法。

令式(6-15)中代价函数对 $\boldsymbol{x}$ 的偏导为零，有

$$\frac{\partial J(\boldsymbol{x})}{\partial \boldsymbol{x}}=\sum_{i=1}^{m}\frac{\partial \tau_i}{\partial \boldsymbol{x}}\phi(\tau_i)=\sum_{i=1}^{m}-\boldsymbol{M}_i^{\mathrm{T}}\phi(\tau_i)=\mathbf{0} \tag{6-19}$$

其中，$\phi(\tau_i)\triangleq\rho'(\tau_i)$，$\phi(\cdot)$ 称为影响函数。一般情况下，$\phi(\cdot)$ 函数的形式较为复杂，无法直接根据式(6-19)求解广义极大似然估计 $\hat{\boldsymbol{x}}$，在此选择加权迭代法近似求解广义极大似然估计 $\hat{\boldsymbol{x}}$。

首先，$\hat{\boldsymbol{x}}$ 的迭代初值 $\hat{\boldsymbol{x}}^{(1)}$ 可设为最小二乘估计解，即

$$\hat{\boldsymbol{x}}^{(1)}=\left(\boldsymbol{M}^{\mathrm{T}}\boldsymbol{M}\right)^{-1}\boldsymbol{M}^{\mathrm{T}}\boldsymbol{y} \tag{6-20}$$

下面将根据第 j 次迭代值 $\hat{\boldsymbol{x}}^{(j)}$ 求解第 $j+1$ 次迭代值 $\hat{\boldsymbol{x}}^{(j+1)}$。定义函数 $\psi(\tau_i)\triangleq\dfrac{\phi(\tau_i)}{\tau_i}$，$\boldsymbol{\Psi}(\boldsymbol{\tau})\triangleq\mathrm{diag}[\psi(\tau_1),\ \psi(\tau_2),\ \cdots,\ \psi(\tau_m)]$，其中 $\psi(\cdot)$ 称为权值函数，则式(6-19)可改写为

$$\begin{aligned}\frac{\partial J(\boldsymbol{x})}{\partial \boldsymbol{x}}&=\sum_{i=1}^{m}-\boldsymbol{M}_i^{\mathrm{T}}\psi(\tau_i)\tau_i=-\boldsymbol{M}^{\mathrm{T}}\boldsymbol{\Psi}(\boldsymbol{\tau})\boldsymbol{\tau}\\&\approx-\boldsymbol{M}^{\mathrm{T}}\boldsymbol{\Psi}(\hat{\boldsymbol{\tau}}^{(j)})\boldsymbol{\tau}=-\boldsymbol{M}^{\mathrm{T}}\boldsymbol{\Psi}(\hat{\boldsymbol{\tau}}^{(j)})(\boldsymbol{y}-\boldsymbol{M}\boldsymbol{x})=\mathbf{0}\end{aligned} \tag{6-21}$$

其中，$\hat{\boldsymbol{\tau}}^{(j)}\triangleq\boldsymbol{y}-\boldsymbol{M}\hat{\boldsymbol{x}}^{(j)}$。根据式(6-21)，第 $j+1$ 次迭代值 $\hat{\boldsymbol{x}}^{(j+1)}$ 可表示如下

$$\begin{aligned}\hat{\boldsymbol{x}}^{(j+1)}&=\left(\boldsymbol{M}^{\mathrm{T}}\boldsymbol{\Psi}(\hat{\boldsymbol{\tau}}^{(j)})\boldsymbol{M}\right)^{-1}\boldsymbol{M}^{\mathrm{T}}\boldsymbol{\Psi}(\hat{\boldsymbol{\tau}}^{(j)})\boldsymbol{y}\\&=\left(\boldsymbol{H}^{\mathrm{T}}\left(\sqrt{\boldsymbol{R}}\right)^{-\mathrm{T}}\boldsymbol{\Psi}(\hat{\boldsymbol{\tau}}^{(j)})\left(\sqrt{\boldsymbol{R}}\right)^{-1}\boldsymbol{H}\right)^{-1}\boldsymbol{H}^{\mathrm{T}}\left(\sqrt{\boldsymbol{R}}\right)^{-\mathrm{T}}\boldsymbol{\Psi}(\hat{\boldsymbol{\tau}}^{(j)})\left(\sqrt{\boldsymbol{R}}\right)^{-1}\boldsymbol{z}\end{aligned} \tag{6-22}$$

利用式(6-22)可通过迭代的方式近似求解 $\boldsymbol{x}$ 的广义极大似然估计值 $\hat{\boldsymbol{x}}$，直至迭代收敛。

对比式(6-22)和式(6-18)可以得出，广义极大似然估计和最小二乘的求解公式是类似的，区别是广义极大似然估计增加了对角的权值矩阵$\boldsymbol{\Psi}(\hat{\boldsymbol{\tau}}^{(j)})$。结合下一小节介绍的代价函数$\rho(\cdot)$的具体形式可以得出，当量测$z_i$未受到野值干扰，$\tau_i$较小时，权值矩阵的对角元素$\psi(\hat{\tau}_i^{(j)})$将接近 1，保持跟最小二乘相近的权重；当量测$z_i$受到野值干扰，$\tau_i$较大时，权值矩阵的对角元素$\psi(\hat{\tau}_i^{(j)})$将接近 0，降低异常量测的权重，降低异常量测$z_i$对估计值$\hat{\boldsymbol{x}}$的影响。

2. 鲁棒代价函数的选取

在广义极大似然估计中，代价函数$\rho(\cdot)$的选取对于估计结果有决定性影响。正如前面所述，当噪声服从高斯分布时，将极大似然估计代价函数$\rho(\cdot)$设置为二次函数（L_2范数）能够获得极大似然估计解。然而，当噪声中存在野值干扰时，使用二范数作为代价函数将导致估计值对野值过于敏感，无法获得极大似然估计解。

影响函数$\phi(\cdot)$用于刻画单个量测对估计值的影响。当代价函数$\rho(\cdot)$设置为L_2范数时，即$\rho(\tau_i)=\frac{1}{2}\tau_i^2$，其影响函数为$\phi(\tau_i)=\tau_i$。可以看出当$\tau_i$趋于无穷大时，影响函数$\phi(\tau_i)=\tau_i$也趋于无穷大，这意味着$L_2$范数代价函数对野值干扰较为敏感。需要用对野值干扰更加鲁棒的代价函数替换L_2范数，以提升估计结果对野值干扰的鲁棒性。

在很多实际应用中，大部分量测噪声服从高斯分布，野值干扰所占的比例很小，因此在寻找替代L_2范数的鲁棒代价函数$\rho(\cdot)$时应该基于以下考虑：当误差τ_i的值较小时，为了保证滤波算法在高斯分布假设下的滤波效率，$\rho(\cdot)$应等价于或接近二范数$\frac{1}{2}\tau_i^2$；当误差τ_i的值较大时，为了抑制随机变量中的野值对估计器的影响，$\rho(\cdot)$增加的速率应该比$\frac{1}{2}\tau_i^2$慢，即影响函数$\phi(\cdot)$的绝对值应小于$\frac{1}{2}\tau_i^2$对应的影响函数绝对值。此外，影响函数$\phi(\tau_i)=\rho'(\tau_i)$也应是连续有界的，$\phi(\tau_i)$的有界性是为了保证单个量测对滤波估计产生的影响不大，而$\phi(\tau_i)$的连续性是为了保证量化和舍入误差不会造成太大影响。满足上述要求的常用鲁棒代价函数包括 Huber 代价函数、Cauchy 代价函数、Welsch 代价函数等。

Huber 代价函数是一种L_1范数和L_2范数混合的代价函数，其表达式如下：

$$\rho(\tau_i)=\begin{cases}0.5\tau_i^2, & |\tau_i|\leqslant\gamma\\ \gamma|\tau_i|-0.5\gamma^2, & |\tau_i|>\gamma\end{cases} \tag{6-23}$$

其中γ为调节因子，在1~2之间取值，由于实际外界干扰情况是未知的，最优调节因子的选取准则一般是根据严格高斯条件下的预期估计方差水平来确定，一般选择调节因子为$\gamma=1.345$。Huber 代价函数的影响函数为

$$\phi(\tau_i)=\begin{cases}\tau_i, & |\tau_i|\leqslant\gamma\\ \gamma\cdot\operatorname{sign}(\tau_i), & |\tau_i|>\gamma\end{cases} \tag{6-24}$$

其中$\operatorname{sign}(\cdot)$表示符号函数。

Cauchy 代价函数表达式为

$$\rho(\tau_i)=\frac{c^2}{2}\ln\left[1+\left(\frac{\tau_i}{c}\right)^2\right] \tag{6-25}$$

其中，c 为调节因子，一般选取为 $c = 2.385$ 。Cauchy 代价函数的影响函数为

$$\phi(\tau_i) = \frac{\tau_i}{1 + \left(\frac{\tau_i}{c}\right)^2} \tag{6-26}$$

Welsch 代价函数表达式为

$$\rho(\tau_i) = \frac{w^2}{2}\left[1 - \exp\left(-\left(\frac{\tau_i}{w}\right)^2\right)\right] \tag{6-27}$$

其中，w 为调节因子，一般选取为 $w = 2.985$ 。Welsch 代价函数的影响函数为

$$\phi(\tau_i) = \tau_i \cdot \exp\left[-\left(\frac{\tau_i}{w}\right)^2\right] \tag{6-28}$$

图 6-2 和图 6-3 分别对比了不同代价函数及其影响函数关于误差的变化趋势。从图中可以看出，在误差较小时，Huber 代价函数、Cauchy 代价函数、Welsch 代价函数及其影响函数都能够接近 L_2 范数，在误差较大时，三种鲁棒代价函数的增长速率都比 L_2 范数小，影响函数均连续有界。

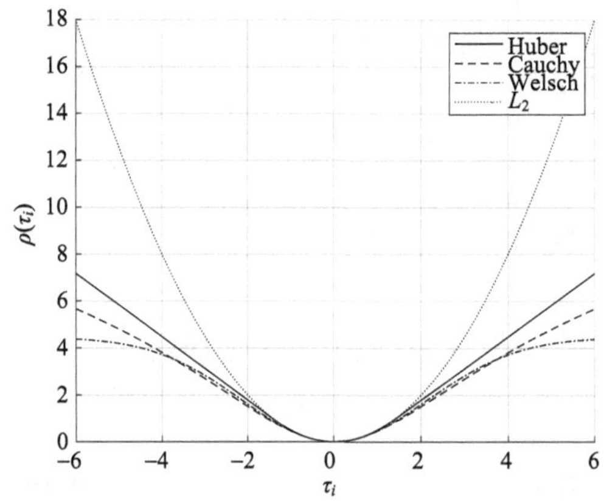

图 6-2　L_2 范数与不同鲁棒代价函数对比图

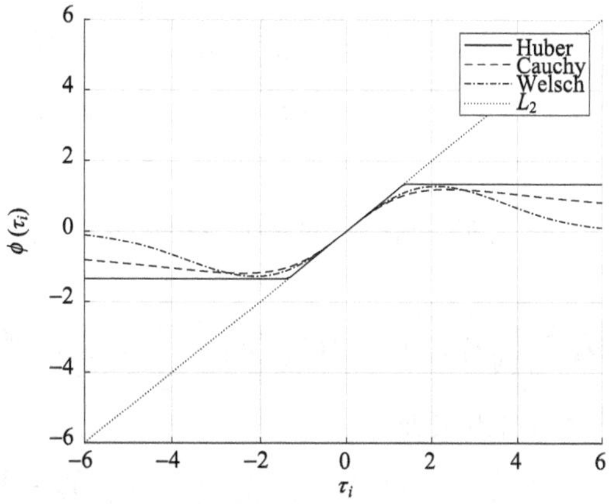

图 6-3　L_2 范数与不同鲁棒代价函数的影响函数对比图

回顾上一小节权值函数的定义 $\psi(\tau_i) = \frac{\rho'(\tau_i)}{\tau_i} = \frac{\phi(\tau_i)}{\tau_i}$ 不难得出，当误差 τ_i 较小时，鲁棒代价函数 $\rho(\tau_i)$ 接近 $\frac{1}{2}\tau_i^2$ ，使得权值函数 $\psi(\tau_i)$ 接近 1，广义极大似然估计接近传统最小二乘估计，尽量保持了纯高斯分布时的估计精度；当误差 τ_i 较大时，鲁棒代价函数的影响函数 $\phi(\tau_i)$ 有界，使得权值函数 $\psi(\tau_i)$ 随 τ_i 绝对值的增大而趋于 0，这能够削弱野值干扰对估计值的影响。

6.3.2　基于广义极大似然估计的野值鲁棒滤波器

1. 基于极大似然估计的卡尔曼滤波推导回顾

由 3.2.3 节相关内容可知，卡尔曼滤波可以从极大似然估计的角度推导，求解卡尔曼滤

波后验估计可以转化为求解式(6-14)所示的极大似然估计问题。将卡尔曼滤波先验估计和量测方程增广至同一量测方程可得

$$\begin{bmatrix} \hat{\boldsymbol{x}}_{k|k-1} \\ \boldsymbol{z}_k \end{bmatrix} = \begin{bmatrix} \boldsymbol{I}_n \\ \boldsymbol{H}_k \end{bmatrix} \boldsymbol{x}_k + \begin{bmatrix} -\tilde{\boldsymbol{x}}_{k|k-1} \\ \boldsymbol{v}_k \end{bmatrix} \tag{6-29}$$

定义新的量测向量 $\bar{\boldsymbol{z}}_k \triangleq \begin{bmatrix} \hat{\boldsymbol{x}}_{k|k-1}^{\mathrm{T}} & \boldsymbol{z}_k^{\mathrm{T}} \end{bmatrix}^{\mathrm{T}}$，量测矩阵 $\bar{\boldsymbol{H}}_k = \begin{bmatrix} \boldsymbol{I}_n & \boldsymbol{H}_k^{\mathrm{T}} \end{bmatrix}^{\mathrm{T}}$，量测噪声 $\bar{\boldsymbol{v}}_k = \begin{bmatrix} -\tilde{\boldsymbol{x}}_{k|k-1}^{\mathrm{T}} & \boldsymbol{v}_k^{\mathrm{T}} \end{bmatrix}^{\mathrm{T}}$，可得增广的量测模型如下：

$$\bar{\boldsymbol{z}}_k = \bar{\boldsymbol{H}}_k \boldsymbol{x}_k + \bar{\boldsymbol{v}}_k \tag{6-30}$$

其中，$\bar{\boldsymbol{v}}_k \sim N(\boldsymbol{0}, \bar{\boldsymbol{R}}_k)$，增广量测噪声协方差矩阵 $\bar{\boldsymbol{R}}_k$ 为

$$\bar{\boldsymbol{R}}_k = \begin{bmatrix} \boldsymbol{P}_{k|k-1} & \boldsymbol{0} \\ \boldsymbol{0} & \boldsymbol{R}_k \end{bmatrix} \tag{6-31}$$

对式(6-30)进行归一化如下：

$$\left(\sqrt{\bar{\boldsymbol{R}}_k}\right)^{-1} \bar{\boldsymbol{z}}_k = \left(\sqrt{\bar{\boldsymbol{R}}_k}\right)^{-1} \bar{\boldsymbol{H}}_k \boldsymbol{x}_k + \left(\sqrt{\bar{\boldsymbol{R}}_k}\right)^{-1} \bar{\boldsymbol{v}}_k \tag{6-32}$$

式(6-32)可进一步展开为

$$\begin{bmatrix} \left(\sqrt{\boldsymbol{P}_{k|k-1}}\right)^{-1} \hat{\boldsymbol{x}}_{k|k-1} \\ \left(\sqrt{\boldsymbol{R}_k}\right)^{-1} \boldsymbol{z}_k \end{bmatrix} = \begin{bmatrix} \left(\sqrt{\boldsymbol{P}_{k|k-1}}\right)^{-1} \\ \left(\sqrt{\boldsymbol{R}_k}\right)^{-1} \boldsymbol{H}_k \end{bmatrix} \boldsymbol{x}_k + \begin{bmatrix} -\left(\sqrt{\boldsymbol{P}_{k|k-1}}\right)^{-1} \tilde{\boldsymbol{x}}_{k|k-1} \\ \left(\sqrt{\boldsymbol{R}_k}\right)^{-1} \boldsymbol{v}_k \end{bmatrix} \tag{6-33}$$

定义归一化后的增广量测向量 $\bar{\boldsymbol{y}}_k \triangleq \begin{bmatrix} \hat{\boldsymbol{x}}_{k|k-1}^{\mathrm{T}} \left(\sqrt{\boldsymbol{P}_{k|k-1}}\right)^{-\mathrm{T}} & \boldsymbol{z}_k^{\mathrm{T}} \left(\sqrt{\boldsymbol{R}_k}\right)^{-\mathrm{T}} \end{bmatrix}^{\mathrm{T}}$、量测矩阵 $\bar{\boldsymbol{M}}_k \triangleq \begin{bmatrix} \left(\sqrt{\boldsymbol{P}_{k|k-1}}\right)^{-\mathrm{T}} & \boldsymbol{H}_k^{\mathrm{T}} \left(\sqrt{\boldsymbol{R}_k}\right)^{-\mathrm{T}} \end{bmatrix}^{\mathrm{T}}$、量测噪声 $\bar{\boldsymbol{\tau}}_k \triangleq \begin{bmatrix} -\tilde{\boldsymbol{x}}_{k|k-1}^{\mathrm{T}} \left(\sqrt{\boldsymbol{P}_{k|k-1}}\right)^{-\mathrm{T}} & \boldsymbol{v}_k^{\mathrm{T}} \left(\sqrt{\boldsymbol{R}_k}\right)^{-\mathrm{T}} \end{bmatrix}^{\mathrm{T}}$，式(6-33)可表示为

$$\bar{\boldsymbol{y}}_k = \bar{\boldsymbol{M}}_k \boldsymbol{x}_k + \bar{\boldsymbol{\tau}}_k \tag{6-34}$$

其中，经过归一化后的噪声向量 $\bar{\boldsymbol{\tau}}_k$ 满足标准高斯分布，即 $\bar{\boldsymbol{\tau}}_k \sim N\left(\boldsymbol{0}, \boldsymbol{I}_{m+n}\right)$。

可以看出，式(6-34)和式(6-12)具有相同的形式，根据 6.3.1 节式(6-14)～式(6-16)，式(6-34)中 $\boldsymbol{x}_k$ 的极大似然估计(等价于后验估计) $\hat{\boldsymbol{x}}_{k|k}$ 可通过求解如下的优化问题得到

$$\hat{\boldsymbol{x}}_{k|k} = \underset{\boldsymbol{x}_k}{\arg\min} \left(\sum_{i=1}^{n} \frac{1}{2} \tau_{x,k,i}^2 + \sum_{j=1}^{m} \frac{1}{2} \tau_{z,k,j}^2 \right) \tag{6-35}$$

其中，$\tau_{x,k,i}$ 表示向量 $\boldsymbol{\tau}_{x,k}$ 的第 i 维；$\tau_{z,k,j}$ 表示向量 $\boldsymbol{\tau}_{z,k}$ 的第 j 维。向量 $\boldsymbol{\tau}_{x,k}$ 和 $\boldsymbol{\tau}_{z,k}$ 分别为向量 $\bar{\boldsymbol{\tau}}_k$ 的两个分块，分别定义如下 $\boldsymbol{\tau}_{x,k} \triangleq -\left(\sqrt{\boldsymbol{P}_{k|k-1}}\right)^{-1} \tilde{\boldsymbol{x}}_{k|k-1}$，$\boldsymbol{\tau}_{z,k} \triangleq \left(\sqrt{\boldsymbol{R}_k}\right)^{-1} \boldsymbol{v}_k$，$\bar{\boldsymbol{\tau}}_k \triangleq \begin{bmatrix} \boldsymbol{\tau}_{x,k}^{\mathrm{T}} & \boldsymbol{\tau}_{z,k}^{\mathrm{T}} \end{bmatrix}^{\mathrm{T}}$。根据式(6-18)、式(6-35)所示的优化问题的解可表示如下：

$$\hat{\boldsymbol{x}}_{k|k} = \left(\bar{\boldsymbol{M}}_k^{\mathrm{T}} \bar{\boldsymbol{M}}_k\right)^{-1} \bar{\boldsymbol{M}}_k^{\mathrm{T}} \bar{\boldsymbol{y}}_k = \left(\bar{\boldsymbol{H}}_k^{\mathrm{T}} \bar{\boldsymbol{R}}_k^{-1} \bar{\boldsymbol{H}}_k\right)^{-1} \bar{\boldsymbol{H}}_k^{\mathrm{T}} \bar{\boldsymbol{R}}_k^{-1} \bar{\boldsymbol{z}}_k \tag{6-36}$$

根据 3.2.3 节结论，式(6-36)等价于标准卡尔曼滤波的量测更新。

2. 基于广义极大似然估计的野值鲁棒滤波器

实际工程应用中，外部量测 $\boldsymbol{z}_k$ 容易受到野值干扰，导致量测噪声 $\boldsymbol{v}_k$ 偏离高斯分布。根据 $\boldsymbol{\tau}_{z,k}$ 的定义 $\boldsymbol{\tau}_{z,k} \triangleq \left(\sqrt{\boldsymbol{R}_k}\right)^{-1}\boldsymbol{v}_k$，$\boldsymbol{\tau}_{z,k}$ 将偏离高斯分布。此时，若按照式(6-35)采用二范数构造式(6-34)中状态 $\boldsymbol{x}_k$ 的极大似然估计代价函数，$\boldsymbol{x}_k$ 的极大似然估计精度将容易受到量测野值影响，对野值干扰的鲁棒性差。为了提高状态估计对量测野值干扰的鲁棒性，可利用 6.3.1 节介绍的广义极大似然估计理论，将式(6-35)中的代价函数修改如下：

$$\hat{\boldsymbol{x}}_{k|k} = \arg\min_{\boldsymbol{x}_k}\left(\sum_{i=1}^{n}\frac{1}{2}\tau_{x,k,i}^2 + \sum_{j=1}^{m}\rho\left(\tau_{z,k,j}\right)\right) \tag{6-37}$$

其中，鲁棒代价函数 $\rho(\cdot)$ 可选择为 Huber 代价函数、Cauchy 代价函数、Welsch 代价函数等。由于误差 $\boldsymbol{\tau}_k$ 中量测噪声部分 $\boldsymbol{\tau}_{z,k} \triangleq \left(\sqrt{\boldsymbol{R}_k}\right)^{-1}\boldsymbol{v}_k$ 偏离高斯分布，而状态先验估计误差部分 $\boldsymbol{\tau}_{x,k} \triangleq -\left(\sqrt{\boldsymbol{P}_{k|k-1}}\right)^{-1}\tilde{\boldsymbol{x}}_{k|k-1}$ 可建模为高斯分布，式(6-37)中代价函数为二范数和鲁棒代价函数的混合。

根据式(6-22)，式(6-37)所示的广义极大似然估计问题可通过加权迭代法求解如下：

$$\hat{\boldsymbol{x}}_{k|k}^{(j+1)} = \left(\bar{\boldsymbol{M}}_k^{\mathrm{T}}\boldsymbol{\Psi}(\hat{\boldsymbol{\tau}}_k^{(j)})\bar{\boldsymbol{M}}_k\right)^{-1}\bar{\boldsymbol{M}}_k^{\mathrm{T}}\boldsymbol{\Psi}(\hat{\boldsymbol{\tau}}_k^{(j)})\bar{\boldsymbol{y}}_k \tag{6-38}$$

其中，$\hat{\boldsymbol{x}}_{k|k}^{(j+1)}$ 表示状态后验估计的第 $j+1$ 次迭代值；误差估计值 $\hat{\boldsymbol{\tau}}_k^{(j)} = \bar{\boldsymbol{y}}_k - \bar{\boldsymbol{M}}_k\hat{\boldsymbol{x}}_{k|k}^{(j)}$，$\boldsymbol{\Psi}(\hat{\boldsymbol{\tau}}_k^{(j)})$ 为权值矩阵。根据 6.3.1 节权值矩阵的定义，权值矩阵 $\boldsymbol{\Psi}(\hat{\boldsymbol{\tau}}_k^{(j)})$ 可表示为

$$\boldsymbol{\Psi}(\hat{\boldsymbol{\tau}}_k^{(j)}) \triangleq \mathrm{diag}\left[\boldsymbol{I}_n, \psi(\hat{\tau}_{z,k,1}^{(j)}),\ \psi(\hat{\tau}_{z,k,2}^{(j)}),\ \cdots,\ \psi(\hat{\tau}_{z,k,m}^{(j)})\right] \tag{6-39}$$

其中，$\psi(\hat{\tau}_{z,k,i}^{(j)}) = \dfrac{\phi\left(\hat{\tau}_{z,k,i}^{(j)}\right)}{\hat{\tau}_{z,k,i}^{(j)}}$，$\phi(\hat{\tau}_{z,k,i}^{(j)}) = \rho'(\hat{\tau}_{z,k,i}^{(j)})$。

根据 $\bar{\boldsymbol{y}}_k$ 和 $\bar{\boldsymbol{M}}_k$ 的定义，式(6-38)可进一步改写为

$$\hat{\boldsymbol{x}}_{k|k}^{(j+1)} = \left[\bar{\boldsymbol{H}}_k^{\mathrm{T}}\left(\bar{\boldsymbol{R}}_k^{(j)}\right)^{-1}\bar{\boldsymbol{H}}_k\right]^{-1}\bar{\boldsymbol{H}}_k^{\mathrm{T}}\left(\bar{\boldsymbol{R}}_k^{(j)}\right)^{-1}\bar{\boldsymbol{z}}_k \tag{6-40}$$

其中，量测噪声协方差矩阵 $\bar{\boldsymbol{R}}_k^{(j)}$ 满足

$$\bar{\boldsymbol{R}}_k^{(j)} = \begin{bmatrix} \boldsymbol{P}_{k|k-1} & \boldsymbol{0} \\ \boldsymbol{0} & \sqrt{\boldsymbol{R}_k}\left(\boldsymbol{\Psi}_{z,k}^{(j)}\right)^{-1}\left(\sqrt{\boldsymbol{R}_k}\right)^{\mathrm{T}} \end{bmatrix} \tag{6-41}$$

其中，权值矩阵 $\boldsymbol{\Psi}_{z,k}^{(j)} \triangleq \mathrm{diag}\left[\psi(\hat{\tau}_{z,k,1}^{(j)}),\ \psi(\hat{\tau}_{z,k,2}^{(j)}),\cdots,\ \psi(\hat{\tau}_{z,k,m}^{(j)})\right]$。

通过对比可以看出式(6-40)和式(3-70)具有相同的形式。根据 3.2.3 节结论，第 $j+1$ 次迭代中的后验状态估计 $\hat{\boldsymbol{x}}_{k|k}^{(j+1)}$ 及协方差 $\boldsymbol{P}_{k|k}^{(j+1)}$ 可通过运行卡尔曼滤波量测更新方程得到，其中一步预测误差协方差和量测噪声协方差分别为 $\boldsymbol{P}_{k|k-1}$ 和 $\boldsymbol{R}_k^{(j)} \triangleq \sqrt{\boldsymbol{R}_k}\left(\boldsymbol{\Psi}_{z,k}^{(j)}\right)^{-1}\left(\sqrt{\boldsymbol{R}_k}\right)^{\mathrm{T}}$，即

$$\boldsymbol{K}_k^{(j)} = \boldsymbol{P}_{k|k-1}\boldsymbol{H}_k^{\mathrm{T}}(\boldsymbol{H}_k\boldsymbol{P}_{k|k-1}\boldsymbol{H}_k^{\mathrm{T}} + \boldsymbol{R}_k^{(j)})^{-1} \tag{6-42}$$

$$\hat{\boldsymbol{x}}_{k|k}^{(j+1)} = \hat{\boldsymbol{x}}_{k|k-1} + \boldsymbol{K}_k^{(j)}(\boldsymbol{z}_k - \boldsymbol{H}_k \hat{\boldsymbol{x}}_{k|k-1}) \tag{6-43}$$

$$\boldsymbol{P}_{k|k}^{(j+1)} = (\boldsymbol{I} - \boldsymbol{K}_k^{(j)} \boldsymbol{H}_k) \boldsymbol{P}_{k|k-1} \tag{6-44}$$

状态后验估计 $\hat{\boldsymbol{x}}_{k|k}$ 的迭代初值 $\hat{\boldsymbol{x}}_{k|k}^{(1)}$ 可通过运行标准卡尔曼滤波量测更新获得，即设置 $\boldsymbol{R}_k^{(0)} = \boldsymbol{R}_k$ 。

通过对比可以看出，基于广义极大似然估计的鲁棒卡尔曼滤波和传统卡尔曼滤波具有相同的结构形式，区别仅在于量测噪声方差阵的不同。基于广义极大似然估计的鲁棒卡尔曼滤波通过构造代价函数，对卡尔曼滤波器中的量测噪声方差阵进行修正，并将修正后的量测噪声方差阵代入卡尔曼滤波器框架，得到的滤波器对于量测噪声中的异常野值干扰具有鲁棒性。

基于广义极大似然估计的野值鲁棒滤波器单步执行伪代码如表 6-2 所示。

表 6-2　基于广义极大似然估计的野值鲁棒滤波器单步执行伪代码

输入： $\hat{\boldsymbol{x}}_{k-1\|k-1}$ ， $\boldsymbol{P}_{k-1\|k-1}$ ， $\boldsymbol{F}_{k-1}$ ， $\boldsymbol{G}_{k-1}$ ， $\boldsymbol{Q}_{k-1}$ ， $\boldsymbol{H}_k$ ， $\boldsymbol{R}_k$ ， $\boldsymbol{z}_k$
时间更新：
1. $\hat{\boldsymbol{x}}_{k\|k-1} = \boldsymbol{F}_{k-1}\hat{\boldsymbol{x}}_{k-1\|k-1}$
2. $\boldsymbol{P}_{k\|k-1} = \boldsymbol{F}_{k-1}\boldsymbol{P}_{k-1\|k-1}\boldsymbol{F}_{k-1}^{\mathrm{T}} + \boldsymbol{G}_{k-1}\boldsymbol{Q}_{k-1}\boldsymbol{G}_{k-1}^{\mathrm{T}}$
3. $\boldsymbol{R}_k^{(0)} = \boldsymbol{R}_k$
量测更新：
for　$j = 0 : N-1$
4. 卡尔曼增益计算： $\boldsymbol{K}_k^{(j)} = \boldsymbol{P}_{k\|k-1}\boldsymbol{H}_k^{\mathrm{T}}(\boldsymbol{H}_k\boldsymbol{P}_{k\|k-1}\boldsymbol{H}_k^{\mathrm{T}} + \boldsymbol{R}_k^{(j)})^{-1}$
5. 后验状态估计： $\hat{\boldsymbol{x}}_{k\|k}^{(j+1)} = \hat{\boldsymbol{x}}_{k\|k-1} + \boldsymbol{K}_k^{(j)}(\boldsymbol{z}_k - \boldsymbol{H}_k\hat{\boldsymbol{x}}_{k\|k-1})$
6. 协方差更新： $\boldsymbol{P}_{k\|k}^{(j+1)} = (\boldsymbol{I} - \boldsymbol{K}_k^{(j)}\boldsymbol{H}_k)\boldsymbol{P}_{k\|k-1}$
7. 根据式（6-24）、式（6-26）和式（6-28）中计算所用的影响函数 $\phi(\cdot)$
8. 根据式（6-39）更新权值矩阵 $\boldsymbol{\Psi}_{z,k}^{(j+1)} \triangleq \mathrm{diag}[\psi(\hat{\tau}_{z,k,1}^{(j+1)}), \psi(\tau_{z,k,2}^{(j+1)}), \cdots, \psi(\tau_{z,k,m}^{(j+1)})]$
9. 修正量测噪声协方差矩阵： $\boldsymbol{R}_k^{(j+1)} \triangleq \sqrt{\boldsymbol{R}_k}\left(\boldsymbol{\Psi}_{z,k}^{(j+1)}\right)^{-1}\left(\sqrt{\boldsymbol{R}_k}\right)^{\mathrm{T}}$
end for
10. $\hat{\boldsymbol{x}}_{k\|k} = \hat{\boldsymbol{x}}_{k\|k}^{(N)}$， $\boldsymbol{P}_{k\|k} = \boldsymbol{P}_{k\|k}^{(N)}$
输出： $\hat{\boldsymbol{x}}_{k\|k}$ 和 $\boldsymbol{P}_{k\|k}$

6.4　几种野值鲁棒卡尔曼滤波器的理论比较

本章共介绍了两种野值鲁棒卡尔曼滤波器：基于卡方检测的卡尔曼滤波器和基于广义极大似然估计的野值鲁棒滤波器。基于卡方检测的卡尔曼滤波器根据量测信息构造名义上服从卡方分布的统计量，当统计量小于阈值时使用该量测，当统计量超过阈值时拒绝使用该量测，采取“硬隔离”措施区分正常量测与异常野值，计算简便。这种“硬隔离”措施在正常量测和异常野值具有明显界限时精度较好。然而，正常量测与异常野值的界限不清晰。对于这些界限不清晰的量测信息，卡方检测法采取的“硬隔离”措施将导致其容易走向完全使用和完全拒绝的两个极端，导致状态估计效果变差。

基于广义极大似然估计的野值鲁棒滤波器从极大似然估计的视角出发，将高斯噪声假设下的二范数代价函数替换为对野值干扰鲁棒性更强的代价函数。与二范数相比，鲁棒代价函数的影响函数有界，量测野值对状态估计的影响能够被抑制，状态估计具备对野值干扰的鲁棒性。其中，基于 Welsch 代价函数的鲁棒滤波器对极端离群值的抑制非常强，适用于有大量离群值或极端离群值存在的场景；基于 Cauchy 代价函数的鲁棒滤波器对中等或极端离群值有较好的鲁棒性，但对极端离群值的抑制不如基于 Welsch 代价函数的鲁棒滤波器，适用于有少量中等或轻度极端离群值的场景；基于 Huber 代价函数的鲁棒滤波器在平衡小误差和大误差时表现良好，适用于有少量离群值的场景，但对极端离群值的抑制较弱。

广义极大似然估计中的权值函数随误差绝对值的增大逐渐递减为零，且变化是连续的，可以认为是一种“软隔离”措施，能够克服“硬隔离”措施的不利影响。从仿真测试中可以看出，基于广义极大似然估计的野值鲁棒滤波器在各种量测野值干扰下都能够表现出较好的性能，相比于基于卡方检测的卡尔曼滤波器表现得更加稳定。然而，基于广义极大似然估计的野值鲁棒滤波器需要迭代求解，其计算量高于基于卡方检测的卡尔曼滤波器。

6.5　惯性/超短基线组合导航

本节以惯性/超短基线组合导航系统为应用背景，将传统卡尔曼滤波器与本章介绍的基于卡方检测的卡尔曼滤波器和基于广义极大似然估计的野值鲁棒滤波器(包括基于 Huber 代价函数的鲁棒滤波器、基于 Cauchy 代价函数的鲁棒滤波器和基于 Welsch 代价函数的鲁棒滤波器)进行仿真验证与比较。仿真结果显示出了与前述章节理论分析相一致的结果。

6.5.1　超短基线定位原理

超短基线定位系统(Ultra Short Base-Line positioning system, USBL)一般由水听器基阵和应答器组成，其中，水听器布置在运载体底部，几个水听器根据一定形状布置在一起形成水听器基阵，应答器置于海底且位置已知，如图 6-4 所示。基阵内各个水听器之间距离

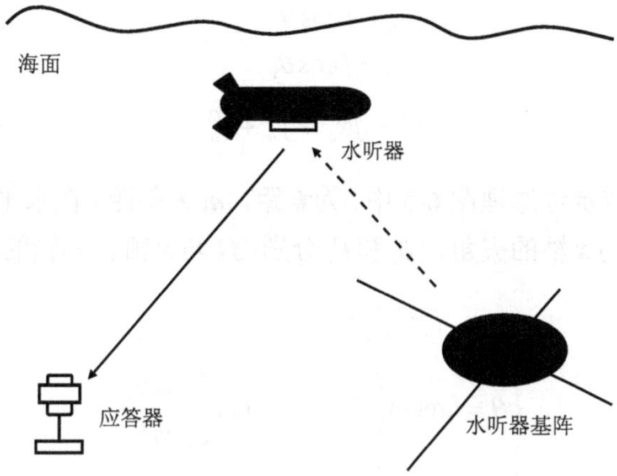

图 6-4　超短基线定位系统布置示意图

较短，通常在几厘米到几十厘米之间，故被称为超短基线定位系统。得益于超短基线定位系统易于安装、成本低廉、矫正方便、维护简单等优点，其在水声定位领域有着较为广泛的应用。

超短基线定位系统可测得应答器在水听器基阵坐标下的位置，其大致原理可描述为：部署于海底的应答器接收到水听器声学信号后会发出应答信号，水听器可接收应答器返回的应答信号，通过对接收到的应答信号进行相应处理，可以获得应答器相对于水听器基阵的相对位置。之后，结合运载体姿态信息进行坐标转换即可获得运载体在每个定位时刻与应答器的相对位置，从而实现运载体定位。

图 6-5 为超短基线定位系统的定位原理示意图。令基阵的中心 O 作为坐标原点，天向反方向为 z 轴正向，根据右手定则，建立基阵坐标系 $Oxyz$ 。四个水听器分别坐落在坐标系 x 轴和 y 轴上，同轴水听器间的间距为 d ，则各点坐标为 $(\pm\dfrac{d}{2},\ \pm\dfrac{d}{2})$。应答器位于 T 处，其坐标为 (x_a, y_a, z_a) 。

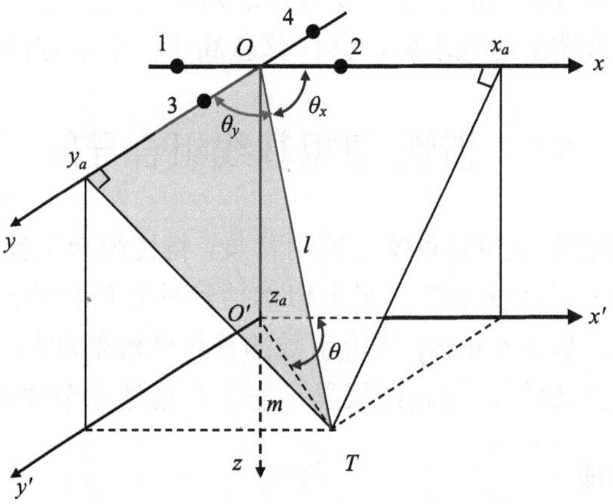

图 6-5　超短基线定位系统的定位原理图

由图 6-5 可得

$$\begin{cases} x_a = l\cos\theta_x \\ y_a = l\cos\theta_y \\ l = \sqrt{x_a^2 + y_a^2 + z_a^2} \end{cases} \tag{6-45}$$

超短基线定位系统定位原理图 6-5 中 l 为斜距，m 为斜距 l 在水平面 Oxy 上的投影，θ 为水平方位角，即 m 与 x 轴的夹角，θ_x 和 θ_y 分别为 l 与 x 轴、y 轴的夹角。

$$\begin{cases} m = \sqrt{x_a^2 + y_a^2} \\ \theta = \arctan\left(\dfrac{y_a}{x_a}\right) = \arctan\left(\dfrac{\cos\theta_y}{\cos\theta_x}\right) \\ z_a = \sqrt{l^2 - m^2} \end{cases} \tag{6-46}$$

设声波的波长为 λ ， φ_x、 φ_y 表示同轴上水听器接收水声信号的相位差，则

$$\begin{cases} \varphi_x = \dfrac{2\pi d}{\lambda}\cos\theta_x \\ \varphi_y = \dfrac{2\pi d}{\lambda}\cos\theta_y \end{cases} \tag{6-47}$$

联立式(6-45)和式(6-47)可得

$$\begin{cases} x_a = \dfrac{\lambda l}{2\pi d}\varphi_x \\ y_a = \dfrac{\lambda l}{2\pi d}\varphi_y \end{cases} \tag{6-48}$$

其中，斜距 $l = c \cdot T_r / 2$ ， T_r 为水听器发送声学信号到应答器返回应答声学信号的往返时间，c 为声波在水下的传输速度。φ_x、φ_y 可由超短基线测量得到，由此根据式(6-45)～式(6-48)可计算出目标应答器相对基阵坐标系的水平位置 (x_a, y_a)、深度 z_a 和声波入射角 (θ_x, θ_y) 等。

6.5.2　超短基线量测模型

如 6.5.1 节中所述，超短基线定位系统包括水听器阵列和应答器，水听器阵列可通过分析水声信号的相位差和传播时间确定水听器与应答器之间的相对距离和相对角度，从而确定二者相对位置。现已获得超短基线定位系统解算的应答器相对于基阵坐标系的位置矢量在基阵坐标系下的投影为 $\boldsymbol{r}^a = [x_a \ \ y_a \ \ z_a]^{\mathrm{T}}$ ，假设基阵坐标系与载体坐标系原点完全重合，则载体坐标系下水听器基阵与应答器之间的相对位置矢量 $\boldsymbol{r}^b = \boldsymbol{C}_a^b \boldsymbol{r}^a$ ，其中 $\boldsymbol{C}_a^b$ 表示基阵坐标系 a 和载体坐标系 b 间的方向余弦阵。则运载体上惯导与超短基线定位系统水听器之间的位置关系可以表示为

$$\boldsymbol{p}_B = \boldsymbol{p}_{\mathrm{INS}} + \boldsymbol{R}_c \boldsymbol{C}_b^n \boldsymbol{r}^b \tag{6-49}$$

其中， $\boldsymbol{p}_B$ 是应答器在大地坐标系下的位置(纬度、经度、高度)； $\boldsymbol{p}_{\mathrm{INS}}$ 是运载体上装备的惯导在大地坐标系下的位置(纬度、经度、高度)； $\boldsymbol{C}_b^n$ 为由载体系转换到导航系的姿态变换矩阵； $\boldsymbol{R}_c$ 为位置坐标变换矩阵，将笛卡儿坐标系下的相对位置关系转换为球面坐标系下，其具体表达式如下：

$$\boldsymbol{R}_c = \begin{bmatrix} 0 & \dfrac{1}{R_M} & 0 \\ \dfrac{1}{R_N} & 0 & 0 \\ 0 & 0 & 1 \end{bmatrix}$$

将 k 时刻惯导与超短基线定位系统分别估计的水听器基阵与应答器之间的相对位置矢量 $\hat{\boldsymbol{r}}_{\mathrm{INS}_k}^b$ 与 $\hat{\boldsymbol{r}}_{\mathrm{USBL}_k}^b$ 作差得到量测量 $\boldsymbol{z}_k$ ，并建立量测方程如下：

$$
\begin{aligned}
z_k &= \hat{r}^b_{\mathrm{INS}_k} - \hat{r}^b_{\mathrm{USBL}_k} \\
&= C^b_{n'} R_c^{-1}\left(p_B - \hat{p}_{\mathrm{INS}_k}\right) - \left(r^b_k - v_k\right) \\
&= C^b_n\left(I_{3\times 3} + \phi^n \times\right) R_c^{-1}\left(p_B - p_{\mathrm{INS}_k} - \delta p\right) - r^b_k + v_k \\
&= C^b_n R_c^{-1}(p_B - p_{\mathrm{INS}_k}) - r^b_k - C^b_n R_c^{-1}\delta p \\
&\quad + C^b_n\left[\phi^n \times\right]\cdots\left[R_c^{-1}\left(p_B - p_{\mathrm{INS}_k} - \delta p\right)\right] + v_k \\
&= -C^b_n R_c^{-1}\delta p - C^b_n\left[R_c^{-1}\left(p_B - p_{\mathrm{INS}_k} - \delta p\right)\right]\times \phi^n + v_k \\
&\approx -C^b_n R_c^{-1}\delta p - C^b_n\left[R_c^{-1}\left(p_B - p_{\mathrm{INS}_k}\right)\right]\times \phi^n + v_k
\end{aligned}
\tag{6-50}
$$

其中，$C^b_{n'}$ 为导航解算更新的姿态变换矩阵；$\hat{p}_{\mathrm{INS}_k}$ 表示 k 时刻惯导解算的位置；δp 为位置误差；v_k 为超短基线系统的量测误差。

6.5.3　惯性/超短基线组合导航模型

惯性/超短基线组合导航模型系统框图如图 6-6 所示。

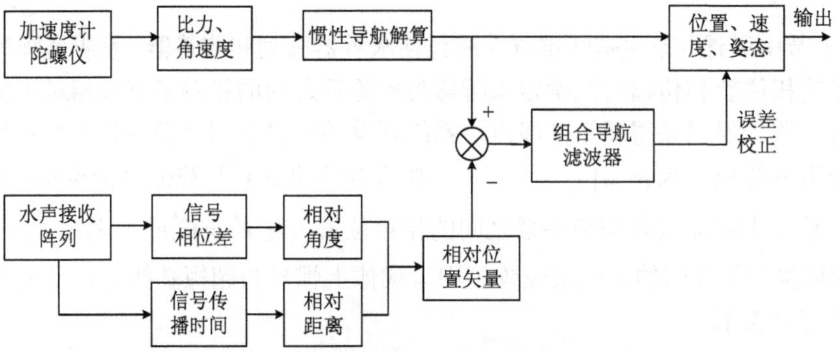

图 6-6　惯性/超短基线组合导航模型系统框图

根据惯性导航系统的误差方程，建立离散状态方程如式(6-51)：

$$x_k = F_{k-1}x_{k-1} + G_{k-1}w_{k-1} \tag{6-51}$$

在 SINS/USBL 组合导航中，选取状态向量为

$$x_k = \begin{bmatrix}\delta L & \delta\lambda & \delta h & \delta v^n_E & \delta v^n_N & \delta v^n_U & \phi_E & \phi_N & \phi_U & \nabla^b_x & \nabla^b_y & \nabla^b_z & \varepsilon^b_x & \varepsilon^b_y & \varepsilon^b_z\end{bmatrix}^{\mathrm{T}} \tag{6-52}$$

其中，δL、$\delta\lambda$、δh 分别表示纬度、经度、高度误差；δv^n_E、δv^n_N、δv^n_U 表示东北天方向速度误差；ϕ_E、ϕ_N、ϕ_U 表示东北天方向失准角误差；∇^b_x、∇^b_y、∇^b_z 表示加速度计 x 轴、y 轴、z 轴的零偏；ε^b_x、ε^b_y、ε^b_z 表示 x 轴、y 轴、z 轴方向上的陀螺仪常值漂移。

系统矩阵为

$$F_{k-1} = I_{15\times15} + \begin{bmatrix} M_{pp} & M_{pv} & 0_{3\times3} & 0_{3\times3} & 0_{3\times3} \\ M_{vp} & M_{vv} & M_{va} & M_{vac} & 0_{3\times3} \\ M_{ap} & M_{av} & M_V & 0_{3\times3} & M_{ag} \\ 0_{3\times3} & 0_{3\times3} & 0_{3\times3} & 0_{3\times3} & 0_{3\times3} \\ 0_{3\times3} & 0_{3\times3} & 0_{3\times3} & 0_{3\times3} & 0_{3\times3} \end{bmatrix}_{15\times15} T_s \tag{6-53}$$

其中，T_s 是离散化时间，每个分块矩阵具体表示为

$$M_{pp} = \begin{bmatrix} 0 & 0 & -\dfrac{v_N}{R_M^2} \\ \dfrac{v_E \sec L \tan L}{R_N} & 0 & -\dfrac{v_E \sec L}{R_N^2} \\ 0 & 0 & 0 \end{bmatrix}, \quad M_{pv} = \begin{bmatrix} 0 & \dfrac{1}{R_M} & 0 \\ \dfrac{\sec L}{R_N} & 0 & 0 \\ 0 & 0 & 1 \end{bmatrix}, \quad M_{vp} = \left(v^n \times\right)\left(2M_1 + M_3\right)$$

$$M_{vv} = \left(v^n \times\right) M_2 - \left(2\omega_{ie}^n + \omega_{en}^n\right)\times, \quad M_{va} = \left(f_{sf}^n \times\right), \quad M_{vac} = C_b^n$$

$$M_{ap} = M_1 + M_3, \quad M_{av} = M_2$$

$$M_{aa} = -\left(\omega_{in}^n \times\right), \quad M_{ag} = -C_b^n$$

$$M_1 = \begin{bmatrix} 0 & 0 & 0 \\ -\omega_{ie} \sin L & 0 & 0 \\ \omega_{ie} \cos L & 0 & 0 \end{bmatrix}, \quad M_2 = \begin{bmatrix} 0 & -\dfrac{1}{R_M} & 0 \\ \dfrac{1}{R_N} & 0 & 0 \\ \dfrac{\tan L}{R_N} & 0 & 0 \end{bmatrix}, \quad M_3 = \begin{bmatrix} 0 & 0 & \dfrac{v_N}{R_M^2} \\ 0 & 0 & -\dfrac{v_E}{R_N^2} \\ \dfrac{v_E \sec^2 L}{R_N} & 0 & -\dfrac{v_E \tan L}{R_N^2} \end{bmatrix} \tag{6-54}$$

系统噪声为 $w_{k-1}^b = \begin{bmatrix} w_{gx}^b & w_{gy}^b & w_{gz}^b & w_{ax}^b & w_{ay}^b & w_{az}^b \end{bmatrix}^{\mathrm{T}}$，其噪声驱动阵可表示为

$$G_{k-1} = \begin{bmatrix} 0_{3\times3} & 0_{3\times3} \\ 0_{3\times3} & C_b^n \\ -C_b^n & 0_{3\times3} \\ 0_{3\times3} & 0_{3\times3} \\ 0_{3\times3} & 0_{3\times3} \end{bmatrix}_{15\times6} T_s \tag{6-55}$$

其中，T_s 是离散化时间。

由式(6-50)可知，量测模型如式(6-56)所示：

$$z_k = H_k x_k + v_k \tag{6-56}$$

其中，H_k 为

$$H_k = \begin{bmatrix} -C_n^b R_c^{-1} & 0_{3\times3} & -C_n^b \left[R_c^{-1} \left(p_B - p_{\mathrm{INS}_k} \right) \right]\times & 0_{3\times6} \end{bmatrix}_{3\times15} \tag{6-57}$$

6.5.4　仿真环境及参数设置

SINS/USBL 中选用的器件参数如表 6-3 所示。

表 6-3　SINS/USBL 组合导航传感器精度

参数名称	参数值	
三轴陀螺仪	常值零偏	0.1° / h
	随机游走系数	$0.01° / \sqrt{h}$
	采样频率	100Hz
三轴加速度计	常值零偏	50μg
	随机游走系数	$50\mu g/\sqrt{Hz}$
	采样频率	100Hz
USBL	定位精度	1%D
	采样频率	1Hz

注：D 为应答器与水听器基阵之间的距离。

为了验证本章的鲁棒滤波算法的性能，本节进行了 SINS/USBL 组合导航仿真测试。仿真中假设应答器位于：纬度 $L = 34.24°$，经度 $\lambda = 108.9°$，高度 $h = -10\text{m}$，且固定不变；配备有超短基线阵列的水下运载器以 4m/s 的速度进行直线及转弯运动，组合导航总时长 2300s。

仿真轨迹设计如表 6-4 和图 6-7 所示，仿真初始条件如表 6-5 所示。状态真实数据由设定的轨迹生成，通过附加上设定的器件常值误差和随机误差得到陀螺仪和加速度计的模拟输出数据。

表 6-4　SINS/USBL 组合导航仿真轨迹

轨迹	加速度/(m/s^2)	角速度/[(°)/s]	持续时间/s
初始化	0	0	0
匀速直线运动	0	0	5
匀加速运动	2	0	2
匀速直线运动	0	0	500
右转	0	0.36	1000
纵摇运动	0	–0.1	100
纵摇运动	0	0.1	100
协调右转	0	0.9	100
匀速直线运动	0	0	100
协调右转	0	0.9	100
匀速直线运动	0	0	300

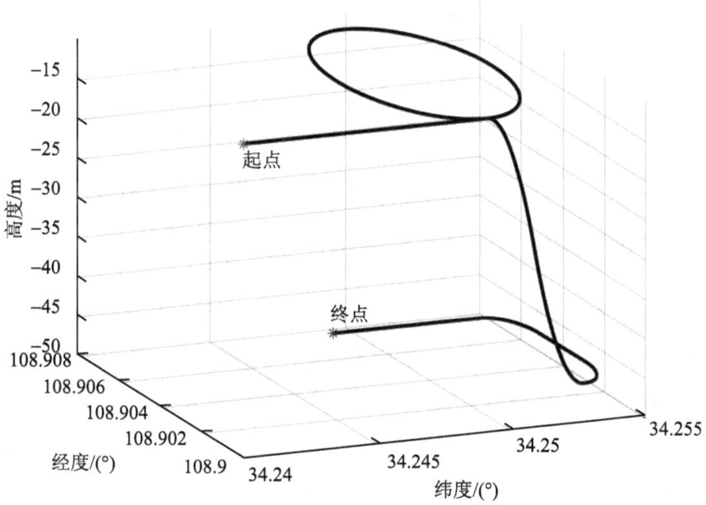

图 6-7　SINS/USBL 组合导航仿真轨迹

表 6-5　SINS/USBL 组合导航仿真初始参数

初始参数	x	y	z
初始姿态误差	10″	10″	30′
初始速度误差	0.1m/s	0.1m/s	0.1m/s
初始位置误差	10m	10m	10m
运载体初始位置	$L=34.24°$	$\lambda=108.9°$	$h=-10\text{m}$

滤波器中状态噪声协方差矩阵：

$$\boldsymbol{Q}_k=\text{diag}\left(\boldsymbol{G}_{\text{randn\_Drift}}\quad \boldsymbol{A}_{\text{randn\_Drift}}\right)_{6\times 6}^2/T_s \tag{6-58}$$

其中，$\boldsymbol{G}_{\text{randn\_Drift}}$ 为陀螺仪随机游走系数；$\boldsymbol{A}_{\text{randn\_Drift}}$ 为加速度计随机游走系数，具体设置为

$$\boldsymbol{Q}_k=\text{diag}\left(0.01°/\sqrt{\text{h}}\quad 0.01°/\sqrt{\text{h}}\quad 0.01°/\sqrt{\text{h}}\quad 50\mu g/\sqrt{\text{Hz}}\quad 50\mu g/\sqrt{\text{Hz}}\quad 50\mu g/\sqrt{\text{Hz}}\right)^2/T_s \tag{6-59}$$

其中，$T_s=0.01\text{s}$ 是离散化时间。

滤波器中名义量测噪声协方差矩阵：

$$\overline{\boldsymbol{R}}_k=\text{diag}\left(0.01D\ \ 0.01D\ \ 0.01D\right)^2 \tag{6-60}$$

其中，D 为应答器与水听器基阵之间的距离。

仿真将传统卡尔曼滤波器、基于 Huber 代价函数的鲁棒滤波器、基于 Cauchy 代价函数的鲁棒滤波器、基于 Welsch 代价函数的鲁棒滤波器与基于卡方检测的卡尔曼滤波进行比较。其中，基于 Huber 代价函数的鲁棒滤波器的调节因子为 $\gamma=1.345$，基于 Cauchy 代价函数的鲁棒滤波器的调节因子为 $c=2.385$，基于 Welsch 代价函数的鲁棒滤波器的调节因子为 $w=2.985$，三种鲁棒滤波器迭代次数设置为 50 次；基于卡方检测的卡尔曼滤波器的告警率设置为 0.005。

初始状态下状态误差值为 $\hat{\boldsymbol{x}}_{0|0}=\boldsymbol{0}_{15\times1}$。

方差为

$$\boldsymbol{P}_{0|0}=\text{diag}\Big[(10\text{m})^2\quad(10\text{m})^2\quad(10\text{m})^2\quad(0.1\text{m/s})^2\quad(0.1\text{m/s})^2\quad(0.1\text{m/s})^2$$
$$(10'')^2\quad(10'')^2\quad(30')^2\quad(50\mu g)^2\quad(50\mu g)^2\quad(50\mu g)^2$$
$$(0.01°/\text{h})^2\quad(0.01°/\text{h})^2\quad(0.01°/\text{h})^2\Big]$$

为验证滤波算法在不同野值干扰下的状态估计性能，本节共设置了 2 种不同的仿真场景，每种情况分别进行了 100 次蒙特卡罗仿真测试，量测噪声的设置情况如下：

仿真场景一利用二高斯混合分布噪声模拟正常量测和异常野值具有明显界限的情况。设 $v_{k,1}$，$v_{k,2}$，$v_{k,3}$ 分别为量测噪声 $\boldsymbol{v}_k$ 的三维，即 $\boldsymbol{v}_k=\begin{bmatrix}v_{k,1}, & v_{k,2}, & v_{k,3}\end{bmatrix}^{\mathrm{T}}$，量测噪声分量 $v_{k,i}$（$i=1, 2, 3$）的名义标准差 $r_0=0.01D$。量测噪声分量 $v_{k,i}$ 的概率密度为

$$p(v_{k,i})=0.9N(0,r_0^2)+0.1N(0,100r_0^2) \tag{6-61}$$

仿真场景二利用学生 t 分布噪声模拟正常量测和异常野值界限不清晰的情况。量测噪声分量 $v_{k,i}$ 的概率密度为

$$p(v_{k,i})=\text{St}(0,r_0^2,2) \tag{6-62}$$

其中，$\text{St}(a,b,c)$ 表示均值为 a、尺度参数为 b、自由度参数为 c 的学生 t 分布。

6.5.5　仿真结果与分析

本节利用 6.5.3 节的 SINS/USBL 组合导航模型及 6.5.4 节的参数进行仿真，验证几种算法在量测存在野值情况下的估计效果。

1. 仿真场景一

仿真场景一中将量测噪声设置为二高斯分布，其按照式(6-61)生成。几种方法的姿态、速度和位置的估计误差分别如图 6-8～图 6-10 所示。

图 6-8～图 6-10 分别为不同算法姿态误差、速度误差和位置误差的均方根统计结果。从图 6-8～图 6-10 可以看出，量测数据中夹杂较多野值的情况下，传统卡尔曼滤波的姿态、速度、位置估计误差均最大；基于卡方检测的卡尔曼滤波以及三种基于广义极大似然估计的野值鲁棒滤波器均展示出了明显优于传统卡尔曼滤波的估计性能，且它们之间的性能几乎相同。

2. 仿真场景二

仿真场景二中将量测噪声分布设置为学生 t 分布，用于模拟正常量测与异常野值没有明显界限的情况。几种方法的姿态、速度和位置的估计误差分别如图 6-11～图 6-13 所示。

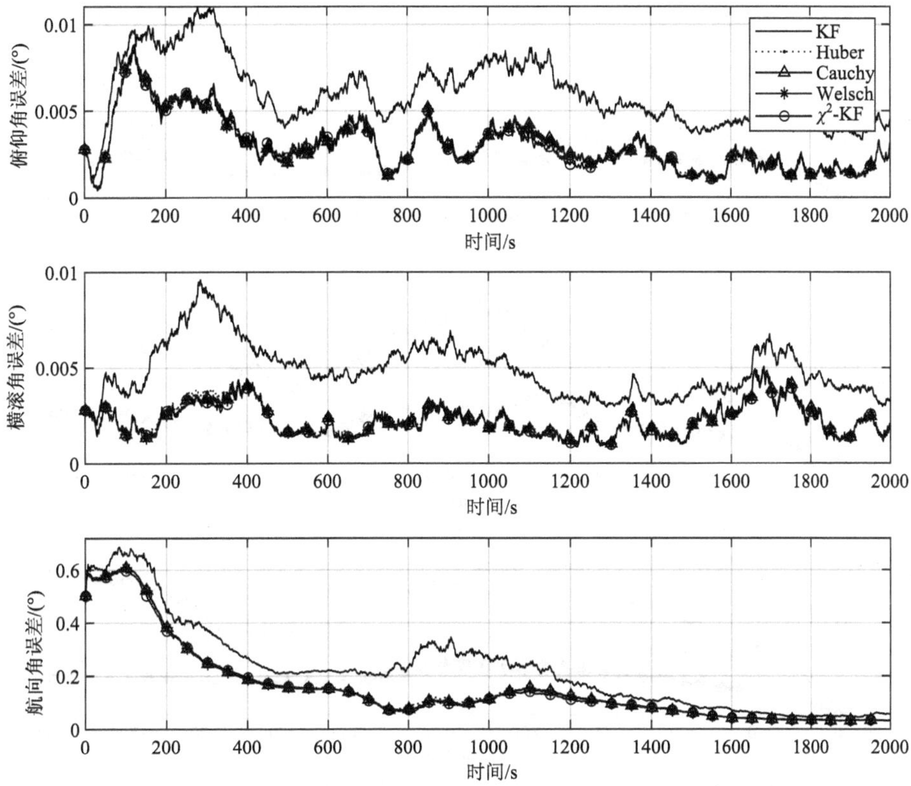

图 6-8　仿真场景一下 SINS/USBL 组合导航系统的姿态误差均方根

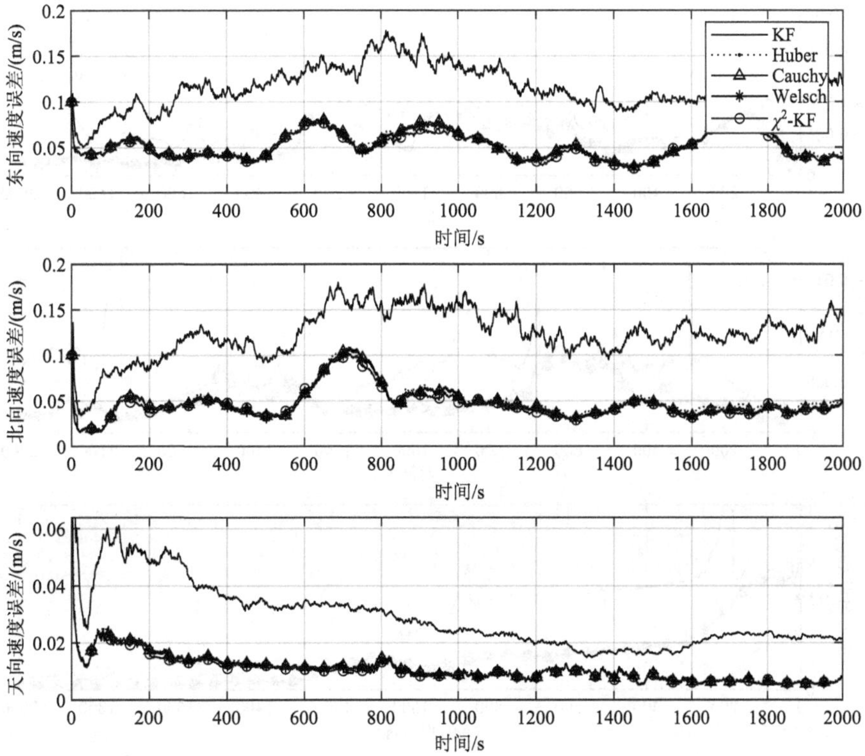

图 6-9　仿真场景一下 SINS/USBL 组合导航系统的速度误差均方根

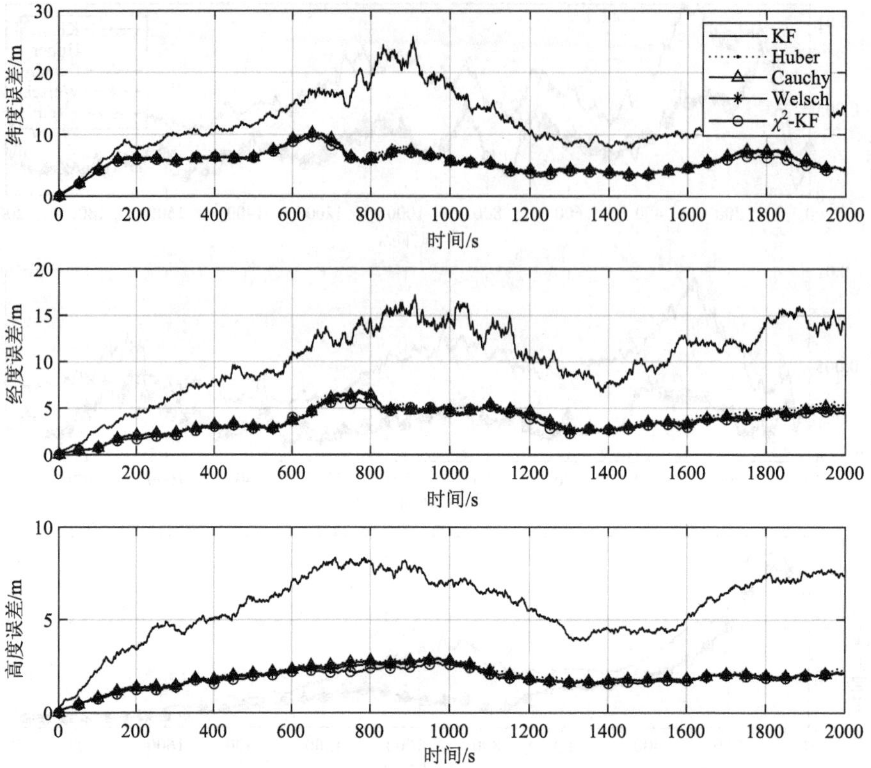

图 6-10　仿真场景一下 SINS/USBL 组合导航系统的位置误差均方根

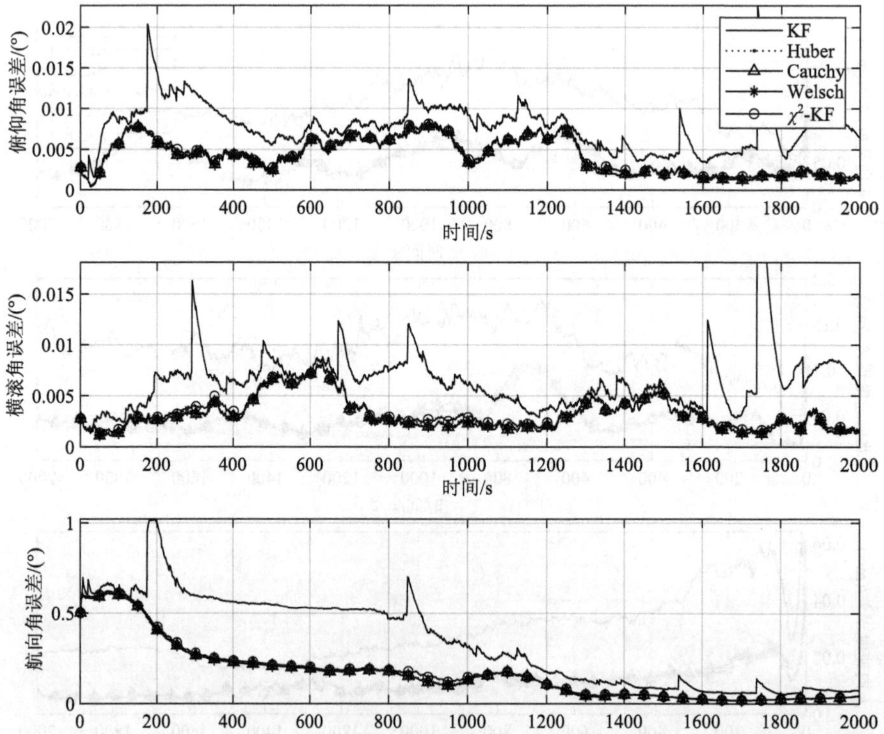

图 6-11　仿真场景二下 SINS/USBL 组合导航系统的姿态误差均方根

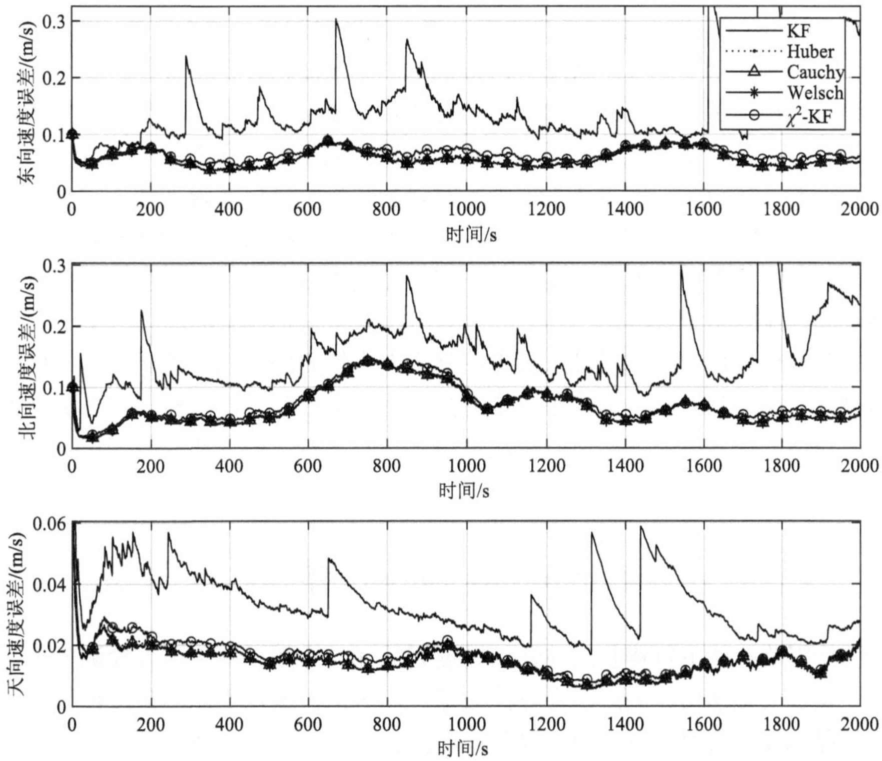

图 6-12　仿真场景二下 SINS/USBL 组合导航系统的速度误差均方根

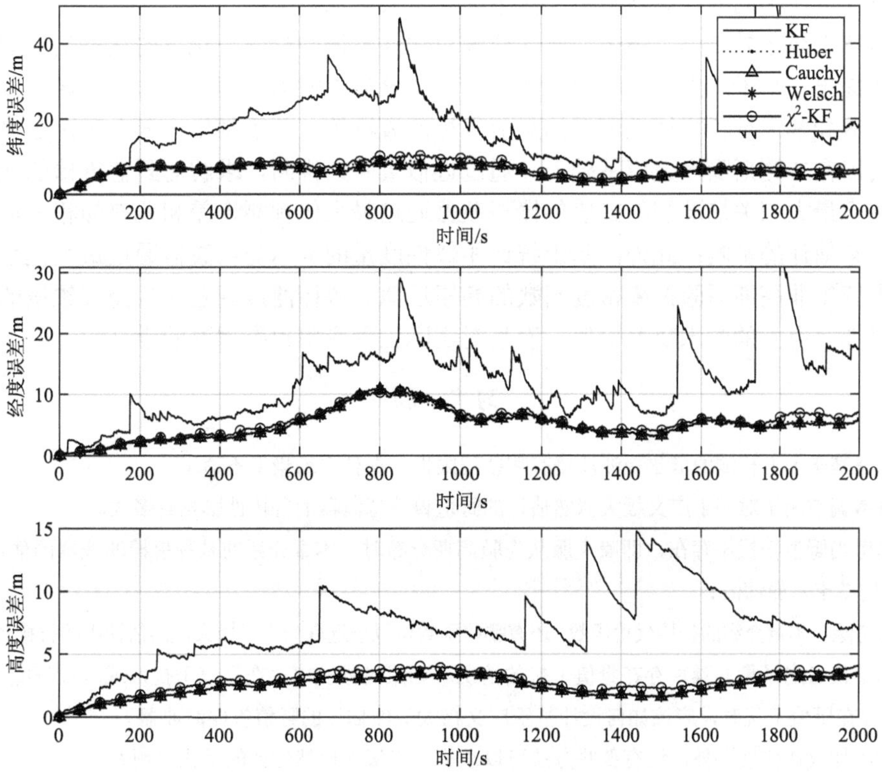

图 6-13　仿真场景二下 SINS/USBL 组合导航系统的位置误差均方根

图 6-11～图 6-13 分别为不同算法姿态误差、速度误差和位置误差的均方根统计结果。从图中可以看出，在学生 t 噪声情况下，传统卡尔曼滤波估计精度最差。基于卡方检测的卡尔曼滤波和几种基于广义极大似然估计的野值鲁棒滤波器性能均明显优于传统卡尔曼滤波，三种基于广义极大似然估计的野值鲁棒滤波器性能相近，而基于卡方检测的卡尔曼滤波性能略差于 M 估计方法，这主要是由于正常量测与异常野值界限不清晰情况下卡方检测的“硬隔离”措施不够合理。相比之下，基于广义极大似然估计的野值鲁棒滤波器采用“软隔离”手段，通过调整连续的权重实现抗干扰，在这类复杂的非高斯噪声干扰下性能优于卡方检测法和传统卡尔曼滤波。

从上述两种仿真场景的结果可以看出，基于卡方检测的卡尔曼滤波和基于广义极大似然估计的野值鲁棒卡尔曼滤波均具备一定的抗干扰能力。基于广义极大似然估计的野值鲁棒卡尔曼滤波能够在复杂的非高斯厚尾噪声情况下具备较高的估计性能，在整体上表现比卡方检测法更加稳定。

6.6 本章小结

本章围绕野值干扰下鲁棒状态估计问题展开论述，介绍了基于卡方检测的卡尔曼滤波器和基于广义极大似然估计的野值鲁棒滤波器。两种滤波器从不同的角度设计，基于卡方检测的卡尔曼滤波器采取量测故障“硬隔离”措施，计算量小但在复杂非高斯噪声干扰下估计精度较差；基于广义极大似然估计的野值鲁棒滤波器采取量测故障“软隔离”措施，计算量更大但在不同的非高斯噪声干扰下估计结果更加稳定。

除本章内容之外，为了高效、鲁棒地解决线性系统中野值干扰下的状态估计问题，近期有学者提出了基于学生 t 分布噪声建模的野值鲁棒滤波器、基于最大相关熵准则的野值鲁棒滤波器和基于统计相似性度量的野值鲁棒滤波器等。基于学生 t 分布噪声建模的野值鲁棒滤波器在非高斯噪声建模基础上，通过近似贝叶斯推断，求解对野值鲁棒的状态后验密度；基于最大相关熵准则的野值鲁棒滤波器通过最大化预测误差和残差的相关熵来缓解野值对状态估计的影响；此外，基于统计相似性度量的卡尔曼滤波器通过最大化统计相似性度量来获得非高斯后验概率密度函数的高斯近似。鲁棒滤波问题作为滤波领域的经典课题，不仅拥有巨大的学术研究价值，而且对实际工程应用也有重要的意义。

习　题

1. 思考基于卡方检测的卡尔曼滤波器有哪些局限性，在什么场景下不适用。

2. 思考调节因子对基于广义极大似然估计的野值鲁棒滤波器的鲁棒性影响有多大。

3. 思考当野值干扰不存在，即噪声服从先验高斯分布时，本章介绍的几种鲁棒滤波器的估计性能是否会优于传统卡尔曼滤波。

4. 思考除了本章介绍的鲁棒代价函数，还有哪些函数可以被选取为广义极大似然估计中的鲁棒代价函数。

5. 本章仅考虑了量测噪声存在野值干扰的情况。如果过程噪声存在野值干扰，或者过程噪声和量测噪声同时存在野值干扰时，应该如何设计基于广义极大似然估计的野值鲁棒滤波器？

6. 除了加权迭代法之外，还有哪些方法可以求解广义极大似然估计的优化问题？

7. 思考采用加权迭代法求解广义极大似然估计的优化问题是否会陷入局部最优点。

8. 阅读影响函数相关文献资料，思考为什么影响函数能够刻画单个量测对估计量的影响程度。

9. 尝试查找资料，学习其他类型的鲁棒卡尔曼滤波器(如基于学生 t 噪声建模的野值鲁棒滤波器)，并尝试对比该方法与本章介绍的鲁棒滤波器的性能。

10. 考虑基于 UWB 的 UGV(Unmanned Ground Vehicle)室内定位问题，为简化模型，仅考虑二维平面情形。UGV 在 x 轴和 y 轴上运动的加速度为高斯白噪声。分别位于坐标 (x^1, y^1) 和 (x^2, y^2) 的两个基站对 UGV 到基站的距离进行周期性测量。系统状态和量测模型为

$$\begin{bmatrix} x_{k+1} \\ y_{k+1} \\ \dot{x}_{k+1} \\ \dot{y}_{k+1} \end{bmatrix} = \begin{bmatrix} 1 & 0 & T & 0 \\ 0 & 1 & 0 & T \\ 0 & 0 & 1 & 0 \\ 0 & 0 & 0 & 1 \end{bmatrix} \begin{bmatrix} x_k \\ y_k \\ \dot{x}_k \\ \dot{y}_k \end{bmatrix} + \boldsymbol{w}_k$$

$$\boldsymbol{z}_k = \begin{bmatrix} \sqrt{(x_k - x^1)^2 + (y_k - y^1)^2} \\ \sqrt{(x_k - x^2)^2 + (y_k - y^2)^2} \end{bmatrix} + \boldsymbol{v}_k$$

其中，x_k、y_k 为 UGV 在 k 时刻的坐标；T 是系统的时间步长；$\boldsymbol{w}_k$ 为零均值状态噪声；$\boldsymbol{v}_k$ 为零均值量测噪声。

假设 $T = 0.1\text{s}$，状态噪声的协方差矩阵 $\boldsymbol{Q} = \text{diag}(0,0,4,4)$，基站坐标 $(x^1, y^1) = (1000,0)$ 及 $(x^2, y^2) = (0,1000)$，UGV 的初始状态 $\boldsymbol{x}_0 = [0,0,3,3]^{\text{T}}$ 完全已知，名义量测噪声协方差矩阵 $\boldsymbol{R} = \text{diag}(0.1,\ 0.1)$，按照 6.5 节中的设置方式加入量测野值。分别利用本章介绍的几种鲁棒滤波器对上述室内定位模型进行仿真，并对比几种滤波器的性能。

第 7 章　多状态约束卡尔曼滤波器

7.1　引　　言

在科技不断演进的今天，自主机器人在各个领域的应用不断扩展，实现了小型化、智能化的巨大飞跃。然而，工作环境的日益复杂，导致卫星导航受限等挑战的出现，机器人的定位问题变得更加复杂和严峻。在考虑到机器人负载能力和成本限制的情况下，寻找一种既小型化又低成本的定位方案成为亟待解决的问题。在这一背景下，采用单目相机与低成本的 MEMS IMU(Micro-Electro-Mechanical System Inertial Measurement Unit)组合的视觉惯性导航系统(Visual Inertial Navigation Systems, VINS)以其独特的优势备受关注。MEMS IMU 和相机均具有功耗低、体积小、重量轻、价格低的特点，同时它们可以在无需外源信息的情况下独立运行，使得由此构建的定位系统能够在各种环境中发挥作用。

使用相机辅助定位的核心就是利用相机在不同时刻对同一特征点的观测来约束相机在不同时刻的位姿(位置和姿态)关系。然而对于单目相机而言，特征点的深度无法直接获取，必须依赖 IMU 信息才能恢复出系统的尺度。因此，早期广泛使用的扩展卡尔曼滤波器-同时定位与地图构建(Extend Kalman Filter- Simultaneous Localization and Mapping, EKF-SLAM)方法将特征点纳入状态量并采用 EKF 对机器人的自身状态及特征点的空间位置同时进行估计。这样的方式虽然可保证较长时间内系统定位精度可靠，但计算量随着进入状态向量中特征点数量的增加而急剧增大，限制了其在计算资源、存储资源有限的小型设备中的应用。

导航与计算机视觉

为了解决状态维度爆炸的问题，多状态约束卡尔曼滤波器(Multi-State Constraint Kalman Filter, MSCKF)放弃了对特征点位置的直接建模，转而采用建模历史时刻相机位姿并结合延迟特征点估计的方式去计算特征点的位置。利用计算出来的特征点位置与相机的量测构建起对系统位姿的约束。相比于数量巨大的特征点，邻近时刻相机位姿维数相对较小。一般情况下，MSCKF 使用 10 个相机位姿就能达到理想的定位精度，而经典的 EKF-SLAM 方法往往会使用上百个特征点。相较于经典的 EKF 方法，MSCKF 极大地节约了计算成本。

多状态约束卡尔曼滤波器的创新之处体现在系统的建模以及量测方程的巧妙构建，其本质上仍然是一种误差状态卡尔曼滤波器。本章介绍的基于 MSCKF 的视觉惯性导航系统采用的是闭环校正结构，当每次有图像输出时，误差状态卡尔曼滤波器估计出来的误差状态将被直接反馈到状态中，之后误差状态将被置零。

本章首先对 VINS 中坐标系的定义及其转换关系进行介绍，然后从 VINS 初始化、IMU 输出及推位模型、延迟特征点估计、系统建模及误差传播、系统状态扩维、系统量测模型及状态更新几个方面对基于 MSCKF 的视觉惯性导航系统进行介绍，最后通过仿真和数据集实验对该系统的实际性能进行验证。

7.2　VINS 中坐标系的定义与转换

首先，本节将给出 VINS 中各个坐标系的定义。

(1) 像素坐标系。数字图像以矩阵的形式存储在系统中，矩阵中每一个元素都称为像素。像素坐标系的原点在图像的左上角，u 轴向右且与图像上侧边重合，v 轴向下且与图像左侧边重合。在像素坐标系中，u、v 分别表示像素在矩阵中所在列数与所在行数。

(2) 图像坐标系。图像坐标系的原点选择为光轴与等效成像平面的交点，该点在像素坐标系中的坐标为 (c_u, c_v)，x 轴指向图像坐标沿水平方向增加的方向，y 轴指向沿图像坐标垂直方向增加的方向。

(3) 相机坐标系。相机坐标系原点为相机光心，x 轴、y 轴分别与前面所定义的图像坐标系的 x 轴、y 轴平行，z 轴为相机的光轴，与等效成像平面垂直。其中，光心 O 到等效成像平面的距离即为焦距 f，记为 $\{C\}$ 系。

(4) 世界坐标系。一般来说，可以在外部环境中任取，作为系统的导航参考，在本章中世界坐标系 z 轴与当地重力加速度方向平行并垂直于 x 轴、y 轴构成的平面，且三者构成右手直角坐标系，世界坐标系原点与初始时刻 IMU 坐标系原点重合，记为 $\{G\}$ 系。

(5) IMU 坐标系。以 IMU 重心为原点，x、y、z 轴分别沿着加速度计或者陀螺仪三个轴的方向，记为 $\{I\}$ 系。

其次，针对各坐标系之间相对关系的表示方法，给出如下定义。

(1) 对于二维坐标系，像素平面的坐标记为 (u,v)，图像坐标系下的坐标记为 (x,y)。

(2) 对于 $\{G\}$、$\{C\}$、$\{I\}$ 三个三维坐标系，t 时刻某矢量 $\boldsymbol{r}_A$ 在某一 $\{B\}$ 系下的坐标记为 ${}^{B}\boldsymbol{r}_A(t)$。例如，$t$ 时刻 $\{I\}$ 系原点在 $\{C\}$ 系下的坐标可以表示为 ${}^{C}\boldsymbol{p}_I(t)$，$t$ 时刻 $\{I\}$ 系相对于 $\{G\}$ 系的速度为 ${}^{G}\boldsymbol{v}_I(t)$。离散化时刻 k 对应的 ${}^{B}\boldsymbol{r}_A(k)$ 简记为 ${}^{B_k}\boldsymbol{r}_{A_k}$。

(3) t 时刻 $\{B\}$ 系到 $\{A\}$ 系的坐标变换矩阵可以表示为 ${}^{A}_{B}\boldsymbol{R}(t)$。离散化时刻 k 对应的 ${}^{A}_{B}\boldsymbol{R}(k)$ 简记为 ${}^{A_k}_{B_k}\boldsymbol{R}$。

各个坐标系之间的关系可以通过图 7-1 来描述。

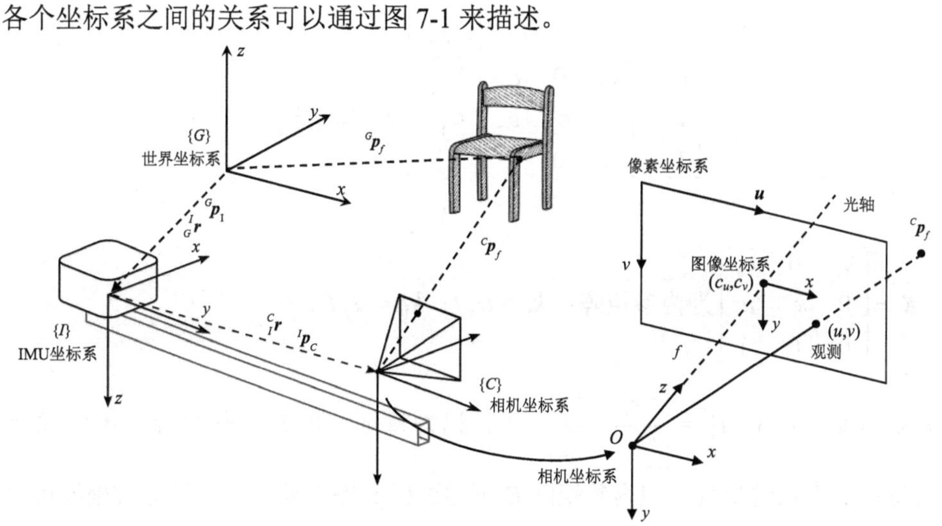

图 7-1　VINS 中的各个坐标系

图中 ${}^{G}\boldsymbol{p}_f$ 表示特征点 $\boldsymbol{p}_f$ 在 $\{G\}$ 系下的坐标，${}^{C}\boldsymbol{p}_f$ 表示特征点 $\boldsymbol{p}_f$ 在 $\{C\}$ 系下的坐标，接下来介绍上述各坐标系之间的转换关系。

1. 图像坐标系和像素坐标系

像素坐标系和图像坐标系之间的转换可以通过缩放和平移来实现。将特征点在像素坐标系下的坐标记为 (u,v)，特征点在图像坐标系下的坐标记为 (x,y)，则图像坐标系与像素坐标系的转换关系为

$$\begin{cases} u=\alpha_x x+c_u \\ v=\alpha_y y+c_v \end{cases} \tag{7-1}$$

其中，α_x、α_y 分别表示图像平面中单位长度所能容纳的像素个数；c_u、c_v 分别表示图像坐标系的原点在像素坐标系中的坐标。

将二维坐标转换为齐次坐标，式(7-1)可以写成矩阵线性变换的形式：

$$\begin{bmatrix} u \\ v \\ 1 \end{bmatrix}=\begin{bmatrix} \alpha_x & 0 & c_u \\ 0 & \alpha_y & c_v \\ 0 & 0 & 1 \end{bmatrix}\begin{bmatrix} x \\ y \\ 1 \end{bmatrix} \tag{7-2}$$

2. 相机坐标系与图像坐标系

记相机坐标系下的坐标为 $({}^{C}x, {}^{C}y, {}^{C}z)$，相机坐标系与图像坐标系之间的转换可以通过相似变换得到，即

$$\begin{cases} \dfrac{{}^{C}x}{{}^{C}z}=\dfrac{x}{f} \\ \dfrac{{}^{C}y}{{}^{C}z}=\dfrac{y}{f} \end{cases} \Rightarrow {}^{C}z\begin{bmatrix} x \\ y \\ 1 \end{bmatrix}=\begin{bmatrix} f & 0 & 0 \\ 0 & f & 0 \\ 0 & 0 & 1 \end{bmatrix}\begin{bmatrix} {}^{C}x \\ {}^{C}y \\ {}^{C}z \end{bmatrix} \tag{7-3}$$

3. 相机坐标系与像素坐标系

联立式(7-2)和式(7-3)，可以得到特征点在相机坐标系下的坐标 ${}^{C}\boldsymbol{p}_f=({}^{C}x_f, {}^{C}y_f, {}^{C}z_f)$ 与其像素坐标 (u,v) 之间的关系：

$$\begin{bmatrix} u \\ v \\ 1 \end{bmatrix}=\begin{bmatrix} k_x & 0 & c_u \\ 0 & k_y & c_v \\ 0 & 0 & 1 \end{bmatrix}\begin{bmatrix} \dfrac{{}^{C}x_f}{{}^{C}z_f} \\ \dfrac{{}^{C}y_f}{{}^{C}z_f} \\ 1 \end{bmatrix} \triangleq \frac{1}{{}^{C}z_f}\boldsymbol{K}{}^{C}\boldsymbol{p}_f \tag{7-4}$$

其中，$\boldsymbol{K}=\begin{bmatrix} k_x & 0 & c_u \\ 0 & k_y & c_v \\ 0 & 0 & 1 \end{bmatrix}$ 为内参矩阵；$k_x=\alpha_x f$；$k_y=\alpha_y f$。

将 ${}^{C}\boldsymbol{z}_f=\boldsymbol{K}^{-1}[u \quad v \quad 1]^{\mathrm{T}}=\begin{bmatrix} \dfrac{{}^{C}x_f}{{}^{C}z_f} & \dfrac{{}^{C}y_f}{{}^{C}z_f} & 1 \end{bmatrix}^{\mathrm{T}}$ 记为特征点的归一化坐标，虽然像素坐标 (u,v) 是特征点真正的量测，但内参矩阵 $\boldsymbol{K}$ 可通过标定提前获取，所以像素坐标可直接转化为归一化坐标，后面涉及相机量测时，统一使用 ${}^{C}\boldsymbol{z}_f$ 作为相机量测。采用归一化坐标的

相机量测模型可简化为

$$s_f{}^C\boldsymbol{z}_f = {}^C\boldsymbol{p}_f \tag{7-5}$$

其中，$s_f = {}^C z_f$ 为特征点的深度，${}^C\boldsymbol{z}_f$ 第三维度始终是 1。

由于受到传感器电子噪声、量化误差、外部环境变化以及镜头畸变等多方面因素的影响，同时也受到测量噪声的影响，实际的量测无法严格满足式(7-5)的模型。通常采用 $\boldsymbol{n} \sim N(0, \sigma_m^2 \boldsymbol{I}_2)$ 对量测噪声进行建模，带噪声的相机量测模型可表示为

$${}^C\boldsymbol{z}_f = \frac{1}{s_f}{}^C\boldsymbol{p}_f + \begin{bmatrix} \boldsymbol{n} \\ 0 \end{bmatrix} \tag{7-6}$$

4. 相机坐标系、IMU 坐标系与世界坐标系

如图 7-1 所示，各个坐标系间的位置关系可以表示为

$${}^G\boldsymbol{p}_C = {}^G\boldsymbol{p}_I + {}_G^I\boldsymbol{R}^{\mathrm{T}}\,{}^I\boldsymbol{p}_C \tag{7-7}$$

特征点 $\boldsymbol{p}_f$ 在 $\{C\}$ 系下的坐标 ${}^C\boldsymbol{p}_f$ 与在 $\{G\}$ 系下的坐标 ${}^G\boldsymbol{p}_f$ 间的转换关系为

$${}^G\boldsymbol{p}_f = {}^G\boldsymbol{p}_C + {}_G^C\boldsymbol{R}^{\mathrm{T}}\,{}^C\boldsymbol{p}_f \tag{7-8}$$

7.3　基于 MSCKF 的视觉惯性导航

使用相机辅助定位的核心就是利用相机在不同时刻对同一特征点的观测来约束相机在不同时刻的位姿关系。由于特征点深度未知，传统 EKF-SLAM 会将特征点的空间位置纳入状态量，然而这会导致状态维度爆炸的问题。为了避免这个问题，MSCKF 并不对特征点的空间位置进行直接建模，而是建模历史时刻的相机位姿。利用历史时刻的相机位姿估计并采用延迟特征点估计的方法计算特征点位置的估计值，进而建立不同时刻相对位姿的约束。

基于 MSCKF 的视觉惯性导航系统包括系统初始化、IMU 推位与误差传播、系统状态扩维以及状态更新等。当系统启动时，首先需要进行初始化，估计出系统的初始位置、速度、姿态以及惯性器件零偏，作为系统迭代运行的起点。完成初始化后，当有 IMU 数据输出时，通过推位模型计算系统当前状态的预测值并进行误差协方差传播。当相机输出图像时，首先进行状态扩维，将最新时刻的相机位姿纳入状态量，并计算扩维后系统的协方差，然后进行特征点筛选，筛选出满足条件的特征点参加本次量测更新。对被筛选出的特征点进行空间位置的估计，利用估计出的位置建立量测方程，进行量测更新。将量测更新计算出的误差量补偿到状态中，并将误差状态量置零。最后剔除最老时刻相机位姿状态以及对应的协方差。

7.3.1　VINS 初始化

在系统运行之初，首先需要执行初始化。初始化的核心任务是确定系统的初始位置、速度、姿态和粗略的陀螺仪与加速度计零偏，为后面系统的递归运行提供状态初值。

VINS 作为一个相对导航系统，其导航参数无法像绝对导航一样依赖地球来表示，所以

为了后续导航参数的表示，在初始化阶段需要建立一个世界坐标系 $\{G\}$ 作为导航参考，后续载体位置、速度、姿态都在该坐标系下表征。IMU 解算需要依赖重力加速度 $\boldsymbol{g}$ 在 $\{G\}$ 系下的投影 ${}^{G}\boldsymbol{g}$，因此建立的 $\{G\}$ 系的 z 轴需要与当地重力加速度方向平行。该定义可以使得 ${}^{G}\boldsymbol{g}$ 恒为 $[0\quad 0\quad -g]^{\mathrm{T}}$ (g 表示当地重力加速度)，从而使惯性导航解算过程更加简洁。

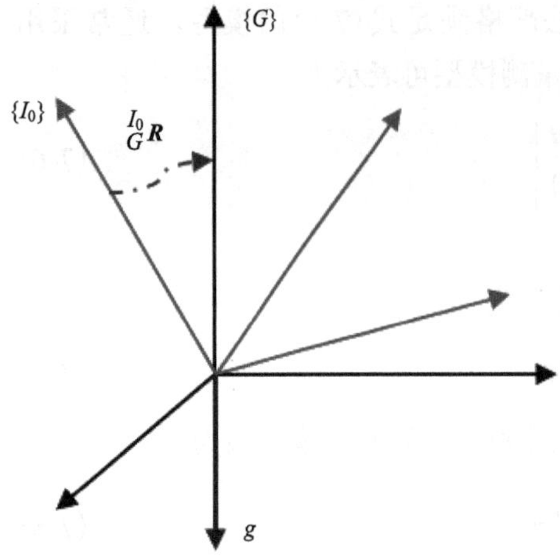

图 7-2　初始 IMU 坐标系转为 $\{G\}$ 系

系统初始时刻 IMU 坐标系记为 $\{I_0\}$ 系。通常 $\{I_0\}$ 系的 z 轴并不与当地重力加速度方向平行，本节采取的策略是确定某个旋转将 $\{I_0\}$ 系转至其 z 轴与重力加速度方向平行的位置，旋转后的坐标系就被定为 $\{G\}$ 系，该旋转即对应着 $\{I_0\}$ 系与 $\{G\}$ 系的转换关系，由此可以直接确定初始姿态 ${}^{I_0}_{G}\boldsymbol{R}$，如图 7-2 所示。

重力加速度 $\boldsymbol{g}$ 在 $\{G\}$ 系下的投影 ${}^{G}\boldsymbol{g}$ 是已知的，为 $[0\quad 0\quad -g]^{\mathrm{T}}$，为了确定满足上述要求的旋转，首先需要确定 $\boldsymbol{g}$ 在 $\{I_0\}$ 系下的投影 ${}^{I_0}\boldsymbol{g}$。当载体处于静止状态时，加速度计的输出为 $-{}^{I_0}\boldsymbol{g}$ 和加速度噪声的叠加。在系统启动之初，使其静止一段时间，计算这段时间内加速度的平均值用于近似 $-{}^{I_0}\boldsymbol{g}$。${}^{I_0}\boldsymbol{g}$ 与 ${}^{G}\boldsymbol{g}$ 的关系为

$$
{}^{I_0}\boldsymbol{g} = {}^{I_0}_{G}\boldsymbol{R}\,{}^{G}\boldsymbol{g} \tag{7-9}
$$

满足式(7-9)的 ${}^{I_0}_{G}\boldsymbol{R}$ 有无数个，这些 ${}^{I_0}_{G}\boldsymbol{R}$ 对应的 $\{G\}$ 系均满足 z 轴与重力加速度方向平行，只需要求解出其中任意一种即可。分别在 $\{G\}$ 系和 $\{I_0\}$ 系下构建 ${}^{G}\boldsymbol{\alpha}$、${}^{I_0}\boldsymbol{\alpha}$，这两个矢量分别与 ${}^{G}\boldsymbol{g}$ 和 ${}^{I_0}\boldsymbol{g}$ 垂直。${}^{G}\boldsymbol{\alpha}$ 直接选取为 $[0\quad 1\quad 0]^{\mathrm{T}}$ 即可，${}^{I_0}\boldsymbol{\alpha}$ 的构建可以利用施密特正交化法，如式(7-10)所示：

$$
{}^{I_0}\boldsymbol{\alpha} = \boldsymbol{\beta} - \frac{{}^{I_0}\boldsymbol{g}^{\mathrm{T}}\boldsymbol{\beta}}{{}^{I_0}\boldsymbol{g}^{\mathrm{T}}\,{}^{I_0}\boldsymbol{g}}\,{}^{I_0}\boldsymbol{g} \tag{7-10}
$$

其中，$\boldsymbol{\beta}$ 可以选取为任意与 ${}^{I_0}\boldsymbol{g}$ 非共线的向量。

根据双矢量定姿原理可得

$$
\begin{aligned}
&\left[\frac{{}^{I_0}\boldsymbol{g}}{\left\|{}^{I_0}\boldsymbol{g}\right\|}\quad \frac{{}^{I_0}\boldsymbol{g}\times{}^{I_0}\boldsymbol{\alpha}}{\left\|{}^{I_0}\boldsymbol{g}\times{}^{I_0}\boldsymbol{\alpha}\right\|}\quad \frac{{}^{I_0}\boldsymbol{g}\times{}^{I_0}\boldsymbol{\alpha}\times{}^{I_0}\boldsymbol{g}}{\left\|{}^{I_0}\boldsymbol{g}\times{}^{I_0}\boldsymbol{\alpha}\times{}^{I_0}\boldsymbol{g}\right\|}\right] \\
&= {}^{I_0}_{G}\boldsymbol{R}\left[\frac{{}^{G}\boldsymbol{g}}{\left\|{}^{G}\boldsymbol{g}\right\|}\quad \frac{{}^{G}\boldsymbol{g}\times{}^{G}\boldsymbol{\alpha}}{\left\|{}^{G}\boldsymbol{g}\times{}^{G}\boldsymbol{\alpha}\right\|}\quad \frac{{}^{G}\boldsymbol{g}\times{}^{G}\boldsymbol{\alpha}\times{}^{G}\boldsymbol{g}}{\left\|{}^{G}\boldsymbol{g}\times{}^{G}\boldsymbol{\alpha}\times{}^{G}\boldsymbol{g}\right\|}\right]
\end{aligned} \tag{7-11}
$$

对式(7-11)变换可得

$$
{}_{G}^{I_0}\boldsymbol{R}=\left[\frac{{}^{I_0}\boldsymbol{g}}{\left\|{}^{I_0}\boldsymbol{g}\right\|}\quad\frac{{}^{I_0}\boldsymbol{g}\times{}^{I_0}\boldsymbol{\alpha}}{\left\|{}^{I_0}\boldsymbol{g}\times{}^{I_0}\boldsymbol{\alpha}\right\|}\quad\frac{{}^{I_0}\boldsymbol{g}\times{}^{I_0}\boldsymbol{\alpha}\times{}^{I_0}\boldsymbol{g}}{\left\|{}^{I_0}\boldsymbol{g}\times{}^{I_0}\boldsymbol{\alpha}\times{}^{I_0}\boldsymbol{g}\right\|}\right]\cdot\left[\frac{{}^{G}\boldsymbol{g}}{\left\|{}^{G}\boldsymbol{g}\right\|}\quad\frac{{}^{G}\boldsymbol{g}\times{}^{G}\boldsymbol{\alpha}}{\left\|{}^{G}\boldsymbol{g}\times{}^{G}\boldsymbol{\alpha}\right\|}\quad\frac{{}^{G}\boldsymbol{g}\times{}^{G}\boldsymbol{\alpha}\times{}^{G}\boldsymbol{g}}{\left\|{}^{G}\boldsymbol{g}\times{}^{G}\boldsymbol{\alpha}\times{}^{G}\boldsymbol{g}\right\|}\right]^{\mathrm{T}} \tag{7-12}
$$

由式(7-12)构造出的 ${}_{G}^{I_0}\boldsymbol{R}$ 必满足式(7-9)，同时式(7-12)右端使用的 ${}^{I_0}\boldsymbol{g}$、${}^{G}\boldsymbol{g}$、${}^{I_0}\boldsymbol{\alpha}$、${}^{G}\boldsymbol{\alpha}$ 均为已知量，由此可求出 ${}_{G}^{I_0}\boldsymbol{R}$，初始姿态得以确定。同时由于 $\{I_0\}$ 系原点与 $\{G\}$ 系重合，且系统处于静止状态，所以初始位置和速度为零向量。确定完初始位姿之后，接下来介绍陀螺仪和加速度计零偏的计算。

静止时刻陀螺仪输出为地球自转角速度和陀螺仪测量误差的叠加，对于低成本 IMU，通常忽略地球自转的影响。同时通过对初始化阶段陀螺仪输出取平均值可抑制白噪声的影响，故陀螺仪的零偏可设置为初始化阶段陀螺仪输出的平均值 $\boldsymbol{\omega}_{\mathrm{avg}}$，即

$$
\boldsymbol{b}_g(0)=\boldsymbol{\omega}_{\mathrm{avg}} \tag{7-13}
$$

类似地，加速度计的零偏就是加速度计输出的平均值 $\boldsymbol{a}_{\mathrm{avg}}$ 与重力加速度的和，即

$$
\boldsymbol{b}_a(0)=\boldsymbol{a}_{\mathrm{avg}}+{}_{G}^{I}\boldsymbol{R}\,{}^{G}\boldsymbol{g} \tag{7-14}
$$

7.3.2　IMU 输出及推位模型

前面章节已经详细介绍了高精度 IMU 的输出模型，然而与相机进行组合的通常是低成本、低精度的 IMU，同时导航坐标系换成了 VINS 定义的 $\{G\}$ 系，因此本小节再次给出低精度 IMU 的输出建模。由于低精度的 IMU 噪声大，无法敏感出地球自转，且哥氏加速度和向心加速度的量级要远小于传感器自身的误差，所以在建模时可以忽略其带来的影响。

陀螺仪输出模型为

$$
\boldsymbol{\omega}_m(t)=\boldsymbol{\omega}(t)+\boldsymbol{b}_g(t)+\boldsymbol{n}_g(t) \tag{7-15}
$$

加速度计输出模型为

$$
\boldsymbol{a}_m(t)=\boldsymbol{a}(t)-{}_{G}^{I}\boldsymbol{R}(t)\,{}^{G}\boldsymbol{g}+\boldsymbol{b}_a(t)+\boldsymbol{n}_a(t) \tag{7-16}
$$

其中，$\boldsymbol{\omega}(t)$ 和 $\boldsymbol{a}(t)$ 分别表示 t 时刻系统真实的角速度和线加速度在 $\{I\}$ 系下的投影，即 ${}^{I}\boldsymbol{\omega}(t)$ 和 ${}^{I}\boldsymbol{a}(t)$，为使公式表达更加简洁，本章后文全部省略了角标；$\boldsymbol{\omega}_m(t)$ 和 $\boldsymbol{a}_m(t)$ 分别表示 t 时刻 IMU 陀螺仪和加速度计的输出，$\boldsymbol{a}_m(t)$ 即前面章节提及的比力；$\boldsymbol{n}_g(t)$、$\boldsymbol{n}_a(t)$ 分别表示 t 时刻陀螺仪和加速度计的高斯白噪声，且有

$$
\begin{aligned}
&E\left(\boldsymbol{n}_g(t)\right)=\boldsymbol{0},\quad E\left(\boldsymbol{n}_g(t)\boldsymbol{n}_g(\tau)^{\mathrm{T}}\right)=\sigma_g^2\boldsymbol{I}_3\cdot\delta(t-\tau)\\
&E\left(\boldsymbol{n}_a(t)\right)=\boldsymbol{0},\quad E\left(\boldsymbol{n}_a(t)\boldsymbol{n}_a(\tau)^{\mathrm{T}}\right)=\sigma_a^2\boldsymbol{I}_3\cdot\delta(t-\tau)
\end{aligned} \tag{7-17}
$$

其中，$\delta(\cdot)$ 为狄拉克函数。

$\boldsymbol{b}_g(t)$、$\boldsymbol{b}_a(t)$ 分别表示 t 时刻陀螺仪和加速度计的零偏，它们被建模成由零均值高斯白噪声驱动的随机游走过程：

$$\dot{\boldsymbol{b}}_g(t)=\boldsymbol{n}_{wg}(t),\ \dot{\boldsymbol{b}}_a(t)=\boldsymbol{n}_{wa}(t) \tag{7-18}$$

且有

$$\begin{aligned}&E\left(\boldsymbol{n}_{wg}(t)\right)=\boldsymbol{0},\quad E\left(\boldsymbol{n}_{wg}(t)\boldsymbol{n}_{wg}(\tau)^{\mathrm{T}}\right)=\sigma_{wg}^2\boldsymbol{I}_3\cdot\delta(t-\tau)\\&E\left(\boldsymbol{n}_{wa}(t)\right)=\boldsymbol{0},\quad E\left(\boldsymbol{n}_{wa}(t)\boldsymbol{n}_{wa}(\tau)^{\mathrm{T}}\right)=\sigma_{wa}^2\boldsymbol{I}_3\cdot\delta(t-\tau)\end{aligned} \tag{7-19}$$

在后续的使用中更常用的是离散模型，对式(7-15)～式(7-19)描述的系统进行离散化，可得

$$\begin{cases}\boldsymbol{\omega}_m^k=\boldsymbol{\omega}^k+\boldsymbol{b}_g^k+\boldsymbol{n}_{gd}^k\\\boldsymbol{a}_m^k=\boldsymbol{a}^k-{}_{G}^{I_k}\boldsymbol{R}^G\boldsymbol{g}+\boldsymbol{b}_a^k+\boldsymbol{n}_{ad}^k\end{cases} \tag{7-20}$$

$$\begin{cases}\boldsymbol{b}_g^{k+1}=\boldsymbol{b}_g^k+\boldsymbol{n}_{wgd}^k\\\boldsymbol{b}_a^{k+1}=\boldsymbol{b}_a^k+\boldsymbol{n}_{wad}^k\end{cases} \tag{7-21}$$

$$\begin{cases}\mathrm{Cov}\left(\boldsymbol{n}_{ad}^k\right)=\dfrac{\sigma_a^2}{\Delta t}\cdot\boldsymbol{I}_3,\quad \mathrm{Cov}\left(\boldsymbol{n}_{gd}^k\right)=\dfrac{\sigma_g^2}{\Delta t}\cdot\boldsymbol{I}_3\\\mathrm{Cov}\left(\boldsymbol{n}_{wad}^k\right)=\sigma_{wa}^2\Delta t\cdot\boldsymbol{I}_3,\quad \mathrm{Cov}\left(\boldsymbol{n}_{wgd}^k\right)=\sigma_{wg}^2\Delta t\cdot\boldsymbol{I}_3\end{cases} \tag{7-22}$$

其中，$\boldsymbol{\omega}_m^k$、$\boldsymbol{a}_m^k$ 分别是 k 时刻陀螺仪和加速度计的输出；$\boldsymbol{\omega}^k$、$\boldsymbol{a}^k$ 分别是 k 时刻载体真实角速度和加速度；$\boldsymbol{b}_g^k$、$\boldsymbol{b}_a^k$ 分别是 k 时刻陀螺仪和加速度计的零偏；$\boldsymbol{n}_{ad}^k$、$\boldsymbol{n}_{gd}^k$、$\boldsymbol{n}_{wad}^k$、$\boldsymbol{n}_{wgd}^k$ 分别表示 $\boldsymbol{n}_a$、$\boldsymbol{n}_g$、$\boldsymbol{n}_{wa}$、$\boldsymbol{n}_{wg}$ 离散化后在 k 时刻对应的量，且它们相互独立，各自的协方差如式(7-22)所示。

以加速度计为例，式(7-22)的推导过程如式(7-23)和式(7-24)所示：

$$\begin{aligned}\mathrm{Cov}\left(\boldsymbol{n}_{ad}^k\right)&=E\left[\left(\frac{1}{\Delta t}\int_k^{k+\Delta t}\boldsymbol{n}_a(t)\mathrm{d}t\right)\left(\frac{1}{\Delta t}\int_k^{k+\Delta t}\boldsymbol{n}_a(t)\mathrm{d}t\right)^{\mathrm{T}}\right]\\&=E\left[\frac{1}{\Delta t^2}\int_k^{k+\Delta t}\int_k^{k+\Delta t}\boldsymbol{n}_a(t)\boldsymbol{n}_a(\tau)^{\mathrm{T}}\mathrm{d}\tau\mathrm{d}t\right]\\&=\frac{1}{\Delta t^2}\int_k^{k+\Delta t}\int_k^{k+\Delta t}E\left[\boldsymbol{n}_a(t)\boldsymbol{n}_a(\tau)^{\mathrm{T}}\right]\mathrm{d}\tau\mathrm{d}t\\&=\frac{1}{\Delta t^2}\int_k^{k+\Delta t}\int_k^{k+\Delta t}\sigma_a^2\boldsymbol{I}_3\cdot\delta(t-\tau)\mathrm{d}\tau\mathrm{d}t\\&=\frac{1}{\Delta t^2}\int_k^{k+\Delta t}\sigma_a^2\cdot\boldsymbol{I}_3\mathrm{d}t=\frac{\sigma_a^2}{\Delta t}\cdot\boldsymbol{I}_3\end{aligned} \tag{7-23}$$

$$\begin{aligned}\mathrm{Cov}\left(\boldsymbol{n}_{wad}^k\right)&=E\left[\left(\int_k^{k+\Delta t}\boldsymbol{n}_{wa}(t)\mathrm{d}t\right)\left(\int_k^{k+\Delta t}\boldsymbol{n}_{wa}(t)\mathrm{d}t\right)^{\mathrm{T}}\right]\\&=E\left[\int_k^{k+\Delta t}\int_k^{k+\Delta t}\boldsymbol{n}_{wa}(t)\boldsymbol{n}_{wa}(\tau)^{\mathrm{T}}\mathrm{d}\tau\mathrm{d}t\right]\\&=\int_k^{k+\Delta t}\int_k^{k+\Delta t}E\left[\boldsymbol{n}_{wa}(t)\boldsymbol{n}_{wa}(\tau)^{\mathrm{T}}\right]\mathrm{d}\tau\mathrm{d}t\\&=\int_k^{k+\Delta t}\sigma_{wa}^2\cdot\boldsymbol{I}_3\mathrm{d}t=\sigma_{wa}^2\Delta t\cdot\boldsymbol{I}_3\end{aligned} \tag{7-24}$$

系统的运动学方程可表示为

$$ {}_{G}^{I}\dot{\boldsymbol{R}}(t) = -(\boldsymbol{\omega}(t)\times)\,{}_{G}^{I}\boldsymbol{R}(t) \tag{7-25}$$

$$ {}^{G}\dot{\boldsymbol{p}}_{I}(t) = {}^{G}\boldsymbol{v}_{I}(t) \tag{7-26}$$

$$ {}^{G}\dot{\boldsymbol{v}}_{I}(t) = {}_{G}^{I}\boldsymbol{R}(t)^{\mathrm{T}}\boldsymbol{a}(t) \tag{7-27}$$

利用系统运动学方程进行运动估计，需要获得系统角速度与线加速度，陀螺仪与加速度计的随机零偏和随机噪声是未知的，因此无法得到系统角速度与线加速度真值，只能获得其估计值。由式(7-20)可知，陀螺仪与加速度计的输出在 k 时刻的估计值分别为

$$ \hat{\boldsymbol{\omega}}^{k} = \boldsymbol{\omega}_{m}^{k} - \hat{\boldsymbol{b}}_{g}^{k} \tag{7-28}$$

$$ \hat{\boldsymbol{a}}^{k} = \boldsymbol{a}_{m}^{k} + {}_{G}^{I_k}\hat{\boldsymbol{R}}\,{}^{G}\boldsymbol{g} - \hat{\boldsymbol{b}}_{a}^{k} \tag{7-29}$$

将式(7-25)～式(7-27)进行离散化，再将式(7-28)和式(7-29)代入可以得到递推方程为

$$ {}_{G}^{I_{k+1}}\hat{\boldsymbol{R}} = {}_{I_k}^{I_{k+1}}\hat{\boldsymbol{R}}\,{}_{G}^{I_k}\hat{\boldsymbol{R}} = \exp\left\{-\left[\left(\boldsymbol{\omega}_{m}^{k} - \hat{\boldsymbol{b}}_{g}^{k}\right)\Delta t\right]\times\right\}{}_{G}^{I_k}\hat{\boldsymbol{R}} \tag{7-30}$$

$$ {}^{G}\hat{\boldsymbol{v}}_{I_{k+1}} = {}^{G}\hat{\boldsymbol{v}}_{I_k} + {}^{G}\boldsymbol{g}\Delta t + {}_{G}^{I_k}\hat{\boldsymbol{R}}^{\mathrm{T}}\left(\boldsymbol{a}_{m}^{k} - \hat{\boldsymbol{b}}_{a}^{k}\right)\Delta t \tag{7-31}$$

$$ {}^{G}\hat{\boldsymbol{p}}_{I_{k+1}} = {}^{G}\hat{\boldsymbol{p}}_{I_k} + {}^{G}\hat{\boldsymbol{v}}_{I_k}\Delta t + \frac{1}{2}\,{}^{G}\boldsymbol{g}\Delta t^{2} + \frac{1}{2}\,{}_{G}^{I_k}\hat{\boldsymbol{R}}^{\mathrm{T}}\left(\boldsymbol{a}_{m}^{k} - \hat{\boldsymbol{b}}_{a}^{k}\right)\Delta t^{2} \tag{7-32}$$

$$ \hat{\boldsymbol{b}}_{g}^{k+1} = \hat{\boldsymbol{b}}_{g}^{k}, \hat{\boldsymbol{b}}_{a}^{k+1} = \hat{\boldsymbol{b}}_{a}^{k} \tag{7-33}$$

其中，Δt 为离散化时间；初始位置、速度、姿态、陀螺仪零偏和加速度计零偏可以通过系统初始化获得。

7.3.3　延迟特征点估计

使用相机辅助定位的核心就是利用相机在不同时刻对同一特征点的观测来约束相机在不同时刻的位姿关系，其原理示意图如图 7-3 所示。

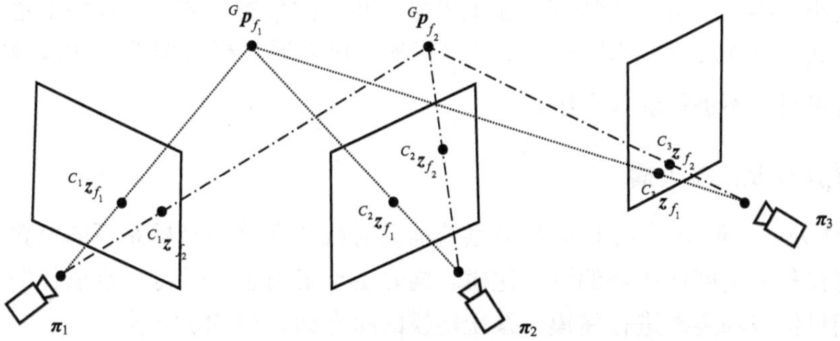

图 7-3　相机辅助定位原理示意图

在图 7-3 中，$\boldsymbol{\pi}_i$ 表示相机在不同时刻的位姿，${}^{G}\boldsymbol{p}_{f_j}$ 表示不同特征点在世界坐标系下的坐标，${}^{C_i}\boldsymbol{z}_{f_j}$ 表示相机在不同时刻对不同特征点的量测，虚线(及点画线)表示约束关系。这种约束关系可通过联立式(7-5)和式(7-8)建立，如式(7-34)所示：

$$ {}^{C_i}s_{f}\,{}^{C_i}\boldsymbol{z}_{f} = {}_{G}^{C_i}\boldsymbol{R}\left({}^{G}\boldsymbol{p}_{f} - {}^{G}\boldsymbol{p}_{C_i}\right) \tag{7-34}$$

特征点在空间中的位置 ${}^{G}\boldsymbol{p}_f$ 是未知的，通常将其纳入状态量进行估计，然而这会导致状态维度过高，计算负担沉重。因此，MSCKF 采用延迟特征点估计的方法来规避这个问题。当某个特征点被观测到时，MSCKF 不会把该特征点纳入状态量进行估计，而是当该特征点被观测一段时间后，在满足参与量测更新的条件时(具体条件见 7.3.6 节)，结合相机历史姿态的估计及相机对该特征点的量测，使用最小二乘法直接计算出该特征点的空间位置。计算出的特征点空间位置代入式(7-34)用于量测更新。

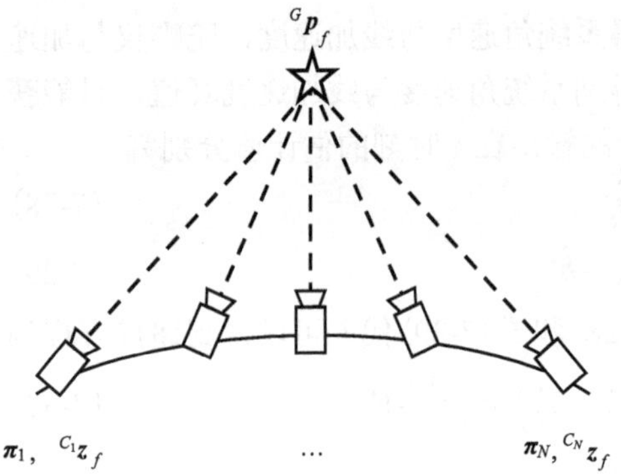

图 7-4　N 个时刻相机对同一个特征点的观测

如图 7-4 所示，相机对特征点 $\boldsymbol{p}_f$ 进行了 N 次测量，该特征点在不同图像中的归一化坐标为 ${}^{C_1}\boldsymbol{z}_f,\cdots,{}^{C_N}\boldsymbol{z}_f$，这些时刻相机在世界坐标系下的位姿为 $\boldsymbol{\pi}_1,\cdots,\boldsymbol{\pi}_N$，其中 $\boldsymbol{\pi}_i$ 为 $\{{}^{C_i}_{G}\boldsymbol{R},{}^{G}\boldsymbol{p}_{C_i}\}$。

对于任意时刻的相机坐标系 $\{C_i\}$，由式(7-34)可得

$$
{}^{C_i}_{G}\boldsymbol{R}^{\mathrm{T}}\,{}^{C_i}s_f\,{}^{C_i}\boldsymbol{z}_f={}^{G}\boldsymbol{p}_f-{}^{G}\boldsymbol{p}_{C_i} \tag{7-35}
$$

由于深度 ${}^{C_i}s_f$ 未知，需要将 ${}^{C_i}s_f$ 从式(7-35)消除，才能进行进一步的求解。令 ${}^{i}\boldsymbol{N}_f=[{}^{C_i}_{G}\boldsymbol{R}^{\mathrm{T}}\,{}^{C_i}\boldsymbol{z}_f\times]$，在式(7-35)两边同时左乘 ${}^{i}\boldsymbol{N}_f$，可以得到

$$
{}^{i}\boldsymbol{N}_f\,{}^{G}\boldsymbol{p}_{C_i}={}^{i}\boldsymbol{N}_f\,{}^{G}\boldsymbol{p}_f \tag{7-36}
$$

将所有 N 个时刻的式(7-36)堆叠起来，可得

$$
\begin{bmatrix} {}^{1}\boldsymbol{N}_f\,{}^{G}\boldsymbol{p}_{C_1} \\ \vdots \\ {}^{N}\boldsymbol{N}_f\,{}^{G}\boldsymbol{p}_{C_N} \end{bmatrix}_{3N\times 1}=\begin{bmatrix} {}^{1}\boldsymbol{N}_f \\ \vdots \\ {}^{N}\boldsymbol{N}_f \end{bmatrix}_{3N\times 3}{}^{G}\boldsymbol{p}_f \tag{7-37}
$$

利用最小二乘法就可求得特征点在世界坐标系下的位置。式(7-35)并未考虑噪声的影响，因而由式(7-37)求解出的 ${}^{G}\boldsymbol{p}_f$ 并不是最优的，可以通过极大似然方式对该解进行进一步优化，这里对此不进行深入介绍。

7.3.4　系统建模及误差传播

VINS 作为一个使用了 IMU 的导航系统需要对载体在世界坐标系下的位置、速度、姿态以及陀螺仪和加速度计的零偏进行建模。同时由于采用了延时特征点估计的方法，需要对历史的相机位置和姿态进行建模。系统建模的状态如式(7-38)所示：

$$
\begin{cases}
\boldsymbol{x}_k=\left[\left(\boldsymbol{x}_k^{I}\right)^{\mathrm{T}}\quad\left(\boldsymbol{x}_k^{\pi}\right)^{\mathrm{T}}\right]^{\mathrm{T}} \\
\boldsymbol{x}_k^{I}=\left[{}^{I_k}_{G}\boldsymbol{\theta}^{\mathrm{T}}\quad{}^{G}\boldsymbol{p}_{I_k}^{\mathrm{T}}\quad{}^{G}\boldsymbol{v}_{I_k}^{\mathrm{T}}\quad\left(\boldsymbol{b}_g^{k}\right)^{\mathrm{T}}\quad\left(\boldsymbol{b}_a^{k}\right)^{\mathrm{T}}\right]^{\mathrm{T}} \\
\boldsymbol{x}_k^{\pi}=\left[\boldsymbol{\pi}_1^{\mathrm{T}},\cdots,\boldsymbol{\pi}_i^{\mathrm{T}},\cdots,\boldsymbol{\pi}_N^{\mathrm{T}}\right]^{\mathrm{T}} \\
\boldsymbol{\pi}_i=\left[{}^{C_i}_{G}\boldsymbol{\theta}^{\mathrm{T}}\quad{}^{G}\boldsymbol{p}_{C_i}^{\mathrm{T}}\right]^{\mathrm{T}}
\end{cases} \tag{7-38}
$$

其中，$\boldsymbol{x}_k$ 为 k 时刻系统完整的状态；$\boldsymbol{x}_k^I$ 为 k 时刻与 IMU 相关的状态；$\boldsymbol{x}_k^\pi$ 为历史相机位姿相关状态；$\boldsymbol{\pi}_1,\cdots,\boldsymbol{\pi}_i,\cdots,\boldsymbol{\pi}_N$ 为 N 个历史时刻的相机位姿。

与式(7-38)对应的误差状态向量记为 $\tilde{\boldsymbol{x}}_k$，如式(7-39)所示：

$$\begin{cases}\tilde{\boldsymbol{x}}_k=\left[\left(\tilde{\boldsymbol{x}}_k^I\right)^{\mathrm{T}} \quad \left(\tilde{\boldsymbol{x}}_k^\pi\right)^{\mathrm{T}}\right]^{\mathrm{T}} \\ \tilde{\boldsymbol{x}}_k^I=\left[{}_G^{I_k}\tilde{\boldsymbol{\theta}}^{\mathrm{T}} \quad {}^G\tilde{\boldsymbol{p}}_{I_k}^{\mathrm{T}} \quad {}^G\tilde{\boldsymbol{v}}_{I_k}^{\mathrm{T}} \quad \left(\tilde{\boldsymbol{b}}_g^k\right)^{\mathrm{T}} \quad \left(\tilde{\boldsymbol{b}}_a^k\right)^{\mathrm{T}}\right]^{\mathrm{T}} \\ \tilde{\boldsymbol{x}}_k^\pi=\left[\tilde{\boldsymbol{\pi}}_1^{\mathrm{T}},\cdots,\tilde{\boldsymbol{\pi}}_i^{\mathrm{T}},\cdots,\tilde{\boldsymbol{\pi}}_N^{\mathrm{T}}\right]^{\mathrm{T}} \\ \tilde{\boldsymbol{\pi}}_i=\left[{}_G^{C_i}\tilde{\boldsymbol{\theta}}^{\mathrm{T}} \quad {}^G\tilde{\boldsymbol{p}}_{C_i}^{\mathrm{T}}\right]^{\mathrm{T}}\end{cases} \tag{7-39}$$

其中，$\tilde{\boldsymbol{x}}_k$ 为 k 时刻系统完整的误差状态；$\tilde{\boldsymbol{x}}_k^I$ 为 k 时刻与 IMU 相关的误差状态；$\tilde{\boldsymbol{x}}_k^\pi$ 为历史时刻相机位姿相关误差状态；$\tilde{\boldsymbol{\pi}}_1,\cdots,\tilde{\boldsymbol{\pi}}_i,\cdots,\tilde{\boldsymbol{\pi}}_N$ 为历史时刻的相机位姿误差；${}_G^{I_k}\tilde{\boldsymbol{\theta}}$ 为 k 时刻载体的姿态误差；${}^G\tilde{\boldsymbol{p}}_{I_k}$ 为 k 时刻载体的位置误差；${}^G\tilde{\boldsymbol{v}}_{I_k}$ 为 k 时刻载体的速度误差；$\tilde{\boldsymbol{b}}_g^k$、$\tilde{\boldsymbol{b}}_a^k$ 分别为陀螺仪和加速度计的零偏误差；${}_G^{C_i}\tilde{\boldsymbol{\theta}}$ 为第 i 个历史时刻的相机姿态误差；${}^G\tilde{\boldsymbol{p}}_{C_i}$ 为第 i 个历史时刻的相机位置误差。

误差状态与真值和估计值之间的关系通过式(7-40)进行建立：

$$\begin{cases}{}_G^{I_k}\boldsymbol{R}={}_G^{I_k}\tilde{\boldsymbol{R}}\,{}_G^{I_k}\hat{\boldsymbol{R}}\approx\left[\boldsymbol{I}_3-\left({}_G^{I_k}\tilde{\boldsymbol{\theta}}\times\right)\right]{}_G^{I_k}\hat{\boldsymbol{R}} \\ {}^G\boldsymbol{p}_{I_k}={}^G\tilde{\boldsymbol{p}}_{I_k}+{}^G\hat{\boldsymbol{p}}_{I_k} \\ {}^G\boldsymbol{v}_{I_k}={}^G\tilde{\boldsymbol{v}}_{I_k}+{}^G\hat{\boldsymbol{v}}_{I_k} \\ \boldsymbol{b}_g^k=\tilde{\boldsymbol{b}}_g^k+\hat{\boldsymbol{b}}_g^k \\ \boldsymbol{b}_a^k=\tilde{\boldsymbol{b}}_a^k+\hat{\boldsymbol{b}}_a^k \\ {}_G^{C_i}\boldsymbol{R}={}_G^{C_i}\tilde{\boldsymbol{R}}\,{}_G^{C_i}\hat{\boldsymbol{R}}=\left[\boldsymbol{I}_3-\left({}_G^{C_i}\tilde{\boldsymbol{\theta}}\times\right)\right]{}_G^{C_i}\hat{\boldsymbol{R}} \\ {}^G\boldsymbol{p}_{C_i}={}^G\tilde{\boldsymbol{p}}_{C_i}+{}^G\hat{\boldsymbol{p}}_{C_i}\end{cases} \tag{7-40}$$

其中，$(\hat{\cdot})$ 为估计值。

首先对 IMU 相关的误差状态 $\tilde{\boldsymbol{x}}_{k+1}^I$ 的传播进行推导。

(1)姿态误差传播方程。

载体在 $k+1$ 时刻和 k 时刻的姿态推位关系如式(7-41)所示：

$${}_G^{I_{k+1}}\boldsymbol{R}={}_{I_k}^{I_{k+1}}\boldsymbol{R}\,{}_G^{I_k}\boldsymbol{R} \tag{7-41}$$

由式(7-40)建立的误差状态与真值和估计值之间的关系可得

$$\left[\boldsymbol{I}_3-\left({}_G^{I_{k+1}}\tilde{\boldsymbol{\theta}}\times\right)\right]{}_G^{I_{k+1}}\hat{\boldsymbol{R}}={}_{I_k}^{I_{k+1}}\boldsymbol{R}\left[\boldsymbol{I}_3-\left({}_G^{I_k}\tilde{\boldsymbol{\theta}}\times\right)\right]{}_G^{I_k}\hat{\boldsymbol{R}} \tag{7-42}$$

姿态变化量 ${}_{I_k}^{I_{k+1}}\boldsymbol{R}$ 与角速度的关系如式(7-43)所示：

$${}_{I_k}^{I_{k+1}}\boldsymbol{R}\approx\exp\left\{-\boldsymbol{\omega}^k\Delta t\times\right\}=\exp\left\{-\left(\hat{\boldsymbol{\omega}}^k+\tilde{\boldsymbol{\omega}}^k\right)\Delta t\times\right\} \tag{7-43}$$

其中，$\boldsymbol{\omega}^k$ 为 k 时刻载体真实角速度；$\hat{\boldsymbol{\omega}}^k$ 为 k 时刻载体估计角速度(根据式(7-28)计算)；$\tilde{\boldsymbol{\omega}}^k$

为 k 时刻载体角速度误差。

联立式(7-20)和式(7-28)，整理可得

$$\tilde{\boldsymbol{\omega}}^k = -\left(\tilde{\boldsymbol{b}}_g^k + \boldsymbol{n}_{gd}^k\right) \tag{7-44}$$

将式(7-43)代入式(7-42)可得

$$\left[\boldsymbol{I}_3 - \left({}^{I_{k+1}}_{G}\tilde{\boldsymbol{\theta}}\times\right)\right]{}^{I_{k+1}}_{G}\hat{\boldsymbol{R}} \approx \exp\left\{-\left(\hat{\boldsymbol{\omega}}^k\Delta t\times\right)-\left(\tilde{\boldsymbol{\omega}}^k\Delta t\times\right)\right\}\left[\boldsymbol{I}_3 - \left({}^{I_k}_{G}\tilde{\boldsymbol{\theta}}\times\right)\right]{}^{I_k}_{G}\hat{\boldsymbol{R}} \tag{7-45}$$

Baker-Campbell-Hausdorff(BCH) 公式的线性近似表达式为 $\exp(\boldsymbol{\phi}_1\times)\exp(\boldsymbol{\phi}_2\times)\approx \exp((\boldsymbol{J}_r(\boldsymbol{\phi}_1)^{-1}\boldsymbol{\phi}_2+\boldsymbol{\phi}_1)\times)$，其中 $\boldsymbol{\phi}_2$ 为小量。由 BCH 公式近似可得

$$\begin{aligned}\exp\left[-\left(\hat{\boldsymbol{\omega}}^k\Delta t\times\right)-\left(\tilde{\boldsymbol{\omega}}^k\Delta t\times\right)\right] &\approx \exp\left(-\hat{\boldsymbol{\omega}}^k\Delta t\times\right)\exp\left[-\boldsymbol{J}_r\left(-\hat{\boldsymbol{\omega}}^k\Delta t\right)\tilde{\boldsymbol{\omega}}^k\Delta t\times\right]\\ &\approx {}^{I_{k+1}}_{I_k}\hat{\boldsymbol{R}}\left(\boldsymbol{I}_3 - \left\{\left[\boldsymbol{J}_r\left(-\hat{\boldsymbol{\omega}}^k\Delta t\right)\tilde{\boldsymbol{\omega}}^k\Delta t\right]\times\right\}\right)\end{aligned} \tag{7-46}$$

其中，$\boldsymbol{J}_r(\boldsymbol{\theta})$ 表示右乘 BCH 近似雅可比矩阵：

$$\boldsymbol{J}_r(\boldsymbol{\theta}) = \frac{\sin\theta}{\theta}\boldsymbol{I}_3 + \left(1-\frac{\sin\theta}{\theta}\right)\boldsymbol{u}\boldsymbol{u}^{\mathrm{T}} - \frac{1-\cos\theta}{\theta}(\boldsymbol{u}\times) \tag{7-47}$$

其中，$\theta = \|\boldsymbol{\theta}\|$；$\boldsymbol{u} = \dfrac{\boldsymbol{\theta}}{\theta}$。

将式(7-44)和式(7-46)代入式(7-45)并忽略二阶小量可推得

$${}^{I_{k+1}}_{G}\tilde{\boldsymbol{\theta}} \approx {}^{I_{k+1}}_{I_k}\hat{\boldsymbol{R}}\,{}^{I_k}_{G}\tilde{\boldsymbol{\theta}} - {}^{I_{k+1}}_{I_k}\hat{\boldsymbol{R}}\boldsymbol{J}_r\left({}^{I_{k+1}}_{I_k}\hat{\boldsymbol{\theta}}\right)\left(\tilde{\boldsymbol{b}}_g^k + \boldsymbol{n}_{gd}^k\right)\Delta t \tag{7-48}$$

(2) 速度误差传播方程。

载体在 $k+1$ 时刻和 k 时刻的速度推位关系如式(7-49)所示：

$${}^{G}\boldsymbol{v}_{I_{k+1}} = {}^{G}\boldsymbol{v}_{I_k} + {}^{I_k}_{G}\boldsymbol{R}^{\mathrm{T}}\boldsymbol{a}^k\Delta t = {}^{G}\boldsymbol{v}_{I_k} + {}^{G}\boldsymbol{g}\Delta t + {}^{I_k}_{G}\boldsymbol{R}^{\mathrm{T}}\left(\boldsymbol{a}_m^k - \boldsymbol{b}_a^k - \boldsymbol{n}_{ad}^k\right)\Delta t \tag{7-49}$$

由式(7-40)建立的误差状态与真值和估计值之间的关系可得

$$\begin{aligned}{}^{G}\hat{\boldsymbol{v}}_{I_{k+1}} + {}^{G}\tilde{\boldsymbol{v}}_{I_{k+1}} &= {}^{G}\hat{\boldsymbol{v}}_{I_k} + {}^{G}\tilde{\boldsymbol{v}}_{I_k} + {}^{G}\boldsymbol{g}\Delta t\\ &\quad+\left\{\left[\boldsymbol{I}_3 - \left({}^{I_k}_{G}\tilde{\boldsymbol{\theta}}\times\right)\right]{}^{I_k}_{G}\hat{\boldsymbol{R}}\right\}^{\mathrm{T}}\left(\boldsymbol{a}_m^k - \boldsymbol{b}_a^k - \boldsymbol{n}_{ad}^k\right)\Delta t\end{aligned} \tag{7-50}$$

将式(7-50)与式(7-31)作差，并忽略二阶小量可得

$${}^{G}\tilde{\boldsymbol{v}}_{I_{k+1}} = {}^{G}\tilde{\boldsymbol{v}}_{I_k} - {}^{I_k}_{G}\hat{\boldsymbol{R}}^{\mathrm{T}}\left[\left(\hat{\boldsymbol{a}}^k - {}^{I_k}_{G}\hat{\boldsymbol{R}}{}^{G}\boldsymbol{g}\right)\Delta t\times\right]{}^{I_k}_{G}\tilde{\boldsymbol{\theta}} - {}^{I_k}_{G}\hat{\boldsymbol{R}}^{\mathrm{T}}\left(\tilde{\boldsymbol{b}}_a^k + \boldsymbol{n}_{ad}^k\right)\Delta t \tag{7-51}$$

(3) 位置误差传播方程。

位置误差传播方程的推导与速度类似，直接给出最终结果为

$$\begin{aligned}{}^{G}\tilde{\boldsymbol{p}}_{I_{k+1}} &= {}^{G}\tilde{\boldsymbol{p}}_{I_k} + {}^{G}\tilde{\boldsymbol{v}}_{I_k}\Delta t - \frac{1}{2}{}^{I_k}_{G}\hat{\boldsymbol{R}}^{\mathrm{T}}\left(\hat{\boldsymbol{a}}^k\Delta t^2\times\right){}^{I_k}_{G}\tilde{\boldsymbol{\theta}}\\ &\quad-\frac{1}{2}{}^{I_k}_{G}\hat{\boldsymbol{R}}^{\mathrm{T}}\left(\tilde{\boldsymbol{b}}_a^k + \boldsymbol{n}_{ad}^k\right)\Delta t^2\end{aligned} \tag{7-52}$$

(4) 零偏误差传播方程。

零偏误差传播方程为

$$\begin{cases} \tilde{\boldsymbol{b}}_g^{k+1} = \tilde{\boldsymbol{b}}_g^k + \boldsymbol{n}_{wgd}^k \\ \tilde{\boldsymbol{b}}_a^{k+1} = \tilde{\boldsymbol{b}}_a^k + \boldsymbol{n}_{wad}^k \end{cases} \tag{7-53}$$

联立式(7-48)~式(7-53)可得 $\tilde{\boldsymbol{x}}_k^I$ 的传播方程为

$$\tilde{\boldsymbol{x}}_{k+1}^I = \boldsymbol{\varPhi}_{k+1,k}\tilde{\boldsymbol{x}}_k^I + \boldsymbol{G}_k\boldsymbol{n}_k \tag{7-54}$$

其中，系统状态转移矩阵 $\boldsymbol{\varPhi}_{k+1,k}$ 为

$$\begin{bmatrix} {}_{I_k}^{I_{k+1}}\hat{\boldsymbol{R}} & \boldsymbol{0}_3 & \boldsymbol{0}_3 & -{}_{I_k}^{I_{k+1}}\hat{\boldsymbol{R}}\boldsymbol{J}_r\left({}_{I_k}^{I_{k+1}}\tilde{\boldsymbol{\theta}}\right)\Delta t & \boldsymbol{0}_3 \\ -\dfrac{1}{2}{}_G^{I_k}\hat{\boldsymbol{R}}^{\mathrm{T}}\left(\hat{\boldsymbol{a}}^k\Delta t^2\times\right) & \boldsymbol{I}_3 & \Delta t\boldsymbol{I}_3 & \boldsymbol{0}_3 & -\dfrac{1}{2}{}_G^{I_k}\hat{\boldsymbol{R}}^{\mathrm{T}}\Delta t^2 \\ -{}_G^{I_k}\hat{\boldsymbol{R}}^{\mathrm{T}}\left[\left(\hat{\boldsymbol{a}}^k - {}_G^{I_k}\hat{\boldsymbol{R}}^{\mathrm{G}}\boldsymbol{g}\right)\Delta t\times\right] & \boldsymbol{0}_3 & \boldsymbol{I}_3 & \boldsymbol{0}_3 & -{}_G^{I_k}\hat{\boldsymbol{R}}^{\mathrm{T}}\Delta t \\ \boldsymbol{0}_3 & \boldsymbol{0}_3 & \boldsymbol{0}_3 & \boldsymbol{I}_3 & \boldsymbol{0}_3 \\ \boldsymbol{0}_3 & \boldsymbol{0}_3 & \boldsymbol{0}_3 & \boldsymbol{0}_3 & \boldsymbol{I}_3 \end{bmatrix} \tag{7-55}$$

系统噪声驱动矩阵 $\boldsymbol{G}_k$ 为

$$\begin{bmatrix} -{}_{I_k}^{I_{k+1}}\hat{\boldsymbol{R}}\boldsymbol{J}_r\left({}_{I_k}^{I_{k+1}}\tilde{\boldsymbol{\theta}}\right)\Delta t & \boldsymbol{0}_3 & \boldsymbol{0}_3 & \boldsymbol{0}_3 \\ \boldsymbol{0}_3 & -\dfrac{1}{2}{}_G^{I_k}\hat{\boldsymbol{R}}^{\mathrm{T}}\Delta t^2 & \boldsymbol{0}_3 & \boldsymbol{0}_3 \\ \boldsymbol{0}_3 & -{}_G^{I_k}\hat{\boldsymbol{R}}^{\mathrm{T}}\Delta t & \boldsymbol{0}_3 & \boldsymbol{0}_3 \\ \boldsymbol{0}_3 & \boldsymbol{0}_3 & \boldsymbol{I}_3 & \boldsymbol{0}_3 \\ \boldsymbol{0}_3 & \boldsymbol{0}_3 & \boldsymbol{0}_3 & \boldsymbol{I}_3 \end{bmatrix} \tag{7-56}$$

系统噪声为

$$\boldsymbol{n}_k = \left[\boldsymbol{n}_{gd}^k\ \boldsymbol{n}_{ad}^k\ \boldsymbol{n}_{wgd}^k\ \boldsymbol{n}_{wad}^k\right]^{\mathrm{T}} \tag{7-57}$$

其对应的协方差矩阵 $\boldsymbol{Q}_d$ 为

$$\boldsymbol{Q}_d = \operatorname{diag}\left(\frac{\sigma_g^2}{\Delta t}\cdot\boldsymbol{I}_3 \quad \frac{\sigma_a^2}{\Delta t}\cdot\boldsymbol{I}_3 \quad \Delta t\cdot\sigma_{wg}^2\cdot\boldsymbol{I}_3 \quad \Delta t\cdot\sigma_{wa}^2\cdot\boldsymbol{I}_3\right) \tag{7-58}$$

与 $\tilde{\boldsymbol{x}}_k^I$ 建模当前时刻误差不同，历史相机位姿误差 $\tilde{\boldsymbol{\pi}}_1^{\mathrm{T}},\cdots,\tilde{\boldsymbol{\pi}}_N^{\mathrm{T}}$ 建模的是某一固定历史时刻的相机位姿误差，并不会随着时间进行传播，故有

$$\tilde{\boldsymbol{x}}_{k+1}^{\pi} = \tilde{\boldsymbol{x}}_k^{\pi} \tag{7-59}$$

合并式(7-54)、式(7-59)可得整个系统的误差传播方程为

$$\tilde{\boldsymbol{x}}_{k+1} = \begin{bmatrix} \tilde{\boldsymbol{x}}_{k+1}^I \\ \tilde{\boldsymbol{x}}_{k+1}^{\pi} \end{bmatrix} = \begin{bmatrix} \boldsymbol{\varPhi}_{k+1,k} & \boldsymbol{0}_{15\times6N} \\ \boldsymbol{0}_{6N\times15} & \boldsymbol{I}_{6N\times6N} \end{bmatrix}\begin{bmatrix} \tilde{\boldsymbol{x}}_k^I \\ \tilde{\boldsymbol{x}}_k^{\pi} \end{bmatrix} + \begin{bmatrix} \boldsymbol{G}_k \\ \boldsymbol{0}_{6N\times12} \end{bmatrix}\boldsymbol{n}_k \tag{7-60}$$

当 IMU 有输出时，需要对协方差进行更新，根据式(7-60)表示的误差传播方程可得协方差时间更新方程为

$$
\begin{aligned}
\boldsymbol{P}_{k+1|k} &= \begin{bmatrix} \boldsymbol{\Phi}_{k+1,k} & \boldsymbol{0}_{15\times 6N} \\ \boldsymbol{0}_{6N\times 15} & \boldsymbol{I}_{6N\times 6N} \end{bmatrix} \begin{bmatrix} \boldsymbol{P}_{k|k}^{II} & \boldsymbol{P}_{k|k}^{I\pi} \\ (\boldsymbol{P}_{k|k}^{I\pi})^{\mathrm{T}} & \boldsymbol{P}_{k|k}^{\pi\pi} \end{bmatrix} \begin{bmatrix} \boldsymbol{\Phi}_{k+1,k} & \boldsymbol{0}_{15\times 6N} \\ \boldsymbol{0}_{6N\times 15} & \boldsymbol{I}_{6N\times 6N} \end{bmatrix}^{\mathrm{T}} \\
&\quad + \begin{bmatrix} \boldsymbol{G}_k \\ \boldsymbol{0}_{6N\times 12} \end{bmatrix} \boldsymbol{Q}_d \begin{bmatrix} \boldsymbol{G}_k \\ \boldsymbol{0}_{6N\times 12} \end{bmatrix}^{\mathrm{T}} \\
&= \begin{bmatrix} \boldsymbol{\Phi}_{k+1,k} \boldsymbol{P}_{k|k}^{II} \boldsymbol{\Phi}_{k+1,k}^{\mathrm{T}} + \boldsymbol{G}_k \boldsymbol{Q}_d \boldsymbol{G}_k^{\mathrm{T}} & \boldsymbol{\Phi}_{k+1,k} \boldsymbol{P}_{k|k}^{I\pi} \\ (\boldsymbol{P}_{k|k}^{I\pi})^{\mathrm{T}} \boldsymbol{\Phi}_{k+1,k}^{\mathrm{T}} & \boldsymbol{P}_{k|k}^{\pi\pi} \end{bmatrix}
\end{aligned}
\tag{7-61}
$$

其中，$\boldsymbol{P}_{k+1|k}$ 为时间更新后的整个系统误差协方差矩阵；$\boldsymbol{P}_{k|k}^{II}$ 为时间更新前 IMU 相关状态的误差协方差矩阵；$\boldsymbol{P}_{k|k}^{\pi\pi}$ 为时间更新前历史相机位姿相关状态的误差协方差矩阵；$\boldsymbol{P}_{k|k}^{I\pi}$ 为时间更新前 IMU 相关误差状态和历史相机位姿相关误差状态之间的互协方差矩阵。

7.3.5　系统状态扩维

为了限制历史相机位姿状态的维度，$\boldsymbol{x}_k^{\pi} = \{\boldsymbol{\pi}_1, \cdots, \boldsymbol{\pi}_i, \cdots, \boldsymbol{\pi}_N\}$ 一直保存最新的 N 个历史相机位姿，当相机输出新的图片时，需要将此时的相机位姿(记为 $\boldsymbol{\pi}_{N+1}$)纳入状态量，然后将最老的状态剔除。剔除的过程较为简单，直接将最老的相机位姿从状态量和误差状态量中去除，协方差对应的行和列删去即可。接下来主要介绍将相机位姿纳入状态量进行扩维的过程。

由于相机与 IMU 固连在系统上，所以通过相机与 IMU 之间的外参 ${}^{I}\boldsymbol{p}_C$ 和 ${}_{I}^{C}\boldsymbol{R}$ (可以通过标定获取)可建立当前时刻相机位姿 $\{{}_{G}^{C_{N+1}}\boldsymbol{R}, {}^{G}\boldsymbol{p}_{C_{N+1}}\}$ 与当前时刻 IMU 位姿 $\{{}_{G}^{I_k}\boldsymbol{R}, {}^{G}\boldsymbol{p}_{I_k}\}$ 之间的关系：

$$
{}^{G}\boldsymbol{p}_{C_{N+1}} = {}^{G}\boldsymbol{p}_{I_k} + {}_{G}^{I_k}\boldsymbol{R}^{\mathrm{T}}\,{}^{I}\boldsymbol{p}_C \tag{7-62}
$$

$$
{}_{G}^{C_{N+1}}\boldsymbol{R} = {}_{I}^{C}\boldsymbol{R}\,{}_{G}^{I_k}\boldsymbol{R} \tag{7-63}
$$

由式(7-40)建立的误差状态与真值和估计值之间的关系可得

$$
{}^{G}\hat{\boldsymbol{p}}_{C_{N+1}} + {}^{G}\tilde{\boldsymbol{p}}_{C_{N+1}} = {}^{G}\hat{\boldsymbol{p}}_{I_k} + {}^{G}\tilde{\boldsymbol{p}}_{I_k} + \left\{\left[\boldsymbol{I}_3 - \left({}_{G}^{I_k}\tilde{\boldsymbol{\theta}}\times\right)\right]{}_{G}^{I_k}\hat{\boldsymbol{R}}\right\}^{\mathrm{T}}\,{}^{I}\boldsymbol{p}_C \tag{7-64}
$$

$$
\left[\boldsymbol{I}_3 - \left({}_{G}^{C_{N+1}}\tilde{\boldsymbol{\theta}}\times\right)\right]{}_{G}^{C_{N+1}}\hat{\boldsymbol{R}} = {}_{I}^{C}\boldsymbol{R}\left[\boldsymbol{I}_3 - \left({}_{G}^{I_k}\tilde{\boldsymbol{\theta}}\times\right)\right]{}_{G}^{I_k}\hat{\boldsymbol{R}} \tag{7-65}
$$

由式(7-62)和式(7-63)可知，当前时刻相机位姿与 IMU 位姿估计值的关系为

$$
{}^{G}\hat{\boldsymbol{p}}_{C_{N+1}} = {}^{G}\hat{\boldsymbol{p}}_{I_k} + {}_{G}^{I_k}\hat{\boldsymbol{R}}^{\mathrm{T}}\,{}^{I}\boldsymbol{p}_C \tag{7-66}
$$

$$
{}_{G}^{C_{N+1}}\hat{\boldsymbol{R}} = {}_{I}^{C}\boldsymbol{R}\,{}_{G}^{I_k}\hat{\boldsymbol{R}} \tag{7-67}
$$

将式(7-64)～式(7-67)联立，可以得到当前时刻相机位姿误差与当前时刻 IMU 位姿误差之间的关系为

$$
{}^{G}\tilde{\boldsymbol{p}}_{C_{N+1}} = {}^{G}\tilde{\boldsymbol{p}}_{I_k} - {}_{G}^{I_k}\hat{\boldsymbol{R}}^{\mathrm{T}}\left({}^{I}\boldsymbol{p}_C\times\right){}_{G}^{I_k}\tilde{\boldsymbol{\theta}} \tag{7-68}
$$

$$
{}_{G}^{C_{N+1}}\tilde{\boldsymbol{\theta}} = {}_{I}^{C}\boldsymbol{R}\,{}_{G}^{I_k}\tilde{\boldsymbol{\theta}} \tag{7-69}
$$

由式(7-68)和式(7-69)可得 $\tilde{\boldsymbol{\pi}}_{N+1}$ 与 $\tilde{\boldsymbol{x}}_k^{I}$ 之间的关系为

$$\tilde{\boldsymbol{\pi}}_{N+1}=\begin{bmatrix} {}^{C_{N+1}}_{G}\tilde{\boldsymbol{\theta}} \\ {}^{G}\tilde{\boldsymbol{p}}_{C_{N+1}} \end{bmatrix}=\begin{bmatrix} {}^{C}_{I}\boldsymbol{R} & \mathbf{0}_{3\times3} & \mathbf{0}_{3\times9} \\ -{}^{I_k}_{G}\hat{\boldsymbol{R}}^{\mathrm{T}}\left({}^{I}\boldsymbol{p}_C\times\right) & \boldsymbol{I}_{3\times3} & \mathbf{0}_{3\times9} \end{bmatrix}\tilde{\boldsymbol{x}}_k^I=\boldsymbol{J}_k\tilde{\boldsymbol{x}}_k^I \tag{7-70}$$

将当前时刻相机位姿误差状态纳入系统误差状态向量后，系统误差状态向量变为

$$\tilde{\boldsymbol{x}}_k'=\begin{bmatrix}\left(\tilde{\boldsymbol{x}}_k^I\right)^{\mathrm{T}} & \left(\tilde{\boldsymbol{x}}_k^{\pi}\right)^{\mathrm{T}} & \tilde{\boldsymbol{\pi}}_{N+1}^{\mathrm{T}}\end{bmatrix}^{\mathrm{T}} \tag{7-71}$$

其中，$\tilde{\boldsymbol{x}}_k'$ 与 $\tilde{\boldsymbol{x}}_k$ 之间的关系可由式(7-72)建立：

$$\tilde{\boldsymbol{x}}_k'=\begin{bmatrix}\tilde{\boldsymbol{x}}_k^I \\ \tilde{\boldsymbol{x}}_k^{\pi} \\ \tilde{\boldsymbol{\pi}}_{N+1}\end{bmatrix}=\begin{bmatrix}\boldsymbol{I}_{15\times15} & \mathbf{0}_{15\times6N} \\ \mathbf{0}_{6N\times15} & \boldsymbol{I}_{6N\times6N} \\ \boldsymbol{J}_k & \mathbf{0}_{6\times6N}\end{bmatrix}\begin{bmatrix}\tilde{\boldsymbol{x}}_k^I \\ \tilde{\boldsymbol{x}}_k^{\pi}\end{bmatrix} \tag{7-72}$$

因此，扩维前后的协方差关系如式(7-73)所示：

$$\begin{aligned}\boldsymbol{P}_k'&=\begin{bmatrix}\boldsymbol{I}_{15\times15} & \mathbf{0}_{15\times6N} \\ \mathbf{0}_{6N\times15} & \boldsymbol{I}_{6N\times6N} \\ \boldsymbol{J}_k & \mathbf{0}_{6\times6N}\end{bmatrix}\begin{bmatrix}\boldsymbol{P}_k^{II} & \boldsymbol{P}_k^{I\pi} \\ (\boldsymbol{P}_k^{I\pi})^{\mathrm{T}} & \boldsymbol{P}_k^{\pi\pi}\end{bmatrix}\begin{bmatrix}\boldsymbol{I}_{15\times15} & \mathbf{0}_{15\times6N} \\ \mathbf{0}_{6N\times15} & \boldsymbol{I}_{6N\times6N} \\ \boldsymbol{J}_k & \mathbf{0}_{6\times6N}\end{bmatrix}^{\mathrm{T}} \\ &=\begin{bmatrix}\boldsymbol{P}_k^{II} & \boldsymbol{P}_k^{I\pi} & \left(\boldsymbol{J}_k\boldsymbol{P}_k^{II}\right)^{\mathrm{T}} \\ (\boldsymbol{P}_k^{I\pi})^{\mathrm{T}} & \boldsymbol{P}_k^{\pi\pi} & \left(\boldsymbol{J}_k\boldsymbol{P}_k^{I\pi}\right)^{\mathrm{T}} \\ \boldsymbol{J}_k\boldsymbol{P}_k^{II} & \boldsymbol{J}_k\boldsymbol{P}_k^{I\pi} & \boldsymbol{J}_k\boldsymbol{P}_k^{\pi\pi}\boldsymbol{J}_k^{\mathrm{T}}\end{bmatrix}\end{aligned} \tag{7-73}$$

7.3.6　量测模型建立及量测更新

当相机输出新的图片时，系统在完成 7.3.5 节所述的状态扩维后需要进行量测更新。在进行量测更新前，选择参与本次更新的特征点，然后将参与本次更新的特征点进行延迟特征点估计，最后将延迟特征点估计中计算出的特征点空间位置代入式(7-34)建立量测方程。

选择参与更新特征点的原则是保证信息得到充分利用，因此参与更新的特征点需要满足下列两种情况之一：

(1)当建模的所有历史时刻相机都对该特征点进行了观测(如图 7-5 实五角星所示)。

(2)当最新时刻相机对该特征点跟踪丢失时(如图 7-5 虚五角星所示)。

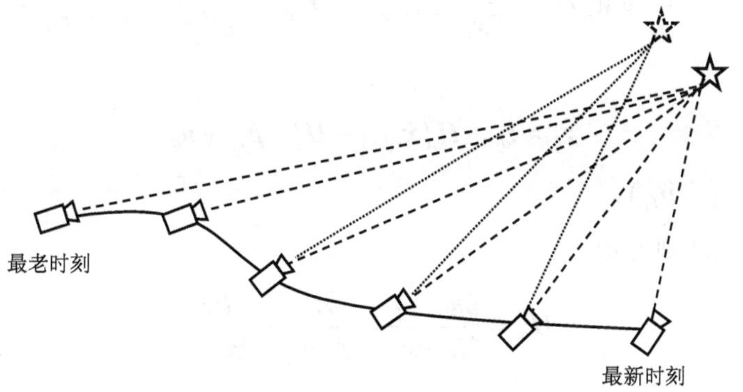

图 7-5　参与量测更新的特征点

对于第一种情况，建模的所有时刻都对该特征点进行了观测，该特征点对所有时刻的相机位姿都存在约束。但是此时系统状态中已有 N 个时刻的相机位姿，下次量测更新之前会将最老时刻的相机位姿剔除。如果该特征点不参与本次量测更新，下次量测更新时其对最老时刻的相机位姿的约束将会随着最老历史相机状态剔除而消失，这意味着量测信息没有得到充分利用。因此，为了使得信息被充分利用，这种特征点需要参与本次量测更新。

对于第二种情况，在最新时刻相机没有观测到该特征点，即该特征点被跟丢时，表示该特征点无法对后续相机位姿产生直接约束，故也无法提供更多的量测信息，也需要参与本次量测更新。

假设满足上述条件的特征点有 M 个，参与此次更新的特征点集合记为 $\{\boldsymbol{p}_{f_1},\cdots,\boldsymbol{p}_{f_j},\cdots,\boldsymbol{p}_{f_M}\}$，将被纳入状态量的 N 个历史相机坐标系记为 $\{\boldsymbol{C}_1,\cdots,\boldsymbol{C}_i,\cdots,\boldsymbol{C}_N\}$，特征点 $\boldsymbol{p}_{f_j}$ 在 $\{\boldsymbol{C}_i\}$ 系下的归一化坐标记为 ${}^{C_i}\boldsymbol{z}_{f_j}$，其中第三维度始终是 1，将其前两维记为 $\boldsymbol{z}_{ij}$。$\boldsymbol{z}_{ij}$ 与特征点 j 在 $\{\boldsymbol{C}_i\}$ 系下的坐标 ${}^{C_i}\boldsymbol{p}_{f_j}$ 之间的关系如式(7-74)所示：

$$\boldsymbol{z}_{ij}=\boldsymbol{h}_1\left({}^{C_i}\boldsymbol{p}_{f_j}\right)+\boldsymbol{n}_{ij}=\frac{1}{{}^{C_i}z_{f_j}}\begin{bmatrix}{}^{C_i}x_{f_j}\\{}^{C_i}y_{f_j}\end{bmatrix}+\boldsymbol{n}_{ij} \tag{7-74}$$

其中，${}^{C_i}x_{f_j}$、${}^{C_i}y_{f_j}$、${}^{C_i}z_{f_j}$ 分别为 ${}^{C_i}\boldsymbol{p}_{f_j}$ 的三轴分量；$\boldsymbol{n}_{ij}$ 为相机量测噪声且 $\boldsymbol{n}_{ij}\sim\boldsymbol{N}(0,\sigma_m^2\boldsymbol{I}_2)$；${}^{C_i}\boldsymbol{p}_{f_j}$ 与状态变量 $\boldsymbol{x}_k$ 的关系如式(7-75)所示：

$${}^{C_i}\boldsymbol{p}_{f_j}=\boldsymbol{h}_2\left(\boldsymbol{x}_k,{}^{G}\boldsymbol{p}_{f_j}\right)={}^{C_i}_{G}\boldsymbol{R}\left({}^{G}\boldsymbol{p}_{f_j}-{}^{G}\boldsymbol{p}_{C_i}\right) \tag{7-75}$$

将式(7-75)代入式(7-74)可得

$$\boldsymbol{z}_{ij}=\boldsymbol{h}\left(\boldsymbol{x}_k,{}^{G}\boldsymbol{p}_{f_j}\right)+\boldsymbol{n}_{ij}=\boldsymbol{h}_1\left[\boldsymbol{h}_2\left(\boldsymbol{x}_k,{}^{G}\boldsymbol{p}_{f_j}\right)\right]+\boldsymbol{n}_{ij} \tag{7-76}$$

将式(7-76)在 $\hat{\boldsymbol{x}}_{k|k-1}$、${}^{G}\hat{\boldsymbol{p}}_{f_j}$ 处进行一阶泰勒级数展开，即

$$\begin{aligned}\boldsymbol{z}_{ij}\approx{}&\boldsymbol{h}\left(\hat{\boldsymbol{x}}_{k|k-1},{}^{G}\hat{\boldsymbol{p}}_{f_j}\right)+\frac{\partial\boldsymbol{h}}{\partial\boldsymbol{x}_k}\Big|_{\boldsymbol{x}_k=\hat{\boldsymbol{x}}_{k|k-1}}\left(\boldsymbol{x}_k-\hat{\boldsymbol{x}}_{k|k-1}\right)\\&+\frac{\partial\boldsymbol{h}}{\partial{}^{G}\boldsymbol{p}_{f_j}}\Big|_{{}^{G}\boldsymbol{p}_{f_j}={}^{G}\hat{\boldsymbol{p}}_{f_j}}\left({}^{G}\boldsymbol{p}_{f_j}-{}^{G}\hat{\boldsymbol{p}}_{f_j}\right)+\boldsymbol{n}_{ij}\end{aligned} \tag{7-77}$$

其中，$\hat{\boldsymbol{x}}_{k|k-1}$ 为系统状态的一步预测值；${}^{G}\hat{\boldsymbol{p}}_{f_j}$ 为特征点位置估计值。

为方便后续推导，可记 $\boldsymbol{H}_{\boldsymbol{x}}^{ij}=\frac{\partial\boldsymbol{z}_{ij}}{\partial\boldsymbol{x}_k}\big|_{\boldsymbol{x}_k=\hat{\boldsymbol{x}}_{k|k-1}}$、$\boldsymbol{H}_{\boldsymbol{p}}^{ij}=\frac{\partial\boldsymbol{h}}{\partial{}^{G}\boldsymbol{p}_{f_j}}\big|_{{}^{G}\boldsymbol{p}_{f_j}={}^{G}\hat{\boldsymbol{p}}_{f_j}}$。因此，式(7-77)可简化为

$$\boldsymbol{z}_{ij}\approx\hat{\boldsymbol{z}}_{ij}+\boldsymbol{H}_{\boldsymbol{x}}^{ij}\tilde{\boldsymbol{x}}_{k|k-1}+\boldsymbol{H}_{\boldsymbol{p}}^{ij}\,{}^{G}\tilde{\boldsymbol{p}}_{f_j}+\boldsymbol{n}_{ij} \tag{7-78}$$

其中，$\hat{\boldsymbol{z}}_{ij}=\boldsymbol{h}(\hat{\boldsymbol{x}}_{k|k-1},{}^{G}\hat{\boldsymbol{p}}_{f_j})$。

由偏导数链式法则可知

$$\boldsymbol{H}_{\boldsymbol{x}}^{ij}=\frac{\partial\boldsymbol{h}_1}{\partial\boldsymbol{h}_2}\frac{\partial\boldsymbol{h}_2}{\partial\boldsymbol{x}_k}=\frac{\partial\boldsymbol{z}_{ij}}{\partial{}^{C_i}\boldsymbol{p}_{f_j}}\frac{\partial{}^{C_i}\boldsymbol{p}_{f_j}}{\partial\boldsymbol{x}_k} \tag{7-79}$$

$$\boldsymbol{H}_p^{ij}=\frac{\partial \boldsymbol{h}_1}{\partial \boldsymbol{h}_2}\frac{\partial \boldsymbol{h}_2}{\partial {}^{G}\boldsymbol{p}_{f_j}}=\frac{\partial \boldsymbol{z}_{ij}}{\partial {}^{C_i}\boldsymbol{p}_{f_j}}\frac{\partial {}^{C_i}\boldsymbol{p}_{f_j}}{\partial {}^{G}\boldsymbol{p}_{f_j}} \tag{7-80}$$

(1) 计算 $\dfrac{\partial \boldsymbol{z}_{ij}}{\partial {}^{C_i}\boldsymbol{p}_{f_j}}$。

$$\frac{\partial \boldsymbol{z}_{ij}}{\partial {}^{C_i}\boldsymbol{p}_{f_j}}=\frac{\partial\begin{bmatrix}\dfrac{{}^{C_i}x_{f_j}}{{}^{C_i}z_{f_j}} & \dfrac{{}^{C_i}y_{f_j}}{{}^{C_i}z_{f_j}}\end{bmatrix}^{\mathrm{T}}}{\partial\begin{bmatrix}{}^{C_i}x_{f_j} & {}^{C_i}y_{f_j} & {}^{C_i}z_{f_j}\end{bmatrix}^{\mathrm{T}}}=\begin{bmatrix}\dfrac{1}{{}^{C_i}z_{f_j}} & 0 & -\dfrac{{}^{C_i}x_{f_j}}{\left({}^{C_i}z_{f_j}\right)^2}\\ 0 & \dfrac{1}{{}^{C_i}z_{f_j}} & -\dfrac{{}^{C_i}y_{f_j}}{\left({}^{C_i}z_{f_j}\right)^2}\end{bmatrix}=\boldsymbol{J}_{ij} \tag{7-81}$$

(2) 计算 $\dfrac{\partial {}^{C_i}\boldsymbol{p}_{f_j}}{\partial \boldsymbol{x}_k}$。

由于状态变量中只有 $\boldsymbol{\pi}_i$ 与 ${}^{C_i}\boldsymbol{p}_{f_j}$ 有关，所以有

$$\begin{aligned}\frac{\partial {}^{C_i}\boldsymbol{p}_{f_j}}{\partial \boldsymbol{x}_k}&=\frac{\partial {}^{C_i}\boldsymbol{p}_{f_j}}{\partial\begin{bmatrix}(\boldsymbol{x}_k^I)^{\mathrm{T}} & \boldsymbol{\pi}_1^{\mathrm{T}} & \cdots & \boldsymbol{\pi}_i^{\mathrm{T}} & \cdots & \boldsymbol{\pi}_N^{\mathrm{T}}\end{bmatrix}}\\&=\begin{bmatrix}\boldsymbol{0}_{3\times15} & \boldsymbol{0}_{3\times6(i-1)} & \dfrac{\partial {}^{C_i}\boldsymbol{p}_{f_j}}{\partial \boldsymbol{\pi}_i} & \boldsymbol{0}_{3\times6(N-i)}\end{bmatrix}\end{aligned} \tag{7-82}$$

其中，$\dfrac{\partial {}^{C_i}\boldsymbol{p}_{f_j}}{\partial \boldsymbol{\pi}_i}=\begin{bmatrix}\dfrac{\partial {}^{C_i}\boldsymbol{p}_{f_j}}{\partial {}^{C_i}_{G}\boldsymbol{R}} & \dfrac{\partial {}^{C_i}\boldsymbol{p}_{f_j}}{\partial {}^{G}\boldsymbol{p}_{C_i}}\end{bmatrix}$。

分别对 $\dfrac{\partial {}^{C_i}\boldsymbol{p}_{f_j}}{\partial {}^{C_i}_{G}\boldsymbol{R}}$、$\dfrac{\partial {}^{C_i}\boldsymbol{p}_{f_j}}{\partial {}^{G}\boldsymbol{p}_{C_i}}$ 进行计算，可得

$$\begin{aligned}\frac{\partial {}^{C_i}\boldsymbol{p}_{f_j}}{\partial {}^{C_i}_{G}\boldsymbol{R}}&=\lim_{{}^{C_i}_{G}\tilde{\boldsymbol{\theta}}\to\boldsymbol{0}}\frac{\left(\boldsymbol{I}_3-\left[{}^{C_i}_{G}\tilde{\boldsymbol{\theta}}\times\right]\right){}^{C_i}_{G}\boldsymbol{R}\left({}^{G}\boldsymbol{p}_{f_j}-{}^{G}\boldsymbol{p}_{C_i}\right)-{}^{C_i}_{G}\boldsymbol{R}\left({}^{G}\boldsymbol{p}_{f_j}-{}^{G}\boldsymbol{p}_{C_i}\right)}{{}^{C_i}_{G}\tilde{\boldsymbol{\theta}}}\\&=\left[{}^{C_i}_{G}\boldsymbol{R}\left({}^{G}\boldsymbol{p}_{f_j}-{}^{G}\boldsymbol{p}_{C_i}\right)\times\right]\end{aligned} \tag{7-83}$$

$$\begin{aligned}\frac{\partial {}^{C_i}\boldsymbol{p}_{f_j}}{\partial {}^{G}\boldsymbol{p}_{C_i}}&=\lim_{{}^{G}\tilde{\boldsymbol{p}}_{C_i}\to\boldsymbol{0}}\frac{{}^{C_i}_{G}\boldsymbol{R}\left[{}^{G}\boldsymbol{p}_{f_j}-\left({}^{G}\boldsymbol{p}_{C_i}+{}^{G}\tilde{\boldsymbol{p}}_{C_i}\right)\right]-{}^{C_i}_{G}\boldsymbol{R}\left({}^{G}\boldsymbol{p}_{f_j}-{}^{G}\boldsymbol{p}_{C_i}\right)}{{}^{G}\tilde{\boldsymbol{p}}_{C_i}}\\&=-{}^{C_i}_{G}\boldsymbol{R}\end{aligned} \tag{7-84}$$

将式(7-83)、式(7-84)代入式(7-82)可得

$$\frac{\partial {}^{C_i}\boldsymbol{p}_{f_j}}{\partial \boldsymbol{x}_k}=\begin{bmatrix}\boldsymbol{0}_{3\times15} & \boldsymbol{0}_{3\times6(i-1)} & \left[{}^{C_i}_{G}\boldsymbol{R}\left({}^{G}\boldsymbol{p}_{f_j}-{}^{G}\boldsymbol{p}_{C_i}\right)\times\right] & -{}^{C_i}_{G}\boldsymbol{R} & \boldsymbol{0}_{3\times6(N-i)}\end{bmatrix} \tag{7-85}$$

(3) 计算 $\dfrac{\partial {}^{C_i}\boldsymbol{p}_{f_j}}{\partial {}^{G}\boldsymbol{p}_{f_j}}$。

$$\frac{\partial^{C_i}\boldsymbol{p}_{f_j}}{\partial^{G}\boldsymbol{p}_{f_j}} = {}^{C_i}_{G}\boldsymbol{R} \tag{7-86}$$

将式(7-81)、式(7-85)、式(7-86)分别代入式(7-79)和式(7-80)，可得

$$\boldsymbol{H}_{\boldsymbol{x}}^{ij} = \boldsymbol{J}_{ij}\begin{bmatrix}\boldsymbol{0}_{3\times15} & \boldsymbol{0}_{3\times6(i-1)} & \left[{}^{C_i}_{G}\boldsymbol{R}\left({}^{G}\boldsymbol{p}_{f_j} - {}^{G}\boldsymbol{p}_{C_i}\right)\times\right] & -{}^{C_i}_{G}\hat{\boldsymbol{R}} & \boldsymbol{0}_{3\times6(N-i)}\end{bmatrix} \tag{7-87}$$

$$\boldsymbol{H}_{\boldsymbol{p}}^{ij} = \boldsymbol{J}_{ij}\,{}^{C_i}_{G}\hat{\boldsymbol{R}} \tag{7-88}$$

上述公式推导了特征点 $\boldsymbol{p}_{f_j}$ 关于相机 C_i 的量测方程，将式(7-78)中 $\hat{\boldsymbol{z}}_{ij}$ 移到等式左边，可以构建系统单个特征点对单个相机量测方程为

$$\boldsymbol{r}_{ij} = \boldsymbol{H}_{\boldsymbol{x}}^{ij}\tilde{\boldsymbol{x}}_{k|k-1} + \boldsymbol{H}_{\boldsymbol{p}}^{ij}\,{}^{G}\tilde{\boldsymbol{p}}_{f_j} + \boldsymbol{n}_{ij} \tag{7-89}$$

其中，$\boldsymbol{r}_{ij} = \boldsymbol{z}_{ij} - \hat{\boldsymbol{z}}_{ij}$ 为相机量测残差。

假设特征点 $\boldsymbol{p}_{f_j}$ 被状态中的 K_j 个历史相机所观测，记观测到 $\boldsymbol{p}_{f_j}$ 的相机状态索引为 $\{s_1, s_2, \cdots, s_{K_j}\}$，将这 K_j 个量测对应的量测方程堆叠起来得到该特征点对应的量测方程为

$$\begin{bmatrix}\boldsymbol{r}_{s_1 j}\\ \vdots \\ \boldsymbol{r}_{s_{K_j} j}\end{bmatrix} = \begin{bmatrix}\boldsymbol{H}_{\boldsymbol{x}}^{s_1 j}\\ \vdots \\ \boldsymbol{H}_{\boldsymbol{x}}^{s_{K_j} j}\end{bmatrix}\tilde{\boldsymbol{x}}_{k|k-1} + \begin{bmatrix}\boldsymbol{H}_{\boldsymbol{p}}^{s_1 j}\\ \vdots \\ \boldsymbol{H}_{\boldsymbol{p}}^{s_{K_j} j}\end{bmatrix}{}^{G}\tilde{\boldsymbol{p}}_{f_j} + \begin{bmatrix}\boldsymbol{n}_{s_1 j}\\ \vdots \\ \boldsymbol{n}_{s_{K_j} j}\end{bmatrix} \tag{7-90}$$

将其简记为

$$\boldsymbol{r}_{j} = \boldsymbol{H}_{\boldsymbol{x}}^{j}\tilde{\boldsymbol{x}}_{k|k-1} + \boldsymbol{H}_{\boldsymbol{p}}^{j}\,{}^{G}\tilde{\boldsymbol{p}}_{f_j} + \boldsymbol{n}_{j} \tag{7-91}$$

由于量测噪声相互独立，所以 $\boldsymbol{n}_j$ 的协方差矩阵 $\boldsymbol{R}^j = \sigma_m^2\boldsymbol{I}_{2K_j\times2K_j}$。

式(7-91)表示的量测方程中包含了 ${}^{G}\tilde{\boldsymbol{p}}_{f_j}$，但是系统并未对其进行建模，同时 ${}^{G}\tilde{\boldsymbol{p}}_{f_j}$ 与 $\tilde{\boldsymbol{x}}_{k|k-1}$ 存在未知的相关性，也无法将其当作噪声直接处理。因此，需要将其从量测方程中剔除。$\boldsymbol{H}_{\boldsymbol{p}}^{j}$ 是一个 $2K_j\times3$ 的列满秩矩阵，因此其左零空间维度为 $2K_j-3$。由左零空间一组正交的基构造 $\boldsymbol{A}$，$\boldsymbol{A}$ 的维度为 $2K_j\times(2K_j-3)$，且满足 $\boldsymbol{A}^{\mathrm{T}}\boldsymbol{H}_{p}^{j}=\boldsymbol{0}$、$\boldsymbol{A}^{\mathrm{T}}\boldsymbol{A}=\boldsymbol{I}_{(2K_j-3)\times(2K_j-3)}$。将式(7-91)左乘 $\boldsymbol{A}^{\mathrm{T}}$ 可得

$$\boldsymbol{A}^{\mathrm{T}}\boldsymbol{r}_j = \boldsymbol{A}^{\mathrm{T}}\boldsymbol{H}_{\boldsymbol{x}}^{j}\tilde{\boldsymbol{x}}_{k|k-1} + \boldsymbol{A}^{\mathrm{T}}\boldsymbol{n}_j \tag{7-92}$$

将 $\boldsymbol{A}^{\mathrm{T}}\boldsymbol{r}_j$ 记为 $\boldsymbol{r}_o^j$，$\boldsymbol{A}^{\mathrm{T}}\boldsymbol{H}_x^j$ 记为 $\boldsymbol{H}_o^j$，$\boldsymbol{A}^{\mathrm{T}}\boldsymbol{n}_j$ 记为 $\boldsymbol{n}_o^j$，则式(7-92)可写为

$$\boldsymbol{r}_o^j = \boldsymbol{H}_o^j\tilde{\boldsymbol{x}}_{k|k-1} + \boldsymbol{n}_o^j \tag{7-93}$$

其中，$\boldsymbol{n}_o^j$ 的协方差 $R_o^j = E[\boldsymbol{n}_o^j(\boldsymbol{n}_o^j)^{\mathrm{T}}] = E[\boldsymbol{A}^{\mathrm{T}}\boldsymbol{n}_j(\boldsymbol{n}_j)^{\mathrm{T}}\boldsymbol{A}] = \sigma_m^2\boldsymbol{I}_{(2K_j-3)\times(2K_j-3)}$。

式(7-93)为单个特征点对应的量测方程，将所有特征点的量测方程堆叠起来，即可构建整个系统的量测方程，如式(7-94)所示：

$$\begin{bmatrix}\boldsymbol{r}_o^1\\ \vdots \\ \boldsymbol{r}_o^M\end{bmatrix} = \begin{bmatrix}\boldsymbol{H}_o^1\\ \vdots \\ \boldsymbol{H}_o^M\end{bmatrix}\tilde{\boldsymbol{x}}_{k|k-1} + \begin{bmatrix}\boldsymbol{n}_o^1\\ \vdots \\ \boldsymbol{n}_o^M\end{bmatrix} \tag{7-94}$$

将式(7-94)简记为

$$\boldsymbol{r}_o = \boldsymbol{H}_{\boldsymbol{x}} \tilde{\boldsymbol{x}}_{k|k-1} + \boldsymbol{n}_o \tag{7-95}$$

$\boldsymbol{r}_o$ 的维度为 $\sum_{j=1}^{M} 2K_j$，其维度很高，导致进行量测更新时计算量较大，因此 MSCKF 利用 QR 分解对该量测方程进行降维。对 $\boldsymbol{H}_{\boldsymbol{x}}$ 进行 QR 分解，将 $\boldsymbol{H}_{\boldsymbol{x}} = [\boldsymbol{Q}_1 \quad \boldsymbol{Q}_2]\begin{bmatrix} \boldsymbol{T}_H \\ 0 \end{bmatrix}$ 代入式(7-95)可得

$$\boldsymbol{r}_o = [\boldsymbol{Q}_1 \quad \boldsymbol{Q}_2]\begin{bmatrix} \boldsymbol{T}_H \\ 0 \end{bmatrix} \tilde{\boldsymbol{x}}_{k|k-1} + \boldsymbol{n}_o \tag{7-96}$$

将式(7-96)左乘 $[\boldsymbol{Q}_1 \quad \boldsymbol{Q}_2]^{\mathrm{T}}$ 可得

$$\begin{bmatrix} \boldsymbol{Q}_1^{\mathrm{T}} \\ \boldsymbol{Q}_2^{\mathrm{T}} \end{bmatrix} \boldsymbol{r}_o = \begin{bmatrix} \boldsymbol{T}_H \\ 0 \end{bmatrix} \tilde{\boldsymbol{x}}_{k|k-1} + \begin{bmatrix} \boldsymbol{Q}_1^{\mathrm{T}} \\ \boldsymbol{Q}_2^{\mathrm{T}} \end{bmatrix} \boldsymbol{n}_o \tag{7-97}$$

将式(7-97)与误差状态有关的部分提出，并将 $\boldsymbol{Q}_1^{\mathrm{T}} \boldsymbol{r}_o$ 记为 $\boldsymbol{r}_n$，$\boldsymbol{Q}_1^{\mathrm{T}} \boldsymbol{n}_o$ 记为 $\boldsymbol{n}_n$，得到最终的量测方程为

$$\boldsymbol{r}_n = \boldsymbol{T}_H \tilde{\boldsymbol{x}}_{k|k-1} + \boldsymbol{n}_n \tag{7-98}$$

其中，量测噪声 $\boldsymbol{n}_n$ 的协方差矩阵 $\boldsymbol{R}_n = E[\boldsymbol{Q}_1^{\mathrm{T}} \boldsymbol{n}_o (\boldsymbol{n}_o)^{\mathrm{T}} \boldsymbol{Q}_1] = \sigma_m^2 \boldsymbol{I}_{(6N+15)\times(6N+15)}$。

经过 QR 分解变换后的量测 $\boldsymbol{r}_n$ 维度被降为 $6N+15$，进行量测更新所需的计算量大幅降低。

在获得系统量测方程后，即可进行量测更新，MSCKF 量测更新方程为

$$\boldsymbol{K}_k = \boldsymbol{P}_{k|k-1} \boldsymbol{T}_H \left(\boldsymbol{T}_H \boldsymbol{P}_{k|k-1} \boldsymbol{T}_H^{\mathrm{T}} + \boldsymbol{R}_n \right)^{-1} \tag{7-99}$$

$$\boldsymbol{P}_{k|k} = \left(\boldsymbol{I} - \boldsymbol{K}_k \boldsymbol{T}_H \right) \boldsymbol{P}_{k|k-1} \left(\boldsymbol{I} - \boldsymbol{K}_k \boldsymbol{T}_H \right)^{\mathrm{T}} + \boldsymbol{K}_k \boldsymbol{R}_n \boldsymbol{K}_k^{\mathrm{T}} \tag{7-100}$$

$$\Delta \boldsymbol{x} = \boldsymbol{K}_k \boldsymbol{r}_n \tag{7-101}$$

将更新后的结果 $\Delta \boldsymbol{x}$ 补偿到 $\hat{\boldsymbol{x}}_{k|k-1}$ 上，同时估计的误差已经补偿到了状态量上，因此需要对误差状态 $\tilde{\boldsymbol{x}}_{k|k}$ 进行置零。正是由于每一次状态更新都会对误差状态进行置零，时间更新后误差状态仍然会保持为 0，因此在前面的时间更新过程中省略了误差状态传播，只进行误差协方差传播。

7.3.7 MSCKF 算法流程

MSCKF 算法流程图如图 7-6 所示。基于 MSCKF 的视觉惯性导航系统首先进行初始化，估计出系统的初始位置、速度、姿态及零偏，作为系统迭代运行的起点。完成初始化后，当有 IMU 数据输出时，将利用推位模型计算系统当前状态预测值并进行误差协方差传播；当有相机图像输出时，将进行系统状态扩维和特征点筛选。然后对被筛选出的特征点进行空间位置估计，利用估计出的位置建立量测方程，进行量测更新。最后，剔除最老时刻相机位姿状态及其对应协方差并输出载体位置、速度、姿态。

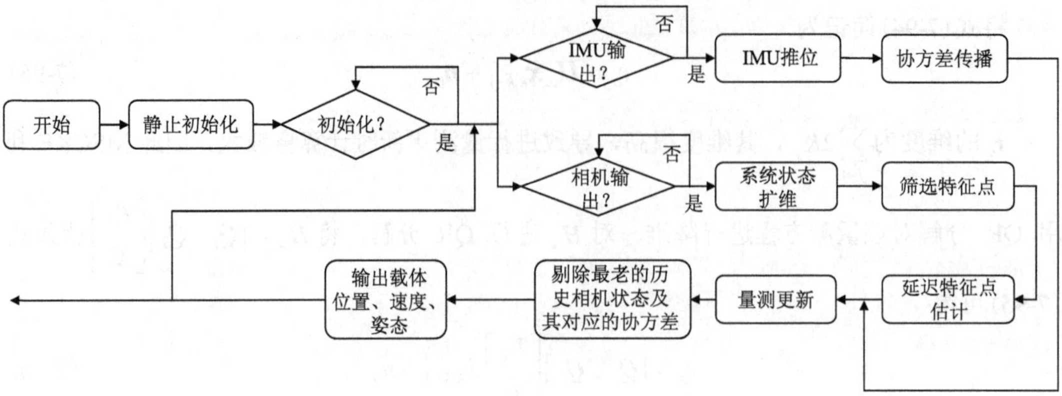

图 7-6　算法流程图

MSCKF 算法流程如表 7-1 所示。

表 7-1　MSCKF 算法流程

系统初始化：

将系统静止一段时间，计算系统初始位姿及零偏。

初始姿态、位置、速度：

$$ {}^{I_0}_{G}\boldsymbol{R}=\left[\frac{{}^{I_0}\boldsymbol{g}}{\left\|{}^{I_0}\boldsymbol{g}\right\|}\quad \frac{{}^{I_0}\boldsymbol{g}\times{}^{I_0}\boldsymbol{\alpha}}{\left\|{}^{I_0}\boldsymbol{g}\times{}^{I_0}\boldsymbol{\alpha}\right\|}\quad \frac{{}^{I_0}\boldsymbol{g}\times{}^{I_0}\boldsymbol{\alpha}\times{}^{I_0}\boldsymbol{g}}{\left\|{}^{I_0}\boldsymbol{g}\times{}^{I_0}\boldsymbol{\alpha}\times{}^{I_0}\boldsymbol{g}\right\|}\right]\left[\frac{{}^{G}\boldsymbol{g}}{\left\|{}^{G}\boldsymbol{g}\right\|}\quad \frac{{}^{G}\boldsymbol{g}\times{}^{G}\boldsymbol{\alpha}}{\left\|{}^{G}\boldsymbol{g}\times{}^{G}\boldsymbol{\alpha}\right\|}\quad \frac{{}^{G}\boldsymbol{g}\times{}^{G}\boldsymbol{\alpha}\times{}^{G}\boldsymbol{g}}{\left\|{}^{G}\boldsymbol{g}\times{}^{G}\boldsymbol{\alpha}\times{}^{G}\boldsymbol{g}\right\|}\right]^{\mathrm{T}} $$

$$ {}^{G}\boldsymbol{p}_{I_0}=[0,0,0]^{\mathrm{T}} $$

$$ {}^{G}\boldsymbol{v}_{I_0}=[0,0,0]^{\mathrm{T}} $$

初始零偏：

$$ \boldsymbol{b}_g=\boldsymbol{\omega}_{\mathrm{avg}} $$

$$ \boldsymbol{b}_a=\boldsymbol{a}_{\mathrm{avg}}+{}^{I}_{G}\boldsymbol{R}\,{}^{G}\boldsymbol{g} $$

系统主循环：

当 IMU 输出时：

(1) IMU 推位

姿态预测为

$$ {}^{I_k}_{G}\hat{\boldsymbol{R}}=\exp\left\{-\left(\left(\boldsymbol{\omega}_m^k-\hat{\boldsymbol{b}}_g^k\right)\Delta t\right)\times\right\}{}^{I_{k-1}}_{G}\hat{\boldsymbol{R}} $$

速度预测为

$$ {}^{G}\hat{\boldsymbol{v}}_{I_k}={}^{G}\hat{\boldsymbol{v}}_{I_{k-1}}+{}^{G}\boldsymbol{g}\Delta t+{}^{I_k}_{G}\hat{\boldsymbol{R}}^{\mathrm{T}}\left(\boldsymbol{a}_m^k-\hat{\boldsymbol{b}}_a^k\right)\Delta t $$

位置预测为

$$ {}^{G}\hat{\boldsymbol{p}}_{I_k}={}^{G}\hat{\boldsymbol{p}}_{I_{k-1}}+{}^{G}\hat{\boldsymbol{v}}_{I_k}\Delta t+\frac{1}{2}{}^{G}\boldsymbol{g}\Delta t^2+\frac{1}{2}{}^{I_k}_{G}\hat{\boldsymbol{R}}^{\mathrm{T}}\left(\boldsymbol{a}_m^k-\hat{\boldsymbol{b}}_a^k\right)\Delta t^2 $$

零偏预测为

$$ \hat{\boldsymbol{b}}_g^k=\hat{\boldsymbol{b}}_g^{k-1},\quad \hat{\boldsymbol{b}}_a^k=\hat{\boldsymbol{b}}_a^{k-1} $$

(2) 协方差传播

$$ \boldsymbol{P}_{k|k-1}=\begin{bmatrix}\boldsymbol{\Phi}_{k,k-1}\boldsymbol{P}_{k-1|k-1}^{II}\boldsymbol{\Phi}_{k,k-1}^{\mathrm{T}}+\boldsymbol{G}_{k-1}\boldsymbol{Q}_d\boldsymbol{G}_{k-1}^{\mathrm{T}} & \boldsymbol{\Phi}_{k,k-1}\boldsymbol{P}_{k-1|k-1}^{I\pi}\\ \left(\boldsymbol{P}_{k-1|k-1}^{I\pi}\right)^{\mathrm{T}}\boldsymbol{\Phi}_{k,k-1}^{\mathrm{T}} & \boldsymbol{P}_{k-1|k-1}^{\pi\pi}\end{bmatrix} $$

当相机输出时：

(1) 系统状态扩维

新状态的估计值为

续表

$${}^{G}\hat{\boldsymbol{p}}_{C_{N+1}} = {}^{G}\hat{\boldsymbol{p}}_{I_k} + {}^{I_k}_{G}\hat{\boldsymbol{R}}^{\mathrm{T}}\,{}^{I}\boldsymbol{p}_{C}$$

$${}^{C_{N+1}}_{G}\boldsymbol{R} = {}^{C}_{I}\boldsymbol{R}\,{}^{I_k}_{G}\boldsymbol{R}$$

扩维后的协方差为

$$\boldsymbol{P}_k' = \begin{bmatrix} \boldsymbol{P}_k^{II} & \boldsymbol{P}_k^{I\pi} & \left(\boldsymbol{J}_k\boldsymbol{P}_k^{II}\right)^{\mathrm{T}} \\ \left(\boldsymbol{P}_k^{I\pi}\right)^{\mathrm{T}} & \boldsymbol{P}_k^{\pi\pi} & \left(\boldsymbol{J}_k\boldsymbol{P}_k^{I\pi}\right)^{\mathrm{T}} \\ \boldsymbol{J}_k\boldsymbol{P}_k^{II} & \boldsymbol{J}_k\boldsymbol{P}_k^{I\pi} & \boldsymbol{J}_k\boldsymbol{P}_k^{\pi\pi}\boldsymbol{J}_k^{\mathrm{T}} \end{bmatrix}$$

(2) 筛选参与本次量测更新的特征点，满足下面的条件之一

①当建模的所有历史时刻相机都对该特征点进行了观测；

②当最新时刻相机对该特征点跟踪丢失时。

(3) 对参与量测更新的点进行延迟特征点估计

$$\begin{bmatrix} {}^{s_1}\boldsymbol{N}_f\,{}^{G}\boldsymbol{p}_{C_1} \\ \vdots \\ {}^{s_{kj}}\boldsymbol{N}_f\,{}^{G}\boldsymbol{p}_{C_N} \end{bmatrix}_{3N\times 1} = \begin{bmatrix} {}^{s_1}\boldsymbol{N}_f \\ \vdots \\ {}^{s_{kj}}\boldsymbol{N}_f \end{bmatrix}_{3N\times 3} {}^{G}\boldsymbol{p}_{f_j}$$

(4) 量测更新

计算单个特征点对单个相机的量测方程： $\boldsymbol{r}_{ij} = \boldsymbol{H}_{x}^{ij}\tilde{\boldsymbol{x}}_{k|k-1} + \boldsymbol{H}_{p}^{ij}\,{}^{G}\tilde{\boldsymbol{p}}_{f_j} + \boldsymbol{n}_{ij}$

计算单个特征点对所有观测到它的相机量测方程： $\boldsymbol{r}_{o}^{j} = \boldsymbol{H}_{o}^{j}\tilde{\boldsymbol{x}}_{k|k-1} + \boldsymbol{n}_{o}^{j}$

计算系统量测方程： $\boldsymbol{r}_{n} = \boldsymbol{T}_{H}\tilde{\boldsymbol{x}}_{k|k-1} + \boldsymbol{n}_{n}$

计算滤波增益： $\boldsymbol{K}_k = \boldsymbol{P}_{k|k-1}\boldsymbol{T}_H\left(\boldsymbol{T}_H\boldsymbol{P}_{k|k-1}\boldsymbol{T}_H^{\mathrm{T}} + \boldsymbol{R}_n\right)^{-1}$

计算误差量： $\Delta\boldsymbol{x} = \boldsymbol{K}_k\boldsymbol{r}_n$

更新误差协方差： $\boldsymbol{P}_{k|k} = \left(\boldsymbol{I} - \boldsymbol{K}_k\boldsymbol{T}_H\right)\boldsymbol{P}_{k|k-1}\left(\boldsymbol{I} - \boldsymbol{K}_k\boldsymbol{T}_H\right)^{\mathrm{T}} + \boldsymbol{K}_k\boldsymbol{R}_n\boldsymbol{K}_k^{\mathrm{T}}$

反馈补偿： $\hat{\boldsymbol{x}}_{k|k} = \Delta\boldsymbol{x} \oplus \hat{\boldsymbol{x}}_{k|k-1}$

(5) 剔除最老的历史相机状态及其对应的协方差

7.4　MSCKF 实验

本小节分两部分验证基于 MSCKF 的 VINS 的有效性。第一部分设计了仿真实验，重点介绍实验设计方法与实验流程，并对 VINS 和 INS 的导航结果进行比较分析。第二部分实验则是将算法应用于真实场景中，利用开源数据集 Euroc 验证算法的性能。

7.4.1　仿真实验

1. 仿真参数设置

本次实验使用运载体的运动学方程来生成真实轨迹，根据传感器量测模型生成 IMU 和相机量测数据，并将其保存为数据集进行算法精度测试，传感器精度参数如表 7-2 所示。INS 与 VINS 运行时保留实时输出的位置、速度与姿态，之后与真值进行对比，得到不同算法的误差，通过比较不同算法间的误差，论证基于 MSCKF 的 VINS 的有效性。

表 7-2　传感器精度设置

传感器参数	数值	单位
IMU 频率	100	Hz
相机频率	20	Hz

续表

传感器参数	数值	单位
图像尺寸	[752,480]	像素
每帧特征点数目	40	—
陀螺仪白噪声	9.723×10^{-3}	$[(°)/s]/\sqrt{Hz}$
加速度计白噪声	2.000×10^{-3}	$(m/s^2)/\sqrt{Hz}$
角度随机游走系数	1.122×10^{-3}	$[(°)/s^2]/\sqrt{Hz}$
速度随机游走系数	3.0000×10^{-3}	$(m/s^3)/\sqrt{Hz}$
建模历史相机位姿数量	15	—

2. 仿真步骤

1) 真值生成

为了对比不同算法的性能，实验要生成每个时刻的导航真值，作为算法输出结果的参考。如图 7-7 所示，在本次仿真中，载体将绕 z 轴以 0.2rad/s 的角速度、1m/s 的速度进行圆周运动，并且在 z 轴方向进行简谐运动，增加系统本身的机动性。运载体将根据设定的系统运动学方程，生成每个时刻真实的位置、速度和姿态值。

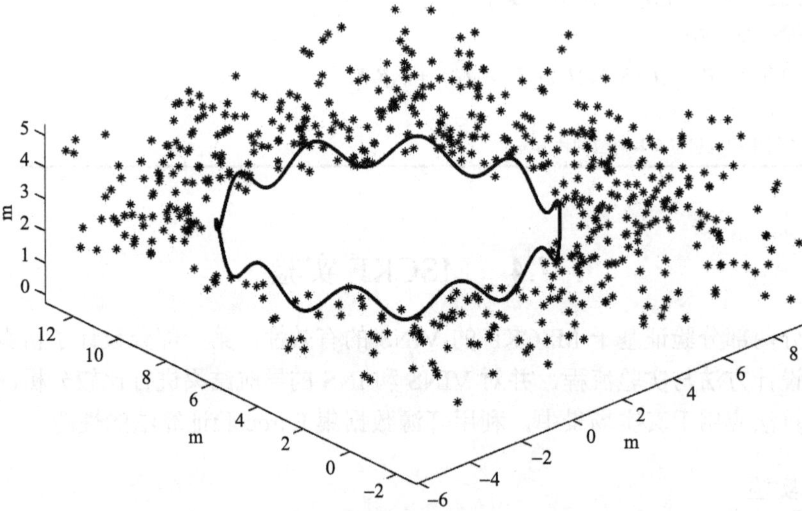

图 7-7 震荡运动轨迹

2) 量测数据生成

VINS 需要 IMU 和相机量测数据作为输入。本次实验通过轨迹真值反解出原始比力以及角速度信息，在此基础上添加噪声后便可得到 IMU 量测；相机量测生成过程如下：首先在轨迹的周围均匀产生特征点，然后删除不在相机视野范围内的特征点，并根据相机的内参计算特征点在像素坐标系下的坐标，在此基础上加入噪声，模拟实际中提取特征点产生的误差。

3. 仿真结果与分析

本小节将在振荡运动场景下进行 VINS 与 INS 的精度对比(图 7-8、图 7-9)，论证基于 MSCKF 的 VINS 的有效性。

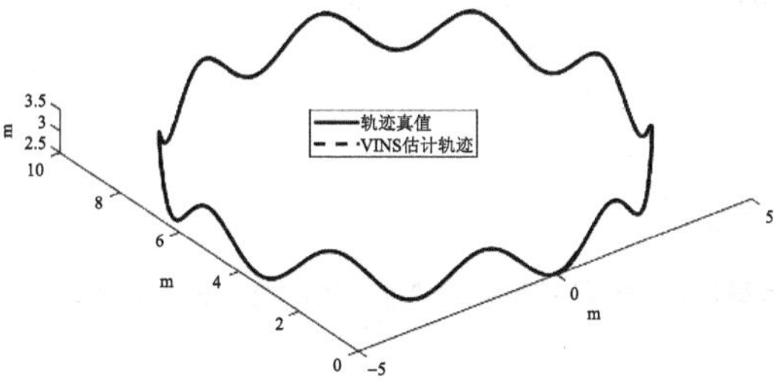

图 7-8　VINS 振荡运动轨迹

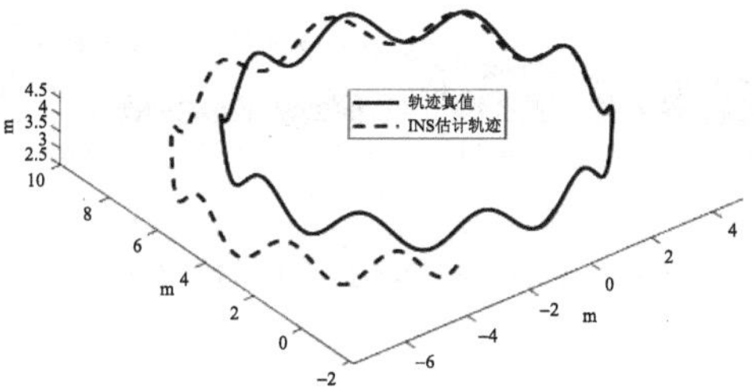

图 7-9　INS 振荡运动轨迹

通过图 7-8 和图 7-9 的对比可以发现，在相同的仿真场景下，VINS 估计轨迹几乎与真值重合，而 INS 估计轨迹与真值出现明显偏差，VINS 相对于 INS 可以更好地估计实际的运动轨迹，为系统提供更好的定位服务，接下来通过两系统的位置、速度、姿态均方根误差(Root Mean Square Error, RMSE)曲线图(图 7-10)的对比分析二者的性能，RMSE 的计算方式如式(7-102)所示：

$$\begin{cases} \mathrm{RMSE}_1 = \sqrt{\dfrac{1}{N}\sum_{i=1}^{N}\left[\left(x_i-\hat{x}_i\right)^2+\left(y_i-\hat{y}_i\right)^2+\left(z_i-\hat{z}_i\right)^2\right]} \\ \mathrm{RMSE}_2 = \sqrt{\dfrac{1}{N}\sum_{i=1}^{N}\left[\varphi\left(\boldsymbol{R}_i\hat{\boldsymbol{R}}_i^{-1}\right)_x^2+\varphi\left(\boldsymbol{R}_i\hat{\boldsymbol{R}}_i^{-1}\right)_y^2+\varphi\left(\boldsymbol{R}_i\hat{\boldsymbol{R}}_i^{-1}\right)_z^2\right]} \end{cases} \tag{7-102}$$

其中，RMSE_1 中 x_i、y_i 和 z_i 分别对应第 i 个位置（或速度）真实值的三个分量，$\hat{x}_i$、$\hat{y}_i$ 和 $\hat{z}_i$ 分别对应第 i 个位置（或速度）估计值的三个分量；RMSE_2 中 $\varphi(\cdot)$ 表示将姿态矩阵转换为对应欧拉角的映射，$\boldsymbol{R}_i$ 表示第 i 个姿态矩阵真实值，$\hat{\boldsymbol{R}}_i$ 表示第 i 个姿态矩阵估计值。

通过观察图 7-10 可以直观看出，在振荡运动中，VINS 的定位精度、定姿精度和对运载体速度的估计相对于惯性导航系统均得到了极大的提升，可以有效抑制惯性导航系统的误差累积，从而为运载体提供更高的定位精度。

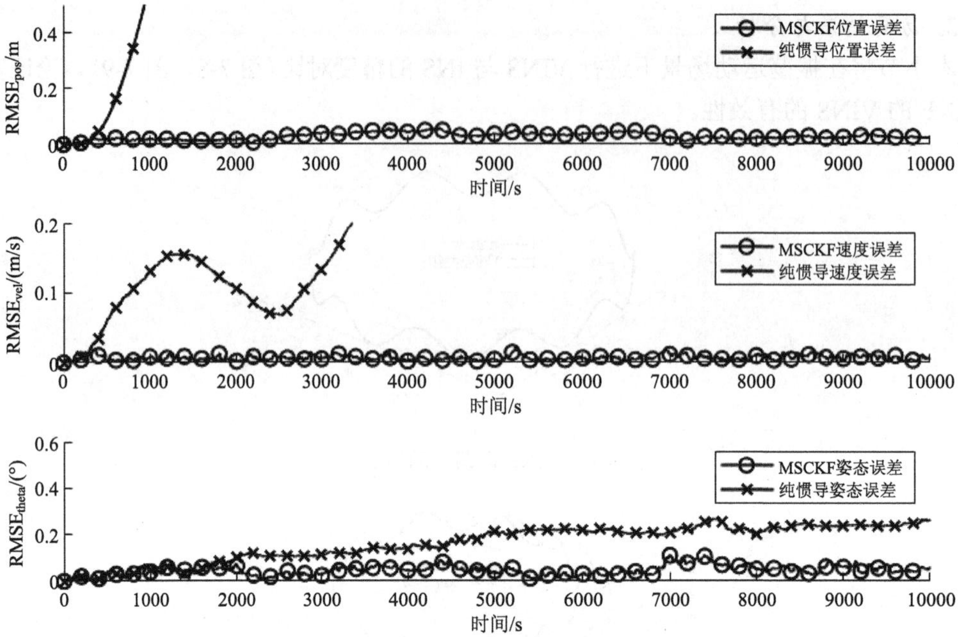

图 7-10　VINS 和 INS 振荡运动误差对比图

7.4.2　开源数据集实验

1. EUROC 数据集介绍

EUROC 数据集是微型飞行器(Micro Aerial Vehicle, MAV)上收集的视觉惯性数据集，广泛应用于视觉惯性算法的测试与评估。该数据集由苏黎世联邦理工学院于 2016 年开源，其包含两个不同的场景：苏黎世联邦理工学院 ETH 的一间机器工坊和一间普通房间，其中前者进行百米以上大范围运动，后者运动距离在几十米范围内但在复杂特征的场景中加入了动态物体。该数据集提供三种不同级别的数据，分别为 easy、medium、difficult，对应纹理良好且光照良好、高机动且光照良好、高机动且光照不足三种情况。该数据集包含微型飞行器位置、姿态及两个相机所采集的图像(本实验仅使用其中一个相机所采集的图像)等信息。EUROC 数据集使用 AscTec Firefly 无人飞行器，搭载相机、MEMS IMU，主要传感器参数如表 7-3 所示。

表 7-3　EUROC 数据集使用传感器

传感器参数	数值	单位
IMU 频率	200	Hz
相机频率	20	Hz
图像尺寸	[752,480]	像素
陀螺仪白噪声	9.7227×10^{-3}	$[(°)/s]/\sqrt{Hz}$
加速度计白噪声	1.1460×10^{-1}	$(m/s^2)/\sqrt{Hz}$
角度随机游走系数	1.1112×10^{-3}	$[(°)/s^2]/\sqrt{Hz}$
速度随机游走系数	1.7190×10^{-1}	$(m/s^3)/\sqrt{Hz}$

具体硬件设备及传感器如图 7-11 所示。其中，相机型号为 MT9V034，频率为 20Hz，所拍摄的照片为单色；IMU 型号为 ADIS16448，采样频率为 200Hz。二者之间在硬件上同步。传感器棱镜型号为 LEICA0，称为 prism，与激光跟踪器相配套；反射标志为 VICON0，称为 marker，与维肯动作捕捉系统相配套；维肯动作捕捉系统通过捕捉反射标志 marker，能给出其在选定坐标系下的位置和姿态信息，输出频率为 100Hz，精度级别为 mm。激光追踪器给出其 3D 位置，追踪棱镜为 prism，输出频率为 100Hz，精度级别为 mm。

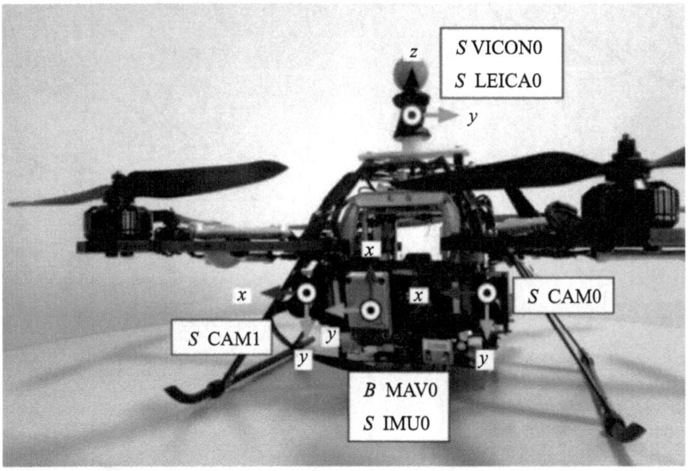

图 7-11　AscTec Firefly 无人飞行器

EUROC 数据集中的轨迹真实数据由激光追踪器和动作捕捉系统给出，包含三维位置、三维姿态、三维速度、三维角速度等信息。

根据运动条件以及不同的工作环境划分，本次挑取 EUROC 数据集中的 5 个数据集对算法的性能进行测试，分别为 MH_02_easy、MH_03_medium(机器工坊数据集)以及 V1_01_easy、V1_02_medium、V1_03_difficult(普通房间数据集)，每个数据集的条件如表 7-4 所示。通过不同的数据集模拟不同的场景以及不同的运动情况，对算法性能进行验证。

表 7-4　数据集测试条件

数据集	平均速度/(m/s)	平均角速度/[(°)/s]	环境
MH_02_easy	0.49	12.033	纹理良好、光照良好
MH_03_medium	0.99	16.617	高机动、光照良好
V1_01_easy	0.41	16.044	纹理良好、光照良好
V1_02_medium	0.91	32.088	高机动、光照良好
V1_03_difficult	0.75	35.526	高机动、光照不足

2. 实验结果讨论

1)相同算法参数不同场景

本小节旨在讨论 MSCKF 算法在固定参数、不同运动环境下的适应性与算法效果。MSCKF 在不同运动环境下的轨迹如图 7-12 所示，图中由左至右、由上至下依次对应上述数据集，分别是 MH_02_easy、MH_03_medium 以及 V1_01_easy、V1_02_medium、V1_03_ difficult，其中虚线表示算法在不同数据集下的估计轨迹，实线表示其对应的真实轨迹。

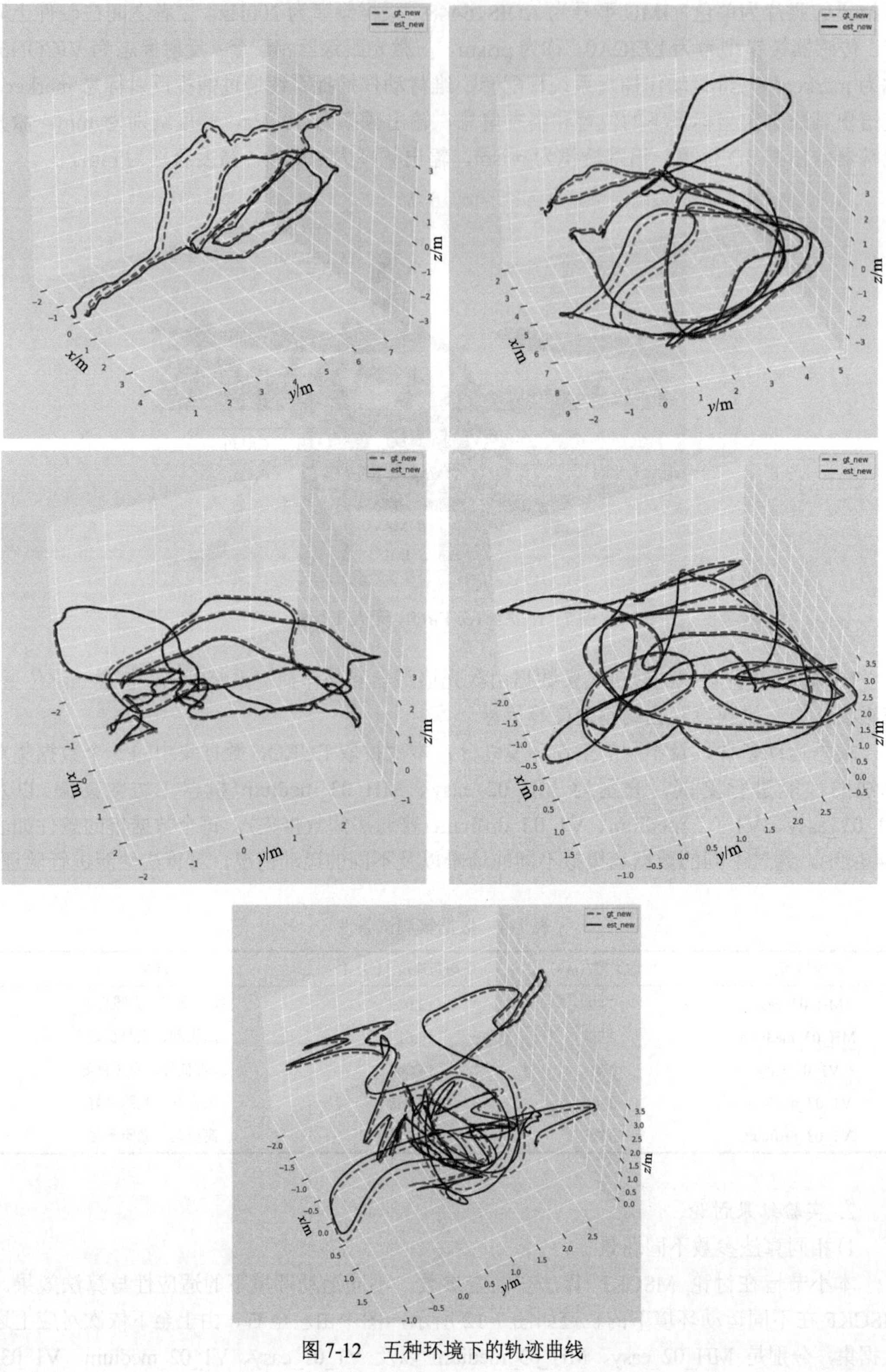

图 7-12　五种环境下的轨迹曲线

在上述五种环境下的绝对轨迹误差(Absolute Trajectory Error, ATE)用箱线图进行直观描绘，其箱线图结果如图 7-13 所示，ATE 的计算方式如式(7-103)所示：

$$\text{ATE} = \sqrt{\frac{1}{N}\sum_{i=1}^{N}\left\|\text{trans}\left(\boldsymbol{T}_i^{-1}\hat{\boldsymbol{T}}_i\right)\right\|_2^2} \tag{7-103}$$

其中，$\boldsymbol{T}_i$ 表示第 i 个真实变换矩阵，$\hat{\boldsymbol{T}}_i$ 表示第 i 个估计变换矩阵，trans(·) 表示仅取变换矩阵的平移分量。

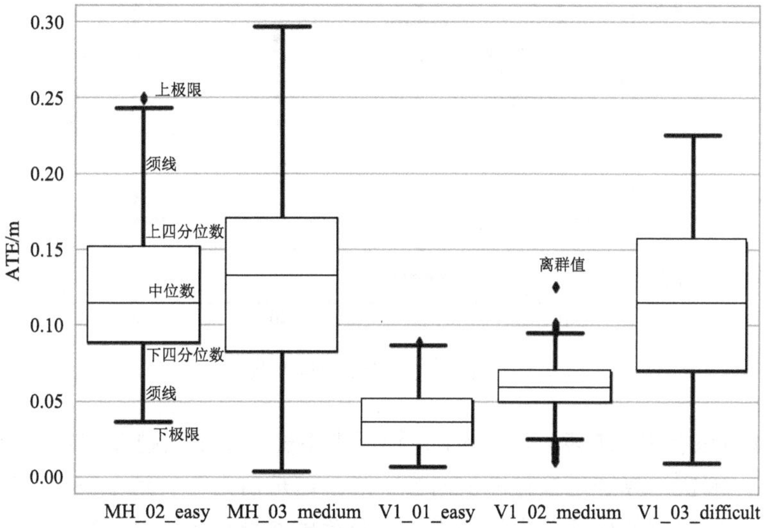

图 7-13 MSCKF 算法在五种环境下的箱线图结果

箱线图将数据按照顺序排列，中间的矩形称为箱体，代表了数据的中间 50%范围，这个范围也称为四分位距。箱体的中间线是中位数，箱体上边界是上四分位数，箱体下边界是下四分位数。箱线图的两端是上下极限，上极限和箱体上边界间距离是 1.5 倍的四分位距，下极限和箱体下边界同理。超出须线的点即数据中存在的离群点(异常值)。

由图 7-13 可以看出，在单一的机器工坊或普通房间环境下，当机动逐渐加大导致纹理模糊或当光照条件逐渐恶劣时，定位效果逐渐变差。在相似的运动状况与光照条件下，机器工坊环境下的定位效果较差。这可能是由多种原因导致的。例如，不同环境中的特征点分布可能不同，普通房间环境中通常有更多的纹理和特征点，而机器工坊环境中可能相对较平坦或缺乏显著的特征；此外，机器工坊环境中可能存在阴影、光线不足或光照不均匀的情况，这可能对视觉定位产生负面影响。

2)相同场景不同算法参数

由于系统状态需要对历史的 N 个相机的位置和姿态进行建模，N 的大小不同可能也会对算法效果产生不同的影响。为了帮助读者建立直观的认识，本小节设置 MSCKF 建模历史相机位姿的个数分别为 10、20、40 和 80，并在 MH_02_easy 数据集上进行分析，其结果如图 7-14 所示。

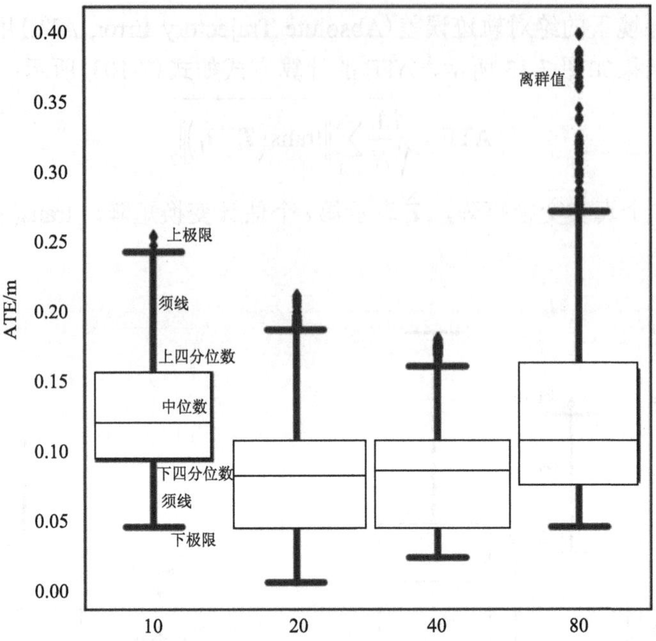

图 7-14　历史相机位姿个数

由图 7-14 可以看出，在某一范围内，建模历史相机位姿个数越多，算法定位性能越好；而一旦超过某一阈值，算法定位性能反而会下降。这是由于在一定范围内，保留历史位姿个数越多，对当前定位估计的约束也会更多，系统更容易获得较高的定位精度。然而随着窗口越来越大，所建模历史相机位姿数的急剧增加会极大地加重计算负担。为满足实时处理需求，系统可能跳过某些帧的处理，导致轨迹估计的不连续性，从而降低算法估计性能，这就是建模 80 个历史相机位姿时算法估计精度反而下降的原因。

7.5　本 章 小 结

本章介绍了多状态约束卡尔曼滤波器，它的提出主要是解决视觉惯性导航中存在的状态维度爆炸的问题。通过将建模特征点空间位置巧妙地转换为建模历史相机位姿状态，结合延迟特征点估计，建立起量测约束。在维持所需精度的情况下，建模历史相机状态所需的维数远小于建模特征点所需的维数。同时，在量测更新中，采用了左零空间映射将不被建模且与状态量相关性未知的特征点空间位置误差从量测方程中消除，得到了不依赖特征点的量测方程，并且通过 QR 分解降低了量测方程的维度，从而降低了量测更新的计算量。

多状态约束卡尔曼滤波器本质上仍然是一种误差状态卡尔曼滤波，同时系统采用的是闭环结构，每次量测更新之后需要将估计出来的误差状态反馈到系统状态中，然后将误差状态置零。多状态约束卡尔曼滤波的创新之处不在于滤波算法的设计，而在于状态建模的精巧转换与量测模型的巧妙处理。这也启发读者今后在设计滤波器的过程中，在面对常用的建模方式难以使用时，不妨从建模本身思考如何解决问题。

习　题

1. 查阅资料进一步了解 VINS 的应用场景。
2. 查阅资料，了解相机内参矩阵标定的原理，并选择其中一种进行简述。
3. 思考在初始化阶段如何根据 IMU 输出判断系统是静止的。
4. 对 7.3.2 节中系统连续形式的动力学方程转化成离散的推位模型的过程进行详细推导。
5. 给出 7.3.4 节省略的位置误差传播方程推导的具体过程。
6. 思考对于式(7-93)如何在不直接计算 $\boldsymbol{A}$ 的情况下，利用 Givens 计算出 $\boldsymbol{H}_o^j$ 、 $\boldsymbol{r}_o^j$ 。
7. 了解特征点提取和跟踪方法，选择其中一种进行阐述。
8. 查阅资料了解相机与 IMU 之间外参标定方法，以及对于外参标定不够精确的处理方法。
9. 了解 VINS 中存在的时间同步问题，思考如何在本章介绍的框架下处理这个问题。
10. 查阅资料了解基于优化的 VINS 方案，试分析基于优化的方法与本节方法之间的优势和劣势。

第 8 章　分布式卡尔曼滤波器

8.1　引　言

平台通常会使用一个综合导航系统来为自身提供导航信息，以水下航行器为例，其综合导航系统以惯性导航系统(Inertial Navigation System, INS)为主要参考导航系统，使用多普勒计程仪(Doppler Velocity Log, DVL)、超短基线(Ultra-Short Baseline, USBL)以及磁力计等传感器来辅助惯性导航系统。针对这类导航系统，一些学者设计了分布式联邦滤波器，其滤波结构如图 8-1 所示。分布式联邦滤波器采用分散降阶的思想将多个子组合导航系统的输出进行分布式处理，从而避免有故障的子系统影响整个综合导航系统，便于各子组合导航系统的故障检测与隔离，提高了导航系统的容错性。然而，由于这些子组合导航系统共用同一个惯性导航系统的信息，各子组合导航系统的导航结果之间存在复杂且未知的相关性，直接融合这些子组合导航系统信息会导致估计不一致(估计误差协方差矩阵小于其真实误差协方差矩阵，则称估计不一致)。针对此问题，分布式联邦滤波器利用方差上界技术来处理各子组合导航系统之间的互相关性，以保证融合结果的一致性。

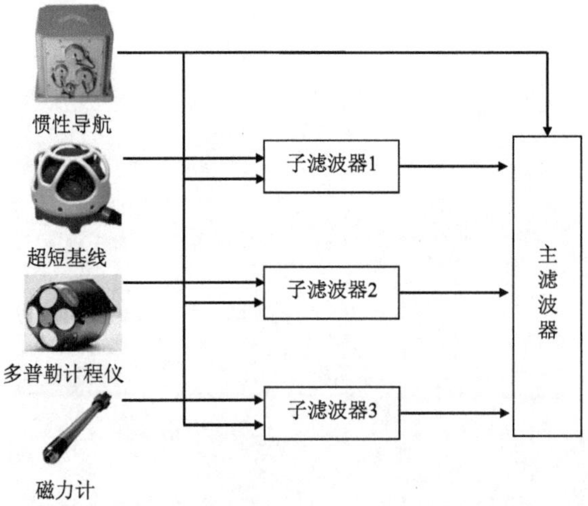

图 8-1　INS/DVL/USBL/磁力计综合导航分布式滤波结构

多平台系统具有活动范围广、作业效率高等优点，目前已经被广泛应用于各行各业。针对这类系统，一些多平台分布式卡尔曼滤波器被提出，每个平台只使用与自己相关的量测来估计自身的状态，其结构示意图如图 8-2 所示。多平台之间融合相对量测会使得不同平台的信息存在复杂且未知的相关性，直接融合平台间信息会出现估计不一致，降低算法的可靠性。近年来，大量处理平台间相关性的一致分布式卡尔曼滤波器被提出。协方差交互滤波器是其中原理简单、便于部署的典型方法，通过类似联邦滤波的协方差上界方式来处理不同平台之间的未知相关性，保证多平台分布式卡尔曼滤波器的一致性，提高多平台分布式卡尔曼滤波器的可靠性。

本章接下来将分别介绍联邦滤波器和协方差交互滤波器这两类分布式卡尔曼滤波器的思想、实现方法和特点，并给出相应的仿真结果。

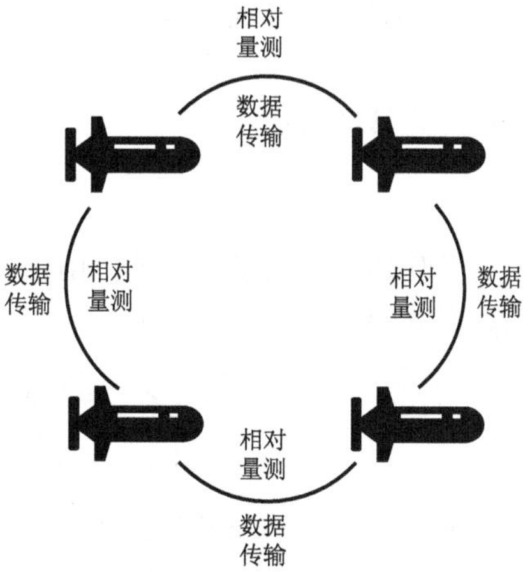

图 8-2　多平台分布式卡尔曼滤波器结构示意图

8.2　单平台分布式卡尔曼滤波器——联邦滤波器

本节首先介绍单平台分布式卡尔曼滤波器——联邦滤波器的工作原理，然后给出四种典型的联邦滤波器的结构，并且对比这四种结构在容错性、精度和运行速度方面的性能，最后分析联邦滤波器的特点。

8.2.1　联邦滤波器工作原理

联邦滤波器是一种两级滤波器，由若干个子滤波器和一个主滤波器组成。主滤波器没有量测输入，只有时间更新而没有量测更新；各个子滤波器独立地进行时间更新，并且接收子传感器的量测数据独立地进行量测更新。子滤波器和主滤波器的状态估计值将会在主滤波器中进行最优融合，再根据实际情况决定融合后的结果反馈与否。联邦滤波器结构图如图 8-3 所示。

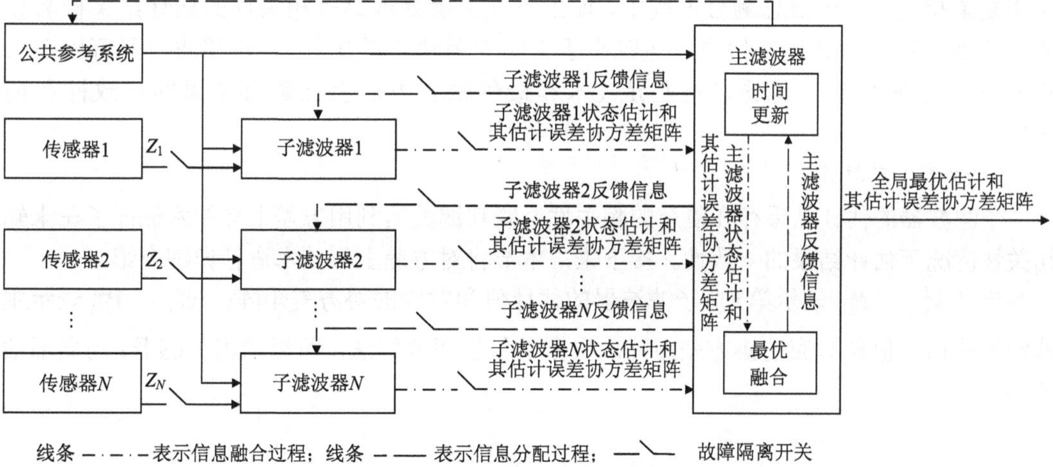

图 8-3　联邦滤波器结构图

1. 联邦滤波器系统模型

对于联邦滤波的主滤波器，由于其没有量测更新而只有时间更新，所以只需要建立状态方程，其具体形式为

$$\boldsymbol{x}_{k+1}=\boldsymbol{F}_k\boldsymbol{x}_k+\boldsymbol{G}_k\boldsymbol{w}_k \tag{8-1}$$

对于联邦滤波的子滤波器，由于其既有量测更新又有时间更新，所以需要建立状态方程和量测方程，其具体形式为

$$\begin{cases}\boldsymbol{x}_{k+1}=\boldsymbol{F}_k\boldsymbol{x}_k+\boldsymbol{G}_k\boldsymbol{w}_k\\ \boldsymbol{z}_{k+1}^i=\boldsymbol{H}_{k+1}^i\boldsymbol{x}_{k+1}+\boldsymbol{v}_{k+1}^i\end{cases}\quad \text{s.t. } i=1,2,\cdots,N \tag{8-2}$$

其中，N 表示子滤波器数目；$\boldsymbol{F}_k$ 表示子系统的状态转移矩阵；$\boldsymbol{G}_k$ 表示子系统噪声驱动矩阵；$\boldsymbol{x}_{k+1}$ 表示主滤波器和子滤波器在 $k+1$ 时刻的状态；$\boldsymbol{z}_{k+1}^i$ 表示第 i 个子滤波器在 $k+1$ 时刻获得的量测值；$\boldsymbol{H}_{k+1}^i$ 表示第 i 个子滤波器在 $k+1$ 时刻的量测矩阵；$\boldsymbol{w}_k$ 表示在 k 时刻均值为零的系统高斯白噪声序列；$\boldsymbol{v}_{k+1}^i$ 表示第 i 个子滤波器在 $k+1$ 时刻均值为零的量测白噪声序列；$\boldsymbol{v}_{k+1}^i$ 与 $\boldsymbol{w}_k$ 相互独立且：

$$E\left[\boldsymbol{w}_k\boldsymbol{w}_j^{\mathrm{T}}\right]=\boldsymbol{Q}_k\delta_{kj},\quad \boldsymbol{Q}_k\geqslant 0 \tag{8-3}$$

$$E\left[\boldsymbol{v}_{k+1}^i\boldsymbol{v}_j^{i\mathrm{T}}\right]=\boldsymbol{R}_{k+1}^i\delta_{(k+1)j},\quad \boldsymbol{R}_{k+1}^i>0 \tag{8-4}$$

其中，$\boldsymbol{Q}_k$ 和 $\boldsymbol{R}_k$ 分别为 $\boldsymbol{w}_k$ 和 $\boldsymbol{v}_k$ 的噪声方差阵。δ_{kj} 是 Kronecker-δ 函数，即如果 $k=j$，那么 $\delta_{kj}=1$，否则 $\delta_{kj}=0$。

值得注意的是，在实际应用中，各个滤波器的状态除了包含公共状态（公共参考系统为惯性导航系统时，惯性导航误差状态即为公共状态）之外，还可能包含自身独有的传感器状态（如 GNSS 时钟误差等）。由于联邦滤波器主要处理的是各滤波器公共状态的融合问题，为了便于理论分析，本章后续假设所有滤波器中仅含公共状态。

联邦滤波中所有的子滤波器都共用了公共参考系统，这将导致子滤波器的估计结果存在复杂相关性。在信息融合过程中，如果不能正确处理具有相关性的估计结果极易导致估计不一致（估计误差协方差矩阵小于真实误差协方差矩阵）。联邦滤波器可以在未知相关性的条件下，通过方差上界技术和最优融合方法保证融合结果的一致性和最优性。

2. 方差上界技术

子滤波器的估计结果存在复杂的相关性，联邦滤波器利用方差上界技术保证了在未知相关性情况下估计结果的一致性。接下来，本节将对方差上界技术进行详细介绍。

定义 $\hat{\boldsymbol{x}}_{k|k}^i$ 、$\boldsymbol{P}_{k|k}^i$ 表示第 i 个子滤波器的估计值和对应的协方差矩阵；$\hat{\boldsymbol{x}}_{k|k}^m$ 、$\boldsymbol{P}_{k|k}^m$ 表示主滤波器的估计值和对应的协方差矩阵。根据卡尔曼滤波算法，可以求出传感器 i 的局部估计为

$$\begin{cases}\hat{\boldsymbol{x}}_{k+1|k}^{i}=\boldsymbol{F}_k\hat{\boldsymbol{x}}_{k|k}^{i}\\ \boldsymbol{P}_{k+1|k}^{i}=\boldsymbol{F}_k\boldsymbol{P}_{k|k}^{i}\boldsymbol{F}_k^{\mathrm{T}}+\boldsymbol{G}_k\boldsymbol{Q}_k\boldsymbol{G}_k^{\mathrm{T}}\\ \hat{\boldsymbol{x}}_{k+1|k+1}^{i}=\hat{\boldsymbol{x}}_{k+1|k}^{i}+\boldsymbol{K}_{k+1}^{i}\left(\boldsymbol{z}_{k+1}^{i}-\boldsymbol{H}_{k+1}^{i}\hat{\boldsymbol{x}}_{k+1|k}^{i}\right)\\ \boldsymbol{K}_{k+1}^{i}=\boldsymbol{P}_{k+1|k}^{i}\left(\boldsymbol{H}_{k+1}^{i}\right)^{\mathrm{T}}\left[\boldsymbol{H}_{k+1}^{i}\boldsymbol{P}_{k+1|k}^{i}\left(\boldsymbol{H}_{k+1}^{i}\right)^{\mathrm{T}}+\boldsymbol{R}_{k+1}^{i}\right]^{-1}\\ \boldsymbol{P}_{k+1|k+1}^{i}=\left(\boldsymbol{I}-\boldsymbol{K}_{k+1}^{i}\boldsymbol{H}_{k+1}^{i}\right)\boldsymbol{P}_{k+1|k}^{i}\end{cases}\tag{8-5}$$

对于传感器 i，其 $k+1$ 时刻的估计误差可表示为

$$\begin{aligned}\tilde{\boldsymbol{x}}_{k+1|k+1}^{i}&=\boldsymbol{x}_{k+1}-\hat{\boldsymbol{x}}_{k+1|k+1}^{i}\\&=\boldsymbol{F}_k\boldsymbol{x}_k+\boldsymbol{G}_k\boldsymbol{w}_k-\boldsymbol{F}_k\hat{\boldsymbol{x}}_{k|k}^{i}-\boldsymbol{K}_{k+1}^{i}\left[\boldsymbol{H}_{k+1}^{i}\left(\boldsymbol{F}_k\boldsymbol{x}_k+\boldsymbol{G}_k\boldsymbol{w}_k\right)+\boldsymbol{v}_{k+1}^{i}-\boldsymbol{H}_{k+1}^{i}\boldsymbol{F}_k\hat{\boldsymbol{x}}_{k|k}^{i}\right]\\&=\left(\boldsymbol{I}-\boldsymbol{K}_{k+1}^{i}\boldsymbol{H}_{k+1}^{i}\right)\boldsymbol{F}_k\tilde{\boldsymbol{x}}_{k|k}^{i}+\left(\boldsymbol{I}-\boldsymbol{K}_{k+1}^{i}\boldsymbol{H}_{k+1}^{i}\right)\boldsymbol{G}_k\boldsymbol{w}_k-\boldsymbol{K}_{k+1}^{i}\boldsymbol{v}_{k+1}^{i}\end{aligned}\tag{8-6}$$

子滤波器自身的协方差以及子滤波器 i 与子滤波器 j 之间的互协方差可以表示为

$$\begin{cases}\boldsymbol{P}_{k+1|k+1}^{i,i}=\mathrm{Cov}\left[\tilde{\boldsymbol{x}}_{k+1|k+1}^{i},\tilde{\boldsymbol{x}}_{k+1|k+1}^{i}\right]\\ \quad=\left(\boldsymbol{I}-\boldsymbol{K}_{k+1}^{i}\boldsymbol{H}_{k+1}^{i}\right)\boldsymbol{F}_k\boldsymbol{P}_{k|k}^{i,i}\boldsymbol{F}_k^{\mathrm{T}}\left(\boldsymbol{I}-\boldsymbol{K}_{k+1}^{i}\boldsymbol{H}_{k+1}^{i}\right)^{\mathrm{T}}\\ \qquad+\left(\boldsymbol{I}-\boldsymbol{K}_{k+1}^{i}\boldsymbol{H}_{k+1}^{i}\right)\boldsymbol{G}_k\boldsymbol{Q}_k\boldsymbol{G}_k^{\mathrm{T}}\left(\boldsymbol{I}-\boldsymbol{K}_{k+1}^{i}\boldsymbol{H}_{k+1}^{i}\right)^{\mathrm{T}}+\boldsymbol{K}_{k+1}^{i}\boldsymbol{R}_{k+1}^{i}\left(\boldsymbol{K}_{k+1}^{i}\right)^{\mathrm{T}}\\ \quad=\left(\boldsymbol{I}-\boldsymbol{K}_{k+1}^{i}\boldsymbol{H}_{k+1}^{i}\right)\left(\boldsymbol{F}_k\boldsymbol{P}_{k|k}^{i,i}\boldsymbol{F}_k^{\mathrm{T}}+\boldsymbol{G}_k\boldsymbol{Q}_k\boldsymbol{G}_k^{\mathrm{T}}\right)\left(\boldsymbol{I}-\boldsymbol{K}_{k+1}^{i}\boldsymbol{H}_{k+1}^{i}\right)^{\mathrm{T}}+\boldsymbol{K}_{k+1}^{i}\boldsymbol{R}_{k+1}^{i}\left(\boldsymbol{K}_{k+1}^{i}\right)^{\mathrm{T}}\\ \boldsymbol{P}_{k+1|k+1}^{i,j}=\mathrm{Cov}\left[\tilde{\boldsymbol{x}}_{k+1|k+1}^{i},\tilde{\boldsymbol{x}}_{k+1|k+1}^{j}\right]\\ \quad=\left(\boldsymbol{I}-\boldsymbol{K}_{k+1}^{i}\boldsymbol{H}_{k+1}^{i}\right)\boldsymbol{F}_k\boldsymbol{P}_{k|k}^{i,j}\boldsymbol{F}_k^{\mathrm{T}}\left(\boldsymbol{I}-\boldsymbol{K}_{k+1}^{j}\boldsymbol{H}_{k+1}^{j}\right)^{\mathrm{T}}\\ \qquad+\left(\boldsymbol{I}-\boldsymbol{K}_{k+1}^{i}\boldsymbol{H}_{k+1}^{i}\right)\boldsymbol{G}_k\boldsymbol{Q}_k\boldsymbol{G}_k^{\mathrm{T}}\left(\boldsymbol{I}-\boldsymbol{K}_{k+1}^{j}\boldsymbol{H}_{k+1}^{j}\right)^{\mathrm{T}}\\ \quad=\left(\boldsymbol{I}-\boldsymbol{K}_{k+1}^{i}\boldsymbol{H}_{k+1}^{i}\right)\left(\boldsymbol{F}_k\boldsymbol{P}_{k|k}^{i,j}\boldsymbol{F}_k^{\mathrm{T}}+\boldsymbol{G}_k\boldsymbol{Q}_k\boldsymbol{G}_k^{\mathrm{T}}\right)\left(\boldsymbol{I}-\boldsymbol{K}_{k+1}^{j}\boldsymbol{H}_{k+1}^{j}\right)^{\mathrm{T}}\end{cases}\tag{8-7}$$

主滤波器只进行时间更新，因此有

$$\begin{cases}\hat{\boldsymbol{x}}_{k+1|k+1}^{m}=\hat{\boldsymbol{x}}_{k+1|k}^{m}=\boldsymbol{F}_k\hat{\boldsymbol{x}}_{k|k}^{m}\\ \tilde{\boldsymbol{x}}_{k+1|k+1}^{m}=\boldsymbol{x}_{k+1}^{m}-\hat{\boldsymbol{x}}_{k+1|k+1}^{m}=\boldsymbol{F}_k\boldsymbol{x}_k^{m}+\boldsymbol{G}_k\boldsymbol{w}_k-\boldsymbol{F}_k\hat{\boldsymbol{x}}_{k|k}^{m}=\boldsymbol{F}_k\tilde{\boldsymbol{x}}_{k|k}^{m}+\boldsymbol{G}_k\boldsymbol{w}_k\end{cases}\tag{8-8}$$

从而在任一子滤波器 i 和主滤波器之间有

$$\begin{aligned}\boldsymbol{P}_{k+1|k+1}^{i,m}&=\mathrm{Cov}\left[\tilde{\boldsymbol{x}}_{k+1|k+1}^{i},\tilde{\boldsymbol{x}}_{k+1|k+1}^{m}\right]\\&=\left(\boldsymbol{I}-\boldsymbol{K}_{k+1}^{i}\boldsymbol{H}_{k+1}^{i}\right)\boldsymbol{F}_k\boldsymbol{P}_{k|k}^{i,m}\boldsymbol{F}_k^{\mathrm{T}}+\left(\boldsymbol{I}-\boldsymbol{K}_{k+1}^{i}\boldsymbol{H}_{k+1}^{i}\right)\boldsymbol{G}_k\boldsymbol{Q}_k\boldsymbol{G}_k^{\mathrm{T}}\end{aligned}\tag{8-9}$$

由式(8-7)与式(8-9)可以看出，为了使主滤波器与各子滤波器以及各子滤波器之间的估计误差协方差矩阵为 $\mathbf{0}$，需要令 $\boldsymbol{Q}_k=\mathbf{0}$， $\boldsymbol{P}_{0|0}^{i,m}=\mathbf{0}$ 且 $\boldsymbol{P}_{0|0}^{i,j}=\mathbf{0}$。这两个约束条件都难以成立，一是要求无系统噪声，这在实际应用中无法做到；二是在初始时刻，通常取 $\hat{\boldsymbol{x}}_{0|0}^{i}=\bar{\boldsymbol{x}}_0$、$\boldsymbol{P}_{0|0}^{i}=\boldsymbol{P}_0$，由于所有滤波器的初始状态估计均相同，初始时刻不同滤波器状态之间已具有

相关性，此时，$\boldsymbol{P}_{0|0}^{i,j}=\boldsymbol{P}_0$。

令 $\boldsymbol{B}_{k+1}^{i}=(\boldsymbol{I}-\boldsymbol{K}_{k+1}^{i}\boldsymbol{H}_{k+1}^{i})\boldsymbol{F}_k,\boldsymbol{C}_{k+1}^{i}=(\boldsymbol{I}-\boldsymbol{K}_{k+1}^{i}\boldsymbol{H}_{k+1}^{i})\boldsymbol{G}_k$，则有

$$
\begin{aligned}
&\begin{bmatrix}
\boldsymbol{P}_{k+1|k+1}^{1,1} & \cdots & \boldsymbol{P}_{k+1|k+1}^{1,N} & \boldsymbol{P}_{k+1|k+1}^{1,m} \\
\vdots & & \vdots & \vdots \\
\boldsymbol{P}_{k+1|k+1}^{N,1} & \cdots & \boldsymbol{P}_{k+1|k+1}^{N,N} & \boldsymbol{P}_{k+1|k+1}^{N,m} \\
\boldsymbol{P}_{k+1|k+1}^{m,1} & \cdots & \boldsymbol{P}_{k+1|k+1}^{m,N} & \boldsymbol{P}_{k+1|k+1}^{m,m}
\end{bmatrix}
=\begin{bmatrix}
\boldsymbol{B}_{k+1}^{1}\boldsymbol{P}_{k|k}^{1,1}(\boldsymbol{B}_{k+1}^{1})^{\mathrm{T}} & \cdots & \boldsymbol{B}_{k+1}^{1}\boldsymbol{P}_{k|k}^{1,N}(\boldsymbol{B}_{k+1}^{N})^{\mathrm{T}} & \boldsymbol{B}_{k+1}^{1}\boldsymbol{P}_{k|k}^{1,m}\boldsymbol{F}_k^{\mathrm{T}} \\
\vdots & & \vdots & \vdots \\
\boldsymbol{B}_{k+1}^{N}\boldsymbol{P}_{k|k}^{N,1}(\boldsymbol{B}_{k+1}^{1})^{\mathrm{T}} & \cdots & \boldsymbol{B}_{k+1}^{N}\boldsymbol{P}_{k|k}^{N,N}(\boldsymbol{B}_{k+1}^{N})^{\mathrm{T}} & \boldsymbol{B}_{k+1}^{N}\boldsymbol{P}_{k|k}^{N,m}\boldsymbol{F}_k^{\mathrm{T}} \\
\boldsymbol{F}_k\boldsymbol{P}_{k|k}^{m,1}(\boldsymbol{B}_{k+1}^{1})^{\mathrm{T}} & \cdots & \boldsymbol{F}_k\boldsymbol{P}_{k|k}^{m,N}(\boldsymbol{B}_{k+1}^{N})^{\mathrm{T}} & \boldsymbol{F}_k\boldsymbol{P}_{k|k}^{m,m}\boldsymbol{F}_k^{\mathrm{T}}
\end{bmatrix} \\
&+\begin{bmatrix}
\boldsymbol{C}_{k+1}^{1}\boldsymbol{Q}_k(\boldsymbol{C}_{k+1}^{1})^{\mathrm{T}} & \cdots & \boldsymbol{C}_{k+1}^{1}\boldsymbol{Q}_k(\boldsymbol{C}_{k+1}^{N})^{\mathrm{T}} & \boldsymbol{C}_{k+1}^{1}\boldsymbol{Q}_k\boldsymbol{G}_k^{\mathrm{T}} \\
\vdots & & \vdots & \vdots \\
\boldsymbol{C}_{k+1}^{N}\boldsymbol{Q}_k(\boldsymbol{C}_{k+1}^{1})^{\mathrm{T}} & \cdots & \boldsymbol{C}_{k+1}^{N}\boldsymbol{Q}_k(\boldsymbol{C}_{k+1}^{N})^{\mathrm{T}} & \boldsymbol{C}_{k+1}^{N}\boldsymbol{Q}_k\boldsymbol{G}_k^{\mathrm{T}} \\
\boldsymbol{G}_k\boldsymbol{Q}_k(\boldsymbol{C}_{k+1}^{1})^{\mathrm{T}} & \cdots & \boldsymbol{G}_k\boldsymbol{Q}_k(\boldsymbol{C}_{k+1}^{N})^{\mathrm{T}} & \boldsymbol{G}_k\boldsymbol{Q}_k\boldsymbol{G}_k^{\mathrm{T}}
\end{bmatrix}
+\begin{bmatrix}
\boldsymbol{K}_{k+1}^{1}\boldsymbol{R}_{k+1}^{1}(\boldsymbol{K}_{k+1}^{1})^{\mathrm{T}} & \cdots & 0 & 0 \\
\vdots & & \vdots & \vdots \\
0 & \cdots & \boldsymbol{K}_{k+1}^{N}\boldsymbol{R}_{k+1}^{N}(\boldsymbol{K}_{k+1}^{N})^{\mathrm{T}} & 0 \\
0 & \cdots & 0 & 0
\end{bmatrix} \\
&=\begin{bmatrix}
\boldsymbol{B}_{k+1}^{1} & \cdots & 0 & 0 \\
\vdots & & \vdots & \vdots \\
0 & \cdots & \boldsymbol{B}_{k+1}^{N} & 0 \\
0 & \cdots & 0 & \boldsymbol{F}_k
\end{bmatrix}
\begin{bmatrix}
\boldsymbol{P}_{k|k}^{1,1} & \cdots & \boldsymbol{P}_{k|k}^{1,N} & \boldsymbol{P}_{k|k}^{1,m} \\
\vdots & & \vdots & \vdots \\
\boldsymbol{P}_{k|k}^{N,1} & \cdots & \boldsymbol{P}_{k|k}^{N,N} & \boldsymbol{P}_{k|k}^{N,m} \\
\boldsymbol{P}_{k|k}^{m,1} & \cdots & \boldsymbol{P}_{k|k}^{m,N} & \boldsymbol{P}_{k|k}^{m,m}
\end{bmatrix}
\begin{bmatrix}
(\boldsymbol{B}_{k+1}^{1})^{\mathrm{T}} & \cdots & 0 & 0 \\
\vdots & & \vdots & \vdots \\
0 & \cdots & (\boldsymbol{B}_{k+1}^{N})^{\mathrm{T}} & 0 \\
0 & \cdots & 0 & \boldsymbol{F}_k^{\mathrm{T}}
\end{bmatrix} \\
&+\begin{bmatrix}
\boldsymbol{C}_{k+1}^{1} & \cdots & 0 & 0 \\
\vdots & & \vdots & \vdots \\
0 & \cdots & \boldsymbol{C}_{k+1}^{N} & 0 \\
0 & \cdots & 0 & \boldsymbol{G}_k
\end{bmatrix}
\begin{bmatrix}
\boldsymbol{Q}_k & \cdots & \boldsymbol{Q}_k & \boldsymbol{Q}_k \\
\vdots & & \vdots & \vdots \\
\boldsymbol{Q}_k & \cdots & \boldsymbol{Q}_k & \boldsymbol{Q}_k \\
\boldsymbol{Q}_k & \cdots & \boldsymbol{Q}_k & \boldsymbol{Q}_k
\end{bmatrix}
\begin{bmatrix}
(\boldsymbol{C}_{k+1}^{1})^{\mathrm{T}} & \cdots & 0 & 0 \\
\vdots & & \vdots & \vdots \\
0 & \cdots & (\boldsymbol{C}_{k+1}^{N})^{\mathrm{T}} & 0 \\
0 & \cdots & 0 & \boldsymbol{G}_k^{\mathrm{T}}
\end{bmatrix} \\
&+\begin{bmatrix}
\boldsymbol{K}_{k+1}^{1}\boldsymbol{R}_{k+1}^{1}(\boldsymbol{K}_{k+1}^{1})^{\mathrm{T}} & \cdots & 0 & 0 \\
\vdots & & \vdots & \vdots \\
0 & \cdots & \boldsymbol{K}_{k+1}^{N}\boldsymbol{R}_{k+1}^{N}(\boldsymbol{K}_{k+1}^{N})^{\mathrm{T}} & 0 \\
0 & \cdots & 0 & 0
\end{bmatrix}
\end{aligned}
\tag{8-10}
$$

可以看出，当 $\boldsymbol{Q}_k\neq\boldsymbol{0}$，即使 $\boldsymbol{P}_{k|k}^{i,j}=\boldsymbol{0}$，也不会有 $\boldsymbol{P}_{k+1|k+1}^{i,j}=\boldsymbol{0}$。为此，联邦滤波器引入方差上界技术来消除 $\boldsymbol{Q}_k$ 与 $\boldsymbol{P}_{k|k}^{i,j}$ 对互协方差矩阵造成的影响。方差上界技术通过求取状态协方差矩阵的分块对角阵上界，并将这个分块对角阵设置为滤波器状态协方差估计，从而在保证估计一致性的前提下，忽略主滤波器与子滤波器以及各个子滤波器之间的相关性，下面对其展开详细论述。

式(8-10)右端由 $\boldsymbol{Q}_k$ 组成的方阵有以下上界：

$$
\begin{bmatrix}
\boldsymbol{Q}_k & \cdots & \boldsymbol{Q}_k & \boldsymbol{Q}_k \\
\vdots & & \vdots & \vdots \\
\boldsymbol{Q}_k & \cdots & \boldsymbol{Q}_k & \boldsymbol{Q}_k \\
\boldsymbol{Q}_k & \cdots & \boldsymbol{Q}_k & \boldsymbol{Q}_k
\end{bmatrix}
\leqslant
\begin{bmatrix}
\alpha_1\boldsymbol{Q}_k & \cdots & 0 & 0 \\
\vdots & & \vdots & \vdots \\
0 & \cdots & \alpha_N\boldsymbol{Q}_k & 0 \\
0 & \cdots & 0 & \alpha_m\boldsymbol{Q}_k
\end{bmatrix}
\tag{8-11}
$$

$$\frac{1}{\alpha_1}+\cdots+\frac{1}{\alpha_N}+\frac{1}{\alpha_m}=1,\ 0\leqslant\frac{1}{\alpha_i}\leqslant 1,\ 1\leqslant\alpha\leqslant\infty \tag{8-12}$$

同理，对于初始状态协方差矩阵也可以设置类似的上界，即

$$\begin{bmatrix} \boldsymbol{P}_{k|k}^{1,1} & \cdots & \boldsymbol{P}_{k|k}^{1,N} & \boldsymbol{P}_{k|k}^{1,m} \\ \vdots & & \vdots & \vdots \\ \boldsymbol{P}_{k|k}^{N,1} & \cdots & \boldsymbol{P}_{k|k}^{N,N} & \boldsymbol{P}_{k|k}^{N,m} \\ \boldsymbol{P}_{k|k}^{m,1} & \cdots & \boldsymbol{P}_{k|k}^{m,N} & \boldsymbol{P}_{k|k}^{m,m} \end{bmatrix} \leqslant \begin{bmatrix} \alpha_1\boldsymbol{P}_{k|k}^{1,1} & \cdots & 0 & 0 \\ \vdots & & \vdots & \vdots \\ 0 & \cdots & \alpha_N\boldsymbol{P}_{k|k}^{N,N} & 0 \\ 0 & \cdots & 0 & \alpha_m\boldsymbol{P}_{k|k}^{m,m} \end{bmatrix} \tag{8-13}$$

因此，式(8-10)经过方差上界技术处理后可以写为

$$\begin{aligned} &\begin{bmatrix} \boldsymbol{P}_{k+1|k+1}^{1,1} & \cdots & \boldsymbol{P}_{k+1|k+1}^{1,N} & \boldsymbol{P}_{k+1|k+1}^{1,m} \\ \vdots & & \vdots & \vdots \\ \boldsymbol{P}_{k+1|k+1}^{N,1} & \cdots & \boldsymbol{P}_{k+1|k+1}^{N,N} & \boldsymbol{P}_{k+1|k+1}^{N,m} \\ \boldsymbol{P}_{k+1|k+1}^{m,1} & \cdots & \boldsymbol{P}_{k+1|k+1}^{m,N} & \boldsymbol{P}_{k+1|k+1}^{m,m} \end{bmatrix} \\ \leqslant &\begin{bmatrix} \boldsymbol{B}_{k+1}^{1} & \cdots & 0 & 0 \\ \vdots & & \vdots & \vdots \\ 0 & \cdots & \boldsymbol{B}_{k+1}^{N} & 0 \\ 0 & \cdots & 0 & \boldsymbol{F}_k \end{bmatrix} \begin{bmatrix} \alpha_1\boldsymbol{P}_{k|k}^{1,1} & \cdots & 0 & 0 \\ \vdots & & \vdots & \vdots \\ 0 & \cdots & \alpha_N\boldsymbol{P}_{k|k}^{N,N} & 0 \\ 0 & \cdots & 0 & \alpha_m\boldsymbol{P}_{k|k}^{m,m} \end{bmatrix} \begin{bmatrix} (\boldsymbol{B}_{k+1}^{1})^{\mathrm{T}} & \cdots & 0 & 0 \\ \vdots & & \vdots & \vdots \\ 0 & \cdots & (\boldsymbol{B}_{k+1}^{N})^{\mathrm{T}} & 0 \\ 0 & \cdots & 0 & \boldsymbol{F}_k^{\mathrm{T}} \end{bmatrix} \\ &+\begin{bmatrix} \boldsymbol{C}_{k+1}^{1} & \cdots & 0 & 0 \\ \vdots & & \vdots & \vdots \\ 0 & \cdots & \boldsymbol{C}_{k+1}^{N} & 0 \\ 0 & \cdots & 0 & \boldsymbol{G}_k \end{bmatrix} \begin{bmatrix} \alpha_1\boldsymbol{Q}_k & \cdots & 0 & 0 \\ \vdots & & \vdots & \vdots \\ 0 & \cdots & \alpha_N\boldsymbol{Q}_k & 0 \\ 0 & \cdots & 0 & \alpha_m\boldsymbol{Q}_k \end{bmatrix} \begin{bmatrix} (\boldsymbol{C}_{k+1}^{1})^{\mathrm{T}} & \cdots & 0 & 0 \\ \vdots & & \vdots & \vdots \\ 0 & \cdots & (\boldsymbol{C}_{k+1}^{N})^{\mathrm{T}} & 0 \\ 0 & \cdots & 0 & \boldsymbol{G}_k^{\mathrm{T}} \end{bmatrix} \\ &+\begin{bmatrix} \boldsymbol{K}_{k+1}^{1}\boldsymbol{R}_{k+1}^{1}(\boldsymbol{K}_{k+1}^{1})^{\mathrm{T}} & \cdots & 0 & 0 \\ \vdots & & \vdots & \vdots \\ 0 & \cdots & \boldsymbol{K}_{k+1}^{N}\boldsymbol{R}_{k+1}^{N}(\boldsymbol{K}_{k+1}^{N})^{\mathrm{T}} & 0 \\ 0 & \cdots & 0 & 0 \end{bmatrix} \end{aligned} \tag{8-14}$$

将估计误差协方差矩阵设置为其分块对角阵上界,从而使各滤波器状态之间互不相关。根据式(8-14)，可得经过放大后的估计误差协方差矩阵中的各个部分：

$$\boldsymbol{P}_{k+1|k+1}^{i,i}=\alpha_i\boldsymbol{B}_{k+1}^{i}\boldsymbol{P}_{k|k}^{i,i}\left(\boldsymbol{B}_{k+1}^{i}\right)^{\mathrm{T}}+\alpha_i\boldsymbol{C}_{k+1}^{i}\boldsymbol{Q}_k\left(\boldsymbol{C}_{k+1}^{i}\right)^{\mathrm{T}}+\boldsymbol{K}_{k+1}^{i}\boldsymbol{R}_{k+1}^{i}(\boldsymbol{K}_{k+1}^{i})^{\mathrm{T}},\quad i=1,2,\cdots,N \tag{8-15}$$

$$\boldsymbol{P}_{k+1|k+1}^{m,m}=\alpha_m\boldsymbol{F}_k\boldsymbol{P}_{k|k}^{m,m}\boldsymbol{F}_k^{\mathrm{T}}+\alpha_m\boldsymbol{G}_k\boldsymbol{Q}_k\boldsymbol{G}_k^{\mathrm{T}} \tag{8-16}$$

$$\boldsymbol{P}_{k+1|k+1}^{i,j}=0,\quad i\neq j,\quad j=1,2,\cdots,N,m \tag{8-17}$$

通过方差上界技术，联邦滤波器将原来具有相关性的子滤波器和主滤波器变为互不相关的子滤波器和主滤波器进行融合，并通过膨胀协方差保证了融合结果的一致性。

3. 最优融合方法

联邦滤波器通过方差上界技术消除子滤波器之间以及子滤波器和主滤波器之间的相关

性，下面介绍如何融合这些通过方差上界技术变得不相关的子滤波器和主滤波器的估计结果，使得融合结果是全局最优的。

首先考虑两个互不相关局部滤波器的情况，局部状态估计为 $\hat{\boldsymbol{x}}_1$ 和 $\hat{\boldsymbol{x}}_2$，相应的估计误差协方差矩阵为 $\boldsymbol{P}_{11}$ 和 $\boldsymbol{P}_{22}$。融合后的全局状态估计 $\hat{\boldsymbol{x}}_g$ 为局部状态估计的线性组合，即

$$\hat{\boldsymbol{x}}_g = W_1\hat{\boldsymbol{x}}_1 + W_2\hat{\boldsymbol{x}}_2 \tag{8-18}$$

其中，W_1 和 W_2 为待定的加权阵。

全局最优估计 $\hat{\boldsymbol{x}}_g$ 应该满足以下两个条件：

(1) 若 $\hat{\boldsymbol{x}}_1$ 和 $\hat{\boldsymbol{x}}_2$ 为无偏估计，$\hat{\boldsymbol{x}}_g$ 也应为无偏估计，即

$$E\left[\boldsymbol{x} - \hat{\boldsymbol{x}}_g\right] = 0 \tag{8-19}$$

其中，$\boldsymbol{x}$ 为真实状态。

(2) $\hat{\boldsymbol{x}}_g$ 的估计误差协方差矩阵的迹最小，即 $\boldsymbol{P}_g = E[(\boldsymbol{x}-\hat{\boldsymbol{x}}_g)(\boldsymbol{x}-\hat{\boldsymbol{x}}_g)^{\mathrm{T}}]$ 的迹最小。

由条件(1)可得

$$\begin{aligned} E\left[\boldsymbol{x} - \hat{\boldsymbol{x}}_g\right] &= E\left[\boldsymbol{x} - W_1\hat{\boldsymbol{x}}_1 - W_2\hat{\boldsymbol{x}}_2\right] \\ &= \left(I - W_1 - W_2\right)E\left[\boldsymbol{x}\right] + W_1E\left[\boldsymbol{x} - \hat{\boldsymbol{x}}_1\right] + W_2E\left[\boldsymbol{x} - \hat{\boldsymbol{x}}_2\right] = 0 \end{aligned} \tag{8-20}$$

由于 $\hat{\boldsymbol{x}}_1$ 和 $\hat{\boldsymbol{x}}_2$ 为最优无偏估计，因此有

$$I - W_1 - W_2 = 0 \tag{8-21}$$

将式(8-21)代入式(8-18)可得

$$\boldsymbol{x} - \hat{\boldsymbol{x}}_g = \boldsymbol{x} - \left[\hat{\boldsymbol{x}}_1 + W_2\left(\hat{\boldsymbol{x}}_2 - \hat{\boldsymbol{x}}_1\right)\right] = \left(I - W_2\right)\left(\boldsymbol{x} - \hat{\boldsymbol{x}}_1\right) + W_2\left(\boldsymbol{x} - \hat{\boldsymbol{x}}_2\right) \tag{8-22}$$

于是有

$$\begin{aligned} \boldsymbol{P}_g &= E\left[(\boldsymbol{x} - \hat{\boldsymbol{x}}_g)(\boldsymbol{x} - \hat{\boldsymbol{x}}_g)^{\mathrm{T}}\right] \\ &= \boldsymbol{P}_{11} - W_2\left(\boldsymbol{P}_{11} - \boldsymbol{P}_{12}\right)^{\mathrm{T}} - \left(\boldsymbol{P}_{11} - \boldsymbol{P}_{12}\right)W_2^{\mathrm{T}} + W_2\left(\boldsymbol{P}_{11} - \boldsymbol{P}_{12} - \boldsymbol{P}_{21} + \boldsymbol{P}_{22}\right)W_2^{\mathrm{T}} \end{aligned} \tag{8-23}$$

其中

$$\boldsymbol{P}_{11} = E\left[(\boldsymbol{x} - \hat{\boldsymbol{x}}_1)(\boldsymbol{x} - \hat{\boldsymbol{x}}_1)^{\mathrm{T}}\right], \quad \boldsymbol{P}_{22} = E\left[(\boldsymbol{x} - \hat{\boldsymbol{x}}_2)(\boldsymbol{x} - \hat{\boldsymbol{x}}_2)^{\mathrm{T}}\right]$$

$$\boldsymbol{P}_{12} = E\left[(\boldsymbol{x} - \hat{\boldsymbol{x}}_1)(\boldsymbol{x} - \hat{\boldsymbol{x}}_2)^{\mathrm{T}}\right], \quad \boldsymbol{P}_{21} = \boldsymbol{P}_{12}^{\mathrm{T}}$$

条件(2)为 $\mathrm{tr}(\boldsymbol{P}_g)$ 最小。为了得到 W_2，使 $\mathrm{tr}(\boldsymbol{P}_g)$ 对 W_2 求偏导并取 0，得到

$$\frac{\partial \mathrm{tr}\left(\boldsymbol{P}_g\right)}{\partial W_2} = -\left(\boldsymbol{P}_{11} - \boldsymbol{P}_{12}\right) - \left(\boldsymbol{P}_{11} - \boldsymbol{P}_{12}\right) + 2W_2\left(\boldsymbol{P}_{11} - \boldsymbol{P}_{12} - \boldsymbol{P}_{21} + \boldsymbol{P}_{22}\right) = 0 \tag{8-24}$$

由此得到

$$W_2 = \left(\boldsymbol{P}_{11} - \boldsymbol{P}_{12}\right)\left(\boldsymbol{P}_{11} - \boldsymbol{P}_{12} - \boldsymbol{P}_{21} + \boldsymbol{P}_{22}\right)^{-1} \tag{8-25}$$

将式(8-25)代入式(8-22)和式(8-23)，可得

$$\hat{\boldsymbol{x}}_g = \hat{\boldsymbol{x}}_1 + \left(\boldsymbol{P}_{11} - \boldsymbol{P}_{12}\right)\left(\boldsymbol{P}_{11} - \boldsymbol{P}_{12} - \boldsymbol{P}_{21} + \boldsymbol{P}_{22}\right)^{-1}\left(\hat{\boldsymbol{x}}_2 - \hat{\boldsymbol{x}}_1\right) \tag{8-26}$$

$$\boldsymbol{P}_g = \boldsymbol{P}_{11} - \left(\boldsymbol{P}_{11} - \boldsymbol{P}_{12}\right)\left(\boldsymbol{P}_{11} - \boldsymbol{P}_{12} - \boldsymbol{P}_{21} + \boldsymbol{P}_{22}\right)^{-1}\left(\boldsymbol{P}_{11} - \boldsymbol{P}_{12}\right)^{\mathrm{T}} \tag{8-27}$$

若 $\hat{\boldsymbol{x}}_1$ 和 $\hat{\boldsymbol{x}}_2$ 是不相关的，即有

$$P_{12} = P_{21} = 0 \tag{8-28}$$

则式(8-26)和式(8-27)可以简化为

$$\hat{x}_g = \left(P_{11}^{-1} + P_{22}^{-1}\right)\left(P_{11}^{-1}\hat{x}_1 + P_{22}^{-1}\hat{x}_2\right) \tag{8-29}$$

$$P_g = \left(P_{11}^{-1} + P_{22}^{-1}\right)^{-1} \tag{8-30}$$

利用数学归纳法很容易将上面的结果推广到有 N 个互不相关的局部估计的情况。若有 N 个局部估计 $\hat{x}_1, \hat{x}_2, \cdots, \hat{x}_N$ 和相应的估计误差协方差矩阵 $P_{11}, P_{22}, \cdots, P_{NN}$，且各个局部估计互不相关，即 $P_{ij} = 0\left(i \neq j\right)$，则全局最优估计可以表示为

$$\hat{x}_g = P_g \sum_{i=1}^{N} P_{ii}^{-1}\hat{x}_i \tag{8-31}$$

$$P_g = \left(\sum_{i=1}^{N} P_{ii}^{-1}\right)^{-1} \tag{8-32}$$

4. 联邦滤波器的工作流程

(1) 将子滤波器和主滤波器的初始估计协方差矩阵和过程噪声协方差矩阵设置为组合系统初始值的 α_i 倍。α_i 满足信息守恒原则(式(8-12))；此时各个子滤波器以及子滤波器和主滤波器之间均不存在相关性。

(2) 各个子滤波器和主滤波器通过卡尔曼滤波进行状态更新，其中，主滤波器中只有时间更新，子滤波器中既有时间更新又有量测更新。

(3) 在得到各子滤波器的局部估计 $\hat{x}_i$、P_i 和主滤波器的估计 $\hat{x}_m$、P_m 后，按式(8-31)和式(8-32)进行融合，得到全局最优估计 $\hat{x}_g$、P_g。

(4) 用全局最优估计值来重置各子滤波器和主滤波器的滤波值和协方差矩阵，为了保证重置后各个子滤波器以及子滤波器和主滤波器不相关，依据方差上界原则将 P_g 扩大成 $\beta_i^{-1}P_g$ 再进行反馈，且 β_i^{-1} 满足信息守恒原则(式(8-12))，此时经过反馈后的各个子滤波器以及子滤波器和主滤波器不存在相关性。各个滤波器返回至第(2)步执行状态更新和时间更新。

8.2.2 联邦滤波器典型结构

联邦滤波器有多种实现方式，根据主滤波器和子滤波器信息分配及反馈方式的不同，可以将联邦滤波器分为以下四种基本结构。

1. 融合-重置式结构

融合-重置式(Fusion-Reset, FR)联邦滤波器结构如图 8-4 所示，它是将信息按一定比例分配给各子滤波器和主滤波器，各子滤波器独立地进行时间更新和量测更新，主滤波器中仅进行时间更新。这种结构融合后的全局精度高，子滤波器因为有主滤波器的反馈重置，其精度也得到了提高。此时，用主滤波器和子滤波器的信息都可以很好地进行故障检测。在某个传感器的故障被隔离后，其他正常子滤波器的估计值可以在主滤波器中进行融合；但是若一个传感器的故障未被成功隔离而流入信息融合中，则会通过反馈使其他正常的子滤波器受到污染，导致系统容错能力下降。故障隔离后，被隔离的子滤波器需要重新进行

初始化，且经过一段时间后其滤波值才能够使用，导致故障恢复能力下降。

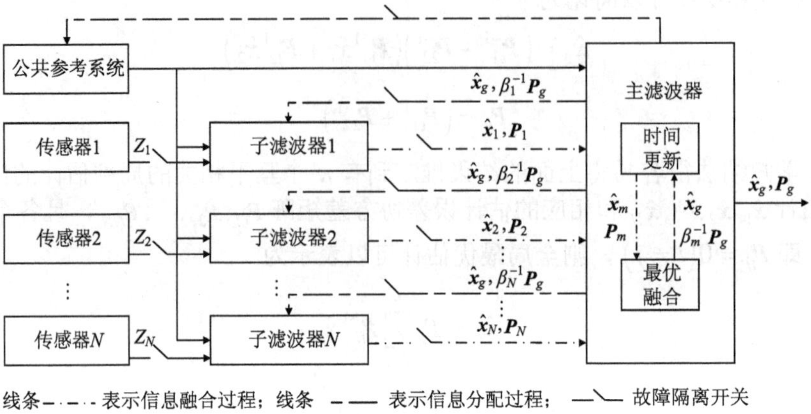

图 8-4　融合-重置式联邦滤波器结构示意图

2. 零重置式结构

零重置式(Zero-Reset, ZR)联邦滤波器结构如图 8-5 所示，它是将信息全部分配给主滤波器，子滤波器无信息分配，此时子滤波器的过程噪声协方差矩阵重置为无穷，子滤波器的状态方程已没有信息，只需要用量测方程来进行最小二乘估计，估计后的状态值输出给主滤波器，以便于进行信息融合。由于零重置式结构子滤波器的过程噪声协方差矩阵为无穷，所以不能通过子滤波器的信息来检测 k 时刻的传感器故障，但可以利用主滤波器的信息来检测传感器的故障。在此结构中，子滤波器的状态信息在每次输出后便被重置为零，减少了主滤波器到子滤波器的数据传输，数据通信量降低。状态协方差矩阵被重置为无穷，因此子滤波器不需要时间更新计算，计算变得简单，运算速度居中。

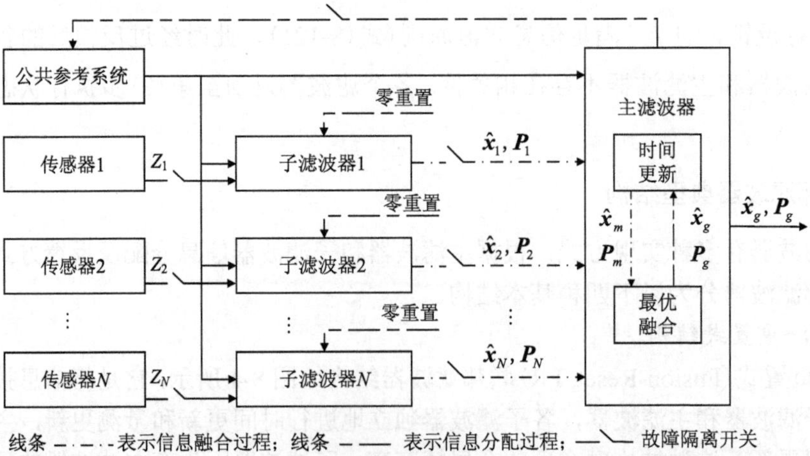

图 8-5　零重置式联邦滤波器结构示意图

3. 无重置式结构

无重置式(No-Reset, NR)联邦滤波器结构如图 8-6 所示。这时主滤波器无信息分配，即主滤波器的过程噪声协方差矩阵重置为无穷，融合时只需要将各子滤波器的估计值进行融合即可，并且在该结构中没有利用融合结果对子滤波器和主滤波器进行信息重置，因此各子滤波器独立工作，容错能力强，运算速度快，但缺点是没有全局最优估计的重置，局部估计精度不高。

4. 重调式结构

重调式(Rescale, RS)联邦滤波器结构如图 8-7 所示，各子滤波器仅将一部分(为信息保留系数)状态信息送入主滤波器进行信息融合，其余信息自己保留，然后各子滤波器根据信息保留系数重新调整协方差为原方差的 $1/\alpha_i$。主滤波器积累和保留系统的大部分信息，其余信息由各子滤波器保留。主滤波器以融合结果为初值，滤波值由时间更新确定。

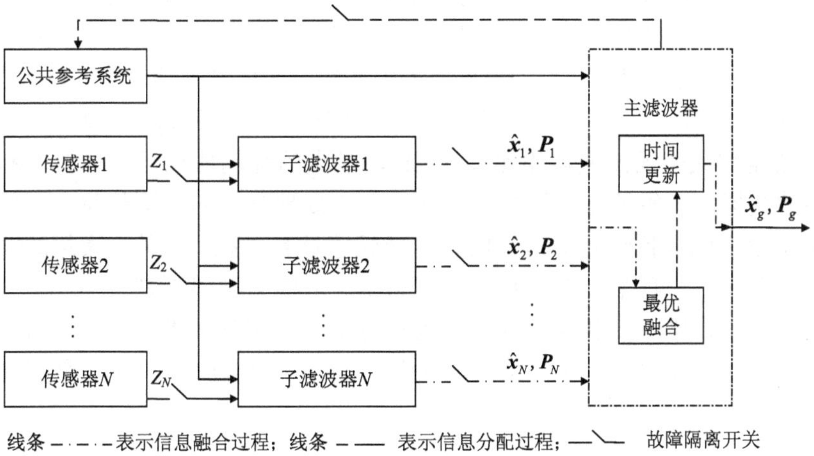

图 8-6　无重置式联邦滤波器结构示意图

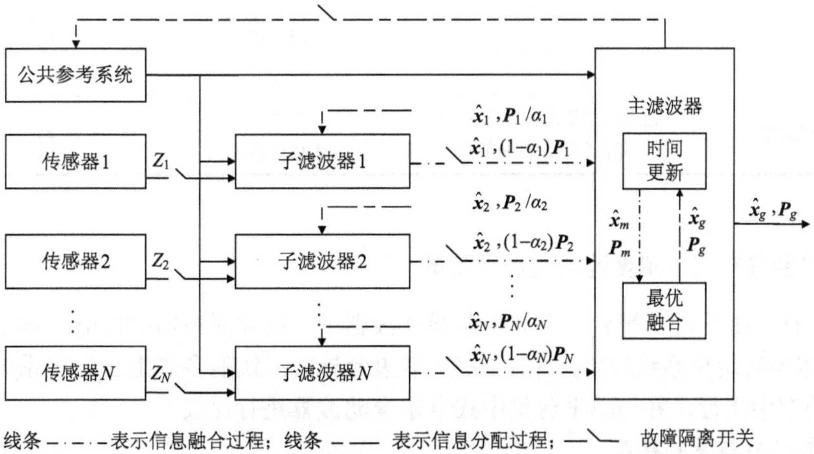

图 8-7　重调式联邦滤波器结构示意图

表 8-1 总结比较了这四种联邦滤波器结构的运算速度、容错性能以及精度。

表 8-1　四种联邦滤波器结构的性能比较

联邦滤波器结构	运算速度	容错性能	精度
融合-重置式	最慢	最差	最好
零重置式	居中	较差	居中
无重置式	最快	最好	最差
重调式	居中	较好	居中

8.2.3　联邦滤波器的特点

本小节主要将联邦滤波器和集中式滤波器对比。对于集中式滤波器，其需要把各传感器的量测信息送到融合中心集中处理，即融合中心每来一个量测都要进行一次卡尔曼滤波，这对融合中心的计算能力具有极高的要求。如果在短时间内量测频率增加，融合中心极易崩溃，而且集中式滤波器一旦进入量测野值，会污染整个导航系统，使系统情况恶化。

联邦滤波器和集中式滤波器相比(表 8-2)，最大的优越性在于计算速度和容错性方面。在联邦滤波器中，各子滤波器同时工作，各自处理各自的量测信息，不需要把所有的量测信息交给主滤波器进行处理，极大地减轻了计算负担。另外，联邦滤波器各子滤波器之间相互独立，一旦某一个子系统出现故障，故障将被限制在一个子滤波器内，在检测出该故障后，联邦滤波器可以方便地隔离有故障的子滤波器，主滤波器的估计值用其他子滤波器的估计值合成，保证系统的正常运转。联邦滤波器的缺点是其在工程中实现较为复杂。

表 8-2　联邦滤波器和集中式滤波器性能比较

滤波器	结构	优点	缺点
集中式滤波器	只有一个滤波器	精度高 结构简单	计算负担重 容错性能差
联邦滤波器	由主滤波器和多个子滤波器组成的两级滤波架构	计算负担小 容错性能好	结构复杂

8.2.4　单平台分布式卡尔曼滤波器仿真测试

为了评估所提出的单平台分布式卡尔曼滤波器——联邦滤波器的性能，本小节进行惯性导航/全球导航定位系统/大气数据机系统/塔康台导航系统的多源组合导航系统仿真，模拟无人机的空中飞行，并与单平台集中式卡尔曼滤波器进行比较。

1. 状态模型与量测模型

1) 状态模型

系统方程利用惯性导航系统的误差方程来构建。本节选择东北天姿态失准角 $\boldsymbol{\phi}$ 、东北天速度误差 $\delta\boldsymbol{v}$ 、经纬高位置误差 $\delta\boldsymbol{p}$ 、陀螺仪零偏 $\boldsymbol{\varepsilon}$ 和加速度计零偏 $\boldsymbol{\nabla}$ 作为状态量，则系统模型为

$$\boldsymbol{x}_k = \boldsymbol{F}_{k-1}\boldsymbol{x}_{k-1} + \boldsymbol{G}_{k-1}\boldsymbol{w}_{k-1} \tag{8-33}$$

其中，各变量的定义见 2.5.1 节。仿真中设置系统白噪声向量 $\boldsymbol{w}_k \in \mathbb{R}^6$，包含三轴加速度计和三轴陀螺仪的量测白噪声，且服从零均值协方差为 $\boldsymbol{Q}_k \in \mathbb{R}^{6\times6}$ 的高斯分布。

2) GNSS 量测模型

GNSS/INS 子组合导航系统采用松组合的方式，其量测模型利用 INS 与 GNSS 关于同一参数(位置和速度)的差值作为量测信息来构建。其量测方程为

$$\boldsymbol{z}_k^{\text{GNSS}} = \boldsymbol{H}_k^{\text{GNSS}} \boldsymbol{x}_k + \boldsymbol{v}_k^{\text{GNSS}} \tag{8-34}$$

在量测方程中，系统量测值包含两种：①位置差值；②速度差值。位置差值是指由 INS 给出的位置信息 $\boldsymbol{p}_k^{\text{INS}}$ 与 GNSS 计算出的相应位置信息 $\boldsymbol{p}_k^{\text{GNSS}}$ 求差，而速度差值是指由 INS 给出的速度信息 $\boldsymbol{v}_k^{\text{INS}}$ 与 GNSS 接收机给出的相应速度信息 $\boldsymbol{v}_k^{\text{GNSS}}$ 求差，$\boldsymbol{v}_k^{\text{GNSS}}$ 为 GNSS 量测噪声，$\boldsymbol{p}_k$ 为真实位置，$\boldsymbol{v}_k$ 为真实速度，$\delta\boldsymbol{p}_k$ 为 INS 位置误差，$\delta\boldsymbol{v}_k$ 为 INS 速度误差，则有

$$\boldsymbol{z}_k^{\text{GNSS}} = \begin{bmatrix} \boldsymbol{p}_k^{\text{INS}} \\ \boldsymbol{v}_k^{\text{INS}} \end{bmatrix} - \begin{bmatrix} \boldsymbol{p}_k^{\text{GNSS}} \\ \boldsymbol{v}_k^{\text{GNSS}} \end{bmatrix} = \begin{bmatrix} \boldsymbol{p}_k - \delta\boldsymbol{p}_k \\ \boldsymbol{v}_k - \delta\boldsymbol{v}_k \end{bmatrix} - \left(\begin{bmatrix} \boldsymbol{p}_k \\ \boldsymbol{v}_k \end{bmatrix} - \boldsymbol{v}_k^{\text{GNSS}} \right) = \boldsymbol{H}_k^{\text{GNSS}} \boldsymbol{x}_k + \boldsymbol{v}_k^{\text{GNSS}} \tag{8-35}$$

则量测转移矩阵为

$$\boldsymbol{H}_k^{\text{GNSS}} = \begin{bmatrix} \boldsymbol{0}_{6\times3} & -\boldsymbol{I}_{6\times6} & \boldsymbol{0}_{6\times6} \end{bmatrix} \tag{8-36}$$

3) 大气数据机量测模型(ADS)

ADS/INS 子组合导航系统将大气数据机采集到的载体坐标系下的相对空速转换至导航坐标系下，并与惯性导航输出的速度进行作差来构建量测方程。其量测方程为

$$\boldsymbol{z}_k^{\text{ADS}} = \boldsymbol{H}_k^{\text{ADS}} \boldsymbol{x}_k + \boldsymbol{v}_k^{\text{ADS}} \tag{8-37}$$

在量测方程中，系统的量测值为 INS 给出的速度信息 $\boldsymbol{v}_k^{\text{INS}}$ 与 ADS 给出的速度信息 $\boldsymbol{v}_k^{\text{ADS},n'}$ 求差，则有

$$\begin{aligned} \boldsymbol{z}_k^{\text{ADS}} &= \boldsymbol{v}_k^{\text{INS}} - \boldsymbol{v}_k^{\text{ADS},n'} = \boldsymbol{v}_k^{\text{INS}} - \boldsymbol{C}_b^{n'} \boldsymbol{v}_k^{\text{ADS},b} = \boldsymbol{v}_k^{\text{INS}} - \boldsymbol{C}_b^{n'} \left(\boldsymbol{v}^b + \delta\boldsymbol{v}^b \right) \\ &= \boldsymbol{v}_k^{\text{INS}} - \boldsymbol{C}_n^{n'} \boldsymbol{C}_b^n \left(\boldsymbol{v}^b + \delta\boldsymbol{v}^b \right) = \boldsymbol{v}_k^{\text{INS}} - [\boldsymbol{I} - (\boldsymbol{\phi}\times)] \boldsymbol{C}_b^n \boldsymbol{v}^b - \boldsymbol{C}_b^{n'} \delta\boldsymbol{v}^b \\ &= \delta\boldsymbol{v}_k - \left[\left(\boldsymbol{C}_b^n \boldsymbol{v}^b \right) \times \right] \boldsymbol{\phi} - \boldsymbol{C}_b^{n'} \delta\boldsymbol{v}^b \approx \delta\boldsymbol{v}_k - \left[\left(\boldsymbol{C}_b^{n'} \boldsymbol{v}_k^{\text{ADS},b} \right) \times \right] \boldsymbol{\phi} - \boldsymbol{C}_b^{n'} \delta\boldsymbol{v}^b \end{aligned} \tag{8-38}$$

其中，$\boldsymbol{v}^b$ 为理想 b 系下的速度；$\delta\boldsymbol{v}^b$ 为 ADS 的量测噪声；$\boldsymbol{v}_k^{\text{ADS},b}$ 为 ADS 输出的速度值；$\boldsymbol{C}_b^{n'}$ 为计算出的姿态转移矩阵；$\boldsymbol{C}_b^n$ 为理想的姿态转移矩阵；$\boldsymbol{\phi}$ 为姿态失准角；$\delta\boldsymbol{v}_k$ 为 INS 的速度误差。

此时，量测矩阵可以写为

$$\boldsymbol{H}_k^{\text{ADS}} = \left\{ -\left[\left(\boldsymbol{C}_b^{n'} \boldsymbol{v}_k^{\text{ADS},b} \right) \times \right], \boldsymbol{I}_{3\times3}, \boldsymbol{0}_{3\times9} \right\} \tag{8-39}$$

其中，量测噪声表示为

$$\boldsymbol{v}_k^{\text{ADS}} = -\boldsymbol{C}_b^{n'} \delta\boldsymbol{v}^b \tag{8-40}$$

4) 塔康台量测模型(TACAN)

TACAN/INS 子组合导航系统利用 TACAN 测量到的基站相对于无人机的距离与方位角计

算得到无人机的绝对位置信息，并将其与 INS 提供的位置信息作差，从而构建如下量测方程：

$$z_k^{\mathrm{TACAN}} = \boldsymbol{H}_k^{\mathrm{TACAN}} \boldsymbol{x}_k + \boldsymbol{v}_k^{\mathrm{TACAN}} \tag{8-41}$$

在量测方程中，系统量测值为INS提供的位置 $\boldsymbol{p}_k^{\mathrm{INS}}$ 与 TACAN 提供的位置 $\boldsymbol{p}_k^{\mathrm{TACAN}}$ 之差，$\boldsymbol{v}_k^{\mathrm{TACAN}}$ 为 TACAN 量测噪声，$\boldsymbol{p}_k$ 为真实位置，$\delta \boldsymbol{p}_k$ 为 INS 位置误差。

$$z_k^{\mathrm{TACAN}} = \boldsymbol{p}_k^{\mathrm{INS}} - \boldsymbol{p}_k^{\mathrm{TACAN}} = \boldsymbol{p}_k - \delta \boldsymbol{p}_k - \left(\boldsymbol{p}_k - \boldsymbol{v}_k^{\mathrm{TACAN}}\right) = \boldsymbol{H}_k^{\mathrm{TACAN}} \boldsymbol{x}_k + \boldsymbol{v}_k^{\mathrm{TACAN}} \tag{8-42}$$

则量测转移矩阵为

$$\boldsymbol{H}_k^{\mathrm{TACAN}} = \begin{bmatrix} \boldsymbol{0}_{3\times6} & -\boldsymbol{I}_{3\times3} & \boldsymbol{0}_{3\times6} \end{bmatrix} \tag{8-43}$$

2. 故障模型

多源组合导航系统中传感器故障体现在量测输出的具体表现为：①传感器无输出，即输出为零；②传感器出现间歇性输出；③传感器出现超出允许误差的输出；④传感器出现漂移性输出。其中，①、②、③发生时，传感器输出突然出现较大的偏差，这类故障称为突变故障（又称硬故障）；④发生时，传感器误差随时间的推移或环境的变化而缓慢变化，这类故障称为缓变故障（又称软故障）。

设正常工作情况下，传感器的输出信号为 $\boldsymbol{y}(k)$，则传感器发生故障时的输出信号 $\boldsymbol{y}_e(k)$ 为

$$\boldsymbol{y}_e(k) = \boldsymbol{y}(k) + \boldsymbol{e}(k) \tag{8-44}$$

其中，$\boldsymbol{e}(k)$ 为信号误差。

当故障为突变故障时，信号误差为

$$\boldsymbol{e}(k) = \begin{cases} a & k_0 \leqslant k \leqslant k_d \\ 0 & k < k_0, k > k_d \end{cases} \tag{8-45}$$

其中，k_0 为故障发生时刻，k_d 为故障结束时刻，a 为故障的幅值且为一个常数。

当故障为缓变故障时，信号误差为

$$\boldsymbol{e}(k) = \begin{cases} b(k - k_0) & k_0 \leqslant k \leqslant k_d \\ 0 & k < k_0, k > k_d \end{cases} \tag{8-46}$$

其中，故障与时间呈现线性关系，b 为故障发生期间信号误差随时间线性变化的斜率。

3. 仿真参数设置及仿真结果分析

表8-3给出了仿真参数设置。仿真中航行器运行了1000s，其中300~330s时间段内GNSS位置量测的纬度方向、经度方向与高度方向上分别被附加了每秒增加 0.2m 的缓变故障。仿真中集中式卡尔曼滤波器与联邦滤波器均采用 6.2 节中卡方检测方法检测故障。图 8-8

表 8-3 多源组合导航系统仿真参数设置

参数名称	参数值	
IMU 采样频率	100Hz	
三轴陀螺仪	常值漂移	0.01°/h
	角度随机游走系数	$0.001°/\sqrt{\mathrm{h}}$

续表

参数名称	参数值	
三轴加速度计	常值漂移	100μg
	速度随机游走系数	$10\mu g/\sqrt{Hz}$
GNSS 采样频率	20Hz	
GNSS 位置测量误差标准差	[5m,5m,5m]	
GNSS 速度测量误差标准差	[0.1m/s,0.1m/s,0.1m/s]	
GNSS 位置测量故障时间	300～330s	
GNSS 位置测量缓变故障斜率	[0.2m/s,0.2m/s,0.2m/s]	
ADS 采样频率	1Hz	
ADS 测量误差标准差	0.5m/s	
TACAN 采样频率	10Hz	
TACAN 距离测量误差标准差	200m	
TACAN 方位测量误差标准差	0.5deg	
初始姿态误差	[0.03°, 0.03°, 0.05°]	
初始速度误差	[0.1m/s,0.1m/s,0.1m/s]	
初始位置误差	[10m,10m,10m]	
初始陀螺仪零偏	[0.1°/h, 0.1°/h, 0.1°/h]	
初始加速度计零偏	[1mg,1mg,1mg]	

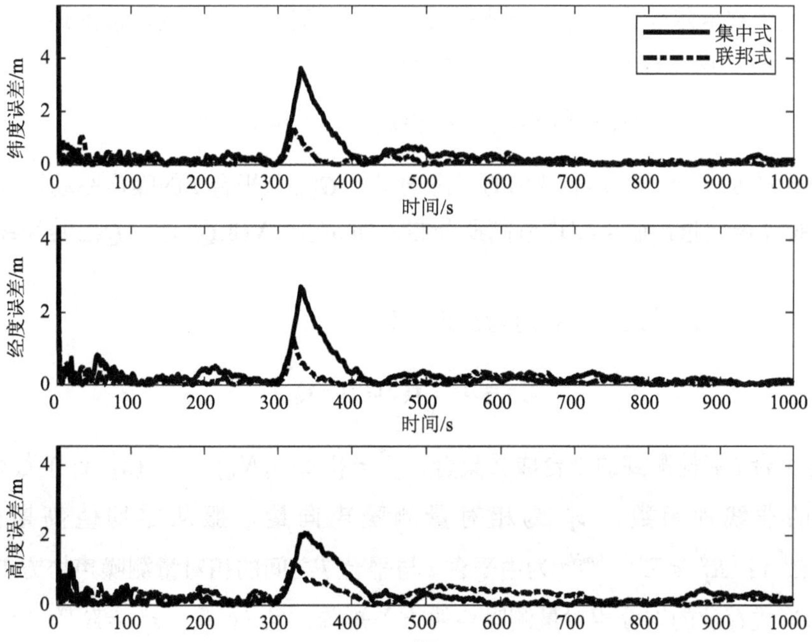

图 8-8　多源导航系统位置误差图

为采用集中式卡尔曼滤波器与无重置式联邦滤波器进行多源融合的位置误差图。仿真中加入的是斜坡缓变故障，初始时故障很小，此时联邦滤波器和集中式卡尔曼滤波器都没有检测出该故障，其估计精度均被该故障影响。运行一段时间后，联邦滤波器成功检测出该故障，其迅速隔离掉故障子系统，只融合其他未受干扰的子系统的状态估计值，估计精度恢复较快。对于集中式滤波器，即使其检测出故障并成功隔离掉该故障，但由于其状态已经受故障的影响而逐渐偏离真实状态，所以其估计精度的恢复需要很长一段时间。仿真全过程中集中式滤波器与联邦滤波器的平均位置误差标准差见表 8-4。

表 8-4　多源导航系统位置误差标准差

参数	集中式滤波器	联邦滤波器
位置误差标准差/m	0.55	0.43

8.3　多平台分布式卡尔曼滤波器——协方差交互

本节首先介绍多平台集中式卡尔曼滤波器，以此给出多平台分布式卡尔曼滤波器的设计动机，接着给出典型的多平台分布式卡尔曼滤波器-协方差交互算法的原理和性质。

8.3.1　多平台集中式卡尔曼滤波器

1. 多平台集中式卡尔曼滤波器的状态空间模型

多平台集中式卡尔曼滤波器是一种利用所有平台信息进行全局滤波的最优估计器。假设存在 N 个平台，以平台 i 为例，其状态模型定义为

$$\boldsymbol{x}_k^i = \boldsymbol{f}\left(\boldsymbol{x}_{k-1}^i\right) + \boldsymbol{G}_{k-1}^i \boldsymbol{w}_{k-1}^i, \quad i = 1,2,\cdots,N \tag{8-47}$$

其中，$\boldsymbol{x}_{k-1}^i \in \mathbb{R}^n$ 是平台 i 在 k–1 时刻的状态向量；$\boldsymbol{G}_{k-1}^i$ 是平台 i 的噪声驱动矩阵；$\boldsymbol{w}_{k-1}^i$ 是平台 i 的系统噪声向量，服从零均值高斯分布，即 $\boldsymbol{w}_{k-1}^i \sim \boldsymbol{N}(\boldsymbol{0}, \boldsymbol{Q}_{k-1}^i)$；$\boldsymbol{Q}_{k-1}^i$ 是系统噪声协方差矩阵。

定义平台 i 与平台 j^* 之间的相对量测模型为

$$\boldsymbol{z}_k^{ij^*} = \boldsymbol{h}^{ij^*}\left(\boldsymbol{x}_k^i, \boldsymbol{x}_k^{j^*}\right) + \boldsymbol{v}_k^{ij^*} \tag{8-48}$$

其中，j^* 为平台 i 能检测到的平台成员集合，$j^* = \{1,2,\cdots,N_m\}$；$\boldsymbol{h}^{ij^*}(\boldsymbol{x}_k^i, \boldsymbol{x}_k^{j^*})$ 为平台 i 和 j^* 状态向量的非线性函数；$\boldsymbol{v}_k^{ij^*}$ 为相对量测噪声向量，服从零均值高斯分布，即 $\boldsymbol{v}_k^{ij^*} \sim \boldsymbol{N}(\boldsymbol{0}, \boldsymbol{R}_k^{ij^*})$；$\boldsymbol{R}_k^{ij^*} \in \mathbb{R}^{mN_m \times mN_m}$ 为由平台 i 与平台 j 之间的相对量测噪声协方差矩阵按照分块对角的形式存放的堆叠相对量测噪声协方差矩阵，且 $j \in j^*$；$\boldsymbol{z}_k^{ij^*} \in \mathbb{R}^{mN_m}$ 为平台 i 观测到的所有量测的堆叠量测向量，m 为平台 i 与平台 j 相对量测的维度。

2. 多平台集中式卡尔曼滤波器的时间更新

定义所有平台的联合状态向量为 $\boldsymbol{x}_k = [(\boldsymbol{x}_k^1)^{\mathrm{T}}, (\boldsymbol{x}_k^2)^{\mathrm{T}}, \cdots, (\boldsymbol{x}_k^N)^{\mathrm{T}}]^{\mathrm{T}}$，所有平台的联合状态噪声

协方差矩阵、联合状态转移矩阵和联合噪声驱动矩阵分别为$\boldsymbol{Q}_{k-1}=\operatorname{diag}(\boldsymbol{Q}_{k-1}^1,\boldsymbol{Q}_{k-1}^2,\cdots,\boldsymbol{Q}_{k-1}^N)$、$\boldsymbol{F}_k=\operatorname{diag}(\boldsymbol{F}_k^1,\boldsymbol{F}_k^2,\cdots,\boldsymbol{F}_k^N)$、$\boldsymbol{G}_k=\operatorname{diag}(\boldsymbol{G}_k^1,\boldsymbol{G}_k^2,\cdots,\boldsymbol{G}_k^N)$，则集中式卡尔曼滤波器的时间更新过程为

$$\begin{cases}\hat{\boldsymbol{x}}_{k|k-1}=\begin{bmatrix}\boldsymbol{f}\left(\hat{\boldsymbol{x}}_{k-1|k-1}^1\right)\\ \vdots \\ \boldsymbol{f}\left(\hat{\boldsymbol{x}}_{k-1|k-1}^N\right)\end{bmatrix}\\ \boldsymbol{P}_{k|k-1}=\boldsymbol{F}_k\boldsymbol{P}_{k-1|k-1}\boldsymbol{F}_k^{\mathrm{T}}+\boldsymbol{G}_k\boldsymbol{Q}_{k-1}\boldsymbol{G}_k^{\mathrm{T}}\end{cases} \tag{8-49}$$

其中，$\hat{\boldsymbol{x}}_{k-1|k-1}^i$为平台 i 在 k–1 时刻的后验状态估计；$\boldsymbol{F}_k^i=\nabla_{\boldsymbol{x}_k^i}\boldsymbol{f}\big|_{\boldsymbol{x}_k^i=\hat{\boldsymbol{x}}_{k-1|k-1}^i,\boldsymbol{w}_k^i=0}$为平台 i 的状态转移雅可比矩阵；$\boldsymbol{P}_{k-1|k-1}$为系统在 k–1 时刻的联合后验协方差矩阵；$\hat{\boldsymbol{x}}_{k|k-1}$和$\boldsymbol{P}_{k|k-1}$分别为系统在 k 时刻的联合先验状态估计和联合先验协方差矩阵。

3. 多平台集中式卡尔曼滤波器的量测更新

假设平台 i 在 k 时刻能够检测到 N_k^i 个平台，在集中式卡尔曼滤波器量测更新时，每个平台会将各自获得的所有量测信息发送到融合中心，同时每个平台会将自己当前时刻时间更新的结果发送到融合中心。融合中心基于以上所有信息来完成整个平台系统的量测更新。集中式卡尔曼滤波的量测更新过程为

$$\begin{cases}\hat{\boldsymbol{x}}_{k|k}=\hat{\boldsymbol{x}}_{k|k-1}+\boldsymbol{K}_k\left(\boldsymbol{Z}_k-\hat{\boldsymbol{Z}}_{k|k-1}\right)\\ \boldsymbol{P}_{k|k}=\left(\boldsymbol{I}-\boldsymbol{K}_k\boldsymbol{H}_k^{\mathrm{T}}\right)\boldsymbol{P}_{k|k-1}\\ \boldsymbol{K}_k=\boldsymbol{P}_{k|k-1}\boldsymbol{H}_k^{\mathrm{T}}\left(\boldsymbol{H}_k\boldsymbol{P}_{k|k-1}\boldsymbol{H}_k^{\mathrm{T}}+\boldsymbol{R}_k\right)^{-1}\end{cases} \tag{8-50}$$

其中，$\hat{\boldsymbol{x}}_{k|k}$和$\boldsymbol{P}_{k|k}$分别为联合后验状态估计和估计误差协方差矩阵；$\boldsymbol{Z}_k^i=\begin{bmatrix}\boldsymbol{z}_k^{i1} & \cdots & \boldsymbol{z}_k^{ij} & \cdots & \boldsymbol{z}_k^{iN_k^i}\end{bmatrix}^{\mathrm{T}}$为平台 i 在 k 时刻的联合量测向量，且$1\leqslant j\leqslant N_k^i$；$\boldsymbol{Z}_k=\begin{bmatrix}\boldsymbol{Z}_k^1 & \cdots & \boldsymbol{Z}_k^i & \cdots & \boldsymbol{Z}_k^N\end{bmatrix}^{\mathrm{T}}$为所有平台 k 时刻的联合量测向量，且$1\leqslant i\leqslant N$；$\hat{\boldsymbol{Z}}_{k|k-1}$为对应的联合量测预测向量；$\boldsymbol{H}_k$为联合量测向量$\boldsymbol{Z}_k$相对于联合状态向量$\boldsymbol{x}_k$的雅可比矩阵；联合量测噪声协方差矩阵$\boldsymbol{R}_k^i=\operatorname{diag}(\boldsymbol{R}_k^{i1},\boldsymbol{R}_k^{i2},\cdots,\boldsymbol{R}_k^{iN_k^i})$和$\boldsymbol{R}_k=\operatorname{diag}(\boldsymbol{R}_k^1,\boldsymbol{R}_k^2,\cdots,\boldsymbol{R}_k^N)$服从类似上述联合量测向量的定义。

值得注意的是，在集中式卡尔曼滤波器中，对全局信息的充分了解能够得到如下准确的联合协方差矩阵：

$$\boldsymbol{P}_{k-1|k-1}=\begin{bmatrix}\boldsymbol{P}_{k-1|k-1}^{11} & \boldsymbol{P}_{k-1|k-1}^{12} & \cdots & \boldsymbol{P}_{k-1|k-1}^{1N}\\ \boldsymbol{P}_{k-1|k-1}^{21} & \boldsymbol{P}_{k-1|k-1}^{22} & \cdots & \boldsymbol{P}_{k-1|k-1}^{2N}\\ \vdots & \vdots & & \vdots\\ \boldsymbol{P}_{k-1|k-1}^{N1} & \boldsymbol{P}_{k-1|k-1}^{N2} & \cdots & \boldsymbol{P}_{k-1|k-1}^{NN}\end{bmatrix} \tag{8-51}$$

其中，$\boldsymbol{P}_{k-1|k-1}^{ii}$为平台 i 的自协方差矩阵；$\boldsymbol{P}_{k-1|k-1}^{ij}$为平台 i 和平台 j 的互协方差矩阵。

8.3.2　多平台分布式卡尔曼滤波器——协方差交互算法

集中式卡尔曼滤波器可以利用全局信息实现高精度的状态估计，但是需要保证融合中心能获得所有平台的状态信息和系统的所有量测信息，并且所有的计算都会在融合中心进行，因此计算和通信代价较高。此外，一旦融合中心出现故障，整个平台系统都将无法正常工作，使得集中式卡尔曼滤波器的可靠性大大降低。针对这些问题，分布式卡尔曼滤波器可以提供一个较好的解决方案。局部通信、分布式计算和融合的特点在大大提高分布式卡尔曼滤波器容错性的同时降低了其通信代价和计算量。然而，对全局信息的不了解导致其无法获得平台间精确的互相关性(即无法准确维护互协方差矩阵 $\boldsymbol{P}^{ij}(i \neq j)$)，进而导致估计结果不一致。协方差交互算法通过信息矩阵凸组合的方式获得绝对一致的融合估计，接下来将针对协方差交互的思想进行详细介绍。

1. 协方差交互的含义

在多平台系统中，一旦通信路径控制不严格，不同平台间将会存在相关性，如图 8-9 所示，平台 1、2、3 的状态中均包含平台 1 的信息。当平台 4 进行信息融合时，忽略平台 1、2、3 状态的相关性，使得平台 4 重复利用平台 1 的信息，导致严重的融合估计不一致问题。

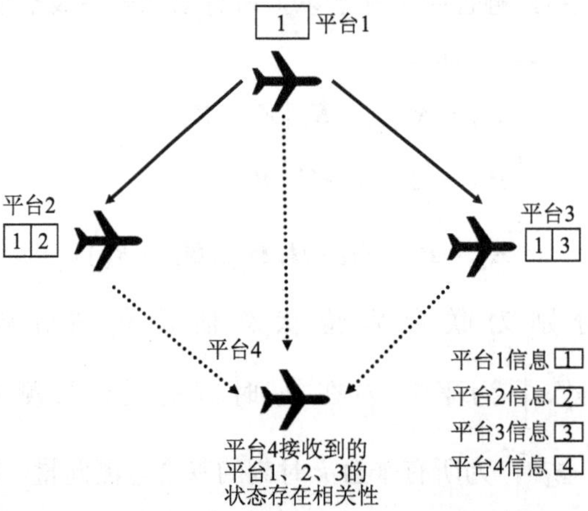

图 8-9　不同平台间相关性示意图

为解决忽略相关性导致的估计不一致问题，本节将介绍一个著名的一致估计融合规则——协方差交互(Covariance Intersection, CI)。CI 通过对协方差的保守估计，保证了实际误差协方差矩阵不会被低估，而是有保守界。

协方差交互的信息融合方法可归结为：信息 A 与信息 B 融合产生输出信息 C。在信息 A 和 B 中添加量测噪声和建模误差，分别得到随机变量 $\boldsymbol{a}$ 和 $\boldsymbol{b}$ 。假设这些变量的真实统计数据是未知的，唯一可得到的信息是 $\boldsymbol{a}$ 和 $\boldsymbol{b}$ 的均值与协方差，即 $\{\hat{\boldsymbol{a}},\hat{\boldsymbol{P}}_{aa}\}$、$\{\hat{\boldsymbol{b}},\hat{\boldsymbol{P}}_{bb}\}$。在这里，$\hat{\boldsymbol{a}}$ 和 $\hat{\boldsymbol{b}}$ 是对于同一状态的估计值。CI 的目的是要在 $\hat{\boldsymbol{a}}$ 和 $\hat{\boldsymbol{b}}$ 均是一致估计的前提下获得 $\hat{\boldsymbol{a}}$ 和 $\hat{\boldsymbol{b}}$ 的一致融合估计 $\hat{\boldsymbol{c}}$ ，即

$$\hat{\boldsymbol{P}}_{cc} \geqslant \boldsymbol{P}_{cc}, \quad \text{s.t. } \hat{\boldsymbol{P}}_{aa} \geqslant \boldsymbol{P}_{aa}, \hat{\boldsymbol{P}}_{bb} \geqslant \boldsymbol{P}_{bb} \tag{8-52}$$

其中，$\hat{\boldsymbol{P}}_{cc}$ 和 $\boldsymbol{P}_{cc}$ 分别为估计后验协方差矩阵和真实的后验协方差矩阵，与 $\hat{\boldsymbol{a}}$ 和 $\hat{\boldsymbol{b}}$ 协方差矩阵的定义类似。

2. 协方差椭圆

协方差交互这一术语来自估计误差协方差矩阵的几何解释：协方差椭球(或协方差椭圆)。对一个 $n\times n$ 对称正定协方差矩阵 $\boldsymbol{P}$，它的协方差椭球 $B_{\boldsymbol{P}}(l)$ 定义为欧氏空间 $\mathbb{R}^n$ 中的区域(点集)，即

$$B_{\boldsymbol{P}}(l)=\left\{\boldsymbol{x}:\boldsymbol{x}^{\mathrm{T}}\boldsymbol{P}^{-1}\boldsymbol{x}\leqslant l,\quad \forall\boldsymbol{x}\in\mathbb{R}^n\right\}$$

其中，l 称为函数 $\boldsymbol{f}(\boldsymbol{x})=\boldsymbol{x}^{\mathrm{T}}\boldsymbol{P}^{-1}\boldsymbol{x}$ 的等值线常数，它表征了椭球的大小或尺度。注意，$\boldsymbol{x}^{T}\boldsymbol{P}^{-1}\boldsymbol{x}$ 是二次型，当 $n=2$ 时，表示平面上的椭圆，当 $n=3$ 时，$B_{\boldsymbol{P}}(l)$ 表示三维空间中的椭球。

3. CI 算法的一致性证明——几何层面

卡尔曼滤波方程的一般形式可以写为

$$\hat{\boldsymbol{c}}=\boldsymbol{W}_a\hat{\boldsymbol{a}}+\boldsymbol{W}_b\hat{\boldsymbol{b}} \tag{8-53}$$

则有

$$\boldsymbol{P}_{cc}=\boldsymbol{W}_a\boldsymbol{P}_{aa}\boldsymbol{W}_a^{\mathrm{T}}+\boldsymbol{W}_a\boldsymbol{P}_{ab}\boldsymbol{W}_b^{\mathrm{T}}+\boldsymbol{W}_b\boldsymbol{P}_{ba}\boldsymbol{W}_a^{\mathrm{T}}+\boldsymbol{W}_b\boldsymbol{P}_{bb}\boldsymbol{W}_b^{\mathrm{T}} \tag{8-54}$$

值得注意的是，如果估计是独立的 $(\boldsymbol{P}_{ab}=\boldsymbol{0})$，则式(8-54)可简化为传统卡尔曼滤波后验协方差更新方程，当相关性已知时，式(8-54)可推广为带有色噪声的卡尔曼滤波后验协方差更新方程。当相关性未知时，利用下面的 CI 算法进行融合。

图 8-10 用几何形式解释了 CI 融合结果的一致性。对图 8-10 有如下几何解释：对于协方差矩阵 $\boldsymbol{P}_{aa}$、$\boldsymbol{P}_{bb}$，以及所有 $\boldsymbol{P}_{ab}$ 取值下的 $\boldsymbol{P}_{cc}$ 的协方差椭球 $B_{\boldsymbol{P}_{aa}}$、$B_{\boldsymbol{P}_{bb}}$、$B_{\boldsymbol{P}_{cc}}$，总有 $B_{\boldsymbol{P}_{cc}}\subset\left(B_{\boldsymbol{P}_{aa}}\cap B_{\boldsymbol{P}_{bb}}\right)$。因此，对于任意可能的 $\boldsymbol{P}_{ab}$，$B_{\boldsymbol{P}_{cc}}$ 都位于 $B_{\boldsymbol{P}_{aa}}$ 和 $B_{\boldsymbol{P}_{bb}}$ 的椭圆区域内部，那么即使 $\boldsymbol{P}_{ab}$ 未知，也可以通过使 $B_{\hat{\boldsymbol{P}}_{cc}}$ 包含 $B_{\boldsymbol{P}_{aa}}$ 和 $B_{\boldsymbol{P}_{bb}}$ 椭圆相交区域来保证估计的一致性，即保证 $\hat{\boldsymbol{P}}_{cc}\geqslant\boldsymbol{P}_{cc}$。更新的后验协方差 $B_{\hat{\boldsymbol{P}}_{cc}}$ 对交集区域的封闭越严密，更新就越有效地利用了可用信息。该交集具有信息矩阵(协方差矩阵的逆)凸组合的特征，因此 CI 算法的核心思想可以表示为

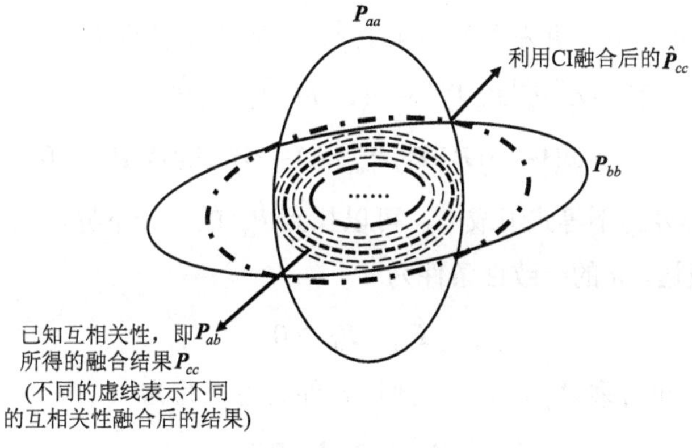

图 8-10　更新后的协方差椭圆形状

$$\begin{cases}\hat{\boldsymbol{P}}_{cc}^{-1}=\omega\hat{\boldsymbol{P}}_{aa}^{-1}+(1-\omega)\hat{\boldsymbol{P}}_{bb}^{-1}\\ \hat{\boldsymbol{P}}_{cc}^{-1}\hat{\boldsymbol{c}}=\omega\hat{\boldsymbol{P}}_{aa}^{-1}\hat{\boldsymbol{a}}+(1-\omega)\hat{\boldsymbol{P}}_{bb}^{-1}\hat{\boldsymbol{b}}\end{cases}\tag{8-55}$$

其中，$\omega\in[0,1]$，自由参数ω负责给$\hat{\boldsymbol{a}}$和$\hat{\boldsymbol{b}}$分配权重。

CI 融合后的椭圆具有明显的协方差凸组合的特征，接下来将给出一个二维平面的例子来进行简单解释。

假设$\hat{\boldsymbol{a}}$和$\hat{\boldsymbol{b}}$对应的协方差椭圆分别为$\boldsymbol{x}^{\mathrm{T}}\hat{\boldsymbol{P}}_{aa}^{-1}\boldsymbol{x}=1$、$\boldsymbol{x}^{\mathrm{T}}\hat{\boldsymbol{P}}_{bb}^{-1}\boldsymbol{x}=1$，则$\hat{\boldsymbol{a}}$和$\hat{\boldsymbol{b}}$对应的协方差椭圆的交点满足方程$\begin{cases}\boldsymbol{x}_0^{\mathrm{T}}\hat{\boldsymbol{P}}_{aa}^{-1}\boldsymbol{x}_0=1\\ \boldsymbol{x}_0^{\mathrm{T}}\hat{\boldsymbol{P}}_{bb}^{-1}\boldsymbol{x}_0=1\end{cases}$。$\hat{\boldsymbol{P}}_{aa}^{-1}$、$\hat{\boldsymbol{P}}_{bb}^{-1}$以凸组合的形式进行组合，即$\hat{\boldsymbol{P}}_{cc}^{-1}=\omega\hat{\boldsymbol{P}}_{aa}^{-1}+(1-\omega)\hat{\boldsymbol{P}}_{bb}^{-1}$，则$\boldsymbol{x}_0^{\mathrm{T}}\hat{\boldsymbol{P}}_{cc}^{-1}\boldsymbol{x}_0=\boldsymbol{x}_0^{\mathrm{T}}(\omega\hat{\boldsymbol{P}}_{aa}^{-1}+(1-\omega)\hat{\boldsymbol{P}}_{bb}^{-1})\boldsymbol{x}_0=1$，即$\boldsymbol{x}^{\mathrm{T}}\hat{\boldsymbol{P}}_{cc}^{-1}\boldsymbol{x}=1$过$\hat{\boldsymbol{a}}$和$\hat{\boldsymbol{b}}$对应的协方差椭圆的交点。

由图 8-10 可知，在不同权值情况下 CI 估计的协方差椭圆都能包括已知相关性融合的协方差椭圆，故融合方法具有良好的一致性。

4. CI *算法的一致性证明——数学层面*

前面从几何的角度解释了 CI 融合结果的一致性，接下来将从数学角度对该结论进行严格证明。

因 CI 融合是对同一真值估计的融合，故式(8-55)可改为

$$\begin{cases}\hat{\boldsymbol{P}}_{cc}^{-1}\boldsymbol{c}=\omega\hat{\boldsymbol{P}}_{aa}^{-1}\boldsymbol{a}+(1-\omega)\hat{\boldsymbol{P}}_{bb}^{-1}\boldsymbol{b}\\ \hat{\boldsymbol{P}}_{cc}^{-1}\hat{\boldsymbol{c}}=\omega\hat{\boldsymbol{P}}_{aa}^{-1}\hat{\boldsymbol{a}}+(1-\omega)\hat{\boldsymbol{P}}_{bb}^{-1}\hat{\boldsymbol{b}}\end{cases}\tag{8-56}$$

式(8-56)上下两式相减可得出真实估计误差为

$$\tilde{c}=\hat{\boldsymbol{P}}_{cc}\left\{\omega\hat{\boldsymbol{P}}_{aa}^{-1}\tilde{a}+(1-\omega)\hat{\boldsymbol{P}}_{bb}^{-1}\tilde{b}\right\}\tag{8-57}$$

相应的真实均方误差为

$$\begin{aligned}\boldsymbol{P}_{cc}=E\left[\tilde{c}\tilde{c}^{\mathrm{T}}\right]=\hat{\boldsymbol{P}}_{cc}\{&\omega^2\hat{\boldsymbol{P}}_{aa}^{-1}\boldsymbol{P}_{aa}\hat{\boldsymbol{P}}_{aa}^{-1}+\omega(1-\omega)\hat{\boldsymbol{P}}_{aa}^{-1}\boldsymbol{P}_{ab}\hat{\boldsymbol{P}}_{bb}^{-1}\\&+\omega(1-\omega)\hat{\boldsymbol{P}}_{bb}^{-1}\boldsymbol{P}_{ba}\hat{\boldsymbol{P}}_{aa}^{-1}+(1-\omega)^2\hat{\boldsymbol{P}}_{bb}^{-1}\boldsymbol{P}_{bb}\hat{\boldsymbol{P}}_{bb}^{-1}\}\hat{\boldsymbol{P}}_{cc}\end{aligned}\tag{8-58}$$

由于$\boldsymbol{P}_{ab}$未知，因此无法计算该项的实际值。CI 隐式计算此数量的上限。将真实均方误差代入方程$\hat{\boldsymbol{P}}_{cc}-\boldsymbol{P}_{cc}\geqslant 0$，并左乘和右乘$\hat{\boldsymbol{P}}_{cc}^{-1}$，一致性条件变为

$$\begin{aligned}&\hat{\boldsymbol{P}}_{cc}^{-1}-\omega^2\hat{\boldsymbol{P}}_{aa}^{-1}\boldsymbol{P}_{aa}\hat{\boldsymbol{P}}_{aa}^{-1}-\omega(1-\omega)\hat{\boldsymbol{P}}_{aa}^{-1}\boldsymbol{P}_{ab}\hat{\boldsymbol{P}}_{bb}^{-1}\\&-\omega(1-\omega)\hat{\boldsymbol{P}}_{bb}^{-1}\boldsymbol{P}_{ba}\hat{\boldsymbol{P}}_{aa}^{-1}-(1-\omega)^2\hat{\boldsymbol{P}}_{bb}^{-1}\boldsymbol{P}_{bb}\hat{\boldsymbol{P}}_{bb}^{-1}\geqslant 0\end{aligned}\tag{8-59}$$

要想验证式(8-59)的不等式恒成立，可以找到$\hat{\boldsymbol{P}}_{cc}^{-1}$的一个下界，该下界可以使用$\hat{\boldsymbol{P}}_{aa}$、$\hat{\boldsymbol{P}}_{bb}$、$\boldsymbol{P}_{aa}$和$\boldsymbol{P}_{bb}$来表达。$\boldsymbol{a}$的一致性条件为

$$\hat{\boldsymbol{P}}_{aa}-\boldsymbol{P}_{aa}\geqslant 0\tag{8-60}$$

将式(8-60)左乘和右乘$\hat{\boldsymbol{P}}_{aa}^{-1}$，$\boldsymbol{a}$的一致性条件又可以写为

$$\hat{\boldsymbol{P}}_{aa}^{-1}\geqslant\hat{\boldsymbol{P}}_{aa}^{-1}\boldsymbol{P}_{aa}\hat{\boldsymbol{P}}_{aa}^{-1}\tag{8-61}$$

$\boldsymbol{b}$存在类似的条件，通过将$\boldsymbol{a}$、$\boldsymbol{b}$的一致性条件代入式(8-55)可得

$$\begin{aligned}\hat{\boldsymbol{P}}_{cc}^{-1} &= \omega\hat{\boldsymbol{P}}_{aa}^{-1} + (1-\omega)\hat{\boldsymbol{P}}_{bb}^{-1} \\ &\geqslant \omega\hat{\boldsymbol{P}}_{aa}^{-1}\boldsymbol{P}_{aa}\hat{\boldsymbol{P}}_{aa}^{-1} + (1-\omega)\hat{\boldsymbol{P}}_{bb}^{-1}\boldsymbol{P}_{bb}\hat{\boldsymbol{P}}_{bb}^{-1}\end{aligned} \tag{8-62}$$

将式(8-62)中 $\hat{\boldsymbol{P}}_{cc}^{-1}$ 的下界代入式(8-59)中得

$$\omega(1-\omega)\left(\hat{\boldsymbol{P}}_{aa}^{-1}\boldsymbol{P}_{aa}\hat{\boldsymbol{P}}_{aa}^{-1} - \hat{\boldsymbol{P}}_{aa}^{-1}\boldsymbol{P}_{ab}\hat{\boldsymbol{P}}_{bb}^{-1} - \hat{\boldsymbol{P}}_{bb}^{-1}\boldsymbol{P}_{ba}\hat{\boldsymbol{P}}_{aa}^{-1} + \hat{\boldsymbol{P}}_{bb}^{-1}\boldsymbol{P}_{bb}\hat{\boldsymbol{P}}_{bb}^{-1}\right) \geqslant 0 \tag{8-63}$$

或

$$\omega(1-\omega)E\left[\left(\hat{\boldsymbol{P}}_{aa}^{-1}\tilde{\boldsymbol{a}} - \hat{\boldsymbol{P}}_{bb}^{-1}\tilde{\boldsymbol{b}}\right)\left(\hat{\boldsymbol{P}}_{aa}^{-1}\tilde{\boldsymbol{a}} - \hat{\boldsymbol{P}}_{bb}^{-1}\tilde{\boldsymbol{b}}\right)^{\mathrm{T}}\right] \geqslant 0 \tag{8-64}$$

显然，对于 $\boldsymbol{P}_{ab}$ 和 $\omega \in [0,1]$ 的所有选择，不等式都必须成立。

CI 算法可以轻易推广到任意次更新:

$$\begin{cases}\hat{\boldsymbol{P}}_{cc}^{-1} = \omega_1\hat{\boldsymbol{P}}_{a_1a_1}^{-1} + \cdots + \omega_n\hat{\boldsymbol{P}}_{a_na_n}^{-1} \\ \hat{\boldsymbol{P}}_{cc}^{-1}\boldsymbol{c} = \omega_1\hat{\boldsymbol{P}}_{a_1a_1}^{-1}\boldsymbol{a}_1 + \cdots + \omega_n\hat{\boldsymbol{P}}_{a_na_n}^{-1}\boldsymbol{a}_n\end{cases} \quad \text{s.t.} \sum_{i=1}^{n}\omega_i = 1 \tag{8-65}$$

综上，CI 算法本质上是一种忽略相关性的算法，但它通过膨胀后验协方差来消除忽略相关性带来的影响，算法清晰易懂，能保证很好的一致性。

5. 权值确定

1) 最优权值确定

CI 算法最优权值的确定需要采用优化的方法，一般是最小化 $\hat{\boldsymbol{P}}_{cc}$ 的迹或者行列式。关于权重变量 ω 的代价函数是凸函数，因此在 $\omega \in [0,1]$ 范围内只有一个明显的最优值。通常可在 MATLAB 上利用 fminbnd 函数来优化得到最优权重序列。

2) 次优权值确定

最优权值的选取往往需要很大的计算量，利用计算机进行最优权值确定往往需要较长时间，在权值选取要求适中，需要尽快完成计算的情况下，一般采用快速协方差交互(FAST CI)的方法快速求出次优权值。

对于 N=2，必须在线性约束下确定非负加权系数 ω_1 和 ω_2：

$$\omega_1 + \omega_2 = 1 \tag{8-66}$$

为确定 ω_1 和 ω_2，FAST CI 除了式(8-66)外，还需要线性无关的第二个约束。由于协方差矩阵 $\boldsymbol{P}_n$ 的迹为估计不确定性 $\hat{\boldsymbol{x}}_n$ 提供了标量度量，依此选择第二个约束。当 $\mathrm{tr}(\boldsymbol{P}_1) = \mathrm{tr}(\boldsymbol{P}_2)$ 时，表示两个状态估计值的精度相同，赋予两个状态估计值的权值相同，即 $\omega_1 = \omega_2$；当 $\mathrm{tr}(\boldsymbol{P}_1)/\mathrm{tr}(\boldsymbol{P}_2) \to 0$ 时，表示第一个状态估计值的精度远高于第二个状态估计值的精度，更加相信第一个状态估计值而屏蔽掉第二个状态估计值，即 $\omega_1 \to 1$、$\omega_2 \to 0$，反之亦然。这些条件由下列线性约束条件得到满足:

$$\mathrm{tr}(\boldsymbol{P}_1)\omega_1 - \mathrm{tr}(\boldsymbol{P}_2)\omega_2 = 0 \tag{8-67}$$

其中，$\mathrm{tr}(\cdot)$ 表示迹运算。

综上所述，非负加权系数 ω_1 和 ω_2 的约束可表示为

$$\begin{bmatrix}\mathrm{tr}(\boldsymbol{P}_1) & -\mathrm{tr}(\boldsymbol{P}_2) \\ 1 & 1\end{bmatrix}\begin{bmatrix}\omega_1 \\ \omega_2\end{bmatrix} = \begin{bmatrix}0 \\ 1\end{bmatrix} \tag{8-68}$$

当 $\mathrm{tr}(\boldsymbol{P}_1) \geqslant 0$、$\mathrm{tr}(\boldsymbol{P}_2) \geqslant 0$ 成立时，式(8-68)有唯一解，即

$$\omega_1 = \frac{\operatorname{tr}(\boldsymbol{P}_2)}{\operatorname{tr}(\boldsymbol{P}_1)+\operatorname{tr}(\boldsymbol{P}_2)}, \quad \omega_2 = \frac{\operatorname{tr}(\boldsymbol{P}_1)}{\operatorname{tr}(\boldsymbol{P}_1)+\operatorname{tr}(\boldsymbol{P}_2)} \tag{8-69}$$

将上述两个向量融合拓展到多个向量融合，非负加权系数$\omega_1,\omega_2,\cdots,\omega_N$必须在线性约束下确定：

$$\omega_1+\omega_2+\cdots+\omega_N=1 \tag{8-70}$$

对约束条件$\operatorname{tr}(\boldsymbol{P}_1)\omega_1-\operatorname{tr}(\boldsymbol{P}_2)\omega_2=0$进行推广，得到

$$\operatorname{tr}(\boldsymbol{P}_n)\omega_n-\operatorname{tr}(\boldsymbol{P}_m)\omega_m=0, \quad n,m=1,2,\cdots,N \tag{8-71}$$

注意到，N^2个线性齐次方程组是高度冗余的，并且最大的线性无关子集可以表示为

$$\operatorname{tr}(\boldsymbol{P}_n)\omega_n-\operatorname{tr}(\boldsymbol{P}_{n+1})\omega_{n+1}=0, \quad n=1,2,\cdots,N-1 \tag{8-72}$$

记$\varepsilon_n:=\operatorname{tr}(\boldsymbol{P}_n)$，则有

$$\begin{bmatrix} \varepsilon_1 & -\varepsilon_2 & 0 & \cdots & 0 \\ 0 & \varepsilon_2 & -\varepsilon_3 & \cdots & 0 \\ \vdots & \vdots & \vdots & & \vdots \\ 0 & \cdots & \cdots & \varepsilon_{N-1} & -\varepsilon_N \\ 1 & \cdots & 1 & 1 & 1 \end{bmatrix} \begin{bmatrix} \omega_1 \\ \omega_2 \\ \vdots \\ \omega_{N-1} \\ \omega_N \end{bmatrix} = \begin{bmatrix} 0 \\ 0 \\ \vdots \\ 0 \\ 1 \end{bmatrix} \tag{8-73}$$

其中，系统矩阵$\boldsymbol{\varepsilon}$为下海森伯格形式。应用 Cramer 法则，加权系数ω_n现在可以分别通过$D_0:=\det(\varepsilon)$沿第一列和$D_n:=\det(\varepsilon_n)$沿第n列的拉普拉斯展开得到，$\det(\cdot)$表示行列式运算，$\boldsymbol{\varepsilon}_n$表示矩阵$\boldsymbol{\varepsilon}$的第$n$列被式(8-73)右边的列向量所替换，即

$$\omega_n=\frac{D_n}{D_0}=\frac{\prod\limits_{\substack{i=1\\i\neq n}}^{N}\varepsilon_i}{\sum\limits_{i=1}^{N}\prod\limits_{\substack{j=1\\j\neq i}}^{N}\varepsilon_j}=\frac{1/\varepsilon_n}{\sum\limits_{i=1}^{N}1/\varepsilon_i} \tag{8-74}$$

令$\omega_n\varepsilon_n=M/N$，$n=1,2,\cdots,N$，则有

$$M=\frac{N}{\sum\limits_{i=1}^{N}1/\varepsilon_i} \tag{8-75}$$

当$\operatorname{tr}(\boldsymbol{P}_n)>0, n=1,2,\cdots,N$时，$M$称为调和均值，此时加权系数$\omega_n$是唯一确定且非负的。

协同导航简介

8.3.3 CI 在卡尔曼滤波中的应用

假设一个由N个协作平台组成的群体在二维空间中移动，每个平台都配备了：①本体感知传感器(如车轮编码器)，提供其自我运动的测量；②外部感知传感器(如相机或激光扫描仪)，使其能够识别并获得与团队中其他平台的相对位姿测量；③允许平台之间进行信息交换的通信设备。同时，假设平台的通信半径大于其感知半径。

第i个平台在k时刻的状态记为$\boldsymbol{x}_k^i=[(\boldsymbol{p}_k^i)^{\mathrm{T}},\theta_k^i]^{\mathrm{T}}$，其中，$\boldsymbol{p}_k^i=[x_k^i,y_k^i]^{\mathrm{T}}$和$\theta_k^i$分别表示平

台在全局参照坐标系中的真实位置和姿态。平台 i 的离散时间运动模型为

$$\boldsymbol{x}_{k+1}^{i}=\boldsymbol{f}\left(\boldsymbol{x}_{k}^{i},\boldsymbol{u}_{m,k}^{i}\right),\ i=1,2,\cdots,N \tag{8-76}$$

其中，$\boldsymbol{f}(\cdot)$ 表示一个非线性函数；$\boldsymbol{u}_{m,k}^{i}=\boldsymbol{u}_{k}^{i}+\boldsymbol{w}_{k}^{i}=[v_{m,k}^{i},\omega_{m,k}^{i}]^{\mathrm{T}}$，$\boldsymbol{u}_{k}^{i}=[v_{k}^{i},\omega_{k}^{i}]^{\mathrm{T}}$ 表示平台的真实线速度和角速度，$\boldsymbol{w}_{k}^{i}=[w_{v,k}^{i},w_{\omega,k}^{i}]^{\mathrm{T}}$ 表示本体感受器测量的线速度和角速度噪声，服从零均值高斯分布，即 $\boldsymbol{w}_{k}^{i}\sim\boldsymbol{N}(\boldsymbol{w}_{k}^{i};\boldsymbol{0},\boldsymbol{Q}_{k}^{i})$，$\boldsymbol{Q}_{k}^{i}$ 为其协方差矩阵，m 为状态维度。

当平台 i 获得平台 j 相对于自身 $(i,j=1,2,\cdots,N,j\neq i)$ 的相对量测(该相对量测是全状态量测，包括相对位置量测和相对姿态量测)时，$k+1$ 时刻的量测模型为

$$\boldsymbol{z}_{k+1}^{i,j}=\boldsymbol{h}^{i,j}(\boldsymbol{x}_{k+1}^{i},\boldsymbol{x}_{k+1}^{j})+\boldsymbol{n}_{k+1}^{i,j}=\boldsymbol{\Gamma}_{x_{k+1}^{i}}^{\mathrm{T}}(\boldsymbol{x}_{k+1}^{j}-\boldsymbol{x}_{k+1}^{i})+\boldsymbol{n}_{k+1}^{i,j} \tag{8-77}$$

其中，$\boldsymbol{\Gamma}_{x_{k+1}^{i}}=\begin{bmatrix}\boldsymbol{C}(\theta_{k+1}^{i}) & \boldsymbol{0}_{2\times1}\\ \boldsymbol{0}_{1\times2} & 1\end{bmatrix},\boldsymbol{C}(\theta_{k+1}^{i})=\begin{bmatrix}\cos\theta_{k+1}^{i} & -\sin\theta_{k+1}^{i}\\ \sin\theta_{k+1}^{i} & \cos\theta_{k+1}^{i}\end{bmatrix}$；$\boldsymbol{n}_{k+1}^{i,j}$ 表示相对测量噪声，服从零均值高斯分布，即 $\boldsymbol{n}_{k+1}^{i,j}\sim\boldsymbol{N}(\boldsymbol{n}_{k+1}^{i,j};\boldsymbol{0},\boldsymbol{R}_{k+1}^{i})$，$\boldsymbol{R}_{k+1}^{i}$ 为其协方差矩阵。

在基于 CI 的分布式卡尔曼滤波器中，每个平台只对自己的状态 $\boldsymbol{x}_{k+1}^{i}$ 进行局部的状态更新和协方差更新。当平台 i 获得平台 j 相对于自身的一个相对量测 $\boldsymbol{z}_{k+1}^{i,j}$ 时，平台 i 使用 $\boldsymbol{z}_{k+1}^{i,j}$、$\boldsymbol{R}_{k+1}^{i}$ 和自己在 $k+1$ 时刻的状态和协方差先验估计 $\hat{\boldsymbol{x}}_{k+1|k}^{i}$、$\hat{\boldsymbol{P}}_{k+1|k}^{i}$，实现对 $k+1$ 时刻平台 j 的状态和协方差的估计，估计结果为 $\hat{\boldsymbol{x}}_{k+1}^{j*}$ 和 $\hat{\boldsymbol{P}}_{k+1}^{j*}$。然后，平台 i 将 $\hat{\boldsymbol{x}}_{k+1}^{j*}$ 和 $\hat{\boldsymbol{P}}_{k+1}^{j*}$ 发送给平台 j，平台 j 使用 CI 将其与自己的局部状态和协方差估计融合。下面给出这种方法的数学细节。

平台 i 的状态在时间更新阶段采用 EKF 方法，状态传播方程为

$$\begin{cases}\hat{\boldsymbol{x}}_{k+1|k}^{i}=\boldsymbol{f}\left(\hat{\boldsymbol{x}}_{k|k}^{i},\boldsymbol{u}_{m,k}^{i}\right)\\ \hat{\boldsymbol{P}}_{k+1|k}^{i}=\boldsymbol{F}_{k}^{i}\hat{\boldsymbol{P}}_{k|k}^{i}\boldsymbol{F}_{k}^{i\mathrm{T}}+\boldsymbol{G}_{k}^{i}\boldsymbol{Q}_{k}^{i}\boldsymbol{G}_{k}^{i}\end{cases} \tag{8-78}$$

其中，$\boldsymbol{F}_{k}^{i}=\nabla_{x_{k}^{i}}\boldsymbol{f}\Big|_{x_{k}^{i}=\hat{x}_{k|k}^{i},w_{k}^{i}=0}$；$\boldsymbol{G}_{k}^{i}=\nabla_{w_{k}^{i}}\boldsymbol{f}\Big|_{x_{k}^{i}=\hat{x}_{k|k}^{i},w_{k}^{i}=0}$。

当平台 i 获得相对量测值 $\boldsymbol{z}_{k+1}^{i,j}$ 时，平台 i 使用该量测值生成一个平台 j 的状态估计值 $\hat{\boldsymbol{x}}_{k+1}^{j*}$，利用式(8-77)可得

$$\hat{\boldsymbol{x}}_{k+1}^{j*}=\hat{\boldsymbol{x}}_{k+1|k}^{i}+\boldsymbol{\Gamma}_{\hat{x}_{k+1|k}^{i}}\boldsymbol{z}_{k+1}^{i,j} \tag{8-79}$$

将式(8-77)代入式(8-79)可得

$$\hat{\boldsymbol{x}}_{k+1}^{j*}=\hat{\boldsymbol{x}}_{k+1|k}^{i}+\boldsymbol{\Gamma}_{\hat{x}_{k+1|k}^{i}}(\boldsymbol{h}^{i,j}(\boldsymbol{x}_{k+1}^{i},\boldsymbol{x}_{k+1}^{j})+\boldsymbol{n}_{k+1}^{i,j}) \tag{8-80}$$

将式(8-80)在 $\boldsymbol{x}_{k+1}^{j}=\hat{\boldsymbol{x}}_{k+1}^{j*},\boldsymbol{x}_{k+1}^{i}=\hat{\boldsymbol{x}}_{k+1|k}^{i}$ 处进行线性化可得

$$\begin{aligned}\hat{\boldsymbol{x}}_{k+1}^{j*}&=\hat{\boldsymbol{x}}_{k+1|k}^{i}+\boldsymbol{\Gamma}_{\hat{x}_{k+1|k}^{i}}\left(\boldsymbol{h}^{i,j}\left(\hat{\boldsymbol{x}}_{k+1|k}^{i},\hat{\boldsymbol{x}}_{k+1}^{j*}\right)+\boldsymbol{H}_{i}\tilde{\boldsymbol{x}}_{k+1|k}^{i}+\boldsymbol{H}_{j}\tilde{\boldsymbol{x}}_{k+1}^{j*}+\boldsymbol{n}_{k+1}^{i,j}\right)\\&=\hat{\boldsymbol{x}}_{k+1|k}^{i}+\boldsymbol{\Gamma}_{\hat{x}_{k+1|k}^{i}}\left(\boldsymbol{\Gamma}_{\hat{x}_{k+1|k}^{i}}^{\mathrm{T}}\left(\hat{\boldsymbol{x}}_{k+1}^{j*}-\hat{\boldsymbol{x}}_{k+1|k}^{i}\right)+\boldsymbol{H}_{i}\tilde{\boldsymbol{x}}_{k+1|k}^{i}+\boldsymbol{H}_{j}\tilde{\boldsymbol{x}}_{k+1}^{j*}+\boldsymbol{n}_{k+1}^{i,j}\right)\end{aligned} \tag{8-81}$$

其中，$\boldsymbol{H}_i=\nabla_{\boldsymbol{x}_{k+1}^i}\boldsymbol{h}^{i,j}\Big|_{\boldsymbol{x}_{k+1}^i=\hat{\boldsymbol{x}}_{k+1|k}^i,\boldsymbol{x}_{k+1}^j=\hat{\boldsymbol{x}}_{k+1}^{j*}}$；$\boldsymbol{H}_j=\nabla_{\boldsymbol{x}_{k+1}^j}\boldsymbol{h}^{i,j}\Big|_{\boldsymbol{x}_{k+1}^i=\hat{\boldsymbol{x}}_{k+1|k}^i,\boldsymbol{x}_{k+1}^j=\hat{\boldsymbol{x}}_{k+1}^{j*}}$。

由于$\boldsymbol{\Gamma}_{\hat{\boldsymbol{x}}_{k+1|k}^i}\boldsymbol{\Gamma}_{\hat{\boldsymbol{x}}_{k+1|k}^i}^{\mathrm{T}}=\boldsymbol{I}$、$\boldsymbol{\Gamma}_{\hat{\boldsymbol{x}}_{k+1|k}^i}\boldsymbol{H}_j=\boldsymbol{I}$，所以式(8-81)可转化为

$$\tilde{\boldsymbol{x}}_{k+1}^{j*}=\tilde{\boldsymbol{H}}_{k+1}^{i,j}\tilde{\boldsymbol{x}}_{k+1|k}^i-\boldsymbol{\Gamma}_{\hat{\boldsymbol{x}}_{k+1|k}^i}\boldsymbol{n}_{k+1}^{i,j} \tag{8-82}$$

其中，$\tilde{\boldsymbol{H}}_{k+1}^{i,j}=-\boldsymbol{\Gamma}_{\hat{\boldsymbol{x}}_{k+1|k}^i}\boldsymbol{H}_i=\begin{bmatrix}\boldsymbol{I}_2 & \boldsymbol{J}(\hat{\boldsymbol{p}}_{k+1}^{j*}-\hat{\boldsymbol{P}}_{k+1|k}^i)\\ \boldsymbol{0}_{1\times 2} & 1\end{bmatrix}$，$\boldsymbol{J}=\begin{bmatrix}0 & -1\\ 1 & 0\end{bmatrix}$，$\boldsymbol{I}_2$是单位矩阵。

因此，相应的协方差计算为

$$\hat{\boldsymbol{P}}_{k+1}^{j*}=\tilde{\boldsymbol{H}}_{k+1}^{i,j}\hat{\boldsymbol{P}}_{k+1|k}^i\tilde{\boldsymbol{H}}_{k+1}^{i,j\,\mathrm{T}}+\boldsymbol{\Gamma}_{\hat{\boldsymbol{x}}_{k+1|k}^i}\boldsymbol{R}_{k+1}^i\boldsymbol{\Gamma}_{\hat{\boldsymbol{x}}_{k+1|k}^i}^{\mathrm{T}} \tag{8-83}$$

在平台 i 计算平台 j 的状态协方差估计后，将该信息传递给平台 j。接下来，平台 j 用自己的局部状态协方差估计（$\hat{\boldsymbol{x}}_{k+1|k}^j$ 和 $\hat{\boldsymbol{P}}_{k+1|k}^j$）融合 $\hat{\boldsymbol{x}}_{k+1}^{j*}$ 和 $\hat{\boldsymbol{P}}_{k+1}^{j*}$，以获得改进的估计。这里需要注意的是，$\hat{\boldsymbol{x}}_{k+1}^{j*}$ 和 $\hat{\boldsymbol{x}}_{k+1|k}^j$ 的估计是不独立的。如图 8-9 所示，如果平台 i 和平台 j 在任何之前的时刻 $m(m\leqslant k)$ 直接或间接地通过其他平台交换了信息，那么它们在 $k+1$ 时刻的估计是相关的。若忽略这些复杂且未知的相关性直接进行信息融合，会导致估计结果不一致。

为了解决这个问题，本节使用 CI 算法融合这些估计。协方差更新公式为

$$\hat{\boldsymbol{P}}_{k+1|k+1}^j=\left[\omega\left(\hat{\boldsymbol{P}}_{k+1|k}^j\right)^{-1}+(1-\omega)\left(\hat{\boldsymbol{P}}_{k+1}^{j*}\right)^{-1}\right]^{-1} \tag{8-84}$$

其中，$\omega\in[0,1]$，以使 $\hat{\boldsymbol{P}}_{k+1|k+1}^j$ 的迹最小化。

更新后的状态估计 $\hat{\boldsymbol{x}}_{k+1|k+1}^j$ 的计算公式为

$$\hat{\boldsymbol{x}}_{k+1|k+1}^j=\hat{\boldsymbol{P}}_{k+1|k+1}^j\left[\omega\left(\hat{\boldsymbol{P}}_{k+1|k}^j\right)^{-1}\hat{\boldsymbol{x}}_{k+1|k}^j+(1-\omega)\left(\hat{\boldsymbol{P}}_{k+1}^{j*}\right)^{-1}\hat{\boldsymbol{x}}_{k+1}^{j*}\right] \tag{8-85}$$

8.3.4 多平台分布式卡尔曼滤波器仿真测试

1. 系统模型与量测模型

考虑有 n_R 个同构或异构移动平台在二维环境中运动，每个移动平台都安装了轮盘编码器（测量每个移动平台的角速度和线速度）、磁力计（测量每个移动平台的姿态角）以及相机（用来获取移动平台间的相对距离和相对方位）。

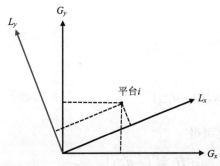

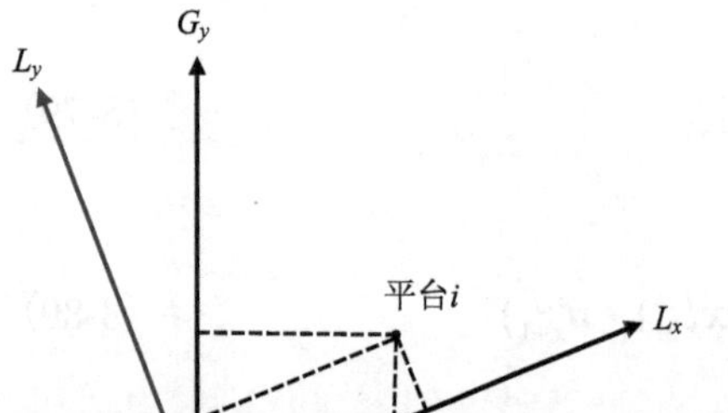

图 8-11　平台 i 在不同坐标系下示意图

以平台 i 为例，其在自身局部坐标系和全局坐标系下的坐标如图 8-11 所示。

图中，G_x、G_y、L_x、L_y 分别表示全局坐标系下的横纵坐标和平台 i 局部坐标系（原点迁移至与全局坐标系重合，以方便分析）下的横纵坐标，则平台 i 的非线性离散运动模型可以表示为

$$\begin{cases} x_k^i = x_{k-1}^i + \left(V_k^i - w_k^{V_i}\right)\cos\left(\theta_{k-1}^i\right)\Delta t \\ y_k^i = y_{k-1}^i + \left(V_k^i - w_k^{V_i}\right)\sin\left(\theta_{k-1}^i\right)\Delta t \\ \theta_k^i = \theta_{k-1}^i + \left(\Omega_k^i - w_k^{\Omega_i}\right)\Delta t \end{cases} \tag{8-86}$$

其中，x_k^i、y_k^i、θ_k^i 分别是平台 i 在 k 时刻的东北向位置和姿态角；$[x_k^i, y_k^i, \theta_k^i]$ 是平台 i 在 k 时刻的位姿向量；V_k^i、Ω_k^i 分别是平台 i 在 k 时刻的测量线速度和角速度；$w_k^{V_i}$、$w_k^{\Omega_i}$ 分别是线速度和角速度量测噪声；Δt 是离散时间。

仿真中使用的相对测距测向量测模型为

$$\begin{cases} \phi_{rk}^{ij} = \arctan\left(\dfrac{y_k^i - y_k^j}{x_k^i - x_k^j}\right) - \phi_k^i + v_{\phi_{rk}}^{ij} \\ r_{rk}^{ij} = \sqrt{(x_k^i - x_k^j)^2 + (y_k^i - y_k^j)^2} + v_{r_{rk}}^{ij} \end{cases} \tag{8-87}$$

其中，下标 rk 中的 r 表示相对量测，k 表示第 k 时刻；上标 ij 表示平台 i 相对于平台 j；ϕ_{rk}^{ij}、r_{rk}^{ij} 分别表示量测噪声为 $v_{\phi_{rk}}^{ij}$、$v_{r_{rk}}^{ij}$ 的外部感知传感器测得的相对方位和相对距离；x_k^j、y_k^j 分别表示平台 j 的东向位置和北向位置。

在多平台运动过程中，每个平台通过磁力计测量自身的姿态信息。每个平台利用其他平台的磁力计提供的姿态信息和自身姿态作差，获得相对姿态量测。仿真中使用的相对姿态量测模型为

$$\theta_{rk}^{ij} = \theta_k^i - \theta_k^j + v_{\theta_{rk}}^{ij} \tag{8-88}$$

其中，下标 rk 中的 r 表示相对量测，k 表示第 k 时刻；上标 ij 表示平台 i 相对于平台 j；θ_{rk}^{ij} 表示量测噪声为 $v_{\theta_{rk}}^{ij}$ 的相对姿态测量值。

将平台 i 的位姿定义为其状态向量，即 $\boldsymbol{x}_k^i = [x_k^i, y_k^i, \theta_k^i]$，平台 i 的运动模型和相对量测模型可表示为

$$\begin{cases} \boldsymbol{x}_k^i = \boldsymbol{f}_k^i\left(\boldsymbol{x}_{k-1}^i, \boldsymbol{w}_k^i\right) \\ \boldsymbol{z}_{rk}^{ij} = \boldsymbol{h}_{rk}^{ij}\left(\boldsymbol{x}_k^i, \boldsymbol{x}_k^j\right) + \boldsymbol{v}_{rk}^{ij} \end{cases} \tag{8-89}$$

其中，$\boldsymbol{z}_{rk}^{ij} = \left[\phi_{rk}^{ij}, r_{rk}^{ij}, \theta_{rk}^{ij}\right]$ 为 k 时刻平台 i 相对于平台 j 的相对测向量测、相对测距量测和相对姿态量测；$\boldsymbol{f}_k^i(\cdot)$、$\boldsymbol{h}_{rk}^{ij}(\cdot)$ 分别是式(8-86)～式(8-88)定义的状态转移函数和相对量测函数；$\boldsymbol{w}_k^i \triangleq [w_k^{V_i}, w_k^{\Omega_i}]^{\mathrm{T}}$、$\boldsymbol{v}_{rk}^{ij}$ 分别是状态噪声和相对量测噪声。

本仿真中，$\boldsymbol{w}_k^i$、$\boldsymbol{v}_{rk}^{ij}$ 均假设服从零均值高斯分布，即 $\boldsymbol{w}_k^i \sim \boldsymbol{N}\left(\boldsymbol{0}, \boldsymbol{Q}_k^i\right)$，$\boldsymbol{v}_{rk}^{ij} \sim \boldsymbol{N}\left(\boldsymbol{0}, \boldsymbol{R}_{rk}^{ij}\right)$，其中，$\boldsymbol{Q}_k^i$、$\boldsymbol{R}_{rk}^{ij}$ 分别是状态噪声协方差矩阵和相对量测噪声协方差矩阵。此外，$\boldsymbol{w}_k^i$、$\boldsymbol{v}_{rk}^{ij}$ 都假设互不相关。

2. 评价指标

为比较定位精度，本仿真使用位置的均方根误差(Root Mean Square Error，RMSE)作

为性能指标，定义为

$$\mathrm{RMSE}_p^i(k)=\sqrt{\frac{1}{M_n}\sum_{s=1}^{M_n}\left[\left(x_k^{i(s)}-\hat{x}_{k|k}^{i(s)}\right)^2+\left(y_k^{i(s)}-\hat{y}_{k|k}^{i(s)}\right)^2\right]} \tag{8-90}$$

其中，$\mathrm{RMSE}_p^i(k)$ 表示 k 时刻平台 i 的位置 RMSE；$x_k^{i(s)}$、$y_k^{i(s)}$ 分别表示平台 i 在第 s 次蒙特卡罗仿真中的东向位置和北向位置；$\hat{x}_{k|k}^{i(s)}$、$\hat{y}_{k|k}^{i(s)}$ 分别表示平台 i 在第 s 次蒙特卡罗仿真中的东向位置和北向位置估计值，M_n 为蒙特卡罗仿真总次数。

为比较估计一致性，本仿真选取归一化估计误差平方(Normalized Estimate Error Squared, NEES)作为评价指标，其定义如下：

$$\mathrm{NEES}^i(k)=\frac{1}{M_n}\sum_{s=1}^{M_n}\left(\boldsymbol{x}_k^{i(s)}-\hat{\boldsymbol{x}}_{k|k}^{i(s)}\right)^{\mathrm{T}}\left(\boldsymbol{P}_{k|k}^{i(s)}\right)^{-1}\left(\boldsymbol{x}_k^{i(s)}-\hat{\boldsymbol{x}}_{k|k}^{i(s)}\right) \tag{8-91}$$

其中，$\mathrm{NEES}^i(k)$ 表示 k 时刻平台 i 的 NEES，$\boldsymbol{x}_k^{i(s)}$ 为平台 i 在第 s 次蒙特卡罗仿真时的真实状态向量，$\hat{\boldsymbol{x}}_{k|k}^{i(s)}$、$\boldsymbol{P}_{k|k}^{i(s)}$ 分别为平台 i 在第 s 次蒙特卡罗仿真时的状态估计和估计误差协方差矩阵。理论上，如果状态估计一致，则 NEES 值不大于状态维数(本仿真中即 $\mathrm{NEES}\leqslant 3$)。

3. *仿真参数设置及仿真结果分析*

4 个平台根据运动模型(8-86)随机移动，即 $n_R=4$。其中，每个平台的真实线速度为 $V_k=0.5\mathrm{m/s}$，每个平台的真实角速度 Ω_k 从 $[-0.5,0.5]\mathrm{rad/s}$ 中随机抽取，离散时间设为 $\Delta t=0.5\mathrm{s}$。

每个平台上安装的轮盘编码器具有相同的量测精度，标准差设为 $\sigma_k=10\%V_k$，与真实线速度成正比。根据轮盘编码器的测速原理，可以将线速度和角速度量测的标准差设为 $\sigma_{Vk}=\sqrt{2}\sigma_k/2$、$\sigma_{\Omega k}=\sqrt{2}\sigma_k/a$，其中 a 为每个平台两个驱动轮之间的距离，每个平台安装的磁力计具有相同的量测精度，标准差设置为 2°。

在本次仿真研究中，式(8-87)中的相对方位和相对距离量测模型用于验证所提方法的性能。仿真中采用的相对量测的标准差都是固定值，本次仿真中设相对距离量测误差标准差和相对方位量测误差标准差分别为 $\sigma_{rk}=0.5\mathrm{m}$、$\sigma_{\theta k}=5^\circ$。由于每个移动平台的感知范围有限，只能偶尔检测到其他移动平台，假设每个移动平台检测到其他移动平台的概率为 50%。

本次仿真中，分别采用集中式滤波器、忽略相关性的分布式滤波器（直接采用 EKF 而不是 CI 进行融合）和基于 CI 的分布式滤波器对四个移动平台进行定位。图 8-12 和图 8-13 分别给出 4 个移动平台的位置 RMSE 和所有算法的 NEES。

从图 8-12 和图 8-13 中可以看出，忽略相关性的分布式算法重复利用同一信息，使得估计结果严重不一致，估计精度差；集中式算法可以精确处理不同信息的相关性，其估计结果严格一致，估计精度最优；CI 算法在近似处理相关信息的时候导致部分系统信息没有被利用，其估计结果较为保守，估计精度略差于集中式算法，但相比于忽略相关性的方法精度有所提升。

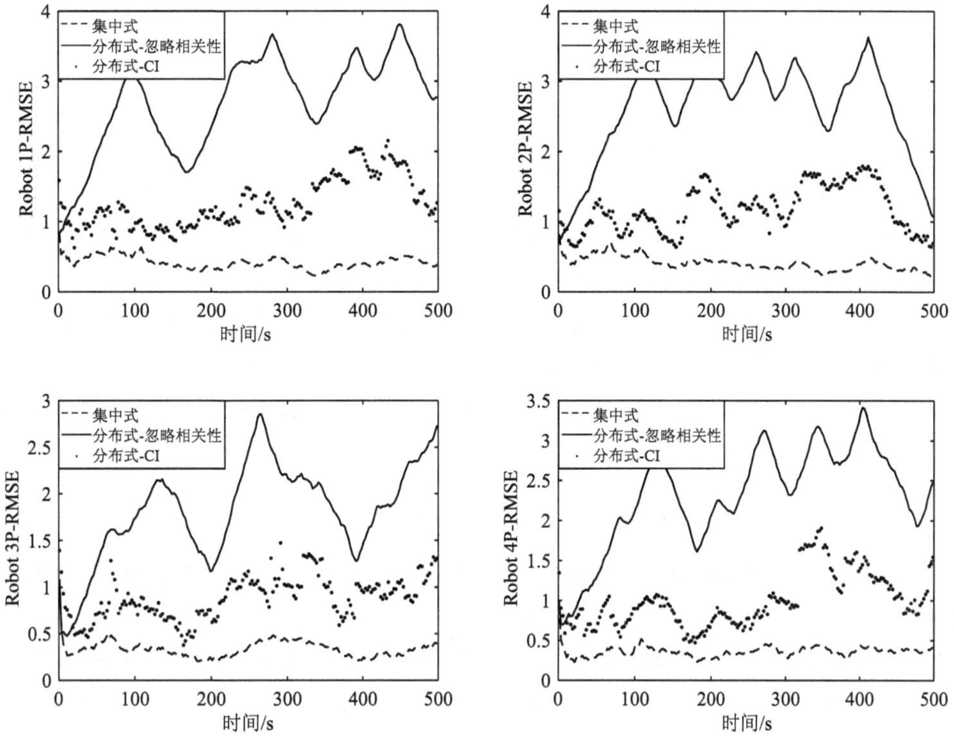

图 8-12　所有平台的位置 RMSE(Position RESM, P-RMSE)

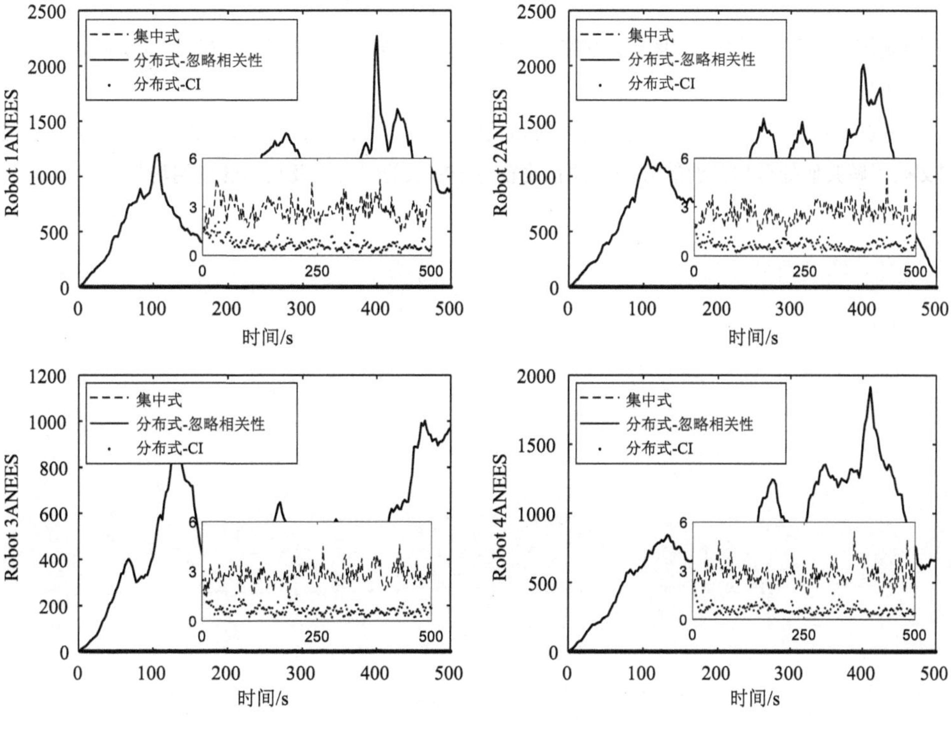

图 8-13　所有平台的 NEES

8.4　本章小结

本章第一部分首先介绍了单平台分布式卡尔曼滤波器——联邦滤波器的工作原理，并给出联邦滤波器的融合结果是一致且最优的证明和推导，接着介绍了典型的四种联邦滤波器，分析比较了它们的性能，然后从容错性和运行速度两方面总结了联邦滤波器的特点，最后利用多源导航系统验证了联邦滤波器的容错性。

本章第二部分介绍了多平台分布式卡尔曼滤波器——协方差交互的工作原理，首先介绍了协方差交互的思想，接着从数学层面和几何层面两个角度证明了协方差交互算法的一致性，然后给出了求解协方差交互算法权值的两种算法，最后利用多机器人系统验证了协方差交互算法的精度和一致性。

习　题

1. 深入研究联邦滤波器的信息分配系数，探讨其在系统运作中的具体功能和影响，考察其对整体性能的调控以及在不同环境或任务条件下的变化趋势。

2. 试从集中式滤波器和联邦滤波器等价的角度证明融合-重置式联邦滤波器融合结果的最优性。

3. 试证明 $\boldsymbol{P}_g - \boldsymbol{P}_{11}$、$\boldsymbol{P}_g - \boldsymbol{P}_{22}$ 负定。$\boldsymbol{P}_g$、$\boldsymbol{P}_{11}$、$\boldsymbol{P}_{22}$ 均与式(8-30)定义相同。

4. 通过阅读本章内容，试了解四种典型的联邦滤波器的结构，并分析比较各自的优点与缺点，包括它们在不同应用场景下的适用性和性能表现。

5. 通过阅读本章内容，试从几何层面和数学层面两个角度来分析 CI 算法的一致性。

6. 详细描述本章引入的两种确定协方差交互方法权值的策略，并且深入研究相关文献，了解其他用于权值确定的方法。

7. CI 可以很好地处理不同估计结果之间的相关性，保证融合结果的绝对一致。除此之外，读者应广泛查阅文献了解其他处理相关性的方法，并且比较各个方法的优劣以及它们的使用场景。

第 9 章　非线性最小二乘优化及其应用

9.1 引　　言

随着自动驾驶、自主机器人和增强现实等领域的迅速发展，组合导航系统在完成实时定位的同时，对具备高效环境感知能力的需求日益增加。在这样的发展趋势下，组合导航系统通过引入相机、激光雷达等新兴传感器，与惯性、GPS 等传统传感器进行融合，利用多种传感器的量测信息进行本体导航的同时，依赖相机、激光雷达等具备环境感知功能的传感器进行周围环境的地图构建以及特定物体识别，在提高系统导航性能的同时，使系统沿着更加智能化的方向发展。因此，同时定位与地图构建(Simultaneous Localization and Mapping, SLAM)技术在智能系统中变得至关重要，并且已广泛应用于各种需要具备自主智能的导航系统中，如近些年发展火热的自动驾驶领域，自动驾驶车辆通过搭载多源传感器进行自主定位与环境感知，如图 9-1 所示。

SLAM 技术在生活中的应用

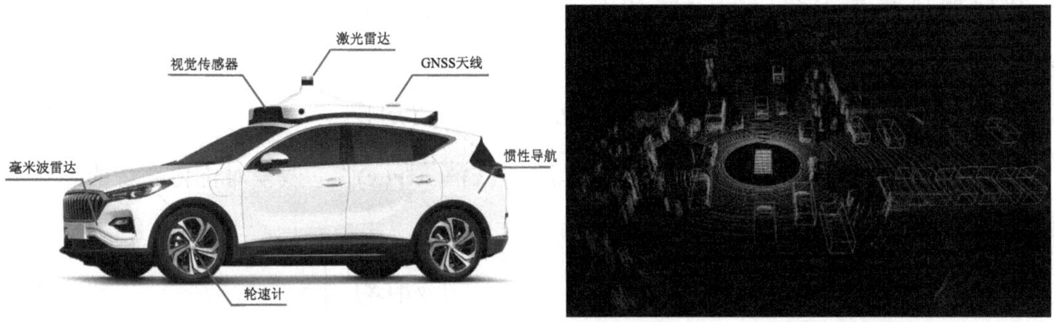

(a) 传感器构成　　(b) 自主定位与环境感知

图 9-1　自动驾驶汽车

SLAM 技术的核心在于根据传感器信息，对载体自身的状态和环境特征进行估计。然而环境特征往往是丰富且复杂的，这就使得 SLAM 问题中的状态维度通常较高，如果利用前述章节介绍的 EKF 等滤波算法进行状态估计，其计算复杂程度会随着状态维度的增长呈三次方关系，那么在状态维度较高的 SLAM 问题中，计算负担将非常巨大，系统只能通过减少对环境特征的估计来降低状态维度，以此限制计算量，但这势必会导致系统估计性能的下降。如何在不降低状态维度的前提下保证系统性能以及估计的实时性？在 SLAM 问题中，非线性最小二乘(Nonlinear Least Square, NLS)能够更好地处理上述问题。一方面，非线性最小二乘利用高斯-牛顿(Gauss-Newton, G-N)等迭代求解方式使问题解收敛到最优值；另一方面，非线性最小二乘能够充分利用 SLAM 问题的稀疏性，从而显著减少计算量。

本章首先介绍非线性最小二乘问题中三种传统的求解算法——牛顿法、高斯-牛顿法、列文伯格-马夸尔特(Levenberg-Marquardt, L-M)法，然后介绍非线性最小二乘优化的图表示，并说明如何在图的基础上进行非线性最小二乘问题的求解，最后给出非线性最小二乘优化方法在一个 SLAM 实例中的具体求解步骤以及仿真分析。

9.2　非线性最小二乘求解

非线性最小二乘优化的目标函数一般为残差平方和。当用一个模型来描述现实中的一系列数据时，模型的预测结果与实际的测量结果总会存在一定偏差，这一偏差称为残差。其一般形式为

$$f(\boldsymbol{x})=\frac{1}{2}\sum_{j=1}^{m}r_j^2(\boldsymbol{x}) \tag{9-1}$$

其中，$\boldsymbol{x}$ 为优化变量；$f(\boldsymbol{x})$ 为目标函数；$r_j(\boldsymbol{x})$ 为残差；m 为残差数量。

非线性最小二乘优化的目的是调整模型的参数，使得总的残差平方和最小。对于非线性最小二乘问题，一般有牛顿法、高斯-牛顿法、列文伯格-马夸尔特法等求解方法。

9.2.1　问题概述

通常情况下，式(9-1)中目标函数 $f(\boldsymbol{x})$ 的特殊形式使得最小二乘问题比一般无约束最小化问题更容易求解，假设式(9-1)中每个独立的残差 $r_j(\boldsymbol{x})$ 组成一个残差向量 $\boldsymbol{r}(\boldsymbol{x}):\mathbb{R}^n\to\mathbb{R}^m$，如式(9-2)所示：

$$\boldsymbol{r}(\boldsymbol{x})=\left[r_1(\boldsymbol{x}),r_2(\boldsymbol{x}),\cdots,r_m(\boldsymbol{x})\right]^{\mathrm{T}} \tag{9-2}$$

利用式(9-2)，目标函数 $f(\boldsymbol{x})$ 可重新写作 $f(\boldsymbol{x})=\dfrac{1}{2}\|\boldsymbol{r}(\boldsymbol{x})\|_2^2$，残差对优化变量的导数可用雅可比矩阵 $\boldsymbol{J}(\boldsymbol{x})$ 来表示：

$$\boldsymbol{J}(\boldsymbol{x})=\left[\frac{\partial r_j(\boldsymbol{x})}{\partial \boldsymbol{x}}\right]_{j=1,2,\cdots,m}=\begin{bmatrix}\nabla \boldsymbol{r}_1(\boldsymbol{x})^{\mathrm{T}}\\ \nabla \boldsymbol{r}_2(\boldsymbol{x})^{\mathrm{T}}\\ \vdots\\ \nabla \boldsymbol{r}_m(\boldsymbol{x})^{\mathrm{T}}\end{bmatrix} \tag{9-3}$$

其中，$\nabla \boldsymbol{r}_j(\boldsymbol{x}), j=1,2,\cdots,m$ 表示 $r_j(\boldsymbol{x})$ 关于 $\boldsymbol{x}$ 的导数。

目标函数 $f(\boldsymbol{x})$ 对优化变量的一阶导数和二阶导数可用式(9-4)和式(9-5)来表示：

$$\nabla \boldsymbol{f}(\boldsymbol{x})=\sum_{j=1}^{m}r_j(\boldsymbol{x})\nabla \boldsymbol{r}_j(\boldsymbol{x})=\boldsymbol{J}(\boldsymbol{x})^{\mathrm{T}}\boldsymbol{r}(\boldsymbol{x}) \tag{9-4}$$

$$\begin{aligned}\nabla^2 \boldsymbol{f}(\boldsymbol{x})&=\sum_{j=1}^{m}\nabla \boldsymbol{r}_j(\boldsymbol{x})\nabla \boldsymbol{r}_j(\boldsymbol{x})^{\mathrm{T}}+\sum_{j=1}^{m}r_j(\boldsymbol{x})\nabla^2 \boldsymbol{r}_j(\boldsymbol{x})\\ &=\boldsymbol{J}(\boldsymbol{x})^{\mathrm{T}}\boldsymbol{J}(\boldsymbol{x})+\sum_{j=1}^{m}r_j(\boldsymbol{x})\nabla^2 \boldsymbol{r}_j(\boldsymbol{x})\end{aligned} \tag{9-5}$$

其中，$\nabla^2 \boldsymbol{r}_j(\boldsymbol{x}), j=1,2,\cdots,m$ 表示 $r_j(\boldsymbol{x})$ 关于 $\boldsymbol{x}$ 的二阶导数。

在实际应用中，残差对优化变量的一阶偏导数 $\boldsymbol{J}(\boldsymbol{x})$ 容易获得，从而可以轻松求解目标函数的一阶导数 $\nabla \boldsymbol{f}(\boldsymbol{x})$，而对于其二阶导数 $\nabla^2 \boldsymbol{f}(\boldsymbol{x})$，由式(9-5)可知，$\nabla^2 \boldsymbol{f}(\boldsymbol{x})$ 由两项组成：第一项 $\boldsymbol{J}(\boldsymbol{x})^{\mathrm{T}}\boldsymbol{J}(\boldsymbol{x})$ 可利用残差的雅可比矩阵计算得到，而由于第二项中的 Hessian 矩阵 $\nabla^2 \boldsymbol{r}_j(\boldsymbol{x})$ 不易求出，导致 $\sum_{j=1}^{m} r_j(\boldsymbol{x})\nabla^2 \boldsymbol{r}_j(\boldsymbol{x})$ 不能直接使用。因此，在实际应用中，常使用 $\boldsymbol{J}(\boldsymbol{x})^{\mathrm{T}}\boldsymbol{J}(\boldsymbol{x})$ 近似目标函数的二阶导数 $\nabla^2 \boldsymbol{f}(\boldsymbol{x})$。

9.2.2　牛顿法

对于目标函数(9-1)，考虑 $f(\boldsymbol{x})$ 在 $\boldsymbol{x}_k$ (k 表示第 k 次迭代)处的二阶泰勒展开，如式(9-6)所示：

$$f(\boldsymbol{x}_k + \boldsymbol{\Delta x}_k) = f(\boldsymbol{x}_k) + \nabla \boldsymbol{f}(\boldsymbol{x}_k)^{\mathrm{T}} \boldsymbol{\Delta x}_k + \frac{1}{2}\boldsymbol{\Delta x}_k^{\mathrm{T}} \nabla^2 \boldsymbol{f}(\boldsymbol{x}_k) \boldsymbol{\Delta x}_k + O\left(\left\|\boldsymbol{\Delta x}_k\right\|^2\right) \tag{9-6}$$

忽略式(9-6)中的高阶项，求右侧等式关于 $\boldsymbol{\Delta x}_k$ 的导数并令其为 0，由于 $\nabla^2 \boldsymbol{f}(\boldsymbol{x}_k)$ 为对称矩阵，则可以得到

$$\nabla^2 \boldsymbol{f}(\boldsymbol{x}_k)\boldsymbol{\Delta x}_k = -\nabla \boldsymbol{f}(\boldsymbol{x}_k) \tag{9-7}$$

本节的目的是根据这个二阶近似来选取合适的下降方向。

方程(9-7)称为牛顿方程，在 $\nabla^2 \boldsymbol{f}(\boldsymbol{x}_k)$ 非奇异条件下，求解得到状态量的增量为 $\boldsymbol{\Delta x}_k = -\nabla^2 \boldsymbol{f}(\boldsymbol{x}_k)^{-1} \nabla \boldsymbol{f}(\boldsymbol{x}_k)$。一般称满足方程(9-7)的 $\boldsymbol{\Delta x}_k$ 为下降方向，即沿着 $\boldsymbol{\Delta x}_k$ 所表示的方向，能够保证函数的下降。故经典牛顿法的更新形式为

$$\boldsymbol{x}_{k+1} = \boldsymbol{x}_k - \nabla^2 \boldsymbol{f}(\boldsymbol{x}_k)^{-1} \nabla \boldsymbol{f}(\boldsymbol{x}_k) \tag{9-8}$$

经典牛顿法是收敛速度很快的算法，但它的收敛是有条件的：首先，经典牛顿法非常依赖迭代初值的选取，初始点 $\boldsymbol{x}_0$ 必须充分接近问题解，而当 $\boldsymbol{x}_0$ 距离全局最优解较远时，经典牛顿法在多数情况下会失效，如图 9-2 所示。

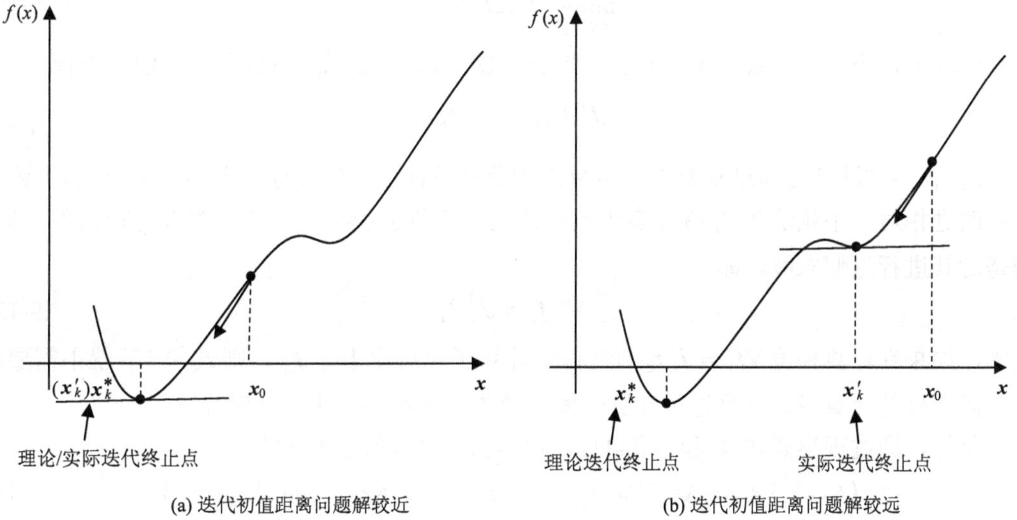

图 9-2　迭代初值的选取对经典牛顿法的影响

其次，Hessian 矩阵 $\nabla^2 \boldsymbol{f}(\boldsymbol{x}_k)$ 需要保证是正定矩阵，若 $\nabla^2 \boldsymbol{f}(\boldsymbol{x}_k)$ 是奇异的半正定矩阵，经典牛顿法的收敛速度将大大下降。根据经典牛顿法的这些特性，在实际应用中，通常会使用其他梯度下降类的求解算法先求得较低精度的粗值解，而后调用牛顿法来获得高精度解。最后，给出经典牛顿法的一般求解步骤，如表 9-1 所示。

表 9-1　经典牛顿法的一般求解步骤

1.引入初值：$\boldsymbol{x}_0$　设定迭代次数：n
2. while $\\|\Delta\boldsymbol{x}_k\\| > \varepsilon\ (\varepsilon \to 0)$　do
3.　对于第 k 次迭代，求解 $\nabla^2 \boldsymbol{f}(\boldsymbol{x}_k)\Delta\boldsymbol{x}_k = -\nabla \boldsymbol{f}(\boldsymbol{x}_k)$，获得迭代增量 $\Delta\boldsymbol{x}_k$
4.　更新：$\boldsymbol{x}_{k+1} = \boldsymbol{x}_k + \Delta\boldsymbol{x}_k$
5. end while

9.2.3　高斯-牛顿法

通过 9.2.2 节的介绍，了解到经典牛顿法需要计算目标函数的二阶导数 $\nabla^2 \boldsymbol{f}(\boldsymbol{x}_k)$，然而在问题规模较大的情况下二阶导数难以求解，因此本节将介绍非线性最小二乘问题中另一种基于梯度下降的方法，来避免二阶导数 $\nabla^2 \boldsymbol{f}(\boldsymbol{x}_k)$ 的求解。

高斯-牛顿法是最优化方法中最简单的方法之一，该方法可视为具备线搜索的改进牛顿法。线搜索指通过某种手段确定搜索方向，再在此基础上确定一个步长，获得迭代增量。在式(9-1)的求解方式上，不同于牛顿法直接将目标函数进行泰勒级数展开，高斯-牛顿法选择将残差进行泰勒级数展开，目标函数可以被近似为

$$f\left(\boldsymbol{x}_k + \Delta\boldsymbol{x}_k\right) = \frac{1}{2}\left\|\boldsymbol{r}\left(\boldsymbol{x}_k + \Delta\boldsymbol{x}_k\right)\right\|^2 \approx \frac{1}{2}\left\|\boldsymbol{J}\left(\boldsymbol{x}_k\right)\Delta\boldsymbol{x}_k + \boldsymbol{r}\left(\boldsymbol{x}_k\right)\right\|^2 \tag{9-9}$$

其中，为了方便表示，将 $f(\boldsymbol{x}_k)$、$\boldsymbol{J}(\boldsymbol{x}_k)$、$\boldsymbol{r}(\boldsymbol{x}_k)$ 分别简记为 f_k、$\boldsymbol{J}_k$、$\boldsymbol{r}_k$。

于是，在高斯-牛顿法中，待求解的非线性最小二乘问题变为

$$\min_{\Delta\boldsymbol{x}_k} \frac{1}{2}\left\|\boldsymbol{J}_k\Delta\boldsymbol{x}_k + \boldsymbol{r}_k\right\|^2 \tag{9-10}$$

同样地，令上述函数对 $\Delta\boldsymbol{x}_k$ 求导，并令导数为 0，得到式(9-11)所示的增量方程：

$$\boldsymbol{J}_k^{\mathrm{T}}\boldsymbol{J}_k\Delta\boldsymbol{x}_k = -\boldsymbol{J}_k^{\mathrm{T}}\boldsymbol{r}_k \tag{9-11}$$

高斯-牛顿法便是通过求解上述增量方程获得每次迭代中目标函数的下降方向。上述简单的改进相对于牛顿法(9-7)有许多优点：首先，避免了(9-7)中二阶导数 $\nabla^2 \boldsymbol{f}(\boldsymbol{x}_k)$ 的计算，而是对其进行近似求解，即

$$\nabla^2 \boldsymbol{f}_k \approx \boldsymbol{J}_k^{\mathrm{T}}\boldsymbol{J}_k \tag{9-12}$$

其中，如果在计算梯度 $\nabla \boldsymbol{f}_k = \boldsymbol{J}_k^{\mathrm{T}}\boldsymbol{r}_k$ 的过程中计算了雅可比矩阵 $\boldsymbol{J}_k$，则式(9-12)就不需要耗费任何额外的计算量，并且这种计算时间的节约在某些应用中会非常显著。

此外，通过观察式(9-4)和式(9-11)，可得式(9-13)所示不等式：

$$\left(\Delta\boldsymbol{x}_k\right)^{\mathrm{T}}\nabla \boldsymbol{f}_k = \left(\Delta\boldsymbol{x}_k\right)^{\mathrm{T}}\boldsymbol{J}_k^{\mathrm{T}}\boldsymbol{r}_k = -\left(\Delta\boldsymbol{x}_k\right)^{\mathrm{T}}\boldsymbol{J}_k^{\mathrm{T}}\boldsymbol{J}_k\Delta\boldsymbol{x}_k = -\left\|\boldsymbol{J}_k\Delta\boldsymbol{x}_k\right\|^2 \leqslant 0 \tag{9-13}$$

不等式(9-13)严格成立，也就是说，每当 $\boldsymbol{J}_k$ 满秩且梯度 $\nabla \boldsymbol{f}_k$ 非零时，搜索方向 $\Delta\boldsymbol{x}_k$ 与

$\nabla \boldsymbol{f}_k$ 的反方向之间的夹角为锐角，即增量 $\Delta\boldsymbol{x}_k$ 为 f 的下降方向，因此 $\Delta\boldsymbol{x}_k$ 可作为线搜索的合适方向，而当 $\boldsymbol{x}_k$ 为驻点，即 $\nabla \boldsymbol{f}_k = \boldsymbol{J}_k^{\mathrm{T}}\boldsymbol{r}_k = 0$ 时，有 $\boldsymbol{J}_k^{\mathrm{T}}\boldsymbol{J}_k\Delta\boldsymbol{x}_k = 0 \Rightarrow \Delta\boldsymbol{x}_k = 0$，算法停止迭代。

最后，高斯-牛顿法的算法步骤如表 9-2 所示。

表 9-2　高斯-牛顿法的算法步骤

1.给定初值：$\boldsymbol{x}_0$，$k \leftarrow 0$
2.while $\lVert\Delta\boldsymbol{x}_k\rVert > \varepsilon \ (\varepsilon \to 0)$ do
3.　对于第 k 次迭代，计算当前雅可比矩阵 $\boldsymbol{J}(\boldsymbol{x}_k)$ 和残差向量 $\boldsymbol{r}_k$
4.　求解增量方程：$\boldsymbol{J}_k^{\mathrm{T}}\boldsymbol{J}_k\Delta\boldsymbol{x}_k = -\boldsymbol{J}_k^{\mathrm{T}}\boldsymbol{r}_k$，获得下降方向 $\Delta\boldsymbol{x}_k$
5.　更新：$\boldsymbol{x}_{k+1} = \boldsymbol{x}_k + \Delta\boldsymbol{x}_k$
6. end while

9.2.4　列文伯格-马夸尔特法

前述高斯-牛顿法与牛顿法的线搜索方法相似，但在计算 Hessian 矩阵时采用了近似的方法，避免了计算二阶导数。而本节将要介绍的列文伯格-马夸尔特法使用相同的近似方法来获得 Hessian 矩阵，但与前述两种方法不同的是，列文伯格-马夸尔特法用信赖域策略代替了线搜索，大大提高了算法的鲁棒性。信赖域策略指在一个有界区域内对目标函数进行迭代，求解出该区域内近似函数的最小值点，作为迭代后的点。信赖域的使用避免了高斯-牛顿法的一个缺点：当雅可比矩阵 $\boldsymbol{J}(\boldsymbol{x})$ 非列满秩时，高斯-牛顿法将会失效。由于使用了相同的方法对 Hessian 矩阵进行近似，故两种方法的局部收敛性是相似的。然而在高斯-牛顿法的收敛过程中，当趋近最优解时，算法很容易在最优解附近产生波动，导致迭代的次数增多。所以，为了避免该问题，列文伯格-马夸尔特法提出了信赖域，即设定一个区域，使得每次迭代的步长能够得到控制。图 9-3 直观地展示了高斯-牛顿法与列文伯格-马夸尔

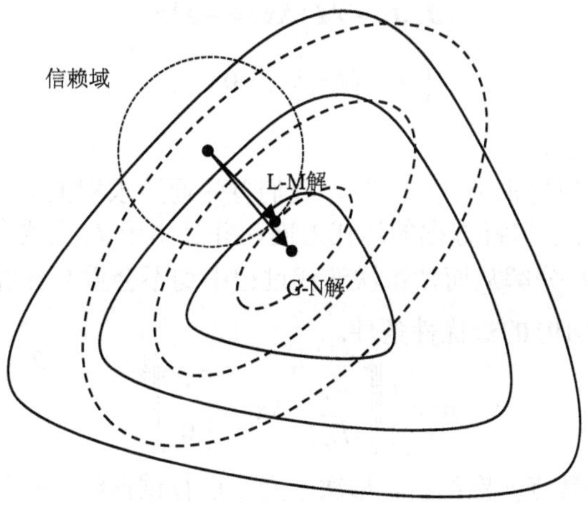

图 9-3　列文伯格-马夸尔特解与高斯-牛顿解的区别

特法求解方式的区别，其中，虚线为近似模型，实线为实际函数。L-M 解表示列文伯格-马夸尔特解，G-N 解表示高斯-牛顿解，图中的箭头表示该次迭代的过程。可以看出 G-N 解直接下降到了搜索方向的最小值，而 L-M 解相对保守地下降到信赖域内的最小值。

通常根据近似模型与实际函数之间的差异来确定信赖域的范围：如果差异小，说明近似效果好，则扩大近似范围；如果差异大，说明近似效果差，则缩小近似范围。记近似后的模型函数为 $m_k(\Delta \boldsymbol{x}_k)=\frac{1}{2}\left\|\boldsymbol{J}(\boldsymbol{x}_k)\Delta \boldsymbol{x}_k+\boldsymbol{r}(\boldsymbol{x}_k)\right\|^2$。由此，可以设置一个近似指标 ρ 来刻画近似的好坏程度，其中，ρ 的分子是实际函数下降的值，分母是近似模型下降的值。

$$\rho=\frac{f(\boldsymbol{x}_k)-f(\boldsymbol{x}_k+\Delta \boldsymbol{x}_k)}{m_k(0)-m_k(\Delta \boldsymbol{x}_k)} \tag{9-14}$$

(1) ρ 大于上限阈值 η_v，说明近似效果最好，需要增大近似范围；

(2) ρ 小于下限阈值 η_s，说明近似效果差，需要缩小近似范围；

(3) ρ 在 η_s 到 η_v 之间，说明近似效果较好，不需要修改近似范围。

那么，在高斯-牛顿法的基础上，列文伯格-马夸尔特法每次迭代要求解的问题便是

$$\min_{\Delta \boldsymbol{x}_k}\frac{1}{2}\left\|\boldsymbol{J}_k\Delta \boldsymbol{x}_k+\boldsymbol{r}_k\right\|^2,\ \text{s.t.}\ \left\|\Delta \boldsymbol{x}_k\right\|^2 \leqslant \boldsymbol{\varDelta}_k \tag{9-15}$$

其中，$\boldsymbol{\varDelta}_k>0$ 为信赖域半径。

对于式(9-15)所描述的问题，我们用拉格朗日乘子把约束项放到目标函数中，构造拉格朗日函数

$$\boldsymbol{L}(\Delta \boldsymbol{x}_k,\lambda)=\frac{1}{2}\left\|\boldsymbol{J}_k\Delta \boldsymbol{x}_k+\boldsymbol{r}_k\right\|^2+\frac{\lambda}{2}\left(\left\|\Delta \boldsymbol{x}_k\right\|^2-\boldsymbol{\varDelta}_k\right) \tag{9-16}$$

同样地，令该拉格朗日函数关于 $\Delta \boldsymbol{x}_k$ 的导数为 0，则得到方程为

$$\left(\boldsymbol{J}_k{}^{\mathrm{T}}\boldsymbol{J}_k+\lambda \boldsymbol{I}\right)\Delta \boldsymbol{x}_k=-\boldsymbol{J}_k{}^{\mathrm{T}}\boldsymbol{r}_k \tag{9-17}$$

根据 Karush-Kuhn-Tucker(KKT)条件可以得知，$\Delta \boldsymbol{x}_k$ 是式(9-15)的解当且仅当 $\Delta \boldsymbol{x}_k$ 是可行解并且存在数 λ 使得 $\Delta \boldsymbol{x}_k$ 满足以下条件

$$\begin{aligned}&\left(\boldsymbol{J}_k^{\mathrm{T}}\boldsymbol{J}_k+\lambda \boldsymbol{I}\right)\Delta \boldsymbol{x}_k=-\boldsymbol{J}_k^{\mathrm{T}}\boldsymbol{r}_k\\&\lambda\left(\boldsymbol{\varDelta}_k-\left\|\Delta \boldsymbol{x}_k\right\|^2\right)=0\end{aligned} \tag{9-18}$$

其中，λ 为拉格朗日乘子。

接下来将简要说明如何求解式(9-17)，我们首先通过求根的方式来确定 λ 的选取，然后直接求得列文伯格-马夸尔特方程的迭代方向，并且由于 $\boldsymbol{J}_k$ 在迭代过程中是不改变的，所以可以对 $\boldsymbol{J}_k$ 使用 QR 分解从而使每次迭代过程中均不会重复计算 $\boldsymbol{J}_k$ 的值。式(9-17)实际上是最小二乘问题(9-19)的最优性条件。

$$\min_{\Delta \boldsymbol{x}_k}\frac{1}{2}\left\|\begin{bmatrix}\boldsymbol{J}_k\\ \sqrt{\lambda}\boldsymbol{I}\end{bmatrix}\Delta \boldsymbol{x}_k+\begin{bmatrix}\boldsymbol{r}_k\\ \boldsymbol{0}\end{bmatrix}\right\|^2 \tag{9-19}$$

此问题的系数矩阵具有一定结构，每次改变 λ 进行试探时，有关 $\boldsymbol{J}_k$ 的块是不变的，因此无需重复计算 $\boldsymbol{J}_k$ 的 QR 分解。设 $\boldsymbol{J}_k=\boldsymbol{QR}$ 为 $\boldsymbol{J}_k$ 的 QR 分解，其中 $\boldsymbol{Q}\in\mathbb{R}^{m\times n}, \boldsymbol{R}\in\mathbb{R}^{n\times n}$，则有

$$\begin{bmatrix} \boldsymbol{J}_k \\ \sqrt{\lambda}\boldsymbol{I} \end{bmatrix} = \begin{bmatrix} \boldsymbol{QR} \\ \sqrt{\lambda}\boldsymbol{I} \end{bmatrix} = \begin{bmatrix} \boldsymbol{Q} & \boldsymbol{0} \\ \boldsymbol{0} & \boldsymbol{I} \end{bmatrix} \begin{bmatrix} \boldsymbol{R} \\ \sqrt{\lambda}\boldsymbol{I} \end{bmatrix} \tag{9-20}$$

矩阵 $\begin{bmatrix} \boldsymbol{R} \\ \sqrt{\lambda}\boldsymbol{I} \end{bmatrix}$ 中含有较多零元素，利用这个特点我们可以使用Householder变换或Givens变换来快速完成此矩阵的QR分解，在QR分解完成后即可求得最小二乘问题(9-19)的解。

最后，列文伯格-马夸尔特法的算法步骤如表9-3所示。

表 9-3　列文伯格-马夸尔特法的算法步骤

1.给定初值：$\boldsymbol{x}_0$
2. while　未达到收敛准则　do
3.　对于第 k 次迭代，在高斯-牛顿法的基础上加上信赖域，求解：
　$\min\limits_{\Delta\boldsymbol{x}_k} \frac{1}{2}\|\boldsymbol{J}_k\Delta\boldsymbol{x}_k+\boldsymbol{r}_k\|^2$，s.t. $\|\Delta\boldsymbol{x}_k\|^2 \leqslant \varDelta_k$
4.　根据式(9-14)计算近似指标 ρ
5.　根据经验值：
6.　若 $\rho > 0.9$，则设置 $\boldsymbol{\varDelta}_{k+1} = 2\boldsymbol{\varDelta}_k$，$\boldsymbol{x}_{k+1} = \boldsymbol{x}_k + \Delta\boldsymbol{x}_k$
7.　若 $\rho < 0.1$，则设置 $\boldsymbol{\varDelta}_{k+1} = 0.5\boldsymbol{\varDelta}_k$，$\boldsymbol{x}_{k+1} = \boldsymbol{x}_k$
8.　若 $0.1 \leqslant \rho \leqslant 0.9$，则设置 $\boldsymbol{\varDelta}_{k+1} = \boldsymbol{\varDelta}_k$，$\boldsymbol{x}_{k+1} = \boldsymbol{x}_k + \Delta\boldsymbol{x}_k$
9. end　while

9.3　非线性最小二乘优化的图表示

在9.2节中，介绍了三种常用的非线性最小二乘问题的求解算法，其目标函数均由残差平方和构成。然而，通过目标函数，仅能了解到该优化问题需求解的优化变量以及残差平方和是什么，但是并不清楚两者之间的关联。例如，对于式(9-1)中的优化变量 $\boldsymbol{x}$ 以及残差 $r_j(\boldsymbol{x})$，并不知道一个残差项与优化变量中的哪几项有关，也不知道优化变量中的某一项存在于多少个残差项中，进而，更无法保证由某个优化变量与量测所构建的残差是有意义的。因此，本节引入图优化，以图的方式将所构建的非线性最小二乘优化问题具象化，使其能够被更加清晰直观地表示。

9.3.1　图构建

如何将常规的优化问题以图的方式进行描述？此处的图，由若干个顶点，以及连接着这些顶点的边组成，其中，顶点用于表示优化变量，边用于表示两顶点之间的关系，即残差项。从一个如式(9-21)所示的常见机器人观测模型出发：

$$\boldsymbol{z} = \boldsymbol{h}(\boldsymbol{x}) + \boldsymbol{v} \tag{9-21}$$

其中，$\boldsymbol{x}$ 为优化变量，包含了机器人各时刻的位姿 $\boldsymbol{\xi}_t$ 以及被观测到的路标点的位置 $\boldsymbol{l}_i$，即 $\boldsymbol{x} = (\xi_1^T,\cdots,\xi_n^T,\boldsymbol{l}_1^T,\cdots,\boldsymbol{l}_m^T)^T$；$\boldsymbol{z}$ 为机器人对路标点的观测量；$\boldsymbol{h}(\cdot)$ 为非线性的量测矩阵，$\boldsymbol{h}(\boldsymbol{x})$ 则表示优化变量对量测的预测；$\boldsymbol{v}$ 为观测噪声，并且 $\boldsymbol{v}$ 符合零均值高斯分布，即 $\boldsymbol{v} \sim N(\boldsymbol{0},\boldsymbol{R})$，$\boldsymbol{R}$ 表示量测噪声的协方差矩阵。

图 9-4 对该机器人的观测模型进行了部分可视化，使其更为清晰明了。

图中，三角形表示机器人位姿，圆形表示周围路标点，实线表示机器人的运动轨迹，虚线表示机器人对路标点的观测。对于该观测模型，希望利用机器人相对于路标点的量测量求解出机器人每一时刻的位姿以及观测到的路标点的位置。这仍然是一个非线性最小二乘问题，因此构建其残差为

$$\boldsymbol{r}(\boldsymbol{x})=\boldsymbol{z}-\boldsymbol{h}(\boldsymbol{x}) \tag{9-22}$$

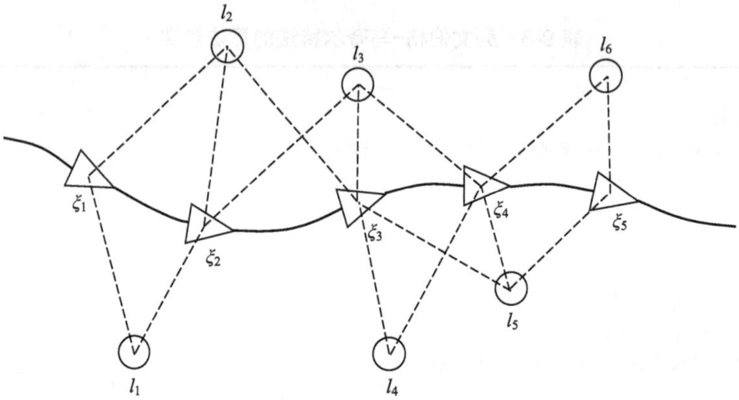

图 9-4　机器人观测模型的示意图

该残差描述了利用优化变量对量测的预测值与实际量测值之间的差异，清楚了该问题中的优化变量以及残差之后，其对应的图表示如图 9-5 所示。

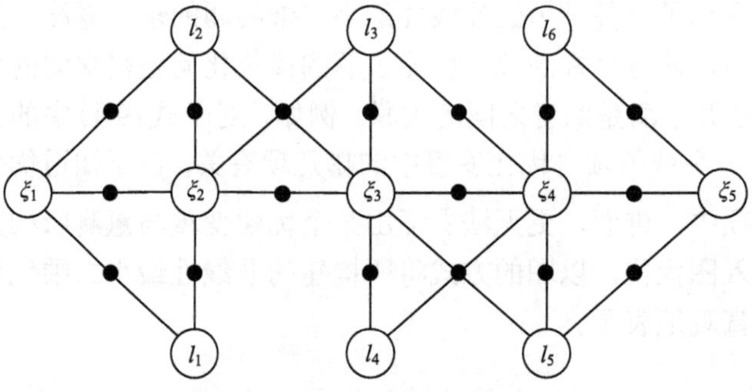

图 9-5　机器人观测模型的图表示

图中，机器人的位姿以及路标点的位置均为非线性最小二乘问题中的优化变量，统一用圆形顶点表示，顶点之间相连接的边则表示两优化变量之间按照一定建模关系所构建的残差。通过图 9-5 便可以清晰直观地看到该非线性最小二乘问题的结构。

对式(9-22)符合高斯噪声模型的优化问题进行最大后验概率推断，等价于求解一个非线性最小二乘问题。对机器人状态的估计，从概率学的角度来看，就是已知量测数据 $\boldsymbol{z}$ 的条件下，求状态 $\boldsymbol{x}$ 的条件概率分布，即 $p(\boldsymbol{x}|\boldsymbol{z})$。后验分布不容易直接进行求解，但是可以转化为求解使后验概率最大时所对应的状态估计问题，即

$$x_{\mathrm{MAP}}^{*}=\arg\max_{x} p(x\mid z)=\arg\max_{x}\frac{p(z\mid x)p(x)}{p(z)} \tag{9-23}$$

其中，$p(x)$为先验概率；$p(z\mid x)$为似然概率。由于$p(z)$与x无关且通常情况下先验概率$p(x)$是未知的，于是该问题可以转化为最大似然估计问题：

$$x_{\mathrm{MLE}}^{*}=\arg\max_{x} p(z\mid x) \tag{9-24}$$

故式(9-22)中量测数据的条件概率为

$$p(z\mid x)=N(h(x),R) \tag{9-25}$$

将式(9-25)展开为

$$p(z\mid x)=\frac{1}{\sqrt{(2\pi)^{m+n}\det(R)}}\exp\left(-\frac{1}{2}(z-h(x))^{\mathrm{T}}R^{-1}(z-h(x))\right) \tag{9-26}$$

对式(9-26)取负对数，可得

$$-\ln(p(z\mid x))=\frac{1}{2}\ln\left((2\pi)^{m+n}\det(R)\right)+\frac{1}{2}(z-h(x))^{\mathrm{T}}R^{-1}(z-h(x)) \tag{9-27}$$

则可表征为非线性最小二乘问题

$$x^{*}=\arg\min_{x}\left(\frac{1}{2}(z-h(x))^{\mathrm{T}}R^{-1}(z-h(x))\right) \tag{9-28}$$

9.3.2 图优化

对于 9.3.1 节中的非线性最小二乘问题，可以用式(9-29)、式(9-30)进行描述：

$$f(x)=\frac{1}{2}\sum_{i=1}^{n}\sum_{j=1}^{m}r_{ij}^{2}=\frac{1}{2}r(x)^{\mathrm{T}}R^{-1}r(x) \tag{9-29}$$

$$x^{*}=\arg\min_{x} f(x) \tag{9-30}$$

其中，$x=(\xi_1^{\mathrm{T}},\cdots,\xi_n^{\mathrm{T}},l_1^{\mathrm{T}},\cdots,l_m^{\mathrm{T}})^{\mathrm{T}}$表示优化变量；$r(x)=z-h(x)$表示残差项；$j$表示某次优化中包含的残差项的数量。例如，在某次优化中，当优化变量$x=(\xi_1^{\mathrm{T}},l_1^{\mathrm{T}},l_2^{\mathrm{T}})^{\mathrm{T}}$时，从图 9-5 中可以得知，这三个优化变量由两条残差边相连，此时$j=2$。清楚了该非线性最小二乘问题的结构后，当给定t时刻优化变量x_t一个良好的初值$\breve{x}$，即$x_t=\breve{x}$时，可以通过应用 9.2 节所介绍的高斯-牛顿法、列文伯格-马夸尔特法对该问题求得一个数值解。首先，在$\breve{x}$处对目标函数进行一阶泰勒级数展开，并分别用J_t，r_t表示$J_t(\breve{x})$和$r_t(\breve{x})$：

$$\begin{aligned}
f(\breve{x}+\Delta x_t)&=\frac{1}{2}\left\|R^{-\frac{1}{2}}r(\breve{x}+\Delta x_t)\right\|^{2}\approx\frac{1}{2}\left\|R^{-\frac{1}{2}}J_t\Delta x_t+R^{-\frac{1}{2}}r_t\right\|^{2}\\
&=\frac{1}{2}\left(R^{-\frac{1}{2}}J_t\Delta x_t+R^{-\frac{1}{2}}r_t\right)^{\mathrm{T}}\left(R^{-\frac{1}{2}}J_t\Delta x_t+R^{-\frac{1}{2}}r_t\right)\\
&=\frac{1}{2}\left(\Delta x_t^{\mathrm{T}}J_t^{\mathrm{T}}R^{-1}J_t\Delta x_t+2r_t^{\mathrm{T}}R^{-1}J_t\Delta x_t+r_t^{\mathrm{T}}R^{-1}r_t\right)
\end{aligned} \tag{9-31}$$

由 9.2 节可知，接下来需要寻找增量 $\boldsymbol{\Delta x}_t$，使得目标函数 $\boldsymbol{f}(\breve{\boldsymbol{x}}+\boldsymbol{\Delta x}_t)$ 最小。根据极值条件，将目标函数对 $\boldsymbol{\Delta x}_t$ 求导，并令导数为 0，可得

$$\boldsymbol{J}_t^{\mathrm{T}}\boldsymbol{R}^{-1}\boldsymbol{J}_t\boldsymbol{\Delta x}_t^* = -\boldsymbol{J}_t^{\mathrm{T}}\boldsymbol{R}^{-1}\boldsymbol{r}_t \tag{9-32}$$

其中，$\boldsymbol{J}_t^{\mathrm{T}}\boldsymbol{R}^{-1}\boldsymbol{J}_t$ 为目标函数的二阶导数 Hessian 矩阵 $\boldsymbol{H}_t$ 的近似矩阵，令 $\boldsymbol{H}_t=\boldsymbol{J}_t^{\mathrm{T}}\boldsymbol{R}^{-1}\boldsymbol{J}_t$、$\boldsymbol{b}_t=-\boldsymbol{J}_t^{\mathrm{T}}\boldsymbol{R}^{-1}\boldsymbol{r}_t$，则需求解的增量方程如式(9-33)所示：

$$\boldsymbol{H}_t\boldsymbol{\Delta x}_t^* = \boldsymbol{b}_t \tag{9-33}$$

最后，将计算的增量 $\boldsymbol{\Delta x}_t^*$ 叠加到初值 $\breve{\boldsymbol{x}}$ 中获得线性化解：

$$\boldsymbol{x}_t^* = \breve{\boldsymbol{x}} + \boldsymbol{\Delta x}_t^* \tag{9-34}$$

高斯-牛顿法不断地进行式(9-31)中的线性化、式(9-33)中的增量方程求解和式(9-34)中解的更新步骤，最终获得一个迭代解。

正如 9.2 节所说，列文伯格-马夸尔特法用信赖域策略代替了线搜索，相比于高斯-牛顿法更加鲁棒。在上述非线性最小二乘优化问题中，列文伯格-马夸尔特法与高斯-牛顿法不同的是，列文伯格-马夸尔特法不是直接求解式(9-33)，而是求解它的一个阻尼版本，即

$$\left(\boldsymbol{H}_t+\lambda\boldsymbol{I}\right)\boldsymbol{\Delta x}_t^* = \boldsymbol{b}_t \tag{9-35}$$

其余迭代过程中的线性化步骤、解的更新步骤等均与高斯-牛顿法相同。

9.3.3　稀疏性及增量式求解

由 9.3.2 节可知，对于 9.3.1 节所示的非线性最小二乘问题，最大的计算量体现在求解式(9-33)所示的方程 $\boldsymbol{H}_t\boldsymbol{\Delta x}_t^*=\boldsymbol{b}_t$ 上。当状态维度非常高时，求解该方程所需的计算量非常大，使非线性最小二乘难以被应用到大规模问题中。然而，在许多实际问题中，$\boldsymbol{H}_t$ 具有稀疏性，即 $\boldsymbol{H}_t$ 中大部分都是零元素，使得求解方程 $\boldsymbol{H}_t\boldsymbol{\Delta x}_t^*=\boldsymbol{b}_t$ 所需的计算量大幅度减少。以图 9-4 展现的问题为例，其对应的 Hessian 矩阵的稀疏结构如图 9-6 所示，其中特征点对应部分(矩阵中的右下子块)只有对角线非零。对于一个真实的 SLAM 问题，特征点占状态量中绝大部分维度，这意味着与其对应的 Hessian 矩阵绝大部分为零元素。

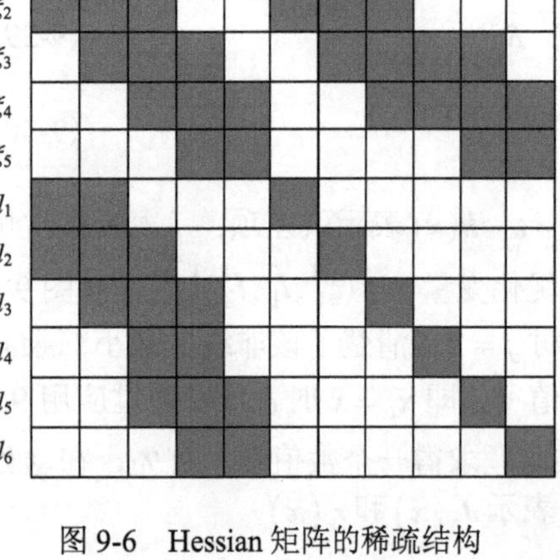

图 9-6　Hessian 矩阵的稀疏结构

然而，即便利用了稀疏性，随着机器人不断行进，观测的数据越来越多，图的规模也在逐渐成长和增大。此时，如果继续用上述直接求解或迭代求解的方法，尽管 Hessian 矩阵是稀疏的，但仍然非常耗费计算量。实际上当新的量测产生时，$\boldsymbol{H}_t$ 并不会完全重新生成，而是在原来的基础上进行拓展，因此上一次的结果可以被重复利用。当然在具体实现的过程中会面临非常多的问题，在此不进行展开介绍。基于此思想的增量式平滑与建图(Incremental Smoothing and Mapping, iSAM)以及后续改进的基于贝叶斯树的增量式平滑与建图(Incremental Smoothing and Mapping Using the

Bayes Tree, iSAM2)在 SLAM 等领域得到广泛应用，在此基础上佐治亚理工学院的教授和学生开发了佐治亚理工平滑与建图(Georgia Tech Smoothing and Mapping, GTSAM)，感兴趣的读者可以对此进行更加深入的探索。

9.4　非线性最小二乘在 SLAM 中的应用

非线性最小二乘在基于视觉、激光雷达等单传感器的定位与建图以及多传感器融合定位与建图等领域使用广泛。在定位与建图的任务中，一个核心的问题就是如何使用传感器数据估计出载体的位姿和空间点的位置。本章将以一个简单的基于路标点的 2D-SLAM 系统为例，介绍如何使用非线性最小二乘的手段去解决利用路标点量测估计载体的位置姿态以及特征点空间位置的问题。

9.4.1　优化变量的定义

SLAM 是机器人领域中的一个热门问题，可以描述为：机器人在未知环境中从一个未知位置开始移动，在移动过程中根据传感器数据进行自身定位，同时构造周围环境的地图。SLAM 问题的完整解决方案通常相当复杂，涉及对于原始传感器量测数据的处理以及不同时刻量测的数据关联。因此，在本节中，基于一个包含所有相关元素的简化 SLAM 模型，利用非线性最小二乘进行优化。

在该 SLAM 模型中，机器人配备了一个里程计以及一个路标点来感知传感器(在实际 SLAM 问题中，它可以是相机、雷达等传感器，但是为了简化模型，忽略对于原始量测数据的处理，统一为路标点感知传感器)，其中，里程计用于量测机器人在两帧数据之间的相对运动，路标点传感器用于量测机器人周围路标点的空间位置，同时，里程计和路标点传感器均受到量测噪声的影响。因此，该 2D-SLAM 问题对应的图中一共有两种类型的节点。

(1)机器人 t 时刻自身的位姿：

$$\boldsymbol{x}_t^s = (x_t^s, y_t^s, \theta_t^s)^{\mathrm{T}} \in \mathrm{SE}(2)$$

其中，x_t^s、y_t^s、θ_t^s 分别为机器人在世界坐标系下的二维坐标及航向角。

(2)机器人 t 时刻观测到的第 i 个路标点的位置：

$$\boldsymbol{x}_i^l = (x_i^l, y_i^l)^{\mathrm{T}} \in \mathbb{R}^2$$

则该非线性最小二乘优化问题中的待优化变量为

$$\boldsymbol{x}_t = \left\{\boldsymbol{x}_t^s, \boldsymbol{x}_1^l, \boldsymbol{x}_2^l, \cdots, \boldsymbol{x}_m^l\right\} \tag{9-36}$$

9.4.2　量测的定义

至此，定义了使用非线性最小二乘优化实现 2D-SLAM 算法所需的节点元素，即优化变量。接下来需要定义连接这两类节点的边，即优化变量相关的误差函数。

机器人从 $\boldsymbol{x}_t^s$ 运动到 $\boldsymbol{x}_{t+1}^s$，里程计能够提供这两个位置之间相对运动的量测，但由于传感器噪声的影响，里程计的量测值通常与两位置之间的实际变换值略有不同。因此，节点 $\boldsymbol{x}_t^s$ 和 $\boldsymbol{x}_{t+1}^s$ 之间的边由里程计的量测给出，为 $\boldsymbol{z}_{t,t+1}^s \in \mathrm{SE}(2)$。

若机器人在位置 $\boldsymbol{x}_t^s$ 处观测到一个路标点 $\boldsymbol{x}_i^l$，则在机器人载体坐标系中，便产生了一个关于路标点的感知：$(x,y)\in\mathbb{R}^2$。同样，由于传感器噪声的影响，路标点的量测值通常与其实际位置略有不同。因此，第 t 个时刻机器人自身位置 $\boldsymbol{x}_t^s$ 与第 i 个路标点位置 $\boldsymbol{x}_i^l$ 之间的边由路标点传感器给出，为 $\boldsymbol{z}_{t,i}^l\in\mathbb{R}^2$。

9.4.3 目标函数的构建

在确定了优化变量以及量测量后，需要合理地构建两者之间的转换关系，设计残差函数，以此来构建需要求解的目标函数。

首先，需要为连接机器人位姿 $\boldsymbol{x}_t^s$ 和路标点 $\boldsymbol{x}_i^l$ 的边构造残差函数。利用机器人位姿与路标点位置之间的关系，构建机器人对路标点的量测方程为

$$\begin{aligned}\boldsymbol{z}_{t,i}^l&=\boldsymbol{h}(\boldsymbol{x}_t^s,\boldsymbol{x}_i^l)+\boldsymbol{v}_{t,i}^l\\ \boldsymbol{h}(\boldsymbol{x}_t^s,\boldsymbol{x}_i^l)&=\begin{pmatrix}(x_t^s-x_i^l)\cos\theta_t^s+(y_t^s-y_i^l)\sin\theta_t^s\\ -(x_t^s-x_i^l)\sin\theta_t^s+(y_t^s-y_i^l)\cos\theta_t^s\end{pmatrix}\end{aligned}\tag{9-37}$$

其中，$\boldsymbol{h}(\cdot)$ 将路标点在世界坐标系下的位置转换到机器人坐标系下；$\boldsymbol{z}_{t,i}^l$ 为机器人坐标系下对于路标点的量测。

因此，关于路标点的残差函数为

$$\boldsymbol{r}_{t,i}^l\left(\boldsymbol{x}_t^s,\boldsymbol{x}_i^l\right)=\boldsymbol{z}_{t,i}^l-\boldsymbol{h}\left(\boldsymbol{x}_t^s,\boldsymbol{x}_i^l\right)\tag{9-38}$$

其次，按照同样的方式，需要为连接两个机器人位姿 $\boldsymbol{x}_t^s$ 和 $\boldsymbol{x}_{t+1}^s$ 的边构造残差函数。利用机器人的运动模型，构建机器人相邻位姿变换的量测方程为

$$\begin{aligned}\boldsymbol{z}_{t,t+1}^s&=\boldsymbol{h}(\boldsymbol{x}_t^s,\boldsymbol{x}_{t+1}^s)+\boldsymbol{v}_{t,t+1}^s\\ \boldsymbol{h}(\boldsymbol{x}_t^s,\boldsymbol{x}_{t+1}^s)&=\begin{pmatrix}(x_t^s-x_{t+1}^s)\cos\theta_{t+1}^s+(y_t^s-y_{t+1}^s)\sin\theta_{t+1}^s\\ -(x_t^s-x_{t+1}^s)\sin\theta_{t+1}^s+(y_t^s-y_{t+1}^s)\cos\theta_{t+1}^s\\ \text{normAngle}(\theta_{t+1}^s-\theta_t^s)\end{pmatrix}\end{aligned}\tag{9-39}$$

其中，$\boldsymbol{h}(\cdot)$ 表示 $\boldsymbol{x}_t^s$ 和 $\boldsymbol{x}_{t+1}^s$ 之间的相对变换关系；$\boldsymbol{z}_{t,t+1}^s$ 为利用里程计获得的两位姿变换的量测值；normAngle 将角度转换到 $(-\pi,\ \pi]$ 区间。

因此，关于机器人位姿的残差函数为

$$\boldsymbol{r}_{t,t+1}^s\left(\boldsymbol{x}_t^s,\boldsymbol{x}_{t+1}^s\right)=\boldsymbol{z}_{t,t+1}^s-\boldsymbol{h}\left(\boldsymbol{x}_t^s,\boldsymbol{x}_{t+1}^s\right)\tag{9-40}$$

最后，综合考虑路标点的约束与前后时刻运动约束，该非线性最小二乘优化问题的目标函数为

$$\frac{1}{2}\sum_{j=1}^{m}\left[\left\|\boldsymbol{r}_{t,i}^l\left(\boldsymbol{x}_t^s,\boldsymbol{x}_i^l\right)\right\|^2+\left\|\boldsymbol{r}_{t,t+1}^s\left(\boldsymbol{x}_t^s,\boldsymbol{x}_{t+1}^s\right)\right\|^2\right]\tag{9-41}$$

对于上述目标函数，可以利用上述高斯-牛顿法或列文伯格-马夸尔特法进行非线性最小二乘优化，得到该 2D-SLAM 问题的解。同时，为了更加清晰直观地展示该问题的结构，

其图表示如图 9-7 所示。

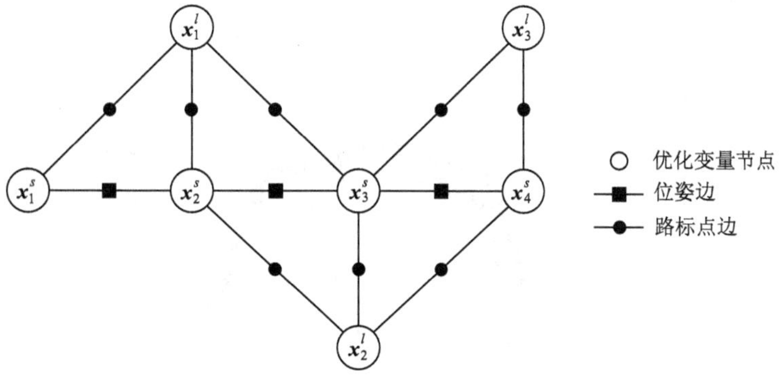

图 9-7　2D-SLAM 图表示

9.4.4　实验分析

本节进行 9.4.3 节所介绍的 2D-SLAM 模型的仿真实验。设置基于扩展卡尔曼滤波(Extended Kalman Filter, EKF)的 2D-SLAM 与其进行横向对比，以比较非线性最小二乘优化(NLS-SLAM)与传统的扩展卡尔曼滤波器(EKF-SLAM)的性能。此外，通过更改环境路标点数量，来展示观测量对于非线性最小二乘优化性能的影响。仿真实验中机器人的控制参数和噪声参数设置如表 9-4 所示。

表 9-4　机器人的控制参数和噪声参数设置

参数	设置
载体速度	$v = 8\text{m/s}$
速度控制噪声方差	$Q_v = 2^2\text{m}^2/\text{s}^2$
舵角控制噪声方差	$Q_r = 0.17^2\text{rad}^2/\text{s}^2$
距离观测噪声方差	$R_m = 0.1^2\text{m}^2$
角度观测噪声方差	$R_r = 0.0017^2\text{rad}^2$

1. EKF-SLAM 与 NLS-SLAM 的对比

仿真结果如图 9-8 和图 9-9 所示。

实验结果表明，NLS-SLAM 相较于 EKF-SLAM 有更高的估计精度。主要原因是 EKF 需要对目标函数在线性化点进行一阶泰勒级数展开，线性化展开点选取将直接影响估计精度，而 EKF 一般在预测处展开，由里程计模型推位得到的预测值不一定准确，因此 EKF 往往存在较大的线性化误差。而非线性最小二乘避免了线性化误差，因此估计精度更高。

2. 路标点数量对 NLS 估计精度的影响

仿真结果如图 9-10 和图 9-11 所示。

实验结果表明，路标点数量越多，非线性最小二乘的估计精度越高。主要原因是随着地图中路标点总数的增多，机器人在各时刻能观测到的路标点的数量也会增多，在每个优化时刻，路标点能够提供的约束增加，非线性最小二乘优化的估计精度自然也就提高了。

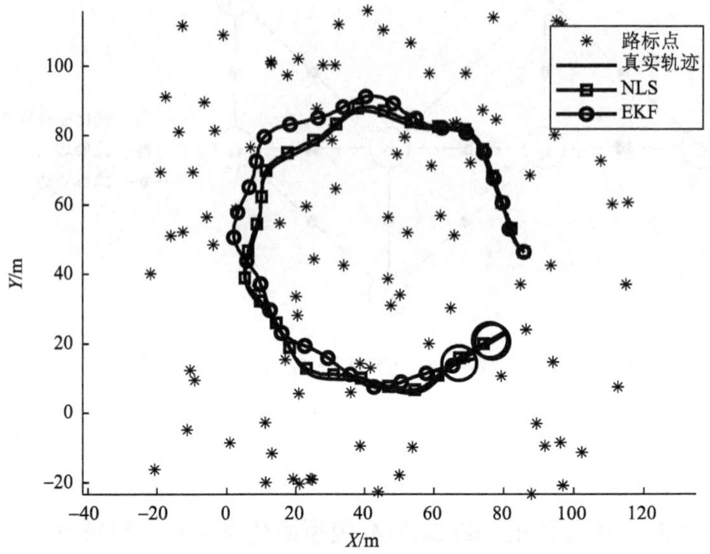

图 9-8　真值轨迹、非线性最小二乘估计轨迹以及扩展卡尔曼滤波器估计轨迹示意图

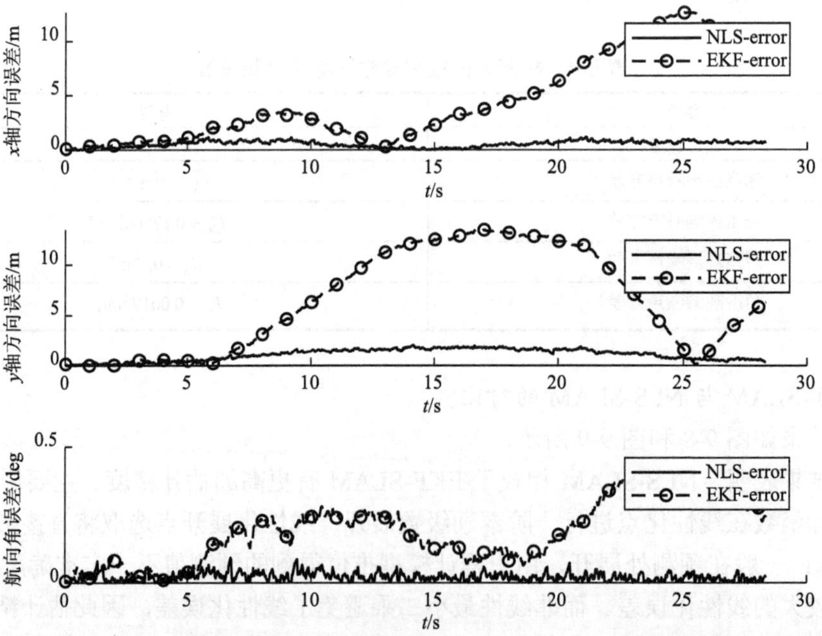

图 9-9　非线性最小二乘以及扩展卡尔曼滤波器估计误差对比

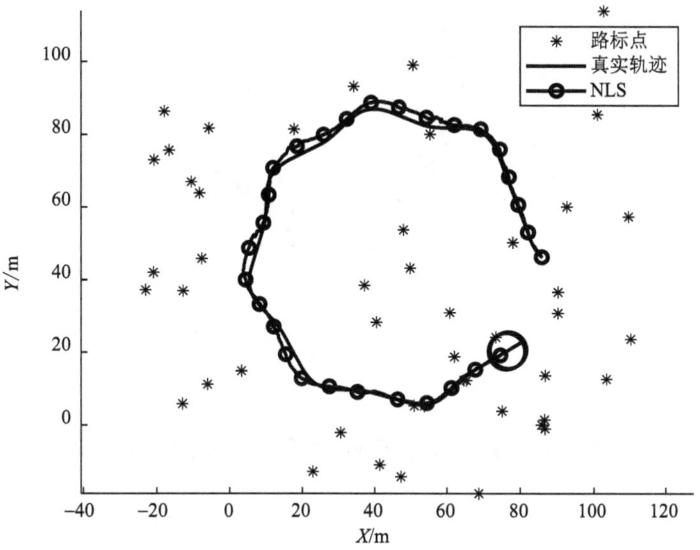

(a) 路标点数量为50

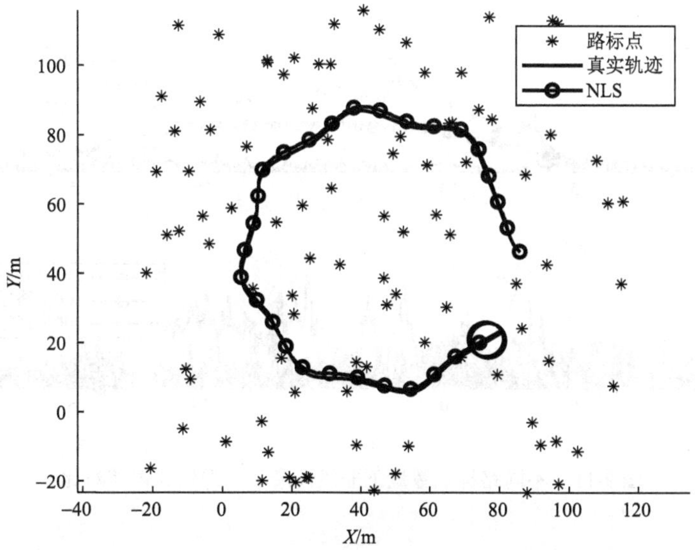

(b) 路标点数量为100

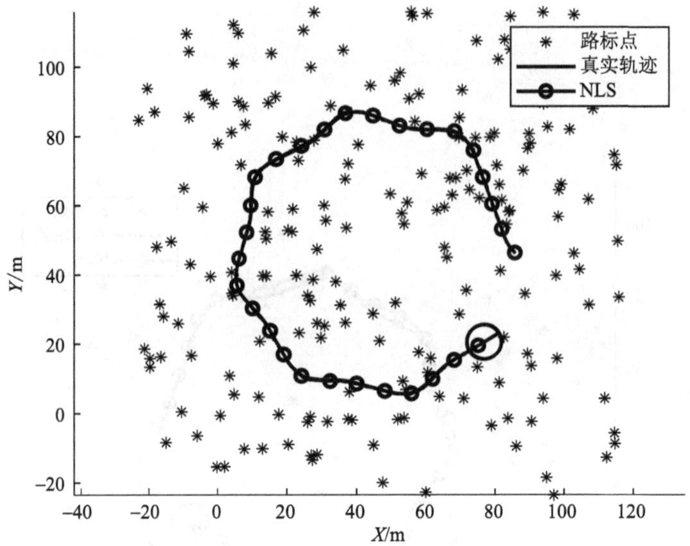

(c) 路标点数量为200

图 9-10　不同路标点数量下非线性最小二乘估计轨迹示意图

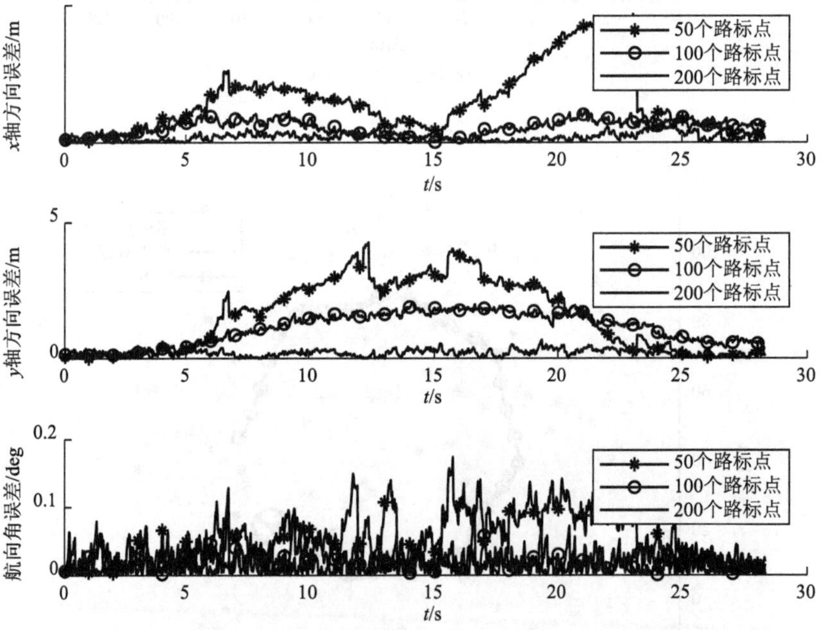

图 9-11　不同路标点数量下非线性最小二乘估计误差对比

9.5　本章小结

本章介绍了非线性最小二乘优化，其旨在解决由较高的状态维度导致的 EKF 等滤波算法计算复杂度大大提高，从而难以保证估计精度以及实时性的问题。首先，本章介绍了非线性最小二乘问题中三种传统的求解算法，并给出了相应的公式推导；其次，本章将非线性最小二乘问题以图的方式进行表示，探讨了其稀疏性，解释了在状态维度较高的情况下，非线性最小二乘问题是如何利用模型的稀疏性进行问题求解的，并且对目前新兴的增量式平滑算法进行了拓展介绍；最后，本章给出了非线性最小二乘优化方法在一个 SLAM 实例中的具体求解步骤及仿真分析，展现了非线性最小二乘优化相较于扩展卡尔曼滤波器在不同路标点数量下估计性能的优越性。

习　题

1. 考虑如下观测方程：

$$\boldsymbol{y}=\exp\left(a\boldsymbol{x}^2+b\boldsymbol{x}+c\right)+\boldsymbol{w}$$

其中，a、b、c 为曲线参数；噪声 $\boldsymbol{w}$ 服从均值为 0、方差为 σ^2 的高斯分布。现设 $a=1.0$、$b=2.0$、$c=2.0$ 作为曲线参数的真值，$\sigma=1.0$ 作为噪声标准差生成 N（可取 100）个观测数据，请根据以下提示，利用生成的观测数据基于高斯-牛顿法对曲线参数进行估计。

上述问题可以通过求解以下最小二乘问题估计曲线参数：

$$\min\frac{1}{2}\sum_{i=1}^{N}\left\|\boldsymbol{y}_i-\exp\left(a\boldsymbol{x}^2+b\boldsymbol{x}+c\right)\right\|^2$$

该问题中待估计变量为 a、b、c，定义误差为 $\boldsymbol{e}_i=\boldsymbol{y}_i-\exp(a\boldsymbol{x}^2+b\boldsymbol{x}+c)$，则每个误差项对状态变量的导数为

$$\frac{\partial \boldsymbol{e}_i}{\partial a}=-\boldsymbol{x}_i^2\exp\left(a\boldsymbol{x}_i^2+b\boldsymbol{x}_i+c\right)$$

$$\frac{\partial \boldsymbol{e}_i}{\partial b}=-\boldsymbol{x}_i\exp\left(a\boldsymbol{x}_i^2+b\boldsymbol{x}_i+c\right)$$

$$\frac{\partial \boldsymbol{e}_i}{\partial c}=-\exp\left(a\boldsymbol{x}_i^2+b\boldsymbol{x}_i+c\right)$$

于是 $\boldsymbol{J}_i=\left[\frac{\partial \boldsymbol{e}_i}{\partial a},\frac{\partial \boldsymbol{e}_i}{\partial b},\frac{\partial \boldsymbol{e}_i}{\partial c}\right]^{\mathrm{T}}$，高斯-牛顿法的增量方程则为

$$\left[\sum_{i=1}^{N}\boldsymbol{J}_i\left(\sigma^2\right)^{-1}\boldsymbol{J}_i^{\mathrm{T}}\right]\Delta\boldsymbol{x}_k=\sum_{i=1}^{N}\boldsymbol{J}_i\left(\sigma^2\right)^{-1}\boldsymbol{e}_i$$

通过对上述拟合问题进行迭代优化，可以获得对曲线参数的估计。

2. 本章式(9-17)中 λ 称为阻尼因子，阻尼因子的设定对算法性能存在一定的影响。请基于第 1 题题设，利用列文伯格-马夸尔特法对曲线参数进行估计，并绘制阻尼因子 λ 随着迭代次数而变化的曲线，分析阻尼因子的设定对求解问题的影响。

3. 当线性方程 $\boldsymbol{A}\boldsymbol{x}=\boldsymbol{b}$ 中系数矩阵 $\boldsymbol{A}$ 超定时，求其最小二乘解的表达式。

4. 本章所提到的牛顿法、高斯-牛顿法、列文伯格-马夸尔特法等各有何优缺点？还有哪些常用的非线性优化方法?

5. Ceres 是广泛用于求解最小二乘问题的 C++优化库，熟练掌握该优化库的使用可以高效地提高工程实践能力。请阅读 Ceres 优化库的相关资料(http://ceres-solver.org/tutorial.html)，尝试利用该优化库解决第 1 题的曲线参数估计问题，并将求解结果、运行时间与第 1 题手写高斯-牛顿法的求解结果、运行时间进行对比。此外，请尝试使用该优化库解决更多变量、更复杂的曲线参数估计问题。

6. g2o(General Graphic Optimization)是广泛使用的基于图优化的 C++库，可从 GitHub(https:// github.

com/RainerKuemmerle/g2o）上下载并使用。

仍以第 1 题所示的曲线拟合问题为例，首先将该问题抽象为图，所构建的因子图节点为优化变量，边为误差项。在该曲线拟合问题中，曲线参数 a 、b 、c 即为图的节点，而各个量测数据则构成了图的边。以下为调用 g2o 优化库的基本步骤：

1.	根据待求解问题构建图优化的节点和边的类型
2.	构建因子图
3.	选择相应优化算法
4.	调用 g2o 优化库对问题进行求解

请结合相关资料，利用该优化库求解第 1 题所示的曲线参数拟合问题。

7. 请阅读文献《iSAM: Incremental smoothing and mapping》，简述其基本原理。

8. 基于本章内容，请思考图优化和因子图优化是否为本质不同的优化算法。若认为是，请简述原因；若认为不是，请简述二者的核心区别。

9. 尝试下载并运行基于 iSAM2 优化库的激光 SLAM 算法 LeGO-LOAM，了解该算法中 iSAM2 优化库的使用方法。

10. 搜索相关资料，了解还有哪些基于因子图优化的优化库。

参考文献

巴富特, 2018. 机器人学中的状态估计[M]. 高翔, 谢晓佳, 等译. 西安: 西安交通大学出版社.

卞鸿巍, 2010. 现代信息融合技术在组合导航中的应用[M]. 北京: 国防工业出版社.

陈凯, 张通, 刘尚波, 2021. 捷联惯导与组合导航原理[M]. 西安: 西北工业大学出版社.

戴洪德, 戴邵武, 王希彬, 等, 2022. 陀螺与惯性导航原理[M]. 北京: 清华大学出版社.

邓志红, 付梦印, 张继伟, 等, 2012. 惯性器件与惯性导航系统[M]. 北京: 科学出版社.

范崇金, 王锋, 2016. 线性代数与空间解析几何[M]. 北京: 高等教育出版社.

付梦印, 邓志红, 闫莉萍, 2010. 滤波理论及其在导航系统中的应用[M]. 2 版. 北京: 科学出版社.

付梦印, 邓志红, 张继伟, 2003. Kalman 滤波理论及其在导航系统中的应用[M]. 北京: 科学出版社.

GROVES P D, 2015. GNSS 与惯性及多传感器组合导航系统原理[M]. 2 版. 练军想, 唐康华, 潘献飞, 等译. 北京: 国防工业出版社.

哈特利, 西塞曼, 2002. 计算机视觉中的多视图几何[M]. 韦穗, 杨尚骏, 章权兵, 等译. 合肥: 安徽大学出版社.

韩崇昭, 朱洪艳, 段战胜, 等, 2010. 多源传感器融合[M]. 2 版. 北京: 清华大学出版社.

贾念念, 隋然, 2018. 概率论与数理统计[M]. 2 版. 哈尔滨: 哈尔滨工程大学出版社.

李天成, 范红旗, 孙树栋, 2015. 粒子滤波理论、法及其在多目标跟踪中的应用[J]. 自动化学报, 41(12): 1981-2002.

刘次华, 2017. 随机过程[M]. 5 版. 武汉: 华中科技大学出版社.

刘胜, 张红梅, 2011. 最优估计理论[M]. 北京: 科学出版社.

刘锡祥, 程向红, 2020. 捷联式惯性导航系统初始对准理论与方法[M]. 北京: 科学出版社.

罗才智, 杨鲲, 辛明真, 等, 2020. 抗差卡尔曼滤波及其在超短基线水下定位中的应用[J]. 海洋技术学报, 39(5): 46-52.

罗建军, 马卫华, 袁建平, 等, 2012. 组合导航原理与应用[M]. 西安: 西北工业大学出版社.

秦永元, 张洪钺, 汪叔华, 2015. 卡尔曼滤波与组合导航原理[M]. 3 版. 西安: 西北工业大学出版社.

萨日伽, 2015. 贝叶斯滤波与平滑[M]. 程建华, 陈岱岱, 管冬雪, 等译. 北京: 国防工业出版社.

SIMON D, 2013. 最优状态估计: 卡尔曼, H_∞及非线性滤波[M]. 张勇刚, 李宁, 奔粤阳, 译. 北京: 国防工业出版社.

宋文尧, 张牙, 1991. 卡尔曼滤波[M]. 北京: 科学出版社.

同济大学数学系, 2014. 工程数学: 线性代数[M]. 6 版. 北京: 高等教育出版社.

严恭敏, 翁浚, 2019. 捷联惯导算法与组合导航原理[M]. 西安: 西北工业大学出版社.

张贤达, 2004. 矩阵分析与应用[M]. 北京: 清华大学出版社.

赵希人, 赵正毅, 2015. 应用概率论教程[M]. 哈尔滨: 哈尔滨工程大学出版社.

郑大钟, 2002. 线性系统理论[M]. 2 版. 北京: 清华大学出版社.

周东华, 叶银忠, 2000. 现代故障诊断与容错控制[M]. 北京: 清华大学出版社.

ARASARATNAM I, HAYKIN S, 2009. Cubature Kalman filters[J]. IEEE transactions on automatic control, 54(6):1254-1269.

ATHANS M, WISHNER R, BERTOLINI A, 1968. Suboptimal state estimation for continuous-time nonlinear systems from discrete noisy measurements[J]. IEEE transactions on automatic control, 13(5): 504-514.

BARFOOT T D, 2017. State estimation for robotics[M]. Cambridge: Cambridge university press.

BISHOP C M, 2006. Pattern recognition and machine learning[M]. New York: Springer.

CAMPOS C, ELVIRA R, RODRÍGUEZ J J G, et al., 2021. ORB-SLAM3: an accurate open-source library for visual, visual-inertial, and multimap SLAM[J]. IEEE transactions on robotics, 37(6): 1874-1890.

CARLSON N A, BERARDUCCI M P, 1994. Federated Kalman filter simulation results[J]. Navigation, 41(3): 297-322.

CARRILLO-ARCE L C, NERURKAR E D, GORDILLO J L, et al., 2013. Decentralized multi-robot cooperative localization using covariance intersection[C]. 2013 IEEE/RSJ international conference on intelligent robots and systems, Tokyo: 1412-1417.

GENEVA P, ECKENHOFF K, LEE W, et al., 2020. OpenVINS: a research platform for visual-inertial estimation[C]. 2020 IEEE international conference on robotics and automation (ICRA), Paris: 4666-4672.

HUANG Y L, ZHANG Y G, LI N, et al., 2017. A novel robust student's t-based Kalman filter[J]. IEEE transactions on aerospace and electronic systems, 53(3): 1545-1554.

HUANG Y L, ZHANG Y G, ZHAO Y X, et al., 2021. A novel outlier-robust Kalman filtering framework based on statistical similarity measure[J]. IEEE transactions on automatic control, 66(6): 2677-2692.

IZANLOO R, FAKOORIAN S A, YAZDI H S, et al., 2016. Kalman filtering based on the maximum correntropy criterion in the presence of non-Gaussian noise[C]. 2016 Annual conference on information science and systems (CISS), Princeton: 500-505.

JULIER S J, UHLMANN J K, 2002. A non-divergent estimation algorithm in the presence of unknown correlations[C]. Proceedings of the 1997 american control conference, Albuquerque: 2369-2373.

KAESS M, RANGANATHAN A, DELLAERT F, 2008. ISAM: incremental smoothing and mapping[J]. IEEE transactions on robotics, 24(6): 1365-1378.

KARLGAARD C D, SCHAUB H, 2007. Huber-based divided difference filtering[J]. Journal of guidance, control, and dynamics, 30(3): 885-891.

KIM J, SUKKARIEH S, 2007. Real-time implementation of airborne inertial-SLAM[J]. Robotics and autonomous systems, 55(1): 62-71.

LI M Y, MOURIKIS A I, 2012a. Improving the accuracy of EKF-based visual-inertial odometry[C]. 2012 IEEE international conference on robotics and automation, Saint Paul: 828-835.

LI M Y, MOURIKIS A I, 2012b. Vision-aided inertial navigation for resource-constrained systems[C]. 2012 IEEE/RSJ international conference on intelligent robots and systems, Vilamoura-Algarve: 1057-1063.

LI M Y, MOURIKIS A I, 2013. High-precision, consistent EKF-based visual-inertial odometry[J]. The international journal of robotics research, 32(6): 690-711.

MAYBECK P S, 1982. Stochastic models, estimation, and control[M]. Amsterdam: Elsevier.

MEHRA R, 1972. Approaches to adaptive filtering[J]. IEEE Transactions on automatic control, 17(5): 693-698.

MOURIKIS A I, ROUMELIOTIS S I, 2007. A multi-state constraint Kalman filter for vision-aided inertial navigation[C]. Proceedings 2007 IEEE international conference on robotics and automation, Rome: 3565-3572.

NIEHSEN W, 2002. Information fusion based on fast covariance intersection filtering[C]. Proceedings of the fifth international conference on information fusion, Annapolis: 901-904.

QIN T, LI P L, SHEN S J, 2018. VINS-mono: a robust and versatile monocular visual-inertial state estimator[J]. IEEE transactions on robotics, 34(4): 1004-1020.

ROSTEN E, DRUMMOND T, 2006. Machine learning for high-speed corner detection[M]. Heidelberg: Springer.

ROTH M, ÖZKAN E, GUSTAFSSON F, 2013. A Student's t filter for heavy tailed process and measurement noise[C]. 2013 IEEE international conference on acoustics, speech and signal processing, Vancouver: 5770-5774.

SÄRKKÄ S, 2013. Bayesian filtering and smoothing[M]. Cambridge: Cambridge university press.

SIMON D, 2006. Optimal state estimation: Kalman, H_∞, and nonlinear approaches[M]. Hoboken: John Wiley & Sons.

SOLA J, 2017. Quaternion kinematics for the error-state Kalman filter[EB/OL]. arXiv: 1711.02508. http://arxiv.org/abs/1711.02508.pdf.

SUN K, MOHTA K, PFROMMER B, et al., 2018. Robust stereo visual inertial odometry for fast autonomous flight[J]. IEEE robotics and automation letters, 3(2): 965-972.

TRAWNY N, ROUMELIOTIS S I, 2005. Indirect Kalman filter for 3D attitude estimation[D]. Minnesota: University of Minnesota.

TRIGGS B, MCLAUCHLAN P F, HARTLEY R I, et al., 2000. Bundle adjustment, a modern synthesis[M]. Heidelberg: Springer.

VAGANAY J, LEONARD J J, BELLINGHAM J G, 2002. Outlier rejection for autonomous acoustic navigation[C]. Proceedings of IEEE international conference on robotics and automation, Minneapolis: 2174-2181.

VASILIJEVIC A, BOROVIC B, VUKIC Z, 2012. Underwater vehicle localization with complementary filter: performance analysis in the shallow water environment[J]. Journal of intelligent & robotic systems, 68 (3): 373-386.

WANG Y D, ZHENG W, SUN S M, et al., 2016. Robust information filter based on maximum correntropy criterion[J]. Journal of guidance, control, and dynamics, 39(5): 1126-1131.

WEISS S, ACHTELIK M W, LYNEN S, et al., 2012. Real-time onboard visual-inertial state estimation and self-calibration of MAVs in unknown environments[C]. 2012 IEEE international conference on robotics and automation, Saint Paul: 957-964.

WU Y X, PAN X F, 2013. Velocity/position integration formula part I: application to in-flight coarse alignment[J]. IEEE transactions on aerospace and electronic systems, 49(2): 1006-1023.

ZHU P X, REN W, 2021. Fully distributed joint localization and target tracking with mobile robot networks[J]. IEEE transactions on control systems technology, 29(4): 1519-1532.

附录 中英文对照缩写表

英文缩写	英文全称	中文名称
ADS	Air Data System	大气数据系统
CKF	Cubature Kalman Filter	容积卡尔曼滤波器
DCM	Direction Cosine Matrix	方向余弦阵
DVL	Doppler Velocity Log	多普勒计程仪
EKF	Extend Kalman Filter	扩展卡尔曼滤波器
GNSS	Global Navigation Satellite System	全球导航卫星系统
GPS	Global Positioning System	全球定位系统
Huber-KF	Huber Kalman Filter	Huber 卡尔曼滤波器
IAKF	Innovation-based Adaptive Kalman Filter	基于新息的自适应卡尔曼滤波器
IEKF	Iterative EKF	迭代扩展卡尔曼滤波器
IMU	Inertial Measurement Unit	惯性测量单元
INS	Inertial Navigation System	惯性导航系统
KF	Kalman Filter	卡尔曼滤波器
LMV	Linear Minimum Variance	线性最小方差
LS	Least Square	最小二乘
MAP	Maximum A Posteriori	极大后验估计
MAV	Micro Aerial Vehicle	微型飞行器
MLE	Maximum Likelihood Estimate	极大似然估计
MMSE	Minimum Mean Square Error	最小均方误差
MSCKF	Multi-State Constraint Kalman Filter	多状态约束卡尔曼滤波器
MV	Minimum Variance	最小方差
NEES	Normalized Estimate Error Squared	归一化估计误差平方
NLS	Nonlinear Least Square	非线性最小二乘
PD	Particle Degeneracy	粒子退化
PF	Particle Filter	粒子滤波器
RMSE	Root Mean Square Error	均方根误差
SHAKF	Sage-Husa Adaptive Kalman Filter	Sage-Husa 自适应卡尔曼滤波器
STKF	Students't Kalman Filter	学生 t 卡尔曼滤波器
TACAN	Tactical Air Navigation System	塔康系统
UBE	Unbiased Estimation	无偏估计

续表

英文缩写	英文全称	中文名称
UKF	Unscented Kalman Filter	无迹卡尔曼滤波器
USBL	Ultra Short Base-Line positioning system	超短基线定位系统
UT	Unscented Transform	无迹变换
VB	Variational Bayesian	变分贝叶斯
VBAKF	Variational Bayesian Adaptive Kalman Filter	基于变分贝叶斯的自适应卡尔曼滤波器
VINS	Visual Inertial Navigation Systems	视觉惯性导航系统
WLS	Weighted Least Square	加权最小二乘